“十二五”普通高等教育本科国家级规划教材
高等学校给排水科学与工程学科专业指导委员会规划推荐教材

给排水工程仪表与控制

（第三版）

崔福义　彭永臻　南　军　杨　庆　编著
张　杰　主审

中国建筑工业出版社

图书在版编目（CIP）数据

给排水工程仪表与控制/崔福义等编著. —3版.
北京：中国建筑工业出版社，2017.2（2024.6重印）
“十二五”普通高等教育本科国家级规划教材. 高等学校给排水科学与工程学科专业指导委员会规划推荐教材
ISBN 978-7-112-20413-7

Ⅰ.①给… Ⅱ.①崔… Ⅲ.①给排水系统-自动化仪表-高等学校-教材②给排水系统-自动控制-高等学校-教材 Ⅳ.①TU991.63

中国版本图书馆CIP数据核字（2017）第027522号

本书以讲授给水排水系统自动化仪器仪表设备、常用控制技术与方法为主，适当地介绍自动控制的基础知识。内容包括：自动控制基础知识，给排水自动化仪表与设备，水泵及管道系统的控制调节，给水处理系统控制技术，污水处理厂的检测与仪表，污水处理厂的监视操作与自动控制等。

本书可作为高等学校给排水科学与工程专业（给水排水工程专业）和环境工程专业的本科生教材，亦可供相关专业的研究生教学使用，还可以供有关工程技术人员参考。

责任编辑：王美玲　齐庆梅
责任设计：韩蒙恩
责任校对：李欣慰　李美娜

“十二五”普通高等教育本科国家级规划教材
高等学校给排水科学与工程学科专业指导委员会规划推荐教材
给排水工程仪表与控制
（第三版）
崔福义　彭永臻　南　军　杨　庆　编著
张　杰　主审
*
中国建筑工业出版社出版、发行（北京海淀三里河路9号）
各地新华书店、建筑书店经销
霸州市顺浩图文科技发展有限公司制版
建工社（河北）印刷有限公司印刷
*
开本：787×1092毫米　1/16　印张：24¼　字数：601千字
2017年5月第三版　2024年6月第三十六次印刷
定价：**47.00**元（含光盘）
ISBN 978-7-112-20413-7
（29784）

第三版前言

该书第三版继续作为国家“十二五”规划教材出版。第一版曾获得国家优秀教材二等奖。第二版为国家“十五”规划教材。在第二版使用期间，教育部将我国的给水排水工程专业名称正式更名为“给排水科学与工程”，专业定位与专业内涵更加明晰；高等学校给排水科学与工程学科专业指导委员会组织编写的《高等学校给排水科学与工程本科指导性专业规范》中，对仪表与控制的知识有了明确的要求，构成本专业学生必修的核心知识的重要组成部分。该书第三版为了更好地满足相关教学要求，在第二版的基础上又进行了较大幅度的修订。

第三版教材除了更正第二版中的个别文字错误外，主要结合近年水质在线检测技术的新发展和水厂单元控制的新技术，进行了修订和充实。给水排水工程相关的仪表与控制技术发展很快，虽然在修订中不断更新，仍不能跟上技术与应用的进展。因此建议使用该教材的学校在教学中参考教材的基本结构，具体内容不必拘泥于教材素材，要注意补充最新的技术进展和工程实例用于教学。

各校相关课程的教学计划学时不同，考虑到各校不同需要，本书的内容较多，各校在使用时要适当取舍，但是应该全面覆盖专业规范规定的核心知识点内容。

作者再次强调，该书不是一本单纯的讲述自动化知识的教材，而是将自动化与给水排水工程密切结合的、站在给水排水工艺技术的角度了解和认识自动化仪表与监控技术的教材，是此方面的一本入门教材。在教学安排上，建议在学习完水质工程学、给水排水管道系统、建筑给水排水等主要专业课程后，安排本课程。也建议在教学的实践性环节中，如实习、设计等，适当安排相关的教学内容，以加深对本课程知识的认识与理解。希望给排水科学与工程专业学生在学习了此课程后，能对仪表与自动控制相关知识有基本的了解与认识，能初步达到与相关专业沟通、提出对工艺系统的监控要求的目的，或者为在自动化方面的进一步深造奠定基础。

本书由哈尔滨工业大学教授张杰院士主审。作者诚挚感谢张杰院士的认真审阅与赐教。本教材各版的使用和编写，都得到了高等学校给排水科学与工程学科专业指导委员会的大力支持，也得到了全国许多相关院校的支持并获得了很多富有价值的建议，作者对此表示衷心的感谢。书中的素材有相当部分来源于作者多年的研究成果，也有许多内容取自多部有关的著作和大量的论文，在参考文献中难以一一列举，对这些论著的作者也一并表示感谢。本书的出版得到了中国建筑工业出版社的大力支持，在此也对本书编辑的辛勤工作与奉献表示衷心感谢。

本书由崔福义主编。具体的编写分工是：第1～4章由崔福义、南军执笔，第5、6章由彭永臻、杨庆执笔。

限于作者的水平，书中仍会有不少不足、不完善之处，恳请有关专家和使用本教材的老师和同学们批评指正。

崔福义

2016年10月于哈尔滨工业大学

第二版前言

该书是普通高等教育“十五”国家级规划教材。其第一版曾获得国家优秀教材二等奖。在1998年第一版面世之后，我国的给水排水工程专业进行了大规模的改革，提出了将给水与排水相统一的新专业名称“给排水科学与工程”，专业指导委员会颁布了新的本科培养方案，专业的内涵得到扩大、培养内容更加充实、课程体系更加合理，体现了社会发展和科技进步对本专业的要求。新培养方案强调以水质为中心，建立系统、宽广的知识结构，以水质在线检测仪表与监控技术为主要内容的自动化知识就是其中重要的组成部分，而且随着本领域自动化、数字化水平的不断提高，其重要性还在不断加强。为此，在新的培养方案中，将“给排水工程仪表与控制”列为10门主干课程之一，本书就是与之配套的专用教材。根据专业指导委员会关于专业名称的意见，本次再版将书名更改为《给排水工程仪表与控制》。

近年来，给排水在线检测仪表与监控技术得到了快速的发展，应用更加普遍。能实现在线检测的水质参数仪表种类在增加，控制方法与技术在发展，新建水厂几乎无一例外地都要考虑设置不同程度的在线监控系统；不仅水处理过程监控技术得到普遍应用，而且水源水质预警、管网水质监控与管网优化调度技术等都有越来越多的研究与应用。特别是随着水污染的加剧与水质突发事件的频发，水质在线监控技术更加引起人们的重视，这些技术与设备在保障水质安全中发挥着不可替代的作用。在线监控技术与设备已成为给排水系统中不可缺少的组成部分。

正是在此背景下，作者对该书进行了修订。此次再版，除了订正第一版中个别文字错误外，主要充实更新了许多内容。近年来该领域技术与应用的进步，为教材编写提供了较丰富的素材；同时，在内容的选取上，作者也注意进一步加强教材内容的系统化，以便教与学；在内容的深度上，主要考虑本专业本科教学的需要，适当兼顾研究生教学，根据不同的情况讲授内容可酌情选取。作者仍然强调，该书不是一本单纯的讲述自动化知识的教材，而是将自动化与给排水工程密切结合的、站在给排水工艺技术的角度了解和认识自动化监控技术的教材，是此方面的一本入门教材。在教学安排上，建议在学习完水质工程学、给排水管道系统、建筑给排水等主要专业课程后，安排本课程。也建议在教学的实践性环节中，如实习、设计等，适当安排相关的内容，以加深对本课程知识的认识与理解。希望给排水科学与工程专业学生在学习了此教材后，能对相关知识有基本的了解与认识，能初步达到与相关专业沟通、提出对工艺系统的监控要求的目的，或者为在自动化方面的进一步深造奠定基础。

限于作者的水平，书中还会有不少不足、不完善之处，恳请有关专家和使用本教材的老师和同学们批评指正。

本书由中国工程院院士、哈尔滨工业大学张杰教授主审。作者诚挚感谢张杰院士的认真审阅与赐教。在本教材第一版的使用和第二版的编写中，得到了专业指导委员会的大力支持，也得到了全国许多相关院校的支持并获得了很多富有价值的建议，作者对此表示衷心的感谢。书中的素材有相当部分来源于作者多年的研究成果，也有许多内容取自多部有关的著作和大量的论文，在参考文献中难以一一列举，对这些论著的作者也一并表示感谢。

本书由崔福义主编。具体的编写分工是：第1～4章由崔福义、南军执笔，第5、6章由彭永臻执笔。

第一版前言

随着科学技术的发展，给水排水工程技术也在不断进步。特别是近一二十年来，随着微电子、仪器仪表与自动化技术设备的令人瞩目的进步，许多现代科技新成就已越来越多地渗透到给水排水工程技术的各个领域，给水排水工程的仪表化、设备化、自动化有了迅速发展，使之逐步由土木工程型向设备型转化，由传统走向现代化。各种先进的自动监测、自动控制技术设备已在给水排水工程的各个工艺环节以至全系统上获得不同程度的应用，并逐渐成为给水排水工程设施不可缺少的组成部分，成为给水排水系统高效优质运行的重要保障，在生产上取得了十分显著的技术经济效益。

面向21世纪，伴随我国社会经济的持续发展，在传统给水排水工程的基础上，一个新兴的产业——水工业已经形成。水工业源于给水排水工程，又不同于给水排水工程，它在内涵与外延上都有了很大的扩展。水工业是以城市及工业为对象，以水质为中心，从事水资源的可持续开发利用，以满足社会经济可持续发展所需求的水量作为生产目标的特殊工业。水工业是随着水的商品化和产业化生产而逐步形成和完善的新兴工业，它是水的开采、加工、输送、回收及利用的综合产业。水工业科学技术的基本框架是给水排水工程技术的发展和继承，并赋予了社会可持续发展及市场经济的丰富内涵。仪器仪表与自动化系统是构成水工业体系不可缺少的重要内容。可以预言，水工业仪器仪表、自动化系统的发展与应用将成为21世纪水工业工程技术的一个主要增长点。

给水排水工程仪表与自动化技术水平的提高，促进了行业的技术进步，推动了水工业的成熟与发展，同时也对这一领域的工程技术人员提出了更高的要求。作为21世纪的水工业工程技术人员，仅仅掌握本行业的工艺技术（水的加工与输送，即传统的给水排水工程技术）已不能适应形势发展的需要。当前在工程设计、工程施工、运行管理等领域，往往有这样的现象：有的企业盲目照搬国外的方案，花费大量资金建立庞大的自动化系统，但其功能却不符合实际需要，不适合中国的国情，不能解决最迫切需要解决的生产问题；有的企业自动化系统设计、施工等存在诸多问题，达不到预期的要求，只能将耗费大量资金建立的自动化系统束之高阁，仍用传统的人工方式进行生产控制；有的企业不掌握仪表设备的维护技术，错误地认为自动化仪表设备就可以将人彻底解放出来，不需要人来维护，使得这些仪表设备长期以来故障频繁，难以正常工作。凡此种种现象，原因是多方面的，其中一个重要原因是给水排水工艺技术人员不熟悉自动化监控仪表与控制技术，不懂得如何使用、管理这些设备，妨碍了这些技术设备的应用；而仪表与自控专业人员也不了解给水排水工程，不知道在该领域对仪表与自控有哪些需要及适当的解决办法，也就是缺乏给水排水工艺技术同自动化仪表与控制技术的结合，缺乏这两部分专业技术人员的“接口”与交叉。科学技术的进步和发展，多学科的交叉渗透，水工业工程覆盖面的扩展，需要更多的知识面广博的综合型专业人才。水工业工程技术人员掌握一定的现代仪表与控制知识，将有助于促进现代控制新技术、新装备在本工程技术领域的应用，有助于在应用中取得更好的效果、更高的效益，有助于加速水工业工程仪表化、自动化、现代化进程。

在高等教育领域，作为传统的给水排水工程专业，担负着为本行业培养高级专门人才的重任，面对水工业迅速发展的需求，必须积极调整专业设置，进行课程体系、教学内容的改革，努力拓宽学生的知识面，使之建立较为完整的知识体系，才能适应科学技术飞速发展的新形势，迎接21世纪的挑战。加强仪器仪表与自动化系统知识教育，使学生掌握一定的现代控制原理与技术，就是应该采取的措施之一。为此，全国高等学校给水排水工程学科专业指导委员会决定编写出版《给水排水工程仪表与控制》一书，供高校有关专业开设相应课程使用。

此次出版的《给水排水工程仪表与控制》，是作者在总结多年教学经验的基础上编写的。从1990年起，作者在哈尔滨建筑大学的给水排水工程和环境工程专业陆续开设了“给水排水控制技术”课程，编写了教学讲义。随着该领域技术的发展和我们对此课程认识的逐渐深入，教学内容也在逐年丰富与完善。此次出版，作者在内容上又作了较大的调整与充实。在内容选取和编写方法上，作者从给水排水工程专业学生的实际需要及具备的相关知识基础出发，力图站在给水排水工程（水工业工程）工艺技术的角度来介绍相关仪表与控制知识，目的是使本专业学生通过该课程的学习，能够了解有关的仪器仪表的基本原理、特点与应用技术，了解有关的控制技术概况与特点，了解本专业各个工艺环节需要的监测与控制内容、能够采取的技术方法、现状与发展趋势，从而为他们在今后的工作中与相关专业人员的协调与合作提供一个“接口”，为他们从事相关的工作或进一步学习奠定一定基础。

本教材以供给水排水工程专业本科生使用为主，也可以供环境工程专业本科生使用，还兼顾了相关专业研究生学习的需要，根据不同的情况讲授内容可酌情选取。学习本课程之前，要求学生已具备基本的物理学、电工学、电子学、流体力学以及水泵与水泵站、给水工程、排水工程、建筑给水排水工程等技术基础课与专业课的知识。

应当指出，以微电子技术为核心的现代控制技术的发展，各种现代水质及工艺参数监测仪表的发展是日新月异的，现代控制技术在给水排水工程领域的应用更是新兴的、初步的、迅速发展的。《给水排水工程仪表与控制》的编写，亦是一项全新的、具有探索性的工作，没有前人的经验可以借鉴，还需要在使用中不断地完善。特别是限于作者的水平，书中定会有不少不足、不完善之处，恳请有关专家和使用本教材的同志们批评指正。

本书由中国工程院院士、中国市政工程东北设计研究院张杰教授和湖南大学姜乃昌教授初审，由张杰院士主审。两位初审人对本书的初稿进行了认真的审阅、并提出了许多极有价值的意见。在本书定稿过程中，张杰院士又再次进行认真的审阅并赐教，这些意见对该书的修改出版起到了指导性作用。作者在编写、修改该书及讲授相应课程的过程中，还得到了中国工程院院士李圭白教授等老师的热情指教，使作者受益匪浅。在此向上述专家表示由衷的感谢。书中的素材相当部分来源于作者多年的研究成果，也有许多内容取自多部有关的著作和大量的论文，对这些论著的作者也一并表示感谢。

本书由崔福义主编。具体的编写分工是：第1～4章由崔福义执笔，第5、6章由彭永臻执笔。封莉同志绘制了第1～4章的插图，马勇同志为第5、6章的编写做了许多工作，谨致谢意。

目　　录

第1章　自动控制基础知识

1.1　自动控制系统的概念、构成与分类

1.1.1　自动控制系统的概念与构成

应用自动控制系统的基本目的有两点：一是在人类的生产生活中，应用自动控制技术可以解脱繁重的、单调的、低效的人类劳动，以便提高生产效率和提高生活水平；二是对现代生产中很复杂的或极精密的工作，在人力不能胜任时，应用自动控制技术就可以保证高质量地完成任务。

1. 基本概念

自动控制的基本概念来源于人工控制。人体本身，包括眼、耳等感觉器官，大脑和神经等控制器官，以及肩、手、脚等操作执行器官，就是天生的一个具有高度控制能力的系统。所谓自动控制是在人不直接参与的情况下，利用外加的设备或装置（称自动控制装置）使整个生产过程或工作机械（称被控对象）自动地按预定规律运行，或使其某个参数（称被控量）按预定要求变化。现以水池水位控制系统为例，说明自动控制的基本概念。

在给排水工程中，贮液容器是最常见的设备。在图1.1水池中，水源源不断地经阀门流进水池，而由出水管道流出供用户使用。若要求在出水量随意改变的情况下，保持水位高度不变，则可由人工操作实现。操作人员首先测量水池实际水位，并将它与要求值比较，得出偏差，然后根据偏差大小调节进水阀门的开启程度，通过改变进水量使水池水位达到要求值，这是人工操作的过程。由人工完成控制任务的系统叫做人工控制系统。在图1.1中，水池是被控对象，水池水位是被控量。

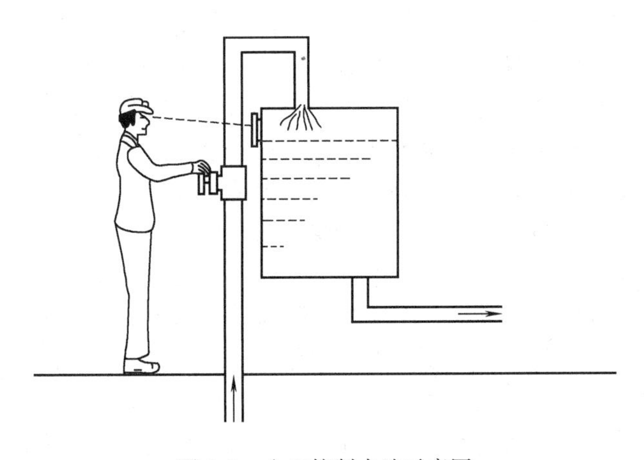

图1.1　人工控制水池示意图

若用自动控制装置代替操作人员完成人工操作过程，则可构成自动控制系统。自动控制装置一般应包括以下几部分：

（1）测量元件。测量被控量的实际值或对被控量进行物理量的变换；

（2）比较元件。将测量结果和要求值进行比较，得到偏差；

（3）调节元件。根据偏差大小产生控制信号，调节元件通常包括有放大器和矫正装置，它能放大偏差信号并使控制信号和偏差具有一定关系（称调节规律）；

（4）执行元件。由控制信号产生控制作用，从而使被控量达到要求值。

图1.2是水池水位自动控制系统的一种形式。这里，浮子是测量元件，连杆起比较作用。电位器输出电压反映水位偏差。放大器、伺服电动机、减速器和阀门等起调节和执行作用。由此可见，自动控制系统是由被控对象和自动控制装置按一定方式连接起来的、完成一定自动控制任务的总体。

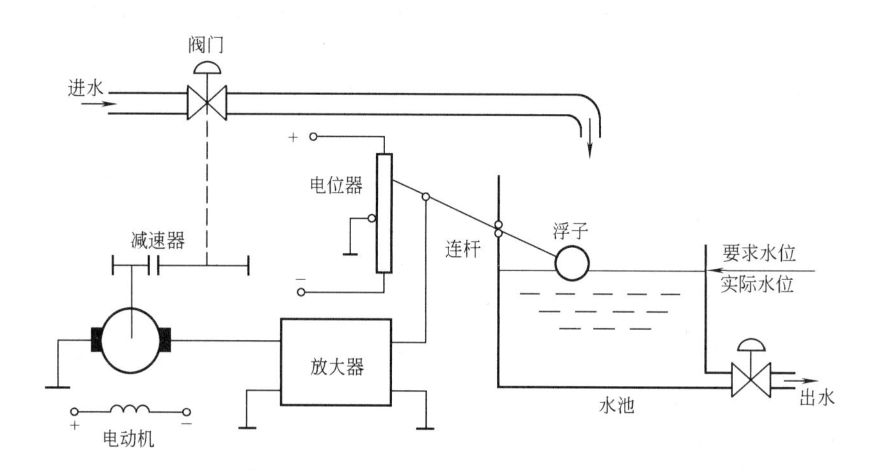

图1.2　水位自动控制系统示意图

为了更清楚地表示控制系统的组成以及各组成部分信号传送的关系，常画出控制系统的元件作用图，简称方框图。在方框图中，每个组成部分用一个方框表示，并标上该组成部分的名称，一个方框可以对应于一个元件或一个设备，或几个设备的组合，或一个局部的生产过程，通常称之为环节。信号用箭头表示。方框图中还包含有信号的分支点（表示信号分成多路输出，也叫做取出点）和相加点（表示多个倍号的代数相加）。方框图和生产流程图在形式上有某些相似之处，但它们所表示的内容却有本质的区别。生产流程图中的各个线条，表示了物料流通的来龙去脉，但方框图中的联络线条则表示两个环节之间的信号传递和相互作用关系，而与物料的实际流向无关。

图1.3为水位自动控制系统的方框图。在图1.3中，图中的箭头方向表示相互作用的因果关系。指向方框的箭头表示环节的输入信号，它是引起该环节变动的原因，背离方框的箭头，表示该环节的输出信号，它是环节在输入信号作用下的变化结果，所以输入信号和输出信号是前因后果的关系。必须指出，信号只能沿箭头方向行进，不能逆行，否则将使输入输出关系紊乱，这也就是方框图的单向传递特性。方框图是研究自动控制系统的有力工具，任何一个自动控制系统都可以用方框图简明扼要地表示出来。

用方框图表示自动控制系统的优点是：只要依照信号的流向，便可将表示各元件或设

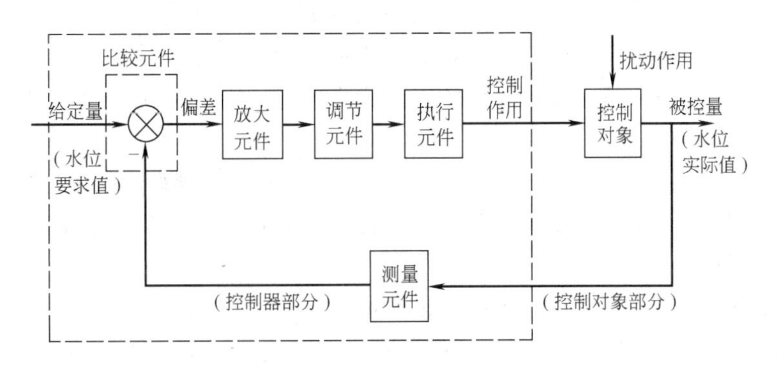

图 1.3 水位自动控制方框图

备的方框连接起来，很容易组成整个系统；与纯抽象的数学表达式相比，它还能比较直观、形象地表示出组成系统的各个部分间的相互作用关系及其在系统中所起的作用；与物理系统相比，它能更容易地体现系统运动的因果关系。需要指出的是：方框图只关心与系统动态特性有关的信息，而不管组成该系统的各元件、设备的具体结构细节。因此，许多完全不同的系统可以用同一个方框图表示。当然，对于同一个系统，其方框图的表示也并非是唯一的，按照分析研究的目的、角度不同，同一个系统完全可以画出若干种不同的方框图。在以后的学习中，还将看到方框图中列有数学表达式，这是定量地表征该环节特性的数学形式，称为传递函数。

通常，把控制系统的被控量叫做系统输出量。而把影响系统输出的外界输入叫做系统的输入量。一般系统的输入有两类，即给定输入和扰动输入。给定输入决定系统输出量的变化规律或要求值。扰动输入则是系统不希望的外作用，它影响给定输入量对系统被控量的控制。在水池水位控制系统中，水位要求值是给定输入量，而用水量为扰动输入。整个控制系统也可用一个大方框图表示，如图 1.4 所示。

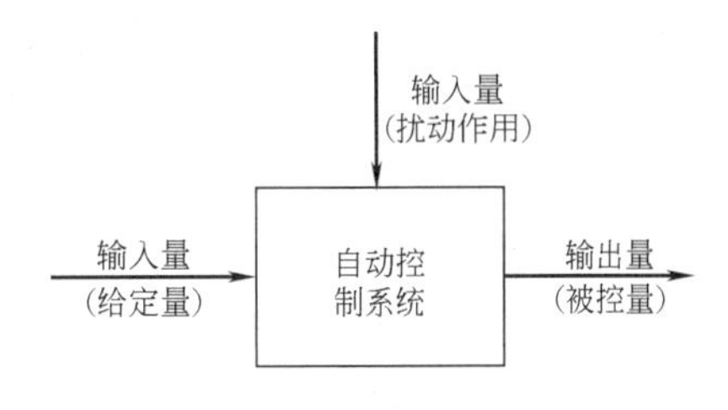

图 1.4 控制系统简图

2. 自动控制系统的构成

一个自动控制系统主要由以下基本元件构成。

（1）整定文件：也称给定文件，给出了被控量应取的值。在图 1.2 系统中是通过一个电位器实现的。

（2）测量元件：检测被控量的大小，如流量计、热电耦、测速电机等。在各种自动控制系统中，测量变送装置的形式多种多样，它们能够敏感各种物理量（例如敏感温度、压力、力矩和加速度等），并有传送信号的作用。所以，这些敏感装置也叫做传感器。各种传感器在自动控制系统中都起着十分重要的作用，有了精确的传感器做基础，就容易组成各种不同用途的自动控制系统，因此，研究和发展各种新型传感器，是搞好自动控制系统最重要的基础工作。多了解各类传感器的作用，也有助于灵活运用自动控制系统。

（3）比较元件：用来得到给定值与被控量之间的误差，常用差动放大器、电桥等。在计算机控制系统中，由于直接进行数值计算，不需要特定的比较元件。

（4）放大元件：用来将误差信号放大，用以驱动执行机构。它可以是电子元件网络，也可以是电机放大器等。

（5）执行元件：用来执行控制命令，推动被控对象。电机是典型的执行元件。

（6）校正元件：用来改善系统的动、静态性能，它可以用模拟或数字电路来实现，也可以用计算机程序来实现。

（7）能源元件：用来提供控制系统所需的能量。

在研究控制理论和控制工程时，我们常遇到一些专用术语，下面介绍其中最常见的几个。

（1）被控量和控制量（Controlled variable and controlling variable）：被控量是指被测量和被控制的量或状态，如上述系统中的炉温；控制量是一种由控制器改变的量或状态，它将影响被控量的值，如上述系统中加热电阻丝两端的电压。

（2）对象（Plant）：它一般是一个设备，通常由一些机器零件有机的组合在一起，我们通常将被控物体称为对象，如电加热炉。

（3）系统（System）：系统是一些部件的组合，这些部件组合在一起，完成一定的任务。系统并不限于物理系统，系统的概念有时是很抽象的，它可以指一个特定的动态现象，如股市或汇率的变化，某国家人口的变化，某地区物种的变迁都可看成动态系统来分析。

（4）扰动（Disturbance）：扰动是一种对系统的输出量产生不利影响的因素或信号，如果扰动来自于系统内部，称为内部扰动；如果扰动来自于系统外部，则称之为外部扰动。如电加热炉中被加热物体的增多或减少等显然会影响炉温的高低，这种因素对系统来说是一种外部扰动。

前述内容说明了自动控制的基本概念。所谓自动控制，就是利用机械的、电气的、光学的等装置代替人工控制器官的作用，在不用人工直接参与的情况下，可以自动地实现预定的控制过程。

虽然自动控制的基本概念来源于人力控制，但是由于科学技术的飞速发展，使各种自动控制装置的性能远远超过人力控制器官的能力。最初的光学镜头是模仿人的眼睛而做成的，但用新技术做成的光学装置却远远比人眼的能力强得多。例如天文望远镜看得很远，显微镜看到极微小的东西，航空照相机在几百千米高空对地面摄影十分精确清晰。这些都是凭人的眼力不能做到的事。光电敏感元件和快速电子线路的作用也比人的视神经系统灵敏得多。由此可见，从模仿自然界生物的功能所获得的控制概念，通过科学技术的作用，人们可以创造性地做成更灵敏的、更精确的、更有能力的自动控制装置。

在给水排水工程中，自动控制技术起着愈来愈重要的作用。在西方发达国家已出现无人值班的全自动化水厂，节省了大量的人力。在供水管网上采用遥测技术，自动收集各节点的工作参数，可以实现全供水系统自动调度控制，实现运行优化。在给水排水工程中各个局部环节，自动控制技术则有着更为广泛的应用，如建筑内的恒压给水系统，供水、排水泵站的自动控制系统，水处理单元环节的自动控制系统等，比比皆是。但就整体而言，自动控制技术在给水排水工程中的应用仍是初步的。随着自动控制技术与给水排水工程技术的不断进步，给水排水工程自动化的水平必将会不断提高，它将推动水工业技术现代化的进程，并带来更大的社会效益与经济效益。

1.1.2 自动控制系统的分类

自动控制系统是由控制器和受控对象组成的，其任务是使被控量自动跟随指令信号变化；实现方式是反馈控制、前馈控制或复合控制等；控制器的功能是测量、比较放大和执行。

控制系统的类型很多，它们的结构类型和所完成的任务也各不相同。控制系统从信息传送的特点或系统的结构特点来看可分为开环控制系统和闭环控制系统，以及同时具有开环结构和闭环结构的复合控制系统。按给定值的形式不同可以分为：恒值控制系统、随动控制系统和程序控制系统。按元件类型可分为机械系统、电气系统、机电系统、液压系统、气动系统、生物系统等。按系统功用可分为温度控制系统、压力控制系统、位置控制系统等。按系统性能可分为线性系统和非线性系统、连续系统和离散系统、定常系统和时变系统、确定性系统和不确定性系统等；按输入量形式可分为恒值控制系统、随动系统和程序控制系统等。为了全面反映自动控制系统的特点，常常将上述各种分类方法组合应用。

1. 反馈控制

其方框图如图 1.5 所示。这种控制方式的原理是：需要控制的是受控对象的被控量，而测量的则是被控量和给定值，并计算两者的偏差，该偏差信号经放大后送到执行元件，去操纵受控对象，使被控量按预定的规律变化，力图消除偏差。只要被控量偏离了给定值，无论是干扰影响，还是内部特性参数变化导致的，或是给定值变动，系统均能自动纠正。这种控制方式也称为按偏差调节。显然，该系统从理论上提供了实现高精度控制的可能性。

把取出的输出量回送到输入端，并与指令信号比较产生偏差的过程，称为反馈。指令信号与被控量相减为负反馈，相加则为正反馈。不做特别说明，一般指负反馈。反馈控制就是采用负反馈并利用偏差进行控制的过程，是自动控制系统中最基本的控制方式，在工程中获得了广泛的应用。图 1.2 所示的水位自动控制系统，就是一个反馈控制系统。因为该系统由被控量的反馈构成一个闭合回路，所以又称为闭环控制系统，这是过程控制系统中最基本的一种。

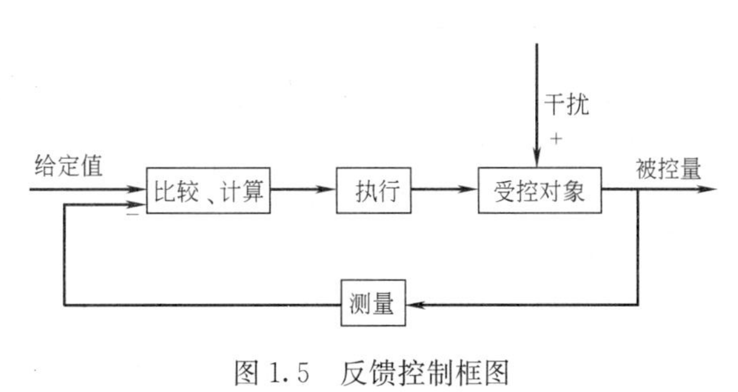

图 1.5 反馈控制框图

反馈控制有三大特点：信号按箭头方向传递是封闭的（闭环）、负反馈和按偏差控制。

反馈控制的主要优点：控制精度高，抗干扰能力强。缺点是使用的元件多，线路复杂，系统的分析和设计都比较麻烦。

另外，反馈信号也可能有多个，从而构成一个以上的闭合回路，称为多回路反馈控制系统。

2. 前馈控制

前馈控制是直接根据扰动进行工作的，扰动是控制的依据，由于它没有被控量的反馈，所以不构成闭合回路，故也称为开环控制系统。

(1) 按恒定值控制

其控制原理是需要控制的是受控对象的被控量，而控制装置只接收给定值，信号只由给定值单向传递到被控量，信号只有倾向作用，无反向联系，称为开环控制。其框图如图 1.6 所示。

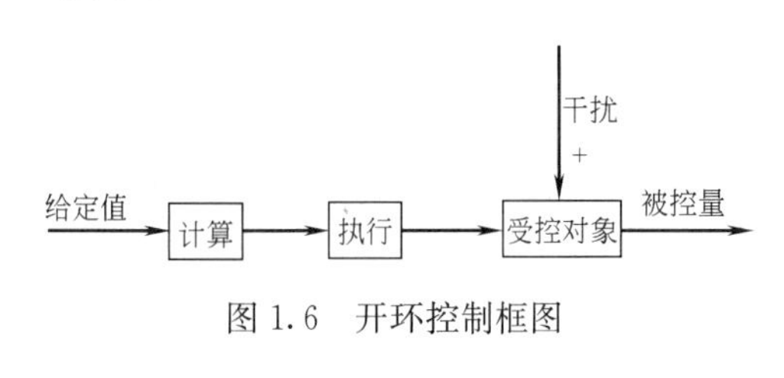

图 1.6　开环控制框图

这种控制方式简单，但控制精度低。控制精度完全取决于所用元件的精度和校准的精度，且抗干扰能力差。但由于其结构简单、成本低，在精度要求不高的情况下，有一定的实用价值。一些自动化流水线，如包装机、交叉路口的红绿灯控制、自动售货机等多采用这种控制方式。

必须指出，开环控制和闭环控制之间的基本区别在于有无负反馈作用。

(2) 按干扰补偿

其原理是需要控制的是被控量，而测量的是干扰信号。利用干扰信号产生控制作用，以减小或抵消干扰对被控量的影响，故称为按干扰补偿，也可称顺馈控制。其框图如图 1.7 所示。

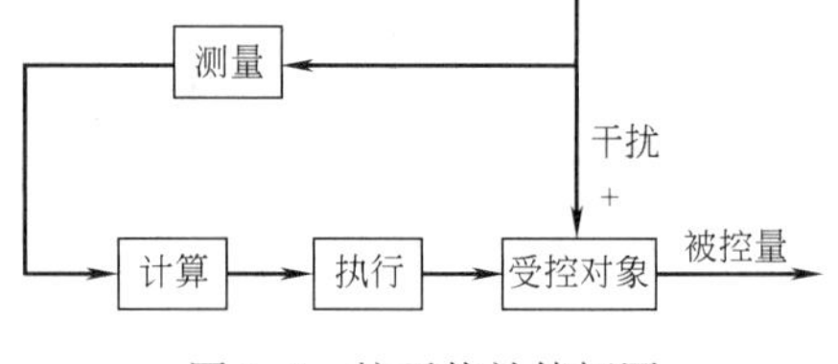

图 1.7　按干扰补偿框图

由于测量的是干扰，故只能对可测量的干扰进行补偿。因此，控制精度受到原理的限制。电源系统的稳压、稳频控制常用这种补偿方式。

3. 复合控制

按干扰控制方式在技术上较反馈控制简单，但只适用于扰动可测的场合，而且一个补偿装置只适用于补偿一个扰动因素，对其余扰动均不起补偿作用。比较合理的方式是把按偏差控制与按干扰控制结合起来，对主要扰动采用适当的补偿，实现按干扰控制；同时，再组成反馈系统实现按偏差控制，以消除其他偏差。这样控制效果会更好。这种控制方式为复合控制方式，其方框图如图 1.8 所示。

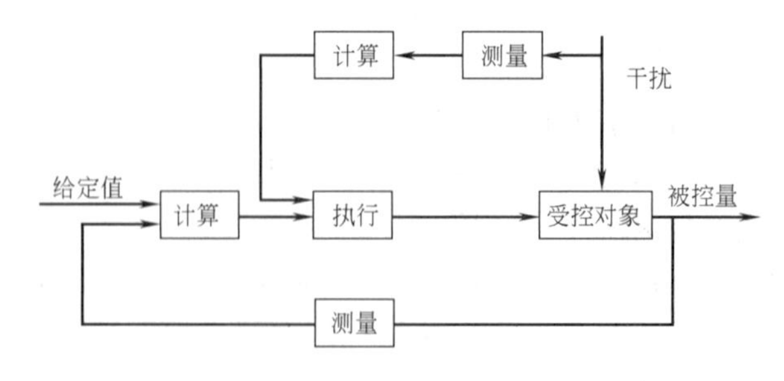

图 1.8　复合控制框图

4. 线性连续控制系统

这类系统可以用线性微分方程式描述，其一般形式为：

$$a_0\frac{\mathrm{d}^n}{\mathrm{d}t^n}c(t)+a_1\frac{\mathrm{d}^{n-1}}{\mathrm{d}t^{n-1}}c(t)+\cdots+a_{n-1}\frac{\mathrm{d}}{\mathrm{d}t}c(t)+a_nc(t)$$

$$=b_0\frac{\mathrm{d}^m}{\mathrm{d}t^m}r(t)+b_1\frac{\mathrm{d}^{m-1}}{\mathrm{d}t^{m-1}}r(t)+\cdots+b_{m-1}\frac{\mathrm{d}}{\mathrm{d}t}r(t)+a_mr(t) \tag{1.1}$$

式中，$c(t)$ 是被控量；$r(t)$ 是系统输入量。系数 a_0，a_1，…，a_n，b_0，…，b_m 是常数时，称为定常系统；系数 a_0，a_1，…，a_n，b_0，…，b_m 随时间变化时，称为时变系统。线性定常连续系统按其参据量的变化规律不同又可分为恒值控制系统、随动系统和程序控制系统。

(1) 恒值控制系统

这类控制系统的输入量是一个常值，要求被控量亦等于一个常值。但由于扰动的影响，被控量会偏离给定量而出现偏差，控制系统便根据偏差产生控制作用，以克服扰动的影响，使被控量恢复到给定的常值。因此，恒值控制系统分析、设计的重点是研究各种扰动对被控对象的影响以及抗扰动的措施。在恒值控制系统中，输入量可以随生产条件的变化而改变，但是，一经调整后，被控量就应与调整好的给定量保持一致。图 1.3 水位自动控制系统就是一种恒值控制系统，其给定量是常值。此外，还有温度控制系统、压力控制系统等。在工业控制中，如果被控量是温度、流量、压力、液位等生产过程参量时，这种控制系统则称为过程控制系统，它们大多数都属于恒值控制系统。

(2) 随动系统

这类控制系统的输入量是预先未知的随时间任意变化的函数，要求被控量以尽可能小的误差跟随给定量的变化，故又称为跟踪系统。在随动系统中，扰动的影响是次要的，系统分析、设计的重点是研究被控量跟随的快速性和准确性。

在随动系统中，如果被控量是机械位置或其导数时，这类系统称之为司服系统。

(3) 程序控制系统

这类控制系统的输入量是按预定规律随时间变化的函数，要求被控量迅速、准确地加以复现。如水处理工艺中滤池的反冲洗过程控制就是这类系统。程序控制系统的给定值可用特定的凸轮或曲线板来实现。图 1.9 是一个例子，图 1.9 (*a*) 曲线是工艺要求的参数变化规律，图 1.9 (*b*) 是特定凸轮的形状。程序控制系统和随动系统的输入量都是时间函数，不同之处在于前者是已知的时间函数，后者则是未知的任意时间函数，而恒值控制系统也可视为程序控制系统的特例。

5. 线性定常离散系统

离散系统是指系统的某处或多处的信号为脉冲序列或数码形式，因而信号在时间上是离散的。连续信号经过采样开关就可以转成离散信号。一般在离散系统中既有连续的模拟信号，也有离散的数字信号。因此，离散系统要用差分方程描述。线性差分方程的一般形式为：

$$a_0c(k+n)+a_1c(k+n-1)+\cdots+a_{n-1}c(k+1)+a_nc(k)$$

$$=b_0r(k+m)+b_1r(k+m-1)+\cdots+b_{m-1}r(k+1)+b_nr(k) \tag{1.2}$$

工业计算机控制系统就是典型的离散系统。

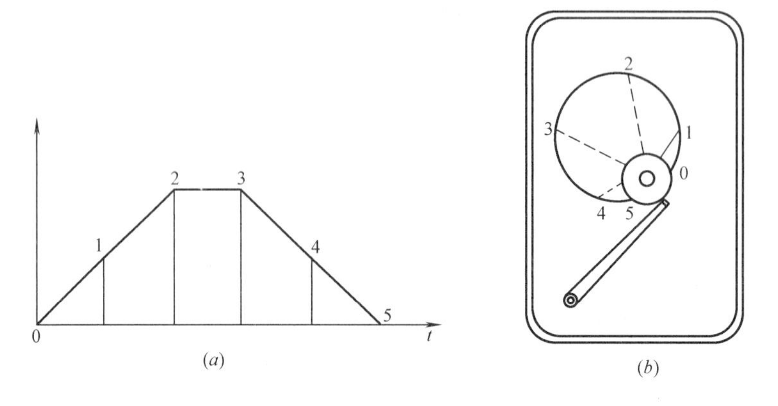

图 1.9　程序给定示意图
(a) 时间程序曲线；(b) 时间程序给定凸轮

6. 非线性控制系统

系统中只要有一个元部件的输入—输出特性是非线性的，这类系统就是非线性系统，一般用非线性微分方程（或差分方程）描述系统特性。非线性方程的特点是系数与变量有关，或者方程中含有变量及其导数的高次幂或乘积项，例如：

$$y(t)+y(t)y(t)+y^3(t)=r(t)$$

$$y(t)=r(t)\cos(\omega t) \tag{1.3}$$

严格地说，实际物理系统中都有不同程度的非线性元部件，例如放大器和电磁元件的饱和特性，运动部件的死区、间隙、摩擦等特性。由于非线性方程在处理上较困难，对于一些非线性程度不十分严重的部件，可采用在小范围内线性化的方法，将非线性控制系统近似为线性系统。

7. SISO 系统和 MIMO 系统

按照输入信号和输出信号的数目，可分为单输入—单输出（SISO）系统和多输入—多输出（MIMO）系统。SISO 系统通常称为单变量系统，这种系统只有一个输入（不包括扰动输入）和一个输出。MIMO 系统通常称为多变量系统，这种系统有多个输入和多个输出。单变量系统可以作为多变量系统的特例。

1.2　传递函数与环节特性

1.2.1　方块图和传递函数

自动控制系统中每个组成环节的特性将对控制过程起什么影响？为了达到预定的控制要求，应构成怎样的控制回路？应选择怎样的控制器特性？为了解决这些问题，常应用方块图和传递函数作为分析的基本手段，对自动控制系统进行进一步的分析。方块图和传递函数是自动化理论的重要基础。

在自动控制理论中，常以微分方程的方式描述输出信号与输入信号的关系。例如图 1.10 所示的阻容电路，在输出电压 u_c 与输入电压 u_i 之间有如下关系：

$$\frac{du_c}{dt}=\frac{1}{RC}(u_i-u_c) \qquad (1.4)$$

式中 R——电阻；

C——电容。

用微分方程来描述环节或系统的关系，不仅复杂，而且求解十分麻烦。为此，更常见的是进行拉普拉斯变换（简称拉氏变换）。

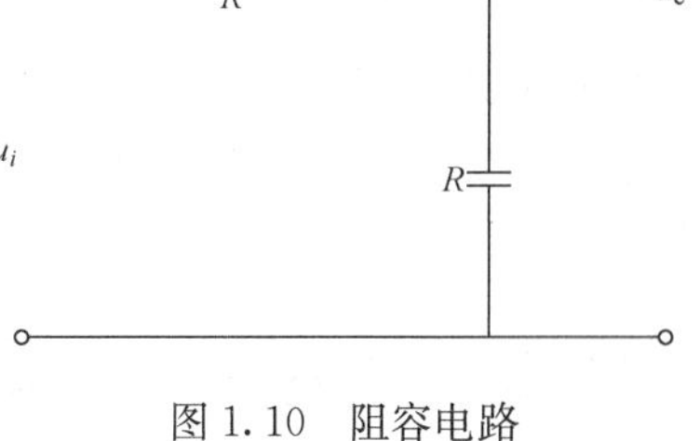

图 1.10 阻容电路

拉氏变换是一种积分变换，将微分积分函数转化为代数幂函数形式，将微分方程转化为代数方程，是一种简化运算的手段。关于拉氏变换的详细内容可参考有关的数学书籍。在此仅简单介绍它的应用方法。

拉氏变换把一个时间函数 $f(t)$ 变换为另一个复变量 s 的函数 $F(s)$。也正像对于一个数可以找出它的对数值一样，对于一个时间 t 域内的函数 $f(t)$，可以找出它的复变量 s 域的变换式 $F(s)$。例如，对于阶跃函数 $f(t)=A$，它的拉氏变换式是 $F(s)=\frac{A}{s}$，$f(t)$ 与 $F(s)$ 是一一对应的，可以认为 $F(s)$ 是 $f(t)$ 的映像，$f(t)$ 称原函数，$F(s)$ 为像函数。

拉氏变换表示为：$F(s)=L[f(t)]$

拉氏反变换表示为：$f(t)=L^{-1}[F(s)]$

用拉氏变换进行计算时，有现成的变换表可查，见表 1.1。

拉氏变换表 **表 1.1**

$f(t)=\begin{cases}0 & t\leqslant 0\\ f(t) & t>0\end{cases}$	$F(s)=\int_0^{\infty}f(t)e^{-st}dt$	$f(t)=\begin{cases}0 & t\leqslant 0\\ f(t) & t>0\end{cases}$	$F(s)=\int_0^{\infty}f(t)e^{-st}dt$
A	A/s	$e^{-at}t^n$	$n!/(s+a)^{n+1}$
t	$1/s^2$	$e^{-at}\sin\omega t$	$\omega/[(s+a)^2+\omega^2]$
tn	$n!/s^{n+1}$	$e^{-at}\cos\omega t$	$s+a/[(s+a)^2+\omega^2]$
e^{-at}	$1/s+a$	$\frac{df(t)}{dt}$[即 $f'(t)$]	$sF(s)$
$\frac{1}{T}e^{-\frac{t}{T}}$	$\frac{1}{Ts+1}$	$\frac{d^2f(t)}{dt^2}$[即 $f''(t)$]	$s^2F(s)$
$\sin\omega t$	$\frac{\omega}{s^2+\omega^2}$	$\int f(t)dt$	$\frac{F(s)}{s}$
$\cos\omega t$	$\frac{s}{s^2+\omega^2}$	$f(t-\tau)$	$e^{-\tau s}F(s)$

在自动控制理论中，人们常常把输入信号拉氏变换用 $X(s)$ 代替，输出信号拉氏变换用 $Y(s)$ 代替。将微分方程变为拉氏变换代数方程的方法。

（1）分别用 $X(s)$、$Y(s)$ 代替 $X(t)$、$y(t)$；

（2）用 s 代替 $\frac{d}{dt}$ 或 s^2 代替 $\frac{d^2}{dt^2}$；

(3) 用$\frac{1}{s}$代替$\int \mathrm{d}t$；

(4) 常数不变，即 $L[Af(t)]=AF(s)$。

于是图 1.13 所示的阻容环节，其一般拉氏变换式为：

$$(RCs+1)Y(s)=X(s) \tag{1.5}$$

若输入信号 $X(t)$ 是一个幅度 E 的阶跃信号，则

$$Y(s)=\frac{1}{RCs+1}\cdot\frac{E}{s}=-\frac{RCE}{RCs+1}+\frac{E}{s} \tag{1.6}$$

也可查表反变换

$$y(t)=E(1-\mathrm{e}^{-\frac{t}{RC}}) \tag{1.7}$$

分析自动控制系统，应用拉氏变换的方法比用微分方程法要简单，若再配以方块图形式，会更加清楚和简单。

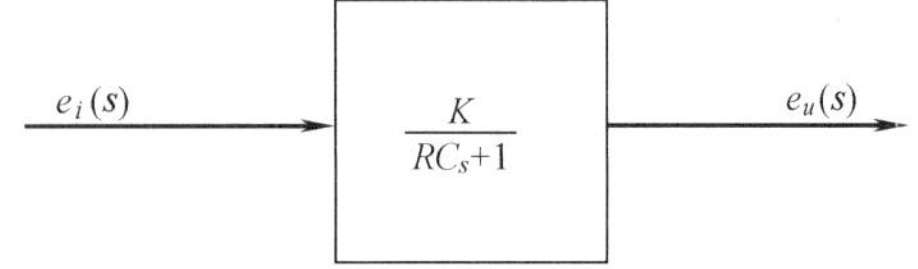

图 1.11 环节方块图

前面曾介绍过方块图，一个方块代表一个环节。在方块中填入微分方程的拉氏变换式，把输出和输入的变换式分别写在方块的输出箭头线和输入箭头线上，就可直接看出各环节的联系，及环节对信号的传递过程，如图 1.11。

方块内的拉氏变换即传递函数。传递函数可用来描述环节或自动控制系统的特性。可以将输入—输出关系一目了然地表示出来。传递函数定义为：一个环节或一个自动控制系统，输出拉氏变换与输入拉氏变换之比。用 $Y(s)$ 代表输出的拉氏变换，用 $X(s)$ 代表输入的拉氏变换，则传递函数可表示为：

$$G(s)=\frac{Y(s)}{X(s)} \tag{1.8}$$

式中 $G(s)$——环节或系统的传递函数。

传递函数方法，实际上就是用以 s 为变量的代数方程，代替了以 t 为变量的微分方程，来表示系统或环节的固有的动态特性。环节的传递函数与外界输入到该环节的输入信号无关，它的形式只决定于环节或系统的内部结构。

式 (1.8) 展示了 $G(s)$、$Y(s)$、$X(s)$ 三者之间的关系。对于已知传递函数的系统或环节，输入一个特定信号 $X(s)$ 时，将式 (1.8) 变为 $Y(s)=G(s)\cdot X(s)$，就可分析出系统或环节的输出随时间变化的规律，这为我们分析系统提供了方法。当系统或环节的物理过程不清，不知其传递函数时，可以输入一特定信号$X(s)$，通过对输出的观察记录得到 $Y(s)$，再通过式 (1.8)，就可求出该环节或系统的传递函数。这就是利用实验方法求取系统或环节传递函数的过程。如果根据工程需要，预期得到系统或环节在特定 $X(s)$ 情况下的输出特性 $Y(s)$，可根据式 (1.8) 构造出这个系统或环节的传递函数，这属于系统设计问题。

关于传递函数的几点说明：

(1) 传递函数是经拉氏变换导出的，拉氏变换是一种线性积分运算，因此传递函数的概念只适用于线性定常系统；

（2）传递函数完全取决于系统内部的结构参数；

（3）传递函数只表明一个特定的输入、输出关系。同一系统，取不同变量作输出，以给定值或不同位置的干扰为输入，传递函数将各不相同；

（4）传递函数是在零初始条件下建立的，因此它只是系统的零状态模型，而不能完全反应零输入响应的动态特征，此即传递函数作为系统动态数学模型的局限性。

（5）设定零初始条件，即系统在 $t=0$ 时处于相对平衡状态，各变量对平衡点的增量为零。从这一基准上考察系统被控变量复现给定值的动态过程以及抗干扰的动态过程是切合实际的，是被自动化工程技术人员所接受的，零初始条件在多数实际系统中较容易设置。

1.2.2 典型环节的动态特性及传递函数

自动控制系统乃是一个由一些环节所组成的总体，这些环节的基本功能是测量被控变量，揭示它对给定值的偏移，形成控制信号，放大这类信号，移动控制机构等。

在分析研究自动控制系统时（如研究稳定性或过渡过程时），把自动控制系统按它们的功能或构造来分类并不适宜，应该按其动态特性来分类。从这个观点出发，构造、原理不同的各种元件、装置，有些是可以用相同的微分方程来描述的，因而，它们的传送函数或动态特性也相同。根据这一点，各种自动控制系统的所有环节都可以用为数不多的几种基本典型环节来概括。如果我们能够熟练掌握这些基本环节的动态特性，了解其典型的几种连接方式，在分析自动控制系统时就会非常方便。下面对几种基本的典型环节及其动态特性予以介绍。

1. 比例环节

比例环节也称放大环节。图 1.12 所示的杠杆机构、齿轮传动机构及电子放大器都是这种环节的实例。

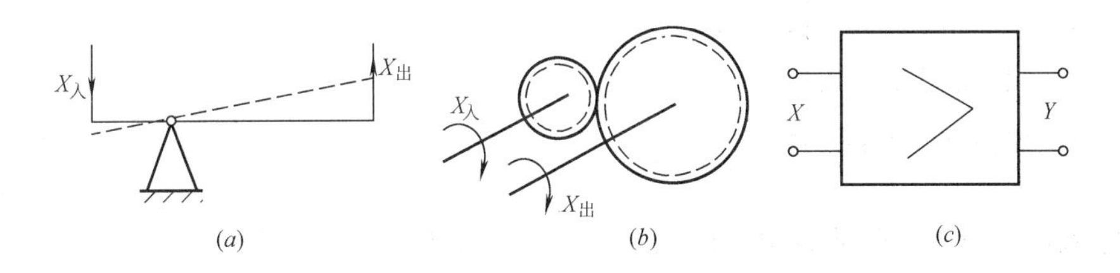

图 1.12 比例环节实例

（a）杠杆机构；（b）齿轮转动机构；（c）放大器

这种环节的特点是：当输入信号变化时，输出信号会同时以一定的比例复现输入信号的变化，其传递函数：

$$G(S)=\frac{Y(s)}{X(s)}=K \tag{1.9}$$

式中 K——比例系数或称放大系数。它表示输出信号与输入信号间的比值。比例系数是比例环节的特征参数，在相同输入信号情况下，K 值越大，输出越大。

若在环节的输入端加一个 $X(t)=A$ 的阶跃变化时，输出信号 $y(t)$ 随时间变化的规律如图 1.13 所示。

2. 一阶环节

一阶环节也称一阶惯性环节。图 1.14 所示是一个自由出水的水池。假设进水量是 Q_i，出水量是 Q_0，当两者相等时，池内液位高度为 L。在某一时刻 Q_i 有了一个阶跃变化 ΔQ_i，槽内液位 L 变化曲线如图 1.15 所示。

阻容电路（图 1.10）的情况与此相似，在输入信号作阶跃变化后，输出参数的变化曲线（亦称阶跃响应曲线、飞升曲线或反应曲线）具有与图 1.15 相同的形状，只是变化速度不一定相同。

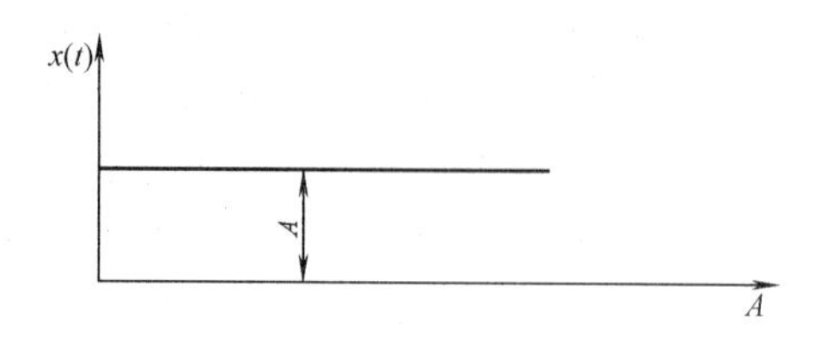

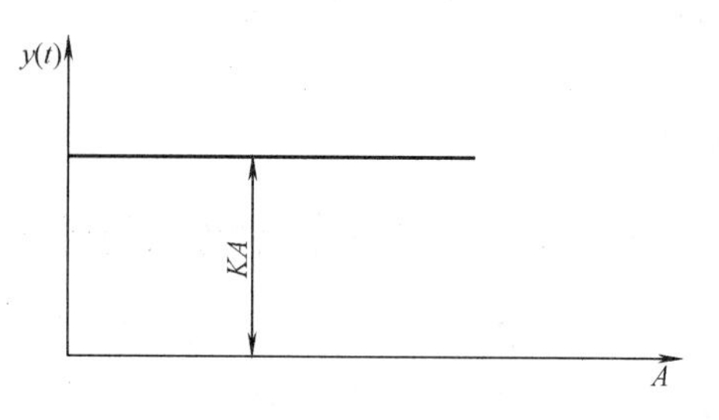

图 1.13　比例环节动态特性

其传递函数为：

$$G(s)=\frac{K}{Ts+1} \tag{1.10}$$

更一般地，无论物理过程有何不同，凡具有这种传递函数的环节，称为一阶环节。

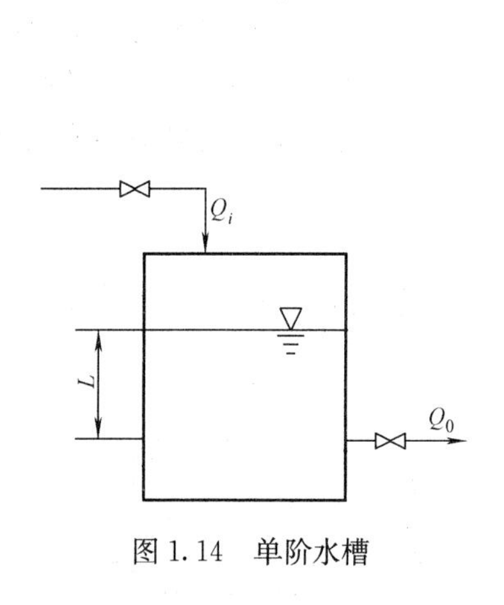

图 1.14　单阶水槽

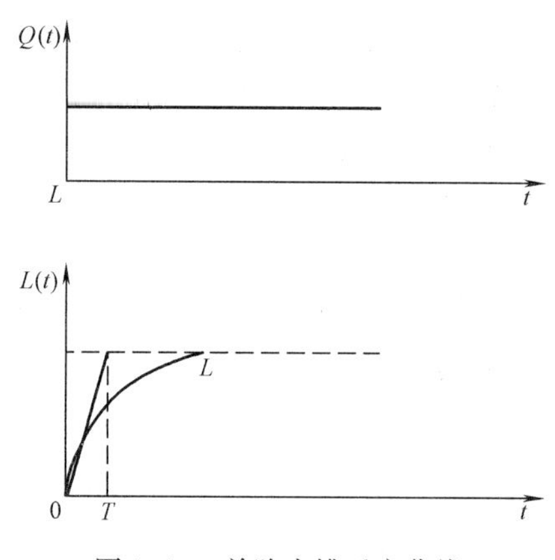

图 1.15　单阶水槽反应曲线

当输入信号 $X(t)$ 作阶跃输入时，$X(s)=\frac{A}{s}$，其输出 $Y(s)$ 为：

$$Y(s)=\frac{K}{Ts+1}\cdot\frac{A}{s} \tag{1.11}$$

对上式进行拉氏反变换有：

$$y(t)=L^{-1}\left[\frac{K}{Ts+1}\cdot\frac{A}{s}\right]=KA(1-\mathrm{e}^{-\frac{t}{T}}) \tag{1.12}$$

根据式（1.12）可给出一阶环节的曲线图如图 1.16 所示。很明显，它是一条指数曲线，它的变化过程平稳，不做周期改变，也称作非周期环节。当输入信号 $x(t)$ 做阶跃变化后，输出信号 $y(t)$ 立刻以最大速度开始变化，曲线斜率最大，而后变化速度开始放慢，并越来越慢，经过相当长的时间后，逐渐趋于平直，最后达到一个新的稳定状态。由数学分析可知，$y(t)$ 的变化速度在 $t=0$ 时刻最大，为$\frac{KA}{T}$，随着时间变化会越来越慢。当 $t\to\infty$时，变化率为零，$y(t)=KA$ 达到新的稳态值。

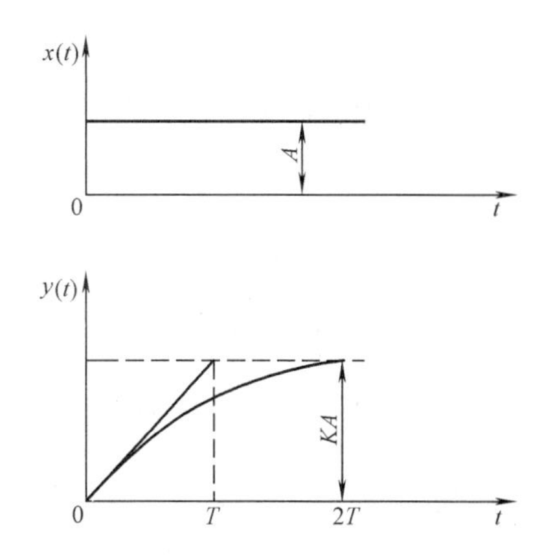

图 1.16 一阶非周期环节反应曲线

因此，K 和 T 是两个关键参数，其数值大小直接影响环节输出的大小和变化速度。这两个参数是非周期环节的特征参数。

(1) 放大系数 K

它表示输出信号稳态值 $y(t)$ 对输入信号稳态值 $x(t)$ 的比值，K 是环节的静态参数。用终值定理可求得输出终值$\lim\limits_{t\to\infty}y(t)=KA$。

放大系数 K 决定了环节在过渡过程结束后的新的稳态值，在相同输入信号下，K 值越大，达到新的稳态输出值越大。

K 值大小与环节结构形状、尺寸大小及工作特征有关。

(2) 时间常数 T

它是环节的动态参数，下面着重分析它的物理意义。

1) 当输入 $x(t)=A$ 时，其输出 $y(t)$ 在 $t=0$ 时的速度为：

$$\left.\frac{\mathrm{d}y(t)}{\mathrm{d}t}\right|_{t=0}=\left.\frac{KA}{T}\cdot \mathrm{e}^{-\frac{t}{T}}\right|_{t=0}=\frac{KA}{T} \tag{1.13}$$

若输出信号 $y(t)$ 以此恒速上升，达到稳态值 KA 时所用时间就是 T。T 越大，则输出信号趋向稳态值所需时间越长，环节的反应越慢。因此，T 表征了环节的“惯性”。

为了改善动态性能，提高环节的反应速度，必须减少时间常数 T 值。

2) 当输入为 $X(t)=1$，输出 $y(t)$ 实际上沿其指数曲线上升，当 $y(t)$ 到达稳态值的 0.632 倍处时，所历经时间的数值恰好为时间常数 T。由式 (1.10) 推导得到：

$$y(t)\big|_{t=T}=K(1-\mathrm{e}^{-\frac{t}{T}})\big|_{t=T}=0.632K \tag{1.14}$$

根据式 (1.10) 还可算出 $t=1T$，$2T$，$3T$，$4T$ 的输出值。当 $t=4T$ 时，输出达稳态值的 98%。一般对非周期环节来讲，可将 $4T$ 视为其过渡过程时间。

各种电、液、气、机、热元件，虽然其物理过程各异，但是它们的时间常数都由阻力与容量所决定。阻力 R 是耗能元件，容量 C 是储能元件，两者的数值决定了时间常数的大小，$T=RC$，这同阻容电路是一样的。

在几个非周期环节串联的情况下，如果某一环节与其他环节相比时间常数很小，可以忽略，就把它当作比例环节来处理，可使问题大为简化。例如在温度调节系统中，调节对象的时间常数可能长达几十分钟，如果采用小惯性热电耦来测量，它作为非周期环节时间常数可能只有 20s～30s，在这种情况下，可把热电耦近似地看做比例环节。

比例环节是当 $T\to0$ 时的非周期环节。串联环节之间，时间常数之比大于10∶1，时间常数小的非周期环节可近似地作为比例环节。

3. 积分环节

具有如下传递函数的环节称为积分环节：

$$G(s)=\frac{K}{T_i s} \tag{1.15}$$

式中　T_i——积分时间；

K——比例系数。

图 1.17 所示定量排水的水池、电动机等都是具有积分特性的实例。

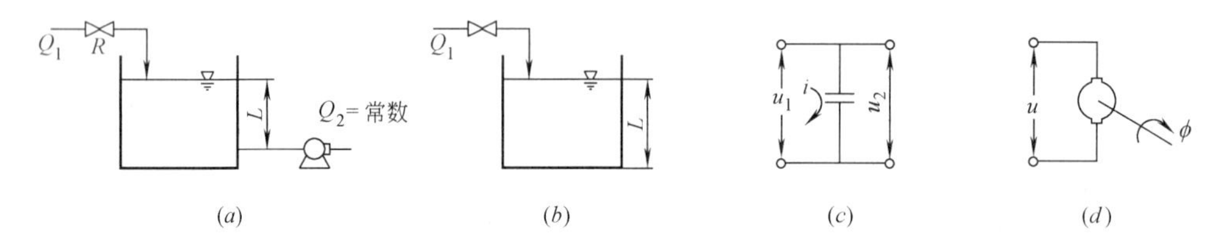

图 1.17　积分环节实例

(a) 定量排水的水槽；(b) 无出水的水槽；(c) 电容恒流充电；(d) 电动机

当这些环节的输入信号做阶跃变化时，它们的输出信号将等速地一直变化到最大或最小。在图 1.17 中，水池的水由泵定量排出，若进水流量阶跃增加时，进出物料平衡被破坏，进料多丁出料，于是物料的积存便使液位不断地增高，直到溢出为止。它的反应曲线如图 1.18 所示。

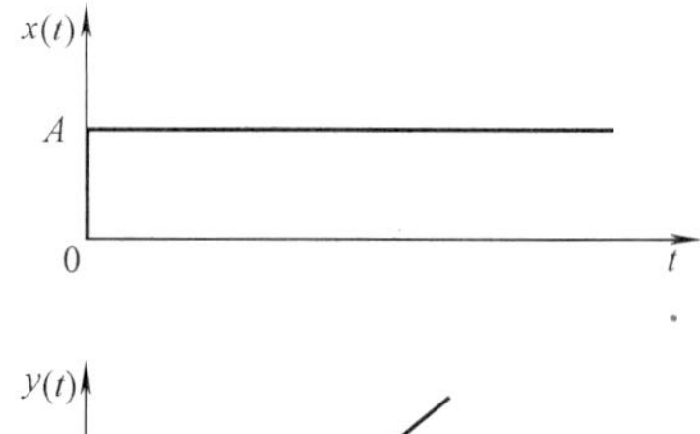

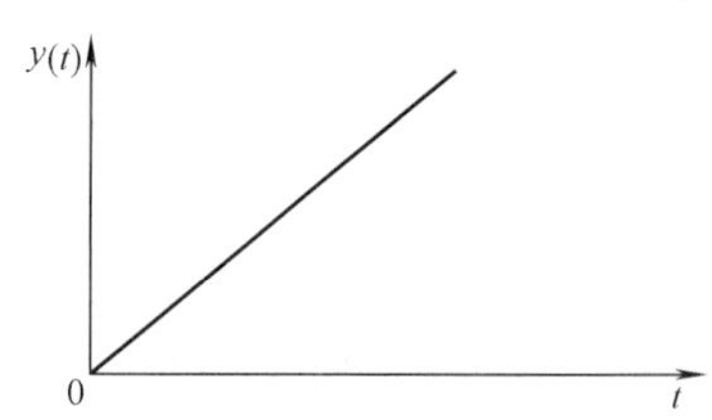

图 1.18　阶跃输入积分环节反应曲线

积分环节的输出与输入间的关系是：

$$y(t)=\frac{K}{T_i}\int x(t)\mathrm{d}t \tag{1.16}$$

从式 (1.16) 可以看出，积分环节的输出信号正比于输入信号对时间的积分。当 $x(t)=A$ 时，$y(t)=\frac{K}{T_i}A\cdot t$，即只要有输入信号存在，输出信号就一直等速地增加或减小，随着时间而积累变化。积分环节由此而得名。

式 (1.16) 中 T_i 和 K 分别为积分环节的积分时间和比例系数，它们的物理意义可以从式 (1.16) 看出。积分环节输出信号的变化速度，即积分速度为：

$$\frac{\mathrm{d}y(t)}{\mathrm{d}t}=\frac{K}{T_i}\cdot x(t) \tag{1.17}$$

当输入信号作幅度为 A 的阶跃变化时，$\frac{\mathrm{d}y(t)}{\mathrm{d}t}=\frac{K}{T_i}\cdot A$ 是一个常量，输出信号是等速变化的。很明显，积分时间 T_i 越短，输出变化速度越快，积分反应曲线越陡。因此积分时间 T_i 反映了积分作用的强弱，T_i 值小，积分作用强。

4. 微分环节

(1) 理想微分环节

在理想情况下，微分环节的输出量与输入量的变化速度成正比：

$$y(t)=T_{\mathrm{d}}\frac{\mathrm{d}x(t)}{\mathrm{d}t} \tag{1.18}$$

它的传递函数是：

$$G(s)=T_{\mathrm{d}}s \tag{1.19}$$

式中 T_{d} 称为微分时间常数，是反映微分作用强弱的特征参数，T_{d} 愈大，微分作用愈强。

在阶跃输入信号作用下，微分环节的反应曲线如图 1.19 所示，由于阶跃信号的特点是在信号加入瞬间变化速度极大，所以微分环节的输出信号也极大。但由于输入信号马上就固定于某一个常数，不再变化了，即$\frac{\mathrm{d}x(t)}{\mathrm{d}t}=0$，因此输出$y(t)$也立即消失，则 $y(t)=0$。显然，在阶跃输入信号下，微分环节的反应曲线只是跳动一下而已，不能明显地反映其特性。为了能明显地突出微分环节的特征，一般采用等速信号作为输入信号，即$\frac{\mathrm{d}x(t)}{\mathrm{d}t}=m$（常数）。在这种情况下微分环节的输出 $y(t)=T_{\mathrm{d}}\cdot m$，其反应曲线如图 1.20 所示。

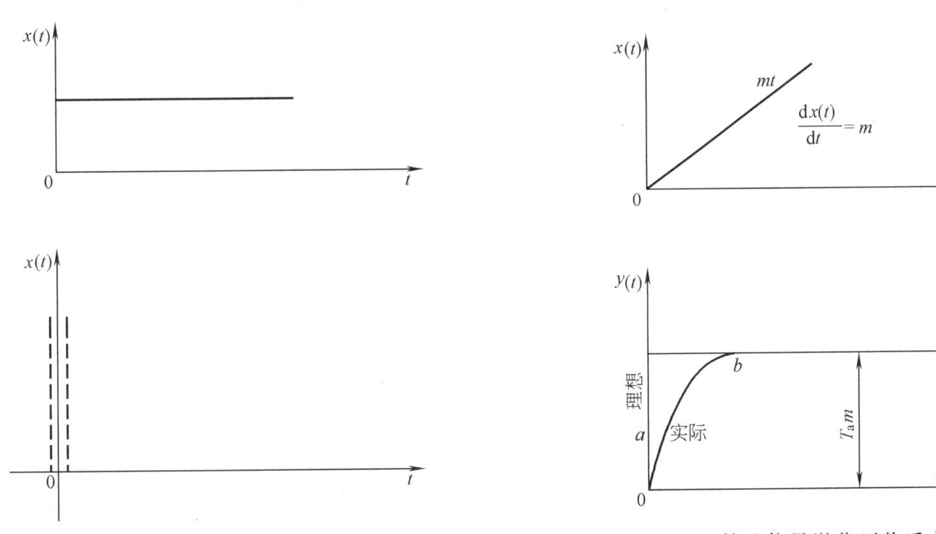

图 1.19 阶跃输入微分环节反应曲线

图 1.20 等速信号微分环节反应曲线

由此可见，微分作用的输出变化与微分时间和输入信号的变化速度成比例，而与输入信号的大小无关，即输入信号变化速度愈快，微分时间越长，微分环节的输出信号也愈大。在输入信号刚加入的瞬间，其量值还很小，但输出信号却已有较大的变化，起到了超前反应的作用，所以微分环节也称超前环节。

（2）实际微分环节

上面介绍的是理想微分特性。实际上由于运动的惯性作用，输出信号的变化总是有一点滞后的，因此实际微分环节与理想微分环节是有差异的，是具有惯性的环节。从图 1.20 中 a 和 b 两条曲线可以看出这种差异。

5. 纯滞后环节

纯滞后环节也是一种常见的环节，如图 1.21 所示的履带输送装置。若在某一时刻，输入流量突然变化 ΔQ_i，由于物料经过履带输送，需要经过一定时间 τ，才能达到输送机另一端的漏斗中，漏斗流出的流量 Q 要经过时间 τ 后才开始变化。这段时间称为滞后时间，$\tau=\dfrac{l}{v}$，它决定于履带长度 l 和传动速度 v。这种滞后也称距离—速度滞后，其反应曲线如图 1.22 所示。

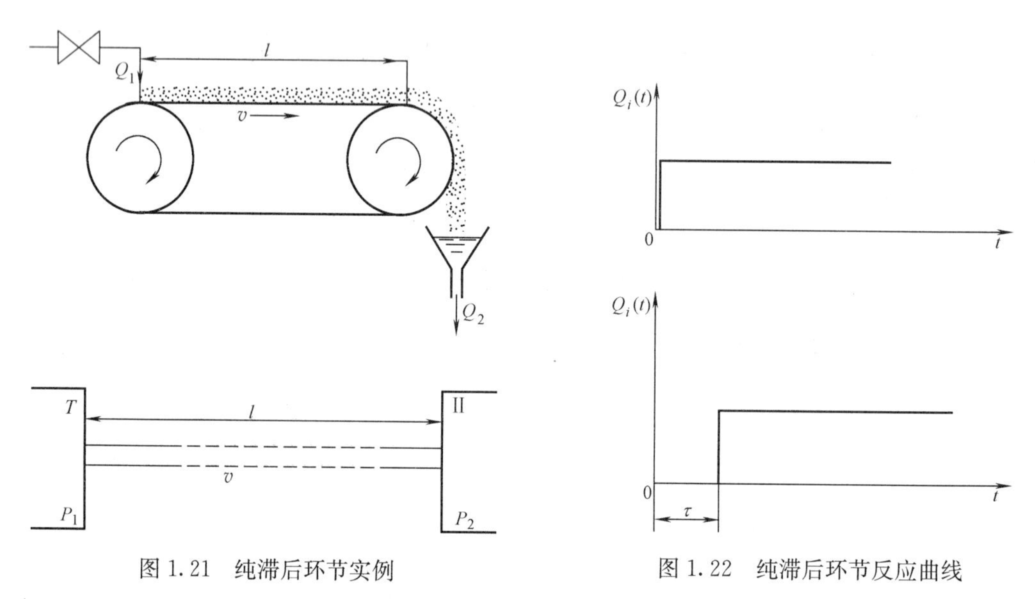

图 1.21　纯滞后环节实例

图 1.22　纯滞后环节反应曲线

纯滞后环节的特性是：当输入信号产生一个阶跃变化时，它的输出信号既不是立刻反映输入信号的变化，也不是慢慢地反映，而是要经过一段纯滞后时间 τ 以后才等量地复现输入信号的变化。

纯滞后环节的动态特性可用下式描述：

$$y(t)=\begin{cases}0 & 0\leqslant t\leqslant\tau \\ x(t-\tau) & t>\tau\end{cases} \tag{1.20}$$

这种环节的传递函数为：

$$G(s)=e^{-\tau s} \tag{1.21}$$

式中的 τ 是纯滞后环节的特征参数。

1.3　自动控制系统的过渡过程及品质指标

1.3.1　典型输入信号

一个系统的时间响应，不仅取决于系统本身的结构与参数，而且还同系统的初始状态以及加在系统上的外作用信号有关。实际上的控制系统，它的输入信号和受到的干扰是不同的，甚至事先无法知道，而且，系统的初始状态也会不同。在分析和设计系统时，为了比较系统性能的优劣，对于外作用信号和初始状态做典型化处理。规定控制系统的初始状态均为零状态，即在外作用信号加于系统的瞬时（$t=0$）之前，系统是相对静止的，被控量和各阶导数相对于平衡工作点的增量为零。规定了一些具有特殊形式的试验信号作为系统的输入信号，这些典型的输入信号反映系统的大部分实际情况，还应尽可能简单，便于分析处理，并且应是对系统工作最不利的信号。

（1）阶跃函数

阶跃函数如图 1.23（a）所示，其表达式为：

$$r(t)=\begin{cases}0 & t<0\\ a & t\geqslant 0\end{cases}$$

指令的突然转换，电源的突然接通，负荷的突变等，均可看做阶跃作用。

当 $a=1$ 时，叫单位阶跃函数，记作 $l(t)$，则有：

$$l(t)=\begin{cases}0 & t<0\\ 1 & t\geqslant 0\end{cases}$$

单位阶跃函数的拉氏变换：

$$a(s)=L[l(t)]=\frac{1}{s} \qquad (1.22)$$

（2）速度函数（斜坡函数）

速度函数如图 1.23（b）所示，其表达式为：

$$r(t)=\begin{cases}0 & t<0\\ at & t\geqslant 0\end{cases}，a\ 为常量$$

大型船闸匀速升降，数控机床加工斜面时的进给指令均可看做是斜坡作用。

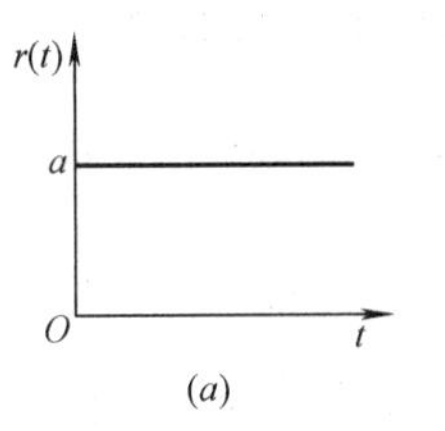

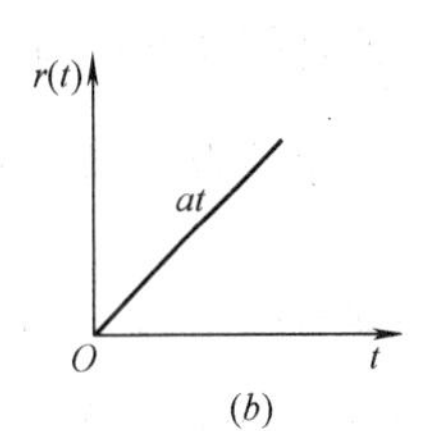

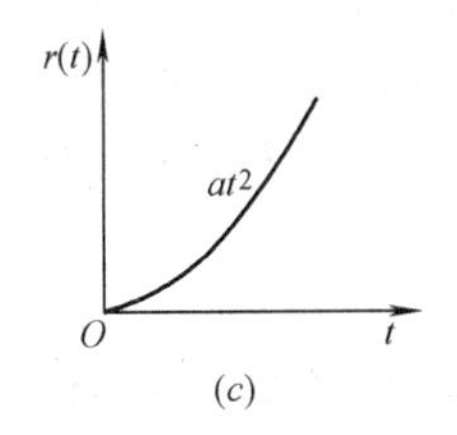

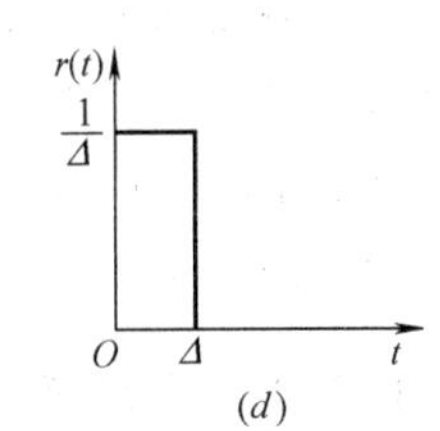

图 1.23 典型输入信号

（a）阶跃函数；（b）速度函数；（c）加速度函数；（d）脉冲函数

当 $a=1$ 时，$r(t)=t$，称为单位速度函数。速度函数的拉氏变换：

$$R(s)=L[at]=\frac{a}{s^2} \qquad (1.23)$$

（3）加速度函数（抛物线函数）

加速度函数如图 1.23（c）所示，其表达式为

$$r(t)=\begin{cases}0 & t<0\\ at^2 & t\geqslant 0\end{cases}，a\ 为常量$$

当 $a=1/2$ 时，称为单位加速度函数。加速度函数的拉氏变换：

$$R(s)=L[at^2]=\frac{2a}{s^3} \qquad (1.24)$$

（4）脉冲函数

实际的脉冲函数常称为脉动函数，如图 1.23（d）所示，其表达式为：

$$r(t)=\begin{cases}0 & t<0,t>\Delta\\ \dfrac{1}{\Delta} & 0<t<\Delta\end{cases}$$

式中，Δ 为脉动宽度，$1/\Delta$ 为脉动高度。

若对脉动函数的宽度 Δ 取极限，则得单位脉冲函数 $\delta(t)$，其数学描述为：

$$\delta(t)=\begin{cases}\infty & t=0\\ 0 & t\neq 0\end{cases} \quad \text{且} \int_{-\infty}^{+\infty}\delta(t)\mathrm{d}t=1$$

单位脉冲函数的拉氏变换：

$$R(s)=1$$

幅值为无穷大，持续时间为零的脉冲 $\delta(t)$ 在现实中是不存在的，它是数学上的假设，但在系统分析中很有用处。脉动电压信号、冲击力、阵风等可近似看做脉冲作用。

四种典型单位输入函数间有一定的关系。按单位脉冲函数、单位阶跃函数、单位斜坡函数、单位抛物线函数的顺序排列，前者是后者的导数，如 $\frac{\mathrm{d}}{\mathrm{d}t}\left(\frac{1}{2}t^2\right)=t$，$\frac{\mathrm{d}}{\mathrm{d}t}(t)=1$；而后者是前者的积分，如 $\int\delta(t)\mathrm{d}t=1(t)$。因此，在分析线性系统时，只需知道一种输入函数的输出时间响应就可以确定另外一种输入函数的输出响应。

实际应用时采用哪种典型输入信号，取决于系统常见的工作状态。同时，在所有可能的输入信号中，一般选取最不利的信号作为系统的典型输入信号。例如，水位调节系统和温度调节系统，以及工作状态突然改变或突然受到恒定输入作用的系统，都可以来用阶跃函数作为输入信号。

1.3.2　自动控制系统的静态与动态

一个自动控制系统，当被控参数不随时间变化，也即被控参数变化率等于零的状态，称为系统的静态；而把被控参数随时间变化的状态称为动态。

（1）静态

当一个自动控制系统的输入恒定不变时，既不改变给定值又没有干扰，整个系统就会处于一种相对平衡的静止状态。这时候物料出进平衡，生产稳定，自动控制系统的各组成环节（如变送器、控制器和执行装置）都暂不动作，从记录仪表上看，被控参数变化过程呈一条直线，这时系统就处在静态。

自动控制系统的静态过程是暂时的、相对的和有条件的。

（2）动态

生产过程中干扰不断产生，自动控制系统的静态随时被打破，使被控参数变化。在工厂的控制室看到记录仪表记录的各种各样形状的曲线，就反映了控制作用克服干扰的过程。在这个过程中，系统诸环节都处于运动状态，所以称为动态。必须指出，在自动化工作中，了解系统静态是必要的，但是了解系统的动态更为重要。干扰引起系统变化后，系统能否再重新建立新的平衡，这是系统的动态情况。因此，研究自动控制系统，重点是研究系统的动态，即自动控制系统的过渡过程。

1.3.3　自动控制系统的过渡过程

自动控制系统在动态过程中被控量是不断变化的，这种随时间而变化的过程称为自动控制系统的过渡过程，也就是系统由一个平衡状态过渡到另一个平衡状态的全过程，或者说是自动控制系统的控制作用不断克服干扰影响的全过程。

生产过程总是希望被控参数保持不变，然而这是很难办到的。原因是干扰的客观存在，系统受到干扰后，被控参数就要变化。典型过渡过程如图 1.24 所示。

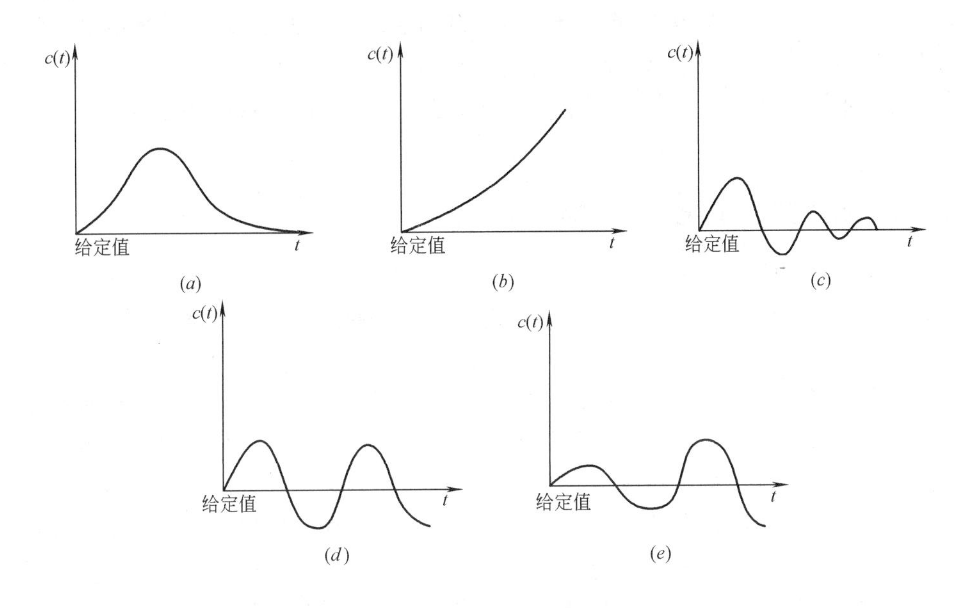

图 1.24 过渡过程的几种基本形式

(*a*) 单调过程；(*b*) 非周期发散过程；(*c*) 衰减振荡过程；(*d*) 等幅振荡过程；(*e*) 发散振荡过程

(1) 单调过程

被控变量在给定值的某一侧做缓慢变化。最后能回到给定值，如图 1.24 (*a*) 所示。

(2) 非周期发散过程

被控变量在给定值的某一侧，逐渐偏离给定值，而且随时间 t 的变化，偏差越来越大，永远回不到给定值，如图 1.24 (*b*) 所示。

(3) 衰减振荡过程

被控变量在给定值附近上下波动，但振幅逐渐减小，最终能回到给定值，如图 1.24 (*c*) 所示。

(4) 等幅振荡过程

被控变量在给定值附近上下波动且振幅不变，最终也不能回到给定值，如图 1.24 (*d*) 所示。

(5) 发散振荡过程

被控变量在给定值附近来回波动，而且振幅逐渐增大，偏离给定值越来越远，如图 1.24 (*e*) 所示。

以上 5 种过程可以归纳为两类：

第一类称为稳定的过渡过程，如图 1.24 (*a*) 和 1.24 (*c*) 所示，它表明当系统受到干扰，平衡被破坏，但经过控制器的工作，被控变量能逐渐恢复到给定值或达到新的平衡状态，这是我们所希望的。

第二类称为不稳定的过渡过程，如图 1.24 (*b*)、(*e*)、(*d*) 所示。图 1.24 (*b*)、(*e*)

所示的过程是被控变量随时间的增长而无限地偏离给定值，一旦超过生产允许的极限值就可能发生严重事故，造成不应有的损失，这样的过渡过程是绝对不能采用的。图 1.24（*d*）所示的过程是介于稳定和不稳定过渡过程之间的一种临界状态，在实际生产中也把它归于不稳定的范畴，因为这意味着组成系统的各种设备、机构等将不断频繁地来回动作，各种参数也将不断大幅度地来回波动，这在实际生产中一般是不允许的。当然对于某些控制质量要求不高的场合，如果被控变量的波动是在工艺的允许范围之内，有时也有可能采用。

1.3.4　自动控制系统的品质指标

1. 对控制系统的要求

自动控制作为重要的技术手段，能够解决哪类性质的工程问题，承担什么样的技术任务呢？

任何技术设备、机器和生产过程都必须按要求进行。例如，要想发电机正常供电，其输出电压必须保持恒定，尽量不受负荷变动的干扰；要想数控机床加工出高精度零件，其刀架的进给量必须推确地按照程序指令的设定值变化；要想热处理炉提供合格的产品，其炉温必须严格地按规定操纵，等等。其中发电机、机床、热处理炉是工作的主体设备，而电压、进给量、炉温则是表征这些设备工况的关键参数。那么额定电压、设定的进给量、规定的炉温就是在设备运行中对工况参数的具体要求。这样我们就可将被操纵的机器设备称做被控对象，将表征其工况的关键参数称做被控变量，而将这些工况参数所希望所要求达到的值称做给定值。不难想象，控制系统的任务就是使被控对象的被控变量按给定值变化。

通常将系统受到给定值或干扰信号作用后，被控变量变化的全过程称为系统的动态过程。

控制精确度是衡量自动控制系统技术性能的重要尺度。一个高品质的控制系统，在整个运行过程中，被控变量对给定值的偏差应该是很小的。考虑到自控系统的动态过程在不同阶段中的特点，工程上常从“稳”、“快”、“准”三个主要方面来要求。

（1）“稳”指动态过程的平稳性

如果控制过程中出现被控变量围绕给定值摆动或振荡，首先振荡应逐渐减弱，如图 1.24（*a*）、（*c*）所示。若要像图 1.24（*b*）、（*e*）呈发散型变化，显然是无法完成控制任务的。其次是振幅和频率都不能过大，应有所限制。

（2）“快”指动态过程的快速性

振荡型过程衰减很慢，或者虽然没有振荡，但被控变量迟缓地趋向平衡状态，都将使系统长时间地出现大偏差。过程的总体建立时间应有所限制，应尽快进入稳态。

“稳”和“快”反映了系统过渡过程的性能，既快又稳，则过程中被控变量偏离给定值较小，偏离的时间短，表明系统动态精确度高。

（3）“准”指动态过程的最终精确度

最终精确度指系统进入平衡工作状态后，被控变量对给定值所达到的控制精确度。“准”则误差小，精确度高，它反映了系统后期稳态的性能。

被校对象不同，对稳、快、准的技术要求也有所侧重，随动系统对“快”要求较高，而温度控制系统对“稳”限制严格。同一系统稳、快、准是相互制约的，提高过程的快速性，常会诱发系统强烈振荡；改善平稳性，控制过程又可能延迟甚至最终精确度也有所下降。正确分析、解决这些矛盾也是自动控制理论着重讨论的重要内容。

2. 过渡过程的品质指标

自动控制系统的衰减振荡过程，品质并不一样。为评定衰减振荡过程的质量，常用五个品质指标。

图 1.25 是干扰作用影响下的过渡过程，图 1.26 是给定作用影响下的过渡过程。前者是定值控制系统的过渡过程，后者是随动控制系统的过渡过程。用曲线形式表示过渡过程是最直观的办法，这五个品质指标可以在曲线图中清楚地标出。

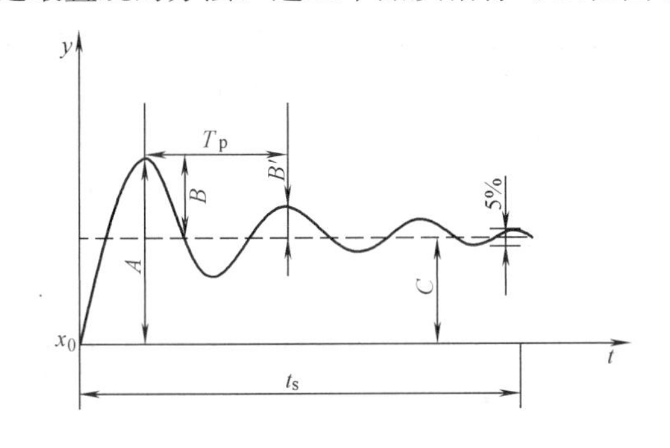

图 1.25 定值系统的过渡过程

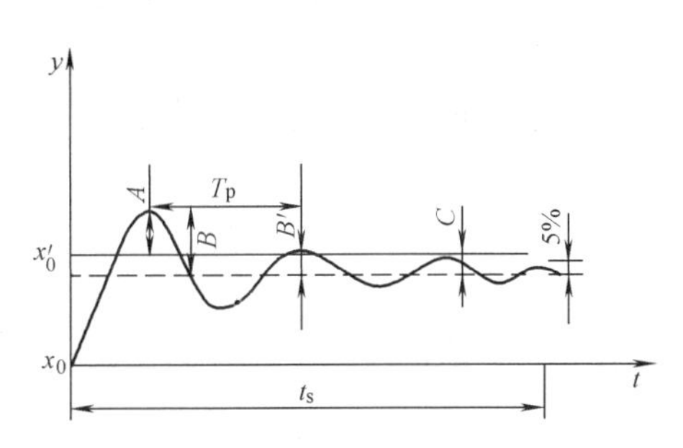

图 1.26 随动系统的过渡过程

(1) 最大偏差 A

最大偏差是指控制过程中出现的被控参数指示值与给定值的最大差值，在过渡过程曲线的第一个波峰处，图中以 A 表示。它虽是瞬时出现的偏差，但幅度最大，在一些有危险限制的系统，如某些化合物爆炸的温度极限、水处理的供水水质等，最大偏差超过了允许范围，尽管是短时间的，也会产生事故。所以，一般希望最大偏差愈小愈好。

有时也用超调量来表征在控制过程中被控参数偏离给定值的程度，在图中用 B 表示。它是第一个峰值与新稳定值之差。

(2) 过渡时间 t_s

从干扰使被控参数变化起，到控制系统又建立新的平衡状态、被控参数重新稳定为止，所经历的这一段时间叫做过渡时间，也称调节时间，在图中用 t_s 表示。严格讲，过程要真正达到稳定需要经过无限长时间，所以实际规定，当被控参数衰减到进入最终稳定值上下 5%的范围之内所经历的时间，就定义为过渡时间 t_s。过渡时间短，表示控制系统能及时克服干扰作用，很快就稳定了，控制品质就高，故希望过渡时间短些为好。

(3) 余差 C

余差就是控制过程结束，被控参数新的稳定值与给定值之差。在图中以 C 表示，并且有 $A=B+C$。$C=0$ 的控制过程称为无差调节，$C\neq 0$ 时则称为有差调节。余差的大小反映了自动控制的控制精度。一般要求余差能满足工艺要求就可以了。

(4) 衰减比 Ψ

衰减比是衡量调节过程衰减速度的指标，它用过渡曲线相邻两个波峰值的比来表示，如图中的 $B:B'$。衰减比小，过程灵敏，但波动过激，不稳定；衰减比大，过程稳定，但反应太迟钝了。一般认为衰减比为4∶1～10∶1为好。在4∶1衰减的振荡过程中，大约两个波以后就可以认为是稳定下来了，这是一个适当的过渡过程。而衰减比为10∶1时，过渡过程基本上可以认为是只有一个波。

（5）振荡周期 T_p

从一个波峰到相邻的第二个波峰之间的时间称为过渡过程的振荡周期，简称周期，倒数则称频率。在图中周期以 T_p 表示。在衰减比相同条件下，周期与过渡时间成正比。

综上所述，过渡过程的品质指标主要有：衰减比、余差、最大偏差或超调量、过渡时间、振荡周期等。对一个调节系统总是希望能够做到余差小，最大偏差小，调节时间短，回复快。但上述几个指标往往是互相矛盾的。一般讲，抑制最大偏差，就要产生较强的波动；要求余差小，相应的调节过程就要长些。因此，这些指标在不同的系统中其重要性也不相同，应根据具体情况，分清主次，保证重要的指标。

1.4　自动控制的基本方式

若从广义的角度出发，我们可以把控制器、执行器、测量变送器等组成的整体称为控制器。这样一个自动控制系统的组成，就可以简化为由控制器和被控对象所组成，如图1.27所示，图中 r_0 为给定值，c 为来自被控对象的被控变量的测量信号，e 为偏差信号。如果系统处于平衡状态，若此时被控变量偏离了给定值，这就产生了偏差信号 $e=r_0-c$，控制器接受偏差信号，按一定的控制方式发出相应的控制信号 u，驱动执行器产生相应动作，消除干扰对被控变量的影响，使被控变量回到给定值上，当 $c=r_0$ 时，偏差信号 $e=0$，系统又进入新的平衡状态。

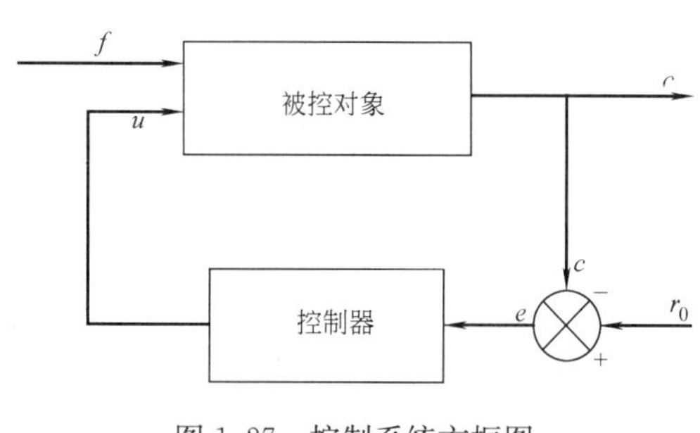

图1.27　控制系统方框图

所谓控制器的控制方式，是指控制器接受了偏差信号（即控制器的输入信号）以后，它的输出信号（即控制器发出的信号）的变化方式。简言之，就是控制器的输入信号 $e(t)$ 与其输出信号 $u(t)$ 的关系。即

$$u(t)=f[e(t)]$$

不言而喻，控制器是人设计的。因此，控制器总要按人们预先设计好的方式来动作，尽管控制器的类型多种多样，它们的结构形式和工作原理也不尽相同，但是，其基本控制方式只有位式控制、比例控制、积分控制、微分控制这4种形式。一般来说，被控对象的动态特性是难以改变的，然而，为了得到满意的控制效果，根据被控对象的要求，选择具有合适控制方式的控制器则是可行的。要选用合适的控制器，首先必须了解这几种控制方式及其特点、适用条件等。本节将对这些不同动作方式的控制器的控制效果，进行分析和比较，其所得结论具有普遍性和通用性。

1.4.1 位式控制

1. 双位控制

在给水排水工程中，双位控制仍在大量采用。图 1.28（*a*）是一水池液位控制示意图，工艺要求该水池的液面保持在一定的高度 L_0 附近。当液面低于 L_0，要打开调节阀向水池注水；若液面高于 L_0，又要关闭调节阀，停止向水池注水。为实现这一要求，采用图 1.28（*b*）的控制电路。

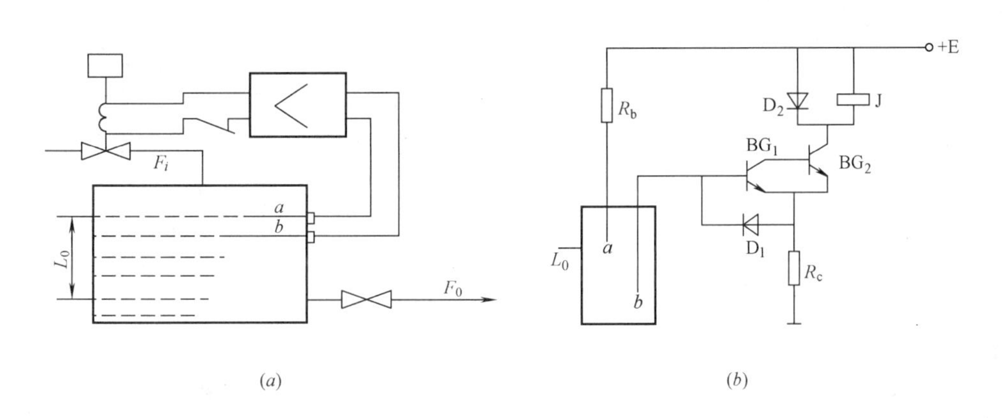

图 1.28 双位控制原理图

（*a*）水池液位控制示意图；（*b*）双位控制电路图

在水池中安装两只电极，一只安装在底部，另一只安装在 L_0 高度处，利用水导电的特性，配以晶体管开关放大器，实现水池液位控制。

当液位低于 L_0 时，电极 *a* 和 *b* 断开，晶体管放大器中的 BG_1、BG_2 截止，继电器 J 释放，利用 J 的常闭触头接通电磁阀，电磁阀吸合，向水池注水。由于进水量大于出水量，液面会不断升高，经历过一段时间后，*L* 到达 L_0，电极 *a* 与 *b* 通过液体连通，BG_1、BG_2 导通，J 吸合，电磁阀回路断电，电磁阀关闭，停止向水池注水。由于水不断地由水池底部放走，所以液位还要下降。当 *L* 低于 L_0 时，电磁阀又会开启，就这样周而复始的循环下去，使液位 *L* 在 L_0 附近一极小范围内波动。控制过程如图 1.29 所示。

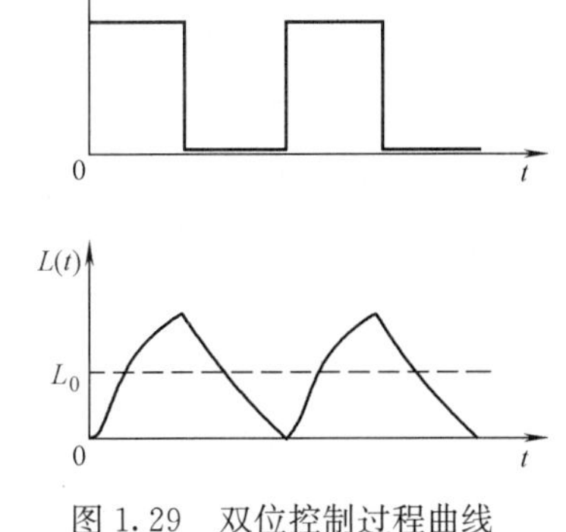

图 1.29 双位控制过程曲线

在这个电路中，电磁阀有全开和全关的两个极限位置，所以把控制电路工作的晶体管放大器称为双位式控制器。

上述双位控制器有一个很大的缺点，它的动作非常频繁，致使系统中的运动部件，如阀杆、阀芯和阀座等经常摩擦，很容易损坏，这样就很难保证双位调节系统安全可靠地运行。再者对于这个具体液面对象来说，生产工艺也并不要求液面 *L* 一定要维持在给定值 L_0 上，而往往是只要求液面 *L* 保持在某一个较宽的范围内就可以，即规定一个上限值 L_H

和下限值L_L，只要能控制液面L在L_H与L_L之间波动，就能满足生产工艺的要求。这是给水排水工程中常见的情况。

水处理实验室中常用的恒温箱的温度控制，各种泵站、水池的液位控制等，多可用双位调节。在生产过程中，凡是有上、下限触点的检测仪表，如带电接点的压力表、水银温度计，带电触点的电位差计、电子平衡电桥等，都可以兼做双位调节器，再配上一些中间继电器、磁力启动器及快开式调节阀、电磁阀等，便可以很方便地构成双位调节系统，实现双位控制。

2. 多位控制

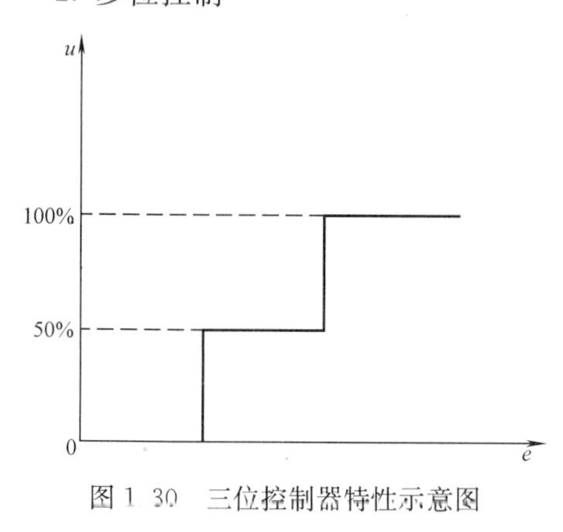

图1.30 三位控制器特性示意图

双位控制的特点是：控制器只有最大与最小两个输出值，执行器只有“开”与“关”两个极限位置。因此，被控对象中物料量或能量总是处于严重的不平衡状态，被控变量总是剧烈振荡，得不到比较平衡的控制过程。为了改善这种特性，控制器的输出可以增加一个中间值，即当被控变量在某一个范围内时，执行器可以处于某一中间位置，以使系统中物料量或能量的不平衡状态得到缓和，这就构成了三位式控制方式。图1.30是三位式控制器的特性示意图。显然它的控制效果要比双位式控制的好一些。假如位数更多，则控制效果还会提高。当然增加位数的同时会使控制器复杂程度增加。所以在多位控制中，常用的是三位控制。

1.4.2 比例控制

在双位控制中，由于执行器只有两个极限位置，被控变量始终在给定值附近振荡，控制系统无法处于平衡状态。如果能使阀门的开度与被控量对给定值的偏差成比例的话，控制的结果就有可能使输出量等于输入量，从而使被控量趋于稳定，系统达到平衡状态。这种阀门开度与被控量的偏差成比例的控制，称为比例控制。换句话说，就是控制器的输出信号与输入信号之间有一一对应的比例关系。比例控制简称P控制。

1. 比例控制P

比例控制器的输出与输入成比例，这种控制规律正是比例环节的特性，其传递函数是：

$$G_c(s)=\frac{P(s)}{E(s)}=K_c \tag{1.25}$$

式中 K_c——控制器的比例系数。

由上式可导出，比例控制器的输出为：

$$P(s)=K_c\cdot E(s) \tag{1.26}$$

对上式拉氏反变换有：

$$P(t)=K_c e(t) \tag{1.27}$$

或

$$\frac{dP(t)}{dt}=K_c\frac{de(t)}{dt}$$

式中 $P(t)$——控制器的输出；

$e(t)$——偏差信号。

实际使用比例控制器时，我们所考虑控制器输出都是控制器某时刻输出$P(t)$和正常工作状态下 P_0 的差值。即：

$$P(t)-P_0=K_c(e(t)-e_0) \tag{1.28}$$

令：

$$P(t)-P_0=\Delta P(t)$$

$$e(t)-e_0=\Delta e(t)$$

则有：

$$\Delta P(t)=K_c\cdot\Delta e(t) \tag{1.29}$$

由式（1.29）可以看出，比例控制器有一输入信号 $\Delta e(t)$ 后，其输出 $\Delta P(t)$ 为输入信号 $\Delta e(t)$ 的 K_c 倍。$P(t)$ 随时间的变化规律如图 1.31 所示。

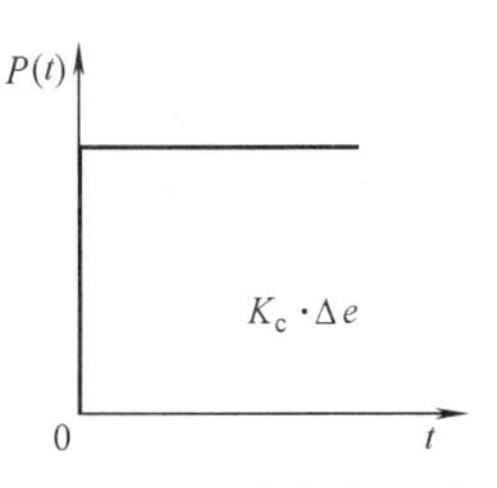

图 1.31 比例控制规律

由式（1.29）还可以看出，比例控制器的输出随输入成比例地变化，时间上没有任何迟延。K_c 是一个不随时间而变的常数。但为满足实际的工作需要，K_c 都制成可调的，一经人工调定，就不再随时间变化。

为了更好地说明比例控制器的控制规律，来看一个实际例子。图 1.32 是常见的浮球阀液位控制系统，它也就是一个简单的比例控制系统。被调参数是水池的液面。水池通过安装在上部的调节阀加水并由底部阀门把水放走。利用浮球、杠杆和调节阀构成一套自动控制装置。当液面升高时，意味着进水量超过出水量，通过浮球和杠杆的作用，使阀杆下移，减少进水量。当液面降低时，通过浮球和杠杆的作用，使阀杆上移，增加进水量。浮球是测量元件，而杠杆就是一个最简单的控制器。从静态看，阀杆位移即控制器的输出与液面偏差即控制器的输入成正比；从动态看，由于浮球、杠杆都是刚性元件，阀杆的动作与液面的变化是同步的，没有时间上的迟延，所以控制器是比例式的。

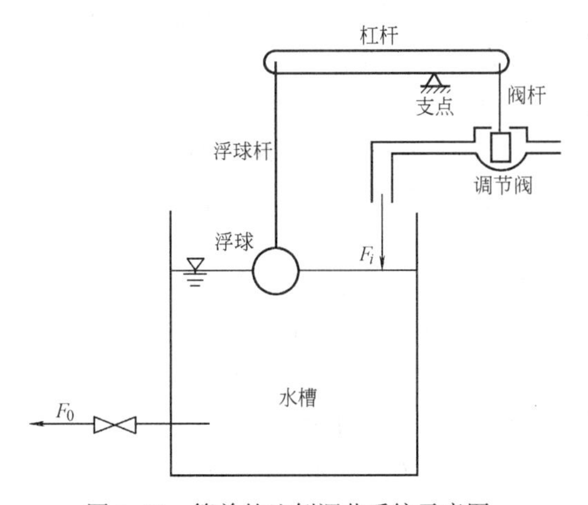

图 1.32 简单的比例调节系统示意图

2. 比例度 δ

在工业控制器中，通常并不直接使用特征参数 K_c 来描述比例控制作用，而是采用比例度 δ 为参数。比例度是一个相对值，其定义式是：

$$\delta=\frac{\dfrac{\Delta e}{z_{max}-z_{min}}}{\dfrac{\Delta P}{P_{max}-P_{min}}}\times 100\% \tag{1.30}$$

式中 $P_{max}-P_{min}$——输出信号的变化范围（例如电动仪表为 10mA 或 16mA）；

$z_{max}-z_{min}$——输入信号的变化范围，即量程；

ΔP——输出信号的变化量；

Δe——偏差的变化量。

比例度也可以这样理解：要使输出信号做全范围的变化，输入信号须改变全量程的百分数。举例来说，在Ⅱ型电动控制单元中，信号的变化范围是 0～10mA，如输入电流改变 1mA 而输出电流改变 2mA，则

$$\delta=\frac{\frac{1}{10-0}}{\frac{2}{10-0}}\times 100\%=50\%$$

也就是说，在 50%比例度下，当输入电流改变全范围的 50%，输出电流将做全范围的变化。

关于比例度，有几个概念要说明：

（1）在单元组合式仪表中，输入和输出信号都是标准信号，式（1.30）可化简为

$$\delta=\frac{\Delta e}{\Delta P}\times 100\% \tag{1.31}$$

（2）因为 $K_c=\frac{\Delta P}{\Delta e}$，所以 δ 与 K_c 存在着反比关系

$$\delta=\frac{1}{K_c}\times 100\% \tag{1.32}$$

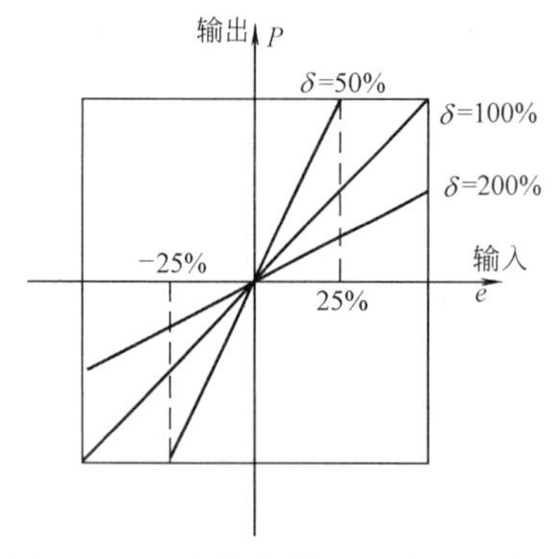

图 1.33　比例度与输入、输出的关系

δ 越大，比例作用越弱。控制器的比例度大小与输入、输出关系如图 1.33 所示。

3. 比例度对过渡过程的影响

前面分析了比例控制器输入对输出的影响。然而这是不够的，更重要的是研究比例度对过渡过程的影响，就是要把控制器放到自动控制系统中，以过渡过程的质量指标作为评定标准，看一下当控制器比例度改变时，对过渡过程的质量指标的影响。

由于比例度和比例系数成反比关系，为了便于分析这个问题，都通过比例系数来分析。下面通过一个实际例子来看一下比例系数 K_c（比例度）对过渡过程的影响。

设有一自动控制系统，该系统的被调参数 $Y(s)$ 和干扰 $F(s)$ 之间的闭环传递函数为：

$$G(s)=\frac{Y(s)}{F(s)}=\frac{(T_m s+1)(T_0 s+1)}{(T_0 s+1)(T_m s+1)+K_c K} \tag{1.33}$$

对于一个自动控制系统过渡过程的评定包括静态和动态两方面。

（1）静态——余差

当系统受到幅值为 1 的单位阶跃干扰作用后，即 $F(s)$ 为一个 $\frac{1}{s}$ 信号，则系统稳态值

余差 C 可用终值定理求得：

$$\begin{aligned}y(\infty)&=\lim_{s\to 0}s\cdot E(s)\\&=\lim_{s\to 0}s\cdot Y(s)\cdot\frac{K_{\mathrm{m}}}{T_{\mathrm{m}}s+1}\cdot\frac{1}{s}\\&=\lim_{s\to 0}s\cdot\frac{K_{\mathrm{m}}(T_0s+1)}{(T_0s+1)(T_{\mathrm{m}}s+1)+K_{\mathrm{c}}K}\cdot\frac{1}{s}\\&=\frac{K_{\mathrm{m}}}{1+KK_{\mathrm{c}}}\end{aligned}\tag{1.34}$$

式（1.34）表明，应用比例控制器构成的系统，控制结束余差不为零，即系统是有差系统。余差的大小与 K_c 值关系很大，随着 K_c 值增加，余差将减少，只有当 K_c 值无穷大时，余差才可为零。因此靠增加比例系数来消除余差是不可能的，必须引进积分作用。

为什么比例作用会有余差呢？我们可以做直观解释。比例控制器输出 $\Delta P=K_c\cdot\Delta e$，即只有偏差 Δe 存在，控制器才有输出 ΔP 产生。例如图 1.32 所示的液位自动控制系统，当液位在原平衡点 L_0 处，浮球控制控制阀，使进水量 F_i 等于出水量 F_0。若某一时刻出水阀门开大，F_0 增加了 ΔF_0，液位下降，浮球下降，控制阀开度加大，进水量增加，使液位回升。当系统进入稳态后，进水量又等于出水量，这时控制阀开度必然增加，也即输入水量增加了一个 ΔF_i，克服了 ΔF_0。由于浮球、杠杆都是刚性机构，阀杆的上移必然是浮球下降。ΔF_i 的产生，必然通过浮球新平衡点与原平衡点间位置的差值来获得，这个差值就是余差。设想如果通过控制可以使液位回到原平衡点 L_0，则浮球位置未改变，控制阀开度也不会改变，那么流过控制阀就仍是原 F_i 的水量，即没有增加水量 ΔF_i，所以液面决不会稳定。换句话讲，只要控制作用产生，液面就不会回到原先液面稳定值 L_0 上。由这个简单的例子，可直观看出余差存在的必然性。

（2）动态——过渡过程

控制器比例系数对过渡过程的影响可以图 1.34 表示。

过渡过程动态指标在 K_c 值增大（即 δ 减小）时，变化情况如下：

1）余差下降；

2）振荡倾向加强，稳定程度下降；

3）工作频率提高，工作周期缩短；

4）在干扰作用下，K_c 越大最大偏差越小。

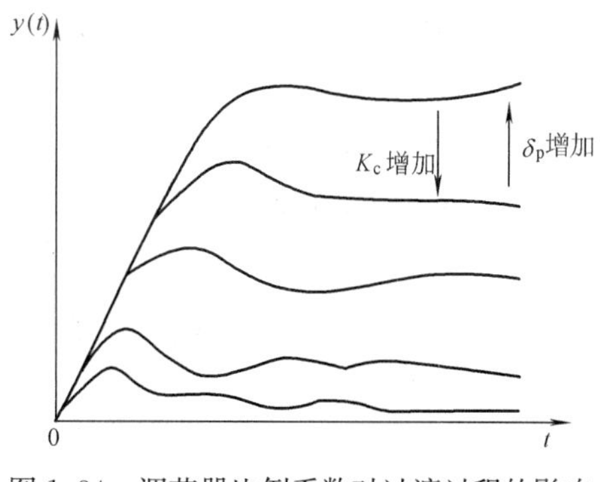

图 1.34　调节器比例系数对过渡过程的影响

一般来说，比例控制器适用于干扰幅度小，滞后较小，时间常数较长（与滞后时间相比）的对象。通常比例度取值为：压力控制 30%～70%；流量控制 40%～100%；液面控制 20%～80%；温度控制 20%～60%。

1.4.3　比例积分控制

积分环节的特性是当有输入信号存在时，其输出就会一直积累下去，直到极值。利用积分环节构成的控制器就叫积分控制器。在自动控制系统中只要被调参数有偏差，积分控制器就会为消除这个偏差继续控制。控制系统中设置的控制作用都要大于干扰的作用，因此积分控制器就一定可以克服偏差，直到偏差为零时，控制的过渡过程才停止。

1. 积分控制规律 I

积分控制器的控制规律就是控制器输出的变化量与偏差随时间的积分成比例，亦即输出变化速度与输入偏差值成正比。

用数学式来表示积分控制规律：

$$P=\frac{1}{T_i}\int e\mathrm{d}t \tag{1.35}$$

或

$$\frac{\mathrm{d}P}{\mathrm{d}t}=\frac{1}{T_i}e \tag{1.36}$$

式中　e——偏差信号；

T_i——积分时间。

积分控制器的传递函数是：

$$G_c(s)=\frac{1}{T_is} \tag{1.37}$$

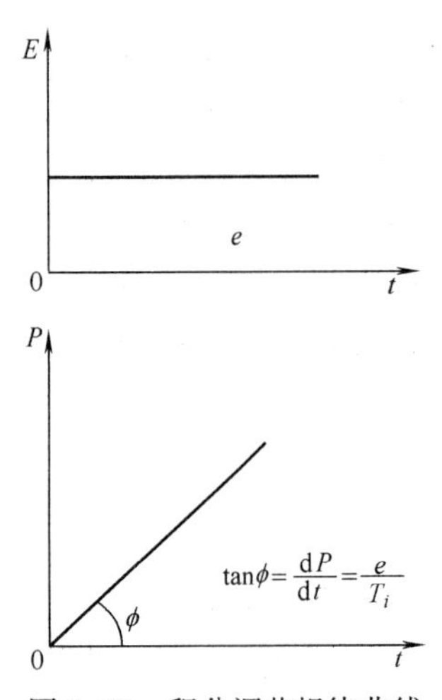

图 1.35　积分调节规律曲线

从式（1.35）、式（1.36）可以看出，当控制器的输入偏差存在时，其输出变化率就不为零，会一直变化下去，直到输入偏差为零，控制器的输出变化率才等于零，控制器的输出稳定在一个数值上，因此，积分控制是无差控制。

在偏差是阶跃信号输入时，积分控制规律特性曲线如图 1.35 所示。直线斜率反映了输出的变化速度，它与偏差大小成正比，而与积分时间 T_i 成反比。

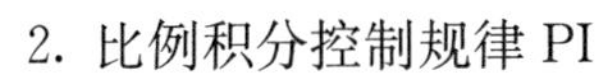

2. 比例积分控制规律 PI

一个既具有比例作用又有积分作用的控制器称为比例积分控制器。它是在比例作用的基础上，又引入了积分作用，二者之间的关系是比例加积分。

(1) 比例积分控制规律

比例积分控制器的输出和偏差的关系是：

$$\begin{aligned}P-P_0&=K_c\left[(e-e_0)+\frac{1}{T_i}\int(e-e_0)\mathrm{d}t\right]\\&=K_c(e-e_0)+\frac{K_c}{T_i}\int(e-e_0)\mathrm{d}t\end{aligned} \tag{1.38}$$

上式中前一项是比例项，后一项是积分项，即：

$$\Delta P=\Delta P_p+\Delta P_i \tag{1.39}$$

比例积分控制器的传递函数是：

$$G_c(s)=K_c\left(1+\frac{1}{T_is}\right) \tag{1.40}$$

或

$$P(s)=K_c\left(1+\frac{1}{T_is}\right)E(s) \tag{1.41}$$

式中　K_c——比例控制比例系数；

T_i——积分时间。

若偏差 $e(t)$ 是一个幅度为 A 的阶跃信号，由式（1.38）可导出：

$$\Delta P(t)=K_c\left(A+\frac{1}{T_i}\int A\mathrm{d}t\right)=K_cA+\frac{K_c}{T_i}At \tag{1.42}$$

当 $t=0$ 时刻，$\Delta P(0)=K_cA$；

当 $t\neq0$ 时刻，$\Delta P(t)=K_cA+\frac{K_c}{T_i}At$；

当 $t=\infty$，$\Delta P(t)=$上限（下限）。

根据上面结论绘制出的比例积分控制规律在阶跃信号输入情况下的时间特性曲线如图 1.36 所示。

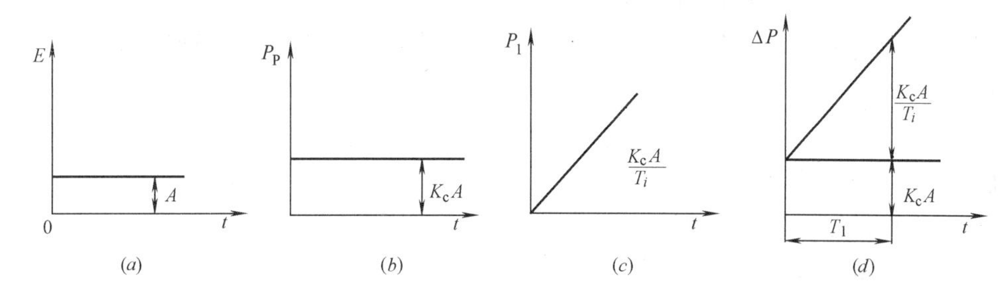

图 1.36　比例积分控制规律特性曲线

（a）阶跃干扰输入；（b）比例输出；（c）积分输出；（d）比例加积分输出

由图 1.36 可看出，比例积分控制器的输出是两部分输出在同一时刻的和。在 $t=0$ 时刻，控制器的输出正好是比例作用，$\Delta P_p=K_c\cdot A$，积分作用为零，但输出变化率$\frac{\mathrm{d}P}{\mathrm{d}t}=\frac{K_c}{T_i}A$，并不为零，是一恒定速度。随着时间的延续，控制器的比例作用 $\Delta P_p=KA$ 保持不变，积分作用使输出逐渐上升。输出的变化速度与输入偏差幅值 A 的大小有关，也与积分时间 T_i 有关。

（2）积分时间及其对输出特性的影响

积分时间 T_i 是比例积分控制规律的特征参数之一，采取如下方法定义。

比例积分控制器当输入幅度为 A 的阶跃信号时，其输出为：

$$\Delta P(t)=\Delta P_p+\Delta P_I=K_cA+\frac{K_c}{T_i}At \tag{1.43}$$

取 $\Delta P_I=\Delta P_p$，并令总输出为 $2K_cA$ 时所用时间为 t'，

则
$$2K_cA=\frac{K_c}{T_i}At'+K_cA \tag{1.44}$$

因此，令 $T_i=t'$，即当积分输出等于比例输出时，积分输出所用的时间 t'为积分时间 T_i。也就是当控制器的偏差作阶跃变化后，任意时刻计时，积分在单独作用、其输出上升到与比例作用相同时所经历的时间，定义为积分时间。

比例积分控制器输出是比例控制作用与积分控制作用的叠加，对于比例积分作用的特性还可作这样的理解：比例积分控制作用可看成是比例粗调和积分细调作用的组合。粗调及时克服干扰，细调逐渐克服余差，可见，在控制作用上仍以比例为主。

比例积分控制作用可看成是比例系数随时间不断加大的比例作用。由传递函数可看出：

$$G_c(s)=K_c\left(1+\frac{1}{T_i s}\right)$$

时间趋于无穷大 $t\to\infty$，相当于传递函数中 $s\to 0$，于是 $G_c(s)\to\infty$。与纯比例控制相比，相当于 $K_c\to\infty$。在分析纯比例控制时得到若 $K_c\to\infty$ 则 $C\to 0$ 的结论，积分作用相当于使 K_c 逐渐加大至无穷，所以能消除余差。

3. 积分时间对过渡过程的影响

对于不同的对象，其固有特性不同，为获得理想的过渡过程，应选择不同的积分时间数值与之对应。

时间 T_i 缩短时，将产生下列现象：

（1）消除余差较快；

（2）稳定程度下降，振荡倾向加强；

（3）最大偏差减小。

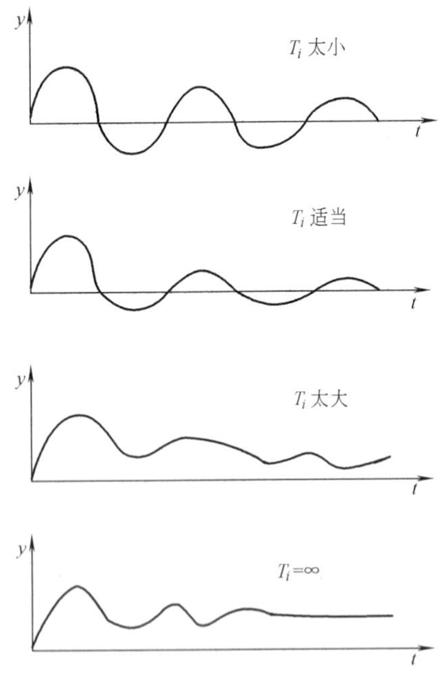

图 1.37　积分时间对过渡过程的影响

上述现象如图 1.37 所示。

总之，积分时间过大或过小都不好。积分时间过大，积分作用弱，消除静差慢；积分时间过小，过渡过程振荡太剧烈，稳定性降低，动态指标下降。为此，积分时间要按对象特性来选取。对于管道压力、流量等滞后不大的对象，T_i 可选得小些；温度控制对象滞后较大，T_i 可选得大些。一般情况下设置 T_i 的大致范围是：压力控制 0～3min，流量控制 0.1～1min，温度控制 3～10min，液面控制系统常不需用积分。

1.4.4　比例积分微分控制

当广义对象存在较大的容量滞后时，采用微分控制规律，引入了根据偏差的变化趋势来动作的因素，会明显改善控制质量。微分控制规律一般不单独使用，而与比例或比例积分控制规律配合作用。

1. 微分控制规律 D

微分控制规律是根据被调参数的变化趋势即变化速度而输出控制信号，具有明显的超前作用。它是根据偏差的变化速度而引入的控制作用，只要偏差的变化一露头，就立即动作，这样控制的效果将会更好。微分控制主要用来克服控制对象的大时间常数 T 和容量滞后 τ_c 的影响。对象存在容量滞后和大时间常数的条件下，尽管被调参数开始变化的数值不明显，而变化率却很明显，微分控制器会有较大的输出。对于纯滞后 τ_0 情况就不同了，由于在滞后时间里被调参数变化率为零，微分就起不到控制作用，因此，具有纯滞后的对象利用微分控制器是不可能改善控制效果的。

理想微分环节特性，传递函数为：

$$G(s)=T_d s \tag{1.45}$$

或表示为：

$$P(s)=T_d sE(s) \tag{1.46}$$

对上式进行拉氏反变换：

$$P(t)=T_d\frac{de(t)}{dt} \tag{1.47}$$

式中 $P(t)$——微分控制器输出变化量；

$\frac{de(t)}{dt}$——偏差信号的变化率；

T_d——微分时间。

理想微分控制器在阶跃输入下的特性如图 1.38 所示。从图 1.38 中看出，不管有无输入和它的数值如何，只要输入不改变，微分作用的输出总是零，只有在输入变化时，控制器才有输出，并且输入变化越快，输出的值就越大，这就是微分作用的特点。所以微分控制器是不能作为一个独立控制器使用的，因为在偏差固定不变时，不论其数值有多大，微分作用都停止了，达不到消除偏差的目的。所以通常都是和比例控制器一起使用，构成比例微分控制规律。

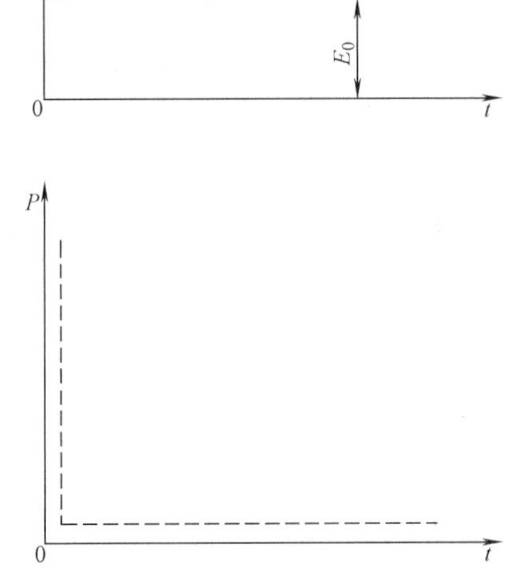

图 1.38 理想微分控制器的特性

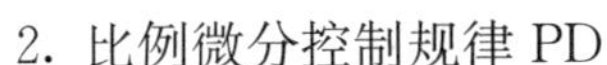

2. 比例微分控制规律 PD

PD 控制的特性用传递函数表示为：

$$G_c(s)=K_c\frac{1+T_d s}{1+\frac{T_d}{K_d}s} \tag{1.48}$$

当 K_d 较大时，$\frac{T_d}{K_d}s$ 项影响较小，此时作为近似处理，PD 特性可表示为：

$$G_c(s)=K_c(1+T_d s) \tag{1.49}$$

或

$$P(s)=K_c(1+T_d s)E(s) \tag{1.50}$$

上式中 $K_cE(s)$ 是比例项，$K_cT_d sE(s)$ 是微分项。

对上式反变换，有：

$$\Delta P(t)=K_c\left(e+T_d\frac{de}{dt}\right) \tag{1.51}$$

比例微分控制器的特点是具有超前作用的控制规律。它既有和偏差大小成比例的控制作用，又有和偏差变化率成比例的微分作用，有利于克服干扰，降低最大偏差。因此，当

对象时间常数 T_0 较大时，常用比例微分控制器。

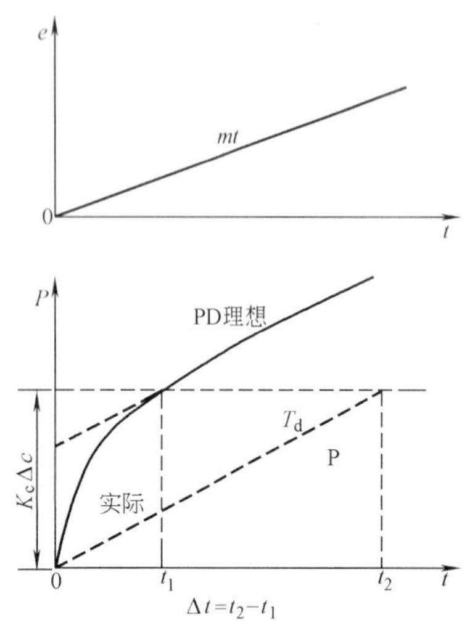

图 1.39　等速输入的反应曲线

这里所说的微分作用超前，是与比例控制作用相对而言的。例如，当偏差做阶跃变化时，控制器输出会一跃而上，加大了作用量，因此可使最大偏差减小，过渡时间缩短。如要更清楚地看出超前作用，可以令偏差做斜率不变的线性增加，即 $\frac{de}{dt}$ 是一个恒值。纯比例控制作用与比例微分控制作用的变化过程如图 1.39 所示。将 PD 特性与 P 特性相比，输出值要高上一段 $\Delta P_d = K_c T_d \frac{de}{dt}$，从时间上看，纯比例作用达到同样的输出值，要多花一段时间。所需经过的时间是：

$$\Delta t = \frac{\Delta P_d}{P_P\text{的变化速度}} = \frac{T_d \frac{de}{dt}}{\frac{de}{dt}} = T_d$$

也就是说，达到同样的 P 值，比例微分作用比纯比例作用超前一段时间，这段时间正好是 T_d。

3. 比例积分微分控制规律 PID

PID 控制规律是比例、积分、微分三种控制规律组合。在容量滞后大而又要消除余差的场合广泛应用。它仍以比例作为基本控制规律，以微分的超前作用克服容量滞后、测量滞后，以积分作用最后消除余差。

(1) PID 控制规律的时间特性

比例积分微分控制规律是比例控制、积分控制和微分控制三种控制作用之和。用传递函数表示：

$$G_c(s) = K_c\left(1 + \frac{1}{T_i s} + T_d s\right) \tag{1.52}$$

或表达为：

$$\Delta P(t) = K_c e + \frac{K_c}{T_i}\int e dt + K_c T_d \frac{de}{dt} \tag{1.53}$$

比例项　积分项　　微分项

当偏差信号是一个幅度为 A 的阶跃信号时，PID 三作用控制器先是微分起主导作用，而后是比例，最后是积分。由于 PID 是三种作用之和，因此在图形上也可相加而得到，其输出变化过程如图 1.40 所示。

(2) PID 特征参数及其对过渡过程的影响

一个三作用控制器有比例度 δ、积分时间 T_i 和微分时间 T_d 三个可供选择的特征参数，改变这些参数便可以适应生产过程的不同要求。对于已经设计并安装好的控制系统，主要是通过调整控制器的这三个参数来达到改善控制质量的目的。

图 1.41 所示为同一对象在各种不同控制规律作用下的过渡过程曲线比较图。由图

中曲线 1 与曲线 3 比较，曲线 2 与曲线 4 比较，可见微分作用能减小过渡过程的最大偏差值和控制时间。从曲线 4 与曲线 3 的比较中，可见积分作用能够消除余差，但是它使过渡过程的最大偏差值及控制时间增大。如果系统的滞后很大，积分作用还会引起振荡。

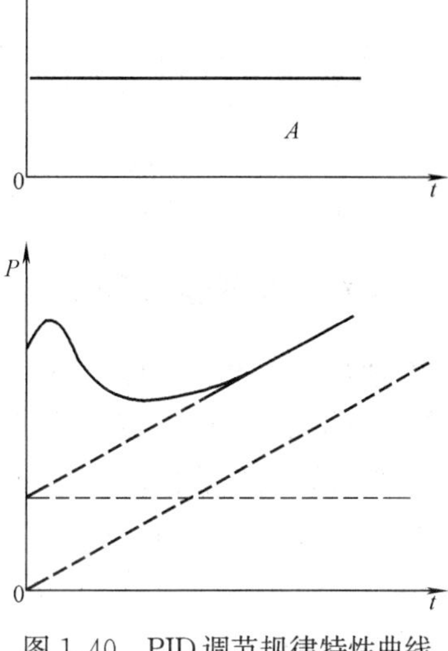

图 1.40 PID 调节规律特性曲线

1.4.5 控制方式的选择

前面介绍了几种典型控制方式的优点和缺点，它们各有所长，但也各有其短，虽然 PID 控制器比较完美，但其应用领域受到限制。考虑到生产领域被控对象面大而广，负荷变化也有差别，控制品质要求不尽一致等等问题，如何根据实际生产需要合理选择，适当配备，正确使用控制器，是每个生产企业和工程技术人员应当认真考虑的。那么控制器的控制方式如何选择呢？

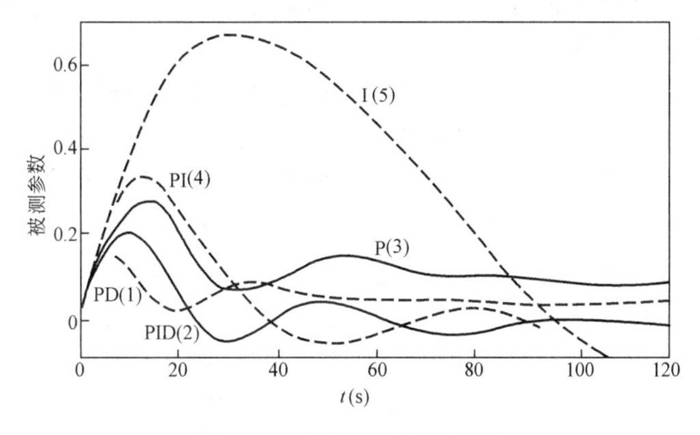

图 1.41 各种调节作用比较

总体来说，选择控制器的控制方式，应根据对象特性，负荷变化情况，主要干扰以及控制质量的要求等不同情况，进行具体分析。同时还要考虑经济性和系统的投运方便等，具体选择原则如下：

（1）当广义对象控制通道时间常数较小，负荷变化不大，工艺要求不高时，可选用比例控制方式；而当广义对象控制通道时间常数较小，负荷变化较大，工艺要求无余差时，则应选用比例积分控制方式。

（2）当广义对象控制通道的时间常数较大或容量滞后大时，采用微分作用有良好效果。

（3）当广义通道的时间常数较小，而负荷变化很大时，选用微分作用和积分作用都容易引起振荡。如果时间常数很小时，可采用反微分作用来降低系统的反应速度提高控制质量。

（4）当广义对象滞后很小或噪声严重时，应避免引入微分作用，否则会导致系统的不稳定。

（5）当广义对象控制通道的时间常数很大（或存在较大的纯滞后），负荷变化也很大时，单回路控制系统往往已不能满足要求，应设计其他控制方案，根据具体情况选用前馈、串级、采样等复杂控制系统。

(6) 当对象数学模型可用 $G_0(s)=\frac{Ke^{-\tau s}}{Ts+1}$ 近似时，则可根据纯滞后时间 τ 与时间常数 T 的比值 τ/T 来选择控制方式，即

当 $\tau/T<0.2$ 时选用比例或比例积分控制方式；

当 $0.2<\tau/T<1$ 时选用比例积分或比例积分微分方式规律；

当 $\tau/T>1$ 时采用单回路控制系统，往往不能满足要求，应选用其他控制方案。

1.4.6 控制参数整定

在把控制器投入运行之前，必须先把它整定好。即要把决定控制作用强弱的控制器特性参数（P，T_I，T_D）放在适当的数值上。这是因为在生产部门中有各种各样的被控对象，它们对控制器的特性会有不同的要求，整定的目的就是设法使控制器的特性能够和被控对象配合好，以便得到最佳控制效果。如果控制器参数整定不好，即使控制器本身很先进，其控制效果也会很差。因此，控制器参数的整定是一个很重要的问题。

在前面讨论了各种类型自动控制器的控制方式和控制效果，可以看到，决定比例控制作用强弱的特性参数是比例度 P（%）；对于比例积分控制器，比例度 P 和积分时间 T_I 是主要特性参数，PID 控制器则有三个特性参数，即 P、T_I、T_D。这些参数对控制效果都有很大影响，都需要认真整定。

各种具体的控制器，在结构上，都有相应的旋钮机构来改变这些整定参数。在使用自动控制器的时候，首先需解决应把这些旋钮放在什么位置上，即应把这些参数整定到多大才算合适的问题。这是本节所要解决的问题。为此，首先需要说明以下三点：

(1) 控制器的特性参数，究竟整定到多大合适，取决于具体被控对象的动态特性。控制器是为被控对象服务的，因此就应该根据被控对象的动态特性来确定控制器参数的整定位置，以求两者很好配合，取得“最佳”控制效果。自动控制器之所以具有很大的通用性，关键就在于它可以通过改变其特性参数来适应各种不同的被控对象。

(2) 控制效果怎样才算“最佳”。严格说来，出于各种具体生产过程要求不同，标准也不同，但在一般情况下，可以根据控制系统在阶跃扰动下的控制过程，即被控变量的变化情况来判定控制效果。对控制系统的要求是稳定性、准确性和快速性，稳定性是首先的，在这个前提下，尽量满足准确性和快速性要求。

(3) 用什么方法来整定控制器，直到目前提出整定参数的方法有几十种，研究较多的是反应曲线法、扩充频率特性法、比例控制因素法、M 圆法、根轨迹法及电模拟法，但是，大部分不能在工程上实际应用，有的甚至不可能进行，就是能够得到动态特性，也出于方法过于繁杂，计算工作量很大，实际应用不便；而且有的方法过于近似，忽略了不少重要因素，大多是根据理想控制器和理想对象来整定参数，所获数据并不可靠。

基于上述情况，本节着重介绍几种工程整定方法，这些方法简单、计算方便，容易掌握，但也存在一定的误差。

1. 临界比例度法

临界比例度法，是过去应用较广的一种整定参数的方法。它的特点是可以不需要求得被控对象的特性，而直接在闭合的控制系统中进行整定。

如果一个自动控制系统，在外界干扰作用后，不能回复到稳定的平衡状态，也不发

散，而是产生一种等幅的振荡，这样的控制过程称为临界振荡过程，如图 1.42 所示，图中 T_K 是被控变量 $c(t)$ 的临界周期；被控变量处于临界振荡过程时，控制器的比例度称为临界比例度 P_K。

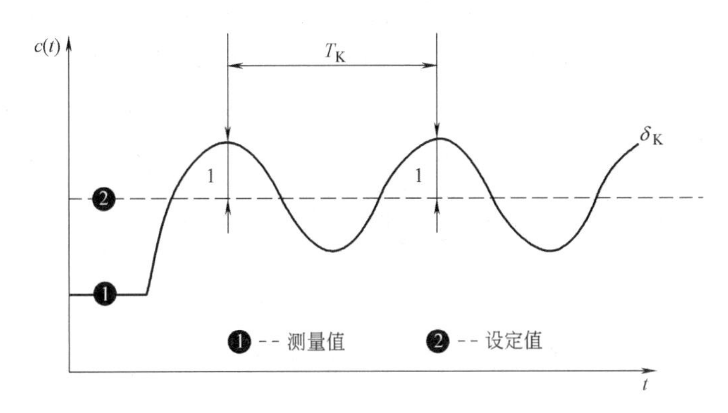

图 1.42 自控系统临界振荡过程

临界比例度法整定控制器参数，是在纯比例作用下。在闭合控制系统中，从大到小逐步改变控制器的比例度 P，以便得到上述的临界振荡过程，然后，确定临界比例度 P_K 和临界周期 T_K 的数值，根据表 1.2 所列的经验公式，计算各类控制器相应的各个特性参数值。具体操作步骤如下：

临界比例度法经验公式 **表 1.2**

控制方式	参数		
	比例度 P(%)	积分时间 T_I(min)	微分时间 T_D(min)
P	$2P_K$		
PI	$2.2P_K$	$0.85T_K$	
PID	$1.7P_K$	$0.5T_K$	$\frac{1}{8}T_K$

（1）先通过手动操作器，使工艺状态稳定一段时间。

（2）控制器除比例作用外，其他的控制作用都切除（积分时间放在最大，微分时间放在零处）。

（3）改变控制器的比例度。先是逐步减小控制器的比例度，细心观察输出信号和控制过程的变化情况。如果控制过程是衰减的，则把比例度继续放小；如果控制过程是发散的，则把比例度放大，直到 4～5 次等幅振荡为止，此时的比例度就是临界比例度 P_K。来回振荡一次的时间，亦即从振荡的一个顶点到相邻同相的第二个顶点所需要的时间(min)，就是临界周期 T_K。

（4）有了 P_K 和 T_K，就可以根据表 1.2 的经验公式，求出各类控制器的各个参数 P，T_I，T_D 值。

（5）求得具体数值后，先把比例度放在比计算值大一些的数值上，然后，把积分时间放到求得的数值上，如果需要，再放上微分时间。最后，把比例度减小到计算值上。

2. 衰减曲线法

衰减曲线法是在总结临界比例度法和其他一些方法的基础上，经过反复实验后提出来的。这种方法，不需要进行大量的凑试，也不需要得到临界振荡过程，而直接求得控制器的比例度。这种方法有两种，一种是 4∶1 衰减曲线法；一种是 10∶1 衰减曲线法。下面着重介绍 4∶1 衰减曲线法。

纯比例作用下的一个自动控制系统，在比例度逐步减少的过程中，就会出现如图 1.43 所示的控制过程。这时，控制过程的比例度称为 4∶1 衰减比例度 P_S，两个相邻波峰之间的时间，称为 4∶1 衰减的操作周期 T_S。4∶1 衰减曲线法，就是要在纯比例作用下的闭合控制系统中求得 P_S 和 T_S，从而计算出 P，T_I，T_D。具体整定步骤如下：

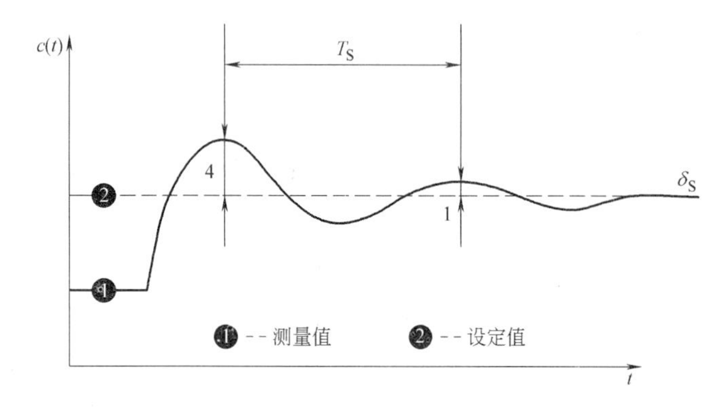

图 1.43　控制系统 4∶1 衰减过程

（1）熟悉工艺流程，了解操作指标，掌握控制系统的组成。

（2）把积分时间放到最大，微分时间放到零，待控制系统稳定后，逐步减小比例度，观察输出信号和控制过程的波动情况，直到出现 4∶1 的衰减过程为止，记下 4∶1 衰减比例带 P_S 和操作周期 T_S。

（3）根据 P_S 和 T_S，按照表 1.3 所列的经验公式，求得各类控制器的相应参数的具体数值。

4∶1 衰减曲线法经验公式　　**表 1.3**

控制方式	参数		
	比例度 P(%)	积分时间 T_I(min)	微分时间 T_D(min)
P	P_S		
PI	$1.2P_S$	$0.5T_S$	
PID	$0.8P_S$	$0.3T_S$	$0.1T_S$

（4）先把比例度放到一个比计算值大一点的数值上，然后放上积分时间，再慢慢地放上微分时间，最后把比例度减小到计算值上，观察控制过程，如发现记录曲线不理想，可以进行少量调整。

采用衰减曲线法必须注意两点：

（1）所加给定扰动不能太大，要根据生产操作要求来定，一般在 5%左右，也有例外的情况。

（2）对于反应快的系统，如流量、管道压力和小容量的液面控制等，要在记录纸上严格得到 4∶1 衰减曲线较困难，一般以被控变量来回波动两次达到稳定，就近似地认为达到 4∶1 衰减过程了。

在实际生产中，根据对象不同要求，如果采用 4∶1 衰减比仍嫌振荡比较厉害，则可采用 10∶1 衰减曲线法整定，这时整定的步骤与 4∶1 衰减曲线法完全相同，只是所取得的参数及据此计算其他各类控制器特性参数的公式不同罢了。这种情况下由于衰减太快，要测量操作周期比较困难，但可测取从施加干扰开始至第一个波峰飞升时间 T_r。

控制系统 10∶1 衰减过程如图 1.44 所示，经验数据见表 1.4。

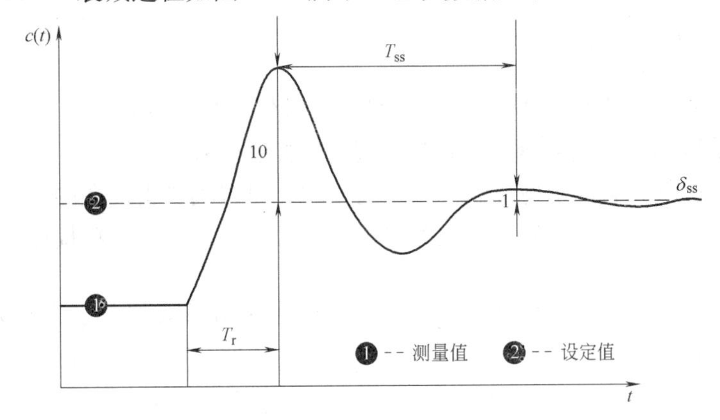

图 1.44　控制系统 10∶1 衰减过程

10∶1 衰减曲线法经验公式　　**表 1.4**

控制方式	参数		
	比例度 P(%)	积分时间 T_I(min)	微分时间 T_D(min)
P	P_S		
PI	$1.2P_S$	$2T_S$	
PID	$0.8P_S$	$1.2T_S$	$0.4T_S$

3. 经验法

顾名思义，这种方法是工人师傅几十年操作经验的积累，是目前应用最广的一种整定参数的方法。它是根据生产操作经验和控制过程的曲线形状，直接在闭合的控制系统中逐步地、反复地凑试，最后得到控制器的适合参数。

表 1.5 所列参数，为经验法提供了基本的凑试范围。但是，应当指出，有些特殊的系统会超出这样的范围。例如，温度系统的积分时间有时长达 15min，流量系统的比例度可到 200%以上。

经验法经验公式　　**表 1.5**

控制方式	参数		
	比例度 P(%)	积分时间 T_I(min)	微分时间 T_D(min)
温度	20～60	3～6	0.5～3
流量	40～100	0.1～1	
压力	30～70	0.4～3	
液面	20～80		

1.5　双位逻辑控制系统

双位控制是给水排水工程中广泛采用的一种控制方式。往往是根据某种液位（压力）

的高低两种状态，决定水泵的开停、阀门的通断等。这种控制系统较为简单，可以采用计算机进行控制，也可以采用简单的接触器、继电器等通过逻辑组合来实现。后者简单、易维护、成本低，更适合于各种分散的小型设备的控制和建筑给水系统、小型排水泵等。此节将对双位逻辑控制系统的原理进行介绍。

1.5.1　逻辑代数初步

逻辑代数又称布尔代数，产生于 19 世纪。逻辑代数是一种数学工具，它可以使逻辑判断类似于初等数学中的代数运算，它是实现逻辑控制的基础。

最早在考察电气设备的继电器触点线路时发现，可以用逻辑代数的术语来描述装置的动作。现在已经很清楚，只要决策和策略可用两个相互排斥的代数项描述，那么所有的场合都可以应用逻辑代数工具。

在逻辑代数中，一个变量只能取两个值：0 和 1，也可称两种状态。在不同的应用中，这两种状态可以代表不同的物理意义。如在电工学（电子学）中，可以用 1 和 0 代表线路的通、断，电压的高、低，开关的动作、不动作；在流体力学中，1 和 0 可以代表压力的高、低等。对逻辑变量进行组合、运算，就构成了逻辑代数的运算。

1. 逻辑代数的基本运算

（1）单变量运算

设逻辑变量 a，函数 S，有如下运算。

1）“非”函数

“非”函数执行“反置”运算，表示“相反”、“否定”，表达式为：

$$S=\overline{a} \tag{1.54}$$

“非”函数可以用一个常闭开关符号来代表：，其函数关系相当于图 1.45 中的电路图。

“非”函数的基本性质如下：

• $\overline{\overline{a}}=a$

• 若 $S=\overline{a}$，则 $a=\overline{S}$

• $\overline{0}=1$，$\overline{1}=0$

2）“是”函数

与“非”函数相反，“是”函数表示“相等”，“相同”，表达式为：

$$S=a \tag{1.55}$$

用开关符号表示“是”函数，则为常开开关：，其函数关系相当于图 1.46 的电路图。

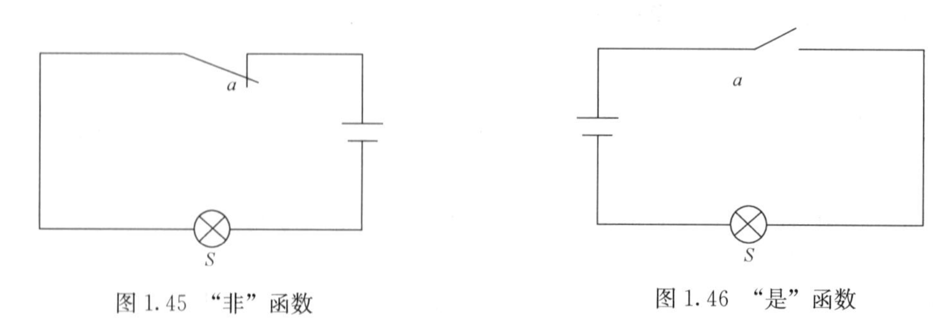

图 1.45　“非”函数　　　图 1.46　“是”函数

(2) 双变量(多变量)运算

设变量 a、b、c、d……,函数 S,有如下运算。

1)"与"函数

"与"函数又称"逻辑乘"、"相交",表示"同时"、"共同",表达式为:

$$S=a\cdot b \tag{1.56}$$

它等价于 —a—b—,即两个常开开关的串联。其函数关系等价于图 1.47 的电路图。

其基本性质为:

· 置换律 $S=a\cdot b=b\cdot a$

· 结合律 $S=(a\cdot b)\cdot c=a\cdot(b\cdot c)$

· 几个特殊关系

下列表达式与右图的电路对应:

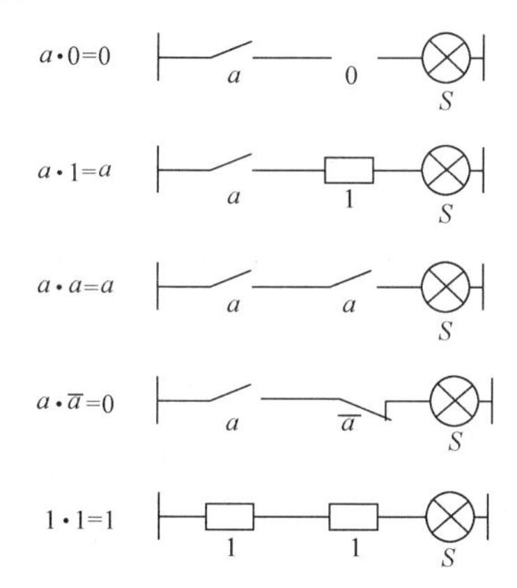

当有 n 个变量时,"与"函数可表示为:

$$S=a\cdot b\cdot c\cdot d \tag{1.57}$$

前述各项性质仍然成立。

2)"或"函数

"或"函数又称"逻辑加"、"逻辑乘",表示"选一"、"取一"之意,表达式为:

$$S=a+b \tag{1.58}$$

它等价于 a、b 并联符号,即两个常开开关并联。其函数关系相等于图 1.48 的电路图。

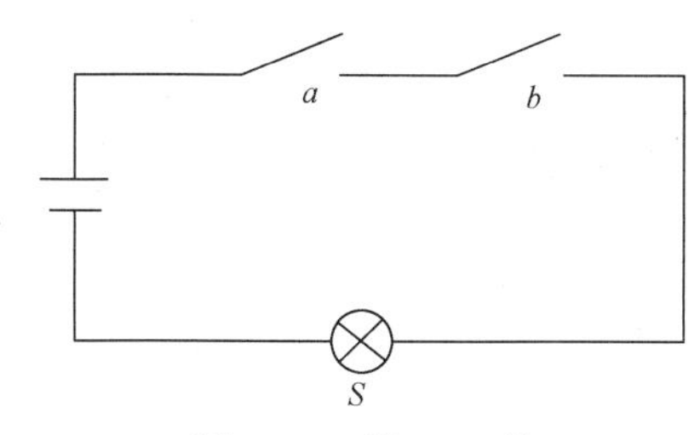

图 1.47 "与"函数

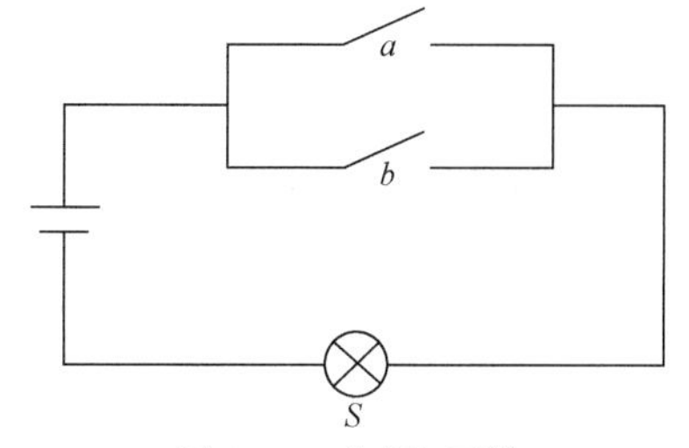

图 1.48 "或"函数

其基本性质为:

· 置换律 $S=a+b=b+a$

· 结合律　$S=(a+b)+c=a+(b+c)$

· 几个特殊关系

下列表达式相当于右图的电路图：

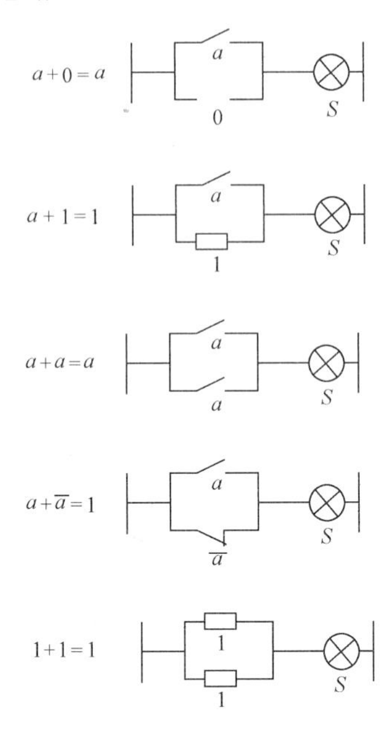

当有 n 个变量时，“或”函数可表示为：

$$S=a+b+c+d+\cdots\cdots \tag{1.59}$$

前述各项性质仍然成立。

2. 逻辑代数基本规则

有 n 个逻辑变量，其间可以用逻辑运算符联结，组成表达式，称为逻辑表达式或逻辑方程。这些逻辑变量可以是直接的（a），也可以是反置的（$\overline{a}$）。逻辑表达式的运算有下面一些规则。

（1）分配律

逻辑乘对于逻辑加的分配律：

$$a\cdot(b+c)=ab+ac$$

逻辑加对于逻辑乘的分配律：

$$a+bc=(a+b)(a+c)$$

$$a+bcd=(a+b)(a+c)(a+d)$$

（2）吸收律

有下面的关系：

$$a+ab=a$$

$$a+\overline{a}b=a+b$$

$$a\cdot(a+b)=a$$

$$a\cdot(\overline{a}+b)=a\cdot b$$

（3）反置关系

对于逻辑加，有：

若 $S=a+b$，则$\overline{S}=\overline{a+b}=\bar{a}\cdot\bar{b}$。

更一般地，若 $S=a+b+c+d+\cdots\cdots$，则 $\overline{S}=\overline{a+b+c+d+\cdots\cdots}=\bar{a}\cdot\bar{b}\cdot\bar{c}\cdot\bar{d}\cdot\cdots\cdots$

对于逻辑乘，有：

若 $S=a\cdot b$，则 $\overline{S}=\overline{a\cdot b}=\bar{a}+\bar{b}$。

更一般地，若 $S=a\cdot b\cdot c\cdot d\cdot\cdots\cdots$，则 $\overline{S}=\overline{a\cdot b\cdot c\cdot d\cdot\cdots\cdots}=\bar{a}+\bar{b}+\bar{c}+\bar{d}+\cdots\cdots$

下面举几个例子。

1) $S=\overline{(a+b)\cdot\bar{c}}=\overline{(a+b)}+\bar{\bar{c}}=\bar{a}\cdot\bar{b}+c$

2) $S=\overline{\bar{a}b+\bar{c}d}=\overline{\bar{a}b}\cdot\overline{\bar{c}d}=(\bar{\bar{a}}+\bar{b})(\bar{\bar{c}}+\bar{d})=(a+\bar{b})(c+\bar{d})$

3) $S=\overline{\bar{a}[c\bar{e}+b(\bar{d}+e)]}=\bar{\bar{a}}+\overline{c\bar{e}+b(\bar{d}+e)}$

$=a+\overline{c\bar{e}}\cdot\overline{b(\bar{d}+e)}$

$=a+(\bar{c}+e)(\bar{b}+d\cdot\bar{e})$

3. 逻辑关系式的简化

逻辑关系式往往不是最简形式，可以进一步简化。

在工程上，一个逻辑关系式可以代表一个控制系统，它的简化就意味着以最少的元件、装置达到同样的效果。以图 1.49（*a*）所示电路为例，对应的逻辑关系式为：

$$y=rt+st+ru+su$$

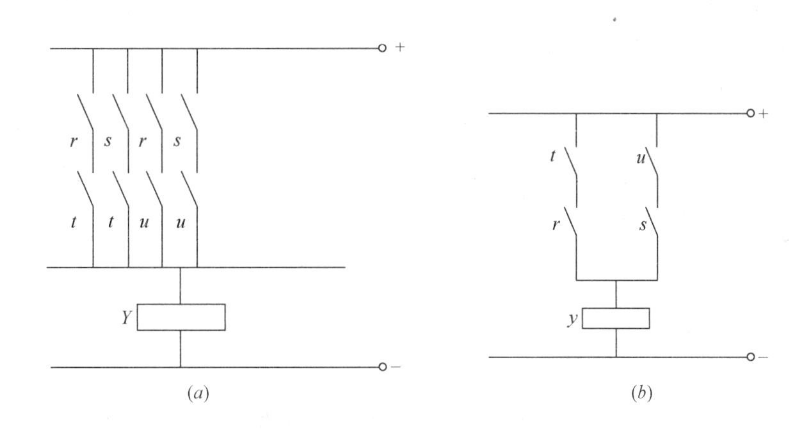

图 1.49　逻辑电路图例

（*a*）原始电路图；（*b*）简化电路图

根据前述逻辑代数运算规则，可以简化为：

$$y=(r+s)(t+u)$$

由此得到简化、等效的新电路（图 1.49*b*）。

逻辑关系式的简化可以用不同方式进行，在此简单的介绍代数法，利用卡诺图图解简化的方法将在后面介绍。

通过代数运算进行简化，主要是利用逻辑运算的基本规则。简化中还宜运用一些技巧。举几例如下。

(1)　$X=\bar{a}b+a\bar{b}+\bar{a}\bar{b}=\bar{a}b+a\bar{b}+\bar{a}\bar{b}+\bar{a}\bar{b}$

$=\bar{a}(\bar{b}+b)+\bar{b}(\bar{a}+a)=\bar{a}+\bar{b}=\overline{ab}$

该例中，加上了一项已存在项 $\bar{a}\bar{b}$，利用了 $a+a=a$ 的性质。

（2）　　$X=\bar{a}\bar{b}+a\bar{c}+\bar{b}\bar{c}=\bar{b}(\bar{a}+\bar{c})+a\bar{c}+a\bar{a}$

　　　　$=(\bar{a}+\bar{c})(\bar{b}+a)$

该例中，增加了 $a\bar{a}$ 一项，利用了 $a\bar{a}=0$ 的性质。

（3）　　$X=c(a+\bar{a}b)$

先求　$\bar{X}=\overline{c(a+\bar{a}b)}=\bar{c}+\bar{a}(a+\bar{b})=\bar{c}+\bar{a}a+\bar{a}\bar{b}=\bar{c}+\bar{a}\bar{b}$

于是有　　$X=\bar{\bar{X}}=\overline{\bar{c}+\bar{a}\bar{b}}=c(a+b)$

该例中，先求 $\bar{X}$，然后再利用 $\bar{\bar{X}}=X$ 的性质，求得 X 的简化式。

上述几个例题说明，用代数法简化逻辑表达式需要一定的技巧，还需要准确地运用逻辑运算法则。然而，得到的简化结果是否是最简的，尚难以判断。

1.5.2　真值表

逻辑关系可以用真值表表示。真值表是研究因果问题的一种表格形式，在表中把各种因素全部考虑进去，然后研究其结果。一个逻辑问题若有 n 个变量，在真值表中就有（$n+1$）列，其中包括 n 列变量和 1 列结果；横向有 2^n 项，每 2 项反映一个变量的取值变化（0 或 1）。每一项最后，根据要求在结果列中给出相应逻辑表达式的取值，满足结果的项为“1”，不满足结果的项为“0”，不确定项不填或以“—”表示。真值表不仅可以全面地不遗漏地分析各种可能情况，而且直观清晰，易于写出逻辑问题的布尔代数式。

举几个例子说明真值表的使用。

（1）“非”函数的真值表

见表 1.6，第 1 列为变量 a，第 2 列为函数 S。作为“非”函数，变量值为 0，函数值就为 1；变量值为 1，函数值就为 0。该函数仅有 1 个变量，所以真值表共有 2 列；1 个变量只有 2 种取值，所以表中有 2 行。

（2）“是”函数的真值表

与上例相似，可以建立“是”函数的真值表，只是由于函数关系的改变而影响了函数 S 的取值（表 1.7）。

（3）“与”函数的真值表

设有“与”函数 $S=a\cdot b$，有 2 个变量，其取值就有 2^2 共 4 种可能，所以在真值表中有 3 列、4 行（表 1.8）。表中自上而下，先令 $a=0$，改变 b 的值；再令 $a=1$，再改变 b 的值，由此依次得到 4 种组合。根据逻辑关系，决定每种组合的结果（0 或 1）。

（4）“或”函数的真值表

“或”函数真值表的建立与上例类似，只是每种组合运算要依“或”函数的法则确定结果。设有函数 $S=a+b$，真值表见表 1.9。

“非”函数真值表　表 1.6

a	S
0	1
1	0

“是”函数真值表　表 1.7

a	S
0	0
1	1

“与”函数真值表　表 1.8

a	b	S
0	0	0
0	1	0
1	0	0
1	1	1

“或”函数真值表　表 1.9

a	b	S
0	0	0
0	1	1
1	0	1
1	1	1

后面陆续还可以看到，由任意一个逻辑表达式都可以建立真值表，反之由任意一个真值表都可以写出相应的逻辑表达式。通过真值表分析建立逻辑表达式是解决实际问题的手段之一。同时也应看到，由真值表所建立的逻辑表达式和设计的电路图，都难以判断是否是最简的。

1.5.3 卡诺图

前面的代数简化法，需要熟练掌握逻辑关系式的基本性质以及一些技巧，得到的简化表达式有时还难以判断是否为最简形式，使用起来不很方便。在此介绍一种图解法——卡诺图，它不仅可以和真值表一样全面不遗漏地表示变量和函数的因果关系，而且还可以使逻辑关系式的简化变得极为容易。

所谓卡诺图，就是按一定规则画出的方块图。图 1.50、图 1.51、图 1.52 就分别是常用的 1 变量、2 变量、3 变量的卡诺图。图中一个方块就代表变量的一种取值情况。和真值表类似，有 n 个逻辑变量，在卡诺图中就有 2^n 个格。例如图 1.50 中有 1 个变量 a，由 $2^1=2$ 个格组成卡诺图，2 个格分别代表变量 a 的两种可能状态，即 0 和 1，标于格内。当有 2 个变量 a、b 时（图 1.51），卡诺图就由 $2^2=4$ 个格组成，每个格代表 a、b 两个变量的一种可能的组合。横向代表 a 的取值（0、1），纵向代表 b 的取值（0、1），分别标于格的上方和右方。当有 3 个变量 a、b、c 时（图 1.52），可画出由 $2^3=8$ 个格组成的卡诺图。图中每个格代表 3 个变量的一种可能组合。横向代表 a、b 的取值（a 在前、b 在后），纵向代表 c 的取值，分别标于格的上方和右方。应注意的是变量取值的变化方法要按图中所标的顺序排列，每次只能改变其中一个变量值，不可任意变动。

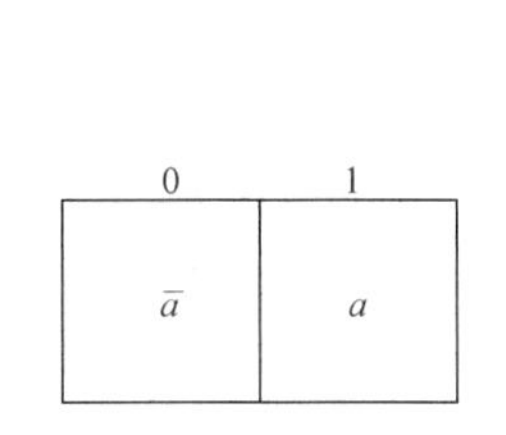

图 1.50 单变量卡诺图

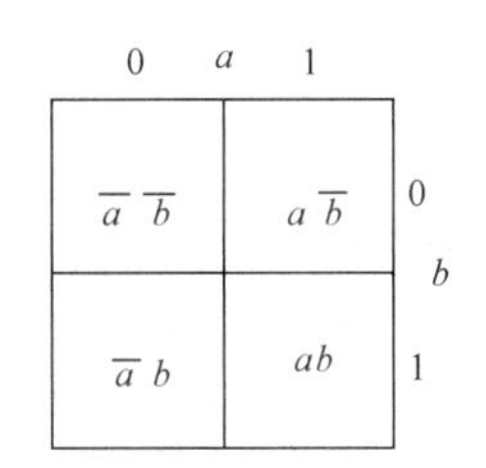

图 1.51 双变量卡诺图

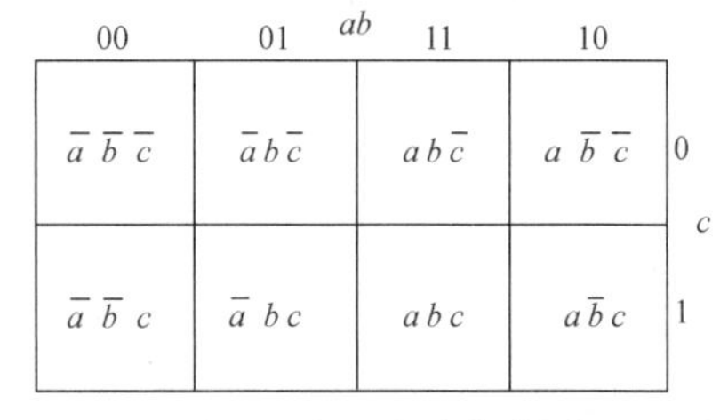

图 1.52 3 变量卡诺图

利用卡诺图，可以简化已知的逻辑表达式，还可以由一个实际问题建立相应的逻辑表达式。基本方法是：将逻辑关系式或真值表中的各项对应地填入图中，标为“1”，余下的空格填“0”；当相邻的偶数个格（对称的）皆为“1”时，就可将之合并简化为逻辑表达式的一项，其中变量之间为逻辑乘关系，其余“0”项不考虑。按每个合并块尽量大的原则，以卡诺图中每一个合并块为一项，各项之间以逻辑加符号相连，就可得到最简的逻辑表达式。每一项中变量的符号（以变量 a 为例）：如该变量取值发生了变化（合并块中该变量分别出现了 0 和 1），则该变量消去不写；如该变量取值恒为 1，则保留，记为 a；如该变量取值恒为 0，则保留，记为 $\bar{a}$。更一般地，在有 n 个变量的卡诺图中（2^n 个格），若有 2^k 个相邻格（$k \leqslant n$）的值为 1，则可简化为含（$n-k$）个变量的逻辑表达式。这些相邻格应是偶数个，且是对称的。更具体的简化方法通过下面几个例子说明。

【例 1-1】 简化 $S_1=ab\bar{c}+a\bar{b}\bar{c}+abc+a\bar{b}c+\bar{a}bc$

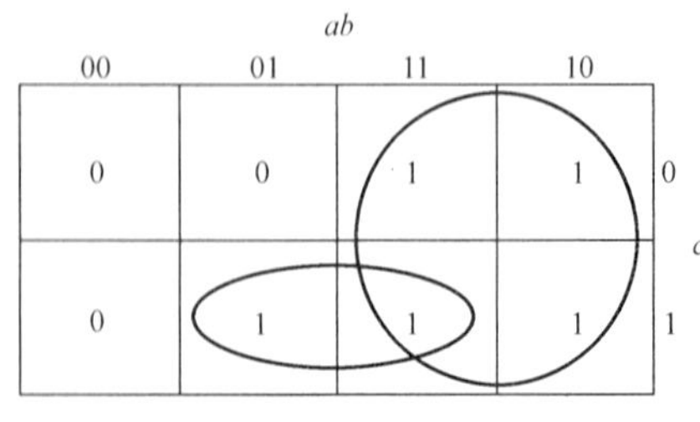

图 1.53　例 1-1 卡诺图

该例中有 3 个变量，可画出 $2^3=8$ 个格的卡诺图（图 1.53），将式中各项填入对应格内，如第一项 $ab\bar{c}$对应于第 1 行第 3 个格。S_1 中的 5 项占了 5 个格，皆记为 1，另外 3 个空格填 0。可组合成两组偶数且对称的组合项，即右侧的 4 项及下侧中部的 2 项。每一个组合就代表了简化的逻辑表达式中的一个逻辑项。图中右侧的 4 项 a 的取值总为 1，保留；b 的取值发生变化，在不同格中分别为 0 或 1，消去；c 的取值也发生变化，也消去。故这 4 项只剩下了变量 a。在下侧的另一个组合中，a 的取值分别为 0、1，故消去；b、c 的值未变，始终为 1，保留。于是该项剩下了 b、c 两个变量，以逻辑乘表达。各个组合之间以逻辑和相连接。最终的简化逻辑表达式为：

$$S_1=a+bc$$

【例 1-2】 简化表达式 $S_2=abc+b\bar{c}+\bar{a}c$

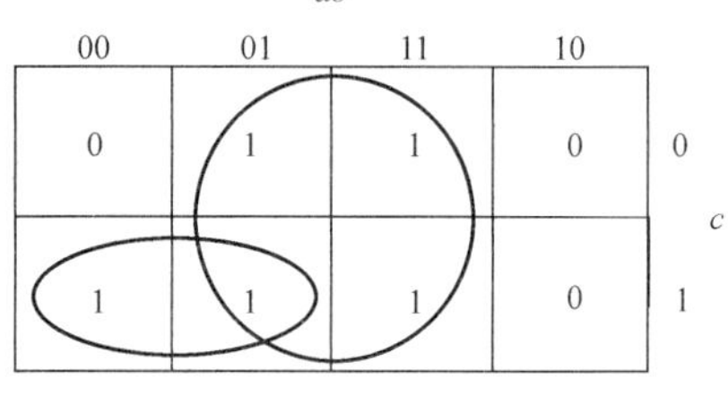

图 1.54　例 1-2 卡诺图

该例有 3 个变量，可画出 $2^3=8$ 个格组成的卡诺图（图 1.54），图中每一格代表一个由 3 个变量组成的项。$b\bar{c}$项只有 2 个变量，在图中就要占 2 个格（第 1 行第 2、3 格），这是因为该项中不含变量 a，即对 a 的取值无限制，这两个格都符合该项的逻辑内容。同样，$\bar{a}c$ 项也占 2 个格。同上例，也可形成 2 个组合项，并写出简化的逻辑表达式：

$$S_2=b+\bar{a}c$$

【例 1-3】 简化表达式 $S_3=\bar{a}\bar{b}\bar{c}+a\bar{b}\bar{c}+\bar{a}\bar{b}c+a\bar{b}c$

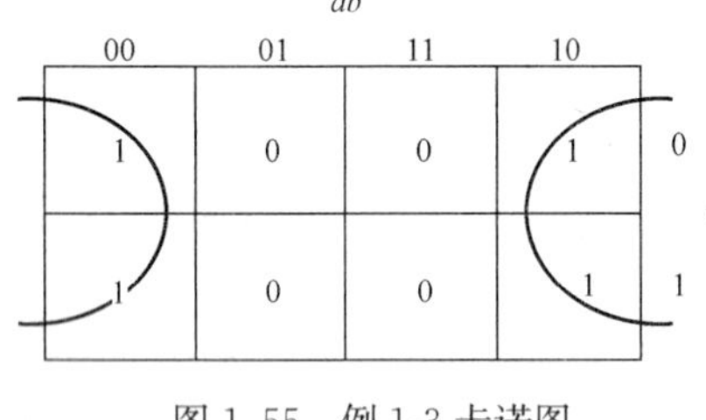

图 1.55　例 1-3 卡诺图

画出相应的卡诺图（图 1.55）。应注意的是在该图中，最终形成的组合项是一项，即应把卡诺图看成是一个立体球面图的平面表达形式。平面图中的左右两个边在球面图中就是一个公共边，上下两个边也是一个公共边，4 个角则是一个公共角。于是图中取值为 1 的 4 项就连成一片、组合为一体了。其中 a、c 都分别取了 0、1 两种值，可消去，只剩下$\bar{b}$一项。因此简化结果为：

$$S_3=\bar{b}$$

【例 1-4】 简化表达式 $S_4=ab\bar{c}+abc+\bar{a}\bar{b}c+\bar{a}bc$

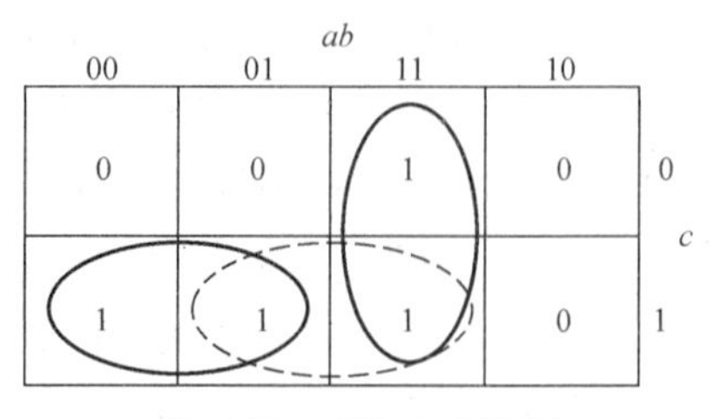

图 1.56　例 1-4 卡诺图

画出逻辑运算图（图 1.56）。一种简化方式是形成用实线圈表示的两个组合项，简化的逻辑表达式为：

$$S_4=ab+\bar{a}c$$

但在实际应用中，这是一种不可靠的逻辑系统。以电工线路为例，每一个变量就代表一个开关（常开或常闭）。每个开关在动作过程中，可发生非 0 非 1 的中间状态。如图 1.57 开关 a 的情况，当中间簧片在左侧为 a 状态，在右侧为$\bar{a}$状态。但在两个状态切换的短时间中，会出现中间簧片不与任一触点相接触，处于非 a 非$\bar{a}$状态。这在工程中会影响系统的可靠性。采取的办法是加上重叠（逻辑运算图中虚线组合），于是有新的简化表达式：

$$S_4 = ab + \bar{a}c + bc = (a+c)(b+\bar{a})$$

【例 1-5】 简化表达式 $S_5 = \bar{a}\,\bar{b}\,\bar{d} + a\,\bar{b}\,\bar{c}\,\bar{d} + a\,\bar{b}c\,\bar{d} + a\,\bar{b}d + cd$

该例中，有 a、b、c、d4 个变量，故卡诺图由 $2^4=16$ 个格组成（图 1.58）。当一个逻辑乘项有 3 个变量时，就占 2 个格（如 $\bar{a}\,\bar{b}\,\bar{d}$ 项）；一个逻辑乘项有 2 个变量时，则占 4 个格（如 cd 项），因为在这些相应格中都满足该逻辑乘项的内容要求。按合并原则，可形成 3 个组合项。其中 4 个顶点格组合成一项，同样是利用了立体球面图的概念。相应地得到简化表达式为：

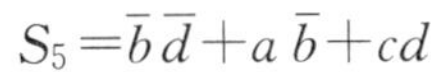

$$S_5 = \bar{b}\,\bar{d} + a\,\bar{b} + cd$$

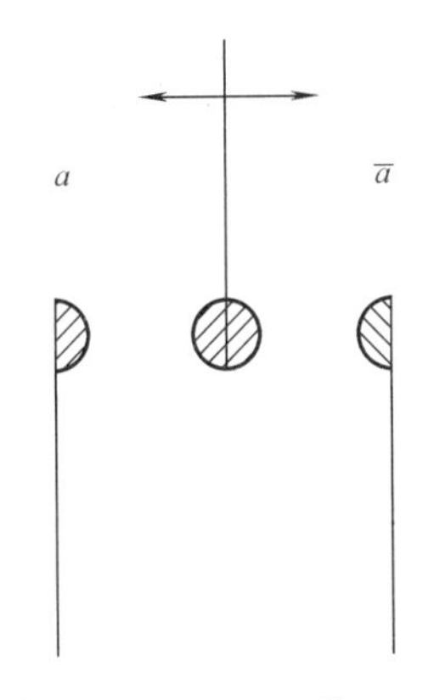

图 1.57 非 a 非$\bar{a}$状态

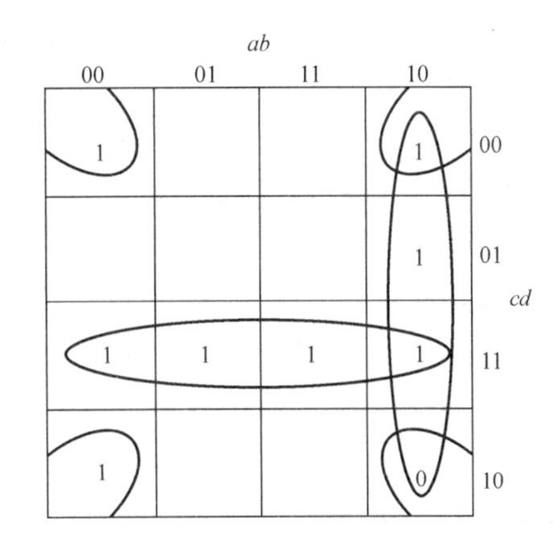

图 1.58 例 1-5 卡诺图

当变量数更多时，卡诺图画起来就不太方便了，需采用一些分解的办法。例如有 a、b、c、d、e 5 个变量时，卡诺图应有 $2^5=32$ 个格，可以采用下面的办法：按变量 a 的两种取值（0 和 1）分别画出有 b、c、d、e 4 个变量、16 个格的卡诺图，然后再考虑 a 的取值，将表达式组合在一起。

以图 1.59 为例。根据图中情况，当 $a=0$ 时，可以写出 $S_1=\bar{b}d+bce+cde$；当 $a=1$

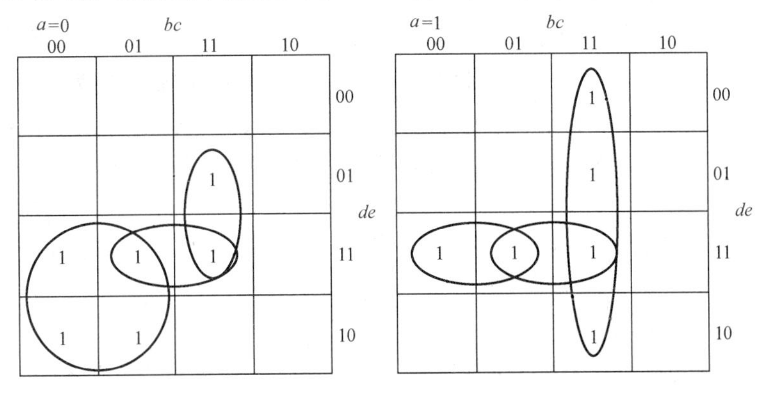

图 1.59 卡诺图的分解

时，有 $S_2=bc+\bar{b}de+cde$。于是总的逻辑表达式（不要忘记加上相应的 $\bar{a}$ 或 a，并用代数法做必要的简化）：

$$
\begin{aligned}
S &= \bar{a}\cdot S_1+a\cdot S_2 \\
&= \bar{a}(\bar{b}d+bce+cde)+a(bc+\bar{b}de+cde) \\
&= abc+\bar{a}bce+\bar{a}\,\bar{b}d+cde+a\,\bar{b}de
\end{aligned}
$$

1.5.4　双位逻辑系统的结构与实现方法

逻辑控制是借助自动装置，使从发送器来的有关信号和执行机构的控制作用之间服从一定的逻辑关系。

任何自动装置和所有的物理系统一样，是由两个因素表征的：(1) 控制线路，这可用逻辑代数方程组表示成解析的形式；(2) 实现这个线路的方法，这与所用的自动装置单元的类型和结构有关（电子的，电气的，气动的及其他继电器类型的装置等）。

与上述自动装置的两个标志相对应，逻辑控制的任务也要分两步解决：

(1) 分析对象的工作，编写控制程序；

(2) 综合实现该程序的自动装置。

1. 逻辑系统的结构

逻辑系统可分为两种结构形式：组合式和记忆式。

设有一个双位系统，输入为 n 个变量的变量组 E（e_1，$e_2\cdots e_n$），输出为 m 个参数组成的参数组 S（s_1，$s_2\cdots s_n$），由输入到输出经过了运算过程 F（图 1.60）。若任一时刻，在输出与输入之间有一一对应的关系：

$$S=F(E)$$

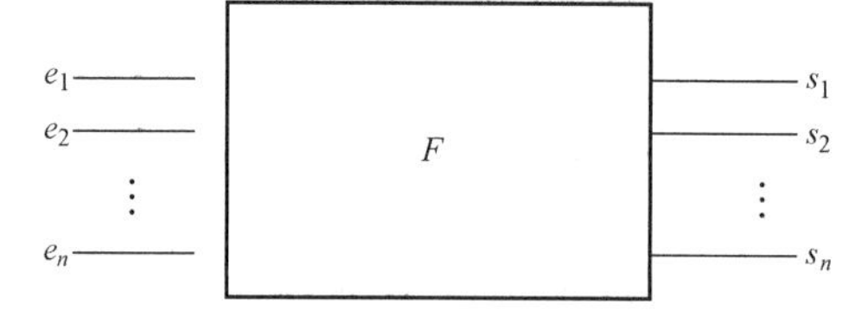

图 1.60　组合式系统

则将该逻辑系统称为组合式系统。反之，若在某一时刻，系统的输出不仅与输入变量有关，还与系统内部的当前状态有关，则这种逻辑系统就称为有记忆的系统。

可以利用过程分析来判断一个逻辑系统属于哪种结构。例如有一台水泵，由按钮 m 和 a 来控制它的运行。当 m 动作一下，水泵启动；当 a 动作一下，水泵停止。在此，水泵的运转状态就是系统的输出，用 M 表示，运行为 1，停止为 0；按钮 m 和 a 就是两个输入变量，动作（按下状态）为 1，不动作（弹起状态）为 0。从水泵停止状态开始分析它的工作过程，如图 1.61 所示，图中粗线代表取值为 1，细线代表取值为 0。

阶段 1，无任何操作，水泵不运行，M 值为 0；阶段 2，按钮 m 按下，水泵运转，M 值为 1；阶段 3，按钮 m 弹起复位，水泵应继续运转，M 值为 1；阶段 4，按下停止按钮 a，水泵停止，M 值为 0；阶段 5，无任何操作，水泵停止，M 值为 0，同阶段 1。在阶段 1 和 3，输入变量值相同，m 与 a 均为 0，但输出却不同，与其 $t-1$ 时刻（前一阶段）的状态有关（M 为 0 或 1），故此为有记忆的系统。

2. 逻辑功能的实现方法

逻辑系统中的变量只有两种取值：0 和 1，分别代表两种状态。这种逻辑变量又称为开关量，可以由多种技术方法实现。

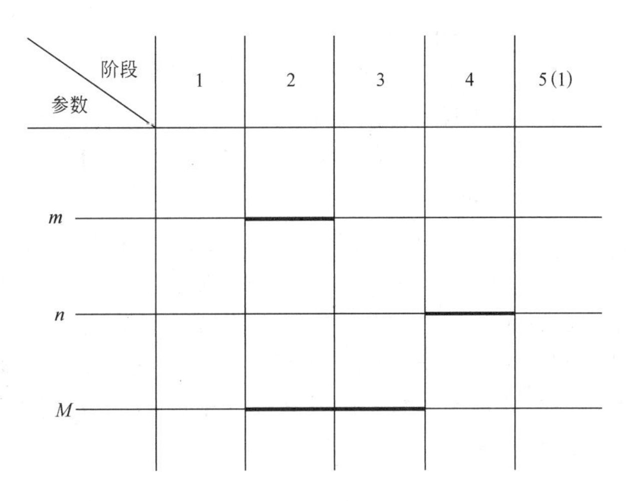

图 1.61 水泵运行过程分析

气动技术：气压的高、低；

液动技术：液体的通、断，如水银电接点温度计、液位开关等；

电子技术：利用二极管 P-N 结的单向导通特性，改变其两端电压的高低，就可实现通、断两种状态。$V_A>V_K$，导通；反之，$V_A<V_K$，截止。

对于有记忆的逻辑系统，要增加记忆单元，来表达系统的当前状态。这可以由电子计算机的工作程序容易地实现。对于一些简单的逻辑系统，也可以由各种常规电器元件实现。例如常用的交流接触器、继电器，就是通过电磁技术实现记忆功能的装置（参见下节内容）。

3. 常规逻辑控制常用元件及符号

常规逻辑控制系统是由电器元件等装置组合起来进行工作的系统。常用的元件有开关、熔断器、继电器、接触器等。

(1) 开关

常用开关有按钮开关、拨动开关、滑动开关（含行程开关）等。开关中每一个活动接

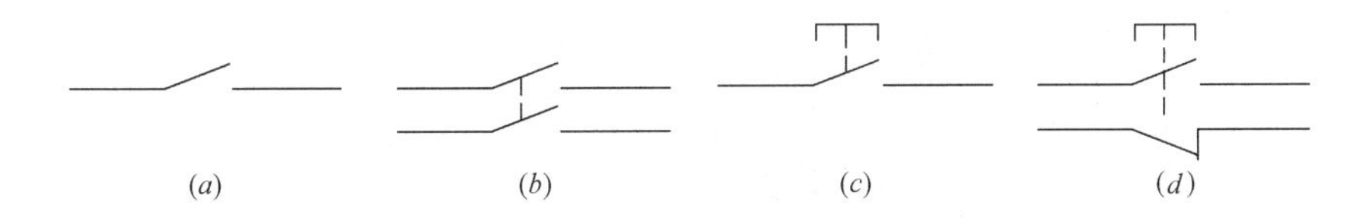

图 1.62 常用开关符号

(a) 单极开关；(b) 双极开关；(c) 常开按钮；(d) 常闭按钮

触点叫做一个极，按极的个数可分为单极、双极或多极开关。开关分为常开（即平时触点分开，操作后触点闭合）和常闭（即平时触点闭合，操作后触点分开）两种。图 1.62 所示为几种常用开关的符号。

(2) 熔断器

熔断器的作用是在电流过大时断开电路，保护设备安全。熔断器的图形符号如图 1.63 所示。

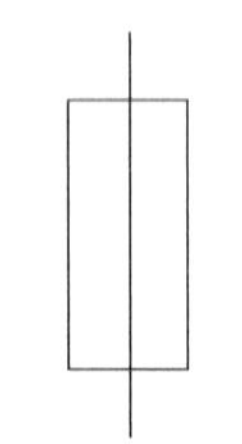

图 1.63　熔断器图形符号

(3) 继电器

继电器有很多种，常见的有电磁继电器、热继电器和时间继电器等。

电磁继电器是最常用的继电器，它的结构如图 1.64 所示。

电磁继电器主要由铁芯、线圈、衔铁、返回弹簧和动、静触点等构成。当线圈中加上规定的电压或电流后，衔铁就会在电磁吸力的作用下，吸向铁芯。衔铁上的动触点就和静触点闭合或断开。图 1.64 中的继电器有两个动触点和两个静触点。衔铁被磁力吸合时闭合的一对动静触点叫常开触点，因为在线圈断电时是打开着的。衔铁被吸合时打开的一对动静触点叫做常闭触点，因为在线圈断电时它们是闭合着的。

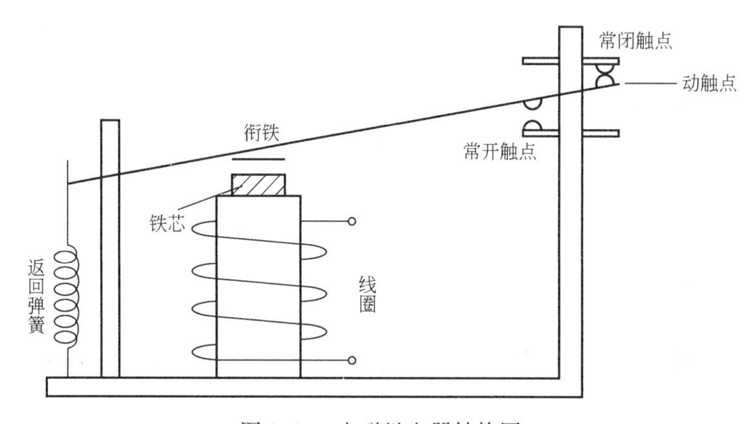

图 1.64　电磁继电器结构图

线圈断电后，电磁力消失，衔铁在返回弹簧的作用下返回原位，使常闭触点闭合、常开触点打开。可见它是利用电磁原理设计的开关。

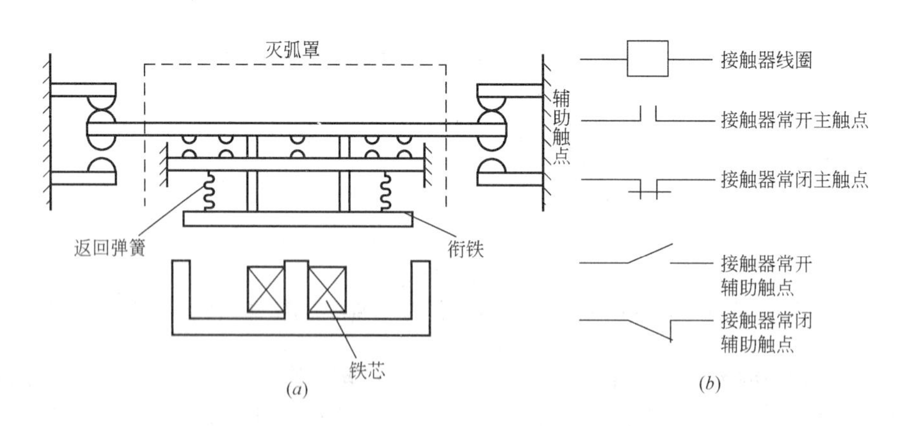

图 1.65　交流接触器结构及图形符号图

(*a*) 交流接触器结构图；(*b*) 接触器图形符号

热继电器是将两片热膨胀系数不同的金属片复合在一起，当热继电器通过电流过大时，金属片受热变形，使常闭触点断开，常开触点闭合。热继电器一般用作过流保护装置。

时间继电器的结构与电磁继电器相似，只是用各种办法，使衔铁在线圈通电或断电瞬间不能立即吸合或不能立即释放，达到使触点延时断开或延时闭合的作用。

接触器的工作原理和继电器一样，所不同的是接触器用来通断较大的电流，因而它有若干对容量较大的主触点。常用的是交流接触器，即主触点用来通断的是交流负载。交流接触器的结构及图形符号如图 1.65 所示。

1.5.5 逻辑控制系统的建立

逻辑控制系统在工程中有广泛的应用。例如各种水泵电机的启动控制系统、实验室用的恒温水浴控制系统、电冰箱的制冷控制系统等。

根据对一个具体系统的工作过程分析，利用真值表或卡诺图，就可以建立相应的逻辑表达式，进而建立逻辑控制系统。下面举几个例子说明。

【例 1-6】 双控开关

有一房间（图 1.66），设房灯 L，希望能在门 1 及门 2 处分别设开关，任意控制灯的开闭。

根据要求，分别设开关 a、b。任一开关动作，都应改变灯 L 的状态（灯亮，L 值为 1；灯灭，L 值为 0）。据此建立真值表（见表 1.10）。

根据该表，不难画出卡诺图（图 1.67）并写出逻辑表达式：

$$L = a\bar{b} + \bar{a}b$$

例 1-6 真值表

表 1.10

a	b	S
0	0	0
0	1	1
1	0	1
1	1	0

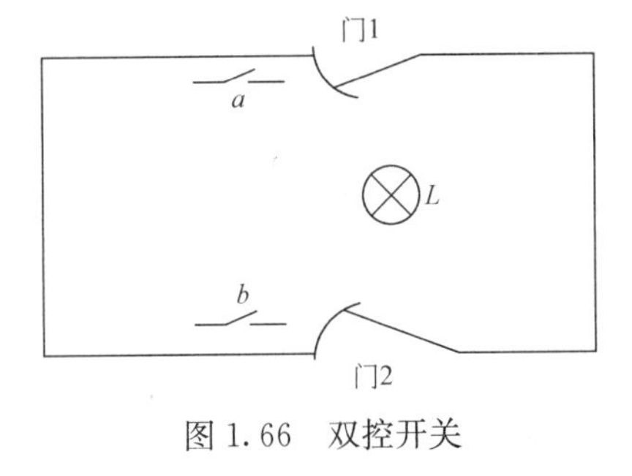

图 1.66　双控开关

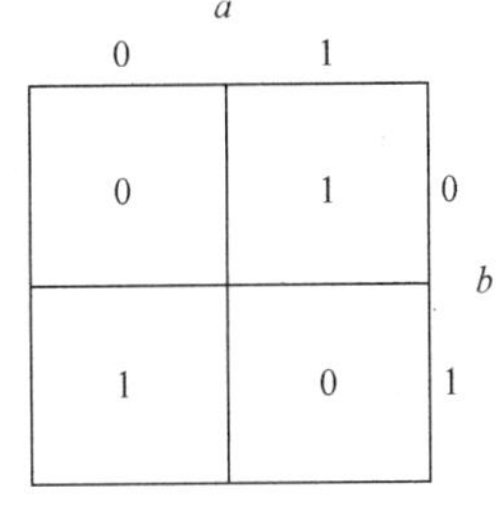

图 1.67　例 1-6 卡诺图

于是建立双控开关连接线路（图 1.68）。即采用 2 个双向开关 a、b，就可以解决灯的双控问题。

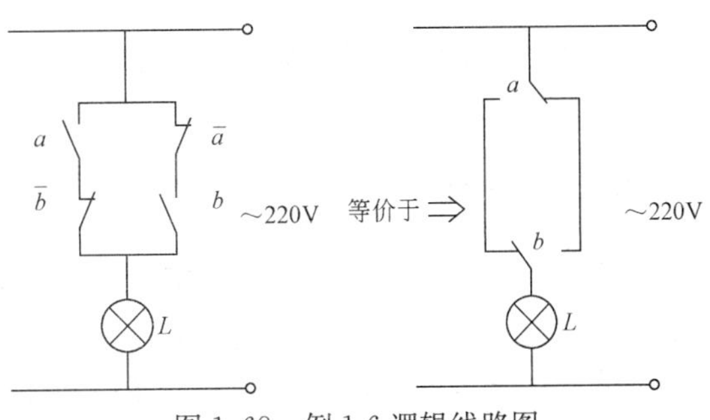

图 1.68　例 1-6 逻辑线路图

【例 1-7】 水泵的开停控制

例 1-7 真值表　　　　表 1.11

m	a	M_{t-1}	M	m	a	M_{t-1}	M
0	0	0	0	1	0	0	1
0	0	1	1	1	0	1	1
0	1	0	0	1	1	0	—
0	1	1	0	1	1	1	—

根据前面（见 1.5.4 节）对水泵开停控制工作过程的分析，这是一种有记忆的逻辑控制系统。为了解决控制问题，需增加一个变量，描述系统在 $t-1$ 时刻的状态，该变量记为 M_{t-1}。于是有 3 个变量 m、a、M_{t-1}，共同决定泵的工作状态，即输出 M。共有 $2^3=8$ 种可能的变量状态组合，每种组合下的输出情况真值表见表 1.11（其中第 7、8 两行的情况属故障或误操作，不予考虑）。

在此基础上，不难画出卡诺图（图 1.69）并写出逻辑表达式：

$$M=\bar{a}M_{t-1}+m\bar{a}$$

采用交流接触器可以简单地实现该逻辑表达式的内容。以 X 代表交流接触器的线圈，它的通断就代表了水泵的运行与停止；M_{t-1}用交流接触器的一个常开触点代替，用 x 表示，一旦 X 导通，就有 x 动作（闭合），可以代表水泵的运行状态（开、停）；m、a 分别为常开、常闭按钮开关。于是有：

$$X=\bar{a}x+m\bar{a}=\bar{a}(x+m)$$

相应的控制线路如图 1.70 所示。

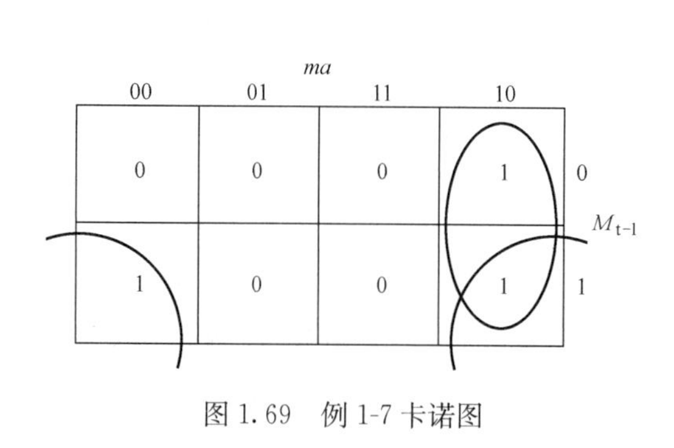

图 1.69　例 1-7 卡诺图

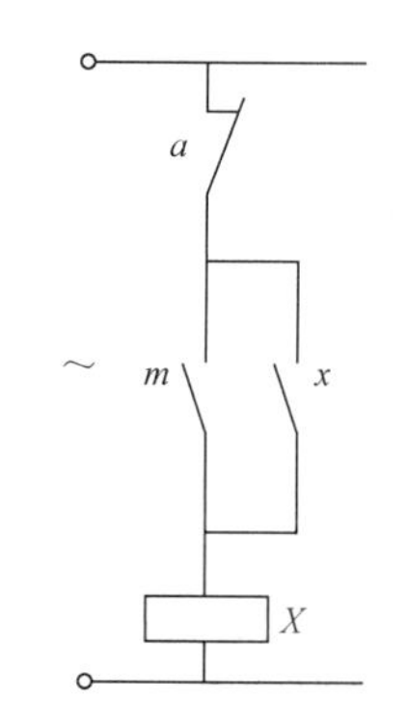

图 1.70　例 1-7 控制线路

1.6　计算机控制系统

1.6.1　计算机控制系统的组成

以计算机为核心构成的数字式控制系统，已在生产实践中广泛应用。广义来讲，以微处理器为核心的各种智能化控制装置都可以归结到这一类控制系统中来，包括由工业计算机组成的系统、由单板机或单片机组成的系统、由可编程序控制器组成的系统、由智能化专用调节器组成的系统以及由上述各类装置混合组成的系统等。虽然这些装置的配置、功能不同，但其基本的组成部分是相似的，都是通过数字运算完成各种功能。

计算机控制系统以中央处理器（CPU）为核心构成，主要包括参数采集、运算控制、执行机构、外部设备（显示、储存、打印）等部分，其基本构成如图 1.71 所示。

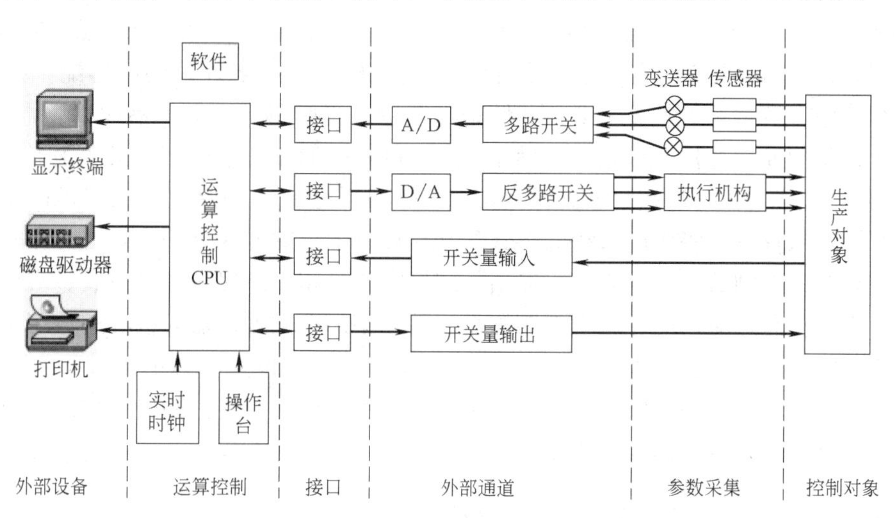

图 1.71　计算机控制系统

参数采集：在线检测仪表（传感器）将过程控制需要的各种参数的信号连续不断地输送给计算机。这种连续的输入信号称为模拟量，分为电流信号和电压信号两种模式，通常采用 4～20mA、0～10mA、0～10V 等规格。然而计算机的特点是进行数字运算，它所能识别的是离散的量，称为数字量。因此需要将这些输入的模拟量经过适当的变换，转换为计算机能够识别的数字量。实现这一过程的装置就称为模/数转换器（A/D 转换器），它将连续的模拟量调制为离散的数字量，并以二进制的方式传送。转换器的一项重要指标是分辨率，通常用二进制的“位”表示，代表能识别的数字量的多少。一个 n 位的转换器，可以将模拟量的全量程转换为 2^n 个离散的十进制数字。以 8 位的转换器为例，其能识别的数字量为的 $2^8=256$ 个，即 0、1、2、…、255。对于一个全量程为 4～20mA 的模拟量，经该 A/D 转换器转换后，即以这 256 个数字表示，每个数字代表 $\frac{(20-4)\ \text{mA}}{256}=0.0625\text{mA}$。当模拟量为 4mA 时，对应的数字量为 0；模拟量为 20mA 时，对应的数字量为 255；模拟量为 8mA 时，数字量为 $\frac{(8-4)}{0.0625}=64$。数字量只能以十进制整数表示。因此若模拟量为 8.01mA，数字量为 $\frac{(8.01-4)}{0.0625}=64.16$ 的整数，仍为 64，即尾数 0.01mA 已高于转换器的识别精度。这就是“位”代表转换器精度的意义。若要求转换器有更高的精度，就要采用更高位的转换器。常用的转换器有 8 位、12 位等。

运算控制：中央处理器（CPU）按照程序给定的控制算法（例如 PID），根据输入参数的数字量进行逻辑运算，得出控制信号输出。控制算法是根据控制过程的特点，人为选定并事先编程储存在 CPU 中的。算法中涉及的各项特性参数也已事先定好，储存在 CPU 中供随时调用。

执行机构：计算机输出的控制信号也是数字量，必须经过一定的转换变为模拟量后才能为执行机构接受。完成这一转换的装置就是数/模转换器（D/A 转换器）。D/A 转换的概念同A/D转换类似，也存在转换精度的问题，只不过是转换的方向是由数字量至模拟量。例如若后续执行机构的可接受信号为4～20mA，就应选用输出信号为4～20mA的D/A转换器。这些模拟控制信号指挥各种执行装置（泵、阀等），完成相应的调节功能。

外部设备：前述几部分是计算机控制系统的主体。除此之外，还可选配一些外围设备，配合使用，较常见的有显示器、存储记录装置、打印机等。显示器可以图形、数字、表格等形式反映控制过程、状态，给操作人员提供直观的参考。存储记录装置可以是磁盘（U盘、硬盘）或光盘，以数字形式储存信息；也可以是磁带等模拟记录方式；还可以用纸带或图形记录仪等，将生产过程的参数变化直接以图形的方式反映出来。打印机则可以将当前或以往的控制数据、图表打印输出，或按需要打印生产报表（日报表、班报表等）。

目前工业上普遍应用的可编程控制器是一种典型的以微处理器为核心的数字化控制装置。在现行的各种可编程控制器中，A/D、D/A转换器可以是单独的卡件、由用户依需要适当选配，或是将上述各部分组合成一个固定的单元体，可直接接受、输出模拟量。这种控制器通常可接受或输出几种规格的模拟量，由用户自行选择，使用起来更加方便。

1.6.2　计算机控制系统的典型应用方式

根据计算机在系统中的应用特点和参与控制的形式，计算机控制系统可以分为不同的应用方式。下面简单介绍几种典型的方式。

（1）操作指示控制系统——OGC（Operation Guide Control）（图1.72）

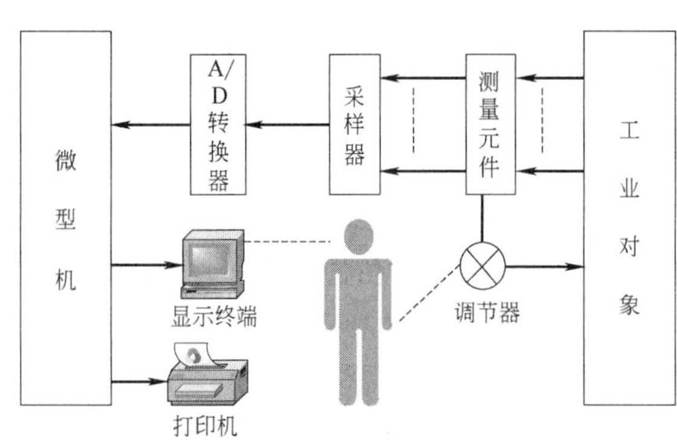

图1.72　操作指示控制系统原理图

在该系统中，计算机对生产过程的各种参数进行巡回检测，并对测量结果作必要的处理，然后通过声光信号或显示、打印输出数据，供操作人员参考，也可以转储或输送给上一级计算机使用。在此系统中，计算机仅作为辅助的检查测量工具和数据采集装置。一般也将此系统称作开环计算机监控系统。

（2）直接数字控制系统——DDC（Direct Digital Control）（图1.73）

在DDC系统中，计算机对一个或多个被控物理量进行巡回检测，并根据规定的数学模型（控制规律）进行运算，然后发出控制信号，直接控制被控对象。

DDC系统中的一台计算机不仅完全取代了多个模拟调节器，而且在各个回路的控制方案上，不改变硬件通道只通过改变程序就能有效地实现各种各样的复杂控制。一台计算机可以控制一个回路，也可以控制多个回路。这是因为一般情况下，计算机的运算速度远高于被控生产过程的运动速度，计算机可以依次对各个回路进行检测控制，从而较好地利用了计算机资源。

（3）集散式控制系统——DCS（Distributed Control System）

随着以微处理器为核心的基本控制器的迅速发展，计算机控制系统趋向于采用单元组合方式，根据不同需要灵活组合成一个完整的系统，即所谓集散型控制系统。

集散式控制系统一般分为三级：过程级、监控级和管理信息级。集散式控制系统是将分散于现场的以微机为基础的过程监测单元、过程控制单元、图文操作站及主机（上位机）集成在一起的系统。它采用了局域网技术，将多个过程监控、操作站和上位机互连在一起，使通信功能增强，信息传输速度加快，吞吐量加大，为信息的综合管理提供了基础。

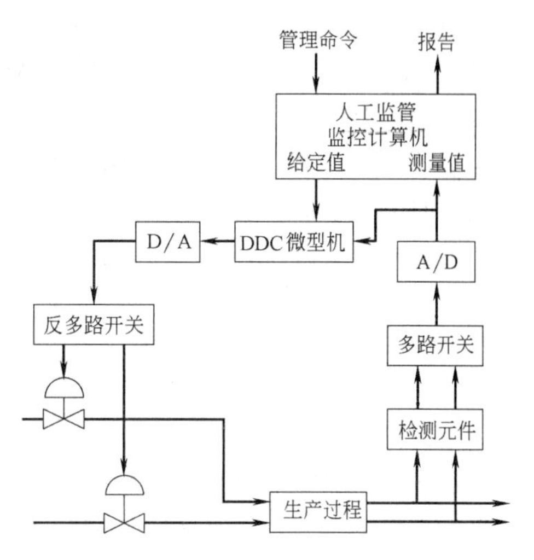

图 1.73　直接数字控制系统原理图

集散式控制系统实质上是一种分散型自动化系统，又称做以微处理机为基础的分散综合自动化系统，具有分散监控和集中综合管理两方面的特征，而更将“集”字放在首位，更注重于全系统信息的综合管理。该系统按“集中管理、分散控制”的方式进行工

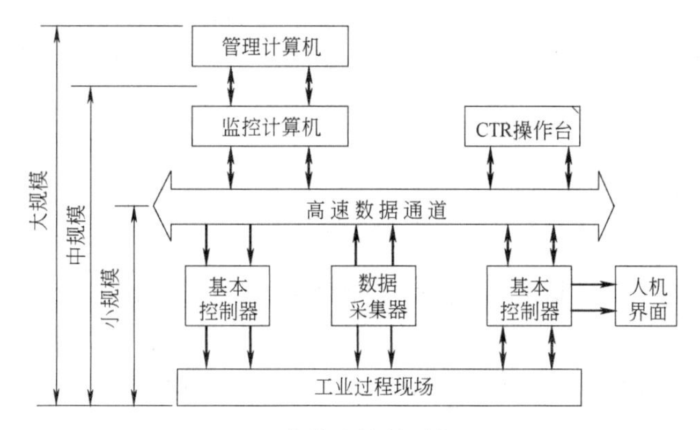

图 1.74　集散式控制系统原理图

作，可靠性大大提高。

例如一个城市供水系统的自动控制可以在过程级（各个工艺单元环节）大量采用由微处理器构成的基本控制器进行直接数字控制，在监控级（水厂）进行监督控制，对各工艺环节协调管理、收集数据，在管理信息级（公司管理级）负责整个供水系统的生产协调、生产计划、经营决策等。由于只有一些必要的信息才通过数据通道送往上一级计算机，减少了信息传输量，降低了对上级计算机的要求，使系统可靠性大大提高，而且易于采用单元组合的方式、根据不同的需要，灵活组合成一个完整的系统，形成所谓分级分布式控制，出现了分散型综合控制系统或分散型微处理机控制系统，如图 1.74 所示。

无论何种形式的控制系统，为了确保控制任务的实现，都要求具有高可靠性和可维护性，这是衡量一个计算机控制系统质量的两个重要指标。

所谓可靠性，即使计算机系统能够无故障运行的能力。具体的评价指标是“平均故障间隔时间”，发生故障的间隔时间越长，计算机系统的可靠性就越高。

所谓可维护性，就是指进行维护时方便的程度。从使用计算机的角度，仅仅要求可靠性高是不够的，因为即使计算机的平均无故障时间间隔很长，可是一旦发生故障时，需要很长的时间才能修复，仍将对生产过程发生很不利的影响，所以应该要求计算机有尽量高的可利用率。可利用率即计算机平均故障间隔时间与（平均故障间隔时间＋平均失效时间）的比值。其中，平均故障间隔时间取决于可靠性，而平均失效时间则取决于可维护性。在理论上，计算机系统的可利用率最高值是100％，但实际能达到99.95％（即平均每年失效时间4小时）就可以了。

此外，对于计算机控制系统，还对抗干扰能力、可扩充性、通用性、操作性等有具体要求。

1.7 智能控制技术

传统控制都是基于系统的数学模型建立的，因此，控制系统的性能好坏很大程度上取决于模型的精确性，这正是传统控制的本质。现代工程技术、生态或社会环境等领域的研究对象往往是十分复杂的系统，难以用常规的数学方法来建立正确的数学模型，从而无法达到期望的控制指标。对这类系统需要用学习、推理或统计意义上的模型来描述实际系统，这就导致了智能控制的研究。智能控制研究的主要目标不仅仅是被控对象，同时也包含控制器本身。控制器不再是应用单一的数学模型，而是应用数学解析和知识系统相结合的广义模型、将多种知识混合的控制系统。智能控制的主要目标是使控制系统具有学习和适应能力。

智能控制的主要研究分支包括：

（1）模糊控制

传统的控制问题一般是基于系统的数学模型来设计控制器，而大多数工业被控对象是具有时变、非线性等特性的复杂系统，对这样的系统进行控制，不能仅仅建立在平衡点附近的局部线性模型，需要加入一些与工业状况有关的人的控制经验。这种经验通常是定性的或定量的，模糊控制正是这种控制经验的表示方法。模糊控制的基本思想是将人类专家对特定对象的控制经验，运用模糊集理论进行量化，转化为可数学实现的控制器，从而实现对被控对象的控制。这种方法的优点是不需要被控过程的数学模型，因而可省去传统控制方法的建模过程，但却过多地依赖控制经验。近年来，一些研究者们在模糊控制模式中引入模糊模型的概念，出现了模糊模型。模糊模型易于表达结构性知识，成为模糊控制系统研究的关键问题。

（2）预测控制

预测控制是为适应复杂工业过程控制而提出的算法，它突破了传统控制对模型的束缚，具有易于建模、鲁棒性好的特点，对于解决大滞后对象控制问题是一条有效的途径。它的特点在于：采用各种模型建模（参数和非参数模型），从而适应工业现场的复杂模型；并且采用局部优化策略，对优化窗口不断滚动，对实际输出和模型输出不断比较并反馈校正，以实现跟踪参考值。预测控制在传统意义上具有三大要素：①预测模型；②滚动优化；③反馈校正。其思想的精髓是："随机应变，灵活变通"，把长远优化看成近期优化的不断滚动。而模糊建模是非线性系统建模的一个重要工具，也是复杂工业过程控制中广泛使用的方法。把预测控制和模糊推理相结合是很有吸引力的研究方向之一。

（3）神经网络控制

神经网络控制是研究和利用人脑的某些结构机理以及人的知识和经验对系统的控制。一般地，神经网络控制系统的智能性、鲁棒性均较好，它能处理高维、非线性、强耦合和不定性的复杂工业生产过程的控制问题。显示了神经网络在解决高度非线性和严重不确定性系统的控制方面具有很大潜力。虽然神经网络在利用系统定量数据方面有较强的学习能力。但它将系统控制问题看成“黑箱”的映射问题，缺乏明确的物理意义，不易把控制经验的定性知识融入控制过程中。近年来，在神经网络自适应控制、人工神经网络的数字设计、新的混合神经网络模型等方面都有一些重要进展，如应用于机器人操作过程神经控制、核反应堆的载重操作过程的神经控制。神经网络、模糊推理、各种特殊信号的有机结合，还导致了一些新的综合神经网络的出现。例如，小波神经网络、模糊神经网络和混沌神经网络的出现，为智能控制领域开辟了新的研究方向。

(4) 基于知识的分层控制设计

对于复杂控制对象，单一地采用传统控制不能获得理想的系统性能，这时需要智能的控制策略。分层控制恰好体现了这一思想，底层采用传统的控制方法，高层采用智能策略协调底层工作，这就是基于知识的分层控制设计。

模糊推理和神经网络在控制应用中的区别表现在：

(1) 模糊控制是基于规则的推理，神经网络则需要大量的数据学习样本。在有足够的系统控制知识情况下，基于模糊规则控制较好；如果系统有足够的学习样本，应用神经网络通过学习可得到满意的控制结果。

(2) 模糊映射在系统中是集合到集合的规则映射，神经网络则是点到点的映射。模糊逻辑容易表达人们的控制经验等定性知识，而神经网络在利用系统定量数据方面有较强的学习能力。

(3) 神经网络控制将系统控制问题看成“黑箱”的映射问题，缺乏明确的物理意义，因而控制经验的定性知识不易融入控制中。模糊控制一般把对被控对象看作是“灰箱”。

控制科学界多年来一直在探索着新的方法，寻求更加符合实际的“发展轨迹”。近10年来，人工智能学科新的进展给人们带来了希望。由于得益于计算机科学技术和智能信息处理的高速发展，智能控制逐渐形成一门学科，并在实际应用中显示出强大的生命力。基于模糊推理的系统建模、神经网络模型参考自适应控制、神经网络内模控制、神经网络非线性预测控制、混沌神经网络控制等方面已有不少重要研究成果。在很多系统中，复杂性不只是表现在高维性上，更多的则是表现在系统信息的模糊性、不确定性、偶然性和不完全性上。现在，智能控制理论固然取得了不少研究成果，但智能控制的理论体系还不够成熟。能否用智能的人工神经网络、模糊逻辑推理、启发式知识、专家系统等理论解决难以建立精确数学模型的控制题目一直是控制工作者多年来追求的目标。

1.8 控制科学与技术的发展

控制科学与技术是20世纪最重要的科学理论和成就之一，主要是研究控制的理论、方法、技术及其工程应用等，它的各阶段的理论发展及技术进步都与生产和社会实践需求密切相关。控制科学以控制论、信息论、系统论为基础，研究各领域内独立于具体对象的共性问题，即为了实现某些目标，应该如何描述与分析对象与环境信息，采取何种控制与决策行为。它对于各具体应用领域具有一般方法论的意义，而与各领域具体问题的结合，又形成了控制工程丰富多样的内容。它对相关学科的发展起到了有力的推动作用，为解决当今社会的许多挑战性问题产生了积极的影响，提供了科学的思想方法论；为许多产业领域实现自动化奠定了理论基础，提供了先进的生产技术和先进的控制仪器及装备。特别是数字计算机的广泛使用，为控制科学与技术开辟了更广泛的应用领域。

1.8.1　控制科学与技术的发展状况

自 20 世纪以来，控制科学与技术在人类科技进步中起到了举足轻重的作用，为解决社会的很多挑战性题目产生了积极的影响，提供了科学的思想方法论；为很多产业领域实现自动化奠定了理论基础，提供了先进的生产技术和先进的控制仪器及装备。

控制科学与技术当前发展的特征表现为：方法的高度“数学化”，领域的日趋“广阔化”，对象的愈益“复杂化”，控制得更加“智能化”。

“数学化”首先是精确地解决工程实际问题的一种需要，也是现代科学技术发展的一种趋势，这种趋势在控制科学中表现得尤为明显。从经典控制理论中广泛应用微分方程论和复变函数论，到现代控制理论中大量应用矩阵论、高等代数、变分法、泛函分析、概率论和随机过程、摄动方法、图论等，再到建立在环、群、模论、格论和范畴论等抽象数学基础上的数学系统理论的出现，是“数学化”趋势的一个例证。反映“数学化”的另一特征，是大批数学家加入到控制科学的研究队伍中来，这对推动控制理论的发展作出了特殊的贡献。

“广阔化”体现在控制科学与技术在各领域交叉与渗透中表现出突出的活力。例如：它与信息科学和计算机科学的结合开拓了知识工程和智能机器人领域；与社会学、经济学的结合使研究的对象进入到社会系统和经济系统的范畴中；与生物学、医学的结合更有力地推动了生物控制论的发展；同时计算机、通信、微电子学和认知科学等的发展也促进了控制科学与技术的新发展，使其涉及的领域不断扩大，已经遍及工业、农业、交通、环境、军事、生物、医学、经济、金融、人口和社会各个领域，从日常生活到社会经济无不体现控制科学的作用。

“复杂化”是控制科学向深度发展的又一个标志。复杂化首先表现为，由维数小和信息结构完全的小系统，扩展到像环境污染、宏观经济等的大系统，以及像把一个国家作为研究对象的巨系统。由于大系统中变量的个数可多达几万甚至几十万，因此计算中的维数灾问题变得相当严重。但是大系统控制中的困难之点主要表现在信息结构的不完全上，即不可能获得完全的系统信息。目前，对大系统常采用分散控制和分级控制两种方式。复杂化还表现为，随着对线性系统的研究已日臻成熟，主要注意力已转移到对复杂得多的非线性系统的研究，以期建立起一般的严格的理论。这导致了数学处理上的复杂性，而且将可能面对如分岔、混沌等复杂非线性现象。就总体而言，在非线性控制理论领域内，目前空白还远多于结果，大量的问题有待去研究。

“智能化”是指在反馈控制的基础上使控制系统进一步具有为生物和人类所特有的某些智能。当被控对象参数为已知定常或变化较小时，采用一般常规反馈控制，模型匹配控制或最优控制等方法，可以得到满意的控制效果。而当我们对被控对象的参数或结构了解甚少，或者在控制过程中这些参数或结构发生大幅度、不可予知的变化时，为得到较好的性能指标就需要使用自适应控制技术。自适应控制是一种初等的智能化控制，它具有多种形式，如模型参考自适应控制、自组织控制、自学习控制等。

自适应控制利用可调系统的输入、状态和输出来度量某一性能指标 IP，通过比较被度量的性能指标与一组给定的性能指标（理想能性指标或希望性能指标），自适应机构修正可调系统的参量或者产生一个辅助的输入信号，以维持其实际性能指标与给定的性能指标相接近，从而进入可接受的性能指标范围之内。如果自适应控制系统中的给定性能指标（IP）是由一个人造的参考模型给出的，则这样的自适应控制就称之为“模型参考自适应控制”（model reference adaptive control），或简称为“MRAC”。它是设计适应机构使被控对象和已知参考模型的动态特性尽可能接近的一种自适应控制系统。

自组织系统就是能通过本身的发展和进化而形成具有一定的结构和功能的系统。生物体就是一种典型的和天然的自组织系统。它们能利用从外界摄取的物质和能量组成自身的具有复杂功能的有机体，并且在一定程度上能自动修复缺损和排除故障，以恢复正常的结构和功能。自组织控制正是借鉴了这种概念，通过从运动过程中不断量测被控制对象的输入和输出以获取新的信息和建立相应的控制方法，来减小影响有效控制的不确定性。

自学习控制能通过本身的学习功能来获得反映被控制对象和外界环境特性的信息，并据此作出估计、判断和决策，以使控制系统的性能得到改善。具有较高的智能化程度的控制需要借助于人工智能的某些原理和方法，如所谓的专家系统，它特别适合于属于非数值问题或难于建立数学模型的系统，像某些复杂的过程控制系统等。专家系统的基本含义是，通过总结“专家”的控制经验，建立起完全的知识库及相应的规则，在此基础上根据对被控制对象的状况的判断以及指定的性能准则来作出有效的决策。

回顾近百年来的工程技术的发展，可以看到控制科学与技术是在实践的重大需求驱动下快速发展的。随着计算机科学、网络和智能信息处理技术的进步，以及社会生产力发展的强烈需求，在如何解决日益增加的复杂系统、网络系统、多传感器信息融合、生物、基因、量子计算、社会经济与生态等重大问题上，控制科学和自动化领域的研究者们面临着更大的、更为迫切的挑战。

近 30 年来，控制科学在非线性系统控制、分布参数系统控制、系统辨识、随机与自适应控制、鲁棒控制、离散事件系统和混合系统、智能控制等研究方向上取得了许多重要进展，它们之间的交叉与结合，将形成许多应用性更强的重要研究方向。

1.8.2 大数据时代智慧城市中的控制科学

21 世纪以来，信息技术在世界各个角落广泛而深入的应用与渗透，互联网计算、网格计算、普适计算、服务计算、云计算等新技术层出不穷；随着后摩尔时代微纳电子学的发展，网络性能、计算机速度、存储能力、IC 芯片集成度等进一步突飞猛进。光通信与光计算技术、纳米计算技术和量子计算技术等都将带来信息技术新的革命。一个智慧的地球正以前所未有的形态活灵活现地展现在我们面前。信息世界与现实世界在充分融合，世界正在变平；地球上的万事万物在互联互通；人们通过新一代互联网和物联网（IOT，Internet of Things），可以跨越时空感知万事万物。

当前，数字化和信息化已经在全球范围形成巨大浪潮，广泛而深入地影响着社会、经济、生产和生活，数字化的世界已经形成。信息技术渗透到各行各业形成了数字化生产与数字化企业，信息技术渗透到社会形成了数字化社会与数字化城市。

数字城市是城市信息化的初级阶段，可以从科学、技术和应用三个层面来理解“数字城市”的内涵。它是以城市信息基础设施（网络、数据）为支撑，采用 GIS、RS、GNSS 及计算机技术，以可视化方式再现城市“自然、社会、经济”复合系统的各类资源的空间分布状况，对城市规划、建设和管理的各种方案进行模拟、分析和研究的城市信息系统体系。而智慧信息高度互联、智慧产业高端发展、智慧技术高度集成、智慧成果高度渗透、智慧服务高效便民的“智慧城市”则是 21 世纪的战略目标，是城市信息化的高级阶段，是“数字化→网络化→智能化”的必然。其中数字化是将城市各部门、行业信息的传统物理媒介（纸质表格等）转变成计算存储的数字系统，从而提高城市各部门、各行业“个体”的效率；网络化是把分散的城市各部门、行业的数字化要素、单元和系统连接起来，形成各部门、行业互联互通的城市信息流系统，从而提高整体效率；智能化是对已有的城市信息流系统进行深入分析，找出其中的瓶颈或可以优化的环节，用人工智能技术加以解决，提高自动化和智能化程度。

智慧城市相对于数字城市概念，最大的区别在于对感知层获取的信息进行了智慧的处理，因此也可以认为智慧城市是数字城市的升级版。智慧城市具备三大特征：

1）全面物联，智能传感设备将城市公共设施“物联”成网，对城市运行的核心系统实时感测。

2）充分整合，“物联网”与“互联网”系统完全连接和融合，将数据整合为城市核心系统的运行全图，提供智慧的基础设施。

3）协同运作，基于智慧的基础设施，城市里的各个关键系统和参与者进行和谐高效地协作，达成城市运行的最佳状态。

从智慧城市的体系结构来看，由于智慧城市的基础在于物联网技术，因此智慧城市体系架构和物联网的体系结构相类似，可分为四层，分别为感知层、传输层、数据层、应用层。感知层是智慧城市体系对现实世界进行感知、识别和信息采集的基础性物理网络，海量的数据在感知层产生；随着各种通信技术逐步走向融合，如移动通信技术与 IP 网络的融合，电信网、电视网、计算机网、卫星通信网走向融合，智慧城市传输层形成天地一体化的基础网络、服务化的信息系统、聚合化的运营平台和多样化的业务应用；数据层由 2 体系、3 库、1 渠道构成：2 体系是指统一信息资源模型体系、统一信息编码体系，3 库是指数仓库、信息系统数据库和知识库，1 渠道是指信息资源访问渠道。在统一信息资源模型体系、统一信息编码体系和数据仓库的基础上，通过信息系统数据库和文件库为日常的业务管理与查询提供支撑，数据仓库体系为决策支持应用提供支撑，信息资源访问渠道为各种信息资源应该提供访问接口；应用层则包括智慧的产业发展体系、智慧的环境和资源体系、智慧的城市运行体系、智能的城市交通体系、智能的民生保障体系以及智慧的幸福生活体系等。

由城市数字化到城市智慧化，关键是要实现对感知层产生的海量数字信息的智慧处理，其核心则是引入了大数据处理技术。大量各种类型的数据通过传输层进入数据层，经过组织、分析、决策之后，将最后的处理结果提供给应用层的决策者供参考，形成了完整的大数据处理流程。

大数据，或称巨量资料，是指那些超过传统数据库系统处理能力的数据，它的数据规模和转输速度要求很高，或者其结构不适合原本的数据库系统，为了获取大数据中的价值，我们必须选择另一种方式来处理它。大数据具有4V特点：Volume（大量化）、Variety（多样化）、Velocity（快速化）、Value（价值化）。大数据的4个“V”，或者说特点有四个层面：第一，数据体量巨大。从TB级别，跃升到PB级别；第二，数据类型多样。包括网络日志、视频、图片、地理位置信息等等；第三，处理速度快，1秒定律，可从各种类型的数据中快速获得高价值的信息，这一点也和传统的数据挖掘技术有着本质的不同；第四，大量的不相关信息，浪里淘沙却又弥足珍贵。只要合理利用数据并对其进行正确、准确的分析，将会带来很高的价值回报。

智慧城市的建设带来数据量的爆发式增长，而大数据就像血液一样遍布智慧交通、智慧医疗、智慧生活等智慧城市建设的各个方面，城市管理正在从“经验治理”转向“科学治理”。而大数据是智慧城市各个领域都能够实现“智慧化”的关键性支撑技术，智慧城市的建设离不开大数据。建设智慧城市，是城市发展的新范式和新战略。大数据将遍布智慧城市的方方面面，从政府决策与服务，到人们衣食住行的生活方式，再到城市的产业布局和规划，直到城市的运营和管理方式，都将在大数据支撑下走向“智慧化”，大数据成为智慧城市的智慧引擎。

智慧城市建设涉及面非常广泛，包括信息通信产业管理、城市交通、医疗卫生、教育、社区管理服务等诸多领域，而且也与当前的新型城镇化密切相关，因而需要建立一个综合统筹机制去协调推进，充分利用控制科学的诸多理论支持智慧城市推进中的规划、设计和建设等工作，智慧城市建设中将涉及控制科学领域的建模、分析、计算、控制及安全性等研究。

控制科学与智慧城市的目标和构成上有很多相似之处：

控制科学以工业、农业、社会、经济等领域的系统为对象，研究其控制与决策的共性问题，为了实现系统的控制目标，建立系统的模型、分析其内部与环境信息、采取控制与决策行为以及控制与决策策略的实施。

智慧城市是利用移动通信、物联网、云计算等信息通信技术，实时感测、分析、处理、整合城市运行核心系统的各项关键数据和信息，通过整合并联通政府、社区、企业等原有独立的信息系统，为城市运营管理提供随需应变的决策支持与执行工具，将“智慧服务”融入城市民生的方方面面，实现城市运行的全面和谐。

智慧城市利用的信息技术是由信息获取、信息传输、信息处理和信息利用四部分组成的。控制科学也包含有信息获取、信息传输、信息处理和信息利用四部分，而带有计算机网络或通信网络的自动化控制系统则更是包含了以上全部内容。以控制为基础的自动化虽然涉及信息技术的全部，但其重点是在信息的利用上。工业自动化控制技术正在向智能化、网络化和集成化方向发展。信息化促进了自动化的提高，信息化是更高层次的自动化。

随着我国各地城镇化进程中智慧城市的建设，各种新兴工业领域，乃至诸多社会工程，如建筑、交通、物流、港口、环保、通信等，以及农业、经济、生物等广泛领域，都对控制科学提出了以提高效率、实现优化为目标的各种要求，使得控制科学既面临着严峻问题与挑战，又存在良好发展机遇。现代信息技术的发展使人们获取信息的能力大为提高，面对从网络获取的大量信息，有着处理能力不断提高的计算机，如何充分有效地利用这些信息去实现人们改造自然的最终目标，任务落到了控制科学的身上。

应对这一挑战，在智慧城市的设计与发展过程中，应该采用控制科学的研究成果完善自身建设，同时，控制科学亦应以智慧城市为研究载体，以智能控制、网络控制系统与物联网、智能交通、智慧环保及智慧社区等为研究方向，实现科学与实践相结合。控制科学把复杂系统控制作为其理论发展的新方向，针对工业和非工业领域中自动化问题的各种复杂性，如过程控制中的不确定性、制造过程中的离散性、社会经济等领域所表现出来的复杂巨系统性质等，开展相应的研究，为自动化控制从原来的回路、装置向系统化发展提供思想和方法。具体需要开展以下几方面工作：

（1）把传统的控制科学的研究进一步深化、综合化，贴近现实生产、生活的具体项目，做到理论源于实践，理论指导实践的良性循环；

（2）推进控制硬件、软件和智能信息处理方法的结合，实现控制系统的高智能化，保证优秀可靠的物联网成果服务智慧城市；

（3）实现控制科学与计算机科学、信息科学、系统科学以及人工智能的有机结合。

智慧城市的建设需要控制科学理论的全方位的支撑和指导，这些方面理论的发展将为控制科学的发展提供新思想，新方法和新技术，创立边缘交叉新学科，推动控制科学的更高层次的全方位发展来配合智慧城市的发展，以智慧的理念规划城市，以智慧的方式建设城市，以智慧的手段管理城市，用智慧的方式发展城市，使城市更加具有活力和长足的发展。

思考题与习题

1. 自动控制系统的作用是什么？与人工控制系统有什么共同点？有什么差别？
2. 自动控制系统有哪些基本组成部分？各部分的作用是什么？
3. 自动控制系统有哪些形式？
4. 方块图和传递函数有什么作用？
5. 分析各种典型环节的动态特性及其特点。
6. 评价自动控制系统的过渡过程有哪些基本指标？
7. 有哪些常用控制方式？各有什么特点？
8. 比例、积分、微分控制有哪些作用？如何应用？
9. 逻辑代数有哪些基本运算？有哪些基本性质？
10. 真值表如何建立？
11. 卡诺图如何绘制？怎样由逻辑表达式绘制卡诺图、由卡诺图建立或简化逻辑表达式？
12. 如何用逻辑分析的方法解决双位控制问题？
13. 智能控制系统的基本功能与特点是什么？
14. 控制科学与技术面临哪些新的问题？现代控制理论有哪些新的发展？

第2章 给排水自动化仪表与设备

给排水工程自动化常用仪表与设备，可以分为以下几大类：

（1）过程参数检测仪表。它包括各种水质（或特性）参数在线检测仪表，如水温、浊度、pH、电导率、溶解氧等的在线测量装置；给排水系统工作参数的在线检测仪表，如压力、液位、流量等仪表。

（2）过程控制仪表。以微电脑为核心的各种控制器，如微机控制系统、可编程序控制器、微电脑专用调节器等；常规的调节控制仪表，如各种电动、气动单元组合仪表等。

（3）调节控制的执行设备。包括各种水泵、电磁阀、调节阀以及变频调速器等。

（4）其他机电设备。如交流接触器、继电器、记录仪等。

本章将对一些典型仪表设备进行介绍。

2.1 检测技术基础

在人类的各项生产活动和科学实验中，为了了解和掌握整个过程的进展及其最后结果，经常需要对各种基本参数或物理量进行检查和测量，从而获得必要的信息，作为分析判断和决策的依据，可以认为检测技术就是人们为了对被测对象所包含的信息进行定性的了解和定量的掌握所采取的一系列技术措施。随着人类社会进入信息时代，以信息的获取、转换、显示和处理为主要内容的检测技术已经发展成为一门完整的技术科学，在促进生产发展和科技进步的广阔领域内发挥着重要作用。

2.1.1 检测的基本概念

检测的目的就是为了准确地获取表征被测对象特征的某些参数的定量信息。例如，人的体温的检测，目的就是测定体温的高低，提供必要的数据，有助于医生的诊断。这里，人体或其某个部位，如口腔或腋下就是被测对象，它是指被研究的物体或系统，体温就是被检测参数。被检测参数是指需要数值定量的一些参数或物理量，它含有表征被测对象某些特征的定量信息，例如，温度、压力、时间、长度和重量等。所谓检测就是用实验的方法，借助一定的仪器或设备，把被检测参数与其单位进行比较，求取二者的比值，从而得到被检测参数数值大小的过程。

设被检测参数为 X_0，其单位为 u，二者的比值为 x_0，则检测过程可用数学形式描述如下：

$$x_0 = X_0 / u$$

或

$$X_0 = x_0 \cdot u \tag{2.1}$$

上式称之为检测的基本方程式。式中，数值化后的比值 x_0 称为被检测参数的真实数值，简称为真值。因为在实际求取数值化比值时，只能用有限位数的数字来表示，而真值 x_0 却往往不能用有限位数的数字来表示，而且，在检测过程中必定有各种误差存在，所以被测参数的真值 x_0 只能近似地等于其检测值 x，即检测基本方程式应改写如下：

$$X_0 \approx x \cdot u \tag{2.2}$$

应当注意，被检测参数真值 x_0 或其检测值 x 的大小均与其单位有关，单位越小，它们的数值越大。因此，一个完整的检测结果应该包含两部分内容，即所得的检测值 x 与所采用的检测单位 u。

从检测基本方程式可知，检测过程有三要素：一是检测单位；二是检测方法，它是将被检测参数与其单位进行比较的实验方法；三是检测仪器与设备，它是检测过程的具体体现与实施者，是为了求取比值而实际使用的一些仪器设备。有些检测仪器输入的是被检测参数，而输出的就是被检测参数与其单位的比值——检测值。例如，体温计、压力表、激光测距仪等。

通过检测可以得到被检测参数的检测值，然而检测目的还未全部达到，为了准确地获取表征对象特征的定量信息，还要对实验结果进行数据处理与误差分析，估计结果的可靠性等，以便为保证安全生产、提高经济效益、为保证产品的质量、为生产过程的自动化以及科学研究等提供可靠的数据，至于检测技术，其意义更加广泛，它是指下面的全过程：按照被测对象的特点，选用合适的检测仪器与实验方法，通过检测及数据的处理和误差分析，准确得到被检测参数的数值，并为提高检测精度、改进实验方法及检测仪器，为生产过程的自动化提供可靠的依据。

此外，人们还常用到“计量”一词，计量一般指基准器的研制、量值的传递、计量单位的统一和管理、精密检测技术等方面。就工程实际方面来说，常用检测一词。

2.1.2　检测仪表的组成

检测仪表是将被检测参数与其单位进行比较，并得到其量值大小的实验设备或仪器。检测仪表可以由许多单独的部件组成，也可以是一个不可分的整体。前者多用于复杂的仪表或实验室中，后者多为工业用的简单仪表。不管是简单仪表，或是复杂仪表，原则上它们均是由几个环节所组成。对于简单仪表只不过各个环节的界线不大明显而已。这几个环节是传感器、变换器、显示器以及连接它们的传输通道。检测仪表的方框图，如图2.1所示。

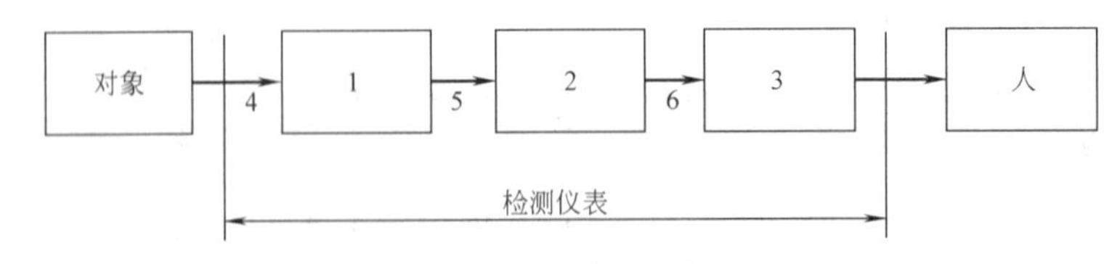

图2.1　检测仪表方框图

1—传感器；2—变换器；3—显示器；4、5、6—传输通道

1. 传感器

传感器是检测仪表与被测对象直接发生联系的部分。它的作用是感受被检测参数的变化，直接从对象中提取被检测参数的信息，并转换成一相应的输出信号。例如，体温计端

部的温泡可认为是传感器，它直接感受体温的变化，并转换成水银柱高度的变化而输出位移信号。传感器的好坏，直接影响检测仪表的质量，它是检测仪表的重要部件。对传感器有如下要求：

（1）准确性。传感器的输出信号必须准确地反映其输入量，即被检测参数变化。因此，传感器的输出与输入关系必须是严格的单值函数关系，且最好是线性关系。即只有被检测参数的变化对传感器有作用，非被检测参数则没有作用。真正做到这点是困难的。一般要求非被测参数对传感器的影响很小，可以忽略不计。

（2）稳定性。传感器的输入、输出的单值函数关系是不随时间和温度而变化的，且受外界其他因素的干扰影响很小，工艺上还能准确地复现。

（3）灵敏性。即要求较小的输入量便可得到较大的输出信号。

（4）其他。如经济性、耐腐蚀性、低能耗等。

传感器往往也被称为敏感元件、一次元件等。

2. 变换器

它的作用是将传感器的输出信号进行远距离传送、放大、线性化或转变成统一的信号，供给显示器等。例如，压力表中的杠杆齿轮机构将弹性敏感元件的小变形转换并放大为指针在标尺上的转动。又如，在单元组合仪表中，将各种传感器的输出信号转换成具有统一数值范围的标准电信号，使一种显示仪表能够适用于不同的被测参数。

对变换器的要求是：能准确稳定地传输、放大和转换信号，受外界其他因素的干扰和影响要小，即所造成的误差应尽量小。

3. 显示器

显示器的作用是向观察者显示被检测数值的大小。它可以是瞬时量的显示、累积量的显示、越限和极限报警等，也可以是相应的记录显示；有的甚至有调节功能去控制生产过程，如 XCT—101 型动圈式双位调节仪表就具有指示、极限报警及双位调节的功能。显示仪表有时也称为二次仪表。

显示器是人和仪表联系的主要环节。它有指示式、数字式和屏幕式三种。

（1）指示式显示，又称模拟式显示。被检测参数数值大小由指示器或指针在标尺上的相对位置来表示。有形的指针位移或转角用于模拟无形的被检测参数是较方便、直观的。指示式仪表结构简单、价格低廉、显示直观，一直被大量应用。有的还带记录机构，以曲线形式给出被检测参数随时间变化的数据。但这种仪表读数的精度和仪器的灵敏度等受标尺最小分度的限制，且读数会引入主观误差。

（2）数字式显示。直接以数字形式给出被检测参数的数值大小，也可附加打印设备，打印出数据。数字式显示减少了读数的主观误差，提高了读数的精度，还能方便地与计算机连用，这种仪表正越来越多地被采用。

（3）屏幕显示。实际上是一种电视显示方式。它结合了上述两种显示方式的优点，具有形象性和易于读数的优点，又能同时在电视屏幕上显示一个被检测参数或多个被检测参数的大量数据，有利于对它们进行比较分析。

4. 传输通道

传输通道的作用是联系仪表的各个环节，给各环节的输入、输出信号提供通路。它可以是导线、管路（如光导纤维）以及信号所通过的空间等。信号传输通道比较简单，易被人所忽视。如果不按规定的要求布置及选择，则易造成信号的损失、失真及引入干扰等。例如微量成分分析时，如管路选择不当，会造成信号的大量损失。又如，传输电信号时，若传输导线阻抗不匹配，则可能导致仪表的灵敏度降低，电信号失真等。

2.1.3　仪表的性能指标

仪表的性能指标是评价仪表性能好坏、质量优劣的主要依据；它也是正确地选择仪表和使用仪表，以达准确检测之目的所必须具备和了解的知识。大家知道，在仪表选择和使用不当时，即使选用性能好、质量高的仪表，也不能够得到准确的检测结果。相反情况下，如果选择、使用得当，则精度较差的仪表往往也能够满足检测要求。因此，深入了解反映仪表性能的主要指标，根据要求，正确地选择和使用仪表，对于检测工作者来说是十分重要的。

仪表的性能指标很多，概括起来不外乎技术、经济及使用方面的指标。

仪表技术方面的指标有：基本误差、精度等级、变差、灵敏度、量程、响应时间、漂移等。

仪表经济方面的指标有：功耗、价格、使用寿命等。当然，性能好的仪表，总是希望它的功耗低、价格便宜、使用寿命长等。

仪表使用方面的指标有：操作维修是否方便，能否可靠安全运行以及抗干扰与防护能力的强弱、重量体积的大小、自动化程度的高低等。

显然，上述性能指标的划分也是相对的。在未加说明的情况下，有关性能指标一般指仪表在规定的工作条件（如参比条件）下而言。仪表正常工作时，对于电源电压、频率、温度、湿度、振动、外界电磁场、安装位置等条件，按照仪表的出厂规定，有一定的要求。下面对仪表的一些重要性能指标分别介绍如下。

1. 检测范围与量程

在正常工作条件下，仪表可以进行检测的被测参数的范围叫做检测范围，其最低值和最高值分别叫做检测范围的下限和上限。检测范围的表示法是用下限值至上限值来表示。例如，某台秤的检测范围是 0～100kg，某温度计的检测范围是－20～＋200℃。

检测的量程是检测范围的上限（$l_上$）与下限（$l_下$）的代数差，记为 $L=l_上-l_下$。如上述温度计的量程为 $L=220$℃。

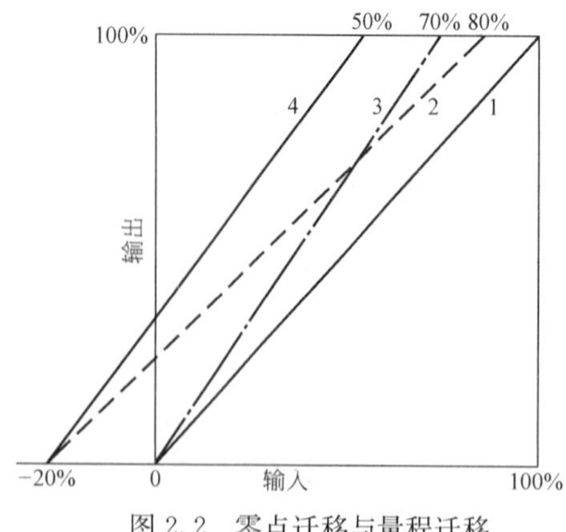

图 2.2　零点迁移与量程迁移

给出检测范围，便知上、下限及量程。若仅给出量程，便无法判断仪表的检测范围。

如果以被检测参数的真值相对于仪表量程的百分数作为仪表的输入，以指针位移或转角相对于全标尺的百分数作为仪表的输出，分别用横坐标及纵坐标表示，则所得的输入、输出关系曲线称之为标尺特性曲线，如图 2.2 所示。对于线性标尺，标尺特性曲线为直线，对于非线性标尺，则是曲线。

在实际使用中常需对仪表的检测范围做适当的改变。改变的方法有两种。一是零点迁移，它将标尺特性曲线平移，如图 2.2 所示，直线 1 变为直线 2，此时输入零点迁移至 −20%，仪表的检测范围变为 −20%～80%，但仪表的量程保持不变，仍然是 100%。二是量程迁移，它保持输入零点不变，改变标尺特性曲线的斜率，如图 2.2 所示，由直线 1 变为直线 3，此时量程变为 70%，检测范围变为 0～70%，仪表的灵敏度也变化了，但其零点保持不变。当然视实际需要，量程及零点可同时迁移，如图 2.2 所示，直线 1 变为直线 4。

2. 仪表的基本误差

基本误差是指仪表在规定的工作条件（参比工作条件）下的误差，仪表的基本误差有如下几种形式：

（1）绝对误差。仪表的示值 x 与被检测参数的真值 x_0 之间的代数差值称之为仪表示值的绝对误差，符号为 δ，表示为：

$$\delta = x - x_0 \tag{2.3}$$

式中，真值 x_0 可为被检测参数公认的约定真值，也可是由标准仪表所测得的检测值。绝对误差 δ 说明了仪表指示值偏离真值的大小，它能够说明仪表检测的精确度。

在校准或检定仪表时，常采用比较法，即对于同一被检测参数，将标准表的示值 x_0（真值）与被校表的示值 x 进行比较，则它们的差值就是被校表示值的绝对误差。如果它是一恒定值，则是系统误差，它可能是仪表在非正常工作条件下使用而产生的，或其他原因所造成的附加误差。此时仪表的示值应加以修正，修正后才可得到被检测参数的实际值 x_0。

$$x_0 = x - \delta = x + c \tag{2.4}$$

式中，数值 c 称为修正值或校正量。修正值与示值的绝对误差的数值相等，但符号相反，即为：

$$c = -\delta = x_0 - x \tag{2.5}$$

实验室用的标准表常由高一级的标准表校准；检定结果附带有示值修正表，或修正曲线 $c = f(x)$。

（2）相对误差。仪表示值的绝对误差 δ 与被检测参数真值 x_0 的比值，称之为仪表示值的相对误差 r，r 常用百分数表示：

$$r = \frac{\delta}{x_0} \times 100\% = \frac{x - x_0}{x_0} \times 100\% \tag{2.6}$$

指示值的相对误差比其绝对误差能更好地说明检测的精确程度。如有两组检测值，第一组 $x_0 = 1000℃$，$x = 1005℃$，$\delta = +5℃$，$r = 0.5\%$；第二组 $x_0 = 100℃$，$x = 105℃$，$\delta = +5℃$，$r = 5\%$。由此可见两组的绝对误差虽然均为 $+5℃$，但第一组的相对误差小得多，显然第一组检测比第二组精确。但在评价仪表质量时，利用相对误差作为衡量标准也很不便，因为使用仪表时，一般不应检测过小的量（如靠近检测范围下限的量），而多用在检测接近上限的量如 2/3 量程处。故用下面的引用误差的概念来评价仪表质量更为方便。

（3）引用误差。仪表指示值的绝对误差 δ 与仪表量程 L 之比值，称之为仪表示值的引

用误差。引用误差 q 常以百分数表示

$$q=\frac{\delta}{L}\times 100\% \tag{2.7}$$

比较式（2.7）及式（2.6）可知：在 q 的表示式中虽利用量程 L 代替了真值 x_0，但分子仍为绝对误差值 δ；当检测值取仪表检测范围的各个示值或在刻度标尺的不同位置时，示值的绝对误差 δ 值也是不同的，因此引用误差仍与仪表的具体示值 x 有关。为此，取引用误差的最大值，既能克服上述的不足，又更好的说明了仪表的检测精度。

（4）引用误差的最大值（或最大引用误差）。在规定的工作条件下，当被检测参数平稳地增加和减少时，在仪表全量程所取得的诸示值的引用误差（绝对值）的最大者，或诸示值的绝对误差（绝对值）的最大者与量程的比值的百分数，称为仪表的最大引用误差，符号为 q_{max}。可表示为：

$$q_{max}=\frac{|\delta|_{max}}{L}\times 100\%=\frac{|x-x_0|_{max}}{L}\times 100\% \tag{2.8}$$

最大引用误差是仪表基本误差的主要形式，故也常称之为仪表的基本误差，是主要质量指标，它很好地说明了仪表的检测精确度。

3. 仪表的精度等级

（1）允许引用误差，简称允许误差，符号为 Q。顾名思义，它说明了仪表在出厂时所规定的引用误差的允许值。也即仪表在出厂检验时，诸示值的最大引用误差不能超过其允许值。记为：

$$q_{max}\leqslant Q \tag{2.9}$$

必须注意 q、q_{max}、Q 均是以百分数来表示的，而且比较时一般是取误差绝对值的。

（2）精度等级：工业仪表常以允许的引用误差作为判断精度等级的尺度。人为规定：取允许引用误差百分数的分子作为精度等级的标志，也即用允许引用误差去掉百分号（%）后的数字来表示精度等级，其符号是 G，则 $G=Q\times 100$，或 $Q=G\%$。

各种仪表的精度等级的数字是有一定规定的，工业仪表常见的精度等级见表 2.1。

工业仪表常见精度等级　　表 2.1

精度等级 G	0.1	0.2	0.5	1.0	1.5	2.0	2.6	5.0
允许(引用)误差 $\|Q\|$	0.1%	0.2%	0.5%	1%	1.5%	2%	2.5%	5%
引用误差 $\|p\|$	≤0.1%	≤0.2%	≤0.5%	≤1%	≤1.5%	≤2%	≤2.5%	≤5%

一般情况下，一级精度仪表，表示其允许误差的绝对值，$|Q|=|\pm 1\%|=1\%$，也可省去绝对值符号，简记为 $Q=1\%$；当记为 $Q=\pm 1\%$ 时，则表示允许误差的变化范围可以从 -1% 至 $+1\%$，其余同此。另外要注意的是：精度等级的标志说明了引用误差允许值的大小，它决不意味着该仪表实际测量中出现的误差。如果认为 1.0 级仪表所提供的测量结果一定包含着 $\pm 1\%$ 的误差，那就错了。只能说在规定的条件下使用时它的绝对误差的最大值的范围不超过量程的 $\pm 1\%$。如量程为 100V 的一级电压表，$|\delta|_{max}\leqslant|\pm 1|\,\mathrm{V}=1\mathrm{V}$ 或 $q_{max}\leqslant 1\%$。

显然，仪表精度等级的数字越小，仪表的精度越高。0.5 级的仪表精度优于 1.0 级仪

表，而劣于0.2级仪表等。

工业测量中，单次测量值的误差就是用工业仪表的精度等级来估计的（一般取 3δ 作为极限误差）。

由此可见，仪表的精度等级是反映仪表性能的最主要的质量指标。

例如，按毫伏刻度的电子电位差计检验记录见表2.2。

电子电位差计检验 **表2.2**

示值 x(mV)	0.00	2.00	4.00	6.00	8.00	10.00
真值 x_0(mV)	0.01	1.98	4.01	5.97	8.04	9.99
绝对误差 δ(mV)	−0.01	+0.02	−0.01	+0.03	−0.04	+0.01
引用误差 Q(%)	−0.1	+0.2	−0.1	+0.3	−0.4	+0.1

由此可得最大引用误差为：

$$q_{\max}=\frac{\delta_{\max}}{L}\times 100\%=-0.4\%$$

若仪表为0.5级精度，则允许误差为 $Q=\pm 0.5\%$，因 $|q_{\max}|<|Q|$，故此仪表合格。

4. 仪表的灵敏度与分辨率

灵敏度定义为由于仪表输入的变化所引起的输出的变化 Δy 与输入变化量 Δx 之比值。换句话说，仪表的灵敏度是单位输入量的变化所引起的输出量的变化。上述定义中输入与输出的变化量均是指它们在两个稳态值之间的变化量而言。如灵敏度用符号 S 表示，则可记为：

$$S=\frac{\Delta y}{\Delta x}\quad S=\frac{dy}{dx} \tag{2.10}$$

它是输入与输出特性曲线的斜率。如果系统的输出和输入之间有线性关系，则灵敏度是一个常数。否则，它将随输入量的大小而变化，如图2.3所示。

一般希望灵敏度 S 在整个测量范围内保持为常数。这样，可得均匀刻度的标尺，使读数方便，也便于分析和处理测量结果。

由于输入、输出变化量 Δx 和 Δy 均是有量纲的，所以 S 也是有量纲的。如输入量为温度，$[\Delta x]$=℃。输出量为指针在标尺上的位移，$[\Delta y]$=分格，则 S=分格/℃。如果输入与输出是同类量，则此时 S 可理解为放大倍数。但是仪表的灵敏度比放大倍数的含义要广得多。

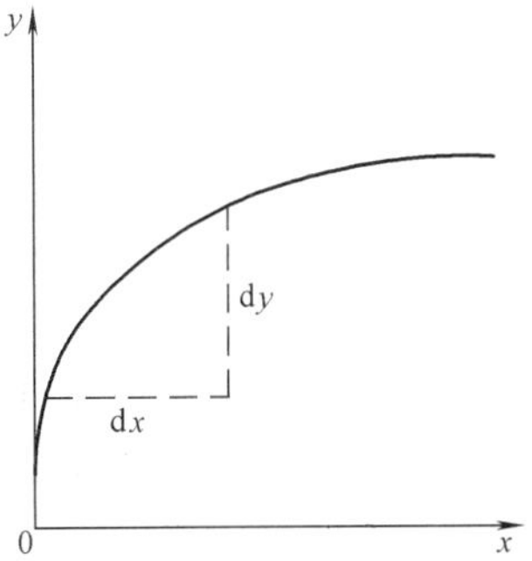

图2.3 检测系统灵敏度

如果检测系统由多个环节组成，各环节的灵敏度分别为 s_1、s_2、s_3，而且各环节以图2.4所示的那样串联的方式相连接，则整个系统的灵敏度可用下式表示：

$$S=s_1\cdot s_2\cdot s_3 \tag{2.11}$$

线性标尺仪表的灵敏度为一常数；非线性标尺仪表的灵敏度为一变量。在标尺各处，

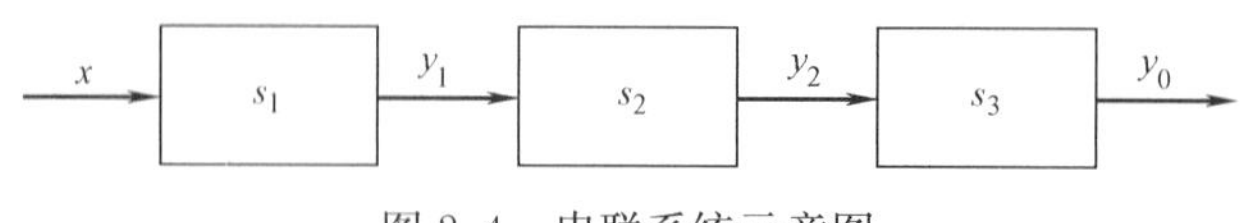

图 2.4　串联系统示意图

S 值不同。当仪表标尺的零点迁移时，标尺零点及仪表测量范围变化，仪表量程及灵敏度不变。当量程迁移时，灵敏度、量程及测量范围均变化，仅标尺零点不变。

仪表灵敏度高，仪表示值读数的精度可以提高，但仪表的灵敏度应与仪表的精度等级相适应，前者应略高于后者。过高的灵敏度提高不了检测的精度，反而会带来读数的不稳定。

分辨率是指检测仪表能够精确检测出被测量的最小变化的能力。输入量从某个任意值（非零值）缓慢增加，直到可以测量到输出的变化为止，此时的输入量就是分辨率。它可以用绝对值，也可以用量程的百分数来表示。它说明了检测仪表响应与分辨输入量微小变化的能力。灵敏度愈高，分辨率愈好。一般模拟式仪表的分辨率规定为最小刻度分格值的一半，数字式仪表的分辨率是最后一位的一个字。

灵敏度与分辨率是说明仪表性能的重要指标。灵敏度越高，分辨率越好，二者也应是相适应的。

5. 变差

仪表处在正常工作条件时，令被测量逐渐增加（称之为上行）和逐渐减少（称之为下行），对于仪表的同一示值，上述两次测量值的代数差的绝对值，也即上行读数与下行读数代数差的绝对值被称为变差。设上行读数为 $x_{上}$，下行读数为 $x_{下}$，则变差 υ 记为：

$$\upsilon=|x_{上}-x_{下}| \tag{2.12}$$

根据定义，若上行误差为 $\delta_{上}$，下行误差为 $\delta_{下}$，则变差又可表示为：

$$\upsilon=|\delta_{上}-\delta_{下}| \tag{2.13}$$

如果仪表的变差除以量程的结果在允许误差范围之内，则此仪表合格。

变差又称回差，反映在仪表检验时所得的上升曲线和下降曲线常出现不重合的现象。其原因可能是由于仪表内某些元件有能量的吸收，例如弹性变形的滞后现象，磁性元件的磁滞现象；或是由于仪表内传动机构的摩擦、间隙等造成。

6. 漂移

一定工作条件下，保持输入信号不变时，输出信号随时间或温度的缓慢变化称之为漂移。随着时间的漂移称为时漂，随着环境温度的漂移称之为温漂。例如，弹性元件的时效，电子元件的老化，放大线路的温漂，热电耦热电极的污染等均为漂移。

漂移能够说明仪表工作的稳定性能，需要长时间运行的仪表，这项指标更为重要。

7. 可靠性

现代工业生产的自动化程度日益提高，仪表的任务不仅要提供检测数据。而且以此为依据，直接参与生产过程的控制，因此仪表在生产过程中的地位越来越重要。仪表出现故障往往会导致严重的事故，为此必须加强仪表可靠性的研究，提高仪表的质量。

衡量仪表可靠性的综合指标是有效度，其定义为：

有效度＝平均无故障工作时间/(平均无故障工作时间＋平均修复时间)

对于使用者来说，当然希望平均无故障工作时间尽可能长，同时又希望平均修复时间尽可能短，也即有效度的数值越大越好。此值越接近1，仪表工作越可靠。

8. 响应时间

仪表的响应时间定义为：当仪表输入阶跃变化时，仪表输出从一个稳态到另一稳态值（有些情况下取其90%）所需的时间。

当仪表输入从一稳态到另一稳态突然变化时，只有经过一定时间稳定之后，才有相应的输出响应。这是因为仪表的传感器响应输入量的变化需要时间，仪表各个环节信号的放大、传输和变换均需有一定的时间。

上面仅介绍了仪表的某些主要性能指标。应当注意，在不同的文献中某些指标的概念可能有差别，有待于统一。有些指标在不同情况下，定义的方法也会有不同，另外专门的仪表还需专门指标等。

2.1.4 检测仪表的发展方向

21世纪是人类全面进入信息电子化的时代。随着人类探知领域和空间的拓展，使得人们需要获得的电子信息种类日益增加，要求加快信息传递的速度和增强信息处理的能力。因而要求与此相对应的信息技术中的三大核心技术——信息采集技术（检测技术）、信息传递技术（通信技术）和信息处理技术（计算机技术）必须跟上人类信息化飞速发展的需要。

21世纪切期，检测领域的主要技术将在现行基础上予以延伸和提高，并加速新一代检测仪表的开发和产业化。

（1）微电子机械系统技术（MEMS）的出现是传统机械加工技术的巨大变革，具有划时代的意义。微电子机械系统技术将成为21世纪检测仪表领域中带有革命性变化的高新技术。采用MEMS制作的微传感器与微系统，具有划时代的微小体积、低成本、高可靠等独特的优点。预计由微检测器、微执行器以及信号和数据处理装置集成的微检测系统将很快进入商业市场。

（2）新型敏感材料将加速开发，纳米材料与技术的发展，微电子、光电子、生物化学、信息处理等各学科、各种新技术的相互渗透和综合利用，可望研制出一批新颖、先进的检测器，如：新一代光纤检测器、生物检测器、诊断检测器、超导检测器、智能检测器以及模糊检测器等。

敏感技术发展的总趋势是小型化、集成化、多功能化、智能化和系统化。检测器将从具有单纯判断功能发展到具有学习功能，最终发展到具有创造能力。其表现如下：

1）检测器的多功能化。检测器的多功能化经历了以下几个阶段：最初是孤立的检测器件，只能检测单一的量；后来把多个不同功能的检测器集成在一起，可以检测多种量；目前检测器的多功能化进展处于把电子线路与检测器集成在一起，能够实现信号处理，以及加上机械结构，使之具有执行功能，甚至把能源也集成在一起，实现有源、智能、多功能检测器系统的阶段。

2）向模糊识别方向发展。从检测器的模式看，微观信息由人工智能完成，感觉信息由神经元完成，宏观信息由模糊识别完成。以往检测器的局限性在于它只见树木不见森林，只见微观不见宏观，未来的神经元加模糊识别传感器将既见树木又见森林。

3）检测器由经典型向量子型转化。以往的检测器由于尺寸大，可以用经典物理很好地描述。随着检测器尺寸的微小型化，量子效应将越来越起支配作用。从波动理论来看，当尺寸大的时候是光波发挥作用，在量子效应起支配作用的范围内，电子波（得布罗意波）将发挥作用。在将来，把两种波统一在一起的统一波（Union Wave）将用来揭示检测器的工作规律。

由数字检测器向模拟检测器发展。目前检测器的转换原理是以数字方式工作的。数字方式的含义并不是说检测量与输出量是数字编码形式，而是指它的检测方式是检测时间轴上的一点（瞬间），空间轴上的一点（零维），是单一检测量。未来的检测器将在时间上实现广延。空间上实现扩张（三维）。检测量实现多元，检测方式实现模糊识别。从这个意义上讲，传感器的识别方式将由数字方式向模拟方式发展。

2.2　典型水质检测仪表

2.2.1　pH 检测仪表

pH 是最常用的水质指标之一。它表示水的酸碱性的强弱，而酸度或碱度是水中所含酸或碱物质的含量。

1. pH 测量原理

pH 是氢离子活度的负对数：

$$pH=-\lg\alpha \tag{2.14}$$

式中　α——氢离子活度；

pH——氢离子活度的负对数。其中“p”只表明了在离子和变量之间有一种指数相关的数学关系。带一价正电荷的氢离子存在于全部水溶液中。在稀溶液中，氢离子活度近似等于其浓度。

pH 的测量常用电极电位法，该方法是基于两个电极上所发生的电化学反应。用电极电位法测量溶液 pH，可以获得较准确的结果。

电极电位法的原理是用两个电极插在被测量溶液中，如图 2.5 所示，其中一个电极为指示电极（如玻璃 pH 电极），它的输出电位随被测溶液中的氢离子活度变化而变化；另一个电极为参比电极（例如氯化银电极），其电位是固定不变的。上述两个电极在溶液中构成了一个原电池，该电池所产生的电动势 E 的大小与溶液的 pH 有关，可以用下式表示：

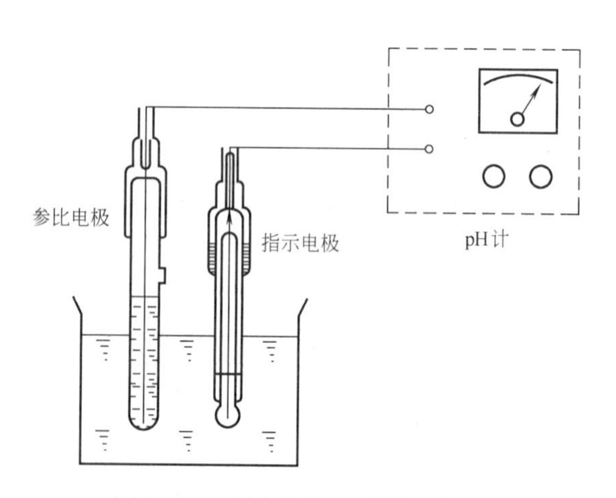

图 2.5　电极电位法 pH 测量原理

$$E=E^{*}-D\cdot pH \tag{2.15}$$

式中　E——测量电池产生的电动势；

E^*——测量电池的电动势常数（与温度有关）；

pH——溶液的 pH；

D——测量电极的响应极差（与温度有关）。

因此，若已知 E^* 和 D，则只要准确地测量两个电极间的电动势，就可以测得溶液的 pH 了。

根据电极电位法原理构成的 pH 测量系统，都由发送器（即电极部分）和测量仪器（如变送器等）两大部分组成。即对溶液 pH 的测量，实际上是由发送器所得毫伏信号经由测量仪表放大指示其 pH。该发送器所得的毫伏信号实际上就是由指示电极、参比电极和被测溶液所组成的原电池的电动势。

2. 在线 pH 检测仪

工业在线 pH 检测仪又称为工业 pH 计、工业酸度计等。工业在线 pH 检测仪一般由 pH 传感器（常称为 pH 电极）、pH 变送器（常称为 pH 表）、pH 电缆、电极安装支架和标准缓冲液等组成。pH 电极测量溶液的 pH，把 pH 的变化以电位的变化通过低噪声的屏蔽电缆传送到变送器，变送器处理电极送来的高阻抗电信号，把所测量的 pH 显示出来并远传到中控室。

pH 电极按照内部填充液类型，有液体电极、凝胶电极、固体电极和氢离子敏场效应晶体管电极（H^+-ISFET）四类，下面逐一叙述。

（1）液体电极

所有玻璃 pH 电极的内参比液都是液态的，当外参比介质为液态时，此电极常称为液体电极。

该类电极 pH 测量范围一般为 0～14，温度范围－30～140℃，测量准确，重复性好，响应速度快，电极寿命长，能根据不同的工业生产工艺需要选择不同的敏感膜类型及参比液种类，并且耐较高的温度和压力，适应性广。外参比液的多种多样是此类电极的特色，如 KCl、LiCl、KNO_3 及有机物成分等。

但是由于该类电极的外参比液是液态的，为了保证外参比液中 Cl^- 浓度的稳定，即确保参比电位的稳定，必须用专门的安装件对电极外参比液加压，使电极外参比液的压力稍高于（一般压差为 0.5～2.0 巴）工业管道或反应釜的压力，这样就对电极的安装件的密封要求很高，必须严格防止安装件漏气，安装件显得较复杂和昂贵。液体电极的外参比液的消耗与压力差有关，压力差越大，外参比液消耗越快，因此在外参比液消耗殆尽时，用户必须再补充新的外参比液。很多电极生产厂家为了方便参比液消耗完毕后添加，将电极设计为开放的可添加式，如图 2.6 所示。

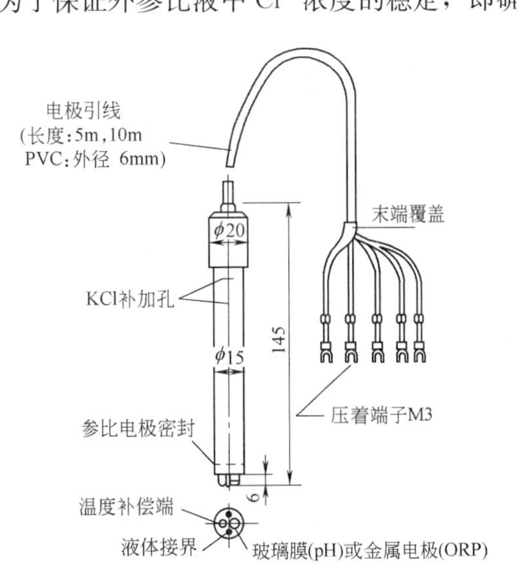

图 2.6　典型的可充液式 pH 电极

（2）凝胶电极

当把外参比介质预先制成半流动的凝胶

状，并在电极中预加压，此类电极常称为凝胶电极。选用时要确保外参比介质的压力高于工艺压力。

凝胶电极的pH测量范围一般为0～14，温度范围－10～100℃，用户使用时无需添加参比介质，电极的维护相对较简单，测量的准确性和重复性较好，响应速度快，适合于带压的管道和反应釜测量。凝胶电极的外参比介质消耗完，就需要重新更换电极了。但有些产品的外参比介质部分可单独更换，这样延长了电极使用寿命，在一定程度上节省了使用成本。

由于凝胶电极的外参比介质是半流动状的，预加压的压力不高，一般为2～3巴，能满足敞开容器、大部分管道等压力要求。但该电极不适合于中高压测量，实际上较多的反应釜中的压力都高于3巴，因此较大地限制了该电极的应用范围。

电极安装件的液接部位材质有不锈钢、PVC、PVDF、哈氏合金等。除安装于管道和反应釜之外，凝胶电极还常用于敞开池的沉入式安装。

（3）固体电极

当把外参比介质做成固态高聚物时，此类电极称之为固体电极。

固体电极的pH测量范围一般为0～14，温度范围0～110℃，其特点是外参比介质固态化，参比介质液接部位直接开口，用户无须添加外参比介质，使电极的维护相对很简单，测量的准确性和重复性尚好，响应速度较快，耐压很高至25巴，特别适合于中高压的管道和反应釜测量；还可用于悬浊液等污染严重恶劣的场合，在敞开池污水处理中也常选用。

此类电极的测量精度稍差，固态外参比介质的扩散速度与被测量介质的溶解性等性质有直接的关系，其参比电位不如液体电极和凝胶电极准确和稳定。

（4）氢离子敏场效应晶体管电极（H^+-ISFET）

氢离子敏感场效应晶体管（H^+-ISFET）是一种利用半导体表面场效应原理测定溶液中氢离子活度的化学敏感器件。氢离子敏场效应晶体管电极的pH测量范围一般为0～14，温度范围－5～130℃。

这种电极是完全无玻璃的固体电极，测量原理与前面的玻璃pH电极完全不同，最大应用特点是响应速度极快，在测量过程中没有玻璃破裂的危险。但由于硅晶片易污染腐蚀，电极零点漂移很大，需要频繁校验等，实际应用很少。

2.2.2　碱度检测仪表

水的碱度是指水接受强酸的氢离子（质子）的能力，并且是用水中所有能够与强酸发生中和作用的物质总量来表示，这些物质包括各种强碱、弱碱、强碱弱酸盐，当然也包括有机碱等。因此水的碱度就是一项水的综合性特征指标。

水中的碳酸根和碳酸氢根是水的碱度的代表性物质，也是存在形式最普遍的碱度物质。为了表示方便，我国国家标准中采用了具有二级电离形式的碳酸盐作为统一的碱度单位表示方法，即将所测得的碱度值以mg/L碳酸钙的含量来表示。

1. 碱度及其测量

由于测定水的碱度是使用酸碱滴定法，其滴定终点会因所参照的pH值或选取的酸碱指示剂的不同而有很大差异，所以只有当水样中的化学组成已知时，才能解释为具体的物质。但对于复杂的水体，则只有通过所参照的滴定终点来确定水的碱度范围。

酚酞碱度——指可以直接用酸滴定至 pH 为 8.3 时所得到的碱度值，即以酚酞指示剂变色点作为滴定终点时的碱度值。对于碳酸盐体系，可以认为是氢氧根被完全中和并且碳酸根被滴定到碳酸氢根时的碱度值。

甲基橙碱度——指可以用酸滴定至 pH 为 4.4～4.5 时所得到的碱度值，即以甲基橙（或甲基红-亚甲基蓝混合指示剂）指示剂变色点作为滴定终点时的碱度值。对于水中存在游离二氧化碳的水样，则不存在酚酞碱度，只有甲基橙碱度。因甲基橙碱度是对所有能够与质子酸反应的组分测定的结果，所以也被称总碱度。

对于天然水和未经污染的地表水，利用所测定酚酞碱度和甲基橙碱度，通过计算可以求得相应的碳酸盐、碳酸氢盐和氢氧根离子的含量。而对于废水、污水及一些加有添加剂的水体，由于组分的复杂性，这种计算无实际意义，但能确定水体对酸性物质的反应情况。

（1）水的碱度标准分析方法

对于水的碱度测定，针对不同的应用，我国制订了几个不同的水的碱度测定标准方法，均是以酸碱滴定法为测定的基础，在终点判断方面，有酸碱指示剂滴定法和电位滴定法。用指示剂判断终点，对绝大多数水样而言，方法简便快速，准确度和精密度不易受样品组成的影响，非常适用于多种行业作为控制性检测日常的例行分析。

表 2.3 中列出了地表水和工业用水的碱度分析方法，水质分析方法普遍采用酸碱指示剂滴定法，只有在测定锅炉用水的碱度时，同时采用了电位滴定法。电位滴定法更适用于浑浊的样品和有颜色的样品的碱度测定。

水的碱度测定标准分析方法 **表 2.3**

方法编号	方法名称	终点判断方法
SL 83—1994	碱度（总碱度、重碳酸盐和碳酸盐）的测定	酸碱指示剂滴定法
GB/T 14419—1993	锅炉用水和冷却水分析方法——碱度测定法	酸碱指示剂滴定法和电位滴定法
GB/T 15451—1995	工业循环冷却水中碱度的测定	酸碱指示剂滴定法

（2）水的碱度测定原理

水的碱度测定是以标准酸溶液中的氢离子与样品中的氢氧根离子和弱酸根离子进行中和反应为基础，在以不同 pH 为滴定终点时，弱酸根离子与氢离子的中和反应的程度也会不同。对于自然界地表水，其碱度主要是其中的碳酸根起作用，其他如硼酸根和硅酸根，作用可以忽略。而对于其他的工业用水及污水，组成就复杂多了，不仅有碳酸根，同时也会有硼酸根、磷酸根、硅酸根、硫氢酸根等，并且有些水体中还会包括有机碱和金属离子水解产物。

在以酚酞作终点指示剂时，其变色点为 pH 8.3，水样中的氢氧根离子与氢离子完全反应，而存在的碳酸根则与一个氢离子结合成为碳酸氢根，反应式如下：

$$OH^- + H^+ \longrightarrow H_2O$$

$$CO_3^{2-} + H^+ \longrightarrow HCO_3^-$$

在 pH8.3 的条件下，碳酸根与氢离子反应只转化成碳酸氢根，这时水的碱度，即酚酞碱度，是氢氧根浓度与碳酸根浓度之和。

当以甲基橙或甲基红-亚甲基蓝作终点指示剂，其变色点 pH4.4～4.5，这时水中许多弱酸根都会再与氢离子结合而转化成游离酸形态，甲基橙碱度（总碱度）就成为水中氢氧根、弱酸根转化成游离弱酸形态及一些水解的金属离子盐的浓度之和。这些反应如下：

$$HCO_3^- + H^+ \longrightarrow H_2CO_3$$

$$HSiO_3^- + H^+ \longrightarrow H_2SiO_3$$

$$R-NH_2 + H^+ \longrightarrow R-NH_3^+$$

$$M(OH)_n + H^+ \longrightarrow M^+(OH)_{n-1} + H_2O$$

式中　R-——表示有机胺分子中的有机基团；

M——表示金属，$M(OH)_n$ 则表示了因水解而形成的金属氢氧化物；

$M^+(OH)_{n-1}$——表示金属氢氧化物结合一个氢离子后的形态（实际情况可能比这种表示的要复杂得多）。

对于一些给水系统中的水，有少量余氯存在，会破坏指示剂从而干扰终点指示。这种情况下，需要在滴定前滴加少量的硫代硫酸钠溶液，以消除干扰。

2. 碱度在线分析仪

根据不同的行业和应用要求，所需要测定的水体的碱度可能是酚酞碱度，也可能是甲基橙碱度，这就要求在线碱度分析仪从设计上就要考虑到具体的分析要求上的差别。

如果使用与实验室一样的自动滴定方法，不论是从滴定试剂的传输上，还是从滴定终点的判断方式上，都需要复杂的机械和电子部件、精确而重复的操作与判断的控制软件，这些无疑会增加在线分析仪的复杂性并降低其可靠程度。传统的在线碱度分析仪就是采用电位滴定法，但随着电极的灵敏度和稳定性的下降直接影响终点的判断，进而对分析结果造成较大的偏差；为了连续滴定而使用步进电机加入标准酸滴定剂，也使机械传动与控制系统变得复杂且制造成本相当高。

新型的在线碱度分析仪在设计上使用了内径均匀的管线输送样品溶液，并通过在样品流中加入少量滴定剂和酸碱指示剂，使样品流形成浓度梯度，用光度变化来判断“滴定峰”的方法，就避免了这些不利因素的影响，同时可以大幅度提高分析效率，也大幅度减少分析过程中所用的标准酸滴定剂和指示剂。

图 2.7 为新型在线碱度分析仪的分析流程。自动移液管将一定量样品吸入储液盘管，再吸入少量指示剂，进行充分混合并在样品的 pH 下显色。未加指示剂的样品则作为参比在 600nm 下进行吸光度检测，以作为样品颜色和浊度的补偿值对最后的碱度测定值进行修正。

一部分显色后的样品/指示剂混合液直接送入检测器，作为背景值进行检测。

在其余部分的样品/指示剂混合物中间，加入标准酸滴定液，并随混合液一同传送至恒温的反应盘管，这段标准酸滴定液会因扩散作用与两侧的样品/指示剂混合液反应，导致指示剂因样品的 pH 变化而发生颜色变化，从而会以这段标准酸为中心，在两侧的样品/指示剂混合液之间形成一个沿 pH 梯度变化而产生的指示剂颜色变化段，即形成一个“滴定峰”。将反应管内溶液送入检测器，检测 pH8.3 和 pH4.5 所代表的吸光度值处的滴定峰的峰宽。第一个峰宽代表了样品的酚酞碱度，第二个峰宽则代表了甲基橙碱度，也就是总碱度。

通过用标准碱度的样品与被测样品进行滴定峰宽度值的对比检测，就可以准确测定出

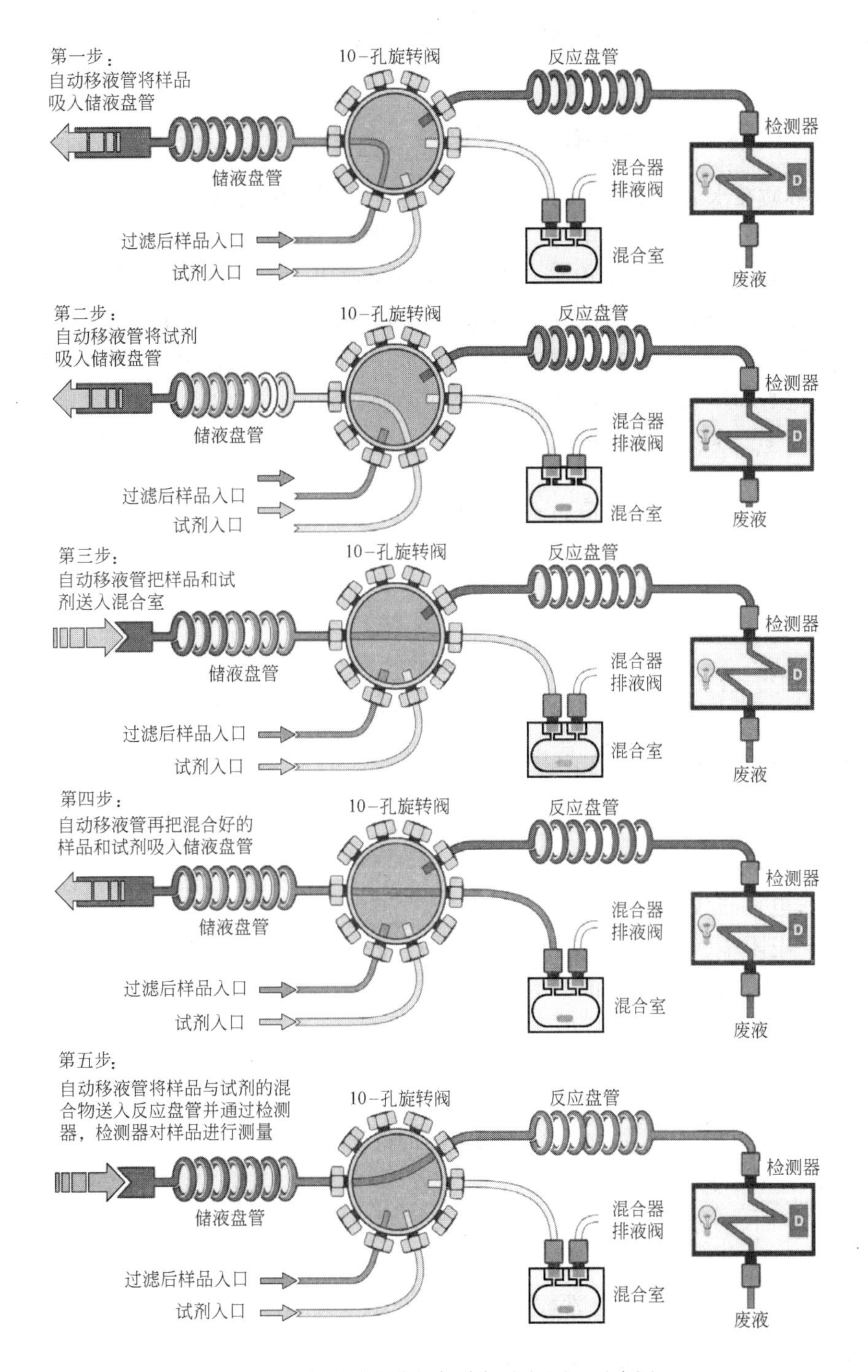

图 2.7 在线碱度分析仪分析流程原理示意图

样品的碱度值。这种检测方式相对于在线连续滴定，节省了大量试剂，并且在仪器设计上也简化了许多，分析速度也会相应提高。

图 2.7 分析流程中最后一步可能会因测定的项目和加入的指示剂和滴定剂等不同，而分成几个重复的步骤进行，以便得到不同的“滴定峰”供比色计检测和记录。通过切换清

洗液流路，可以在分析完一个样品后，对混合液的管路进行及时有效的清洗，以保证分析的可靠性。

2.2.3　电导率/酸碱盐浓度检测仪表

由于电解质在水溶液中以带电离子的形式存在，因此溶液具有导电的性质，其导电能力的强弱称为电导度，简称为电导。所谓水的电导率是指电流通过横截面积各为 $1cm^2$，相距 1cm 的两电极之间水样的电导。水溶液的电导率取决于离子的性质和浓度、溶液的温度和黏度等。不同的化合物在溶液中的电离程度不同，化合物溶解在水中形成导电的溶液称为电解液。在只有一种酸、碱或者盐的溶液中，电导率与该酸碱盐的浓度有一定的固定关系。测定水和溶液的电导，可以了解水被杂质污染的程度和溶液中所含盐分或其他离子的量。电导率是水质监测的常规项目之一。

1. 电导率测量原理

溶液中电解质的电导为电阻的倒数，即：

$$S=\frac{1}{R} \tag{2.16}$$

式中　S——电导（Ω^{-1}）；

R——电阻（Ω）。

一般，溶液的电导是用测量电阻的方法来测定的。根据欧姆定律，在温度一定时，电阻与导体的长度（电极间距离）成正比、与导体的截面积成反比，即：

$$R=\rho\frac{L}{A} \tag{2.17}$$

式中　L——电极间的距离（cm）；

A——电极的截面积（cm^2）；

ρ——电阻率（或称比电阻）（$\Omega\cdot cm$），表示两电极间距离为 1cm、电极截面为 $1cm^2$ 的体积内溶液的电阻值。

电阻率的倒数称为电导率：

$$k=\frac{1}{\rho} \tag{2.18}$$

式中　k——电导率（或称为比电导），与溶液的性质有关（$\Omega^{-1}\cdot cm^{-1}$）。

由上述各式可得：

$$k=S\frac{L}{A}=SQ \tag{2.19}$$

式中　Q——电导池常数（电极常数），$Q=\frac{L}{A}$（cm^{-1}）。

对于特定的电导仪，有确定的电极常数。根据此电极常数和在此条件下测得的溶液的电导，便可算出溶液的电导率。

由上述可知，只要测得溶液的电阻便可知道溶液的电导，所以，测量电导的仪器实际就是测量电阻的仪器。

电导与溶液温度、浓度及性质有密切的关系，改变其中某一因素，都会直接影响溶液的电导。电导随温度升高而增大，通常每升高 1℃离子的电导约增加 2%～2.5%。因此在测定电导的过程中，温度必须保持恒定，使溶液及电导电极都处于恒温状态。溶液的浓度对电导的测定也有影响，溶液浓度较大时，由于离子间静电引力的关系影响离子的导电，因此，在溶液浓度高的情况下，不宜测定电导；溶液的浓度较稀时，测定的电导比较准确。

电导仪中的主要测量元件是电导电极，它是将惰性金属封接在玻璃或塑料管中制成的。一般用铂金做电极。

通常使用的电导电极有两种：光亮铂片电极与镀铂黑电极。镀铂黑电极可以增加电极的有效面积，减弱电极的极化效应，用于精确测量电导较高的溶液的电导。

使用电导电极时，要根据被测溶液浓度的高低进行选用。例如，被测溶液的电导低于 $5\mu\Omega^{-1}$（电阻≥200kΩ）时，如蒸馏水等，可用光亮铂电极；当被测溶液的电导较高，在 $5\sim150\mu\Omega^{-1}$（电阻在 6.67～200kΩ）范围内时，可用铂黑电极。

2. 酸碱盐浓度测量原理

溶液的电导或电导率与溶液中的离子数量、移动能力、化合价有直接的关系。可以用下述方程式来表示：

$$G=C\cdot n\cdot F\cdot(I^{+}+I^{-}) \tag{2.20}$$

式中 G——溶液中的离子浓度；

n——离子的化合价；

F——法拉第常数；

I^{+}——阳离子的移动能力；

I^{-}——阴离子的移动能力。

如果溶液中有不同种类的电解质，那么溶液的电导率取决于各种离子按上述方程式所计算出来的电导率的总和。

强电解质容易电离，足够多的强电解质溶液可达到很高的离子浓度，随着离子浓度的升高，单个离子的移动能力会逐渐减弱，即单个离子的导电能力会逐渐减弱。当强电解质溶解于水中，初始阶段由于溶液很稀，离子之间的相互影响很小，几乎可以忽略不计，此时溶液的电导率与溶液中离子浓度成正比，随着离子浓度的增大其电导率成比例增大；随着离子浓度的增大，阴阳离子的移动能力逐渐减弱，于是随着离子浓度的增大其电导率不再成比例增大；再增加离子浓度到一定程度，由于离子之间的相互影响显著增强，离子的移动能力越来越弱，溶液的电导率随着离子浓度增大，溶液的导电率反而下降。

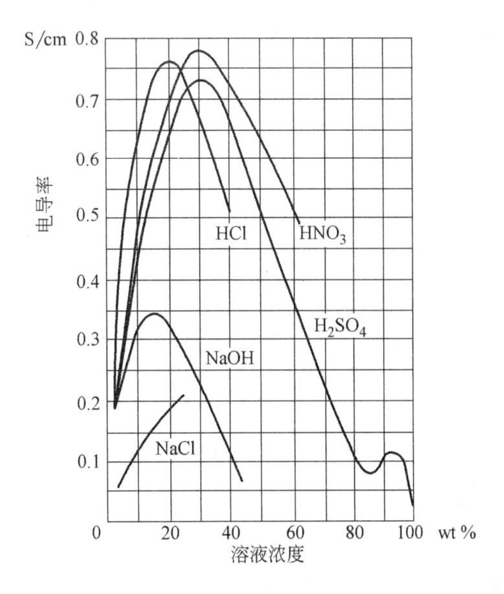

图 2.8 溶液电导率和浓度的关系（18℃）

图 2.8 为 18℃时一些典型的酸碱盐电导率与浓度的关系，如上所述，这种关系只是在某一段内为正相关。当电导率与浓度的关系从正相关变为负相关时，此时成为“拐点”。应该注意的是，任何基于电导率原理的

浓度计都不可能在拐点浓度附近测量准确，因为此时测得的某一个电导值将可能对应两个浓度值。

3. 在线电导率/酸碱盐浓度计

我国最新的关于电导率在线分析仪的标准《电导率水质自动分析仪技术要求》HJ/T 97—2003对电导率分析仪的技术性能有明确的解释说明。工业需要测量电导的应用场合一般分几类：纯水及超纯水测量、相分离、污水测量和浓度测量等。电导率的单位通常用μS/cm或mS/cm来表示。测试电导率的传感器通常都有一个固定的电极常数，单位为cm^{-1}，这个电极常数是由电极的几何形状决定的。纯水的电导率通常小于0.05μS/cm（在25℃下），天然水如饮用水或地表水的电导率范围从100～1000μS/cm。酸溶液和碱溶液的电导率会更高，可达1000mS/cm。

工业常用的电导电极分3大类：接触式电导电极（包括二极电导电极、四极电导电极）和电感式电导电极。我们可以根据不同的应用需求选择合适的电导电极。

（1）二极电导电极

二极电导电极由两个极板构成，在两个极板上通上交流电，将在两极板之间产生一个电流，该电流与溶液中的离子数量成线性比例关系。电导率传感器通过测试两个极板之间电解液的电导（电阻的倒数），乘以电极常数，就得到溶液的电导率。在线电导率主机把传感器传送来的电流信号加以处理，结合电极常数，最后换算成电导率数值显示出来。二极电导电极的电导常数一般为0.01cm^{-1}，其对应测量范围为0.01～200.00μS·cm^{-1}；或电导常数0.1cm^{-1}，其对应测量范围为0.1～2000.0μS·cm^{-1}。

二极电导电极适合于低量程测量，应用最多的是纯水和超纯水测量，其液接部位材质多为不锈钢。

工业在线电导测量系统的选型比较重要，合适的选型可确保测量准确，并且维护的工作量很小，甚至是免维护的。选择电极最主要是根据工艺要求的电导率值选择合适测量范围的电导电极，当电极直接安装在主工艺管道上时，还要注意电导电极的最大使用温度和最大使用压力满足工艺温度和压力的要求。由于纯水和超纯水很干净，极少污染电极极片，维护的工作量极少，测量非常可靠准确。

许多企业为降低成本，常用电导测量的方法来反映循环水的含盐量、污染程度、浓缩倍数的改变等。二极电导电极用于冷冻/冷却循环水等检测时，其测量值一般＞1mS·cm^{-1}，由于水中杂质比纯水中增多，使用时间长了要注意水垢、微生物等对电极极片的污染和腐蚀等，也许平面结构耐污染的四极电导电极更适合此类应用。

（2）四极电导电极

四极电导电极比二极电导电极多了两个极板，这两个极板间没有电流流过，只负责提供稳定不变的参考电位。当系统有变化时，如电极受到污染了，传感器根据感测到的信号自动调节加在电流极板上的电压大小，从而自动实现背景补偿。四极式的最大好处有两点，一是彻底解决了高电导率测试时的极化难题；二是解决了电极污染造成读数不准的问题。

四极电导电极的电导常数一般为1.0cm^{-1}，其对应测量范围为1～20mS·cm^{-1}；或电导常数10cm^{-1}，其对应测量范围为1～200mS·cm^{-1}。

当需要测量电导率值较高的介质时，如污水中电导率测量，一般可选用四极电导电极，其安装方式一般为管道直接插入安装或敞开池沉入式安装方式。

由于溶液中离子浓度加大，电极污染的问题变得越来越严重，所以很多厂商把四极电极头做成平面或凹槽形的防污染易清洗的结构，完全有别于二极电导电极的液接部分形状，尽管如此，污染还是存在，定期清洗维护电导电极是必需的。基于此，现在越来越多地选用免维护的电感式电导电极。

（3）电感式电导电极

当测量介质为强腐蚀性，一般的接触式电导率电极无法在此介质中长期稳定运行，此时我们需要更加适应恶劣工况的非接触式感应式电极。电极测量线圈均包裹在抗腐蚀的材料内部，测量完全靠电磁感应，因此主测量部分完全不与液体接触，可保证长期稳定运行。图 2.9 为电感式电导率测量原理示意图。发生器在初级线圈处生成交变电磁场，在介质中产生感应电流。感应电流的强度取决于电导率，即介质中的离子浓度。感应电流在次级线圈处生成另一个电磁场。接收器测量线圈上的感应电流，由此确定溶液的电导率。

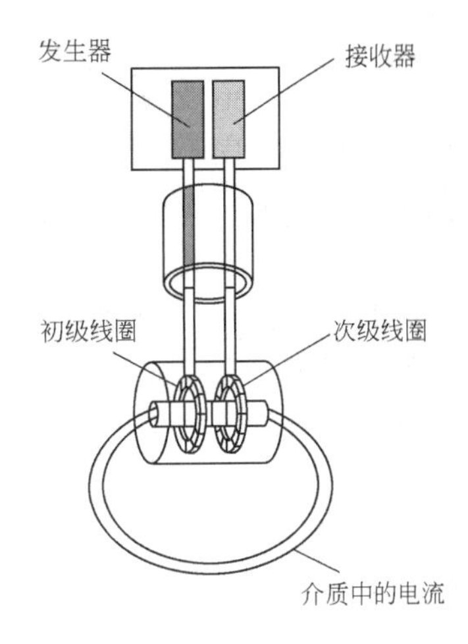

图 2.9 电感式电导率测量原理

典型电感式电导电极的测量范围为 0.1～2000.0mS·cm^{-1}。

电感式电导电极可选择反应釜、管道或敞开池安装方式，但反应釜或管道安装不能紧贴反应釜或管道内壁，最小间隔一般为 1～2cm。

电磁感应式电导率电极的特点是

1）非接触式测量，不存在极片腐蚀污染的问题，本质上抗污染、免维护。

2）液接部位材质多为 PVDF、PFA、PEEK、PP 等材质，耐高温高压，耐强酸强碱等的腐蚀，适用范围广。

3）最低检测限一般为 100μS·cm^{-1}，不适合于纯水和超纯水等的低量程测量。

2.2.4 氧化还原电位检测仪表

氧化还原电位（Oxidation Reduction Potential，ORP）：规定标准氢电极（NHE）的电位在任何温度下均为零，因此测定有关氧化还原电对组成的电极与标准氢电极构成的原电池的电位差，在消除了液接电位的情况下，即为该氧化还原电对的电极电位 ORP。

当溶液中存在一个可逆的氧化还原电对时，其氧化还原半反应式为：

$$\mathrm{Ox}+n\mathrm{e}=\mathrm{Red} \tag{2.21}$$

其 ORP 的大小遵循能斯特方程：

$$E_{\mathrm{Ox/Red}}=E^0_{\mathrm{Ox/Red}}+(0.059/n)\lg(\alpha_{\mathrm{Ox}}/\alpha_{\mathrm{Red}}) \tag{2.22}$$

式中 $E_{\mathrm{Ox/Red}}$ 为 Ox/Red 电对的电极电位，即 ORP；Ox 为氧化态，Red 为还原态。$E^0_{\mathrm{Ox/Red}}$为 Ox/Red 电对的标准电极电位，只与电对的本性及温度有关。α_{Ox}，α_{Red}为氧化态和还原态的活度（活度=活度系数×浓度），n 为半反应中电子 e 的转移数。

ORP 可看作是某种物质对电子结合或失去难易程度的度量。对于一个水体来说，往往存在多个氧化还原电对，构成复杂的氧化还原体系，而其氧化还原电位是多种氧化物质和还原物质发生氧化还原反应的综合结果。这一指标虽然不能作为某种氧化物与还原物浓度的指标，但有助于我们了解水体的电化学特征，它反映出体系氧化-还原能力的相对程度。同时反应系统中化合物的组成、pH 和温度等对系统氧化-还原能力的影响都可以通过氧化还原电位的变化反映出来。

1. 氧化还原电位测量原理

ORP 测定时，只要将铂测量电极和甘汞参比电极浸入水溶液中，金属表面便会产生电子转移反应，电极与溶液之间产生电位差，电极反应达到平衡时再以 pH 测定两电极间的电位差即可。因 ORP 电极本身具有结合或释放电子的能力，所以要求使用在测量中不能与溶液组分起化学反应的金属做电极，最合适的材料是铂和金。因此，ORP 电极相对于 pH 电极价格较贵。

ORP 的测量也需参比电极，实际是测量氧化还原电极与参比电极之间的电位差。为正确测量任何一个反应的电对，需要一种可为所有测量作参比的标准参比电极，这种通用的参比反应即为氢的氧化反应：

$$H_2 \longrightarrow 2H^+ + 2e^-$$

$$E = E^0 + \frac{2.3RT}{2F}\ln\frac{[H^+]^2}{H_2} \tag{2.23}$$

实际测量中很少采用氢电极，这是因为其他参比电极都更加容易获得。因此，测量的实际上是两根电极之间的相对电位，然后再换算成相对于标准氢电极为参比电极的氧化还原电位。

2. 在线 ORP 检测电极

（1）电极结构

ORP 的测量电极与 pH 不同，为贵金属，通常选用铂或者金，支撑材料是玻璃或聚苯硫醚工程塑料，为便于在液体中测量，一般压塑或吹制成圆环形，因该结构牢固，且易清洗和进行表面抛光，也可将 ORP 电极设计成带有手盘形和尖焊状。

除此以外，ORP 电极的参比电极与 pH 的参比电极完全一样，采用玻璃电极或银/氯化银电极，其他结构也与 pH 电极完全一样，也可以像某些 pH 电极一样，将参比电极制作在测量电极内，形成复合电极，或再多设一根接地电极，形成差分电极。

（2）测量电极的选择

铂与金的 ORP 值较高，测量的灵敏度更高，与其他 ORP 电极相比，铂和金的离子平衡活度中氧化还原电位极低，故对 ORP 的测量几乎没有造成任何影响。铂可形成纯化的表面，且表面易生成含氧的表层，从而使电极标准电位增高，这种氧化物/氢氧化物层主要由 PtQ 或 Pt（OH）$_2$ 构成，只有在临界 ORP 以上时，氧的化学吸附作用才开始，随电位增加表面保护层的厚度也增加，在大多数情况下，达到单分子层的厚度。

因铂表面化学吸附的氧气而产生的单分子“氧化物”层是导电的，不影响电极 ORP 测量的灵敏度，并能保持电极电位的较高值，在样品溶液氧化还原电位已下降时仍如此。但是，在较低 ORP 溶液中测量时响应迟缓；表面粗糙的铂电极比表面光滑的铂电极能吸附更多的氧，响应更滞缓，所以宜使用表面光滑或抛过光的铂电极。

金的表面吸氧性远远低于铂，所以有的场合更适宜用金。金在城市污水和工业废水这类含盐的浓溶液中，能形成氰化物和卤化物，并且溶液中存在氧，金也会很快被腐蚀，但铂耐腐蚀能力比金强得多。

此外，铂比金的交换电流密度更大，所以对于天然水 ORP 测定，铂比金电极更适合，铂还有较高的催化能力，使测量溶液能较快建立平衡，获得较为精确的测量，如镀有海绵状铂的铂/氢电极就可在一般室温下进行高精确度 ORP 检测。一般 ORP 测量中，强氧化性溶液使用金电极，氧化性溶液（含有氰化物）、天然水（江河湖塘）以及其他溶液使用铂电极。

（3）电极的预处理

铂电极虽测量 ORP 最理想，但其表面的化学吸附氧的作用易在氧化溶液中发生，而使电极测量响应迟缓；在还原性溶液中，因铂电极吸附氢的原因，也有类似问题。因而在对 ORP 测量时，应重视对 ORP 铂电极的预处理方法。

1）机械预处理法

采用研磨抛光等方法，去除电极上氧化膜的尘埃，使 ORP 铂电极表面平滑光亮，以达到不能吸引氧和氢的目的。一般用矾土粉（AlO_3）、二氧化铈（CeO_2）或金刚石粉进行研磨抛光，用超声波清洗器清洗。在操作时应细致小心，避免将电极表面划伤或磨损粗糙。

2）化学预处理法

该方法是用化学溶液清洗 ORP 铂电极，采用氢氧化钾/乙醇溶液、氯/硫酸溶液、热铬酸/硫酸溶液、硫酸铈溶液、盐酸/胃蛋白酶、王水/硫酸钠溶液等，金电极用氰化钾溶液清洗。

氢氧化钾/乙醇溶液和盐酸/胃蛋白酶溶液可有效去除铂电极表面的油脂和蛋白质，这类表面污染物也可用各种氧化剂除掉。但需注意使用氧化剂清洗电极后，应放入硫酸钠溶液中浸泡处理一下，可使 ORP 的响应不受影响。醌氢醌缓冲液可除掉铂电极表面上吸附的氢和氧，大大提高 ORP 铂电极的响应速度。

3）电解预处理法

采用电解的阳极极化法和阴极极化法，去除 ORP 铂电极所吸附的微量氧或氢，以保证 ORP 电极测量的快速响应性能。

4）蒸馏水清洗预处理法

有些 ORP 测量场合，并非都要进行特殊的预处理，采用蒸馏水清洗铂电极也可满足要求，清洗时注意晃动电极，必要时用细毛刷轻轻刷洗，去除铂电极表面的污染物。

（4）ORP 电极的校准

氧化还原缓冲液是校准 ORP 电极随时可用的标准溶液，ORP 测量电极虽为金属电极，其零点和斜率都不会有大的变化，但用缓冲液可发现微小故障，如电极表面被污染或参比电极零点偏移。

ORP 电极采用氧化还原缓冲液进行校准，包括 Fe^{2+}/Fe^{3+} 的标准溶液，以及醌氢醌饱和酸性到中性的 pH 缓冲溶液。最常见的是 pH＝4.01 的饱和醌氢醌缓冲溶液，其 ORP 应为 265mV。

在校准时还应注意，氧化还原缓冲液可还原电极表面的任何铂氧化膜，因此在用缓冲液检查电极性能后，不能立即将铂电极浸入强氧化性样品液中，而应选用自来水冲洗后，再放入待测样品中测量。此外，还须注意的是用氧化还原缓冲液对 ORP 电极进行性能检查时，应在电极预处理以前进行。

2.2.5 溶解氧检测仪表

溶氧（DO）是溶解氧（Dissolved Oxygen）的简称，是指溶解在水中的分子氧，是一项重要的水质参数，广泛地应用在自然水体，生产、生活废水处理过程工艺中的监控。

溶解氧含量有 3 种不同的表示方法：氧分压（mmHg）；百分饱和度（%）；氧浓度（mg/L）。

（1）分压表示法：氧分压表示法是最基本和最本质的表示法。根据 Henry 定律可得，$P=(P_{O_2}P_{H_2O})\times 0.209$，其中，$P$ 为总压；P_{O_2} 为氧分压（mmHg）；P_{H_2O} 为水蒸气分压；0.209 为空气中氧的含量。

（2）百分饱和度表示法：在氧分压不能计算得到的情况下用百分饱和度的表示法是最合适的。例如将标定时溶解氧定为 100%，零氧时为 0，则反应过程中的溶解氧含量即为标定时的百分数。

（3）氧浓度表示法：以氧在每升水中的毫克数表示。在污水处理、生活饮用水处理等过程中的溶解氧含量常用氧浓度来表示。

1. 溶解氧测量原理——碘量法

目前，在水处理领域，应用比较成熟的溶解氧测量技术主要有三种：实验室滴定碘量法（文科勒法）、光学法和电化学法。

滴定碘量法应用历史最为悠久，该方法基本测量过程为：向一定量的水样中加入硫酸锰和碱性碘化钾，水中溶解氧将低价锰氧化成高价锰，生成四价锰的氢氧化物棕色沉淀。加酸后，氢氧化物沉淀溶解，并与碘离子反应而释放出游离碘。以淀粉为指示剂，用硫代硫酸钠标准溶液滴定释放出的碘，据滴定溶液消耗量计算溶解氧含量。

溶解氧含量计算：

$$\text{溶解氧}(O_2,\text{mg/L})=M\times V\times 8000/100 \tag{2.24}$$

式中　M——硫代硫酸钠标准溶液的浓度（mol/L）；

　　　V——滴定消耗硫代硫酸钠标准溶液体积（mL）。

由于受限于取样过程、试剂配制、滴定操作、周围环境以及分析样品存在的诸如亚铁离子、亚硝酸盐、有机物、不稳定性易氧化物等多种干扰物质的影响，碘量滴定法在测量溶解氧时存在一定局限性，该方法不适宜进行 ppb 级的低氧测量且只能采用人工实验操作。滴定法测量水中溶解氧的方法适用于市政污水、工业废水、养殖、天然水源等溶解氧含量水平较高的水处理应用场合。

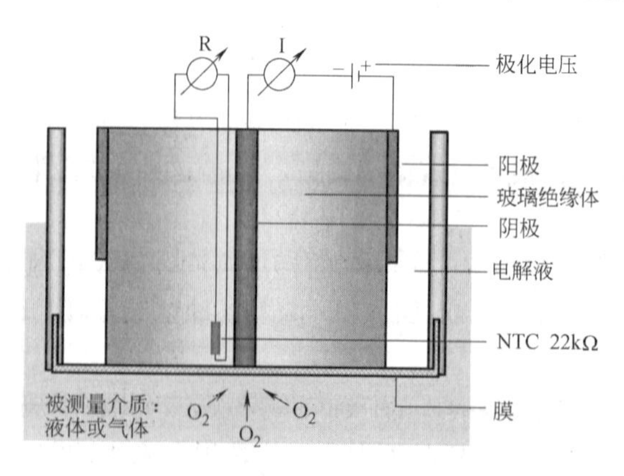

图 2.10　极谱法溶氧传感器结构示意图

2. 溶解氧在线分析仪

（1）电化学溶氧分析仪

目前应用最为广泛的溶氧测量技术是电化学溶氧测量法，电化学（极谱法）溶氧在线分析仪基于传感器的结构又可以分为扩散型和平衡型两种，相对而言，扩散型的电化学溶氧传感器应用更为普及。电化学（极谱法）溶氧传感器结构如图 2.10 所示。

该传感器由阴极、阳极、电解液以

及半透膜等主要部件构成，在直流极化电压作用下，溶解在水中的氧气穿过半透膜到达阴极发生氧化反应：$O_2+2H_2O+4e^-=4OH^-$

同时阳极发生还原反应：$4Ag+4Cl^-=4AgCl+4e^-$

当反应达到平衡稳定的条件下，该电化学反应形成的电流和氧气的分压（浓度）呈一定关系：

$$I=nFADSp_{O_2}/d \tag{2.25}$$

式中 I——传感器电流（nA）；

n——电子迁移的数量，$n=4$；

F——法拉第常数，$F=96.485$C/mol；

A——阴极表面积大小（cm^2）；

D——氧分子在膜上的扩散系数（cm^2/s）；

S——膜的氧溶解度（mol/(cm^3 • bar)）；

p_{O_2}——氧气分压（bar）；

d——膜厚度（cm）。

根据上述电化学过程产生的电流强度就可以计算出水中的溶解氧分压，然后再根据亨利定律就可得出水中的溶解氧浓度。和其他溶解氧测量技术相比较，极谱法溶氧测量技术具备应用量程广、精度高（特别在ppb痕量级溶氧测量应用场合）、技术成熟等特点，目前在水处理工业各种溶氧测量场合应用最为普及和广泛。

（2）荧光法溶解氧分析仪

光学法测量溶解氧基于荧光淬灭的原理：荧光物质受到激发光照射产生荧光，氧气分子导致荧光发生淬灭，荧光淬灭的时间间隔和氧分子含量有关系，因此，根据荧光淬灭的时间可以测量出氧气的含量。典型荧光法溶解氧分析仪工作原理如图2.11所示。

荧光法溶解氧分析仪传感器头部覆盖一层荧光物质，传感器中的LED光源发出一束蓝色光，照射在荧光物质上。荧光物质被这束蓝光激发，当被激发的物质恢复原状时，会发射出红光；此红光会被传感器中的光电二极管测量到，传感器同时测量荧光物质从被蓝光激发到发射红光后恢复原态的时间。当氧气与荧光物质接触后，则其产生的红色光的强度会降低；同时，其产生红光的时间也会缩短。水样中溶解的氧气的浓度越高，则传感器产生的红光的强度就会越低，而其产生红色荧光的时间就会越短 。仪器测量的不是红颜色光的强度，仪器测量的是：从激发产生红颜色的光到该红颜色的光消失的时间，即荧光的释放时间（用τ表示）。图2.11中的τ_1代表的是水中没有溶解氧的时候荧光的释放时间。

传感器上还安装有一个红光LED光源；在蓝色LED光源的两次发射之间，红色LED光源会向传感器发射一束红色光；这个红色LED光被作为一个内部标准（或者参比光），与传感器产生的红色荧光进行比对。

由图2.11可以看出当有氧气与荧光物质接触后，红色光强就会减弱消失的时间也会缩短，这个时间我们用τ_2来表示。仪器将τ_1与τ_2进行比对，找到溶解氧的多少与τ之间的比例关系，再经过计算转化，就可以得出水中溶解氧的含量。

荧光法测量便捷、稳定性高、维护量低，另外，除较高浓度的二氧化氯外，光学法测溶解氧不易受到其他干扰物质的影响。目前，光学法溶氧分析仪在工业废水、市政、环境

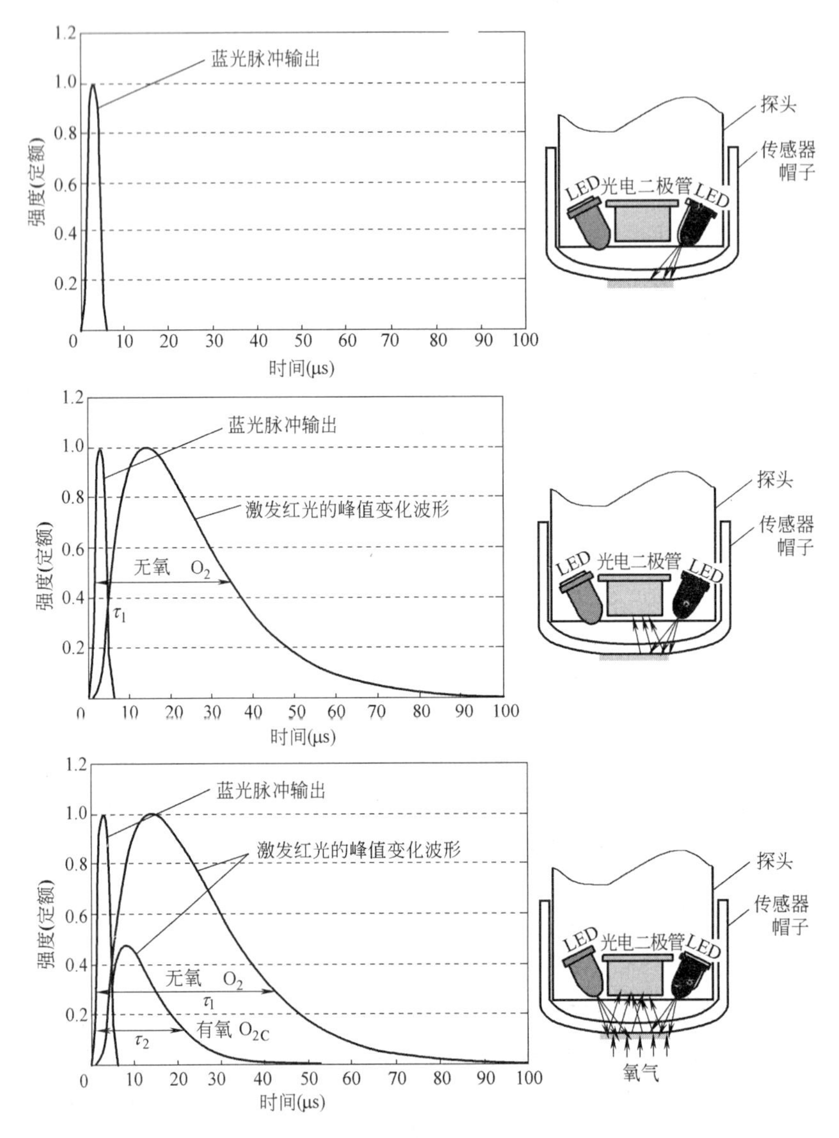

图 2.11 荧光法溶解氧测量原理图

等领域应用较广，在这些应用领域和传统的电化学溶氧分析仪相比，光学法溶氧仪具有无需频繁更换电解液、渗透膜；无需极化；不受渗透膜表面流速、H_2S 等干扰因素影响；响应速度快等优势。但是，由于光学溶氧分析仪采用非线性的计算方式（荧光淬灭时间间隔和溶解氧气浓度呈非线性关系），因此只能进行单点验证和过程校准，另外，目前分析技术领域尚未形成针对光学溶氧分析技术的权威的、统一的校准方法，因此，美国材料与试验协会（American Society for Testing and Materials，ASTM）针对光学溶氧分析仪，建议的使用测量范围为 0.05～20mg/L。

2.2.6 浊度检测仪表

纯净的水，在普通条件下为无色、无味、无嗅之透明液体。在自然界中没有纯净的水，天然水中皆含有杂质。所含杂质如溶解于水中（杂质颗粒大小在 10^{-6}mm 以下，呈离子和低分子状态时），将不影响水的透明度。若所含杂质颗粒大小超过 10^{-6}mm，如各种有机物质、细菌、藻类、油脂、金属氢氧化物、黏土、砂、砾石等不溶解物，则会影响水的透明度，造成光学的综合现象，遂使人视觉上呈有浑浊的印象。对这一光学现象的度量指标就是浊度。给水工程中，在评价水源、选择处理方法、生产过程控制和水质检验等各方面都需要对浊度做严格和精密的测量，特别是在水处理厂制水工序过程中是重要的检测项目。浊度的高低直接关系到供水水质，它不仅与工业产品的质量直接相关，更影响到人民身体健康。据有关医学数据统计表明，出厂水的浊度降低，水中的细菌也按比例下降，特别是需要高余氯才能灭活的病毒在相当程度上是随着浊度的降低而降低的。据统计，随着浊度的降低，供水区居民的肝炎和小儿麻痹症的发病率也随之降低。一个城市的供水人口往往是几万、几十万、甚至几百万上千万，任何时间的出厂水，都有相当大的数量是提供人们饮用的。因此，浊度是关系水质卫生安全的重要参数，对水的浊度的准确测量，是非常重要而且很有意义的。

1. 浊度的测定方法及基本原理

浊度是由水中所存在的颗粒物质如黏土、淤泥，胶体颗粒，浮游生物及其他微生物而形成的，它是水对光的散射和吸收能力的量度，与水中颗粒的数目，大小，折光率及入射光的波长有关。目前各种类型的浊度仪，全都是利用光电光度法原理制成的。

悬浊液体是光学不均匀性很显著的分散物质。当光线通过这种液体时，会在光学分界面上产生反射、折射、漫反射、漫折射等非常复杂的现象。与液体浊度有关的光学现象有：第一，光能被吸收。任何介质都要吸收一部分在其中传播的辐射能，因而使光线折射透过水样后的亮度有所减弱。第二，水中悬浊物颗粒尺寸大于照射光线的半波波长时，则光线被反射。若此颗粒为透明体，则将同时发生折射现象。第三，颗粒尺寸小于照射光线的半波波长时，光线将发生散射（或称漫反射、衍射）。由于这些光学现象，当射入试样水的光束强度固定时，透过水样后的光束强度或散射光的强度将与悬浊物的成分、浓度等形成函数关系。根据比尔——朗白定律和雷莱方程式，可提出如下的函数式：

$$I_t = I_0 e^{-Kdl} \tag{2.26}$$

式中 I_0——射入水样的光束强度；

I_t——透过水样后的光束强度；

K——比例常数；

d——浊度；

l——光线在水样中经过的长度。

$$I_c = PI_0 NV^2/\lambda^4 \tag{2.27}$$

式中 I_0——入射光强度；

I_c——散射光强度；

P——比例系数；

N——单位容积内的微粒数；

V——每个微粒的体积；

λ——入射光线的波长。

式（2.27）中 N、V 项代表浊度情况。

以上两个方程式清楚地表示了透射光和散射光强度与浊度的关系。通过光电效应又可将光束强度转换为电流的大小，用以反映浊度。这就是当前各类浊度仪的基本工作原理。

2. 在线浊度检测仪

浊度仪有不同的分类方法。例如：按照所测浊度范围的高低，可以分为低浊度仪、中浊度仪和高浊度仪；按照表达示数的方式可以分为指针指示式、数字计数式和自动记录式；按照其用途不同，可以分为实验室用（间歇式）、过程监控用（连续式）、高温或高压特殊用途等；按照构造特点，可以分为窗口测定槽式、落流式、振动镜式、积分球式等。但是，按照浊度测定方法来分类是最为常见的。这可以分为：（1）透射光测定法；（2）散射光测定法；（3）透射光和散射光比较测定法；（4）表面散射光法。

（1）透射光测定法

射入液槽的平行测定光束，通过水样受到衰减后到达受光部的光电池或光电管。当液槽通过流动的水样时，则成为连续测定型的仪器。

这种方法结构比较简单，测定范围较广，可以测定高浊度。但其受干扰因素较多，稳定性差。由于液槽窗口玻璃被水样直接接触而污染，以及光源电压波动、灯泡和光电元件的老化、光电元件受温度影响等原因，均会产生误差。同时，光束穿过水样全部长度，受到水样色度的影响大。此外，仪器线性也较差。这些缺点，严重地影响了仪表的各项品质指标。

为了清除窗口玻璃的污垢，可以采用自动清洗的措施。另外，还可以用光束不透过窗口玻璃的结构。落流式就是使测定光束经孔隙透过自上而下的具有一定厚度的带状水流，而没有与水样接触的窗口，所以不会因污染而造成误差。但是，必须注意不要发生水流紊乱和混合气泡等事故，因而这种浊度仪外形要较大些，构造比较复杂。

透射光式浊度仪现已较少采用。

（2）散射光测定法

来自光源的光束投射到试样水中，由于水中存在悬浊物而产生散射。前已指出，这一散射光的强度与悬浮颗粒的数量和体积（反映浊度情况）成正比，因而可以依据测定散射光强度而知浊度。

按照测定散射光和入射光的角度不同，可以分为90°散射光式、前散射方式和后散射方式。

此方法和前述透射光测定法一样具有测定窗，所以要受窗口污染的影响。同样，可以采用自动清洗或落流式结构来解决。另外，还有无测定窗的表面散射光法，这待后面叙述。

散射光法比透射光法能够获得较好的线性，检测感度可以提高（达到0.02NTU），色度影响也较小些。这些优点，在低浊度测量时更加明显，因此一些低浊度仪多采用散射光方法而不用透射光方法。

基于散射光测定的各类浊度仪是当前浊度仪的主要形式，国际通用的浊度标准也是以这类浊度仪为基础制定的。

（3）透射光和散射光比较测定法

这种方法是同时或交替测定透射光和散射光的强度，求出二者之比值来表示浊度的方法。

如果水样中完全没有悬浮杂质，全部的射入光线都能透射而没有散射，浊度即为零。对于有浊度的水样，散射光强度 I_1 将随浊度增大而成比例地提高；而透射光强度 I_2 将反比例地缩小，由于二向相反的方向差动，则其比值 I_1/I_2 会有较大的变化率。因而这种方法可以提高检测灵敏度，测定感度可以达到 0.005NTU。

此方法的优点还有：可以把透射光和散射光的光路做成相等，因而水样色度影响很小；由于使用同一光源和 I_1/I_2 的数学式，补偿了电源变动、光源劣化及环境干扰的影响；窗口接触水样的污染影响也相对减小。另外，可以通过合理地选择接收透射光及散射光的两个光电池的特性及调整两束光路长度等方法，使仪器直线性调整的非常理想。

（4）表面散射光测定法

此方法是把试样水溢流，往溢流面照射斜光，在上方测定散射光的强度来求出浊度。

图 2.12 为表面散射式浊度监测仪工作原理。被测水样进入浊度计本体，去除水样中的气泡后，由顶部溢流流出。顶部经特别设计，使溢流水保持稳定，从而形成稳定的水面。从灯光源射入溢流水面的光束被水样中的颗粒物散射，其散射光被安装在上部的光电池接收，转化为光电流。同时，通过光导纤维装置导入一部分光源作为参比光束输入到另一光电池，两光电池产生的光电流送入运算放大器，并转换成与水样浊度呈线性关系的电信号，用电表指示或记录仪记录。

表面散射光测定法与散射光法原理相同，但其优点有：

1）因为没有直接接触试样水的玻璃窗口，所以无测定窗污染问题；

2）线性好；

3）色度影响小于散射光法；

4）测定范围广，从 0～2NTU 的低浊度至 0～2000NTU 的高浊度均可以测定。在测定高浊度水样时，可以直接测定而不用稀释；

5）在各种取样流量的范围内都能使用；

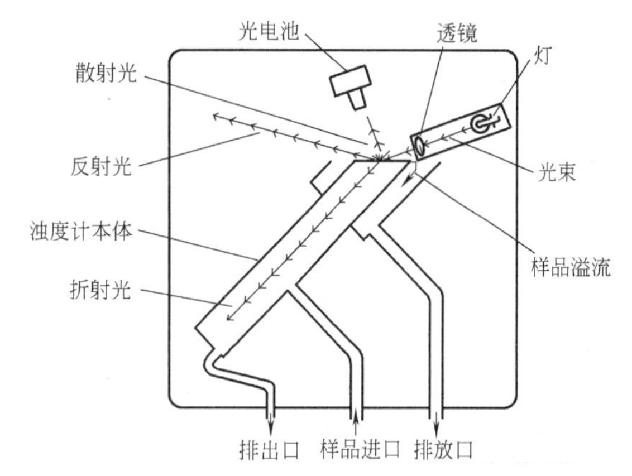

图 2.12 表面散射式浊度自动监测仪工作原理

6）可以用标准散射板进行校正，日常校正时不用配制标准液。

表面散射光测定的一个主要缺点是：若溶液表面与内部的杂质分布不均匀，就会造成测定误差。例如水中含有少量表面活性剂时，会在水面形成膜，干扰测定。

表 2.4 列出了一些典型的在线式浊度仪产品性能指标。

典型在线式浊度仪主要性能指标 **表 2.4**

测量范围(NTU)	精　度	分辨率(NTU)
0～100	±2%(0～30NTU) ±5%(30～100NTU)	0.0001
0～9999	±5%(0～2000NTU) ±10%(2000～9999 NTU)	0.01(浊度<100NTU) 0.1(浊度 100～1000NTU) 1.0(浊度>1000NTU)

2.2.7　颗粒计数检测仪表

颗粒物是天然水环境，特别是河流、湖泊和浅海水体中普遍存在的物质，它多由有机和矿物颗粒所组成，是形成水中固体悬浮物的主要物质来源。环境水体中颗粒物的现代广义范围可扩展至粒度大于1nm的所有微粒，包括胶体、高分子物质和细菌、藻类等有生命的物质在内。水中颗粒物会降低饮用水的安全卫生程度，因为它们是各种污染物的载体。大量研究表明，颗粒物去除率越高，自来水越安全、卫生，因此颗粒物的检测已经成为水处理中一个重要的问题。

对水体颗粒物的逐渐重视使国内外水处理相关行业提出了对水处理中颗粒物含量的要求以及建议，下面将列出国际上部分国家对于饮用水中颗粒物的相关规定或者建议值。

美国、加拿大以及欧洲国家通常将滤池出水中大于2μm的颗粒物控制在50个/mL以下（若滤池过滤效率为99%，滤池进水颗粒物的量为5000个/mL左右，此时的浊度约为2NTU），美国地表水厂出厂水大于2μm的颗粒物的年均值为30个/mL。

在美国EPA膜过滤指南手册（MEMBRANE FILTRATION GUIDANCE MANUAL）中，将颗粒计数方式推荐作为监测膜的完整性的一项有效措施。

英国的水质专家协会对于颗粒计数监测技术的作用表示肯定，建议供水公司对水处理中的颗粒物引起足够的重视，并尽可能的安装监测快速过滤中的悬浮物，建议使用颗粒计数监测系统为水厂提供浊度以外的辅助数据。

新西兰卫生部颁布的新西兰饮用水水质指标（2005），简称DWSNZ，肯定了颗粒计数仪在水处理中的作用，并且与浊度仪检测并列的条例中有包括颗粒物的相关规定。

颗粒计数方式作为新的检测技术，以浊度检测水体颗粒物为基础，克服了浊度只能反映水中悬浮颗粒的光学性质，不能定性定量说明悬浮颗粒的物理性质的缺陷，可直接检测出水中各粒径颗粒物的多少和浓度。颗粒计数仪是比浊度仪更为灵敏、精确和直接的颗粒物表示方法。

1. 颗粒计数的测量原理

用于水处理领域的颗粒计数方法主要有两类：电感应法和光电感应法。

（1）电感应法

电感应法又称为库尔特（Coulter）法，它是根据小孔电阻原理测定颗粒大小和数目的一种方法：使悬浮在电解质中的颗粒通过一小孔，在小孔的两边各浸有一个电极，颗粒通过小孔时取代相同体积的电解液，在恒电流设计的电路中导致小孔管两电极间电阻变化而产生电位脉冲，脉冲信号的大小和次数与颗粒的大小和数目成正比。这些脉冲经过放大、辨别和计数，从演算数据可测得悬浮颗粒粒度分布。

电感应法测量下限能达到亚微米量级，但由于颗粒通过小孔的位置不同时表现的电抗不同将给测量带来偏差。而且由于被测溶液必须导电，所以，如果被测液体不导电的话，就必须加入导电溶液，因此影响了测量速度以及测量成本。

（2）光电感应法

光学颗粒计数测量简称OPC（Optical Particle Counting）。根据其工作原理，可分为基于光散射原理的光散射式（Optical Scattering）和基于光吸收原理的光阻式（Optical Blockage）两大类。二者工作原理虽有不同，但都是对介质中的颗粒逐个地自动采样和测量。

1）光散射式颗粒检测。光散射法是一种基于光散射原理的颗粒检测方法，也就是当纯净介质中存在颗粒时（无论是固体颗粒、液滴或气泡），光束穿过该介质时就会向空间四周散射，而光的各个散射参数则与颗粒的粒径密切相关，这样就为颗粒测量提供了一个尺度。按照仪器所接收散射信号的不同，又可将光散射分为：米氏散射和夫琅和费衍射。

2）光阻式颗粒检测。光阻法原理：被测液体流过横断面很小的通道，通道两侧装有光学玻璃窗口，来自恒定光源的细小光束穿过该窗口并被另一侧的光电元件所接收，细小光束与通道界面构成了测量区或敏感区。若流过测量区的液体中没有颗粒，则光电元件给出的光信号保持为恒定不变；反之，若有一颗粒流过测量区，将会对光束产生一个“遮挡”作用，使光电元件所接收到的信号减小并给出一个负脉冲信号。脉冲信号的幅值显然与颗粒的粒径相关。从而为粒径的测量提供了一个方法。

光散射式和光阻式 OPC 各有其特点和应用范围。一般情况下，光散射式 OPC 用于对小颗粒（粒径≤1.5μm）的测量，而光阻式 OPC 用于对较大颗粒的测量。也可将两种原理结合在一套测量装置中，用光散射原理测量小颗粒，用光阻原理测量大颗粒，以使二者都能在较优化的条件下工作并实现较宽的测量范围。

2. 在线颗粒计数仪

水处理过程常用的颗粒计数仪一般是监测水中 2～750μm 粒径的粒子，这些粒子可以作为研究水的干净程度，污染细菌的种类等重要参考参数。光电感应颗粒计数法结构简单，其中光阻式 OPC 能够用于在线监测水中大于 2μm 的颗粒物，在水处理过程连续监测中占有主导地位。

图 2.13、图 2.14 所示为典型光阻式在线颗粒计数仪的测量原理：颗粒随水流从一个直径 750μm 的通道中穿过，激光发射器发出一束光照射到流过的水中，一旦有颗粒经过流通池，检测器就会得到响应信息。激光源发出的平行光束照射到水中的粒子上，流过的颗粒在检测器上留下一条影子，检测器通过计算电压的变化程度换算出颗粒的粒径，同时可以计算出粒子个数。

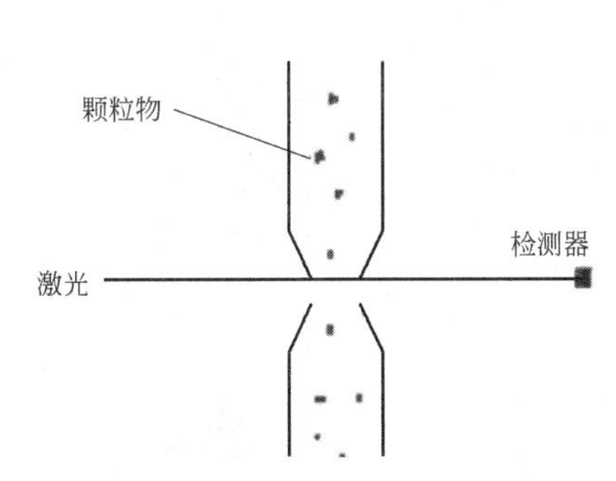

图 2.13　光阻式颗粒计数仪的测量原理一

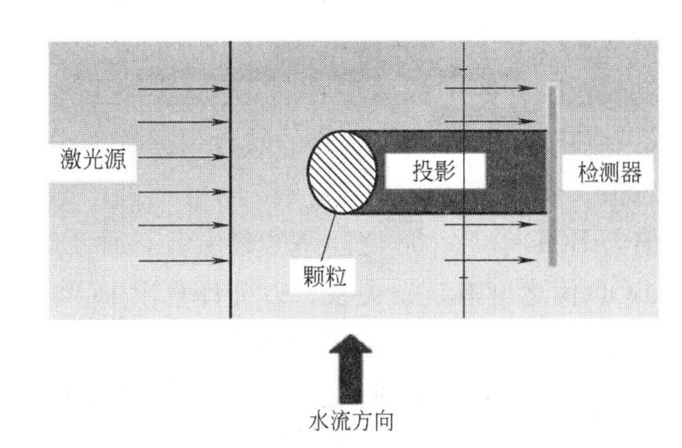

图 2.14　光阻式颗粒计数仪的测量原理二

在线颗粒计数仪必须保证流过检测器的流量非常稳定，一般要求 100mL/min。各厂家的不同产品有很多稳定流量的设施。在众多的流量设备中最简单，同时又很可靠的是用自动溢流保持流量的稳定，如图 2.15 所示。

利用颗粒计数方法，可以监测沉淀池的沉淀效果，也可以应用在滤池、管网等工艺

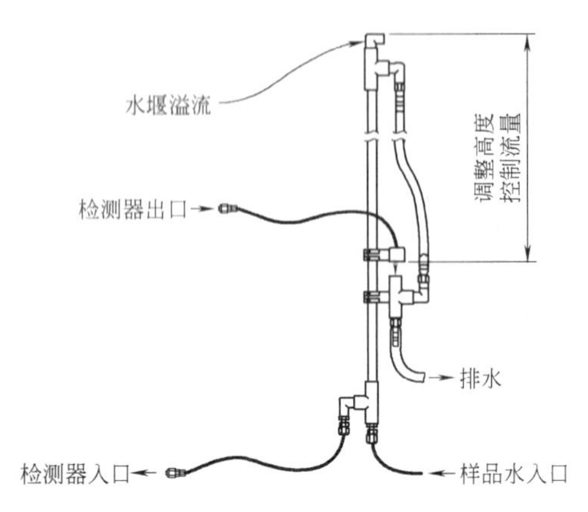

图 2.15　颗粒计数仪稳定流量的典型设施

段，实时监测水处理过程中的颗粒变化。在过滤水的监测中，颗粒计数仪能提供准确的颗粒尺寸和数量，但是不能测量小于 2μm 的粒子，颗粒计数仪和激光浊度仪在功能上刚好互补，二者组成一个系统，能够对过滤介质穿透做出预警。用颗粒计数监测“两虫”（贾滴鞭毛虫和隐孢子虫）也是有效而简单的方法，一般是通过颗粒计数仪和激光浊度仪的联合技术实现。

2.2.8　生化需氧量（BOD）检测仪表

生化需氧量（Biochemical Oxygen Demand 简称 BOD）是表示水中有机物等需氧污染物质含量的一个综合指标，是指在一定条件下，微生物分解存在于水中的某些可被氧化物质，特别是有机物所进行的生物化学过程中消耗溶解氧的量。同时亦包括硫化物、亚铁等还原性无机物质氧化所消耗的氧量，但这部分通常仅占很小的比例。生化需氧量越高，说明水中有机污染物质越多，污染也就越严重。

1. 测定方法及原理

BOD 的测定方法有五天培养法、检压法、库仑法、微生物电极法等。五天培养法为实验室测定法；检压法、库仑法为半自动式，测定时间仍为五天。以微生物膜电极为传感器的 BOD 快速测定仪，可用于自动、间歇测定，此处仅对此方法进行介绍。

微生物电极是一种将微生物技术与电化学检测技术相结合的传感器，其结构如图 2.16 所示。主要由溶解氧电极和紧贴其透气膜表面的固定化微生物组成。响应 BOD 物质的原理是当将其插入恒温、溶解氧浓度一定的不含 BOD 物质的底液时，由于微生物的呼吸活性一定，底液中的溶解氧分子通过微生物膜扩散进入氧电极的速率一定，微生物电极输出一稳态电流；如果将 BOD 物质加入底液中，则该物质的分子与氧分子一起扩散进入微生物膜，因为膜中的微生物对 BOD 物质发生同化作用而耗氧，导致进入氧电极的氧分子减少，并在几分钟内降至新的稳态值。在适宜的 BOD 物质浓度范围内，电极输出电流降低值与 BOD 物质浓度之间呈线性关系，而 BOD 物质浓度又和 BOD 值之间有定量关系，以此计算出 BOD 值。

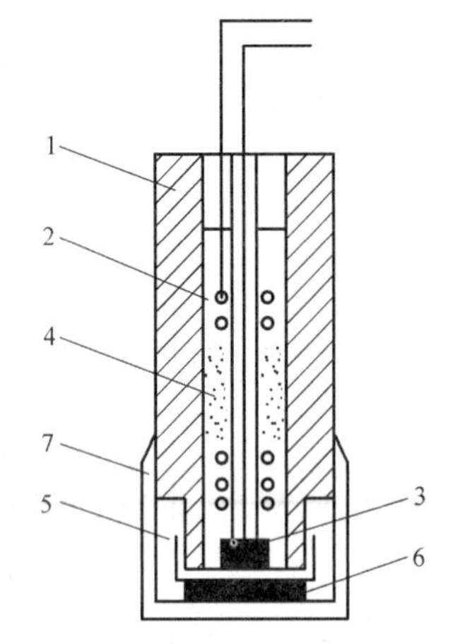

图 2.16　微生物膜电极结构

1—塑料管；2—Ag-AgCl 电极；3—黄金片电极；4—KCl 内充液；5—聚四氟乙烯薄膜；6—微生物膜；7—压帽

2. 微生物膜电极 BOD 测定仪

微生物膜电极 BOD 测定仪的工作原理如图 2.17 所示。该测定仪由测量池（装有微生物膜电极、鼓气管及被测水样）、恒温水浴、恒电压源、控温器、鼓气泵及信号转换和测量系统组成。恒电压源输出 0.72V 电压，加于 Ag-AgCl 电极（正极）和黄金电极（负极）上。黄金电极因被测溶液 BOD 物质浓度不同产生的极化电流变化送至阻抗转换和微电流放大电路，经放大的微电流再经转换后进行数字显示或由记录仪记录。仪器经用标准 BOD 物质溶液校准后，可直接显示被测溶液的 BOD 值，并在 20min 内完成一个水样的测定。该仪器适用于多种易降解废水的 BOD 监测。

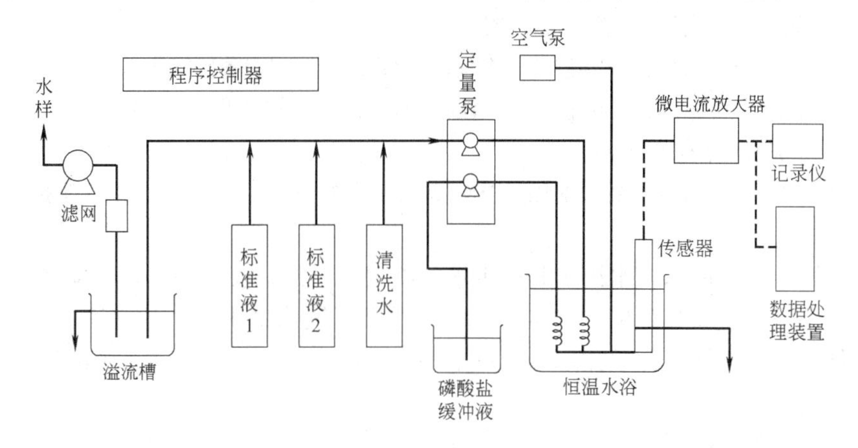

图 2.17 微生物膜电极 BOD 测定仪原理图

2.2.9 化学需氧量（COD）检测仪表

化学需氧量（Chemical Oxygen Demand，简称 COD）是指水体中易被强氧化剂氧化的还原性物质所消耗的氧化剂的量，以 mg/L 表示。水中还原性物质包括有机物和亚硝酸盐、硫化物、亚铁盐等无机物，最主要的是有机物。COD 是表征水体中还原性物质的综合性指标，反映了水中受还原性物质污染的程度，该指标也是表征有机物相对含量的综合指标之一。

1. 测定方法及原理

化学需氧量（COD）的测定基于氧化法，其定量方法因氧化剂的种类和浓度、氧化酸度、反应温度及反应时间等条件的不同而出现不同的结果。另一方面，在同样条件下，也会因水体中还原性物质的种类和浓度不同而呈现不同的氧化程度。COD 的测定方法主要以氧化剂的类型来分类，目前应用最普遍的是重铬酸钾法 COD_{Cr}（Dichromate Method）（一般也简记为 COD）和高锰酸钾法（Permanganate Method）两种。重铬酸钾法氧化率高，适用于测定水样中有机物的总量，多用于工业废水及市政污水排放的 COD 监测。高锰酸钾法另成一分支，叫高锰酸盐指数（Im）。该方法适用于饮用水、水源水和地表水的 COD 测定。高锰酸盐指数细分下来又有酸性和碱性的两种，在氯离子含量较少时，使用前者，在氯离子含量较高（如海水、盐湖水等）时，使用后者。

（1）重铬酸钾法。在一定条件下，经重铬酸钾氧化处理时，水样中的溶解性物质和悬浮物所消耗的重铬酸钾相对应的氧的质量浓度，可以记作 COD_{Cr}，一般也简单表示为 COD。

定量的重铬酸钾在强酸性溶液中将有机物氧化，剩余的重铬酸钾以邻菲罗啉为指示剂，用硫酸亚铁铵回滴，由实际消耗的重铬酸钾的量，计算水样的化学耗氧量。反应式如下：

$$Cr_2O_7^{2-}+14H^{+}+6e \longleftrightarrow 2Cr^{2+}+7H_2O \tag{2.28}$$

$$Cr_2O_7^{2-}+14H^{+}+6Fe^{2+} \longrightarrow 6Fe^{3+}+2Cr^{3+}+7H_2O \tag{2.29}$$

以 mg/L 计的水样 COD，计算公式如下：

$$COD(mg/L)=C\times(V_1-V_2)\times8000/V_0$$

式中　C——硫酸亚铁铵标准滴定溶液的浓度（mol/L）；

V_1——空白试验所消耗的硫酸亚铁铵标准滴定溶液的体积（mL）；

V_2——试料测定所消耗的硫酸亚铁铵标准滴定溶液的体积（mL）；

V_0——试料的体积（mL）。

（2）高锰酸钾法。COD 锰法测定的国家标准方法是：《水质　高锰酸盐指数的测定》GB11892—89。

该标准适用于饮用水、水源水和地表水的测定，对污染较重的水，可取水样经适当稀释后测定。高锰酸盐指数是反映水体中有机及无机可氧化物质污染的常用指标。定义为：在一定条件下，用高锰酸钾氧化水样中的某些有机物及无机还原物质，由消耗的高锰酸钾量计算相当的氧量。

高锰酸盐指数（COD_{Mn}）不能作为理论需氧量或总有机物含量的指标，因为在规定的条件下，许多有机物只能部分地被氧化，易挥发的有机物也不包含在测定值之内。酸性法和碱性法的测定如图 2.18 和图 2.19 的流程。两种方法的差异是分析过程中添加的试剂不同。

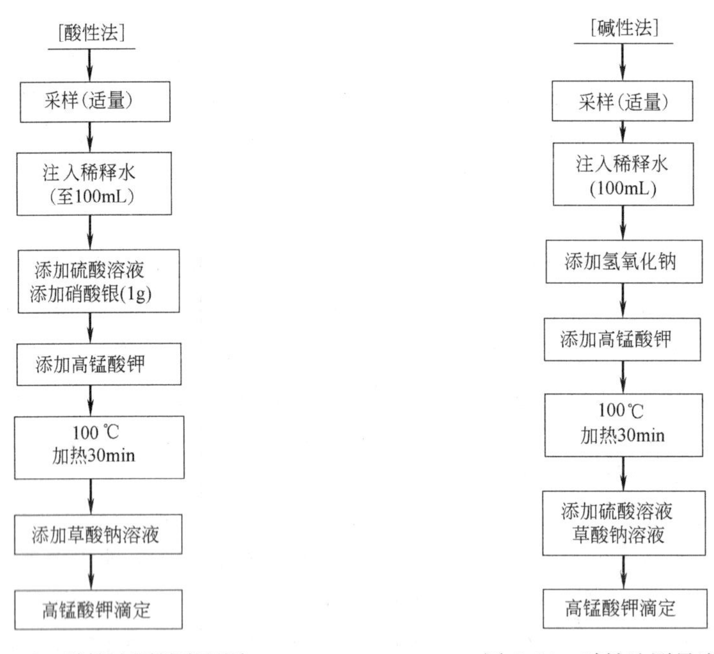

图 2.18　酸性法测量流程图　　图 2.19　碱性法测量流程图

2. COD 在线分析仪

COD 的在线检测也是基于上述实验室分析方法。

（1）COD_{Cr}在线分析仪

典型重铬酸钾法 COD 在线分析仪主要结构如图 2.20 所示，主要由两部分组成：电气单元、分析单元。电气单元与分析单元完全分开，防止分析单元的药剂等物质腐蚀电气单元的元件。分析单元内有强酸和剧毒液体，并且在测量过程中，会产生高温、高压环境，可能会危及人身安全。所以，在分析单元需设计安全面板。当仪器进行测量时，安全面板无法打开，只有在仪器处于初始状态（消解池清空、常温、常压）时才可以开启面板。人性化的安全面板，可以确保人身安全。

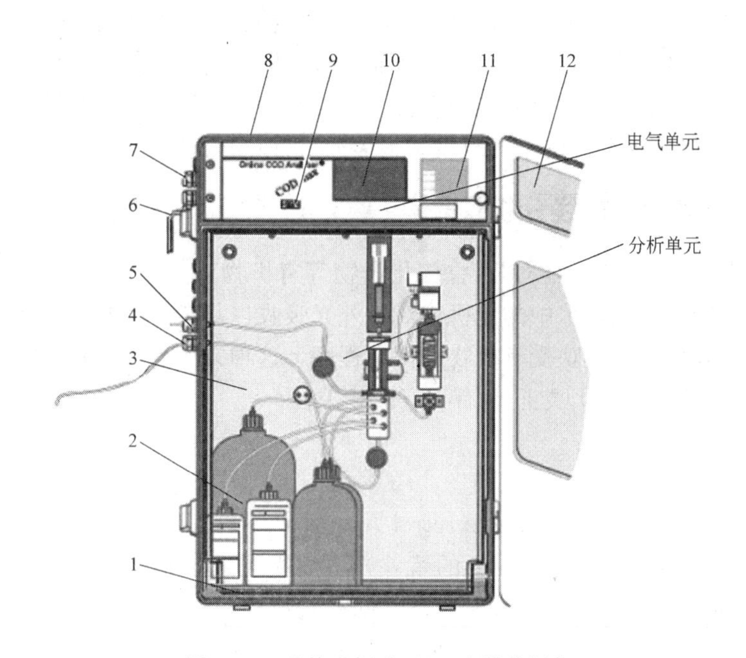

图 2.20 重铬酸钾法 COD 在线分析仪

1—托盘；2—试剂；3—安全面板；4—废液排放管；5—进样管；6—电源线；7—屏蔽电缆口；8—仪器外壳；9—RS232 接口；10—显示屏；11—键盘；12—仪器门

（2）COD_{Mn}在线分析仪

高锰酸钾法 COD 在线分析仪的测量主要过程是：样品中加入已知量的高锰酸钾和硫酸，在沸水浴中加热 30min，高锰酸钾将样品中的某些有机物和无机还原性物质氧化；反应后加入过量的草酸钠还原剩余的高锰酸钾，再用高锰酸钾标准溶液回滴过量的草酸钠。

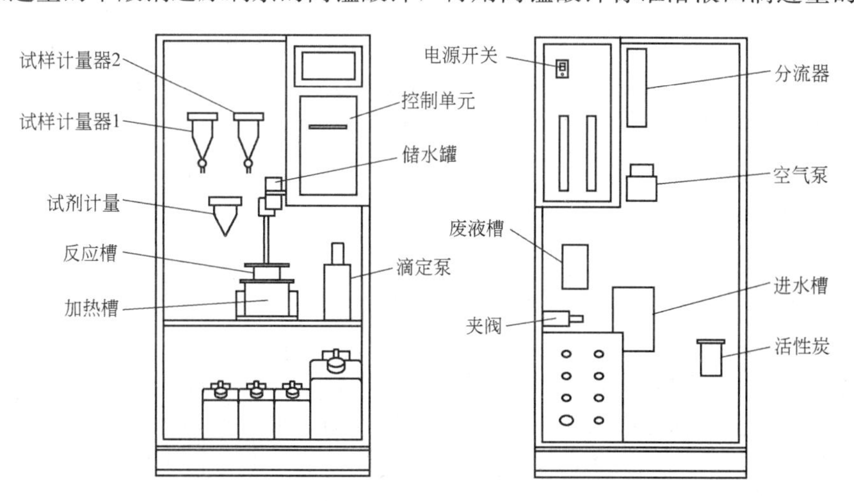

图 2.21 高锰酸钾法 COD 在线分析仪

通过计算得到样品中高锰酸盐指数。

COD_{Mn}在线分析仪主要由以下几个部分组成：操作单元、分析单元以及试剂贮藏单元。典型仪器相关构成详见图 2.21。分析单元主要由试样计量器、试剂计量器、反应槽、油浴加热槽、滴定泵、空气泵、管路及管夹阀组成。由计量器控制水样和试剂的进液量。仪器控制气泵和电磁阀等的启动和停止，从而实现提取试剂、将其送入反应池、然后控制加热温度及时间，使氧化还原反应充分进行。再控制滴定泵进行高锰酸钾的反滴定，由反应槽中的 ORP 电极监控反应的平衡电位。最后通过计算得出 COD 数据。

2.2.10　紫外 UV 在线分析仪表

由于溶解在水中的不饱和烃和芳香族化合物等有机物对 254nm 附近的光有强烈的吸收，而对可见光吸收甚微，水中的无机物对紫外光吸收也甚微，因此对水或废水，可根据其对紫外光的吸收大小来反映受有机物的污染程度，这种方法易实现自动化，同时测定的吸光度与 BOD、COD、TOD 之间也有很好的相关性。

1. 测量原理

（1）光吸收系数与 COD 的关系

如图 2.22 所示，光吸收系数（Spectral Absorbance Coefficient，简称 SAC），是指有机物对紫外光的吸收系数。在 254nm 的紫外光下的吸收系数通常可写作 SAC 254，它和 TOC、COD、BOD 等常用有机物控制指标之间有趋势相关。

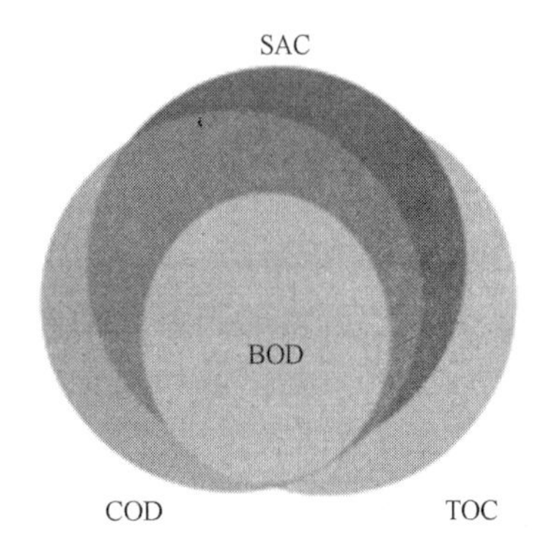

图 2.22　SAC 和 TOC、COD、BOD之间的趋势相关

在水质成分变化不大的情况，SAC 254 与 COD 之间有很好的相关性，可以实现快速、准确、经济的在线监控。同样，在测量中如果需要 TOC 的数据，可以将 SAC 254 与 TOC 间建立起联系，从而得到 TOC 数据。

（2）分光光度法

分光光度法是选一定波长的光照射被测物质溶液，测量其吸光度，再依据吸光度计算出被测组分的含量。计算的理论根据是“吸收定律”，即朗伯—比尔定律。

朗伯—比尔定律：是指当一束平行单色光通过均匀、非散射的稀溶液时，溶液对光的吸收程度与溶液的浓度及液层厚度的乘积成正比，即：

$$A=KCL \tag{2.30}$$

式中　A——吸光度；

C——溶液浓度；

L——液层厚度；

K——比例常数。

2. 紫外分析的典型应用——在线 UVCOD 分析仪

水体中的溶解性有机物对 254nm 的紫外光有很好的特征吸收作用，如含有共轭双键或多环芳烃的有机物。紫外 UVCOD 在线分析仪就是通过测量这种特征吸收值，即 SAC 254，然后利用 SAC 254 与 COD 之间的相关性，转换成 COD 值。

紫外 UVCOD 在线分析仪主要由两部分组成：测量探头部分、显示控制器部分。探头测量到的数据先转换成数字信号，再通过探头电缆线传到显示控制器。显示控制器接收到测量信号后，在液晶显示屏上显示。

紫外 UVCOD 在线分析仪采用双光束测量技术，通过测量波长为 550nm 的参比信号，实现自动基线补偿和浊度修正。如图 2.23 所示，探头中光源发出的光线穿过狭缝，其中部分光线被狭缝中流动的样品所吸收，其他的光线则透过样品，到达探头另一侧的分光器，被一分为二，50%的光线由样品检测器检测，另 50%的光线由参比检测器检测。仪器对两个检测器的信号进行运算，就能得出经过补偿的 SAC 254 值。最后，根据实际水样的特性，也就是 SAC 254 和 COD 的相关性，把 SAC 254 转换成 COD，实现 COD 的测量。

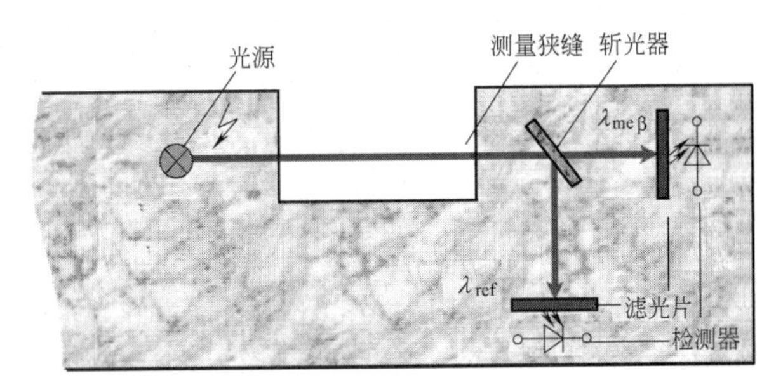

图 2.23 紫外 UVCOD 在线分析仪的测量原理

2.2.11 总有机碳（TOC）检测仪表

总有机碳 TOC（Total Organic Carbon），是以碳的含量表示水中有机物质总量的一项综合性指标，单位为 mg C/L。TOC 反映了水中总有机物的污染程度。

典型的 TOC 分析主要有两种方法：

差减法测定总有机碳：测量水样的总碳（TC），并测量水中的无机碳（IC），总碳与无机碳之间的差值，即为总有机碳 TOC。

直接法测定总有机碳：将水样酸化后曝气，将无机碳酸盐分解成二氧化碳并去除，然后测量剩余的碳，即可得总有机碳 TOC。由于这种方法在测量前先使用不含二氧化碳的压缩空气或氮气进行酸化水样的吹脱，因此此种方法所得的 TOC，又称之为不可吹出有机碳（NPOC）。

1. 测量原理

不论以上述哪种方法进行 TOC 测量，分析过程都可以分为三个主要步骤：酸化、氧化、检测和定量。

样品的酸化是去除无机碳 IC 和 POC 气体。基于不同的分析方法，释放出来的气体进入检测器进行测量或直接排放，前者为差减法，后者是直接法。

氧化是把样品中残留的碳氧化成二氧化碳（CO_2）和其他的气体形式。目前的 TOC 分析仪主要采用以下几种手段进行样品氧化：高温燃烧、高温催化氧化（HTCO）、光氧化、加热—化学氧化、光—化学氧化、电解氧化等。这些氧化方式虽各异，但是总体可以分为干法燃烧和湿法氧化两类，高温燃烧和高温催化属于干法燃烧，而其他属于湿法氧化。

TOC 定量检测是 TOC 测量最为关键的阶段，目前主要采用非色散红外检测技术（NDIR）和电导率检测两种技术。非色散红外检测技术（NDIR）是 TOC 测量中可行的无干扰检测技术，使用 NDIR 检测技术可以对有机物氧化产生的二氧化碳进行直接和针对性的测量。

2. TOC 在线分析仪

(1) 采用 NDIR 检测器的典型在线 TOC 分析流程

典型的 TOC 检测分析技术——过硫酸钠紫外催化氧化法，整个分析过程分为 5 个步骤（图 2.24）：

第一步：样品通过多通道进样阀进入分析仪，加入磷酸试剂，将水中的无机碳转化成 CO_2；

第二步：利用气液分离器分离出 CO_2，随载气排出，从而除去样品中的无机碳（TIC）；

第三步：样品与过硫酸钠试剂混合，进入紫外光消解装置进行氧化反应，将有机物氧化成 CO_2 和水（高温法中，采用高温燃烧炉进行有机物氧化）；

第四步：生成的 CO_2 和水被气液分离器分离，分离出的 CO_2 气体被送进非色散红外检测器；

第五步：红外检测器对 CO_2 的检测有良好的检测灵敏度和线性度，分析得到 CO_2 的浓度，并换算成 TOC。

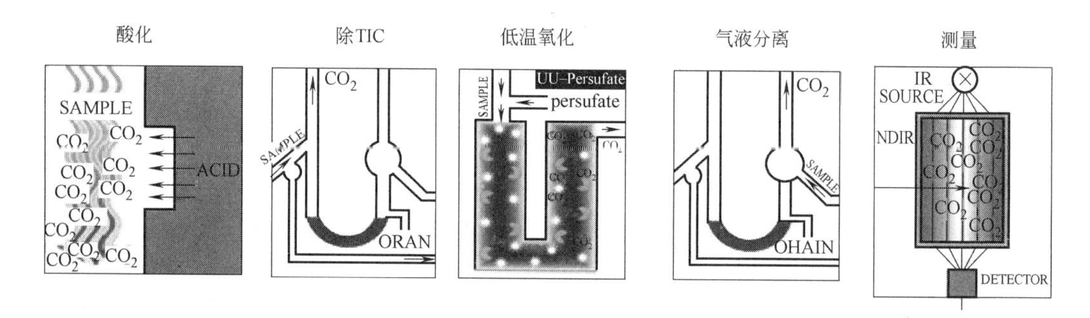

图 2.24　典型的 TOC 检测分析过程

(2) 采用电导率检测的 TOC 分析仪器

还有一种 TOC 分析仪采用电导率检测二氧化碳浓度，并换算成 TOC 数值。此类仪器主要用紫外灯消解和电解技术进行有机物氧化，主要应用于纯水中 ppb 级的 TOC 测量。在使用中不需要使用载气和试剂，维护量相对较低。相对 NDIR 方法的 TOC 分析仪而言，结构尺寸更为小巧，便携式型号可以方便现场应用。

2.2.12　消毒剂在线检测仪表

在供水系统中，消毒被认为是最基本的处理工艺，它是保证安全用水必不可少的措施之一。消毒剂的投加量是一个至关重要的指标，过低会导致消毒效果无法满足要求，过高会导致消毒副产物增加的风险，并且造成浪费。因此监测消毒剂的浓度在饮用水行业具有十分重要的意义。

化学法消毒是主要的消毒方式，主要的消毒剂包括液氯、氯胺、二氧化氯、次氯酸钠、臭氧等。由于液氯 \ 次氯酸钠是一种强氧化剂，作为消毒剂具有价格便宜、消毒效率高、设施简单、持续时间长等特点，所以用液氯 \ 次氯酸钠的消毒方法是饮用水消毒最普遍的方法。

1. 余氯/总氯的测量方法

余氯是指水与氯族消毒剂接触一定时间后，余留在水中的氯。余氯包括游离性余氯（HOCl 及 OCl^- 等）和化合性余氯（NH_2Cl、$NHCl_2$、NCl_3 及其他氯胺类化合物）。

实验室测量余氯/总氯的方法有碘量电流滴定法、电极法、以 N,N-二乙基-1,4 苯二胺（DPD）为指示剂的氧化还原滴定法，以及 DPD 比色法或邻联甲苯胺比色法（OT 法）等。在检测水的消毒剂浓度时候，经常采用测量余氯/总氯方法（国家标准检测方法）有两种：DPD 比色法和邻联甲苯胺比色法（OT 法）。其中 DPD 比色法是国际通用的检测方法。

（1）DPD（N,N-二乙基-1,4-苯二胺）余氯测定法

方法原理：水样中不含碘化物离子时，游离氯立即与 DPD 试剂反应产生红色；加入碘离子则起催化作用，使化合氯也与试剂反应显色。分别测定其吸光度，得游离氯和总氯，总氯减去游离氯得化合氯。

DPD 测量方法不但适用于生活饮用水、水源水；而且适用于废水、海水以及工业用水中的游离余氯、总余氯。当水样中有色或浑浊，可作空白检测抵消其影响。最低检出限为 0.02mg/L；最高检测浓度为 5mg/L 的氯。

（2）邻联甲苯胺比色法（OT 法）

测量原理：在 pH 小于 1.3 的酸性溶液中，余氯与邻联甲苯胺反应，生成黄色的醌式化合物，用目视法进行比色定量，还可用重铬酸钾—铬酸钾溶液配制的永久性余氯标准溶液进行目视比色。

测定方法：取 200mL 水样，加入 0.1%联邻甲苯胺 1mL 摇匀，发色 30s 与标准色相比，读数 C_1，发色几分钟后再与标准色相比，读数 C_2。总余氯为 C_2，游离氯值为 C_1。最低检测浓度为 0.1mg/L 余氯。目测法由于检测工程师视力不同，所以偏差较大。

2. 余氯在线分析仪表

余氯在线分析仪有很多款式，可以分成比色法和电极法两类，各有特点，根据工艺需要，可以应用在不同的场合。

（1）电极法余氯在线分析仪

典型的电极法余氯电极是极谱式传感器，由阴极、阳极、电解液，及阴极上覆盖的一层半透膜组成，如图 2.25 所示。

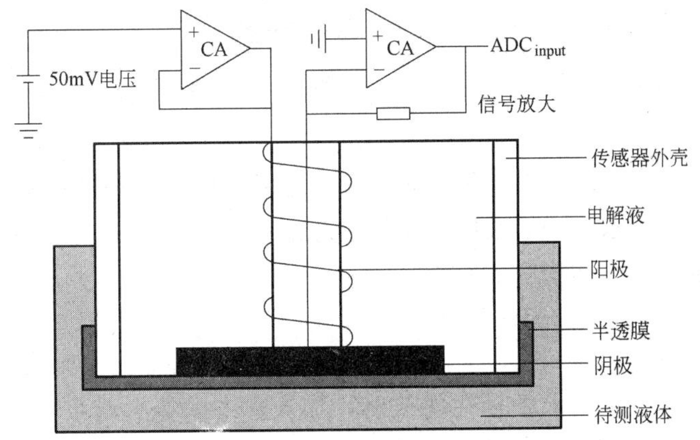

图 2.25 典型电极法余氯传感器结构示意图

水中余氯通过隔膜扩散到阴极上，阴极和阳极之间设置了恒定的偏置电压，在阴极上余氯即刻被还原：

阳极：$Cl^- + Ag \longrightarrow 2AgCl + 2e^-$

阴极：$HClO + 2e^- \longrightarrow Cl^- + OH^-$

电流的大小取决于通过多孔膜进入电解液腔的余氯的速度。因为，扩散的速度和测量的电流成正比，测量的电流和溶液中余氯浓度成正比。所以，膜选择余氯电极法必须设计一个理想的样品流通池，保证水样流过探头表面的速度始终是恒定的。

在溶液中存在表面活性剂时候会有漂移，在污水中应用容易堵塞膜孔，需要定期清洗和更换膜和电解液。待测液体的 pH＝5～7 且没有表面活性剂情况下，测量数据线性好。如果待测溶液的 pH 超过 5～7 的范围，需要安装 pH 计补偿。

(2) DPD 比色法在线余氯分析仪

余氯三个组成部分（溶解在水中的氯气，次氯酸和次氯酸根）含量依据水中的 pH 变化，如图 2.26 所示。将样品 pH 锁定在 5～7 之间，水中余氯以次氯酸为主。于是测量余氯浓度就是测量次氯酸的浓度，然后换算成余氯浓度。把样品中 pH 变化范围控制得越窄、越稳定，余氯检测越准确。利用缓冲溶液可以较好地解决这个问题。

比色分析：水体中余氯在 pH 介于 6.3～6.6 时会将 DPD 指示剂氧化成紫红色化合物，显色的深浅与样品中余氯含量成正比。总氯（余氯与化合后的氯胺之和）通过在反应中投加碘化钾来确定。样品中的氯胺将碘化物氧化成碘，并与可利用的余氯共同将 DPD 指示剂氧化。在 510nm 的波长照射下，测量样品的吸光率，然后扣除未加任何试剂的样品的吸光率，最后计算出样品中的氯浓度，在线分析仪器系统结构如图 2.27 所示。

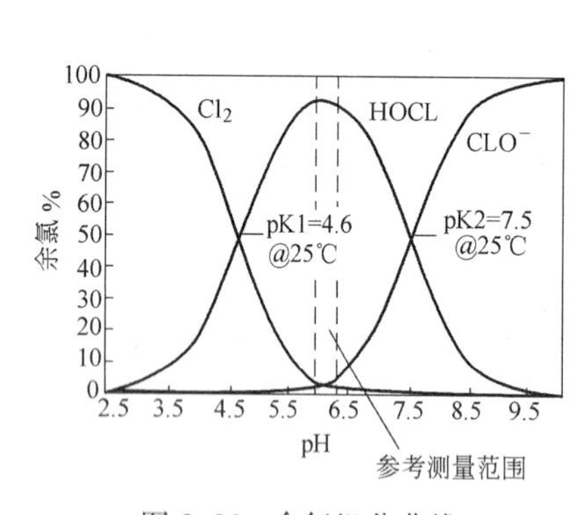

图 2.26　余氯组分曲线

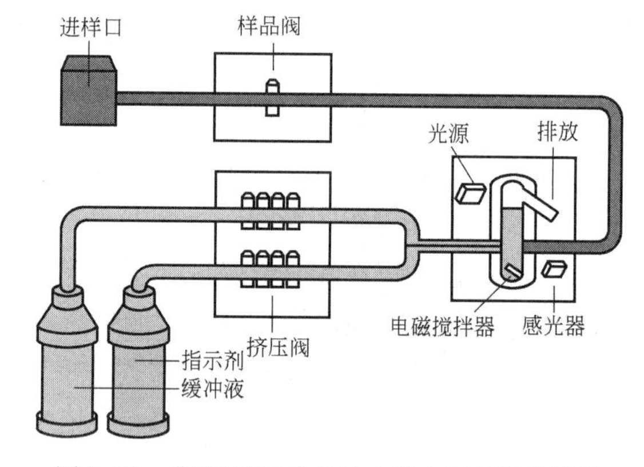

图 2.27　典型 DPD 比色法在线余氯分析仪结构

3. 一氯胺分析仪

氯胺消毒法（chloramine disinfection）指的是氯和氨反应生成一氯胺和二氯胺以完成氧化和消毒的方法，一般水中氯胺以一氯胺形态为主。一氯胺在中性、酸性环境中会发生水解，生成具有强烈杀菌作用的次氯酸：

$$NH_2Cl + H_2O = NH_3 + HClO$$

氯胺形成的余氯持续时间长，因而能有效地抑制残余细菌的再繁殖。

在氯消毒的情况下，当水中存在氨氮时，加入水中的氯会与水中的氨氮发生下列反应，生成一氯胺、二氯胺和三氯胺。反应式如下：

$$NH_4^+ + HOCl \longrightarrow NH_2Cl + H_2O$$
$$NH_2Cl + HOCl \longrightarrow NHCl_2 + H_2O$$
$$NHCl_2 + HOCl \longrightarrow NCl_3 + H_2O$$

当水中氯/氨比小于 5：1 时，自由氯与氨氮只形成一氯胺；当氯/氨比大于 5：1 时，继续投加的氯导致自由氯浓度的提高，有增加氯化消毒副产物生成的风险。

典型的一氯胺分析仪可以同时显示总氨、一氯胺和游离氨三个监测浓度：先利用改进石碳酸盐方法确定一氯胺浓度，然后使用另一个代表样品，在往其中加入苯酚试剂之前加入过量的次氯酸盐，在合适的 pH 下，次氯酸盐试剂可以把样品中的全部游离氨转换为一氯胺，由此再用酚盐法测得样品中的总氨浓度。次氯酸盐试剂可以将样品维持在合适的 pH 下并将游离氨转换为一氯胺。改进苯酚方法与水杨酸盐方法类似，但是改进苯酚法中使用的试剂可以加快反应并且更加稳定。其中一种试剂是指示剂，它专门指定一氯胺，并且还能作为催化剂而加速反应速率。第二种试剂是缓冲剂，用于将 pH 调整到大于 12。当样品中存在一氯胺时，这两种试剂就会结合产生绿色，绿色随着一氯胺浓度的增加而变暗。第三种试剂是次氯酸盐，它将游离氨转换为一氯胺。

总氨定义为一氯胺浓度与在投加次氯酸盐时由游离氨形成的一氯胺浓度之和。游离氨浓度等于总氨测量值减去分析仪起初确定的一氯胺浓度。分析仪交替测量一氯胺浓度和总氨浓度，每个测量周期后，游离氨浓度值都会更新。

如图 2.28 所示，典型的氯胺分析仪主要由四个分析模块组成：10 通阀，混合池，比

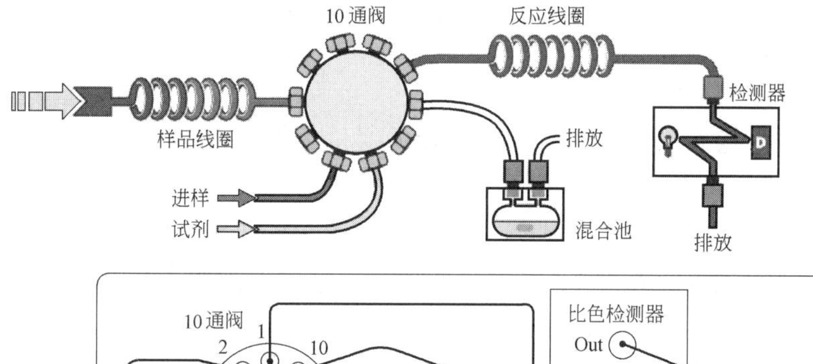

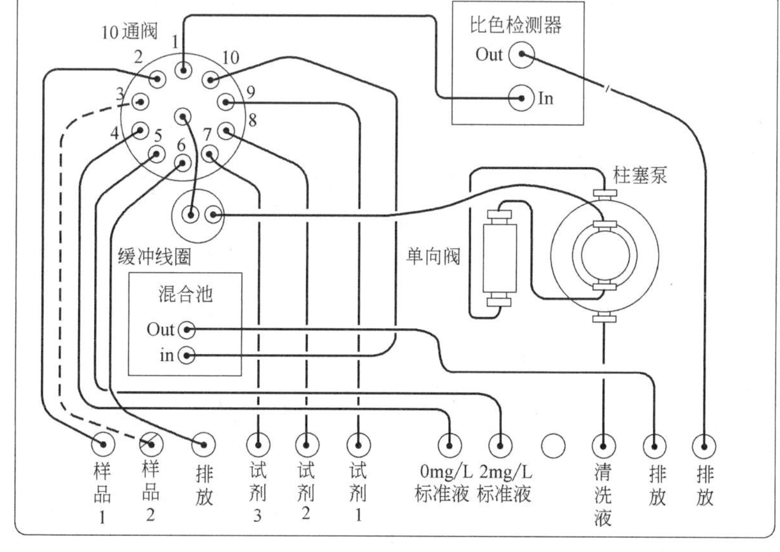

图 2.28 典型一氯胺分析仪结构

色检测器，以及一个柱塞泵等组成。分析仪采用正排量自动滴定仪测量和推动分析仪各元件中液体的流动。在通常的工作中，10 通阀旋转到不同的位置，使得样品和试剂流过分析仪。

分析仪工作基本步骤：

1）仪器将代表样品吸入样品线圈中；

2）将合适的试剂吸取入样品线圈中；

3）在混合池中将样品和试剂预混合；

4）将样品和试剂的混合物送入比色检测器中；

5）混合物流过比色检测器，检测器比色测定样品色度。

4. 二氧化氯分析仪

二氧化氯是一种高效强氧化剂，它具有消毒、杀菌、防腐、除臭、保鲜、漂白等多种功能。欧、美、日等发达国家有一些自来水厂采用二氧化氯消毒，我们国家也有一部分水厂采用二氧化氯消毒。

目前二氧化氯的实验室检测方法主要有碘量法、电流滴定法、分光光度法、电化学法等，这些方法都不适合于在线测量。二氧化氯在线分析仪采用膜电极法，下面以使用较多的一种二氧化氯在线分析仪为例介绍。

样品中的二氧化氯，以及其他分子，如臭氧、余氯等，通过扩散透过半透膜进入到电极内部的电解液中。内部电极的阴阳极会加入一个恒电压，使得阴阳极分别发生电化学反应（图 2.29）：

阴极：$ClO_2 + 5e + 4H^+ \longrightarrow Cl^- + 2H_2O$

阳极：$Cl^- + Ag \longrightarrow AgCl + e$

在这个电化学反应过程中会产生电流，电流强度和二氧化氯的质量浓度有一定的比例关系。

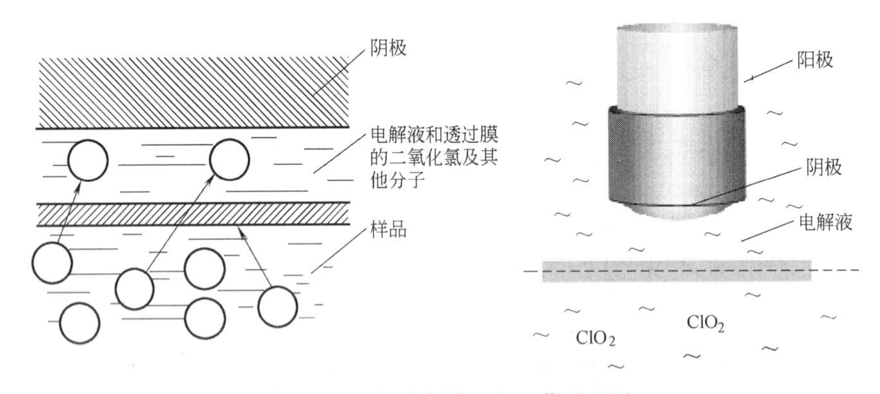

图 2.29 二氧化氯膜电极工作原理图

由于 ClO_2 的氧化还原电位较高，因此可以通过设定加在阴阳极两端的电压，防止常见的干扰物质，如余氯的干扰。该方法唯一的干扰物质是氧化还原电位高于二氧化氯的臭氧。

膜电极法二氧化氯分析仪由分析仪和数字化控制器两部分共同组成，分析仪通过数字化接口与数字化控制器连接，并通过控制器为分析仪供电。

仪器分析单元又由电极和流通池组成，具体见图 2.30。二氧化氯膜电极是在线二氧化氯分析仪的核心部分，其结构见图 2.31。由于流量对膜电极法的测量结果有影响，因此仪器需要一个能恒定流量的流通池，将电极安装在流通池内进行连续测量。

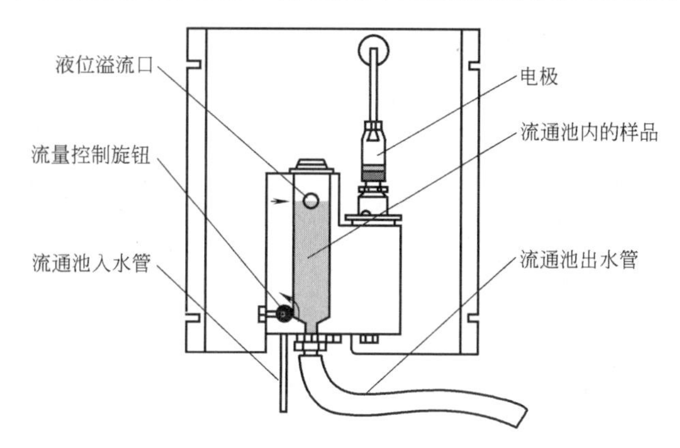

图 2.30 二氧化氯在线分析仪的分析单元

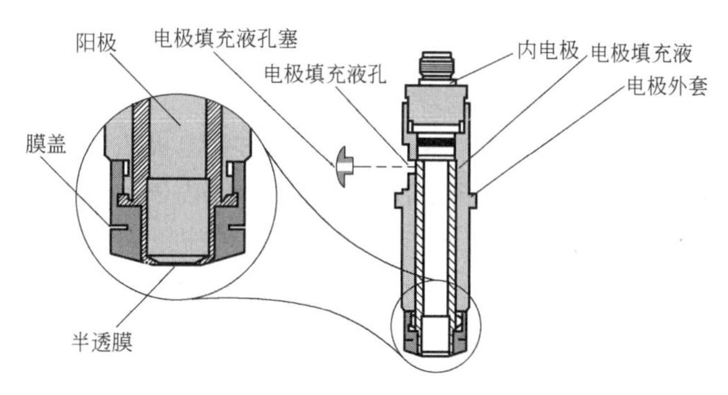

图 2.31 二氧化氯膜电极的结构

5. 臭氧分析仪

臭氧 O_3 属强氧化剂，不但可以较彻底地杀菌消毒，而且可以降解水中含有的多种有机物等杂质，还可以使水除臭脱色，从而达到净化水的目的。

臭氧不仅可以用于消毒，更多的是作为水处理预氧化药剂和在臭氧-活性炭深度处理工艺中使用。无论在何种处理环节中使用，都有对臭氧量进行在线检测的需要。

臭氧的实验室常见测量方法包括碘量滴定法、比色法等。

臭氧的在线测量一般采用膜电极法，下面加以介绍。

如图 2.32 所示，样品中的臭氧通过扩散透过半透膜进入到电极内部的电解液中。向内部电极的阴阳极加入一个恒电压，阴阳极会分别发生电化学反应：

工作电极（阴极）上：$O_3+H_2O+2e \longrightarrow O_2+2OH^-$

参考电极（阳极）上：$2OH^-+2Ag \longrightarrow 2AgOH+2e$

臭氧在阴极上减少，生成电流，正比于水中的臭氧浓度。银离子在阴极上被还原，与氢氧根离子反应后沉淀。由于臭氧氧化还原电位很高，因此可以通过设定加在阴阳极两端的电压，防止其他物质的干扰。

臭氧分析仪使用覆膜式选择性电极：用金做阴极，银/氯化银做阳极。电极内充有

pH 较为理想而且电导率稳定的电解液，它与被测液体通过一层选择性渗透膜（PTFE）相隔离。测量时仪表给电极两端施加一稳定的电压。水中溶解的臭氧渗透进电极内部在电极之间形成极化电流，极化电流的大小与 O_3 浓度成正比，仪器通过安培计测量极化电流的大小来测量水样中的 O_3 浓度。

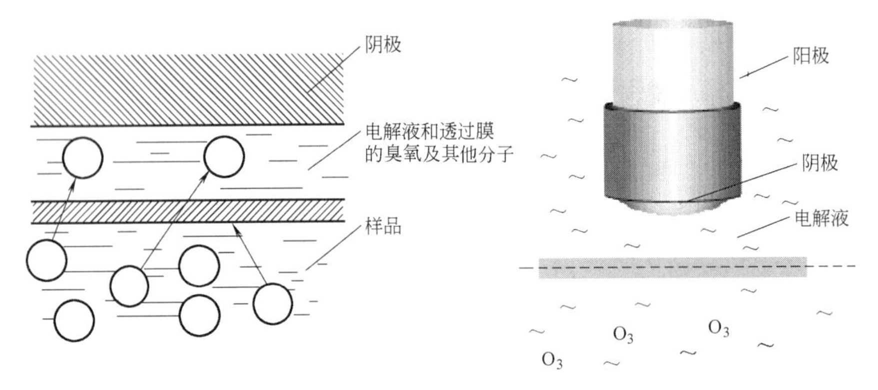

图 2.32　臭氧膜电极工作原理图

膜电极法臭氧分析仪由分析仪和数字化控制器两部分共同组成，分析仪通过数字化接口与数字化控制器连接，并通过控制器为分析仪供电。

仪器分析单元又由电极和流通池组成。由于流量对膜电极法的测量结果有影响，因此仪器需要一个能恒定流量的流通池，将电极安装在流通池内进行连续测量。臭氧在线分析仪的结构与二氧化氯分析仪类似，其分析单元和臭氧膜电极的结构图可以参考图 2.30 和图 2.31。

2.2.13　水中油分析仪

油份属于有机物，以碳氢化合物为主。水中油在自然环境是广泛存在的，在水中浓度也是各不相同的，主要来源于工业废水和生活污水的污染。人类引入的碳氢化合物的一些主要来源包括将原油转变成为汽油、润滑油、煤油和柴油等的精炼过程。

油（碳氢化合物）在水中也有多种存在形式，如漂浮状态（水面油）、乳化状态、溶解状态、分散状态或吸收在悬浮固体中。碳氢化合物是仅由碳和氢组成一族化合物，可以被分成三大类：脂肪族、脂环族和芳香族。

1. 测量方法

测量水中油的方法有重量法、红外光度法、紫外分光光度法、紫外荧光法、散射光法等。其中红外光度法是通用的国标方法。

红外光度法：红外光度法采用用四氯化碳萃取水中的油类物质，测定总萃取物，然后将萃取物用硅酸镁吸附，经脱除动植物油等极性物质后，测定石油类。由于红外光度法需要对水样进行萃取，不便于在线测量，目前以实验室应用为主。

紫外荧光法：紫外荧光法是一种非常灵敏的方法，可用来测量水中的含有芳香族碳氢化合物（PAHs）的水中油。荧光是待测物质在吸收部分波长的光线后，更高波长下激发出荧光的现象。在特定波长的紫外光照射下，水中油（含有芳香族碳氢化合物 PAHs）就会吸收紫外波长能量，其中的芳香族化合物（PAHs）因此而受到激发，从而产生分子内部能级跃迁，当分子内部能级恢复到初始状态时，会释放出更长波长的荧光。通过测量该波长下的荧光强度，可以确定水中油的浓度。紫外荧光法测量水中油直接、方便、灵敏度高、检测限低，是目前在线水中油检测较多采用的方法。

紫外分光光度法：石油及其产品在紫外光区有特征吸收。一般采用 UV254nm 波长照射水样，通过计算由 UV 吸光度值来计算出油份浓度。但是在直接测量中，水中的浊度、色度、SS 以及其他非油性有机物吸收影响。实验测量中通过石油醚萃取后进行测量，可以提高准确性。

散射光法：当水中油以颗粒状存在时，光照在油表面时会产生散射光，散射光的强度与水中油的浓度成比例关系。但必须采用多次散射来补偿油样的不均匀。这种方法适用于报警控制，不适用精确测量，也不能测量低量程的油份浓度。

2. 水中油在线分析仪

紫外荧光油分析仪基本的光学结构如图 2.33 所示。紫外荧光油分析仪传感器测量单元主要有：微型的氙气闪光灯作为激发光源、紫外光电二极管作为荧光检测器、分光镜、透镜等光学元件组成。

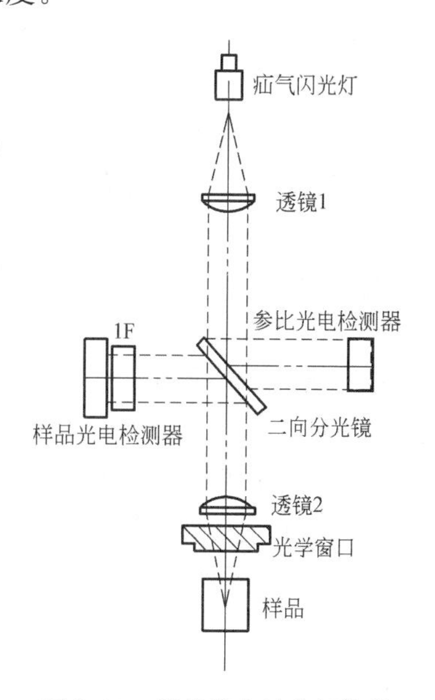

图 2.33 紫外荧光油分析仪的基本光学结构图

紫外荧光油分析仪通过直接测量已知体积样品的荧光强度，可在线监测多环芳烃类物质的（PAHs，即通常所指的水中油）浓度。内置的高效氙气灯用于激发多环芳烃类（PAHs），使用 254nm 为峰值中心的干扰过滤器选择多环芳烃类（PAHs）激发所需的波长。

一小部分激发光通过二向分光镜反射，作为参比信号，计算激发能量的变化量。

激发光束穿过透镜照射聚焦到光学窗口前大约 2mm 处。荧光由同样的透镜采集，由于荧光是更长的波长，同样被二向分光镜反射，并传到大面积的光电检测器。在光电检测器前使用了干扰过滤器（CWL，中心峰值为 360nm），用于消除散射光，并选择通过荧光。通过电路设计消除了环境光线的干扰，环境光在地表水中是常见的干扰光线。

2.2.14 氟离子在线检测仪表

氟是最活泼的非金属元素，水中的氟则是以氟离子形式存在。在饮用水中，氟离子是严格控制的指标，现行水质标准规定水中的氟离子浓度在 1mg/L 以下。

1. 氟离子的在线测量方法

氟离子在线测量的常用方法是氟离子选择电极法。氟离子选择电极是用难溶解于水的氟化镧晶体膜做成，在水溶液中对氟离子具有选择性的电化学响应。当与参比电极组成原电池时，电池电动势与水中氟离子活度服从能斯特方程式，即有下式的关系：

$$E=E^0-\frac{2.303RT}{F}\lg C_{F^-} \tag{2.31}$$

式中 E——电池电动势（V）；

E^0——氟离子标准状态下电动势（V）；

F——法拉第常数，96484C/mol；

R——摩尔气体常数，8.3144J/(mol·K)；

T——温度，$K(K=273+t)$，开氏温标；

$\lg C_{F^-}$——溶液中氟离子活度（对于稀溶液，可以认为是氟离子浓度）。

E 与 $\lg C_{F^-}$ 成直线关系，在一般环境温度条件下，$2.303RT/F$ 大约为 59 ± 1mV，是该直线的斜率，也就是氟离子电极的斜率。

组成测量回路的原电池中，外参比电极一般用银-氯化银电极。

氟离子电极是测定游离态的氟离子浓度，少数高价阳离子，如 Fe^{3+}、Al^{3+}、Si^{4+} 会对测定有严重干扰，因为这些离子可以与氟离子形成稳定的络合物，导致测量值偏低；当样品酸性较强时，氢离子与氟离子会形成分子态的氟化氢，也对测定有明显干扰；而当样品的碱性较强时，氢氧根离子可以置换氟化镧晶体中的氟离子，对测定也会造成干扰。

为了消除这些干扰，需要对测定的样品进行 pH 调节和总离子强度调节，并加入一些可与干扰离子形成稳定络合物的螯合剂，将干扰离子转化成不干扰的化合物形式。总离子强度调节缓冲液是一种高浓度电解质溶液，pH 在 5～8 之间，并且加入了可以掩蔽高价阳离子的螯合形络合剂，如枸橼酸钠、CDTA、钛铁试剂等，可以最大限度消除干扰因素。

在测定较干净样品时，一般是直接采用标准曲线法进行分析。对于组成复杂样品，就需要加入一定量的总离子强度调节缓冲溶液（TISAB），并且可以采用一次标准加入法进行分析，以减少样品背景对测定结果的影响。

2. 氟离子在线分析仪

氟离子在线分析仪的检测基本原理就是采用氟离子选择电极的方法对水中氟离子进行连续检测。在导入样品、试剂及标准溶液的同时，加入 TISAB 溶液消除干扰并调节样品 pH，使测定值稳定可靠。

氟离子在线分析仪采用蠕动泵对样品和所加试剂及标准液进行吸取和传输，并通过一个恒温控制的测量池把样品混合。外参比电极采用玻璃电极，较金属—金属难溶盐参比电极有如下优点：稳定性好，有所处的缓冲体系中，与其他阴离子形态和浓度无关；抗污染能力强，玻璃膜表面不易受溶液中的污物影响，并且不需要补充参比液；易于维护和清洗。

由于氟离子选择电极的电化学特性是通过离子响应测定出电池的电位值，在实际分析中就需要对电极的特性进行准确校正。在线分析仪中采用自动校正的方式，对分析系统进行两点校正，以保证样品测定值的准确性和可重复性。

氟离子在线分析仪由蠕动泵模块、检测池模块、供电/信号输出模块和显示控制面板四个主要部件组成，并有相应的辅助部件作为日常运行和在恶劣环境中运行的保障措施。图 2.34 中列出了典型的在线氟离子分析仪的主要结构。

蠕动泵模块：是输送 TISAB 溶液和标准校正液的关键部件。蠕动泵同时驱动四个输液通道，并且是采用自吸式上液，不必为试剂和标准校正液储瓶进行背压支持。标准溶液和样品溶液的测量选择通过仪器内部的电磁阀进行控制。

检测池模块：为减小样品及试剂的传输距离和用量，检测池采用微型化设计，仅使用很少的样品并消耗极少量的试剂，就可以完成准确的分析过程。检测池中配置了装配式氟离子选择电极和外参比玻璃电极，并且将检测池置于40℃恒温槽内，以消除因环境温度变化造成测量值的影响，同时也保证了液体传输的稳定性。

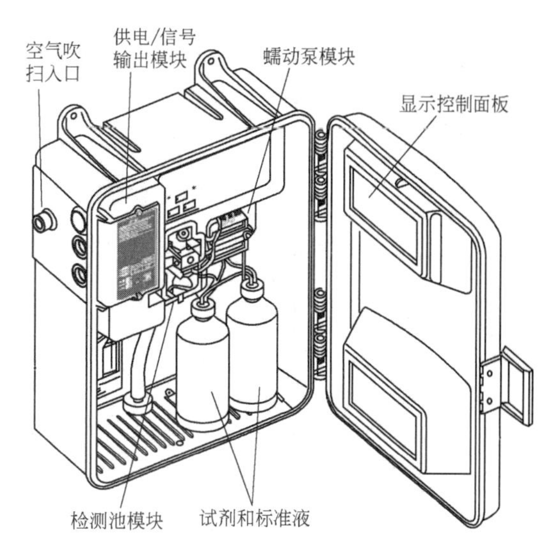

图2.34 典型的在线氟离子分析仪的主要结构

供电/信号输出模块：该模块中除了常规的电源接线和模拟输出接线端子外，还配置了用于测定值超限报警的接点信号输出端子。所有电气连接端子均安装在电气绝缘保护舱内，防止对检测池的测量产生干扰。

显示控制面板：带有大屏幕液晶显示器，可以显示测量值和仪表运行状态信息。

辅助设施：分析仪的侧面带有仪表风吹扫口，当仪器需要在潮湿多尘的环境中运行时，通过空气吹扫保证仪器在较恶劣的条件下运行。

2.2.15 氯离子在线检测仪表

氯离子是水和废水中一种常见的无机阴离子。几乎所有的天然水中都有氯离子存在，在生活污水和工业废水中也都含有相当数量的氯离子。

当饮用水中氯离子含量达到250mg/L、相应的阳离子为钠时，会感觉到咸味；水中氯离子含量高时，会损坏金属管道和建筑物，并妨碍植物的生长。

1. 氯离子的常见测量方法

国标（GB 11896—89）对水质的氯化物的测定采用硝酸银滴定法，即在中性至弱碱性范围内（pH6.5～10.5），以铬酸钾为指示剂，用硝酸银滴定氯化物时，由于氯化银的溶解度小于铬酸银的溶解度，氯离子首先被完全沉淀出来后，然后铬酸盐以铬酸银的形式被沉淀，产生砖红色，指示滴定终点到达。

实验室测定氯离子主要采用电位滴定法测定。电位滴定法是靠电极电位的突跃来指示滴定终点。在滴定到达终点前后，滴液中的待测离子浓度往往连续变化 n 个数量级，引起电位的突跃，被测成分的含量仍然通过消耗滴定剂的量来计算。使用不同的指示电极，电位滴定法可以进行酸碱滴定，氧化还原滴定，配合滴定和沉淀滴定。

2. 典型氯离子在线分析仪

氯离子的在线检测可以采用氯离子选择电极法。氯离子选择电极方法是根据能斯特方程，在水样和离子强度调节剂与氯离子选择电极接触后，氯离子选择电极与参比电极产生电动势，该电动势随着水样中氯离子浓度的变化而变化，由浓度和电位的标准曲线计算出氯离子的浓度。

典型氯离子在线分析仪的工作过程包括（图2.35）：排放阀和清洗阀同时打开，允许清洗液在设定的时间里清洗反应池；清洗阀关闭，样品阀打开；排放阀继续开启几秒钟，

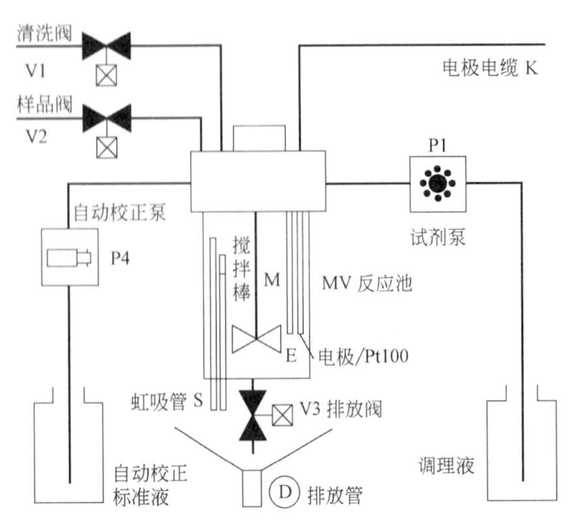

图 2.35　氯离子分析仪工作过程

让样品水冲洗掉残留的清洗液滴；排放阀关闭，内置的虹吸管自动调整样品体积；搅拌泵激活，在程序设定的时间内工作；显示离子选择电位和离子浓度的数值；根据能斯特定律：$E=E_0+S\lg C$ 计算出相应的氯离子浓度。

2.2.16　硝氮在线检测仪表

硝态氮包括硝酸盐氮和亚硝酸盐氮，作为环境污染物而广泛地存在于自然界中。硝氮在线分析仪可以应用于饮用水、地表水、工业过程水和污水的监测。例如有些地下水水源有硝酸盐超标的风险，在饮用水处理中需要进行相应的监控；在污水处理工艺中，为了实现生物脱氮，也需要对硝态氮的浓度进行监测和控制。

1. 硝氮测量的常见方法

目前硝氮测量的主要方法有酚二磺酸分光光度法、紫外分光光度法、电极法、镉柱还原法和戴氏合金法等。由于镉柱还原法和戴氏合金法操作复杂，应用较少。

（1）酚二磺酸分光光度法

适用于测定饮用水、地下水和清洁地面水加的硝酸盐氮，测定硝酸盐氮浓度范围在 0.02～2.0mg/L 之间。

硝酸盐和亚硝酸盐在无水情况下与酚二磺酸反应，生成硝基二磺酸酚，在碱性溶液中，生成黄色化合物，于 410nm 波长处进行分光光度测定，根据吸光值计算出硝氮的浓度。

当只测量硝酸盐氮浓度时，亚硝酸盐便成为此方法的干扰物质，当亚硝酸盐氮含量超过 0.2mg/L 时，可在试样中加硫酸溶液，混匀后，滴加高锰酸钾溶液，至淡红色保持 15 分钟不褪为止，使亚硝酸盐氧化为硝酸盐，最后从硝酸盐氮测定结果中减去亚硝酸盐氮量。

（2）紫外分光光度法

适用于地表水、地下水中硝酸盐氮的测定。方法最低检出浓度为 0.08mg/L，测定下限为 0.32mg/L，测定上限为 4mg/L。

利用硝酸根离子在 220nm 波长处的吸收而定量测定硝酸盐氮。溶解性有机物在 220nm 处也会有吸收，而硝酸根离子在 275nm 处没有吸收。因此，在 275nm 处作另一次测量，以矫正硝酸盐氮值。

亚硝酸根离子的紫外吸光特性与硝酸根离子基本一致，因此，此方法实际上测量的是硝氮，若被测物为硝酸盐氮，则亚硝酸根离子是干扰物质。

（3）电极法

方法原理：试液和离子强度调节剂分别引入系统，混合后与离子选择性电极接触，该电极与参比电极即产生电动势。该电动势随试液中 NO_3^--N 浓度的变化遵守能斯特方程，记录稳定电位值（每分钟不超过 1mV）。由浓度的对数（lgC）与电位（E）的校准曲线计算出 NO_3^--N 含量（mg/L）。

2. 硝氮在线分析仪

硝氮在线分析仪按照采用的测量原理可以分为两类：紫外吸收法和电极法。

（1）紫外吸收法硝氮在线分析仪

溶解于水中的硝酸根离子和亚硝酸根离子会吸收波长小于 250nm 的紫外光。这种光学吸收特性为利用传感器直接浸没测量硝酸根离子和亚硝酸根离子浓度提供了可能。因为基于不可见的紫外光来进行测量，所以待测样品的颜色对测量过程没有干扰。由于浊度会导致透光率降低，因此使用了带有浊度补偿功能的双光束光度计，在较长的波长下再测量一个吸光度值，作为浊度的补偿，以此来计算出硝氮浓度。

典型的硝氮在线分析仪如图 2.36 所示，探头内部测量单元包括一个宽波长光源，一个光学适配器，一个分光片，两个滤光片和两个检测器。光源发出光线，经过光学适配器整流，穿过测量狭缝中的被测水样，经分光片将光线一分为二，分别透过检测滤光片和参比滤光片，滤去检测波长和参比波长以外的光线，最后被检测器检测到检测波长和参比波长下的光强，推算出狭缝中水样对这两个波长的光的吸光度，进而计算出硝氮的浓度。

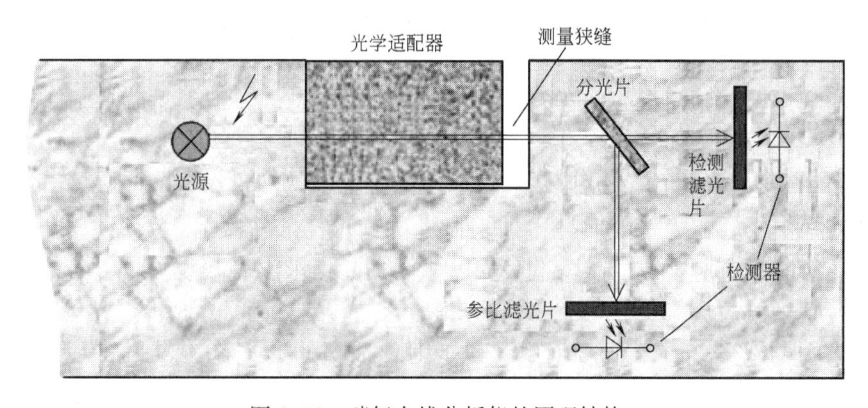

图 2.36 硝氮在线分析仪的原理结构

（2）离子选择电极法硝氮在线分析仪

如图 2.37 所示，硝酸根离子选择电极前端有离子选择性透过膜，硝酸根离子得以透过膜与电极和电解液发生电化学反应，为了比较电极发生反应后电势的变化，需要有参比电极，因此使用一根差分 pH 电极作为参比电极。除此以外，氯离子的存在以及温度的变化都会对离子选择电极的测量结果产生影响和干扰，因此，还使用了氯离子选择

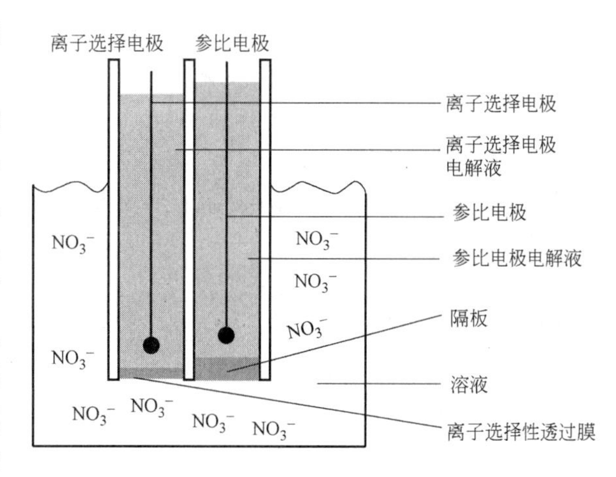

图 2.37 硝酸根离子选择电极的原理图

电极测量氯离子浓度、温度电极测量温度，并与硝酸根离子选择电极的测量值进行相互补偿和平衡，保证硝酸根离子浓度测量的尽量准确。

2.2.17 氨氮在线检测仪表

氨氮是指水中以游离氨（NH_3）和铵离子（NH_4^+）形式存在的氮。当氨溶于水时，其中一部分氨与水反应生成铵离子，一部分形成水合氨，也称非离子氨。非离子氨是引起水生生物毒害的主要因子。氨氮废水的超标排放是水体富营养化的主要原因。因此，从饮用水水源水到污水处理厂排放的污水，都需要对氨氮进行监测。

1. 氨氮的常见测量方法

目前氨氮主要的检测方法有纳氏试剂比色法、靛酚蓝法和氨气敏电极法等。

（1）纳氏试剂比色法

此方法适用于生活饮用水、地表水和废水中氨氮的测定，规定了测定水中氨氮的纳氏试剂分光光度法。当试料体积为 50mL，使用 30mm 比色皿时，本方法的检出限为 0.02mg/L，测定下限为 0.08mg/L。当试料体积为 5.00mL，使用 5mm 比色皿时，方法的测定上限为 80 mg/L（均以 N 计）。

以游离态的氨或铵离子等形式存在的氨氮与纳氏试剂反应生成黄棕色络合物，该络合物颜色的深浅与氨氮的含量成正比，于波长 420nm 处测量吸光度。

（2）靛酚蓝法

通常的测定范围是 0.1～1mg/L，浓度超过此范围时，原则上需要对试样作稀释或浓缩处理。

试样内加入氢氧化钠溶液并用蒸汽蒸馏，产生的氨被吸收在硫酸或硼酸溶液中，加入次氯酸使铵根离子转化为一氯胺，再加入显色试剂水杨酸盐或酚，然后以 625nm 左右波长测定与一氯胺反应所生成的靛酚蓝吸光度，因而间接求出氨浓度。

（3）氨气敏电极法

溶于水中的铵根离子，当 pH 在 11 以上时便以氨的形式存在。此溶解氨可以透过用高分子材料制成的选择性隔膜。在膜内设置的玻璃电极表面上，氨与一定浓度的氯化铵电解液发生反应：

$$NH_3 + H^+ \longrightarrow NH_4^+$$

故氢离子浓度随着氨的浓度变化。若知道此反应平衡时的氢离子浓度，则可间接计算出试样中的氨浓度。

2. 氨氮在线分析仪

按照采用的测量原理可以将氨氮在线分析仪分为逐出比色法、靛酚蓝法、气敏电极法和离子选择电极法。

（1）逐出比色法氨氮在线分析仪

逐出比色法测量氨氮主要是通过在逐出瓶（Sample Cuvette）和比色池（Measuring Cuvette）两个反应瓶中的两步反应来实现的，多应用于市政污水、工业废水氨氮在线分析。

逐出瓶反应：$NH_4^+ + OH^- \longrightarrow NH_3 + H_2O$

比色池反应：$NH_3 + H^+ \longrightarrow NH_4^+$

在逐出瓶中，经过预处理的样品首先和逐出溶液混合，从而将样品中的铵根离子转换成碱性的 NH_3。然后在隔膜泵的作用下，氨气被传送到比色池中，与比色池中的指示剂反应，以改变指示剂的颜色。在测量范围内，其颜色改变程度与样品中的氨浓度成正比，因此通过测量颜色变化的程度，就可以计算出样品中氨的浓度。

如图 2.38 所示，在每一个测量周期的开始阶段，为了彻底清除上一次测量的残余物，仪器将先用待测样品冲洗逐出瓶；然后，待测样品、逐出溶液和指示剂分别被送到逐出瓶和比色池中，在比色池中 LED 光度计进行清零测量；在逐出瓶中，样品和碱性的逐出液在空气气泡的作用下充分混合并发生反应产生的氨气被隔膜泵全部传送到比色池，从而改变指示剂的颜色。经过一段时间显色稳定后，LED 光度计再次对样品进行测量，并与反应前的清零测量值进行参比，从而计算出氨氮的浓度值。

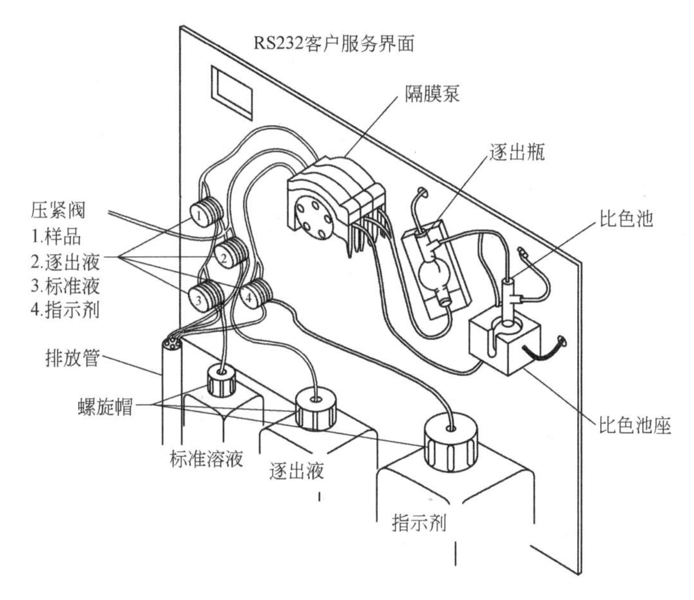

图 2.38 逐出比色法氨氮在线分析仪的原理结构

（2）靛酚蓝法氨氮在线分析仪

靛酚蓝法又称为水杨酸——次氯酸法，多应用于饮用水、地表水氨氮在线分析。在催化剂的作用下，铵根离子在 pH 为 12.6 的碱性介质中，与次氯酸根和水杨酸盐离子反应，生成靛酚化合物，并呈现出蓝绿色。在仪器测量范围内，其颜色改变程度和样品中的铵根离子浓度成正比，通过测量颜色变化的程度，就可以计算出样品中铵根离子的浓度。方程式如下：

1) $$NH_3 + \underset{\text{(次氯酸盐)}}{HOCl^-} \rightleftharpoons NH_2Cl + H_2O$$

2) $$\underset{\text{(水杨酸)}}{\text{OH-}C_6H_4\text{-}COO^-} + NH_2Cl \rightleftharpoons \underset{\text{(5-氨基水杨酸)}}{\text{OH-}C_6H_3(NH_2)\text{-}COO^-}$$

3) OH、COO^-、NH_2 ——氧化——→ O、COO^-、NH

(醌亚胺)

4) O、COO^-、NH + O^-、COO^-、NH_2 ————→ O^-、COO^-、N、COO^-、O

(靛酚蓝)蓝色

典型靛酚蓝法氨氮在线分析仪的结构如图 2.39 所示。靛酚蓝法氨氮在线分析仪在每一个测量周期的开始阶段，为了彻底清除上一次测量的残余物，仪器将用待测样品清洗整个测量系统。然后，光度计对样品进行零点测量，接着，样品、试剂 A、B 分别被定量地加入到混合室中，经过彻底的混合后，再被送到光度计中的比色池进行反应。经过一段时

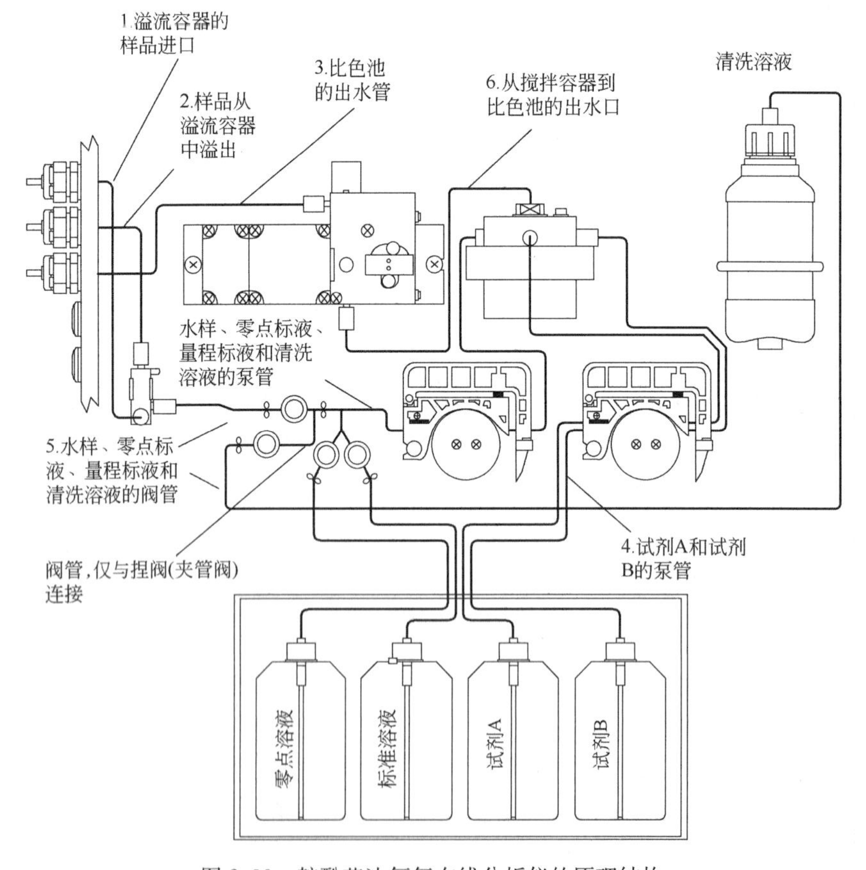

图 2.39　靛酚蓝法氨氮在线分析仪的原理结构

间待反应结束，光度计再次对样品进行测量，并且和反应前的零点测量结果进行参比，从而计算出氨氮的浓度。

(3) 气敏电极法氨氮在线分析仪

气敏电极法多应用于饮用水、地表水、市政污水氨氮在线分析。在图 2.40 所示的氨气敏电极中，样品首先被加入碱性的试剂，使得 pH 在 12 左右，此时，水中的铵根离子全都转化为氨气逸出。通过活塞泵将逸出的全部气体都转移至氨气敏电极处，在氨气敏电极的一端有一层 PTFE 材料的选择性渗透膜，只允许氨分子通过进入电极内部。气敏电极内充满了氯化铵电解液，氨分子穿过选择性渗透膜后与电解液发生反应，导致电解液的 pH 发生变化，气敏电极内部的 pH 电极测量出 pH 的变化量，即可计算出氨氮的浓度。

(4) 离子选择电极法铵根离子在线分析仪

离子选择电极法多应用于市政污水生物反应池氨氮在线分析。图 2.41 所示的铵离子选择电极前端有离子选择性透过膜，铵离子得以透过膜与电极和电解液发生电化学反应，为了比较电极发生反应后电势的变化，需要有参比电极，因此使用一根差分 pH 电极作为参比电极。除此以外，钾离子的存在以及温度的变化都会对离子选择电极的测量结果产生影响和干扰，因此，还使用了钾离子选择电极测量钾离子浓度，温度电极测量温度，并与铵离子选择电极的测量值进行相互补偿和平衡，保证铵离子浓度测量的尽量准确。

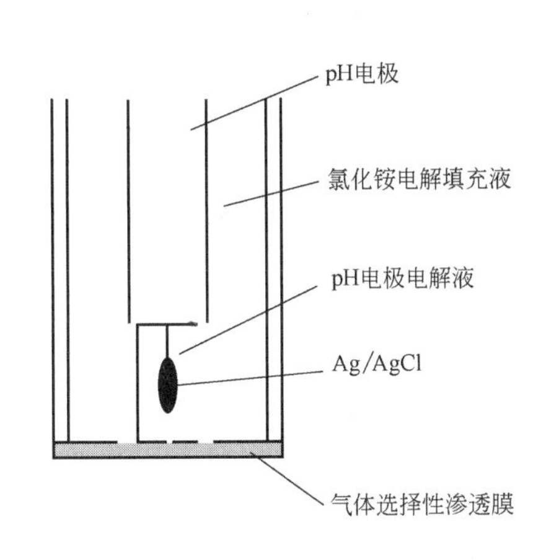

图 2.40　氨气敏电极的工作原理

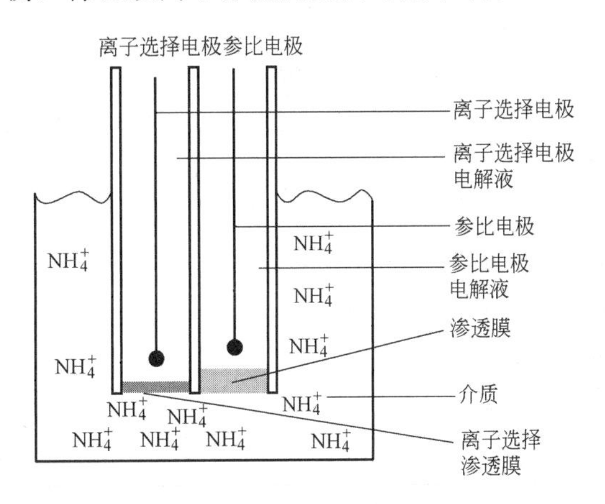

图 2.41　离子选择电极的原理

2.2.18　总磷和正磷酸盐在线检测仪表

水中磷大多数以各种形式磷酸盐存在，主要分以下几类：正磷酸盐，即 PO_4^{3-}、HPO_4^{2-}、H_2PO^{4-}；缩合磷酸盐，包括焦磷酸盐、偏磷酸盐、聚合磷酸盐等，如 $P_2O_7^{4-}$、$P_3O_{10}^{5-}$、$HP_3O_9^{2-}$、$(PO_3)_6^{3-}$ 等；有机磷化合物。根据能否通过 0.45μm 的滤膜又可分为溶解性磷（又称可过滤的磷）与悬浮性磷。总磷是水样经消解后将各种形态的磷转变成正磷酸盐后测定的结果。

水中磷是主要的营养盐物质之一，但过多会使水体出现富营养化现象，主要来源为生活污水、化肥、农药等。总磷、正磷酸盐的在线分析主要应用于地表水、生活污水、工业废水中磷含量的监测。

1. 测量方法

(1) 钼酸铵分光光度法

用过硫酸钾（或硝酸一高氯酸）为氧化剂，将未经过滤的水样消解，用钼酸铵分光光度测定总磷的方法。

在中性条件下用过硫酸钾（或硝酸一高氯酸）使试样消解，将所含磷全部氧化为正磷酸盐。在酸性介质中，正磷酸盐与钼酸铵 $[(NH_4)_6Mo_7O_{24}\cdot 4H_2O]$ 反应，在锑盐存在下生成磷钼杂多酸后，立即被抗坏血酸（$C_6H_8O_6$）还原，生成蓝色的络合物。将反应后的水样通过分光光度计测得其吸光度，用吸光度值在事先做好的工作曲线（用配置好的磷标样与对应的吸光度值之间建立曲线）中查取磷的含量，最后用下面的公式算出总磷的含量（以 C mg/L 表示）：

$$C=\frac{m}{V}$$

式中　m——试样测得的磷含量（μg）；

　　V——测定用试样体积（mL）。

(2) 钒钼黄比色法

在酸性条件下，磷酸盐与钼酸盐、偏钒酸盐反应生成黄色化合物，此黄色深浅与磷酸盐浓度成正比，采用分光光度法进行测量可得到正磷酸盐浓度。

2. 典型在线磷分析仪

(1) NPW160 钼蓝比色法总磷在线分析仪

主要应用于地表水、市政污水在线测量总磷浓度。

1）工作原理：按照《水质　总磷的测定　钼酸铵分光光度法》GB 11893—89，在样品中加入过硫酸钾溶液，在120℃条件下，加热30min消解，把磷转变成正磷酸根离子，然后加入抗坏血酸和比色试剂钼酸铵，测量880nm下的矾钼蓝（抗坏血酸）吸光值，计算总磷的浓度。

2）仪器结构

总磷在线分析仪主要由操作单元、分析单元以及试剂贮藏单元几部分组成。

检测器结构：内置多波长检测器由光源、流通池、分光计组成，如图2.42所示。

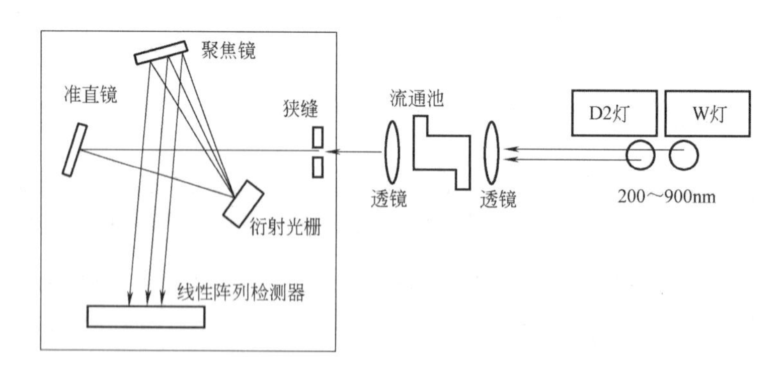

图2.42　NPW160钼蓝比色法总磷在线分析仪检测器原理图

光源为多光源，包含一个重氢灯（D2灯）和一个钨灯（W灯）对齐排列在同一光轴上。

流通池由石英玻璃制成，有两种规格：一种为10mm光程的流通池，适合检测高浓度总磷；另一种为20mm光程流通池，适合检测低浓度总磷。

分光计的受光器采用2048像素的线性阵列检测器，并且没有可移动部件实现220～880nm分光。

（2）PhosphaxSigma钼蓝比色法总磷在线分析仪

主要应用于地表水、市政污水、工业废水、循环水在线测量总磷和正磷酸盐浓度。

1）总磷测量：如图2.43所示，仪器首先用样品水冲洗水池，然后在比色池内加入药剂A和经过预处理的水样。充分混合后，在高温、高压下进行反应，并立即使其冷却。为了测量经过反应而得到的正磷酸盐浓度，试剂泵向比色池内加入药剂C和药剂D，并使其混合。反应结束后，LED光度计测量溶液的吸光度，并且和反应前测量所得的空白值进行比较，从而计算出总磷浓度。

2）正磷酸盐测量：在测量模式下，仪器首先用样品冲洗比色池，然后在比色池内加入试剂A。经过加热，氧化剂被破坏，转化成硫酸，冷却后，蠕动泵再往比色池内加入样品、试剂C和试剂D。样品和试剂经过混合、反应后，有LED光度计测量生成溶液的吸光度，并且和反应前测量所得的空白值进行比较，从而计算出正磷酸盐浓度。

3）含磷缓蚀剂（有机膦、聚磷酸盐等）的测量：仪器可以显示总磷及磷酸根的含量，在输入相应的因子（现场所用的有机膦等含磷阻垢剂的分子量）后，可以直接显示对应的阻垢剂浓度值。

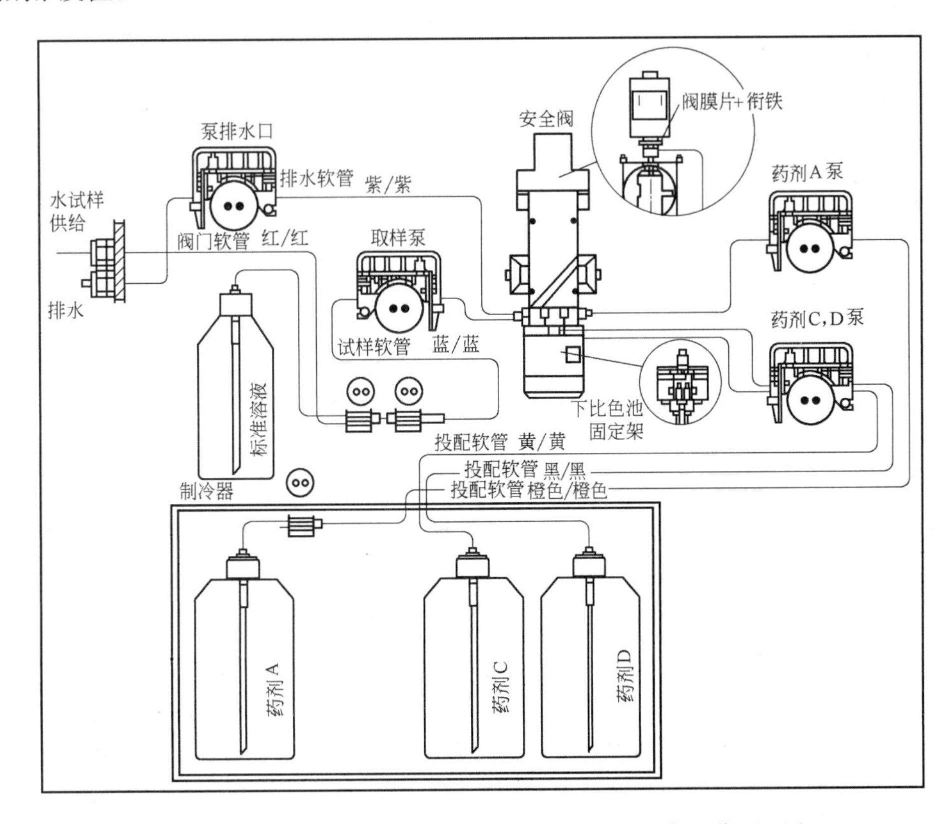

图2.43 PhosphaxSigma钼蓝比色法总磷在线分析仪工作原理图

（3）钒钼黄法正磷酸盐在线分析仪

钒钼黄法在线正磷酸盐分析仪使用光度计来测量水样中正磷酸盐的浓度，主要应用于污水工艺正磷酸盐在线分析。

分析是分批式运行的：水样被吸入一个溢流容器中，计量泵将水样移入到阀模块中，阀模块可以准确地测定水样的量。水样随后导入测量池与试剂一起搅拌（钒钼酸盐/硫黄酸溶液）。正磷酸盐与试剂反应，使水样显黄色，使用双光束的光度计测量。然后，根据显黄色的程度计算正磷酸盐的浓度。

正磷酸盐在线分析仪主要由以下几个部分组成：控制单元、分析单元以及样品预处理单元。其中控制单元部分与分析单元完全分开，是两个独立的部分，由数据线相连接实现控制器对分析进行的控制与数据采集。

分析单元是进行化学反应得出测量数据的主体结构，主要由比色池、空气泵、管路及捏阀（夹管阀）组成，由仪器控制空气泵、捏阀的启动和停止，从而实现提取样品、试剂并将其送入比色池，然后由仪器控制加热温度及时间对试剂和样品的混合液进行高温加热，反应结束后进行比色读出相应的吸光度并通过计算得出正磷酸盐的数据。

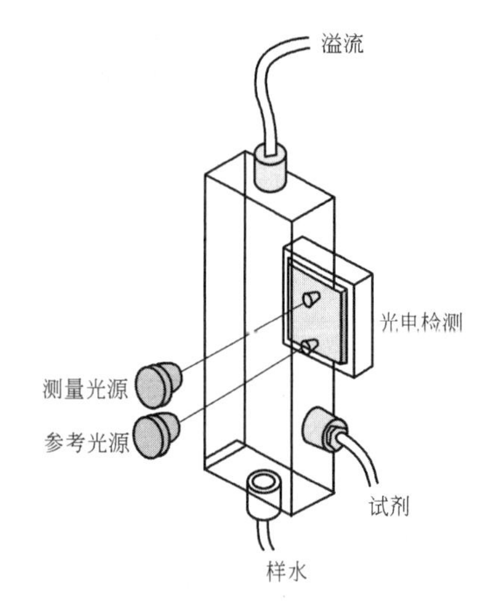

图 2.44　比色池示意图

消解比色池：该装置是一个消解装置，由一个比色池和光度计组成，而光度计是此仪器的测量核心部件。正磷酸盐分析仪在测量正磷酸盐时所有的化学反应都在这部分进行，包括加温、消解、比色。试剂与水样在比色池中混合后，经过加温反应后，通过冷却后用比色计进行比色，从而得出测量数据（图 2.44）。

预处理部分主要是通过浸没入水中的膜片对进入分析仪器的水样进行过滤，去除掉水中大颗粒的物质，避免堵塞分析仪的管路、影响测量的进行。

2.3　水质生物毒性检测技术

在线微生物监测是目前有效的急性毒性的监测报警方法，它可以对水质的变化起到预警作用。目前整个自然界有超过 100000 种的毒性物质，即使世界上最先进的检测仪器也无法把这些毒性物质全部单个检测出来。借助在线生物预警仪，可以对有毒物质对水体的综合毒性进行检测并报警，然后再通过实验室设备具体来分析造成毒性污染的物质的具体成分。生物预警系统一般由受试生物体，自动监测系统和报警系统三个部分组成。受试生物体是生物预警系统的主要部分，其可选择范围广泛，包括脊椎动物（鱼）到节肢动物（昆虫类、甲壳纲和水蚤），从寡毛类（颤蚓）到细菌类（藻类、细菌）。其中，对一些高等动物而言，通常监测的指标为其行为受污染物影响而产生的变化，而对微生物则更多监测的是他们的生理反应，如生物发光特性等。

2.3.1 生物毒性检测技术

对环境中有毒物质生物毒性，一般用浮游生物、藻类和鱼类等水生生物，以其形态、运动性、生理代谢的变化或者死亡率做指标来评价。这些方法一度成为评价环境污染的必需手段之一。但这些方法操作都比较繁琐，检测时间较长，检测费用较高，且结果不稳定，重复性差，使其难以推广应用，且不适于常规的检验，尤其是现场的应急监测。针对传统生物毒性检测方法的不足，以及现场应急监测的需求，一些快速、简便且经济的现代检测方法逐步发展起来，如发光细菌毒性检测方法、化学发光毒性检测方法等。其中发光细菌因其独特的生理特性、与现代光电检测手段完美匹配的特点而备受关注。而化学发光毒性监测方法则是最新的毒性评价技术，弥补了细菌发光法在现场中使用的一些限制性，可在第一时间内对突发性事件或人为破坏引起的水源地及饮用水污染事件做出评估，越来越受到关注。

(1) 细菌发光检测技术

发光细菌综合毒性检测技术是建立在细菌发光生物传感方法基础上的毒性检测技术，能有效地检测突发性或破坏性的环境污染。发光细菌的发光过程是菌体内一种新陈代谢的生理过程，是光呼吸进程，是呼吸链上的一个侧支，该光的波长在 490nm 左右。这种发光过程极易受到外界条件的影响，凡是干扰或损害细菌呼吸或生理过程的任何因素都能使细菌发光强度发生变化。当有毒有害物质与发光细菌接触时，水样中的毒性物质会影响发光菌的新陈代谢，发光强度的减弱与样品毒性物质的浓度成正比。其反应机理如下列化学方程式所示：

$$FMNH_2\text{(黄素单核苷酸)}+O_2+R-CHO \longrightarrow FMN+R-COOH+H_2O+Light \tag{2.32}$$

概括地说，就是细菌生物发光反应是由分子氧作用，细胞内荧光酶催化，将还原态的黄素单核苷酸（$FMNH_2$）及长链脂肪醛氧化为 FMN 及长链脂肪酸，同时释放出最大发光强度在 490nm 左右的蓝绿光。

目前，发光细菌法已经成为一种简单、快速的生物毒性检测手段，广泛应用于质检、环境监测、水产养殖等领域，并被列入了一些相关的国内和国际标准。

(2) 水蚤法

以水蚤作为探测生物，检测水样对水蚤生理或行为上的变化（如捕食行为、趋光行为、环游频率及代谢过程等）的影响。仪器利用摄像和图像分析技术连续检测被测样品对水蚤活性的影响，进而确定其毒性强弱。

(3) 鱼类法

以鱼为探测生物，检测水样对鱼移动速度、游动高度、转身活动和环游频率的影响。仪器利用摄像和图像分析技术或非接触类的生物电场技术等连续监测被测样品对鱼行为生态变化的影响，进而确定其毒性强弱。也有很多地方排污口选择养小鱼，如果鱼类大量死亡说明有毒性物质进入水体。

(4) 藻类法

采用荧光技术在线监测荧光的强度来确定藻的浓度，同时分析出各类不同藻的浓度，在分析荧光强度的同时设备也能实时给出总的叶绿素的荧光强度，以及各类藻的浓度变化曲线，仪器可把藻类分为绿藻、蓝绿藻、硅藻和棕藻分别检测。

（5）微生物法

采用水样中的微生物作为被检测对象，也可在外界自行培养特定的微生物，通过直接测量水中的溶解氧来监测微生物的呼吸状态，从而测定综合毒性的强弱。

（6）化学发光法

化学发光法根据化学反应产生的辐射光的强度来确定反应中相应物质含量，其原理是基于在辣根过氧化物酶（horse radish peroxidase，简称 HRP）的催化下，发光试剂与氧化物发生化学反应，在反应过程中会发生闪光（化学发光）。当样品中存在有毒物质时，便会影响该反应的进行，进而影响发光强度，通过发光强度的变化即可确定样品毒性强度。

化学发光法的分析流程不需要特殊的温度条件，只需要在测试管中加入 1mL 的水样，分别加入 0.1mL 的 CT_1、CT_2 及 CT_3 试剂后，把测试管放入仪器中扫描 4min，以无毒参比溶液做对比，最后测试结果将会以相对发光强度——抑制率表示。

2.3.2　发光细菌在线毒性监测仪

典型在线毒性监测仪是利用发光细菌（费希尔弧菌）作为生物检测器，对发光细菌暴露到被检测样本前后的发光强度分别检测，计算光损失百分比，来判断水中污染物的毒性大小。

费希尔弧菌（VibrioIFShceri）在进行新陈代谢时发光的反应式如 2.33 式所示：

$$FMNH_2(\text{黄素单核苷酸})+O_2+R-CHO \longrightarrow FMN+R-COOH+H_2O+\text{光} \quad (2.33)$$

当有毒有害物质与发光菌接触时，其发光强度会立即改变，并随着毒物浓度的增加而发光减弱。发光细菌在线毒性测定仪将费希尔弧菌进行连续在线培养后用于测量，以费希尔弧菌暴露于被测样品前后发光度的变化来评价被测样品的急性综合毒性。设待测样品与菌液、缓冲液混合后的光度值为 I_t，与空白对照、菌液和缓冲液混合后的光度值 I_0 对比，从而计算出样品对发光细菌的发光抑制率 H_t，即：$H_t=100-100\times I_t/I_0$

水样的毒性越大，对细菌的发光抑制率则越大，当 H_t 超出报警限值时，仪器输出报警信号。

如图 2.45 所示，待测水样首先经过一个预处理装置，该预处理装置可根据应用场景进行配置。当应用于地表水或自来水厂取水口时，只需对水样进行过滤处理即可，当应用于自来水厂出水口时，由于水中的余氯会影响细菌活性，从而产生误报警。因此，需要在预处理部分将水中的余氯去除。

在仪器进行测量前，首先需要培养菌液。细菌的连续培养是在一个特制的培养罐中进行的。该培养罐具有曝气、控温、搅拌等功能。将细菌冻干粉复苏后接入灭菌后的培养罐中，进行预培养，在 21℃下培养 20 小时后开启连续培养程序，此时，温度保持不变，蠕动泵开始按一定的速率向培养罐中连续注入无菌的新鲜培养基；同时空气泵向培养罐中注入过滤后的空气，为细菌生长提供足够的溶解氧。

当测量任务开启后，蠕动泵将空白对照液和待测样品按顺序泵入流路，同时蠕动泵也将缓冲液和菌液泵入流路，三者混合后在混合环混匀反应一定的时间后，到达光电检测装置，此时，软件控制光电检测装置获取有用的光信号，分别得到参比光度值 I_0 和样品的

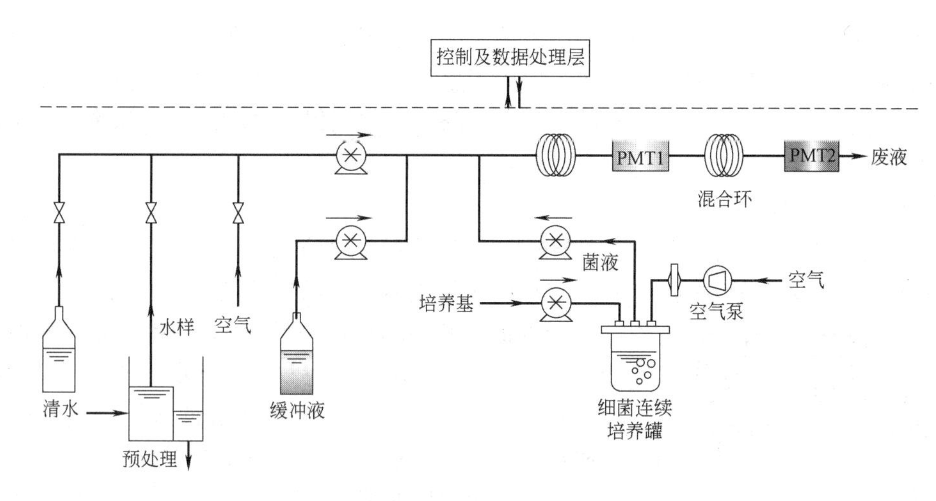

图 2.45 典型发光细菌在线毒性监测仪工作原理图

光度值 I_t，通过前述的计算公式，得到该样品的发光抑制率 H_t。仪器将测得的 H_t 与最初设置的报警阈值进行比较，如果没有超出该阈值，则只保存测量结果而不报警，如果超出了该阈值，则在保存测量结果的同时输出报警信号。

2.3.3 微生物法在线水质预警仪

微生物法在线水质预警仪的核心部分是生物反应器，通过连续监测生物反应器中微生物的呼吸状态来监测水质突发变化。整个监测仪的运行过程大致可以分为如下几个部分。

(1) 微生物培养

通电以后，仪器通过软件控制各个泵阀，使被测水样经过简单过滤后流入生物反应器，并向生物反应器中加入饱和溶解氧水，还会通过相应的传感器判断何时加入营养物质，以便使被测水样中的微生物按照其自然状态时的构成比例在生物反应器中快速培养起来，这样就相对真实地模拟了被测水样的生态状态。

(2) 动态平衡

由于在特定的温度压力等物理条件下，水中的溶解氧值是恒定的，设定为 C_0；被测水样在进入生物反应器后一段时间，被测水样中的微生物被培养达到饱和状态，微生物的数量不再增加，这一数量的微生物正常呼吸的耗氧量达到一个稳定值，设定为 C_1；达到这一平衡状态时，生物反应器中存留的溶解氧值为 C_0-C_1，是一个稳定值；被测水样水质如果在一定范围内小幅波动，仪器通过软件控制泵阀调节进水量、饱和溶解氧水的加入量及营养物质的加入量，来维持这一平衡状态，使生物反应器中存留的溶解氧值（C_0-C_1）相对稳定。

(3) 水质变化预警

如果被测水样的水质发生瞬时大幅变化，如毒性物质改变或阻碍了微生物的正常呼吸，溶解氧的消耗会减少，即 C_1 会突然大幅下降，此时 C_0-C_1 会大幅快速增大，如果增大到超过设定的报警值，此时水质预警仪就会输出报警信号。

(4) 系统自保护

如果水样中的毒性物质持续维持在一个相对比较大的状态，这时控制器大量增加饱和溶解氧水的进水量进行稀释，进入反应器的总入水量还保持在一个恒定的状态，这种情况下毒性水样的比率会大量减少，有效地保护了生物反应器中的微生物，避免微生物全部死亡，避免系统停止运行。当进水水样中的毒性降低，控制器会自动减少饱和溶解氧水的稀释量，恢复正常运行。

水质预警仪工作流程：

如图 2.46 所示，水样连续地流过位于仪器左边的采样过滤器，很少量的水样过滤后通过蠕动泵 P_1 进入生物反应器 BR，水样的采样量通过上部的控制器来控制

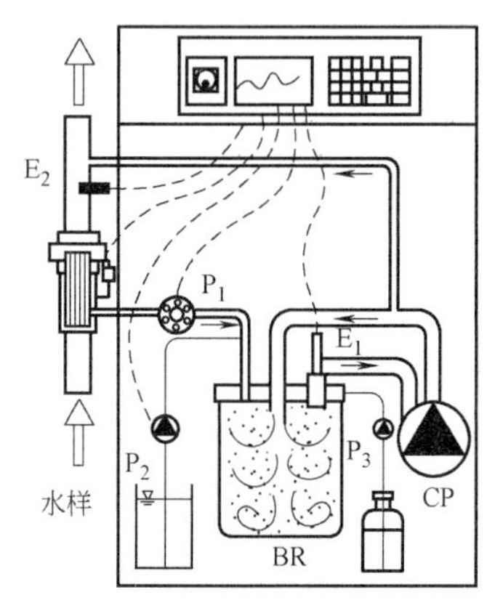

图 2.46　典型水质预警仪工作原理

恒温的饱和溶解氧水是通过 P_2 泵和水样一起混合再流入生物反应器 BR 的。饱和溶解氧水一方面为微生物培养及正常呼吸提供氧，一方面在毒性水样冲击整个系统的时候稀释毒性物质的浓度保护整个系统。

用来稀释水样的饱和溶解氧水的制备：饮用水被导入到一个水罐中，液位由一个浮阀控制，温度也由一个温控器控制在一个恒定的水平。空气以气泡形式导入到这个水罐中。这样，稀释用水便被控制成恒温的饱和溶解氧水。

在恒温的生物反应器中，有很多小圆柱体。微生物在这些小圆柱体的内壁上生长，圆柱体的数量不变，微生物最大的饱和量就固定不变。细菌群落的需氧量是由导入的饱和溶解氧水的量和由 P_3 蠕动泵导入的营养物质的量共同决定的。如果水样中没有满足生物菌落及足够的营养物质的话，P_3 泵调节流量供给足够的营养物质来满足反应室中生物菌落。这一点非常重要，因为只有这样，才能保证水样中 BOD 值的变化不会影响测量结果。

在生物反应器中，由于离心泵 CP 的作用，水样和那些小圆柱体快速搅拌，使得微生物只能生长在圆柱体的内侧，达到动态平衡时微生物的总量恒定不变。在离心泵的入口侧，有一个过滤器防止那些小圆柱体从反应器进入离心泵。在 E_1 处有一个溶解氧探头，还有温度探头和加热装置，用来维持控制生物反应器中的温度恒定。生物反应器中出来的水被排出仪器。如果在短时间内水样的溶解氧浓度波动很大，可以在 E_2 的位置安置另一个溶解氧探头，以提高整个测量系统的精度或者重复性。

2.4　水质自动监测系统

水源等水体中污染物的浓度，随环境条件如污染源的排放情况、气象和季节等的不同而变化。要及时掌握水体水质的变化情况，对水质作出符合实际的评价，为水质控制提供可靠的依据，就要有足够的具有代表性的监测数据。建立用计算机控制的水质连续自动监测系统，使水质监测发展到一个新的水平。水质连续自动监测系统由一个监测中心（总站）、若干个固定监测站（子站）和信息、数据传输系统（电台）组成。

2.4.1　水质自动监测站（点）的设置

水质自动监测系统是由一个中心站和几个子站组成的。

中心站是整个自动监测系统的指挥中心，它由功能齐全的微型计算机系统和联络用的无线电台组成。它的任务是：向子站发布各种工作指令，管理子站的工作；按规定的时间收集各子站的监测数据，并将其处理，如：计算各种均值、打印各种报表、绘制各种污染物数据图形等；同时为了检索和调用监测数据，还能将各种数据存贮在磁盘上，建立数据资料库。

子站由水样采集装置、检测仪表（包括污染项目的检测仪表和水文气象的检测仪表）、微型计算机（包括外围设备）和本站电台组成。子站的任务是：接受总站的工作指令，对各种监测项目自动进行检测；将测得的监测数据作必要的处理，例如基本值的计算、显示或打印简单报表；将监测数据作短期的存贮，并能按总站的调令，通过无线传输系统将监测数据传送给中心站。

无论是中心站还是子站，它们的工作都是在计算机的管理下自动进行的。因此在建立自动监测系统的同时，都要为中心站和子站的计算机编制所需的工作程序。

水质连续自动监测系统中，中心站的地址要能满足通信联络的条件和交通运输方便，设在监测范围内的任何地方都可以。但对子站来讲，既有建站的数量问题，也有站址的选择问题。这两个问题主要是由监测范围和该范围内的排污情况所决定的，同时也要考虑物质条件的可能性。因为子站数量及地址是两个密切相关的问题，所以在通常情况下，随着子站站址（即监测点）的选择，子站数量也就同时得到确定。

水质自动监测站通常为固定监测站，也没有流动监测站（水质监测车、水质监测船）以辅助固定站的工作，如图 2.47 所示。地面固定站的设置一般设在：

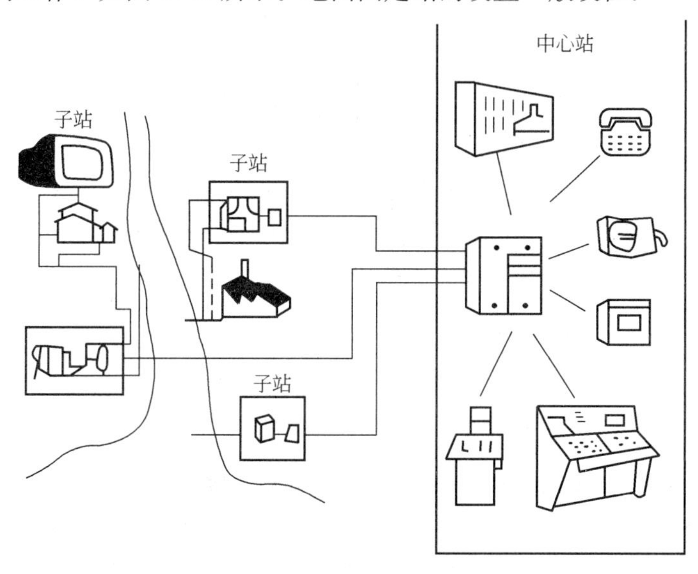

图 2.47 水质自动监测系统示意图

（1）大型集中式给水系统取水口上游一定距离处，以便监测站发现河水水质有意外的严重污染时，给水部门能有较充分的时间，采取紧急措施。

（2）对河流水质能造成严重危害的某些工业废水排出口的下游，连续监测工业废水对河流水质的影响，一旦发生偶然事故时，能及时控制污染源，并迅速向下游发出污染预报。

（3）江、河入海口处，以便观察潮汐对江河水质的影响，或设在江河支流的入口处，以便观察支流对主流水质的影响。

（4）对国际水域、省际水域，可在国、省界处设立监测站。

（5）对重要的水产资源的水域或重点水源保护区设立监测站。

为监测给水或污水处理工艺过程的水质固定监测站，一般设置在水厂内，分别在总进水口、出厂水（总排出口）及工艺过程的关键节点设置。

2.4.2　自动站水样的采集

水质固定监测站是连续工作的，因此水样也要连续采集并供给检测仪器。通常将潜水泵安装在采样位置一定深度的水面下，经输水管道将水样输送到子站监测室内的高位水箱中。潜水泵的安装方式大体可分两种，一种是固定式；另一种是浮动式。固定式安装方便，但是采水深度会随水位的涨落而改变，因此在水位变化大的水域中使用时不能保持恒定的采水深度。浮动式是将水泵安装在浮舟上，因浮舟始终漂浮在水面上，无论水位如何变化，采水深度始终保持不变。如图 2.48 水泵安装点至岸边最好架设一个管理桥，以便维修。

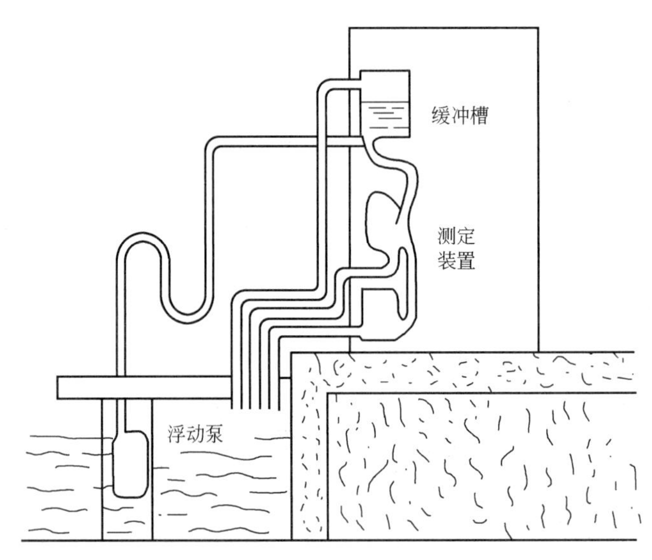

图 2.48　水质自动监测装置图

能否取得具有代表性的水样，是水质污染监测的关键。采样时要注意在河系的不同地点（左岸附近、河心、右岸附近）、不同深度（表层、中层及底质）和不同断面（清洁、污染及净化断面）来采集。同时也要注意采样时间的选择，一般根据气象、水力及沿岸污染源排放的情况来决定。通常的采样方法有以下几种。

（1）瞬时采样：在规定的时间、地点取瞬时样。

（2）周期采样：有定时周期采样，用定时装置按预先设定的采样周期，自动采集某一时间的水样或不同时间的混合样。还有定流量周期采样，用累积流量测量装置，预先设定累积流量达某一定值时，启动采样器采集一定量的水样。

（3）连续采样：有定速连续采样，以恒定流速连续采样可监测水质的偶然污染，但未考虑水流的变化。还有变速连续采样，用比例采样装置，电机的转速是可变的，由水位变动来自动控制，使采集的水样量与流量大小成比例关系。

测定所需的水样量，视检测项目的多少和检测方法而定，一般大约是 10～20L/min。为了提高响应速度、不产生过大的滞后现象，水泵的实际输水能力应大一些，例如 100～200L/min，水压应保持在 15m 左右。水泵的进水口必须有过滤器，防止堵塞或泥砂的沉积。

从水泵到监测室的输水管道越短越好，以免水质在输送过程中发生变化，特别是溶解氧的变化，输水管道的长度一般不超过 5～25m。管道要避光安装，以防藻类的生长和聚集。

由于河流、湖泊等天然水中总是或多或少的携带着各种漂浮物和泥砂，即使在进水口安装有过滤器，也不可能完全杜绝输水管道及配水槽的堵塞现象，因此仍有可能发生因堵塞造成的缺测事故。一个比较好的办法是安装两套水泵及输水装置，采用交替使用的办法，定期对停止使用的一套装置用清洁的自来水或压缩空气进行反向冲洗。

水样经输水管道送至监测室的高位水槽后，泥砂就沉积在槽底，澄清水则以溢流方式分配到各检测仪器的检测池中，多余的水经排水管道排放出去。

固定监测站内，还可设立短期存贮水样的装置，可按预定的周期或根据总站的指令，将当时的水样保存在 0～5℃的低温箱中，作为处理某些特殊情况的备用水样。

另外，为了对水质污染成分进行控制测定，在水质自动监测站内通常设有自动取水装置。此装置内放有 12 个 2L 的取水瓶，并存贮于冰箱中，控制温度在0～5℃，取样程序由石英钟预先设定每隔 30min、60min、90min、120min 等时间间隔取样一次，或接受中心计算机的指令，在任何需要取样的时间内进行取样。

2.4.3 自动监测的项目和仪器的选定

1. 自动监测的项目

水污染的监测项目是很多的。其中，作为综合指标的常见监测项目有：水温、浑浊度、pH、电导率、溶解氧、化学需氧量、生化需氧量、总需氧量和总有机碳等。单项污染物的监测项目包括：氟化物、氯离子、氰离子、砷、酚、铬和重金属等。每一个项目都可能有几种测定方法，然而某些监测项目和方法还不能用于连续自动监测系统。所以要监测的项目，必须有合适的自动检测方法和仪器。表 2.5 列出了目前已被水质自动监测系统所采用或可能被采用的监测项目及有关自动检测方法，其中一些在线检测技术与仪表已经在 2.2 节中作介绍。

监测项目和自动检测方法 **表 2.5**

监测项目		检测方法
综合指标	水温	热敏电阻或铂电阻法
	浑浊度	表面光散射法
	电导率	电导电极法
	溶解氧	隔膜电极法
	化学需氧量	$K_2Cr_2O_7$ 或 $KMnO_4$ 湿化学法或流动池紫外吸收光度法

续表

监测项目		检测方法
综合指标	总需氧量	高温氧化法—库仑法或燃料电池法等
	总有机碳	气相色谱法或非色散红外吸收法
单项污染物浓度	氟离子	氟离子电极法
	氯离子	氯离子电极法
	氰离子	氰离子电极法
	氨氮	氨离子电极法
	铬	湿化学自动比色法
	酚	湿化学自动比色法或紫外线吸收光度法

水污染自动监测系统的监测项目，决定于建站的目的和任务，也与自动检测方法的成熟程度有关。一般只选择上述监测项目中一部分，通常以监测水污染的综合指标为主，有时还可根据需要增加某些其他项目。但总的来看，在现有水污染连续自动监测系统中，浓度监测项目还是比较少的，原因之一是检测污染物浓度的自动化检测仪器还比较少，特别是重金属的自动化检测仪器更缺少。现有浓度检测仪器在性能方面还存在一些缺陷，在一定程度上限制了它的使用。

用于水污染固定监测站的所有检测仪器都应具有连续自动测定性能；仪器的响应速度要快、性能要稳定可靠；被检测的参数值都应以对应的电信号输出。

2. 多参数水质分析仪

随着现代科技的发展，自动化技术和传感器技术的不断突破，近年来，出现了多传感器高度集成化的多参数水质分析仪，在现代水环境及水工业中具有很好的适应性和广泛的应用范围。

根据不同的应用领域和监测目标，多参数水质分析仪可以采用不同的主机和探头搭配。一般而言，一台多参数水质分析仪的主机可以测量多达10个参数，带有自清洗功能，可以适应泥砂或其他杂质较多的污水环境。

目前，多参数水质分析仪系列产品在国内的大、中、小型地表水监测站、水源水质监测站以及环保、水利部门的水分析实验室都有大量应用，在海洋领域也有很大突破。在线监测叶绿素和蓝藻的功能更是受到相关行业用户的广泛欢迎。

多参数水质分析仪是一种高度集成化的设备，所有监测传感器直接安装在主机上，与主机主板通信，主机主板处理来自各个传感器的原始电压、电流值并将其进行模数转换，转换后的数据通过数字输出（RS232、RS485或SDI12等数字接口）传输到外部手持终端或电脑及其他数据采集装置。

对于不同的监测参数，仪器有不同的测量原理，一般而言，多参数水质分析仪的传感器分为常规传感器和特殊传感器。其中，常规传感器包括：温度传感器、溶解氧传感器、pH传感器、ORP（氧化还原电位）传感器、浊度传感器、电导率（盐度、总溶解固体、电阻）传感器、深度传感器等；特殊传感器包括：氨离子传感器、硝酸根离子传感器、氯离子传感器、叶绿素a传感器、蓝藻传感器、若丹明传感器、总溶解气体传感器、环境光传感器等。

部分多参数水质分析仪特殊传感器的工作特点：

叶绿素 a：叶绿素 a 是反映水体富营养化的关键参数。一般将透明度、总氮、总磷、COD 和叶绿素作为湖泊水富营养化评价指标。叶绿素可以反映水中藻类的含量，通过监测水中的叶绿素，可以预警可能发生的水华现象。

测量原理：荧光法。利用色素的荧光性测量水中的叶绿素含量。色素在光谱中有吸收峰和发射峰，利用这一特性，在叶绿素的光谱吸收峰（波长 460nm）发射单色光照射到水中，水中的叶绿素吸收单色光的能量，释放出另外一种波长（发射峰，波长 685nm）的单色光，叶绿素发射的光强与水中叶绿素的含量成正比。荧光法采用探头直接测量水中叶绿素的含量，适用于地表水、水源水的在线及便携使用以及实验室便携使用。

蓝绿藻：蓝绿藻传感器采用荧光法，原理同叶绿素 a。在淡水中测量藻蓝素（藻蓝蛋白，吸收峰 590nm，发射峰 650nm），海水中测量藻红素（藻红蛋白，吸收峰 530nm，发射峰 570nm）。蓝藻探头非常适用于地表水尤其是景观水、水源水以及自来水厂的进口。有效的藻类监控可以及时采取应对措施以减少蓝藻产生毒素对于饮用水的影响。

氨离子：电化学方法，使用离子选择电极测量水中的铵根离子，读数以铵根离子浓度或氨氮浓度显示。不能用于 15m 水深以下或电导大于 1.5ms/cm 的水体中，适用于污水排放口。由于离子选择电极的精度所限，不适于用在地表水或其他氨氮含量较低的水体。

硝酸根离子：电化学方法，使用离子选择电极测量水中的硝酸根离子，读数以硝酸根离子浓度或硝氮浓度显示。不能用于 15m 水深以下或电导大于 1.5ms/cm 的水体中，适用于污水排放口。由于离子选择电极的精度所限，不适于用在地表水或其他硝氮含量较低的水体。

氯离子：电化学方法，使用离子选择电极测量水中氯离子的含量，不能用于 15m 水深以下。

环境光：光学原理，测量光合作用有效光的光强度（波长 400～700nm），适用于水生环境的研究、水产养殖等领域。可以在水面和水下分别检测相应环境光强度，用于对比水质对环境光的影响。

总溶解气体：毛细管原理，测量水中溶解气体的总压力，换算成溶解气体的浓度。适用于需要监测水中溶解气体的场合如水坝的消能结构、防止鱼类气泡病等。

若丹明 WT：荧光法，监测原理同叶绿素。这是一种红色色素，由人工合成，自然界中并没有相应物质。在国外，主要用于市政排污泄漏检测。

2.4.4 多维矢量水质综合预警系统

1. 常规在线水质预警技术及其局限性

以化学分析为代表的常规水质参数监测技术是目前使用最为普遍的监测技术，利用比较成熟的水质在线分析设备对常规水质参数进行实时监测，并通过现代化的自控系统及通信系统，将数据实时传输到监控室。这种手段可以对一些重要的水质指标进行监测，如 pH、电导、浊度、余氯、TOC 等，一旦水质出现变化可以起到一定的预警作用。但是这种常规的在线监测手段监测项目有限，并不能反映供水水质综合、深层次的变化。对于突发事件，尤其是一些人为因素造成的供水威胁（如投毒等），不能实现判断污染类型、区分污染物种类等功能。也就是说，这类自动监测对于供水水质的预警方面还有所欠缺。概括起来，这类水质监测技术的特点包括：

（1）对单一的水质参数的分析精确度高，反应敏感；

（2）只有少数的常规水质参数可以被在线监测，由于技术发展的局限性，绝大多数水质参数无法通过这类方法进行在线监测，而且也不现实，并不能完全满足在线实时预警的需求；

（3）无法将参数统一分析，寻找水质基线；

（4）无法针对污染类型分类预警。

以生物监测为基础的水质综合毒性监测技术近年发展很快，该技术能够综合反应水质的毒性情况，可以对水质进行一定程度的综合预警。但该技术存在以下两个缺陷，从而难以完全满足水质安全预警的需求：

（1）分析基线不稳定。由于检测器为生物检测器，比如：细菌类、藻类、无脊椎动物类和鱼类等，其生物活性自然就存在着无规律的变化，其分析基线从理论上来讲无法做到稳定，而分析基线稳定是所有分析方法最重要的前提条件。这一缺陷造成了误报警发生率高；用于维持、保证生物体特征相对稳定的日常维护工作量及费用高；报警可信性、可靠性、稳定性差。

（2）不能对污染物质进行快速定性。首先，由于该技术是以对生物体在不同水质条件下生命活性状态进行反映为基础的技术，需要在报警后通过实验室进行定性。从而无法完全满足在突发污染事件下应急预案有针对性快速启动的要求。其次，由于该技术只有一个单一的综合毒性指标，无法建立污染物质特征数据，无法借鉴历史数据，当同一性质的污染事件再次发生时要进行污染物的重复定性溯源工作。

综上所述，上述水质在线分析技术虽然各自具有特点和优势，但均存在一定的局限性。

2. 多维矢量指纹识别水质综合预警技术

为了对水体水质进行全方位的预警，可以把在线监测的各个指标通过特定的数学模型统一起来，形成水质安全监测预警系统。该系统把离散的水质监测指标有机地结合成为一个整体，系统的使用者不仅可以通过该系统了解到供水节点日常的水质基线，查看各种水质参数，获取水质的日常变化，更可以在突发污染事件时，第一时间得到污染类型的预警，同时预警系统会根据相应监测指标的变化，综合判断污染程度和污染物种类，从而使使用者可以有效地针对相应的污染程度和污染物种类采取适当的应急措施。

（1）系统概况

多维矢量水质综合预警系统采用“软监测”、“软分析”的方法，利用有限的监测设备监测各类理化指标，通过软件模型将数据整合分析，实现水质的综合预警。

多维矢量水质综合预警系统以目前所能够监测的常规水质指标为基础，通过数学模型和大量的实验数据，建立多维矢量分析模型。在该模型中，系统根据实时监测数据自动生成所在位置的水质基线，并根据水质的实时变化，分析该处水体水质正常波动的区间，对水质的非正常变化作出判断并发出警报，从而完成对地表水水质的常规监测和综合预警。从图2.49可以看出相对于原始数据的杂乱无章，计算为触发矢量后一目了然。

多维矢量水质综合预警系统可容纳多种理化指标，包括pH、ORP、电导率、溶解氧、浊度、氨氮、硝氮、有机物等指标。根据饮用水水质和地表水水质的区别，多维矢量

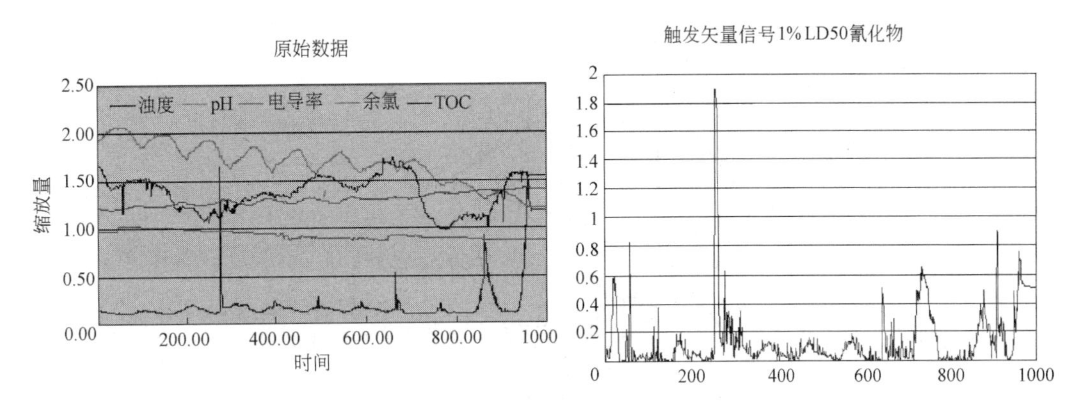

图 2.49 原始水质监测数据与计算为触发矢量数据对比图

水质综合预警系统分为饮用水模型和地表水模型，二者采用相同的基本数学模型，但模型中采用不同的监测指标以分别实现对饮用水和地表水进行水质预警的目的。

（2）系统参数选择

为了能把单一的水质监测指标有机地结合起来，并通过不同指标对水质变化的不同响应来判断水中污染物的种类，指标的选择十分关键。根据水质特点，一般可选择 pH、电导率、浊度、余氯和总有机碳作为系统的监测参数。对于供水管网的水质监测，可以加入压力探头测量管网中水的压力。

参数选择依据如下：

pH，正常水质应该在 6～9，水的酸化或碱化都可能由于污染物的侵入；

电导，电导的变化可以反映水中离子含量的变化，可能是由于重金属离子的侵入；

浊度，浊度的变化可能由于污染或仅仅由于泥砂含量的增加；

TOC，反映水中总有机物的变化，由于有机污染物占突发水质污染比例的 70%以上，因此此参数十分重要；

余氯，反映水中消毒剂的变化情况，其变化往往代表着水中的有毒污染物以及微生物、细菌的侵入。

（3）系统预警原理

为了把单一的水质指标有机地结合起来，多维矢量水质综合预警系统需建立一个庞大的数据库，并选用监测水质中最具有代表性的参数作为模型的基础变量建立多维矢量空间。以五维模型为例，如图 2.50 所示，选取 pH、电导率、浊度、ORP 和有机物五个指标作为模型分析指标。在分析时，首先把各个单一的水质指标无量纲化，再根据各个参数的不同权重，将五个参数合并计算为一个五维矢量。通过一段时间的水质监测，找出该矢量的基本角度和幅值，即为水质基线矢量。一旦水质发生变化，新计算到的矢量在五维空间中就具有独特的表现形式，该形式被称之为突发事件的“矢量指纹”。一旦经过对比发现新计算得到的矢量指纹与原始的水质基线矢量差别很大，就可判定这是一次水质的突发性变化，即实时发出警报信息。通过报警矢量的幅值可以得知水质变化的程度，而通过报警矢量的角度则可以获知水质变化的特征。

系统将历次报警矢量自动记录下来保存在本地数据库中，即为五维模型中记录了 A、B、C、D 四种不同的突发水质变化。经过长时间的使用，可得到一个符合当地水质特点

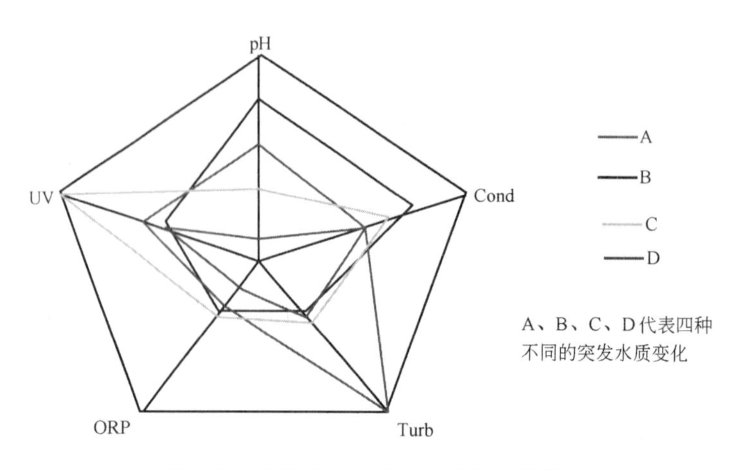

图2.50 污染物在五维空间中的“指纹”

的矢量数据库，对每次发生的水质变化事件，都可以得到充分的报警信息，从而可以有针对性的执行应急预案。

本地数据库的另一个作用是可以定义突发事件的性质。水质变化并不一定意味安全或者不安全，这要由实际调查得知。如果经过调查发现此次水质变化是安全变化，或者说这种水质变化虽然不属于安全变化，但也不算是不安全变化，对于水生态及饮水安全并没有特殊影响的时候，则可以在数据库中定义该矢量为安全。这样，如果再次发生同类事件，系统会将新的事件自动保存下来但并不发出警报，而是提示为发生一起安全事件。这样可以有效提高预警的针对性，只对污染事件作出反应，提高预警的效率。

水质基线是该模型的另一个重要内容。系统把未出现异常的水质数据汇总形成本地水质基线，并根据实时到达的新数据对水质基线进行微调，以使得水质基线符合当地水质变化的情况，如季节变化、工艺变化等。这样，对于水质突发事件的判断一直是基于最新的水质基线实现的，保证判断的准确性和可靠性。

在饮用水预警系统中，通常选用五参数模型即可实现有效预警。在地表水系统中，由于地表水特征的多样性，通常选择八参数的模型作为预警模型，也可根据实际情况扩充参数，参数最多可达12个。

2.4.5 数据的传输及处理

各水质监测站检测出的污染物数据，用有线或无线电信号传到监测中心站。中心站设有计算机及各种外围设备，收集各子站的实测数据；计算时平均、日平均、月平均值，打印报表，绘制各种污染曲线、图形，累积存贮数据；向各监测子站发送开机、停机、校正、检误、取水等遥控指令，以及向工厂排放源或水系下游发出污染警报或预报。

水质连续自动监测系统，不仅用于环境水域如河流、湖泊等的水质监测中，同时也用于工厂企业供排水系统水质污染的监测中。例如我国在黄浦江等河流与宝钢、武钢等大企业的供排水系统已建立了或正在建立水污染连续自动监测系统。这些水污染自动监测系统的建立，为我国继续建立水污染自动监测系统积累经验。

对水质污染连续自动监测要比对空气污染进行连续自动监测要困难很多。这是由于污染水质的污染物种类繁多、成分复杂、干扰严重，需要一系列的化学前处理操作，而且水质污染往往是痕量的，须要建立各种提取方法及各种痕量分析方法。所有这些均为连续自动监测技术带来了一系列困难。基于上述原因，水质污染连续自动监测技术首先是那些能够反映水质污染的综合标度的项目，建成连续自动监测，以及时发现水质是否已经污染或是否出现异常，然后再逐步增加具体污染项目的连续自动监测来确定具体污染物的污染程度，在后一步未实现以前，仍采用实验室方法取样测定，并大力发展实验室监测分析操作自动化。

总之，目前世界上已建成的水质污染自动监测系统是各种各样的，有全自动联机系统，也有半自动脱机系统。但大部分是以监测水质污染的综合指标为基础的。从实际运行情况来看，连续监测水质的动态变化是有效的，存在的主要问题除了对水质污染监测的项目尚有限之外，水质连续监测仪器长期运行的可靠性尚差，一般同时运行率仅达70%，故障经常出在传感器沾污及采样器堵塞上。

2.5 工作参数在线检测仪表

给水排水系统中，常见的工作参数主要涉及流量、压力和液位。

2.5.1 流量检测仪表

在给水排水系统中，流量是重要的过程参数之一。无论在给水排水工艺过程中，还是在用水点，流量的检测为生产操作、控制以及管理提供依据。

在工程上，流量是指单位时间内通过管道某一截面的物料数量。在给水排水工程中常用的计量单位为体积流量，即单位时间内通过某一过水断面的水的体积，用“m^3/h”、“L/h”等单位表示。

1. 常用流量计的种类

用来测量流体流量的仪表叫流量计。目前，工业上测量流量的方法很多，包括如下的类型。

（1）节流流量计

节流流量计是利用节流装置前后的压差与平均流速或流量的关系，根据压差测量值计算出流量的。节流流量计的理论依据是流体流动的连续性方程和伯努利方程。节流装置的种类很多，其中使用最多的是同心孔板、流量喷嘴和文丘里管等。节流流量计是使用非常广泛的流量计。

（2）容积流量计

容积流量计的原理是，使流体充满具有一定体积的空间，然后把这部分流体送到流出口排出，类似于用翻斗测量液体的体积。流量计内部都有构成一定容积的“斗”的空间。这种流量计适合于体积流量的精密测量。常用的容积流量计有往复活塞式、旋转活塞式、圆板式、刮板式、齿轮式等多种形式。

（3）面积流量计

面积流量计结构简单，广泛地用于工业测量。其工作原理是利用浮子在流体中的位置确定流量。当浮子在上升水流中处于静止状态时，其位置与流量存在关系。最常用的面积流量计是圆形截面锥管和旋转浮子组合形式，即所谓转子流量计。

（4）叶轮流量计

置于流体中的叶轮是按与流速成正比的角速度旋转的。流速可由叶轮旋转的角速度获得，而流体通过流量计的体积将从叶轮旋转次数求得。叶轮流量计即利用这一原理而广泛地用作风速仪、水表、涡轮流量计等。叶轮流量计的指示精度高，可达到0.2%～0.5%。

（5）电磁流量计

当导体横切磁场移动时，在导体中感应出与速度成正比的电压，电磁流量计就是按照这条电磁感应定律求得流体的流速和流量的。

（6）超声波流量计

超声波流量计的测量原理是多种多样的。实用的方法有传播速度差法、多普勒法等。超声波流量计是目前发展很快、得到广泛应用的流量测量装置。

（7）毕托管

由流体力学可知，流体中的动压力与流速和流体的密度有关。因此可以通过压力的测量来确定流量。毕托管就是利用这一原理制成的流量测量装置。

（8）层流流量计

流体流动中由于黏性阻力会导致压力减小，层流流量计正是利用了这一点。层流流量计可以用来测量微小流量和高黏度流体的流量。

（9）动压流量计

在管路中装有弯管或在流束中安装有平板等时，由于它们的存在会使流体的流动方向变化，流量计可以通过测出流体的动量来测量流量。动压板流量计、弯管流量计、环形流量计等都属于这类流量计。这种流量计构造简单，在管道中不需安装节流装置等，因此可以对含有微小颗粒的流体流量进行测量。

（10）用堰、槽测量流量

用堰、槽测量流量，是测量明渠流量时的典型方法。测量流量用堰的种类有三角堰、矩形堰、全宽堰等；槽的类型有文丘里水槽、巴氏计量槽等。这一类测流装置的原理在流体力学书籍中都有介绍。

下面主要介绍在给水排水生产过程中常用的几种典型流量计。

2. 浮子流量计

浮子流量计是以浮子在垂直锥形管中随着流量变化而升降，改变它们之间的流通面积来进行测量的体积流量仪表，又称转子流量计。在美国、日本常称做变面积流量计（Variable Area Flowmeter）或面积流量计。

（1）原理和结构

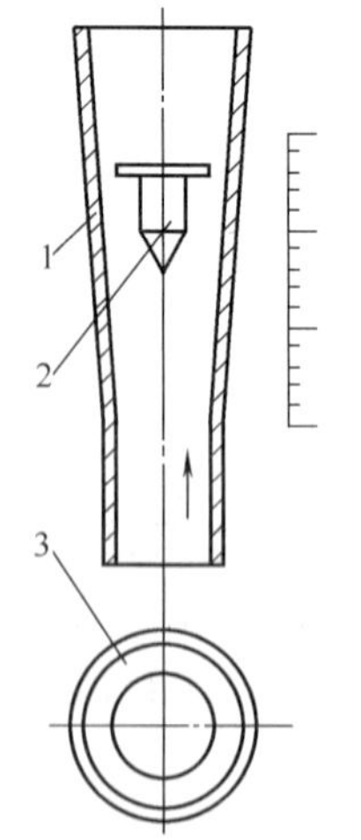

图2.51　工作原理
1—锥形管；2—浮子；3—流通环隙

浮子流量计的流量检测元件是由一根自下向上扩大的垂直锥形管和一个沿着锥管轴上下移动的浮子所组成。工作原理如图2.51所示，被测流体从下向上经过锥管1和浮子2形成的环隙3时，浮子上下端产生差压形成浮子上升的力，当浮子所受上升力大于浸在流体中浮子重量时，浮子便上升，环隙面积随之增大，环隙处流体流速立即下降，浮子上下端差压降低，作用于浮子的上升力亦随着减少，直到上升力等于浸在流体中浮子重量时，浮子便稳定在某一高度。浮子在锥管中高度和通过的流量有对应关系。

体积流量 Q 的基本方程式为：

$$Q=\alpha\varepsilon\Delta F\sqrt{\frac{2gV_f(\rho_f-\rho)}{\rho F_f}}\ (m^3/s) \tag{2.34}$$

当浮子为非实心中空结构（放负重调整量）时，则

$$Q=\alpha\varepsilon\Delta F\sqrt{\frac{2g(G_f-V_f\rho)}{\rho F_f}}\ (m^3/s) \tag{2.35}$$

式中 α——仪表的流量系数，因浮子形状而异；

ε——被测流体为气体时气体膨胀系数，通常由于此系数校正量很小而被忽略，且通过校验已将它包括在流量系数内，如为液体则 $\varepsilon=1$；

ΔF——流通环形面积（m^2）；

g——当地重力加速度（m/s^2）；

V_f——浮子体积，如有延伸体亦应包括（m^3）；

ρ_f——浮子材料密度（kg/m^3）；

ρ——被测流体密度，如为气体是在浮子上游横截面上的密度（kg/m^3）；

F_f——浮子工作直径（最大直径）处的横截面积（m^2）；

G_f——浮子质量（kg）。

图 2.52 是直角形安装方式金属管浮子流量计典型结构，通常适用于口径15～40mm 以上仪表。锥管 5 和浮子 4 组成流量检测元件。套管（图中未表示）内有导杆 3 的延伸部分，通过磁钢耦合等方式，将浮子的位移传给套管外的转换部分。转换部分有就地指示和远传信号输出两大类型。

（2）优点和缺点

浮子流量计使用于小管径和低流速。常用仪表口径 40～50mm 以下，最小口径做到1.5～4mm。适用于测量低流速小流量。以液体为例，口径 10mm 以下玻璃管浮子流量计流速只在 0.2～0.6m/s 之间，甚至低于 0.1m/s；金属管浮子流量计和口径大于 15mm 的玻璃管浮子流量计，流速在 0.5～1.5m/s 之间。

浮子流量计可用于较低雷诺数。选用黏度不敏感形状的浮子，流通环隙处雷诺数只要大于 40 或 500，雷诺数的变化亦即流体黏度变化不影响流量系数。

大部分浮子流量计没有上游直管段要求，或对上游直管段要求不高。

浮子流量计有较宽的流量范围度，一般为 10∶1，最低为 5∶1，最高为25∶1。流量检测元件的输出接近于线性。压力损失较低。

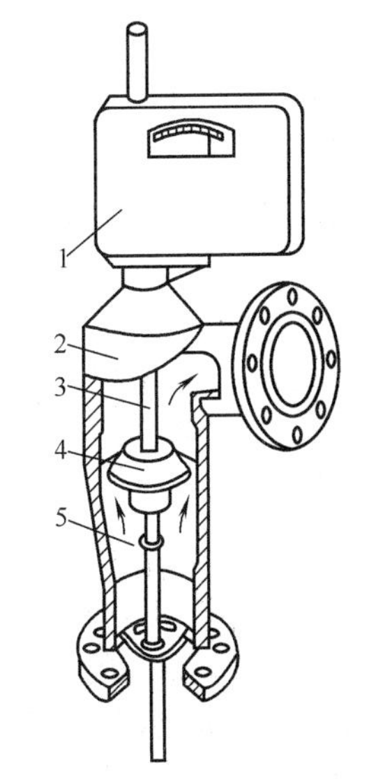

图 2.52 金属管浮子流量计结构

1—转换部分；2—传感部分；3—导杆；4—浮子；5—锥形管部分

浮子流量计有远传信号输出型，仪表的转换部分将

浮子位移量转换成电流或气压模拟量信号输出，分别成为电远传浮子流量计和气远传浮子流量计。

浮子流量计的应用局限于中小管径，玻璃管浮子流量计最大口径 100mm，金属管浮子流量计为 150mm，更大管径只能用分流型仪表。

使用流体和出厂标定流体不同时，要做流量示值修正。液体用浮子流量计通常以水标定，气体用空气标定，如实际使用流体密度、黏度与之不同，流量要偏离原分度值，要做换算修正。

3. 超声流量计

超声流量计是通过检测流体流动时对超声束（或超声脉冲）的作用，以测量体积流量的仪表。本节主要讨论用于测量封闭管道液体流量的超声流量计。

（1）工作原理

按测量原理分类有：传播时间法；多普勒效应法；波束偏移法；相关法；噪声法。此处仅讨论用得最多的传播时间法和多普勒效应法的仪表。

1）传播时间法

声波在流体中传播，顺流方向声波传播速度会增大，逆流方向则减小，同一传播距离就有不同的传播时间。利用传播速度之差与被测流体流速之关系求取流速，称之传播时间法。按测量具体参数不同，分为时差法、相位差法和频差法。现以时差法阐明工作原理。

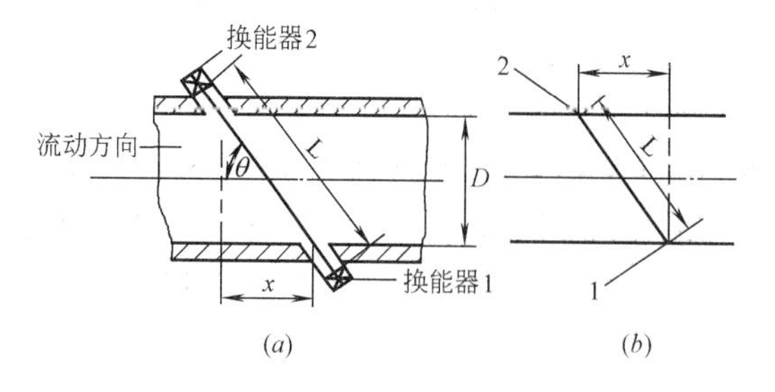

图 2.53　传播时间法原理

（a）原理结构；（b）简化图

a. 流速方程式

如图 2.53 所示，超声波逆流从换能器 1 送到换能器 2 的传播速度 c 被流体流速 v_m 所减慢，为：

$$\frac{L}{t_{12}}=c-v_m\left(\frac{X}{L}\right) \tag{2.36}$$

反之，超声波顺流从换能器 2 传送到换能器 1 的传播速度则被流体流速加快，为：

$$\frac{L}{t_{21}}=c+v_m\left(\frac{X}{L}\right) \tag{2.37}$$

式（2.36）减式（2.37），并变换之，得：

$$v_m=-\frac{L^2}{2X}\left(\frac{1}{t_{12}}-\frac{1}{t_{21}}\right) \tag{2.38}$$

式中　L——超声波在换能器之间传播路径的长度（m）；

X——传播路径的轴向分量（m）；

t_{12}、t_{21}——从换能器 1 到换能器 2 和从换能器 2 到换能器 1 的传播时间（s）；

c——超声波在静止流体中的传播速度（m/s）；

v_m——流体通过换能器 1、2 之间声道上平均流速（m/s）。

相位差法本质上和时差法是相同的，而频率与时间有互为倒数关系，三种方法没有本质上的差别。目前相位差法已不采用，频差法的仪表也不多。

b. 流量方程式

传播时间法所测量和计算的流速是声道上的线平均流速，而计算流量所需是流通横截面的面平均流速，二者的数值是不同的，其差异取决于流速分布状况。因此，必须用一定的方法对流速分布进行补偿。此外，对于夹装式换能器仪表，还必须对折射角受温度影响的变化进行补偿，才能精确的测得流量。体积流量 q_v 为：

$$q_v=\frac{v_m}{K}\cdot\frac{\pi D_N^2}{4} \tag{2.39}$$

式中 K——流速分布修正系数，即声道上线平均流速 v_m 和面平均流速 v 之比，$K=v_m/v$；

D_N——管道内径。

K 是单声道通过管道中心（即管轴对称流场的最大流速处）的流速（分布）修正系数。管道雷诺数变化 K 值将变化，所以要精确测量时，必须对 K 值进行动态补偿。

2）多普勒（效应）法

多普勒（效应）法超声流量计是利用在静止（固定）点检测从移动源发射声波而产生多普勒频移现象。

a. 流速方程式

如图 2.54 所示，超声换能器 A 向流体发出频率为 f_A 的连续超声波，经照射域内液体中散射体悬浮颗粒或气泡散射，散射的超声波产生多普勒频移 f_d，接收换能器 B 收到频率为 f_B 的超声波，其值为

$$f_B=f_A\frac{c+v\cos\theta}{c-v\cos\theta} \tag{2.40}$$

式中 v——散射体运动速度。

多普勒频移 f_d 正比于散射体流动速度。

$$f_d=f_B-f_A=f_A\frac{2v\cos\theta}{c} \tag{2.41}$$

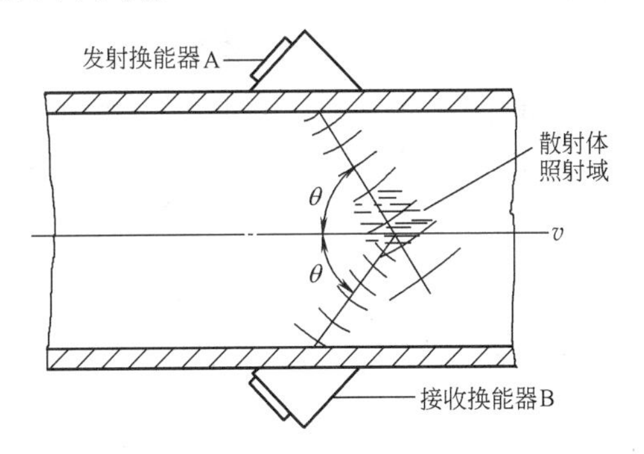

图 2.54　多普勒法超声流量计原理图

测量对象确定后，式（2.41）右边除 v 外均为常量，移行后得

$$v=\frac{c}{2\cos\theta}\frac{f_d}{f_A} \tag{2.42}$$

b. 流量方程式

多普勒法超声流量计的流量方程式形式上与式（2.39）相同，只是所测得的流速是各散射体的速度 v（代替式中的 v_m），与载体液体管道平均流速数值并不一致。

（2）优缺点和局限性

超声流量计可作非接触测量。夹装式换能器超声流量计可无须停流截管安装，只要在既设管道外部安装换能器即可。这是超声流量计在工业用流量仪表中具有的独特优点，因此可作移动性（即非定点固定安装）测量，适用于管网流动状况评估测定超声流量计为无流动阻挠测量，无额外压力损失。

流量计的仪表系数可从实际测量管道及声道等几何尺寸计算求得，即可采用干法标定，一般不需作实流校验。

超声流量计适用于大型圆形管道和矩形管道，且原理上不受管径限制，其造价基本上与管径无关。对于大型管道带来方便，在无法实现实流校验的情况下是优先考虑的选择方案。

多普勒超声流量计可测量固相含量较多或含有气泡的液体。

超声流量计可测量非导电性液体，在无阻挠流量测量方面是对电磁流量计的一种补充。

因易于实行，若与测试方法（如流速计的速度—面积法，示踪法等）相结合，可解决一些特殊测量问题，如速度分布严重畸变测量，非圆截面管道测量等。

某些传播时间法超声流量计附有测量声波传播时间的功能，即可测量液体声速以判断所测液体类别。例如，在油船上泵送油品上岸时，可利用声速核查所测量的是油品还是仓底水。

但是传播时间法超声流量计只能用于测量清洁液体和气体，不能测量悬浮颗粒和气泡超过某一范围的液体；反之多普勒法 USF 只能用于测量含有一定异相的液体。

外夹装换能器的超声流量计不能用于衬里或结垢太厚的管道，以及不能用于衬里（或锈层）与内管壁剥离（若夹层夹有气体会严重衰减超声信号）或锈蚀严重（改变超声传播路径）的管道。

多普勒法超声流量计多数情况下测量精度不高。

国内生产的产品不能用于管径小于 $DN25$ 的管道。

传播时间法和多普勒法的基本适用条件见表 2.6。

传播时间法和多普勒法的基本适用条件　　　**表 2.6**

条件	传播时间法		多普勒法
适用液体	水类(江河水、海水、农业用水等)，油类(纯净燃油、润滑油、食用油等)，化学试剂，药液等		含杂质多的水(污水、农业用水等)，浆类(泥浆、矿浆、纸浆化工料浆等)，油类(非净燃油、重油、原油等)
适用悬浮颗粒含量	体积含量<1%(包括气泡)时不影响测量准确度		浊度>50～100mg/L
仪表基本误差	带测量管段式	±(0.5～1)%FS	±(3～10)%FS 固体粒子含量基本不变时±(0.5～3)%FS
	湿式大口径多声道		
	湿式小口径单声道	±(1.5～3)%FS	
	夹装式		
重复性误差	0.1%～0.3%		1%
信号传输电缆长度	100～300m，在能保证信号质量的前提下，可以大于 300m		<30m
价格	较高		一般较低

4. 明渠流量计

非满管状态流动的水路称做明渠（open channel），测量明渠中水流流量的仪表称做明渠流量计。明渠流通剖面除圆形外，还有 U 形、梯形、矩形等多种形状。

水路按其形态分类，如图 2.55 所示。通常称满水管为封闭管道，流动是在水泵压力或高位槽位能作用下的强迫流动。明渠流则是靠水路本身坡度形成的自由表面流动。

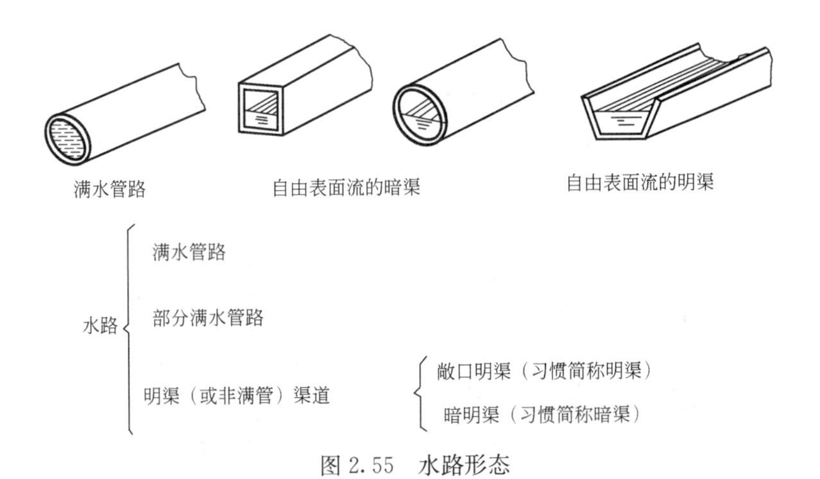

图 2.55　水路形态

明渠流量计应用场所有城市供水引水渠、火电厂冷却水引水和排水渠、污水治理流入和排放渠、工矿企业废水排放以及水利工程和农业灌溉用渠道。本节重点讨论工业和公用事业适用的流量测量方法和仪表，不包括较大型的水利工程和农业灌溉用的流量测量方法。

（1）类型

工业和公用事业常用的明渠流量仪表按测量原理大体可分为堰法、测流槽法、流速—水位计算法和电磁流量计法。

1）堰（weir）法。在明渠适当位置装一挡板，水流被阻断，水位升到挡板上端堰（缺）口，便从堰口流出。水流刚流出的流量小于渠道中原来的流量，水位继续上升，流出流量随之增加，直到流出量等于渠道原流量，水位便稳定在某一高度，测出水位高度便可求取流量。

2）测流槽（flume，简称槽）法。缩小渠道一段通道断面成喉道部，喉道因面积缩小而流速增加，其上游水位被抬高，以增加流速所需动能（即增加的动能由所抬高水位位能转变过来），测量抬高水位求取流量。

3）流速—水位计算法（简称流速—水位法）。测出流通通道某局部（点、线或小面积）流速，代表平均流速，再测量水位求得流通面积，乘以局部流速与平均流速间的系数，经演算求取流量。

4）电磁流量计法。又分为潜水式电磁流量计和非满管电磁流量计两类，后者目前国内尚未开发。

潜水式电磁流量计是在渠道中置一挡板截流，挡板近底部开孔并装潜水电磁流量传感器，水流从流量传感器流过从而测出其流量。

非满管电磁流量计的传感器是直接在管道中装上同口径圆形暗渠，测量流速的原理与传统电磁流量计相同。

（2）原理与特点

1）堰式流量计

堰式流量计由堰和相应的液位计组成，薄壁堰的测量原理如图 2.56 所示，流量 Q 按式（2.43）计算。

$$Q=Kh^{n} \tag{2.43}$$

式中　K——流量系数；

h——堰顶水头，即离堰口水位高度；

n——取决于堰缺口形状的指数，为 5/2 或 3/2。

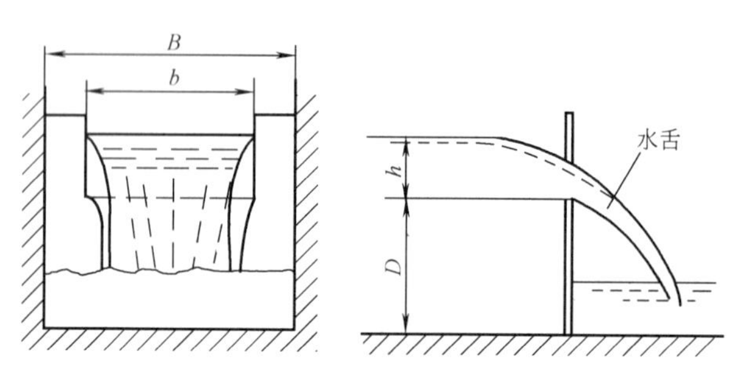

图 2.56　堰法测量原理

常用薄壁堰按缺口形状分为三角堰、矩形堰和等宽堰，它们的尺寸范围和流量范围见表 2.7。堰式流量计除堰板部分外，还包括相应液位计以及堰板上游足够长的直渠段和整流段等。

常用薄壁堰适用范围　　**表 2.7**

堰名称和形状	流量公式	适用范围(m)	典型流量范围		
			宽度 B 或 $B\times b$(m)	水头范围(m)	流量范围(m^3/h)
60°三角堰	$Q=Kh^{5/2}$	B=0.44～1.0 h=0.04～0.12 D=0.1～0.13	0.45	0.04～0.120	1.08～15.6
90°三角堰	$Q=Kh^{5/2}$	B=0.5～1.2 h=0.07～0.26 D=0.1～0.75	0.6～0.8	0.07～0.260	6.6～174
矩形堰	$Q=Kbh^{3/2}$	B=0.5～6.3 b=0.15～5.0 D=0.15～3.5 h=0.03～0.45	(0.9×0.36)～(1.2×0.48)	0.03～0.312	12.6～540
等宽堰	$Q=Kbh^{3/2}$	B≥0.5 D=0.3～2.5 h=0.03～D(但 h 为 0.8 以下且为 B/4 以下)	0.6～0.8	0.03～0.8	21.6～40260

注：表中 Q 为流量；K 为流量系数；h 为堰的水头；B 为渠宽度；b 为缺口宽度；D 为从渠底面到缺口下缘的高度。

堰式流量计的特点：

a. 结构简单，一般情况下价格便宜，测量精度和可靠性好；

b. 因水头损失大，不能用于接近平坦地面的渠道；

c. 堰上游易堆积固形物，要定期清理。

2）槽式流量计

槽式流量计的常用测流槽有多种形式。在渠道中收缩其中一段截面积，收缩部分液位低于其上游液位，测量其液位差以求流量的测量槽，一般称做文丘里槽。还有适用于矩形明渠的巴歇尔槽（ParshalI fIume，简称 P 槽），适用于圆形暗渠的帕尔默·鲍鲁斯槽（PaImer BowIus fIume，简称 PB 槽）。在欧洲文丘里槽用得较多，在我国则以 P 槽和 PB 槽居多。

a. P 槽

P 槽外形如图 2.57 所示，喉道宽从 25mm 至 15m。P 槽可以用钢板或木板制成，也可以在现场用混凝土现浇。国内已有用聚氯乙烯塑料或玻璃钢制成的定型商品。

P 槽流量计的特点：

（*a*）水中固态物质几乎不沉积，随水流排出；

（*b*）水位抬高比堰小，仅为 1/4，适用于不允许有大落差的渠道。

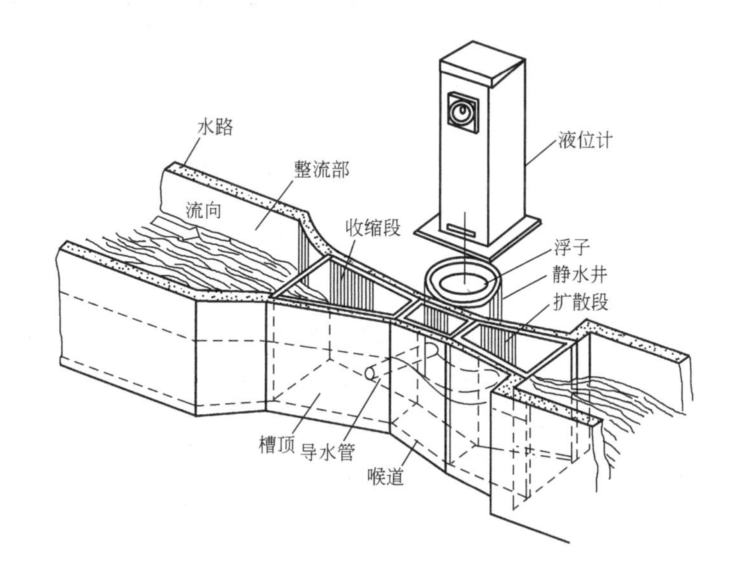

图 2.57　巴歇尔槽流量计（配浮子液位计）外形

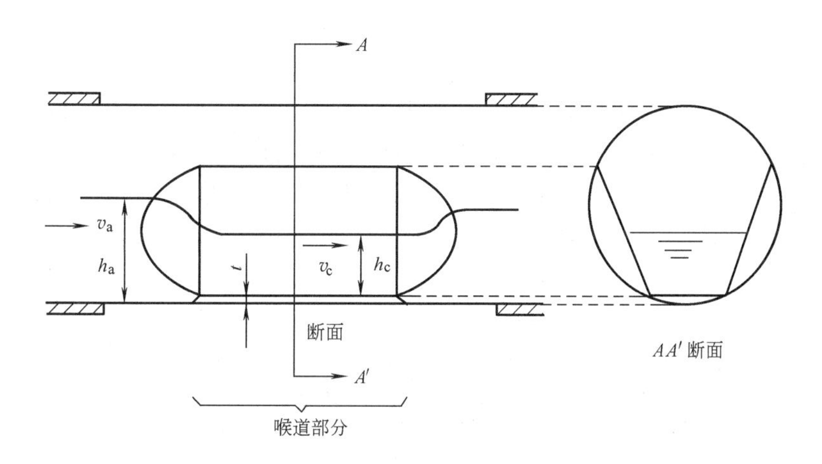

图 2.58　帕尔默·鲍鲁斯槽测量原理

b. PB 槽

P 槽不能用于圆形暗渠，PB 槽为圆形暗渠专用。PB 槽原理如图 2.58 所示，圆形断面收缩成倒梯形喉道，喉道部产生射流（平均流速比水面传播的水波速度快的流动），测量上游侧水位 h_a，求取流量 Q。

$$Q=Ch_a^n \tag{2.44}$$

式中系数 C 和指数 n 是取决于PB槽口径和各构件形状尺寸的常数。

PB槽公称口径从250到3000mm，与混凝土管尺寸相对应，其长度是公称口径的2～4倍（小口径段为4倍，大口径段为2倍）。最大流量范围通常见表2.8。

PB槽口径和最大流量范围 **表2.8**

口径(mm)	最大流量范围(m^3/h)	口径(mm)	最大流量范围(m^3/h)	口径(mm)	最大流量范围(m^3/h)
250	50～125	700	600～1600	1500	8000～12570
300	80～200	800	800～2240	1650	10000～15950
350	100～290	900	2300～3020	1800	12000～19830
400	150～385	1000	2900～3940	2000	16000～25810
450	200～680	1100	3600～5790	2200	20000～32750
500	250～680	1200	4500～6250		
600	400～1080	1350	6000～9660		

注：1350mm以上为参考值

PB槽的特点是：

(*a*) 在维持自由水面流的管渠内，管壁粗糙度等条件变化会导致流量值变化，而PB槽几乎不受管壁粗糙度等条件变化的影响，测量值的长期变化小；

(*b*) PB槽的水头损失在非满管流仪表中属于较小的，喉道部自清洗效果显著，几乎不必担忧固体物的沉淀和堆积；

(*c*) 作为渠道不发生射流的条件，PB槽上游暗渠坡度必须在20‰以下，然而实际渠道几乎没有会超过该坡度者；

(*d*) 渠道下游侧水深必须小于上游侧水深的85%，否则测量精度会下降，有时甚至无法测量。

3）流速—水位流量计

图2.59所示为传播时间法超声流速计和超声液位计组成的流速—水位流量计例，所测流速是线平均流速，水位是通过测量水位和超声液位传感器之间的距离间接求得。也有以测量点流速或局部小面积平均流速（例如多普勒法超声流速计）和测量实际水位（例如压力式液位计）组成的流速—水位流量计。

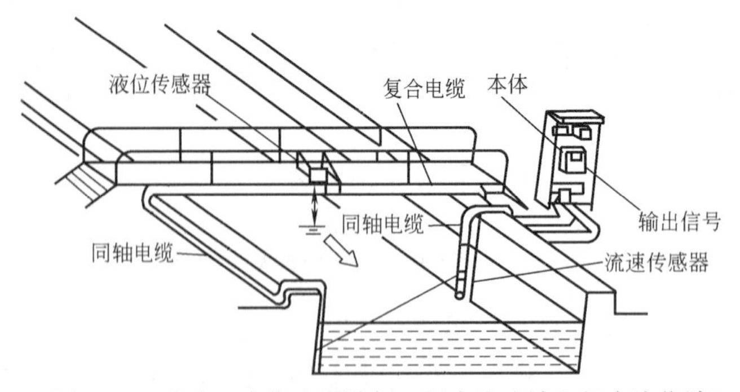

图2.59 流速—水位流量计例（超声流速计和超声液位计）

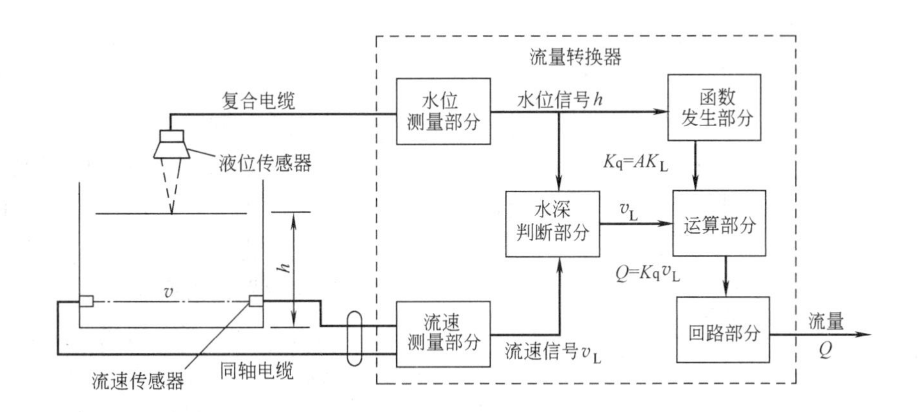

图 2.60 流速—水位流量计信号系统

A—流通面积；K_L—线修正系数；K_q—流量系数

流速计除超声式外还可用电磁式流速计等。

图 2.60 所示为流速—水位流量计信号系统和运算框图，$\bar{v}_L$ 是流速计实测的平均流速，$\bar{v}_L$ 乘上线流速修正系数 K_L 求得流通面积 A 的平均流速$\bar{v}$，即$\bar{v}=K_L\bar{v}_L$。流量 Q 为

$$Q=A\bar{v}=AK_L\bar{v}_L=K_q\bar{v}_L \tag{2.45}$$

式中 K_q——流量系数，$K_q=AK_L$。

K_q 的值取决于流通断面形状（矩形、倒梯形、圆形或 U 形）和渠壁粗糙度。图中水深判断部分是判断水位是否低于流速传感器，若低于流速传感器则保持在此之前的流速信号，使之能继续运算。

流速—水位流量计的特点：

a. 渠道截面形状不限于矩形，圆形、倒梯形或 U 形均适用，流量范围度宽；

b. 水位离渠床距离从接近零到满位均能测量。暗渠即使达到满管，压力显著增加时还能测量；

c. 由于从流速和水位二个信号求取流量，即使在受背压状态下流动，也能测量；同样也可测逆向流（多普勒法流速计则应注意，因型号而异）；

d. 几乎不会发生固形物堆积现象。超声流速计和超声液位计不会阻碍流路，其他形式流速传感器和液位传感器尺寸亦相对较小，对流路阻碍也很小；

e. 对于已有渠道安装容易，不需改造渠道工程；

f. 易受来流流速分布影响，测量场所上下游要有足够长的直渠渠道。

4）潜水式电磁流量计

潜水式电磁流量计需在渠道中置一挡板截流，在挡板底部装上潜水电磁流量传感器，如图 2.61 所示。挡板截住渠道，迫使水流只能从流量传感器中流过，以较原来高的流速通向下游，从而抬高挡板上游的水位，产生挡板上下游水位差 h，此水位差的势能转变为流速 v 的动能，即

$$v=K\sqrt{2g(h_a-h_d)}=K\sqrt{2gh} \tag{2.46}$$

式中 K——系数；

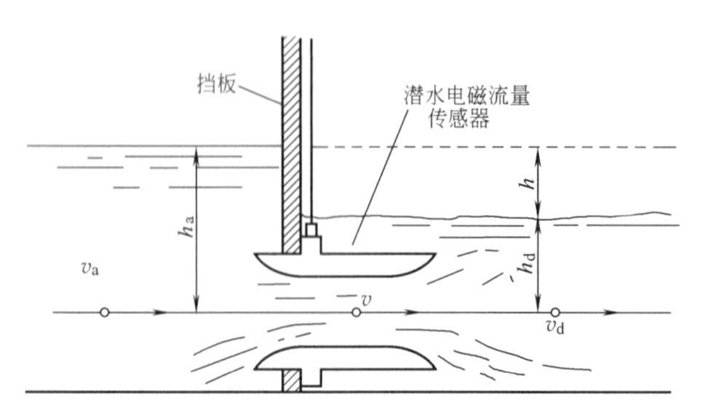

图 2.61 潜水式电磁流量计工作原理

h—上下游水位差；h_a—上游水位；h_d—下游水位；v—传感器部流通；v_a—接近流速；v_d—远离流速

g——重力加速度。

潜水式电磁流量计工作时，液体流动状况属于淹没孔口流，孔口流出速度与孔口在自由表面下的沉没深度无关，仅取决于上下游的水位差。也就是说，流量测量值与流量传感器（或分流模型）安装位置无关，但要求尽可能低，使之运行过程中始终处于淹没流状态。

通过流量传感器的流速一般为2～3.5m/s，上游抬高水位在100～300mm之间。

在流量较大而又不能用较大口径流量传感器时，为了避免水位差过大，可以用如图2.62所示分流模型来扩大流通能力。分流模型的流通通道形状尺寸与流量传感器完全一样。n个分流模型和一台传感器一起安装在挡板上并用，实际总流量即为传感器实测流量乘上（n+1）倍。不同流量和允许水位差条件下流量传感器口径和分流模型台数选配见表2.9。

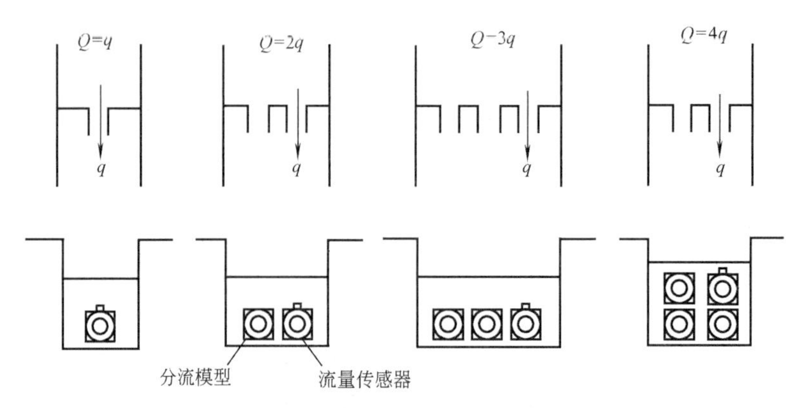

图 2.62 分流模型和流量传感器布置例

潜水式电磁流量传感器和分流模型选择 **表 2.9**

最大流量/(m^3/h)	10	50	100	200	300	500	800	1000	2000	5000
允许水位差/mm	可选流量传感器口径和分流模型台数/(mm×n)									
500	50×1	100×1	100×1	100×3 200×1	100×4 200×1	200×2	200×3 400×1	200×3 400×1	200×6 400×2	400×4
400	50×1	100×1	100×2	100×3 200×1	100×4 200×1	200×2	200×3 400×1	200×3 400×1	200×6 400×2	400×4
300	50×1	100×1	100×2	100×3 200×1	200×2	200×2	200×4 400×1	200×4 400×1	400×2	400×5
200	50×1	100×1	100×2	100×4 200×1	200×2	200×3 400×1	200×5 400×2	200×5 400×2	400×3	400×5
100	50×1	100×2	100×3 200×1	200×2	200×2	200×3 400×1	200×5 400×2	200×6 400×2	400×3	—

潜水式电磁流量计的特点：

a. 无活动件，可测量含有固体颗粒或悬浮体的液体；

b. 可使用于下游侧水位变化的渠道；

c. 因设置挡板截流，测量与渠道形状和上游直渠道状况无关；

d. 水头损失比较大，流量传感器内必须保持满管流；

e. 挡板前会有一定程度固形物堆积，要定期清理。

(3) 渠用流量仪表适用范围和性能比较

各类仪表的特点前文已有所介绍，现在做综合比较。

1) 水头损失或上游侧抬高水位。流速—水位法没有因测量带来水头损失，其余几种方法渠道均要被截流或装入一段流量检测件段，抬高上游水位。潜水电磁流量计由于可装分流模型，升高水位可比较灵活地选择。

2) 安装方便性。流量检测件本身和安装以槽最为复杂，堰和潜水电磁流量传感器相对简单。

3) 对已有渠道改造，安装流量检测件时挖掘工程量大，特别是暗渠要设置检查井(窨井)，往往成为否定选用方案的原因。

4) 除潜水电磁法外，其他各类方法均有直渠道要求，这给选择测量点位置带来许多制约条件。

常用渠用流量仪表适用范围和性能比较归纳见表 2.10。

5. 电磁流量计

电磁流量计（以下简称 EMF）是利用法拉第电磁感应定律制成的一种测量导电液体体积流量的仪表。

渠用流量仪表性能比较 **表 2.10**

比较项目 \ 测量方法	堰法(薄壁堰)	P 槽法	PB 槽法	流速—水位法	潜水电磁法
适用渠道类型	明渠	明渠	圆形暗渠	明渠、暗渠	明渠、暗渠
流量检测结构特征	渠道要截流，检测件结构简单	渠道一段要装入槽，检测件结构较复杂	渠道一段要装入槽，检测件结构较复杂	不必改动渠道，流量检测要用流速计	渠道要截流，检测件为本体，分流模型扩大流量
检测仪表	液位计	液位计	液位计	流速计+液位计	本仪表直接测量
渠宽、喉宽或口径	渠宽：450～8000	喉宽：25～240(15200)	口径：150～1800(3000)	渠宽：300～1000 口径：300～500	口径：500～400(600)
流量或流速范围	(15～40000)m^3/h 三角堰 小流量 矩形堰 中流量 等宽堰 大流量	30～15000(33000)m^3/h	20～12000(4200)m^3/h	流速：(0～20)m/s	(10～5000)m^3/h
测量精确度误差(%FS)	1～3	3～5	3～5	3～5	单独传感器：1.5 带分流模型：2.5
流量范围度	(10～20)：1	(20～30)：1	(20～30)：1	(20～100)：1	10：1
抬高水位(mm)	200(120)～80	75～200	口径的(1/20～1/30)	无	100～500

续表

比较项目＼测量方法	堰法(薄壁堰)	P 槽法	PB 槽法	流速—水位法	潜水电磁法
上游固态物是否沉积和排泄程度	会沉积，不会排泄，要定期清除	不会沉积，随物流排泄	不会沉积，随流排泄	不会沉积，随流排泄	会沉积，能部分随流排泄
上游直渠段长度要求(mm)	1500～24000(其中整流流部 690～12000)	300～20000	上游侧：≥(5～10)倍的口径 下游侧：≥2 倍口径	上游侧：≥(10～15)倍渠道(或口径) 下游侧：≥5 倍渠宽(或口径)	
对液体的要求	无特殊要求	无特殊要求	无特殊要求	传播时间法超声流速计：浊度≤5000mg/L，多普勒法超声流速计：浊度(60～5000)mg/L	液体导电率≥10^{-4} s/cm 的污水测量不存在问题

(1) 原理与机构

EMF 的基本原理是法拉第电磁感应定律，即导体在磁场中切割磁力线运动时在其两端产生感应电动势。如图 2.63 所示，导电性液体在垂直于磁场的非磁性测量管内流动，与流动方向垂直的方向上产生与流量成比例的感应电势，电动势的方向按“弗来明右手规则”确定，其值见式 (2.47)。

$$E=kBD\overline{V} \tag{2.47}$$

式中 E——感应电动势，即流量信号 (V)；

k——系数；

B——磁感应强度 (T)；

D——测量管内径 (m)；

$\overline{V}$——平均流速 (m/s)。

设液体的体积流量为

$$q_v=\pi D^2\overline{V}/4$$

则

$$E=(4kB/\pi D)q_v=Kq_v \tag{2.48}$$

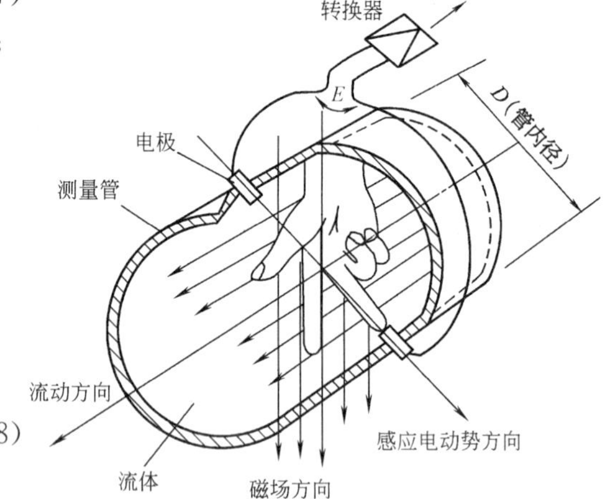

图 2.63　电磁流量计测量原理

式中 K 为仪表常数，$K=4KB/\pi D$。

EMF 由流量传感器和转换器两大部分组成。传感器典型结构示意如图 2.64 所示，测量管上下装有激磁线圈，通激磁电流后产生磁场穿过测量管，一对电极装在测量管内壁与液体相接触，引出感应电势，送到转换器。激磁电流则由转换器提供。

(2) 特点

EMF 的测量通道是一段无阻流检测件的光滑直管，因不易阻塞适用于测量含有固体颗粒或纤维的液固二相流体，如纸浆、煤水浆、矿浆、泥浆和污水等。

EMF 不产生因检测流量所形成的压力损失，仪表的阻力仅是同一长度管道的沿程阻力，节能效果显著，对于要求低阻力损失的大管径供水管道最为适合。

EMF 所测得的体积流量，实际上不受流体密度、黏度、温度、压力和电导率（只要在某阈值以上）变化的影响。与其他大部分流量仪表相比，前置直管段要求较低。

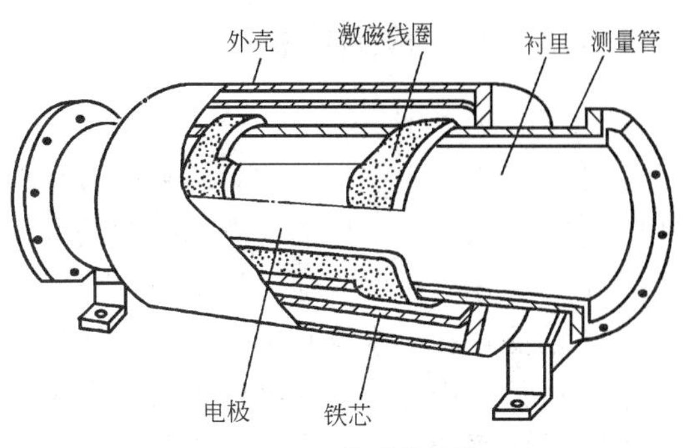

图 2.64 传感器结构

EMF 测量范围度大，通常为 20∶1～50∶1，可选流量范围宽。满度值液体流速可在 0.5～10m/s 内选定。有些型号仪表可在现场根据需要扩大和缩小流量（例如设有 4 位数电位器设定仪表常数）不必取下做离线实流标定。

EMF 的口径范围比其他品种流量仪表宽，从几毫米到 3m。可测正反双向流量，也可测脉动流量，只要脉动频率低于激磁频率很多。仪表输出本质上是线性的。

易于选择与流体接触件的材料品种，可应用于腐蚀性流体。

EMF 不能测量电导率很低的液体，如石油制品和有机溶剂等。不能测量气体、蒸汽和含有较多较大气泡的液体。电导率低于阈值（即下限值）会产生测量误差直至不能使用，通用型 EMF 的阈值在 10^{-4}～(5×10^{-6}) S/cm 之间，视型号而异。表 2.11 列出若干液体的电导率。

若干液体在 20℃ 时的电导率 **表 2.11**

液体名称	电导率(S/cm)	液体名称	电导率(S/cm)
石油	$(3\sim5)\times10^{-13}$	饮用水	$\approx10^{-4}$
丙酮	$(2\sim6)\times10^{-8}$	海水	$\approx4\times10^{-2}$
纯水	4×10^{-8}	硫酸(5%～99.4%)	$(2.1\times10^{-1})\sim(8.5\times10^{-3})$
苯	7.6×10^{-8}	氨水(4%～30%)	$(1\times10^{-3})\sim(2\times10^{-4})$
液氨	1.3×10^{-7}	氢氧化钠(4%～50%)	$(1.6\times10^{-1})\sim(8\times10^{-2})$
甲醇	$(4.4\sim7.2)\times10^{-7}$	食盐水(2.5%)	2×10^{-1}

通用型 EMF 由于衬里材料和电气绝缘材料限制，不能用于较高温度的液体；有些型号仪表用于测量低于室温的液体，因测量管外凝露（或霜）而破坏绝缘。

（3）直管段长度要求

为获得正常测量精确度，电磁流量传感器上游也要有一定长度直管段，但其长度与大部分其他流量仪表相比要求较低。各标准或检定规程所提出的上下游直管段长度亦不一致，按达到 0.5 级精度仪表的要求确定的数值汇集见表 2.12。

上下游直管段长度要求汇集 **表 2.12**

扰流件名称		标准或检定规程号				
		ISO 6817	ISO 9104	JIS B7554	ZBN 12007	JJG 198
上游	弯管、形管、全开闸阀、渐扩管	10D 或制造厂规定	10D	5D	5D	10D
	渐缩管			可视作直管		
	其他各种阀			10D		
下游	各类	未提要求	5D	未提要求	2D	2D

2.5.2 压力检测仪表

1. 压力与压力计

在给水排水工程中，经常会遇到压力和真空度的问题，例如水泵出口的压力，管网中用户的服务水头等。水压的检测和控制是保证供水系统水压要求，并使之经济运行的必要条件。另外，还有一些其他过程参数，如流量、液位等往往可以通过压力来间接测量。所以，压力的测量在给水排水生产过程自动化中具有特殊的地位。

在压力检测中，通常有绝对压力、表压（相对压力）、负压或真空度等名词。绝对压力是指介质所受的实际压力，表压是指高于大气压的绝对压力与大气压力之差，即

$$p_{表}=p_{绝}-p_{大}$$

负压或真空度是指大气压与低于大气压的绝对压力之差，即

$$p_{真}=p_{大}-p_{绝}$$

在给水排水工程上常用的压力单位为帕斯卡（Pa）(国际单位，通常在生产上用MPa为单位，$1MPa=10^6Pa$)，还有工程大气压、毫米汞柱、米水柱等，其换算关系见表2.13。

在工业上检测压力的常用方法有：以流体静力学理论为基础的液柱测压法；根据弹性元件受力变形原理的弹性变形测压法；将被测压力转换成各种电量的电测法；将被测压力转换成活塞上所加平衡码的重量的活塞法等。

由于生产过程中测量压力的范围很宽，测量的条件和精度要求各异，所以，压力检测仪表的种类非常丰富，在此不可能一一介绍，下面主要介绍较为适于自动化监控用的几种常用压力计，并将各种常见压力计的基本性能列表2.14。

压力单位换算表 **表2.13**

帕斯卡(Pa)	标准大气压(大气压)	工程大气压(kgf/cm^2)	毫米汞柱(mm Hg)	米水柱(m H_2O)
1	9.871×10^{-6}	1.020×10^{-5}	7.500×10^{-3}	1.020×10^{-4}
1.013×10^5	1	1.0332	760	10.332
9.807×10^4	0.9678	1	735.56	10.000
133.32	0.00131	0.00136	1	0.0136
9.807×10^3	0.0968	0.1	73.556	1

2. 应变片式压力计

把压力转换为电阻、电容、电感或电势等电量，从而实现压力的间接测量的压力计叫做电气式压力计。这种压力计反应较快，测量范围较广，可测$7\times10^{-10}kgf/cm^2$至$5\times10^3kgf/cm^2$的压力，精度也可达0.2%，便于远距离传送，所以在生产过程中可以实现压力自动检测、自动控制和报警，适用于测量压力变化快、脉动压力、高真空和超高压的场合。应变片式压力计就是电气式压力计的一种。

应变片式压力计是利用电阻应变片将被测压力转换为电阻值的变化，再通过桥式电路获得毫伏级的电量输出，然后由二次仪表显示或记录。

(1) 电阻应变片原理

作为感压元件的应变片是由金属或半导体材料制成的电阻体，它的电阻值随压力所产生的应变而变化。一根截面积为 A，长度为 l 的电阻，其电阻值为：

$$R=\rho\frac{l}{A} \tag{2.49}$$

式中 ρ——材料的电阻率。

当电阻受到外力作用时，则要发生应变，电阻值就要改变，根据材料力学可以得到如下公式：

$$K=\frac{\frac{\mathrm{d}R}{R}}{\varepsilon}(1+2\mu)+\frac{\frac{\mathrm{d}\rho}{\rho}}{\varepsilon} \tag{2.50}$$

式中 K——应变系数或灵敏度系数；

μ——材料的泊松系数；

ε——应变量。

系数 K 表示电阻材料产生应变时，电阻值的相对变化量，是衡量应变片灵敏度的参数。

对于金属材料来说，$\frac{\mathrm{d}\rho}{\rho}\ll 1$，压阻效应很小，电阻变化主要是由应变效应引起的，$K\approx 1+2\mu$。对于大多数金属来说，$K$ 值较小，约在 2 左右。对于半导体来说，由于压阻效应很大，应变效应可以忽略，所以 $K\approx\frac{\mathrm{d}\rho}{\rho}/\varepsilon$，$K$ 值约为 100～200。

（2）测量桥路

如图 2.65（a）所示，如果两片应变片 R_1、R_2 分别以轴向和径向用特殊胶合剂固定在应变筒 1 的上端并与外壳 2 固定在一起，其下端与不锈钢密封片 3 紧密连接，应变片与筒体保持绝缘。当被测压力 P 作用于膜片时，引起应变筒受压变形，从而使 R_1、R_2 阻值发生变化。R_1、R_2 与固定电阻 R_3、R_4 组成测量桥路，如图 2.65（b）所示。当电阻 $R_1=R_2$ 时，测量桥路平衡，故其输出为零；当 R_1、R_2 阻值变化不等时，测量桥路输出不平衡电压信号。应变式压力计就是根据该输出电压信号随压力变化实现压力的间接测量。

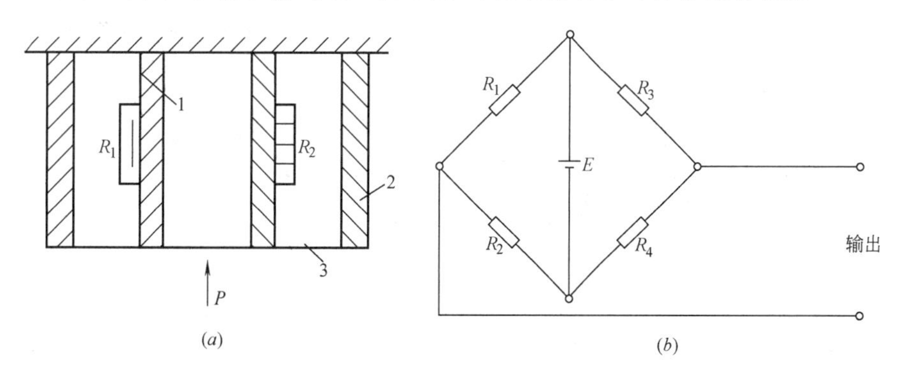

图 2.65 应变片式压力计示意图

（a）应变片式压力计结构示意图；（b）测量桥路图

3. 霍尔片式压力计

霍尔片式压力计运用霍尔元件的霍尔效应，把被测压力作用下所产生的弹性元件位移转换为电势输出。

如图 2.46（b）所示，半导体单晶片沿 z 轴方向被置于恒定磁场 B 中。如果在它的 x 轴方向接入直流稳压电源，并有恒定电流沿 y 轴方向流过，则在晶体的 x 轴方向出现电势，这种现象称为霍尔效应，所产生的电势称为霍尔电势，单晶体片称为霍尔元件或霍尔片。

霍尔电势的产生是因为在霍尔片中流过控制电流，电子在霍尔片中运动时受到磁场力（方向可由左手定则确定）的作用，其运动方向发生偏移。所以，在霍尔片的一个端面上造成电子积累，另一个端面上出现正电荷过剩，于是在霍尔片的 x 轴方向出现电位差（即霍尔电势）。显然，控制电流 I 愈大，磁场强度 B 愈强，则霍尔片中偏转的电子愈多，霍尔电势 U_H 愈大。其关系式为：

$$U_H = K_H IB \tag{2.51}$$

式中　K_H——霍尔系数，与元件材料、几何尺寸有关。

由式（2.51）可知，对于选定的霍尔元件，若输入一恒定电流 I，则输出电势 U_H 与磁场强度 B 成正比。

图 2.66（a）所示为霍尔片式压力计原理图，它由霍尔元件与弹簧管组成，弹簧管 1 与霍尔片 3 相连接，被测压力 P 从弹簧管的固定端引入，在霍尔元件的上下垂直方向安放两对磁极，在它右侧一对磁极所产生的磁场方向向下，左侧一对磁极所产生的磁场方向向上，形成一个差动磁场。当霍尔元件处于极靴间的中央平衡位置时，霍尔元件两端通过的磁通大小相等，方向相反，所以，产生的霍尔电势（U_H）之代数和为零；当霍尔元件由弹簧管带动偏离中央位置时，霍尔元件就产生正比于位移的霍尔电势；当弹簧管的位移与被测压力成正比时，则霍尔电势输出与被测压力成正比。从而实现了压力→位移→电势的转换。

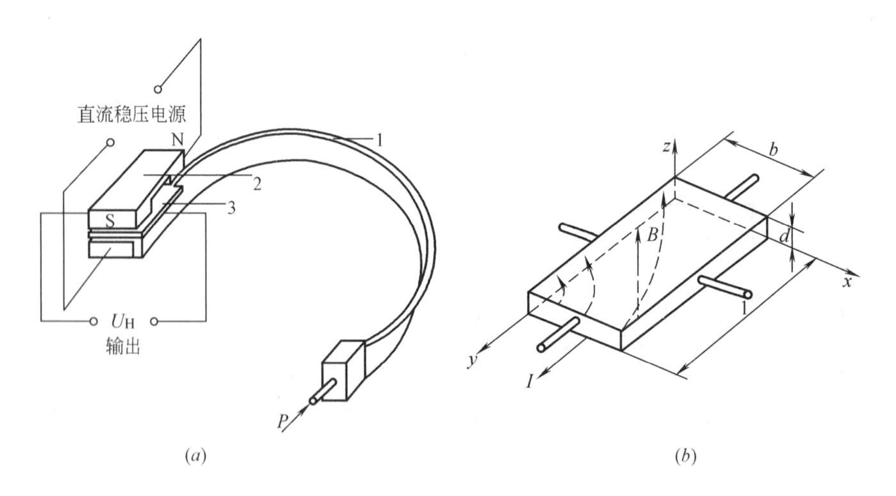

图 2.66　霍尔片式压力计

（a）霍尔片式压力计原理图；（b）磁极工作示意图

1—弹簧管；2—磁钢；3—霍尔片

由于霍尔元件受温度影响较大，所以在实际使用中应对霍尔元件采取恒温或其他温度补偿措施，以补偿环境温度变化对霍尔电势的影响。

4. 压力检测仪表的选用

(1) 仪表量程的选用

对于测量稳定压力，仪表量程上限选大于或等于 1.5 倍常用压力。

对于测量交变压力，仪表量程上限选大于或等于 2 倍常用压力。

对于测量稳定压力，仪表常用压力选 1/3～1/2 量程上限。

对于测量交变压力，仪表常用压力选不大于 1/2 量程上限。

(2) 仪表精度的选用

对于工业用仪表，其精度选 1.5 级或 2.5 级。

对于实验室或校验用仪表，其精度选 0.4 级及 0.25 级以上。

(3) 根据测量介质性质及使用条件选用

对于测量腐蚀性介质，可选用防腐型压力计或加防腐隔离装置。

对于测量黏性、结晶及易堵介质，可选用膜片式压力计或加隔离装置。

对于使用于防爆场合，选用防爆式压力计。

对于测量高温蒸气，可加隔离装置。

(4) 其他

当要求压力检测仪表具有指示、记录、报警和远传等功能时，则可以选用具有相应功能的压力表。

在表 2.14 中列出了各类压力检测仪表的主要性能特点，可供选用时参考。

各类压力测量仪表的性能比较 **表 2.14**

仪表类别	液柱式压力计	活塞式压力计	弹性式压力计	压力传感器
主要特征及优缺点	(1)按其工作原理和结构形式不同,可分为:U型管式、倾斜式、杯式和补偿式等几种。 (2)结构简单,使用方便。 (3)测量精度受工作液的毛细管作用、重度及视差等因素影响。 (4)若工作液是水银,则容易引起水银中毒	(1)按其活塞的形式不同,可分为单活塞和双活塞式两种。 (2)测量精度很高,可达 0.05%～0.02%。 (3)测量精度受浮力、温度和重力加速度的影响,故使用时需做修正。 (4)结构较复杂,价格较贵	(1)按其弹性元件的不同,可分为弹簧管式(包括单圈和多圈弹簧管)、膜片式、膜盒式、波纹管式和板簧式等。 (2)使用范围广,测量范围宽(可以测量真空度、微压、低压、中压和高压)。 (3)结构简单,使用方便,价格低廉。 (4)若增设附加机构(如记录机构、控制元件或电气转换装置),则可制成压力记录仪、电接点压力表、压力控制报警器和远传压力表	(1)按其作用原理不同,可分为电位器式、应变式、电感式、霍尔式、振频式、压阻式、压电式和电容式等。 (2)输出信号根据不同的形式,可以是电阻、电流、电压或频率等。 (3)输出信号需要通过测量线路或信号处理装置相配使用。 (4)适用范围广,发展迅速,但品种系列及质量尚需进一步完善和提高
主要用途	用来测量低压力及真空度或作标准计量仪器	用来检定低一级的活塞式压力计或检验精密压力表,是一种主要的压力标准计量仪器	用来测量压力及真空度,可以就地指示,也可以远传、集中控制,或记录或报警发信;若采用膜片式或隔膜式结构,尚可测量易结晶及腐蚀性介质的压力或真空度	多用于压力信号的远传,发信或集中控制,如和显示、调节、记录仪表联用,则可组成自动调节和自动控制系统,广泛用于工业自动化中
精度	1.5%;1%;0.5%; 0.2%;0.05%;0.02%	一等 二等 三等 0.02% 0.05% 0.2%	一般压力表 精密压力表 2.5%; 0.4%;0.25% 1.5%;1% 0.6%;0.1%	0.2%～1.5%

续表

仪表类别	液柱式压力计	活塞式压力计	弹性式压力计	压力传感器
测量范围	0～15 至 0～2000×133Pa 0～15 至 0～2000×9.8Pa	(−1～215)×9.8×10^4Pa (50～250)×9.8×10^4Pa	(−1～0)×9.8×10^4Pa (±8～±400)×9.8Pa (0～0.6)×9.8×10^4Pa～(0～100)×9.8×10^4Pa	(7×10^{-10}～5×10^5)×9.8×10^4Pa

2.5.3　液位检测仪表

液面高度的确定是给水排水工程中的常见测量项目。通过液位的测量可以知道容器里的原料、成品或半成品的数量，以便调节容器中流入流出物料的平衡，保证生产过程中各环节所需的物料或进行经济核算。另外，通过液位的测量，可以了解生产是否正常进行，以便及时监视或控制容器液位，保证安全生产以及产品的质量和数量。在给水排水工程中，常利用液位的控制改变生产条件、实现不同的工况。

液位检测仪表有浮力式、静压式、电容式、超声波式等多种。下面介绍几种常用的液位测量方法。

1. 浮力式液位计

浮力式液位计是应用较早的一种液位计，由于它结构简单，使用方便，价格便宜，所以至今在许多工业部门中被广泛应用。

浮力式液位计是根据阿基米德原理工作的，即液体对一个物体浮力的大小，等于物体所排开液体的重量。

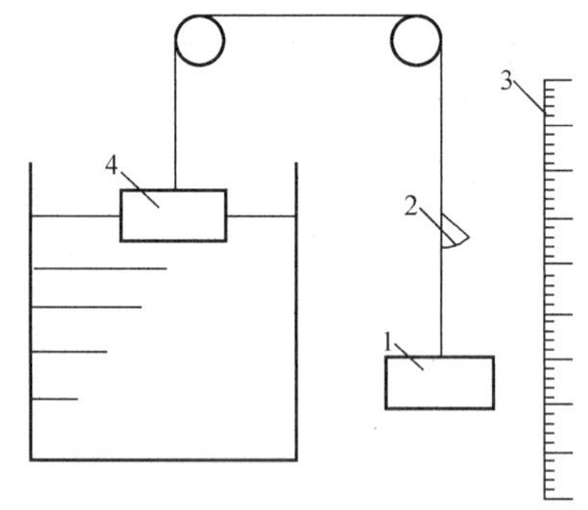

图 2.67　浮标式液位计原理图

1—平衡锤；2—指针；3—标尺；4—浮标

浮力式液位计可分为两种：一种为恒浮力式液位计，在整个测量过程中其浮力维持不变（如浮标式、浮球式等液位计），在工作时浮标随液位高低而变化。另一种为变浮力式液位计（如浮筒式液位计），它根据浮筒在液体内浸没的深度不同而所受浮力不同来测量液位。

图 2.67 所示为浮标式液位计，浮标置于被测介质中。为了平衡浮标的重量，设有平衡锤。浮标、标尺与平衡锤用钢丝绳连接。当液位变化时，浮标随着浮动，通过指针便可直接指示出液位高度。

如果把浮标的位移转换为电量的变化，则可以进行液位的远传指示或记录。

2. 静压式液位计

静压式液位计在工业生产上获得了广泛的应用，因为对于不可压缩的液体，液位高度与液体的静压力成正比。所以，测出液体的静压力，即可知道液位高度。

图 2.68 所示为开口容器的液位测量。压力计与容器底部相连，由压力计指示的压力大小，即可知道液位高度。其关系为：

$$H=\frac{P}{r} \tag{2.52}$$

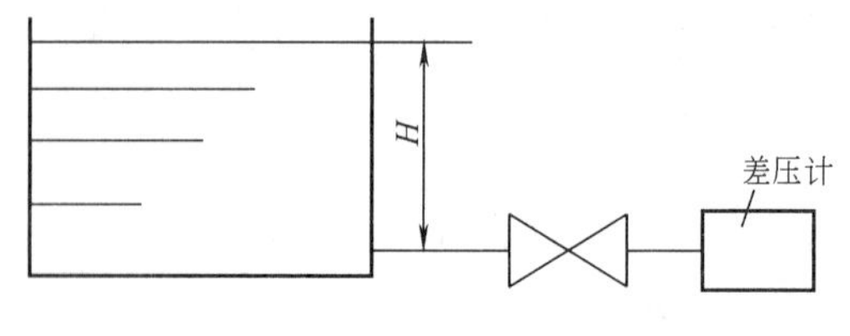

图 2.68　静压式液位计原理图

式中 H——液位高度；

r——液体重度；

P——容器内取压平面上的静压力。

3. 电容式液位计

在平行板电容器之间充以不同介质时，其电容量的大小是不同的。所以，可以用测量电容量的变化来检测液位或两种不同介质的液位分界面。

可利用插入容器中的一根导体与容器壁作为两个电极来测量液位，其总电容量：

$$C=Kh_1\varepsilon_1+K(h-h_1)\varepsilon_2=Kh\varepsilon_1-Kh_1(\varepsilon_1-\varepsilon_2) \tag{2.53}$$

式中 K——常数，与电极的尺寸、形状有关；

ε_1——被测液体的介电系数；

ε_2——气体的介电系数；

h——电极总高度；

h_1——浸入液体中的电极高度。

在实际应用中，电极的尺寸、形状已定，介电系数亦是基本不变的。所以，测量电容量的变化就可知道液位的高低。当电极几何形状及尺寸一定时，如果 ε_1、ε_2 相差愈大，则仪表灵敏度愈高；如果 ε_1、ε_2 发生变化，则会使测量结果产生误差。

电容量的变化可以用高频交流电桥等来测量。

4. 激光式液位计

激光式液位计是一种很有发展前途的液位计，因为激光光能集中，强度高，而且不易受外来光线干扰，甚至在1500℃左右的高温下也能正常工作。另外，激光光束扩散很小，在定点控制液位时，具有较高的精度。

图2.69所示为反射式激光液位计原理。液位计主要由激光发射装置、接收装置和控制部分组成，控制精度为±2mm。当氦氖激光管1反射出激光光束，经两个直角棱镜2、3折光后，射入光束5经盘式折光器4成为光脉冲，再经聚光小球6聚成很小的光点，由双胶合望远镜7将光束按10°左右的斜度投射于被测液面上。当被测液位正常时，光点反射聚焦在接收器的中间硅光电池10上，经放大器13放大后使正常信号灯亮；当被测液面高于正常液面时，光点反射升高，被上限硅光电池9接收，经放大器12放大后使上限报

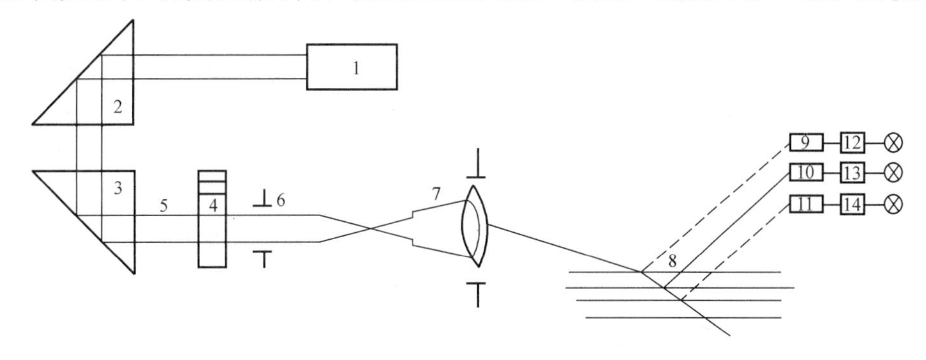

图2.69 反射式激光液位计原理

1—激光管；2、3—直角棱镜；4—盘式折光器；5—光束；6—聚光小球；7—双胶合望远镜；8—被控制液位；9—上限硅光电池；10—正常硅光电池；11—下限硅光电池；12、13、14—放大器

警灯亮；反之，则下限报警灯亮，控制执行机构改变进料量。上、下光电池间的距离，可根据光点的大小和控制精度进行上、下调整。

5. 超声波液位计

超声波液位计是基于晶体的压电效应，用压电晶体作探头（即换能器）发射出声波，声波遇到两相界面被反射回来，又被探头所接收，根据声波往返所需要的时间而测出液位的高度。作为换能器的探头又可分为发射型、接收型和发射—接收型三种。

一般把频率高于20kHz的声波称为超声波。声频越高，则发射的声束越尖锐，方向性也越强。但是，它的可测距离也相应地降低。因此，超声波液位计所使用的声波频率并非一定要高于20kHz，要根据具体工作条件来决定。

超声波液位计可以使用两个探头，也可以使用一个探头，即双探头式及单探头式。前者是一个探头发射声波，另一个探头用来接收声波。后者是发射与接收都是用一个探头进行，只是发射与接收时间相互错开。

超声波液位计具有下列特点。

(1) 没有可动部件，而探头的压电晶片振幅很小，所以不会造成对探头或对设备的损坏，寿命长。

(2) 检测元件（探头）可以不与被测介质直接接触，即可以做到非接触测量。

(3) 可以利用切换开关进行多点测量，便于集中控制。

但是，超声波液位计的电路比较复杂，造价较高，要根据具体情况合理选用。

6. 污泥界面分析仪表

污泥界面是泥水分界面，可以用距离水面多深表征，也可以用污泥厚度表征。对给水处理沉淀池污泥界面监测，可以作为排泥控制的依据。对污水处理二沉池的污泥界面进行监测，可以掌握污泥沉淀特性，防止泥位过高随水排放，避免污泥脱氮或分离，保证处理效率。

目前主要的污泥界面在线检测方法是超声波法。

超声波法基于超声波液位测量原理，发射换能器向泥水分界面发射超声波脉冲，并从泥水分界面反射回来，由接收换能器接收，根据发射至接收的时间可确定传感器与泥水分界面的距离，然后根据容器实际尺寸和探头安装位置，最终确认污泥界面。该方法适用于污泥沉淀性能好，泥水分界面相对清晰的场合。可以在饮用水、市政污水、工业废水处理工程中应用。一般测量范围为0.2～12m，测量精度为±0.1m。

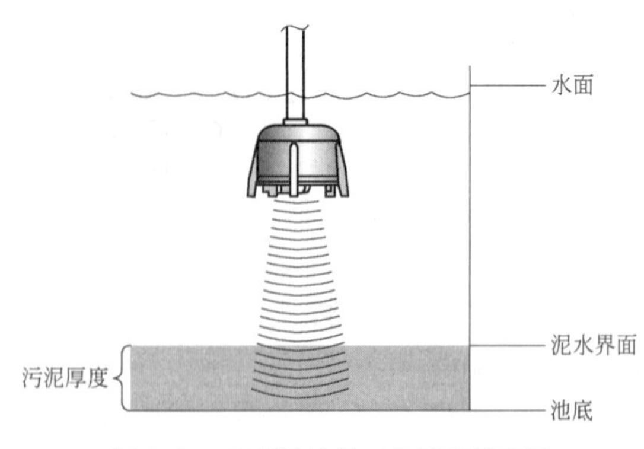

图2.70　超声波法的工作原理示意图

超声波污泥界面分析仪的传感器通常位于水面以下5～10cm，超声波能量从探头表面向沉淀池下面发射，会被水中固体悬浮物反射，形成连续回波，被传感器回收。专门的分析软件对回波数据进行分析，根据声速和用户的预设置来计算污泥界面位置。这里所说的用户预设置指的是：首先将超声波打到池底时反馈的波强度视为100%，将超声波遇到水中悬浮物时反射的波强度与池底反馈强度进行比较并通过百分比来表示，通常把强度为池底反射强度70%左右的反馈波视作污泥反射波，也就是说用户将这个70%的波强度设置成污泥层。这样就可以通过软件的分析确定泥水界面的位置，用探头到池底的深度减去泥水界面到探头的高度就得出了污泥的高度。这样的设置是为了方便确定污泥界面的位置，尤其在二沉池这样的污泥界面不是十分清晰的构筑物中，为了确定较稀的泥的界面就需要调整此预设置，从而确定出泥水界面。从图2.70可以看出超声波污泥界面仪的工作原理。

此外还有光电法污泥界面分析仪，采用红外光技术，能够准确测量浊度和污泥浓度，利用光电检测功能，能够方便地确定污泥界面，是在线分析设备的补充，适用于在线分析设备的校准。

7. 液位检测仪表的选用

(1) 检测精度

对用于计量和经济核算的，应选用精度等级较高的液位检测仪表，如超声波液位计的误差为±2mm。对于一般检测精度，可以选用其他液位计。

(2) 工作条件

对于测量高温、高压、低温、高黏度、腐蚀性、泥浆等特殊介质，或在用其他方法难以检测的各种恶劣条件下的特殊场合，可以选用电容式液位计等。对于一般情况，可选用其他液位计。

(3) 测量范围

如果测量范围较大，可选用电容式液位计。对于测量范围在2m以上的一般介质，可选用差压式液位计等。

(4) 刻度选择

在选择刻度时，最高液位或上限报警点为最大刻度的90%；正常液位为最大刻度的50%；最低液位或下限报警点为最大刻度的10%。

在具体选用液位检测仪表时一般还须考虑：容器的条件（形状、大小）；测量介质的状态（重度、黏度、温度、压力及液位变化）；现场安装条件（安装位置，周围有否振动冲击等）；安全性（防火、防爆等）；信号输出方式（现场显示，或远距离显示，变送或调节）等问题。

2.6 可编程控制仪表

可编程控制器（Programmable Controller）简称PC或PLC。它是在电器控制技术和计算机技术的基础上开发出来的，并逐渐发展成为以微处理器为核心，把自动化技术、计算机技术、通信技术融为一体的新型工业控制装置。目前，PLC已被广泛应用于各种生产机械和生产过程的自动控制中，成为一种最重要、最普及、应用场合最多的工业控制装置，被公认为现代工业自动化的三大支柱（PLC、机器人、CAD/CAM）之一。

国际电工委员会（IEC）于1987年颁布了可编程控制器标准草案第三稿。在草案中对可编程控制器定义如下："可编程控制器是一种数字运算操作的电子系统，专为在工业环境下应用而设计。它采用可编程序的存储器，用来在其内部存储执行逻辑运算、顺序控制、定时、计数和算术运算等操作的指令，并通过数字式和模拟式的输入和输出，控制各种类型的机械或生产过程。可编程控制器及其有关外围设备，都应按易于与工业系统联成一个整体，易于扩充其功能的原则设计”。

定义强调了 PLC 应直接应用于工业环境，必须具有很强的抗干扰能力、广泛的适应能力和广阔的应用范围，这是区别于一般微机控制系统的重要特征。同时，也强调了 PLC 用软件方式实现的“可编程”与传统控制装置中通过硬件或硬接线的变更来改变程序的本质区别。

近年来，可编程控制器发展很快，几乎每年都推出不少新系列产品，其功能已远远超出了上述定义的范围。

2.6.1 PLC 概述

1. PLC 的特点与应用领域

(1) PLC 的特点

PLC 技术之所以高速发展，除了工业自动化的客观需要外，主要是因为它具有许多独特的优点。它较好地解决了工业领域中普遍关心的可靠、安全、灵活、方便、经济等问题。主要有以下特点：

1) 可靠性高、抗干扰能力强

可靠性高、抗干扰能力强是 PLC 最重要的特点之一。PLC 的平均无故障时间可达几十万个小时，之所以有这么高的可靠性，是由于它采用了一系列的硬件和软件的抗干扰措施。

a. 硬件方面。I/O 通道采用光电隔离，有效地抑制了外部干扰源对 PLC 的影响；对供电电源及线路采用多种形式的滤波，从而消除或抑制了高频干扰；对 CPU 等重要部件采用良好的导电、导磁材料进行屏蔽，以减少空间电磁干扰；对有些模块设置了连锁保护、自诊断电路等。

b. 软件方面。PLC 采用扫描工作方式，减少了由于外界环境干扰引起故障；在 PLC 系统程序中设有故障检测和自诊断程序，能对系统硬件电路等故障实现检测和判断；当由外界干扰引起故障时，能立即将当前重要信息加以封存，禁止任何不稳定的读写操作，一旦外界环境正常后，便可恢复到故障发生前的状态，继续原来的工作。

2) 编程简单、使用方便

目前，大多数 PLC 采用的编程语言是梯形图语言，它是一种面向生产、面向用户的编程语言。梯形图与电器控制线路图相似，形象、直观，不需要掌握计算机知识，很容易让广大工程技术人员掌握。当生产流程需要改变时，可以现场改变程序，使用方便、灵活。同时，PLC 编程器的操作和使用也很简单。这也是 PLC 获得普及和推广的主要原因之一。

许多 PLC 还针对具体问题，设计了各种专用编程指令及编程方法，进一步简化了编程。

3) 功能完善、通用性强

现代 PLC 不仅具有逻辑运算、定时、计数、顺序控制等功能，而且还具有 A/D 和 D/A 转换、数值运算、数据处理、PID 控制、通信联网等许多功能。同时，由于 PLC 产品的系列化、模块化，有品种齐全的各种硬件装置供用户选用，可以组成满足各种要求的控制系统。

4）设计安装简单、维护方便

由于 PLC 用软件代替了传统电气控制系统的硬件，控制柜的设计、安装接线工作量大为减少。PLC 的用户程序大部分可在实验室进行模拟调试，缩短了应用设计和调试周期。在维修方面，由于 PLC 的故障率极低，维修工作量很小；而且 PLC 具有很强的自诊断功能，如果出现故障，可根据 PLC 上指示或编程器上提供的故障信息，迅速查明原因，维修极为方便。

5）体积小、重量轻、能耗低

由于 PLC 采用了集成电路，其结构紧凑、体积小、能耗低，因而是实现机电一体化的理想控制设备。

（2）PLC 的应用领域

目前，在国内外 PLC 已广泛应用于冶金、石油、化工、建材、机械制造、电力、汽车、轻工、环保及文化娱乐等各行各业，随着 PLC 性能价格比的不断提高，其应用领域不断扩大。从应用类型看，PLC 的应用大致可归纳为以下几个方面。

1）开关量逻辑控制

利用 PLC 最基本的逻辑运算、定时、计数等功能实现逻辑控制，可以取代传统的继电器控制，用于单机控制、多机群控制、生产自动线控制等，例如：机床、注塑机、印刷机械、装配生产线、电镀流水线及电梯的控制等。这是 PLC 最基本的应用，也是 PLC 最广泛的应用领域。

2）运动控制

大多数 PLC 都有带动步进电机或伺服电机的单轴或多轴位置控制模块。这一功能广泛用于各种机械设备，如对各种机床、装配机械、机器人等进行运动控制。

3）过程控制

大、中型 PLC 都具有多路模拟量 I/O 模块和 PID 控制功能，有的小型 PLC 也具有模拟量输入输出。所以 PLC 可实现模拟量控制，而且具有 PID 控制功能的 PLC 可构成闭环控制，用于过程控制。这一功能已广泛用于锅炉、反应堆、水处理、酿酒以及闭环位置控制和速度控制等方面。

4）数据处理

现代的 PLC 都具有数学运算、数据传送、转换、排序和查表等功能，可进行数据的采集、分析和处理，同时可通过通信接口将这些数据传送给其他智能装置，如计算机数值控制（CNC）设备，进行处理。

5）通信联网

PLC 的通信包括 PLC 与 PLC、PLC 与上位计算机、PLC 与其他智能设备之间的通信，PLC 系统与通用计算机可直接或通过通信处理单元、通信转换单元相连构成网络，以实现信息的交换，并可构成“集中管理、分散控制”的多级分布式控制系统，满足工厂自动化（FA）系统发展的需要。

2. PLC 的分类

PLC 产品种类繁多，其规格和性能也各不相同。对 PLC 的分类，通常根据其结构形式的不同、功能的差异和 I/O 点数的多少等进行大致分类。

（1）按结构形式分类

根据PLC的结构形式，可将PLC分为整体式和模块式两类。

1）整体式PLC。整体式PLC是将电源、CPU、I/O接口等部件都集中装在一个机箱内，具有结构紧凑、体积小、价格低的特点。小型PLC一般采用这种整体式结构。整体式PLC由不同I/O点数的基本单元（又称主机）和扩展单元组成。基本单元内有CPU、I/O接口、与I/O扩展单元相连的扩展口，以及与编程器或EPROM写入器相连的接口等。扩展单元内只有I/O和电源等，没有CPU。基本单元和扩展单元之间一般用扁平电缆连接。整体式PLC一般还可配备特殊功能单元，如模拟量单元、位置控制单元等，使其功能得以扩展。

2）模块式PLC。模块式PLC是将PLC各组成部分，分别作成若干个单独的模块，如CPU模块、I/O模块、电源模块（有的含在CPU模块中）以及各种功能模块。模块式PLC由框架或基板和各种模块组成。模块装在框架或基板的插座上。这种模块式PLC的特点是配置灵活，可根据需要选配不同规模的系统，而且装配方便，便于扩展和维修。大、中型PLC一般采用模块式结构。

还有一些PLC将整体式和模块式的特点结合起来，构成所谓叠装式PLC。叠装式PLC其CPU、电源、I/O接口等也是各自独立的模块，但它们之间是靠电缆进行连接，并且各模块可以一层层地叠装。这样，不但系统可以灵活配置，还可做得体积小巧。

（2）按功能分类

根据PLC所具有的功能不同，可将PLC分为低档、中档、高档三类。

1）低档PLC。具有逻辑运算、定时、计数、移位以及自诊断、监控等基本功能，还可有少量模拟量输入/输出、算术运算、数据传送和比较、通信等功能。主要用于逻辑控制、顺序控制或少量模拟量控制的单机控制系统。

2）中档PLC。除具有低档PLC的功能外，还具有较强的模拟量输入/输出、算术运算、数据传送和比较、数制转换、远程I/O、子程序、通信联网等功能。有些还可增设中断控制、PID控制等功能，适用于复杂控制系统。

3）高档PLC。除具有中档机的功能外，还增加了带符号算术运算、矩阵运算、位逻辑运算、平方根运算及其他特殊功能函数的运算、制表及表格传送功能等。高档PLC机具有更强的通信联网功能，可用于大规模过程控制或构成分布式网络控制系统，实现工厂自动化。

（3）按I/O点数分类

根据PLC的I/O点数的多少，可将PLC分为小型、中型和大型三类。

1）小型PLC。I/O点数为256点以下的为小型PLC。其中，I/O点数小于64点的为超小型或微型PLC。

2）中型PLC。I/O点数为256点以上、2048点以下的为中型PLC。

3）大型PLC。I/O点数为2048点以上的为大型PLC。其中，I/O点数超过8192点的为超大型PLC。

在实际中，一般PLC功能的强弱与其I/O点数的多少是相互关联的，即PLC的功能越强，其可配置的I/O点数越多。因此，通常我们所说的小型、中型、大型PLC，除指其I/O点数不同外，同时也表示其对应功能为低档、中档、高档。

2.6.2 PLC控制系统与电器控制系统的比较

1. 电器控制系统与PLC控制系统

(1) 电器控制系统的组成

任何一个电器控制系统，都是由输入部分、输出部分和控制部分组成，如图2.71所示。

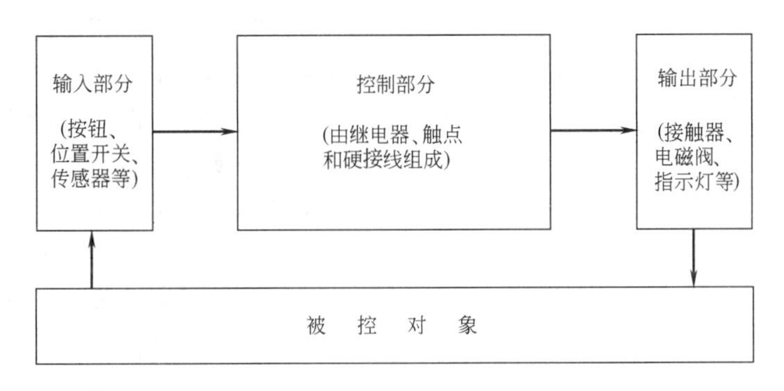

图2.71 电器控制系统组成

其中输入部分是由各种输入设备，如按钮、位置开关及传感器等组成；控制部分是按照控制要求设计的，由若干继电器及触点构成的具有一定逻辑功能的控制电路；输出部分是由各种输出设备，如接触器、电磁阀、指示灯等执行元件组成。电器控制系统是根据操作指令及被控对象发出的信号，由控制电路按规定的动作要求决定执行什么动作或动作的顺序，然后驱动输出设备去实现各种操作。由于控制电路是采用硬接线将各种继电器及触点按一定的要求连接而成，所以接线复杂且故障点多，同时不易灵活改变。

(2) PLC控制系统的组成

由PLC构成的控制系统也是由输入、输出和控制三部分组成，如图2.72所示。

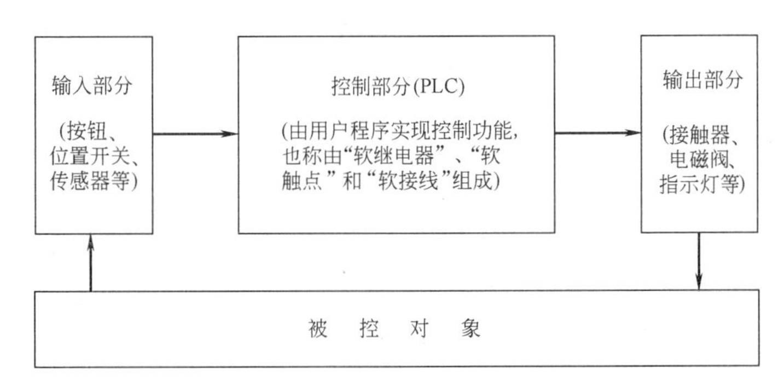

图2.72 PLC控制系统的组成

从图2.72中可以看出，PLC控制系统的输入、输出部分和电器控制系统的输入、输出部分基本相同，但控制部分是采用“可编程”的PLC，而不是实际的继电器线路。因此，PLC控制系统可以方便地通过改变用户程序，以实现各种控制功能，从根本上解决了电器控制系统控制电路难以改变的问题。同时，PLC控制系统不仅能实现逻辑运算，还具有数值运算及过程控制等复杂的控制功能。

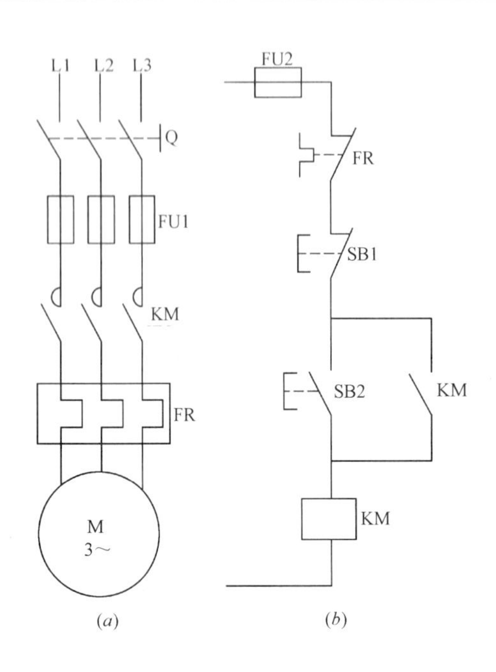

图 2.73　三相异步电动机单向运行电器控制系统

(a) 主电路；(b) 控制电路

2. PLC的等效电路

从上述比较可知，PLC的用户程序（软件）代替了继电器控制电路（硬件）。因此，对于使用者来说，可以将PLC等效成是许许多多各种各样的“软继电器”和“软接线”的集合，而用户程序就是用“软接线”将“软继电器”及其“触点”按一定要求连接起来的“控制电路”。

为了更好地理解这种等效关系，下面通过一个例子来说明。如图2.73所示为三相异步电动机单向启动运行的电器控制系统。其中，由输入设备SB1、SB2、FR的触点构成系统的输入部分，由输出设备KM构成系统的输出部分。

如果用PLC来控制这台三相异步电动机，组成一个PLC控制系统，根据上述分析可知，系统主电路不变，只要将输入设备SB1、SB2、FR的触点与PLC的输入端连接，输出设备KM线圈与PLC的输出端连接，就构成PLC控制系统的输入、输出硬件线路。而控制部分的功能则由PLC的用户程序来实现，其等效电路如图2.74所示。

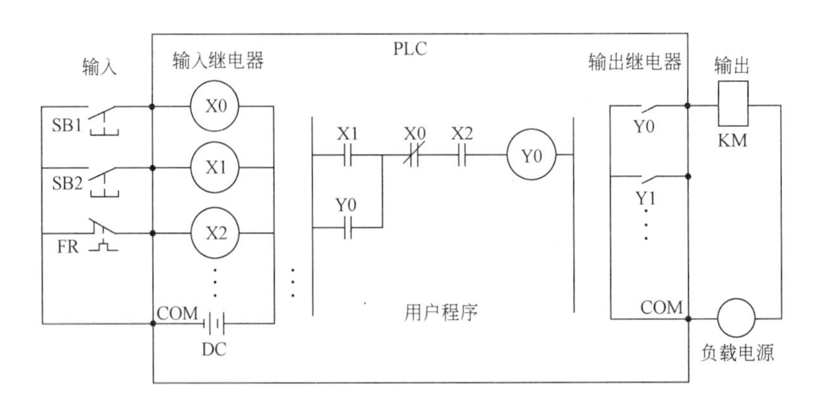

图 2.74　PLC的等效电路

图中，输入设备SB1、SB2、FR与PLC内部的“软继电器”X0、X1、X2的“线圈”对应，由输入设备控制相对应的“软继电器”的状态，即通过这些“软继电器”将外部输入设备状态变成PLC内部的状态，这类“软继电器”称为输入继电器；同理，输出设备KM与PLC内部的“软继电器”Y0对应，由“软继电器”Y0状态控制对应的输出设备KM的状态，即通过这些“软继电器”将PLC内部状态输出，以控制外部输出设备，这类“软继电器”称为输出继电器。

因此，PLC用户程序要实现的是：如何用输入继电器X0、X1、X2来控制输出继电器 Y0。当控制要求复杂时，程序中还要采用 PLC 内部的其他类型的“软继电器”，如辅助继电器、定时器、计数器等，以达到控制要求。

要注意的是，PLC 等效电路中的继电器并不是实际的物理继电器，它实质上是存储器单元的状态。单元状态为“1”，相当于继电器接通；单元状态为“0”，则相当于继电器断开。因此，我们称这些继电器为“软继电器”。

3. PLC 控制系统与电器控制系统的区别

PLC 控制系统与电器控制系统相比，有许多相似之处，也有许多不同。不同之处主要在以下几个方面：

（1）从控制方法上看，电器控制系统控制逻辑采用硬件接线，利用继电器机械触点的串联或并联等组合成控制逻辑，其连线多且复杂、体积大、功耗大，系统构成后，想再改变或增加功能较为困难。另外，继电器的触点数量有限，所以电器控制系统的灵活性和可扩展性受到很大限制。而 PLC 采用了计算机技术，其控制逻辑是以程序的方式存放在存储器中，要改变控制逻辑只需改变程序，因而很容易改变或增加系统功能。系统连线少、体积小、功耗小，而且 PLC 所谓“软继电器”实质上是存储器单元的状态，所以“软继电器”的触点数量是无限的，PLC 系统的灵活性和可扩展性好。

（2）从工作方式上看，在继电器控制电路中，当电源接通时，电路中所有继电器都处于受制约状态，即该吸合的继电器都同时吸合，不该吸合的继电器受某种条件限制而不能吸合，这种工作方式称为并行工作方式。而 PLC 的用户程序是按一定顺序循环执行，所以各软继电器都处于周期性循环扫描接通中，受同一条件制约的各个继电器的动作次序决定于程序扫描顺序，这种工作方式称为串行工作方式。

（3）从控制速度上看，继电器控制系统依靠机械触点的动作以实现控制，工作频率低，机械触点还会出现抖动问题。而 PLC 通过程序指令控制半导体电路来实现控制，速度快，程序指令执行时间在微秒级，且不会出现触点抖动问题。

（4）从定时和计数控制上看，电器控制系统采用时间继电器的延时动作进行时间控制，时间继电器的延时时间易受环境温度和湿度变化的影响，定时精度不高。而 PLC 采用半导体集成电路作定时器，时钟脉冲由晶体振荡器产生，精度高，定时范围宽，用户可根据需要在程序中设定定时值，修改方便，不受环境的影响，且 PLC 具有计数功能，而电器控制系统一般不具备计数功能。

（5）从可靠性和可维护性上看，由于电器控制系统使用了大量的机械触点，其存在机械磨损、电弧烧伤等，寿命短，系统的连线多，所以可靠性和可维护性较差。而 PLC 大量的开关动作由无触点的半导体电路来完成，其寿命长、可靠性高，PLC 还具有自诊断功能，能查出自身的故障，随时显示给操作人员，并能动态地监视控制程序的执行情况，为现场调试和维护提供了方便。

2.6.3 PLC 的基本组成

PLC 是微机技术和控制技术相结合的产物，是一种以微处理器为核心的用于控制的特殊计算机，因此 PLC 的基本组成与一般的微机系统类似。

1. PLC 的硬件组成

PLC 的硬件主要由中央处理器（CPU）、存储器、输入单元、输出单元、通信接口、扩展接口电源等部分组成。其中，CPU 是 PLC 的核心，输入单元与输出单元是连接现场输入、输出设备与 CPU 之间的接口电路，通信接口用于与编程器、上位计算机等外设连接。

对于整体式 PLC，所有部件都装在同一机壳内，其组成框图如图 2.75 所示；对于模块式 PLC，各部件独立封装成模块，各模块通过总线连接，安装在机架或导轨上，其组成框图如图 2.76 所示。无论是哪种结构类型的 PLC，都可根据用户需要进行配置与组合。

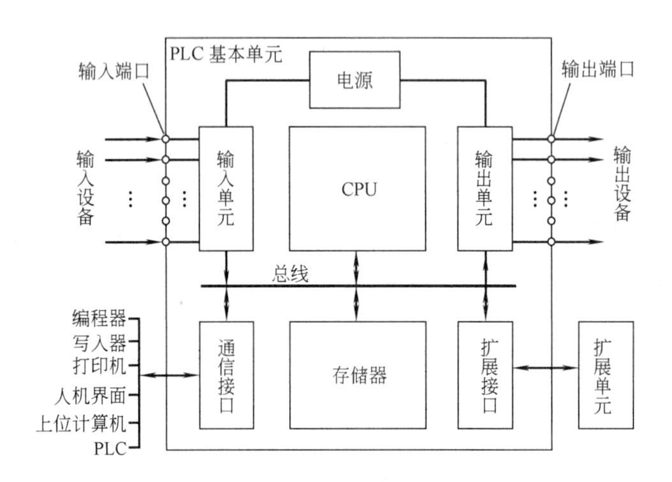

图 2.75　整体式 PLC 组成框图

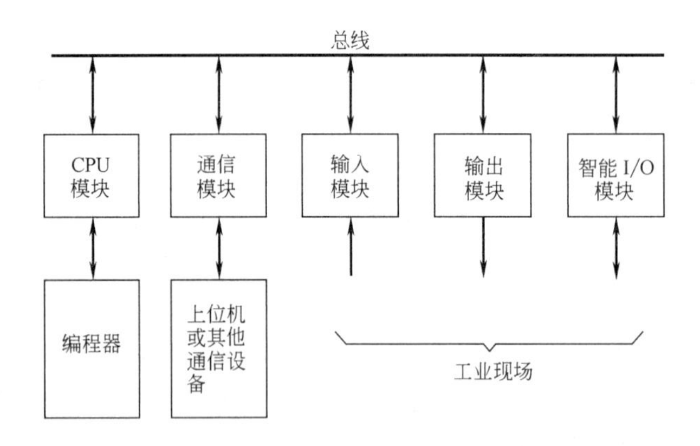

图 2.76　模块式 PLC 组成框图

尽管整体式与模块式 PLC 的结构不太一样，但各部分的功能作用是相同的，下面对 PLC 各主要组成部分进行简单介绍。

（1）中央处理单元（CPU）

同一般的微机一样，CPU 是 PLC 的核心。PLC 中所配置的 CPU 随机型不同而不同，常用有三类：通用微处理器（如 Z80、8086、80286 等）、单片微处理器（如 8031、8096 等）和位片式微处理器（如 AMD29W 等）。小型 PLC 大多采用 8 位通用微处理器和单片微处理器；中型 PLC 大多采用 16 位通用微处理器或单片微处理器；大型 PLC 大多采用高速位片式微处理器。

目前，小型 PLC 为单 CPU 系统，而中、大型 PLC 则大多为双 CPU 系统，甚至有些 PLC 中多达 8 个 CPU。对于双 CPU 系统，一般一个为字处理器，一般采用 8 位或 16 位处理器；另一个为位处理器，采用由各厂家设计制造的专用芯片。字处理器为主处理器，用于执行编程器接口功能，监视内部定时器，监视扫描时间，处理字节指令以及对系统总线和位处理器进行控制等。位处理器为从处理器，主要用于处理位操作指令和实现 PLC 编程语言向机器语言的转换。位处理器的采用，提高了 PLC 的速度，使 PLC 更好地满足实时控制要求。

在 PLC 中 CPU 按系统程序赋予的功能，指挥 PLC 有条不紊地进行工作，归纳起来主要有以下几个方面：

1）接收从编程器输入的用户程序和数据。

2）诊断电源、PLC 内部电路的工作故障和编程中的语法错误等。

3）通过输入接口接收现场的状态或数据，并存入输入映像寄存器或数据寄存器中。

4）从存储器逐条读取用户程序，经过解释后执行。

5）根据执行的结果，更新有关标志位的状态和输出映像寄存器的内容，通过输出单元实现输出控制。有些 PLC 还具有制表打印或数据通信等功能。

（2）存储器

存储器主要有两种：一种是可读/写操作的随机存储器 RAM，另一种是只读存储器 ROM、PROM 、EPROM 和 EEPROM。在 PLC 中，存储器主要用于存放系统程序、用户程序及工作数据。

系统程序是由 PLC 的制造厂家编写的，和 PLC 的硬件组成有关，完成系统诊断、命令解释、功能子程序调用管理、逻辑运算、通信及各种参数设定等功能，提供 PLC 运行的平台。系统程序关系到 PLC 的性能，而且在 PLC 使用过程中不会变动，所以是由制造厂家直接固化在只读存储器 ROM、PROM 或 EPROM 中，用户不能访问和修改。

用户程序是随 PLC 的控制对象而定的，由用户根据对象生产工艺的控制要求而编制的应用程序。为了便于读出、检查和修改，用户程序一般存于 CMOS 静态 RAM 中，用锂电池作为后备电源，以保证掉电时不会丢失信息。为了防止干扰对 RAM 中程序的破坏，当用户程序经过调试运行正常，不需要改变，可将其固化在只读存储器 EPROM 中。现在有许多 PLC 直接采用 EEPROM 作为用户存储器。

工作数据是 PLC 运行过程中经常变化、经常存取的一些数据。存放在 RAM 中，以适应随机存取的要求。在 PLC 的工作数据存储器中，设有存放输入输出继电器、辅助继电器、定时器、计数器等逻辑器件的存储区，这些器件的状态都是由用户程序的初始设置和运行情况而确定的。根据需要，部分数据在掉电时用后备电池维持其现有的状态，这部分在掉电时可保存数据的存储区域称为保持数据区。

由于系统程序及工作数据与用户无直接联系，所以在 PLC 产品样本或使用手册中所列存储器的形式及容量是指用户程序存储器。当 PLC 提供的用户存储器容量不够用，许多 PLC 还提供有存储器扩展功能。

（3）输入、输出单元

输入、输出单元通常也称 I/O 单元或 I/O 模块，是 PLC 与工业生产现场之间的连接部件。PLC 通过输入接口可以检测被控对象的各种数据，以这些数据作为 PLC 对被控制对象进行控制的依据；同时 PLC 又通过输出接口将处理结果送给被控制对象，以实现控制目的。

由于外部输入设备和输出设备所需的信号电平是多种多样的，而 PLC 内部 CPU 处理的信息只能是标准电平，所以 I/O 接口要实现这种转换。I/O 接口一般都具有光电隔离和滤波功能，以提高 PLC 的抗干扰能力。另外，I/O 接口上通常还有状态指示，工作状况直观，便于维护。

PLC 提供了多种操作电平和驱动能力的 I/O 接口，有各种各样功能的 I/O 接口供用户选用。I/O 接口的主要类型有：数字量（开关量）输入、数字量（开关量）输出、模拟量输入、模拟量输出等。

PLC 的 I/O 接口所能接受的输入信号个数和输出信号个数称为 PLC 输入/ 输出（I/O）点数。I/O 点数是选择 PLC 的重要依据之一。当系统的 I/O 点数不够时，可通过 PLC 的 I/O 扩展接口对系统进行扩展。

（4）通信接口

PLC 配有各种通信接口，这些通信接口一般都带有通信处理器。PLC 通过这些通信接口可与监视器、打印机、其他 PLC、计算机等设备实现通信。PLC 与打印机连接，可将过程信息、系统参数等输出打印；与监视器连接，可将控制过程图像显示出来；与其他 PLC 连接，可组成多机系统或连成网络，实现更大规模控制。与计算机连接，可组成多级分布式控制系统，实现控制与管理相结合。

远程 I/O 系统也必须配备相应的通信接口模块。

（5）智能接口模块

智能接口模块是一独立的计算机系统，它有自己的 CPU、系统程序、存储器以及与 PLC 系统总线相连的接口。它作为 PLC 系统的一个模块，通过总线与 PLC 相连，进行数据交换，并在 PLC 的协调管理下独立地进行工作。

PLC 的智能接口模块种类很多，如：高速计数模块、闭环控制模块、运动控制模块、中断控制模块等。

（6）编程装置

编程装置的作用是编辑、调试、输入用户程序，也可在线监控 PLC 内部状态和参数，与 PLC 进行人机对话。它是开发、应用、维护 PLC 不可缺少的工具。编程装置可以是专用编程器，也可以是配有专用编程软件包的通用计算机系统。专用编程器是由 PLC 厂家生产，专供该厂家生产的某些 PLC 产品使用，它主要由键盘、显示器和外存储器接插口等部件组成。

专用编程器只能对指定厂家的几种 PLC 进行编程，使用范围有限，价格较高。同时，由于 PLC 产品不断更新换代，所以专用编程器的生命周期也十分有限。因此，现在的趋势是使用以个人计算机为基础的编程装置，用户只要购买 PLC 厂家提供的编程软件和相应的硬件接口装置。这样，用户只用较少的投资即可得到高性能的 PLC 程序开发系统。

基于个人计算机的程序开发系统功能强大。它既可以编制、修改 PLC 的梯形图程序，又可以监视系统运行、打印文件、系统仿真等。配上相应的软件还可实现数据采集和分析等许多功能。

(7) 电源

PLC 配有开关电源，以供内部电路使用。与普通电源相比，PLC 电源的稳定性好、抗干扰能力强。对电网提供的电源稳定度要求不高，一般允许电源电压在其额定值±15%的范围内波动。许多 PLC 还向外提供直流 24V 稳压电源，用于对外部传感器供电。

(8) 其他外部设备

除了以上所述的部件和设备外，PLC 还有许多外部设备，如 EPROM 写入器、外存储器、人/机接口装置等。

EPROM 写入器是用来将用户程序固化到 EPROM 存储器中的一种 PLC 外部设备。为了使调试好用户程序不易丢失，经常用 EPROM 写入器将 PLC 内 RAM 保存到 EPROM 中。

PLC 内部的半导体存储器称为内存储器。有时可用外部的磁带、磁盘和用半导体存储器作成的存储盒等来存储 PLC 的用户程序，这些存储器件称为外存储器。外存储器一般是通过编程器或其他智能模块提供的接口，实现与内存储器之间相互传送用户程序。

人/机接口装置是用来实现操作人员与 PLC 控制系统的对话。最简单、最普遍的人/机接口装置由安装在控制台上的按钮、转换开关、拨码开关、指示灯、LED 显示器、声光报警器等器件构成。对于 PLC 系统，还可采用半智能型 CRT 人/机接口装置和智能型终端人/机接口装置。半智能型 CRT 人/机接口装置可长期安装在控制台上，通过通信接口接收来自 PLC 的信息并在 CRT 上显示出来；而智能型终端人/机接口装置有自己的微处理器和存储器，能够与操作人员快速交换信息，并通过通信接口与 PLC 相连，也可作为独立的节点接入 PLC 网络。

2. PLC 的软件组成

PLC 的软件由系统程序和用户程序组成。

系统程序是由 PLC 制造厂商设计编写的，并存入 PLC 的系统存储器中，用户不能直接读写与更改。系统程序一般包括系统诊断程序、输入处理程序、编译程序、信息传送程序、监控程序等。

PLC 的用户程序是用户利用 PLC 的编程语言，根据控制要求编制的程序。在 PLC 的应用中，最重要的是用 PLC 的编程语言来编写用户程序，以实现控制目的。由于 PLC 是专门为工业控制而开发的装置，其主要使用者是广大电气技术人员，为了满足他们的传统习惯和掌握能力，PLC 的主要编程语言采用比计算机语言相对简单、易懂、形象的专用语言。

PLC 编程语言是多种多样的，对于不同生产厂家、不同系列的 PLC 产品采用的编程语言的表达方式也不相同，但基本上可归纳两种类型：一是采用字符表达方式的编程语言，如语句表等；二是采用图形符号表达方式的编程语言，如梯形图等。

以下简要介绍几种常见的 PLC 编程语言。

(1) 梯形图语言

梯形图语言是在传统电器控制系统中常用的接触器、继电器等图形表达符号的基础上演变而来的。它与电器控制线路图相似，继承了传统电器控制逻辑中使用的框架结构、逻辑运算方式和输入输出形式，具有形象、直观、实用的特点。因此，这种编程语言为广大电气技术人员所熟知，是应用最广泛的 PLC 的编程语言，是 PLC 的第一编程语言。

如图2.77所示为传统的电器控制线路图和PLC梯形图。从图中可看出，两种图基本表示思想是一致的，具体表达方式有一定区别。PLC的梯形图使用的是内部继电器，定时/计数器等，都是由软件来实现的，使用方便，修改灵活，是原电器控制线路硬接线无法比拟的。

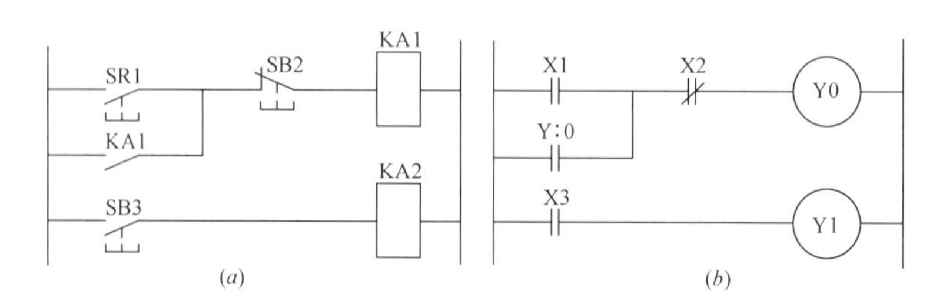

图2.77 电路控制线路图与梯形图
(a) 电器控制线路图；(b) PLC梯形图

(2) 语句表语言

步序号	指令	数据
0	LD	X1
1	OR	Y0
2	ANI	X2
3	OUT	Y0
4	LD	X3
5	OUT	Y1

这种编程语言是一种与汇编语言类似的助记符编程表达方式。在PLC应用中，经常采用简易编程器，而这种编程器中没有CRT屏幕显示，或没有较大的液晶屏幕显示。因此，就用一系列PLC操作命令组成的语句表将梯形图描述出来，再通过简易编程器输入到PLC中。虽然各个PLC生产厂家的语句表形式不尽相同，但基本功能相差无几。以上是与图2.78中梯形图对应的语句表程序。

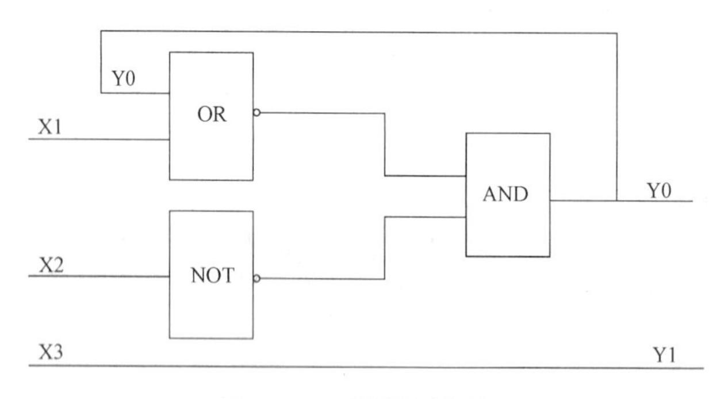

图2.78 逻辑图语言编程

可以看出，语句是语句表程序的基本单元，每个语句和计算机汇编语言一样也由地址（步序号）、操作码（指令）和操作数（数据）三部分组成。

(3) 逻辑图语言

逻辑图是一种类似于数字逻辑电路结构的编程语言，由与门、或门、非门、定时器、计数器、触发器等逻辑符号组成。有数字电路基础的电气技术人员较容易掌握。

(4) 功能表图语言

功能表图语言（SFC 语言）是一种较新的编程方法，又称状态转移图语言。它将一个完整的控制过程分为若干阶段，各阶段具有不同的动作，阶段间有一定的转换条件，转换条件满足就实现阶段转移，上一阶段动作结束，下一阶段动作开始。是用功能表图的方式来表达一个控制过程，对于顺序控制系统特别适用。

(5) 高级语言

随着 PLC 技术的发展，为了增强 PLC 的运算、数据处理及通信等功能，以上编程语言无法很好地满足要求。近年来推出的 PLC，尤其是大型 PLC，都可用高级语言，如 BASIC 语言、C 语言、PASCAL 语言等进行编程。采用高级语言后，用户可以像使用普通微型计算机一样操作 PLC，使 PLC 的各种功能得到更好的发挥。

2.6.4 PLC 的工作原理

1. 扫描工作原理

当 PLC 运行时，是通过执行反映控制要求的用户程序来完成控制任务的，需要执行众多的操作，但 CPU 不可能同时去执行多个操作，它只能按分时操作（串行工作）方式，每一次执行一个操作，按顺序逐个执行。由于 CPU 的运算处理速度很快，所以从宏观上来看，PLC 外部出现的结果似乎是同时（并行）完成的。这种串行工作过程称为 PLC 的扫描工作方式。

用扫描工作方式执行用户程序时，扫描是从第一条程序开始，在无中断或跳转控制的情况下，按程序存储顺序的先后，逐条执行用户程序，直到程序结束。然后再从头开始扫描执行，周而复始重复运行。

PLC 的扫描工作方式与电器控制的工作原理明显不同。电器控制装置采用硬逻辑的并行工作方式，如果某个继电器的线圈通电或断电，那么该继电器的所有常开和常闭触点不论处在控制线路的哪个位置上，都会立即同时动作；而 PLC 采用扫描工作方式（串行工作方式），如果某个软继电器的线圈被接通或断开，其所有的触点不会立即动作，必须等扫描到该触点时才会动作。但由于 PLC 的扫描速度快，通常 PLC 与电器控制装置在 I/O 的处理结果上并没有什么差别。

2. PLC 扫描工作过程

PLC 的扫描工作过程除了执行用户程序外，在每次扫描工作过程中还要完成内部处理、通信服务工作。如图 2.79 所示，整个扫描工作过程包括内部处理、通信服务、输入采样、程序执行、输出刷新五个阶段。整个过程扫描执行一遍所需的时间称为扫描周期。扫描周期与 CPU 运行速度、PLC 硬件配置及用户程序长短有关，典型值为 1～100ms。

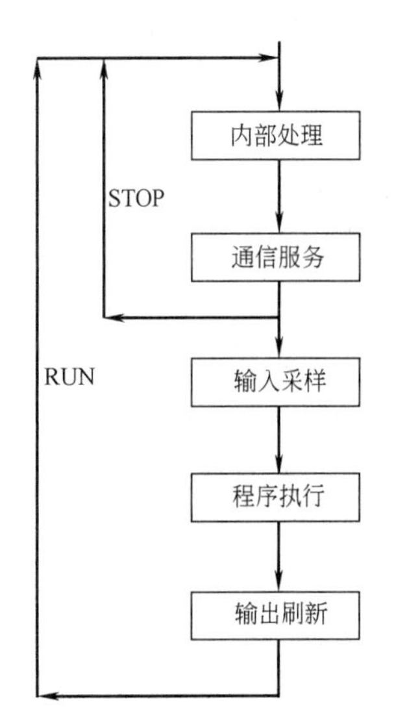

图 2.79 扫描过程示意图

在内部处理阶段，进行 PLC 自检，检查内部硬件是否正常，对监视定时器（WDT）

复位以及完成其他一些内部处理工作。

在通信服务阶段，PLC与其他智能装置实现通信，响应编程器键入的命令，更新编程器的显示内容等。

当PLC处于停止（STOP）状态时，只完成内部处理和通信服务工作。当PLC处于运行（RUN）状态时，除完成内部处理和通信服务工作外，还要完成输入采样、程序执行、输出刷新工作。

PLC的扫描工作方式简单直观，便于程序的设计，并为可靠运行提供了保障。当PLC扫描到的指令被执行后，其结果马上就被后面将要扫描到的指令所利用，而且还可通过CPU内部设置的监视定时器来监视每次扫描是否超过规定时间，避免由于CPU内部故障使程序执行进入死循环。

3. PLC执行程序的过程及特点

PLC执行程序的过程分为三个阶段，即输入采样阶段、程序执行阶段、输出刷新阶段，如图2.80所示。

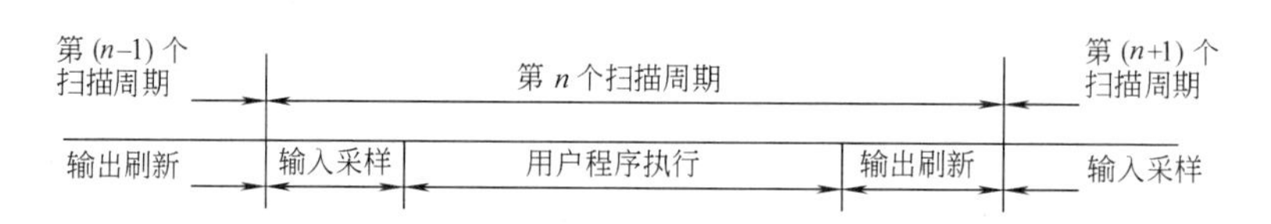

图2.80　PLC执行程序过程示意图

（1）输入采样阶段

在输入采样阶段，PLC以扫描工作方式按顺序对所有输入端的输入状态进行采样，并存入输入映像寄存器中，此时输入映像寄存器被刷新。接着进入程序处理阶段，在程序执行阶段或其他阶段，即使输入状态发生变化，输入映像寄存器的内容也不会改变，输入状态的变化只有在下一个扫描周期的输入处理阶段才能被采集到。

（2）程序执行阶段

在程序执行阶段，PLC对程序按顺序进行扫描执行。若程序用梯形图来表示，则总是按先上后下，先左后右的顺序进行。当遇到程序跳转指令时，则根据跳转条件是否满足来决定程序是否跳转。当指令中涉及到输入、输出状态时，PLC从输入映像寄存器和元件映像寄存器中读出，根据用户程序进行运算，运算的结果再存入元件映像寄存器中。对于元件映像寄存器来说，其内容会随程序执行的过程而变化。

（3）输出刷新阶段

当所有程序执行完毕后，进入输出处理阶段。在这一阶段里，PLC将输出映像寄存器中与输出有关的状态（输出继电器状态）转存到输出锁存器中，并通过一定方式输出，驱动外部负载。

2.6.5　PLC在集散控制系统中的作用及其发展趋势

工业自动化根据生产过程的特点可分为过程控制自动化和制造工业自动化以及各种自动化测量系统。对于这些不同的工业对象发展了相应的控制技术：如对于流程工业的控制一般采用集散型控制系统（DCS）；离散型制造业采用可编程序控制器（PLC），常用于逻辑/顺序控制；而间隙过程工业则以 DCS 和 PLC 混合使用为好。在实际水厂生产中，水处理过程往往既需要连续控制，又需要逻辑/顺序控制的功能，DCS 和 PLC 都是基于微处理器的数字控制系统装量，它们相互渗透发展，不断扩大自己的应用领域。目前，PLC 已广泛地被应用在水厂集散控制系统中。

1. DCS 的基本结构及其和 PLC 的区别

DCS 为分散控制系统的英文（TOTAL DISTRIBUTED CONTROL SYSTEM）简称。指的是控制危险分散、管理和显示集中。20 世纪 60 年代末有人研制了作逻辑运算的可编程序控制器，70 年代中期以完成模拟量控制的 DCS 推向市场，代替以 PID 运算为主的模拟仪表控制。首先提出 DCS 这样一种思想的是原制造仪表的厂商，当时主要应用于化工行业。后又有计算机行业从事 DCS 的开发。

20 世纪 70 年代微机技术还不成熟，有人用如 PDP/1124 这样的小型机代替原来的集中安装的模拟仪表控制，连接到中央控制室的电缆很多。一台小型机需接收几千台变送器或别的传感器来的信号，完成几百个回路的运算。很显然其危险有点集中。和模拟仪表连接的电缆一样多，并且一旦小型机坏了，控制和显示都没有了。这种集中式数字控制没有达到预期的目的。

后有人提出一个工艺过程作为被控对象可能需要显示和控制的点很多，其中有一些还需要闭环控制或逻辑运算，工艺过程作为被控对象的各个部分会有相对独立性，可以分成若干个独立的工序，再把在计算机控制系统中独立的工序上需要显示和控制的输入、输出的点分配到数台计算机中去，把原来由一台小型机完成的运算任务由几台或几十台计算机（控制器）去完成。其中一台机器坏了不影响全局。把显示、操作、打印等管理功能集中在一起，用网络把上述完成控制和显示的两部分连成一个系统。把这种系统称为集散系统。

危险究竟要分散到多少算合适呢？这与计算机技术的发展水平有关。随着计算机技术的发展，计算机的运算能力、存储容量和可靠性不断提高，一台计算机所完成的任务也可以增加，完成的任务也可集中一点。另外，控制器、网络等冗余技术也得到了发展，控制运算也可集中一些。

从目前的 DCS 来看，一个控制器完成几十个回路的运算和几百点的采集、再加适量的逻辑运算，经现场使用，效果是比较好的。这就产生控制器升级的问题了。有时控制器和检测元件的距离还是比较远，这就促进现场总线的发展。如 CAN、LOONWORKS、FF 等现场总线，以及 HART 协议接收板等都用到 DCS 系统中。DCS 分为三大部分，带 I/O 板的控制器、通信网络和人机界面（HMI）。由 I/O 板通过端子板直接与生产过程相连，读取传感器来的信号。I/O 板有几种不同的类型，每一种 I/O 板都有相应的端子板。

DCS 和 PLC 的设计原理区别较大，PLC 是由模仿原继电器控制原理发展起来的，20 世纪 70 年代的 PLC 只有开关量逻辑控制，首先应用的是汽车制造行业。它以存储执行逻辑运算、顺序控制、定时、计数和运算等操作的指令，并通过数字输入和输出操作，来控制各类机械或生产过程。用户编制的控制程序表达了生产过程的工艺要求，并事先存入 PLC 的用户程序存储器中。运行时按存储程序的内容逐条执行，以完成工艺流程要求的操作。PLC 的 CPU 内有指示程序步存储地址的程序计数器，在程序运行过程中，每执行一步该计数器自动加 1，程序从起始步（步序号为零）起依次执行到最终步（通常为

END指令），然后再返回起始步循环运算。PLC每完成一次循环操作所需的时间称为一个扫描周期。不同型号的PLC，循环扫描周期在1微秒到几十微秒之间。程序计数器这样的循环操作，这是DCS所没有的。这也是使PLC的冗余不如DCS的原因。DCS是在运算放大器的基础上得以发展的，把所有的函数、各过程变量之间的关系都作成功能块（有的DCS系统称为膨化块）。早期的DCS只有模拟量控制。DCS和PLC的主要差别是在开关量的逻辑解算和模拟量的运算上，即使后来两者相互有些渗透，但是还是有区别。20世纪80年代以后，PLC除逻辑运算外，也有一些控制回路用的算法，但要完成一些复杂运算还是比较困难，PLC用梯形图编程，模拟量的运算在编程时不太直观，编程比较麻烦。但在解算逻辑方面，表现出快速的优点，在微秒量级，解算1K逻辑程序不到1毫秒。它把所有的输入都当成开关量来处理，16位（也有32位的）为一个模拟量。而DCS把所有输入都当成模拟量，1位就是开关量，解算一个逻辑是在几百微秒至几毫秒量级。对于PLC解算一个PID运算在几十毫秒，这与DCS的运算时间不相上下。大型PLC使用另外一个CPU来完成模拟量的运算，把计算结果送给PLC的控制器。不同型号的DCS，解算PID所需时间不同，但都在几十毫秒的量级。如早期的TDC2000系统，1秒钟内完成8个回路的控制运算。随着芯片技术的发展，解算一个算法的时简在缩短，解算一个算法所需时间与功能块的安排方式和组态方式有关。

相同I/O点数的系统，用PLC比用DCS成本要低一些。PLC没有专用操作站，它用的软件和硬件都是通用的，所以维护成本比DCS要低很多。一个PLC的控制器，可以接收几千个I/O点（最多可达8000多个I/O）。DCS的控制器，只能几百个I/O点（不超过500个I/O）。如果被控对象主要是设备连锁、回路很少，采用PLC较为合适。如果主要是模拟量控制、并且函数运算很多，最好采用DCS。DCS在控制器、I/O板、通信网络等的冗余方面，一些高级运算、行业的特殊要求方面都要比PLC好得多。PLC由于采用通用监控软件，在设计企业的管理信息系统方面，要容易一些。

2. PLC在DCS中的作用

在DCS控制系统中，越来越多地采用了各种智能数字调节器和PLC。新型的数字调节器与PLC不仅容量更大，速度更快，而且都具有较强的联网通信能力，可以采用以廉价的双绞线为传输介质的现场总线网，将作为主结点的现场控制站与作为从结点的数十个数字调节器、PLC或数字化智能变送器连接在一起，也可以将数台PLC通过网点直接接入高速数据公路，组成过程控制级的顺序控制站。这样，使DCS的控制功能进一步分散，控制速度与功能及系统的可靠性又得以进一步的提高。在当今的PLC中，除了提供模拟量控制模块外，PID回路控制也已不再被认为是PLC中的新事物了，它已经成为每一种大型PLC的标准性能，甚至许多新型的小型PLC也能提供PID等控制算法的功能。现在以PLC为基础的PID控制正广泛应用于连续过程和批量过程的控制中。在此基础上，一些PLC生产厂商为其新一代的通用PLC系列又增加了许多专为过程控制而设计的控制功能。除PID运算外，增添了“超前滞后”、工程量变换、报警、斜坡函数和高精度模拟量I/O等特殊处理算法。过去仅限于大型DCS系统中使用的其他一些先进的过程控制功能，也开始在PLC中出现。自整定PID回路、模糊控制等就是最好的一些进展。

如从全球控制市场的销售情况看，PLC的销售额也在逐步增长。并且，PLC在工业发达国家中的发展余地还很广阔，还有许多新的而应用领域有待于开发，或者已经开发但未充分发展。可见，PLC所特有的高可靠性和不断增强的功能，使它在DCS中发挥着越来越重要的作用。

3. PLC的发展趋势

(1) 向高速度、大容量方向发展

为了提高PLC的处理能力，要求PLC具有更好的响应速度和更大的存储容量。目前，有的PLC的扫描速度可达0.1ms/k步左右。PLC的扫描速度已成为很重要的一个性能指标。

在存储容量方面，有的PLC最高可达几十兆字节。为了扩大存储容量，有的公司已使用了磁泡存储器或硬盘。

(2) 向超大型、超小型两个方向发展

当前中小型PLC比较多，为了适应市场的多种需要，今后PLC要向多品种方向发展，特别是向超大型和超小型两个方向发展。现已有I/O点数达14336点的超大型PLC，其使用32位微处理器，多CPU并行工作和大容量存储器，功能强。

小型PLC由整体结构向小型模块化结构发展，使配置更加灵活，为了市场需要已开发了各种简易、经济的超小型微型PLC，最小配置的I/O点数为8～16点，以适应单机及小型自动控制的需要。

(3) PLC大力开发智能模块，加强联网通信能力

为满足各种自动化控制系统的要求，近年来不断开发出许多功能模块，如高速计数模块、温度控制模块、远程I/O模块、通信和人机接口模块等。这些带CPU和存储器的智能I/O模块，既扩展了PLC功能，又使用灵活方便，扩大了PLC应用范围。

加强PLC联网通信的能力，是PLC技术进步的潮流。PLC的联网通信有两类：一类是PLC之间联网通信，各PLC生产厂家都有自己的专有联网手段；另一类是PLC与计算机之间的联网通信，一般PLC都有专用通信模块与计算机通信。为了加强联网通信能力，PLC生产厂家之间也在协商制订通用的通信标准，以构成更大的网络系统，PLC已成为集散控制系统（DCS）不可缺少的重要组成部分。

(4) 增强外部故障的检测与处理能力

根据统计资料表明：在PLC控制系统的故障中，CPU占5%，I/O接口占15%，输入设备占45%，输出设备占30%，线路占5%。前二项共20%故障属于PLC的内部故障，它可通过PLC本身的软、硬件实现检测、处理；而其余80%的故障属于PLC的外部故障。因此，PLC生产厂家都致力于研制、发展用于检测外部故障的专用智能模块，进一步提高系统的可靠性。

(5) 编程语言多样化

在PLC系统结构不断发展的同时，PLC的编程语言也越来越丰富，功能也不断提高。除了大多数PLC使用的梯形图语言外，为了适应各种控制要求，出现了面向顺序控制的步进编程语言、面向过程控制的流程图语言、与计算机兼容的高级语言（BASIC、C语言等）等。多种编程语言的并存、互补与发展是PLC进步的一种趋势。

2.7 执行设备

给水排水自动化系统中，主要的执行设备有各种泵，如离心泵、往复式计量泵；各种

阀门，如调节阀、电磁阀等。在各类阀门中，电磁阀起对管路的通断控制作用，相当于管路开关；调节阀起流量的调节作用，改变调节阀的开启度就可以改变通过的流体流量。

本节将重点对一些常用类型的泵、阀的调节特性进行介绍。而对其常规工作特性，已在相关课程（如水泵与水泵站）中介绍过的，此处不再重复。

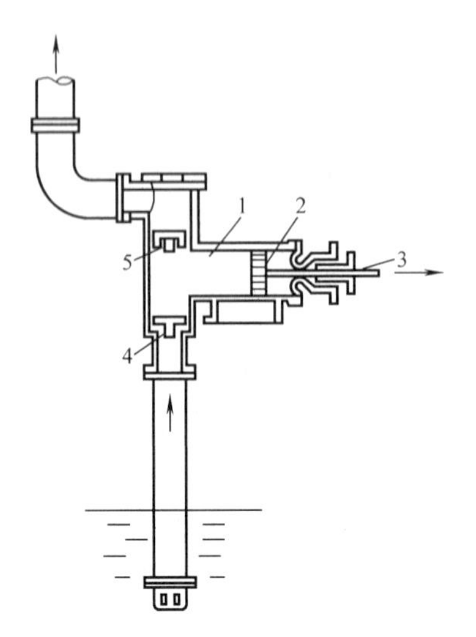

图 2.81　往复泵装置简图

1—泵缸；2—活塞；3—活塞杆；4—吸入阀；5—排出阀

2.7.1　往复泵及其调节

1. 往复泵

（1）往复泵的结构和工作原理

往复泵的结构如图 2.81 所示，主要部件包括：泵缸、活塞、活塞杆、吸入阀、排出阀。其中吸入阀和排出阀均为单向阀。

其工作原理如下：

1）活塞由电动的曲柄连杆机构带动，把曲柄的旋转运动变为活塞的往复运动；或直接由蒸汽机驱动，使活塞做往复运动。

2）当活塞从左向右运动时，泵缸内形成低压，排出阀受排出管内液体的压力而关闭；吸出阀由于受池内液压的作用而打开，池内液体被吸入缸内；

3）当活塞从右向左运动时，由于缸内液体压力增加，吸入阀关闭，排出阀打开向外排液。

说明：*a*. 往复泵是依靠活塞的往复运动直接以压力能的形式向液体提供能量；*b*. 单动泵，活塞往复运动一次，吸、排液交替进行各一次，输送液体不连续；双动泵，活塞两侧都装有阀室，活塞的每一次行程都在吸液和向管路排液，因而供液连续；*c*. 为了耐高压，活塞和连杆往往用柱塞代替。

（2）往复泵的流量和压头

1）理论平均流量 Q_T（m^3/s）：

$$Q_T = A \cdot s \cdot n/60 \tag{2.54}$$

式中　A——活塞截面积（m^2）；

s——活塞冲程（m）；

n——活塞往复频率（次/min）。

2）实际平均流量 Q（m^3/s）：

$$Q = \eta_v Q_T \tag{2.55}$$

η_v——容积效率。主要是由于阀门开、闭滞后，阀门、活塞填料函泄漏产生的影响。

3）流量的不均匀性

往复泵的瞬时流量取决于活塞截面积与活塞瞬时运动速度之积，由于活塞运动瞬时速度的不断变化，使得它的流量不均匀。

实际生产中，为了提高流量的均匀性，可以采用增设空气室，利用空气的压缩和膨胀来存放和排出部分液体，从而提高流量的均匀性。采用多缸泵也是提高流量均匀性的一个办法，多缸泵的瞬时流量等于同一瞬时各缸流量之和，只要各缸曲柄相对位置适当，就可使流量较为均匀。

4）流量的固定性

往复泵的瞬时流量虽然是不均匀的，但在一段时间内输送的液体量却是固定的，仅取决于活塞面积、冲程和往复频率。

5）往复泵的压头

因为是靠挤压作用压出液体，往复泵的压头理论上可以任意高。但实际上由于构造材料的强度有限，泵内的部件有泄漏，故往复泵的压头仍有一限度。而且压头太大，也会使电机或传动机构负载过大而损坏。

往复泵的理论流量是由单位时间内活塞扫过的体积决定的，而与管路的特性无关。而往复泵提供的压头则只与管路的情况有关，与泵的情况无关，管路的阻力大，则排出阀在较高的压力下才能开启，供液压力必然增大；反之，压头减小。这种压头与泵无关，只取决于管路情况的特性称为正位移特性。

（3）往复泵的操作要点和流量调节

往复泵的效率一般都在 70%以上，最高可达 90%，它适用于所需压头较高的液体输送。往复泵可用以输送黏度很大的液体，但不宜直接用以输送腐蚀性的液体和有固体颗粒的悬浮液，因泵内阀门、活塞受腐蚀或被颗粒磨损、卡住，都会导致严重的泄漏。

1）由于往复泵是靠贮池液面上的大气压来吸入液体，因而安装高度有一定的限制。

2）往复泵有自吸作用，启动前无需要灌泵。

3）一般不设出口阀，即使有出口阀，也不能在其关闭时启动。

4）往复泵的流量调节有如下方式。

a. 用旁路阀调节流量。泵的送液量不变，只是让部分被压出的液体返回贮池，使主管中的流量发生变化。显然这种调节方法很不经济，只适用于流量变化幅度较小的经常性调节。

b. 改变电机转速或行程。流量调节可以采用改变电机转速、从而改变柱塞往复运行速度的方式或改变冲程长度，即调节行程百分比的方式进行。这两种方式都易于实现自动控制，而且在被调参数与输出之间具有良好的线性关系：

$$Q=anH \tag{2.56}$$

式中 Q——输出流量；

a——特性常数；

n——电机转速；

H——行程百分比。

若采用变频调速的方式进行转速调节，在电源频率与电机转速之间存在如下关系：

$$n=\frac{120f(1-s)}{R} \tag{2.57}$$

式中 f——电源频率；

s——电机转差率；

R——电机极数。

式（2.56）就可以改写为：

$$Q=a'fH \tag{2.58}$$

式中，$a'=a\cdot\frac{120(1-s)}{R}$。式（2.57）就是往复泵变频调速调节的基本关系式。

我国采用的交流供电频率为50Hz。在理论上，往复泵可以在0～50Hz频率（相当于0～额定转速）以及0～100%行程之间连续任意调节。在实际使用中考虑到实际工作特性的变异及安全余地，一般的使用调节范围在10～50Hz、30～100%行程之间，在此范围内具有良好的调节线性度与调节精度。

2. 计量泵

在工业生产中普遍使用的计量泵是往复泵的一种，它正是利用往复泵流量固定这一特点而发展起来的。它可以用电动机带动偏心轮从而实现柱塞的往复运动。偏心轮的偏心度可以调整，柱塞的冲程就发生变化，以此来实现流量的调节。

计量泵主要应用在一些要求精确地输送液体至某一设备的场合，或将几种液体按精确的比例输送。

3. 隔膜泵

隔膜泵也是往复泵的一种，如图2.82所示。它用弹性薄膜（耐腐蚀橡胶或弹性金属片）将泵分隔成互不相通的两部分，分别是被输送液体和活柱存在的区域。这样，活柱不与输送的液体接触。活柱的往复运动通过同侧的介质传递到隔膜上，使隔膜亦做往复运动，从而实现被输送液体经球形活门吸入和排出。

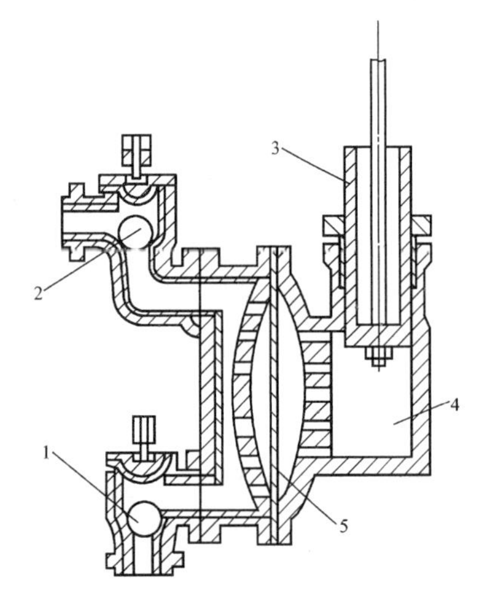

图2.82 隔膜泵

1—吸入活门；2—压出活门；3—活柱；4—水（或油）缸；5—隔膜

隔膜泵内与被输送液体接触的唯一运动部件就是球形活门，这易于制成不受液体侵害的形式。因此，在工业生产中，隔膜泵主要用于输送腐蚀性液体或含有固体悬浮物的液体。由于隔膜泵工作特性稳定、调节方便等特点，该种泵型已被日益广泛地应用于水处理的混凝投药系统中，特别是作为自动投药系统的首选投药设备。

2.7.2 离心泵及其调节

1. 离心泵的调节方式

离心泵是给水排水系统十分常见的机电设备。各种规模的供水、排水系统的提升水泵基本上都是离心泵，在一些水厂投药用泵也为离心泵。

离心泵的调节可以采用变速调节或阀门调节两种方式。变速调节改变水泵的特性曲线，阀门调节则是改变管路特性曲线（图2.83）。在某一种特定的条件下，相应的水泵特性曲线与管路特性曲线的交点，即为水泵的工作点。设水泵原在转速N_1下工作，工作点为T_1和N_1的交点a，流量为Q_1，现在要求输出流量改为Q_2。以阀门调节时，T_2与N_1

的交点 b 为满足 Q_2 的工作点；若以变速方式调节，T_1 与 N_2 的交点 c 为满足 Q_2 的工作点。b、c 之间的扬程差（$H''_2-H'_2$）代表阀门调节方式多消耗的水头即能量的浪费。因此变速调节是节能的调节方式；而阀门调节是一种耗能的调节方式。在阀门调节情况下，当减小泵的流量时，多余的能量靠加大阀门阻力消耗，而且其调节精度亦较差。现在随着变频调速技术的发展，已越来越多地对离心泵采用变频调速调节方式。为此本节主要讨论离心泵的变速调节问题。

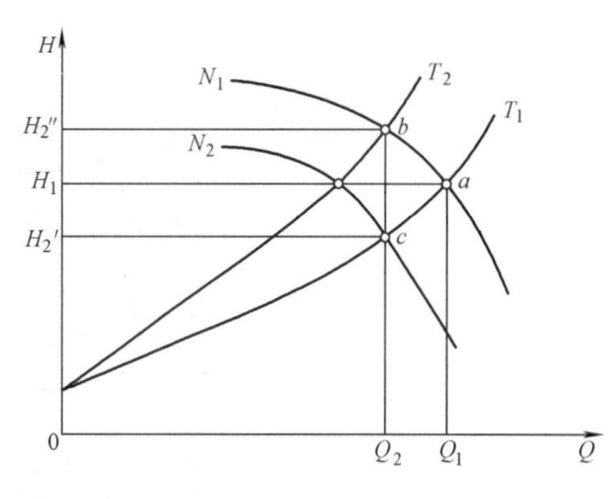

图 2.83 离心泵的调节

2. 离心泵调速的基本关系式

根据离心泵的相似定律，在效率一定时，对应工况点存在下列关系：

$$\frac{Q_1}{Q_2}=\frac{n_1}{n_2} \tag{2.59}$$

$$\frac{H_1}{H_2}=\left(\frac{n_1}{n_2}\right)^2 \tag{2.60}$$

或者

$$\frac{H_1}{H_2}=\left(\frac{Q_1}{Q_2}\right)^2 \tag{2.61}$$

式中 n_1、n_2——水泵的转速；

Q_1、H_1 及 Q_2、H_2——与 n_1、n_2 相对应的水泵特性曲线上相似工况点的流量及扬程。

上述各式表明：(1) 对应不同的转速，有不同的水泵特性曲线，各种转速下的水泵特性曲线组成一个特性曲线族；(2) 在不同转速的水泵特性曲线之间，存在效率相等的相似工况点，这些点之间符合式（2.59）、式（2.60）、式（2.61）的关系，将这些等效率点连成线，则构成等效率曲线及等效率曲线族。在理论上等效率曲线形状为抛物线（实际上离额定转速较远而靠近原点附近时，泵自身机械损耗较大，偏离上述关系）。因此，已知某一额定转速下的水泵特性曲线及效率曲线，就可推求出任一转速的特性曲线或任一等效率曲线（图 2.84）。

需要指出的是，一般而言，管路特性曲线不会和某一等效率曲线相重合，因此在管路特性曲线上的对应点不符合式（2.59）、式（2.60）、式（2.61）的关系。另外，水泵在定速条件下运转时，高效工作范围是水泵特性曲线上的一段；而在变速条件下工作，则是一个高效区域（图 2.84 中的斜线区域效率都在 78%以上）。给定一个允许的最低效率值，就确定了一个允许的调速工作区域，所对应的最低转速 n_η，可称为效率调速极限。当然在对高效问题要求不严的场合（如小型投药泵），水泵调速范围可以适当放宽。

3. 离心泵的变频调速规律

分析最一般的非恒压非恒流工况，水泵特性曲线随转速变化，而管路特性曲线则固定不变，工况点沿管路特性曲线变动，如图 2.85 所示。管路特性曲线可用下式表示：

$$H=H_0+s_gQ^2 \tag{2.62}$$

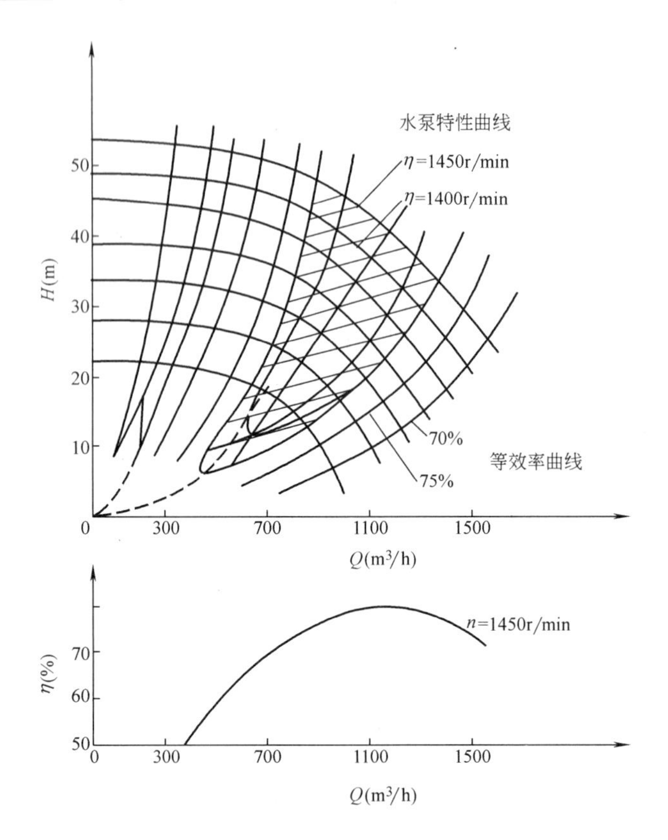

图 2.84　离心泵的变速工作特性曲线

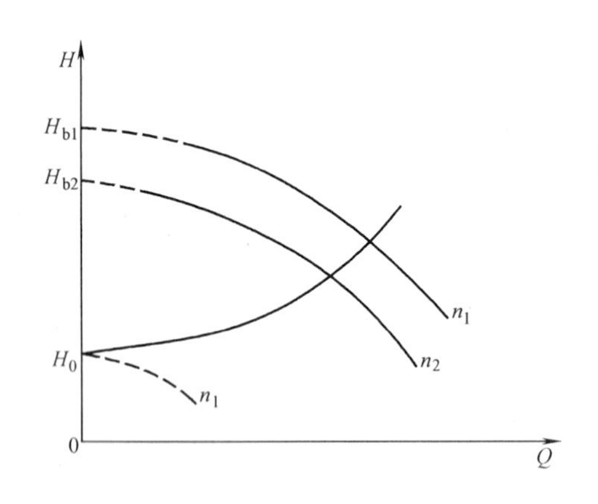

图 2.85　离心泵的调速调节

水泵特性曲线以下式表示：

$$H=H_{bi}-sQ^2 \tag{2.63}$$

式中　H、Q——任一工况点的扬程与流量；

H_0——管路系统的几何给水高度；

s_g——管路摩阻；

s——水泵摩阻；

H_{bi}——水泵特性曲线与纵坐标轴交点的扬程，与转速有关：$i=1$，2……代表不同转速情况。

水泵特性曲线与管路特性曲线的交点，即水泵工况点，由联立式（2.62）、（2.63）得到，有：

$$H_0+s_gQ^2=H_{bi}-sQ^2 \tag{2.64}$$

可以证明，水泵在变速条件下工作摩阻 s 不变，H_{bi} 是转速 n 的函数。任取两种转速 n_1 和 n_2，可以近似的表达为：

$$\frac{H_{b1}}{H_{b2}}=\left(\frac{n_1}{n_2}\right)^2 \tag{2.65}$$

取 $H_{b1}=H_b$，对应于 $n_1=n_0$；在任一转速 $n_2=n$ 下，有：

$$H_{b2}=H_b\cdot\left(\frac{n}{n_0}\right)^2 \tag{2.66}$$

将式（2.66）代入式（2.64），有：

$$Q^2=\frac{1}{s_g+s}\left[H_b\left(\frac{n}{n_0}\right)^2-H_0\right] \tag{2.67}$$

式中 H_b、n_0——水泵在额定转速下的相应参数。

对式（2.67）进行规范化整理，令 $a=\sqrt{\frac{H_0}{H_b}}\cdot n_0$，$b=\sqrt{\frac{H_0}{s_g+s}}$，有：

$$\frac{n^2}{a^2}-\frac{Q^2}{b^2}=1 \tag{2.68}$$

以变频方式调速时，频率与转速有下列关系：

$$n=kf \tag{2.69}$$

式中 k——与电机极数和转差率有关的系数；

f——电源频率。

于是式（2.68）可以改写为：

$$\frac{f^2}{(a/k)^2}-\frac{Q^2}{b^2}=1 \tag{2.70}$$

式（2.68）和式（2.69）表达的是离心泵在变速运行条件下，流量与转速或电源频率的基本关系，即离心泵的变频调速规律。式中 a、b、k 是与水泵、管路及电机特性有关的系数。显然在流量与转速或频率之间遵循双曲函数关系，定义域为 $n\geqslant0$，$f\geqslant0$，$Q\geqslant0$；基本图形如图 2.86 所示。

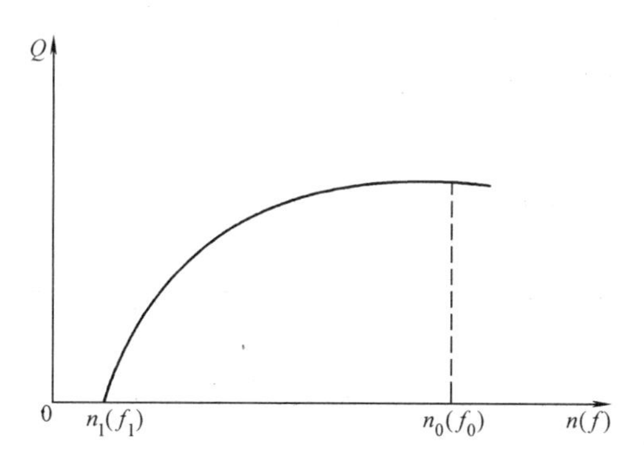

图 2.86 离心泵的变速特性

图 2.86 表明，离心泵降速运行有一个降速极限 $n_1=a$，可称 n_1 为压力调速极限。这相当于图 2.85 中转速为 n_1 曲线的情况，水泵转速低于 n_1 后，会因泵出口压力过低而无流量输出。因此在不考虑效率因素的条件下，水泵可调速范围为 $n_1\sim n_0$ 之间。n_1 值与水泵和管路的联合特性有关。与之相对应，亦存在频率极限 f_1，即有效变频范围为 $f_1\sim f_0$。

实测结果可以证实上述理论规律。并且有管路阀门开启度越小，即管路特性曲线越陡时，频率极限值越高。

综上，离心泵的调速受两个基本调速极限的限制。水处理投加混凝剂用的投药泵通常规格较小，电机功率一般在 4kW 以下，多为 1.5～2.2kW。这种小功率离心泵的变速调节，高效区域往往不是主要问题，可以不将效率调速极限 n_η 作为严格的限制因素；然而压力调速极限 n_1 则是不可避免的约束条件。但对于城市供水系统等场合使用的大型水泵，电耗较高，效率调极速限也是一个十分重要的制约因素。

4. 离心泵的变频调节精度

离心泵的调节精度问题，往往在对小型水泵进行高精度调节的场合下，问题比较突出。离心式投药泵就是一例。

水处理投药工艺往往对投药设备的调节精度有一定的要求。一旦选定一个要求的投药量精度指标（可以用药剂单耗的最小可调量 Δq 表示，以 mg/L 为单位），对投药设备的调节精度要求，亦即其可调节的最小药液流量幅度就确定了。

$$\Delta Q=\frac{100Q_a}{24c\rho}\cdot\Delta q \tag{2.71}$$

式中　ΔQ——药液流量精度（L/h）；

Δq——投药量单耗精度（mg/L）；

Q_a——相应水处理系统产水量（m^3/d）；

c——药液浓度（%）；

ρ——药液密度（kg/m^3）。

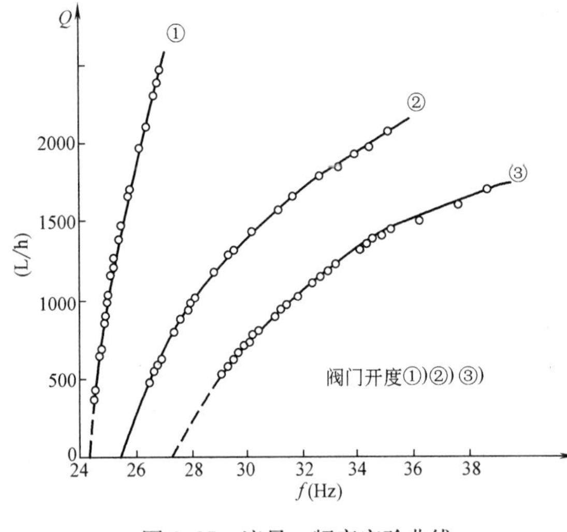

图 2.87　流量—频率实验曲线

另一方面，受变频调速设备的输出精度影响，离心投药泵实际能达到的流量调节精度是有限的。希望该调节精度等于或略高于实际需要的精度，亦即能达到的流量最小调节量 ΔQ 值等于或略小于式（2.70）的要求值。这一要求对于往复式计量投药泵而言并不困难，该种泵的工作特性为全量程线性可调，调频范围为 0～50Hz；对于离心投药泵却有一定难度，因为其工作特性是非线性的，且可用调频范围通常只有几个赫兹。图 2.87 所示为一组实测的离心泵特性曲线，以曲线①的情况为例，若要求药剂流量在 0～1000L/h 之间调节，对应的频率变化为 24.3～24.7Hz，频率变幅仅为 0.4Hz。若采用频率输出精度为 $\Delta f=0.20$Hz 的变频调速器，则平均流量调节精度为 $\Delta Q=\frac{1000}{0.4}\times 0.20=500$L/h，相对精度为 500/1000=50%，如此差的精度特性显然是难以实用的。若采用往复式计量泵，流量调节精度为 $\Delta Q=\frac{1000}{50}\times 0.20=4.0$L/h，相对精度为4.0/1000=0.4%，是比较理想的。因此，采取技术措施，提高离心投药泵的变频调节精度，是其应用成败的关键之一。从离心投药泵的变频调速规律出发，可对其调节精度进行分析。对式（2.70）进行微分：

$$\Delta Q=\left(\frac{kb^2}{a}\cdot\frac{f}{Q}\cdot\Delta f\right) \tag{2.72}$$

此即为离心投药泵变频调速精度方程，表明其流量调节精度与变频器输出精度 Δf 有关，与比值 f/Q 有关，还与参数 k、a、b 有关。前一个因素取决于变频器的性能，而后两个因素则是由水泵及管路的特性及其联合工作状况决定的。变频调速器的调节精度是有限的，而且要求精度越高，变频器价格也越高。现行主流型变频调速器的模拟输出精度多为最大输出频率的±0.2～0.5%。最大频率为 50Hz，则调节输出精度 $\Delta f=0.1\sim0.25$Hz。在此限制条件下，合理选择离心投药泵的工作条件，提高调节精度则是一条经济可行的途径。

由式（2.70）有：

$$\frac{f}{Q}=\frac{1}{Q/f}=\frac{1}{\sqrt{\left(\frac{kb}{a}\right)^2-\frac{b^2}{f^2}}} \tag{2.73}$$

将式（2.73）及 k、a、b 的表达式皆代入式（2.72）并整理，有：

$$\Delta Q=\frac{H_b}{\sqrt{s_g+s}}\cdot\frac{\Delta f}{\sqrt{H_b-H_0\cdot\left(\frac{f_0}{f}\right)^2}} \tag{2.74}$$

式（2.74）表明，在投药泵、投药系统及变频器已定的条件下（Δf、H_b、H_0、f_0、s 均为定数），提高投药泵的调节精度，即降低投药量最小变幅 ΔQ 的可行措施有两条：加大管路阻抗 s_g 及提高工作频率 f_0。实用中实现这一目的的一个简洁办法就是控制投药管路上阀门的开启度。减小开启度既增大了管路阻抗 s_g 又提高了工作电源频率，图 2.87 中的几条不同开启度下水泵的工作曲线说明了这一问题。离心投药泵的功率较小，因此虽然关小阀门提高工作频率加大了能耗但这并不构成太大的问题，然而由此获得的投药量高精度调节效果所带来的技术经济意义却是重要的。

2.7.3 调节阀的基本特性

1. 调节阀及其理想特性

按阀体与流通介质的关系可将调节阀分为直通式和隔膜式。前者的阀芯与流通介质直接接触；后者则通过耐腐蚀隔膜与流通介质相接触，更适宜输送含腐蚀性及悬浮颗粒的液体。按阀门控制信号的种类可分为气动与电动调节阀。

流量特性是调节阀的基本特性，即指流过阀门的相对流量与阀芯相对行程间的关系：

$$\frac{Q}{Q_{\max}}=f\left(\frac{L}{L_{\max}}\right) \tag{2.75}$$

式中 $\frac{Q}{Q_{\max}}$——相对流量，即调节阀在某一开度下的流量 Q 与全开时流量 $Q_{\max}$之比；

$\frac{L}{L_{\max}}$——相对开度，即调节阀在某一开度下的阀芯行程 L 与全行程 $L_{\max}$之比。

在阀前后压差恒定时得到的流量特性称为理想流量特性，可分为 3 种（图 2.88）：线性流量特性（线 a）等百分比流量特性又称对数流量特性（线 b）及快开流量特性（线 c）。一般小型调节阀多为线性或等百分比流量特性。

2. 调节阀的实际工作特性与特性参数

在生产应用中，如重力式投药系统或离心泵投药系统中，调节阀常被作为液体流量的

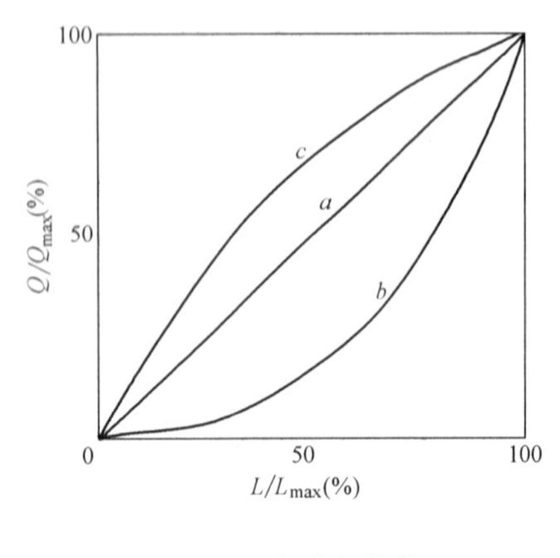

图 2.88　调节阀特性

调节装置。在这些实际应用中，阀前后的压差即在调节阀上的压力降都是随流量变化的，此时的流量特性就是工作流量特性。在此以重力式投药系统为例分析。

在重力式投药系统中，总的作用水头一定，分别消耗于调节阀上及管路和其他阻力元件上。当流量增大时，管路和其他阻力元件上的压降增大，调节阀上的压降就必然随之降低。此时的工作流量特性偏离理想特性，如图 2.89 所示。图中 S 为压差比，即调节阀最小压力降与系统总压差之比：

$$S=\frac{\Delta P_{阀}}{\Delta P_{总}} \tag{2.76}$$

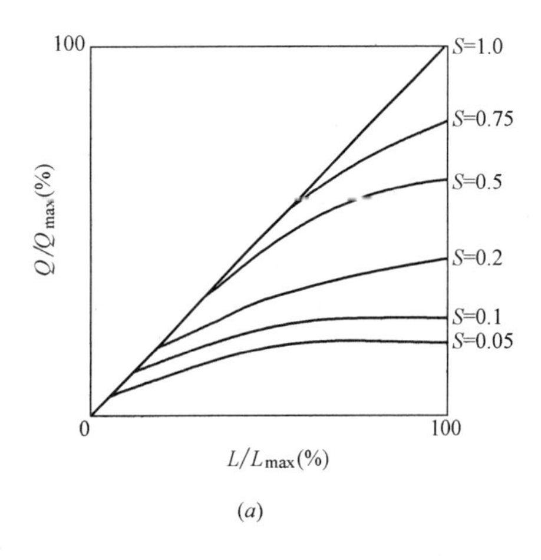

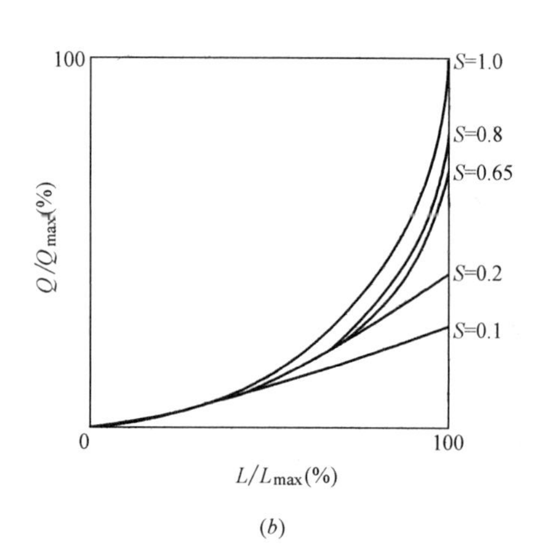

图 2.89　调节阀的实际工作特性

(a) 线性流量特性；(b) 等百分比流量特性

S 值越小，工作特性偏离理想特性越远。以线性调节阀为例，在阀门开度较小时，随开度增加流量迅速增加；而在阀门开度较大时，随开度的增加流量变化迟缓。这种灵敏度的不均匀变化给流量控制造成困难。为保证调节阀的调节性能，希望调节阀的压差在管路系统的总压差中占有的比值越大越好，可以减小流量特性的畸变，一般要求 $S>0.3$。

3. 调节阀的流通能力

调节阀的另一个重要参数是流通能力 C，即在调节阀全开、阀前后压差 ΔP 为 1kg/cm^2 时，重度 γ 为 lg/cm^3 的水每小时通过阀门的体积流量（m^3/h）。C 值的基本计算公式是：

$$C=Q\cdot\sqrt{\frac{\gamma}{\Delta P}} \tag{2.77}$$

式中 Q——系统的设计流量（m^3/h）。

正确计算流通能力是合理选择调节阀规格的前提。

（1）计算流量值 Q 的选择

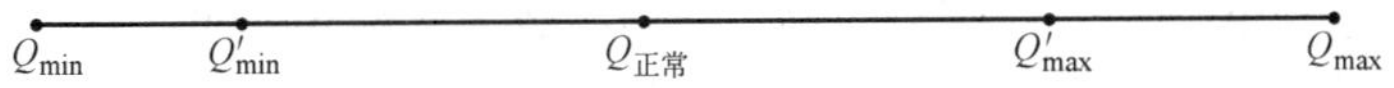

Q_{min}　Q'_{min}　$Q_{正常}$　Q'_{max}　Q_{max}

图 2.90 调节阀的可调流量范围

一个调节阀要能正常工作，可调节的最大流量 Q_{max} 一定要大于工艺所需要的最大流量 Q'_{max}，可调节的最小流量 Q_{min} 一定要小于工艺所需要的最小流量 Q'_{min}。因此，调节阀可调流量范围如图 2.90 所示。根据图 2.90，可以写出：

$$\Delta Q = Q_{max} - Q_{min} \tag{2.78}$$

其中：

$$Q_{min} = Q'_{min} - (10-20)\%\Delta Q \tag{2.79}$$

$$Q_{max} = Q'_{max} + (10-20)\%\Delta Q \tag{2.80}$$

这样，调节阀有 5 个可以作为计算 C 值的流量，即 Q_{min}、Q'_{min}、$Q_{正常}$、Q'_{max}、Q_{max}。通常情况下，都用正常流量 $Q_{正常}$ 或工艺所需最大流量 Q'_{max} 作为计算 C 值的流量。按 $Q_{正常}$ 计算得到的流通能力记为 $C_{正常}$，按 Q'_{max} 计算得到的流通能力记为 C'_{max}（一般就用 C_{max} 表示）。而所选择的阀门流通能力则为：

$$C_{选} = \begin{cases} 1.9C_{正常} & \text{（对于正常流量为相对开度 50\% 的线性阀门）} \\ 3.9C_{正常} & \text{（对于正常流量为相对开度 60\% 的对数阀门）} \end{cases}$$

或

$$C_{选} = \begin{cases} 1.25C_{max} & \text{（对于工艺最大流量为相对开度 80\% 的线性阀门）} \\ 2.0C_{max} & \text{（对于工艺最大流量为相对开度 80\% 的对数阀门）} \end{cases}$$

一般情况下，当调节阀上游压力源是一个恒压源时，例如一个大水池、大气柜或经压力控制的管道，就选用 Q'_{max} 作为计算流通能力 C 的依据。如果调节阀上游压力源是一个变压源，例如水泵、压缩机等，因泵的扬程（相当于压力）是随着流量的增大而减少的，就应选择 $Q_{正常}$ 作为计算流通能力 C 的依据。

（2）计算压差值 ΔP 的选择

阀门的计算压差应与计算流量相对应，应该是该计算流量下阀门前后的压差。一般地说，从调节作用考虑，应使压差占整个系统中总阻力损失的比值越大越好，这样，可使流量特性少发生畸变。从经济上考虑，则应使压差尽可能小，选择较小扬程的泵，以减少动能损失。

4. 调节阀的调节精度

常采用调节阀作为流量调节装置。例如，在用阀门调节的投药控制系统中，调节阀是一个重要的组成部分。为了保证系统的正常工作，调节阀的调节精度应与系统其他部分的精度相协调，一般来说不应低于调节阀输入控制信号的精度。电动调节阀的精度指标之一是“死区”，即对输入信号的不响应区域。以某厂产 ZAZP 型直通式电动调节阀为例。理想流量特性为线性，流通能力 $C=0.5$，输入控制信号为 4～20mA，死区为 0.48mA。按线性特性分析，在全程范围等精度调节，相对精度为 0.48/(20－4)＝3.0％。若以 C 代表最大流量，即 $Q_{max}=C=0.5m^3/h$，则最小可调流量为 $3.0\%\times0.5m^3/h=15L/h$。事实上，由于工作流量特性的畸变，实际的调节精度将较上述数值更低。

在水处理系统中，往往受水质、水量等多种因素的影响而投药量变化较大。投药系统必须按最大投药量设计，实际运行时多数时间的投药量则远低于设计投药量。按此最大投药量选择的调节阀在多数情况下显得是流通能力偏大，必处于小开度状态下运行，系统的调节精度将进一步下降（在上例中，设常规流量为最大流量的 30％，则相对调节精度降为 10.0％，最小可调流量为 50L/h）。另外，在投药系统设计时，为安全起见经常要留有较富裕的作用水头，在使用时流量必然偏大，就不得不使调节阀开度更小以节流或串联手动阀门节流。但后者使 S 值下降，恶化阀门的调节特性，也导致调节精度下降，亦是不可取的。根据前述调节阀特性分析，这种负荷变化较大的工况选择等百分比型调节阀，则工作流量特性畸变的结果使之趋近于线性，较为适宜。但投药用调节阀一般规格较小，流量特性多为线性。实际选择阀门也往往未必能选到恰好符合设计流通能力的阀门，又势必使选择的流通能力更大。综合上述各种因素，调节阀的相对调节误差（以正常平均投药量为基数）可达 10％以上。

思考题与习题

1. 检测仪表由哪些基本部分组成？各有什么作用？
2. 检测仪表的性能指标是什么？简述重要性能指标？
3. pH 测量的基本方法和原理是什么？
4. 溶解氧测量的基本方法和原理是什么？
5. 色度测量的基本方法和原理是什么？
6. 浊度测量的基本方法和原理是什么？
7. 生化需氧量测量的基本方法和原理是什么？
8. 化学需氧量（COD）测量的基本方法和原理是什么？
9. 紫外（UV）吸收测量的基本方法和原理是什么？
10. 紫外（UV）在线分析仪表测量的工作原理是什么？
11. 余氯在线检测仪表测量的工作原理是什么？
12. 氨氮在线检测仪表测量的工作原理是什么？
13. 总磷和正磷酸盐在线检测仪表测量的工作原理是什么？
14. 水质生物毒性在线检测技术有哪些？
15. 水质自动监测站点如何选定？
16. 多维矢量水质综合预警技术基本原理是什么？
17. 流量测量仪表有哪些类型？在给水排水工程中常用的有哪些？
18. 超声波流量计的基本原理是什么？超声波流量计有什么特点？
19. 明渠流量仪表的基本原理是什么？
20. 可编程控制器的基本组成？
21. PLC 控制系统与电器控制系统比较有什么特点？
22. PLC 的性能指标是什么？有哪些发展趋势？
23. 给水排水工程自动化常用的执行设备有哪些类？各有什么作用？

24. 往复泵与离心泵的工作特性、调节特性有什么差别？各有什么特点？

25. 离心泵的阀门调节与变速调节有哪些差别？

26. 调节阀与电磁阀的作用各是什么？

27. 调节阀有哪些常见类型？何为调节阀的理想特性与工作特性？

第 3 章　水泵及管道系统的控制调节

3.1　调节的内容与意义

管道系统是给水排水工程的重要组成部分，水泵更是极为常见的给水排水设备。以给水工程为例，输配水管网担负着输送、分配水的任务，它的造价占给水系统总造价的主要部分；管道系统往往是由水泵加压供水的有压系统，与水泵及水泵站的关系密切，它的运行费用（主要为电耗）在给水系统运行费用构成中占第一位。采取技术措施，合理地调节水泵、管道系统工况，保证用户的用水要求，并最大限度地节约能耗、降低费用，是十分重要而有意义的工作。

给水排水工程中的水泵与管道系统主要包括：

（1）城市供水系统——包括输配水管网及二泵站、加压泵站；

（2）城市雨水、污水排水系统——包括排水管网及雨水泵站、污水泵站；

（3）小区、建筑的给水系统——包括小区、建筑给水管网及加压设施；

（4）小区、建筑的排水系统——包括排水管网及小区排水泵站、建筑室内污水提升泵等。

由于水泵（或水泵站）都是同管道系统联系在一起的，因此事实上，对这些系统的调节控制都可归结为对水泵工况的调节上。可以将控制系统分为如下两大类。

（1）对水泵的开停双位控制：按照液位（或压力值）、流量等参数的要求，改变每台水泵的开、停状态或改变水泵的运行台数。

（2）对水泵工作点的调节控制：按照液位（或压力）、流量等参数的要求，改变水泵的工作点。这种改变可以通过调节管路系统中阀门的开启度实现或通过改变水泵转速的方式实现。

3.2　水泵—管路的双位控制系统

在给水排水生产中大量地遇到各种水泵与管路联合工作的情况，经常涉及水泵等设备的开停控制问题。这些问题一般都能利用双位逻辑控制方法来解决。在第 1 章中已对双位逻辑控制系统的基本原理作了介绍。这种控制既可以通过微电脑等高级控制技术设备实现，也可以采用常规的继电器等机电装置构成逻辑系统实现。后一种简便易行，在生产中得到大量应用。本节即以常规机电逻辑控制为例进行讨论，并通过一些例题说明实现这种控制的基本技术方法。

【例 3-1】 排水泵站的控制系统

排水泵站有一集水池，汇集从排水管网来的雨水、污水。依该水池中水位的高低，排水泵应自动地开、停。为了解决排水泵的控制问题，设高、低两个控制水位 a 与 b。排水泵站系统如图 3.1 所示。要求：当水位高于 a 时，水泵启动排水；当水位低于 b 时，水泵停止排水。

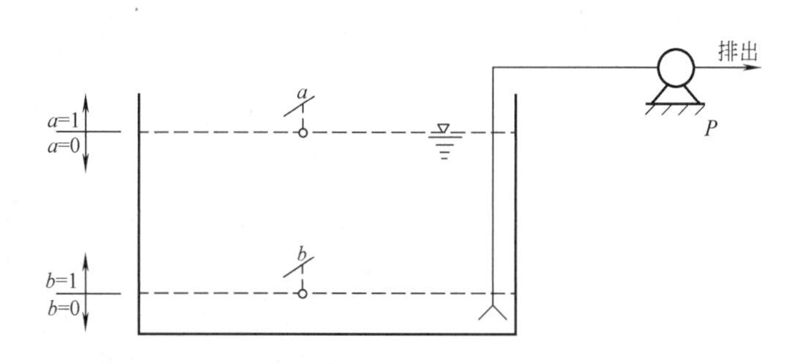

图 3.1 排水泵站系统示意图

为此，设两个水位开关于相应水位处。规定水位高于规定值，水位开关触点闭合，逻辑值为 1；水位低于规定值，水位开关触点断开，逻辑值为 0。依第 1 章所述方法，分析该系统的工作过程，可知这是一个有记忆的逻辑系统，可以采用交流接触器组成逻辑控制装置。变量有水位 a、b 及代表水泵当前状态的附加变量 P_{t-1}，3 个变量共有 8 种逻辑组合。按给定的要求，每种组合的结果应符合表 3.1 中的真值表所列。表中第 5、6 项的两种逻辑组合不符合实际的正常情况，属故障状态，不予考虑。由此建立卡诺图，如图 3.2 所示。

例 3.1 真值表　　表 3.1

a	b	P_{t-1}	P
0	0	0	0
0	0	1	0
0	1	0	0
0	1	1	1
1	0	0	—
1	0	1	—
1	1	0	1
1	1	1	1

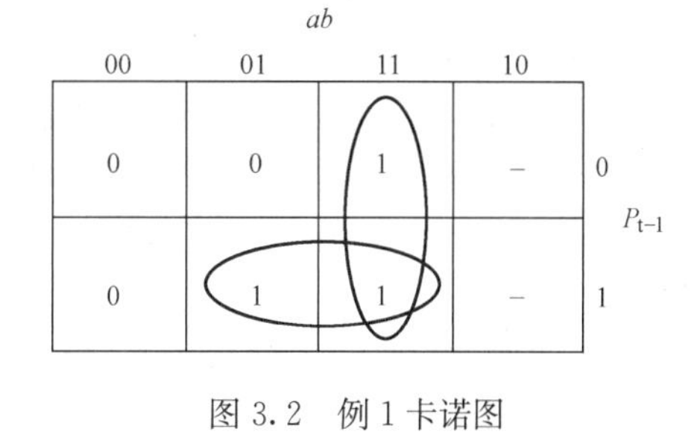

图 3.2 例 1 卡诺图

并可以得到逻辑表达式：

$$P=ab+bP_{t-1}=b(a+P_{t-1})$$

采用交流接触器控制水泵的运行，用符号 Y 表示接触器线圈及其主触点，其通断电与水泵的开停一致；接触器中的一对常开副触点用作记忆功能，代表 P_{t-1}，用 y 表示，则有：

$$Y=b(a+y)$$

于是可以建立图 3.3 所示的控制系统线路。

其工作过程如下：当水位低于 a 也低于 b 时，集水池处于空池状态，交流接触器的线圈 Y 处于断电状态，水泵停止；随着来水不断地在池内聚集，直至水位高于低水位 b，使触点 b 闭合，但触点 a 仍处于断开状态，水泵不运行；当水位继续升高至高于高水位 a 后，水位开关 a 的触点闭合，接触器线圈 Y 导

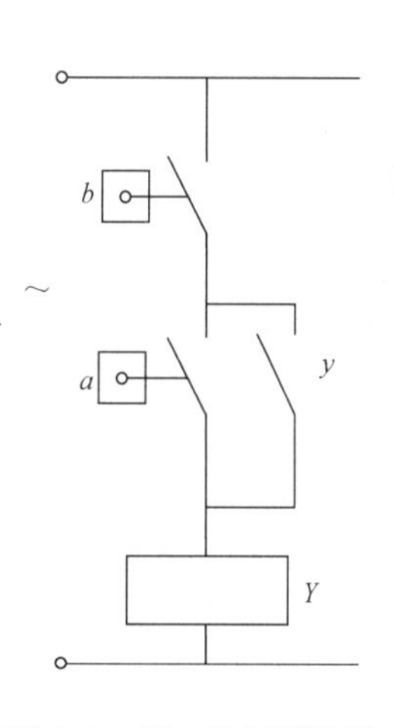

图 3.3 例 1 控制线路图

通，带动其主触点闭合，同时副触点 y 也闭合，水泵开始工作；随着水泵将水排出，池内水位下降，当低于高水位 a 时，触点 a 断开，但此时控制电路可通过副触点 y 导通，水泵仍在工作；直至水位降到低水位 b 以下，触点 b 断开，控制线路中的继电器线圈 Y 断电，主触点断开，水泵停止。

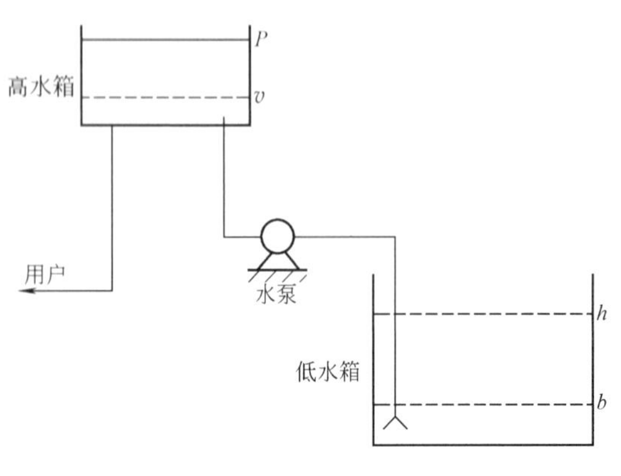

图 3.4　高低水箱给水系统示意图

【例 3-2】 建筑物高低水箱给水系统

建筑给水常采用由高低水箱组成的给水系统。在屋顶设高位水箱，在低处（如地下室）设一低位水箱。室外管网来水先进入低位水箱，然后由给水泵从低位水箱抽水向高位水箱补水，再通过高位水箱提供用户用水并保证用户水压要求。水泵的运行工况应由高低两个水箱的水位决定，可以自动运行。系统如图 3.4 所示。

对该控制系统的具体要求如下：

（1）可以按手动或自动两种方式控制水泵的开停，设手动按钮 m、a；

（2）在自动控制方式下，水泵可以根据水位变化自动开停，为此设水位开关 p、v、h、b；

（3）对低位水箱水位的限制。当水位低于 b 时，低位水箱处于缺水状态，水泵必须停止；当水位高于 h 时，低位水箱处于充满状态，允许水泵启动；

（4）对高位水箱水位的限制。当水位低于 v 时，高位水箱处于放空状态，水泵可以启动供水；当水位高于 p 时，高位水箱充满，水泵应该停止供水。

上述关于高、低水箱水位的两组要求（3）、（4）应同时得到满足。水泵的运行情况依此条件确定。

解决办法：暂不考虑手动控制，先分析自动控制的情况。对工况过程分析可知，这也是一个有记忆的逻辑控制系统，需增加一个描述水泵当前状况的变量，用 MP_{t-1} 表示。这样加上高低水箱中的 4 个水位开关，共有 p、v、h、b、MP_{t-1} 5 个逻辑变量，共同决定水泵自动开停。水泵的工况改变，用交流接触器实现，以 MP 表示其线圈及主触点。5 个逻辑变量，共有 $2^5=32$ 种可能的逻辑组合。根据前述要求，可以确定每种组合应有的逻辑结果，如逻辑运算真值表见表 3.2。

例 3.2 逻辑运算表　　　　**表 3.2**

b	h	v	p	MP_{t-1}	MP	b	h	v	p	MP_{t-1}	MP
1	0	0	0	0	0	1	1	0	0	0	1
1	0	0	0	1	1	1	1	0	0	1	1
1	0	0	1	0	—	1	1	0	1	0	—
1	0	0	1	1	—	1	1	0	1	1	—
1	0	1	0	0	0	1	1	1	0	0	0
1	0	1	0	1	1	1	1	1	0	1	1
1	0	1	1	0	0	1	1	1	1	0	0
1	0	1	1	1	0	1	1	1	1	1	0

在这 32 种组合中，前 16 种皆为低水箱缺水状态（$b=0$），水泵不允许启动，MP 的逻辑值均为 0；后 16 种中的第 3、4、11、12 四项不符合实际情况，只在故障情况下才会发生，不予考虑。

依该真值表可以画出卡诺图，为简化起见，仅画出 $b=1$ 的部分（$b=0$ 时，MP 恒等于 0），共有 16 个格，如图 3.5 所示。

于是有逻辑表达式：

$$MP=b(h\,\overline{vp}+\overline{p}\cdot MP_{t-1})=\overline{p}\,b(h\overline{v}+MP_{t-1})$$

将 MP_{t-1} 以 MP 继电器的一个副触点 mp 代替，则有：

$$MP=\overline{p}\cdot b(h\,\overline{v}+mp)$$

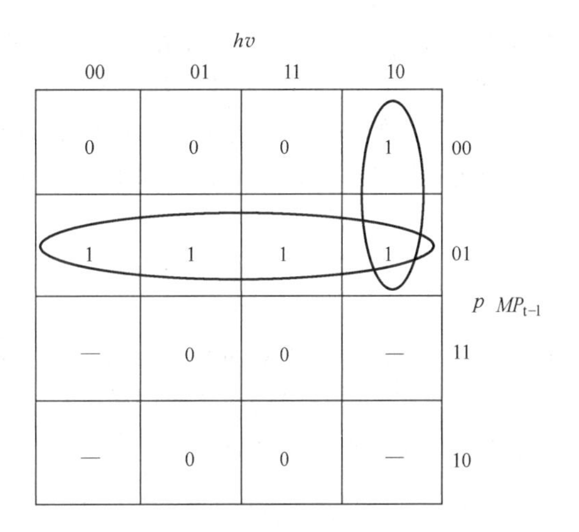

图 3.5 例 2 卡诺图（$b=1$）

再考虑手动控制的情况，另设一个手动控制用的交流接触器 KA。根据第 1 章的讨论，手动控制系统的逻辑表达式为：

$$KA=\overline{a}(m+ka)$$

式中的 m、$\overline{a}$ 分别为手动启动与停止按钮，ka 为该交流接触器的一对副触点。

根据要求，水泵应在手动启动后，才允许按水位的变化自动运行；手动控制也应可以随时停止水泵的运行。即手动与自动两种控制方式应是逻辑乘的关系，于是应再设一个总的水泵启动用接触器 KM，并有：

$$KM=KA\cdot MP$$

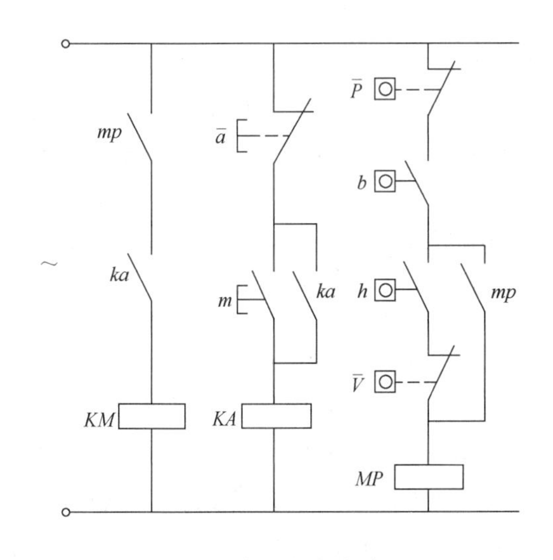

图 3.6 例 2 控制线路图

这样得到总的控制系统如图 3.6 所示。

当然，图 3.6 所示仅是控制线路的基本部分。一个完整的控制系统，还应包括各种声、光报警装置、保护装置；水位开关继电器应采用 24V 低压系统，以保证安全，等等。限于篇幅，不再详述。对此部分细节可参考有关的专门书籍。

上面两个例题说明了逻辑双位控制系统的应用。这是一种简单、传统的控制方式，采用常规电器设备就可以实现，投资小，应用广泛。然而，这种双位控制效益较低，只依两种状态进行开关控制，被控参数波动大。以高位水箱供水系统为例。这种方式的供水水压波动较大，有一部分水头浪费了，从而多耗能；水泵可能会较频繁地开停，也不适合于较大型水泵的运行控制。要实现更精确、更高效的控制，应选用更高级的控制系统，这将在后面各节进行介绍。

3.3　水泵的调速控制

水泵是给水排水工程中使用十分广泛的设备，水泵又是给水排水系统中主要的耗能设备。以给水工程为例，城市供水的一泵站、二泵站、加压泵站提升水量非常大，可以达到每日几十万至几百万立方米，往往都采用大型水泵，电耗很高。一般，水泵站电耗占给水系统总电耗的70%以上，在给水系统的运行费用构成中居第一位。这些能耗中，有一部分是多余能耗（多余水头），被浪费掉了。为了节能，应该对水泵的工况进行调节。另外，水压是供水质量的一项重要指标。水压偏低不能满足用户的使用要求；水压偏高也会给用户用水带来不便，还会增大管道中水的漏失及爆管故障率。从保持水压稳定的角度，也应当对水泵的工况进行调节。

给水排水工程中应用的水泵多为离心泵。在第2章中已提及，离心泵的调节方法有两类，一类是通过调节水泵出口管路上的阀门来改变管路特性，实现水泵工况点的调节；另一类是改变水泵的转速，从而改变水泵的特性曲线，实现水泵工况点的调节。前者节能效益较低，部分多余能量消耗在了阀门上；后者是一种高效节能的调节方式。因此调节水泵转速是改变水泵工况的较好方法。

3.3.1　水泵调节的类型

视用途目的不同，水泵调速的控制参数也有所不同，主要有如下3种典型情况。

（1）恒压调速

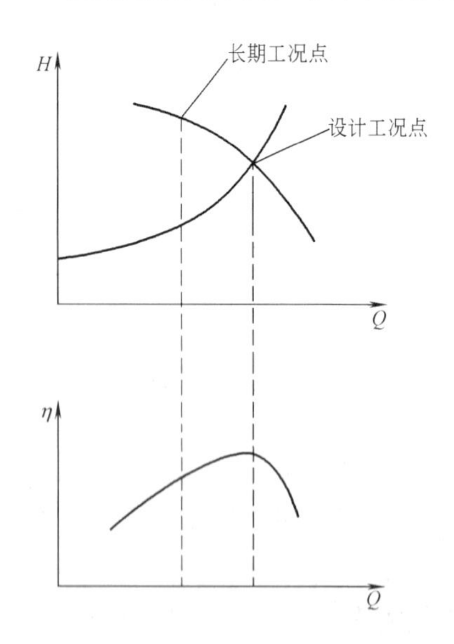

图3.7　二泵站水泵工况点的变化

这属于二泵站、建筑与小区给水系统的典型情况。以二泵站为例。二泵站水泵自水厂清水池吸水，担负向城市管网供水的任务，要求保证用户的自由水压不低于某规定值，即最小自由水压。城市用水情况是时刻变化的，在设计上为了保证供水的安全可靠性，要按最大时流量与扬程条件设计。然而，最大时是一种极端的用水情况，更为经常的是处于用水量较少的条件下，水泵的供水能力会有富余，供水压力高于用户要求的自由水压，造成能量的浪费。传统的解决办法是采用分级供水，视用水情况将二泵站的工作制度定为二级或三级，每一级选择不同规格、不同台数的水泵组合运行，这种运行方式只需要对水泵进行开停控制，实际上就是前面已讨论过的双位控制技术。这种控制方式的结果是，在某一级的运行范围内，随用水的波动，水泵工况点仍有一定幅度的变化，就有可能导致：a. 水泵长期工作在低效率点，浪费能量；b. 在用水较多时用户水压难以保证，或在用水较少时水压过高造成浪费，如图3.7所示。供水系统用水量变化越大（变化系数大)，问题就越严重。据文献报道，即使在上海地区这种用水均匀性较强的大型给水系统中，由于水压波动、水泵长期在较低效率下运转等原因导致多耗电约20%。因此，有必要以保证用户水压恒定为目标进行水泵调速。这种调节方式应用较为广泛。

（2）恒流调速

这是给水系统一泵站的典型情况。一泵站水泵由江河湖泊取水，加压送入水处理厂。为了保证取水安全，一泵站往往按恒定取水水位设计，以水源某一概率下最低水位为设计依据。这也是一种极端情况，对水泵的扬程要求最高。常年运行中多数时间内水源水位高于最低水位，经常处于常水位附近，实际需要的水泵扬程低于设计扬程，偏离设计工况，水泵设计扬程过剩，浪费能量。由于水厂运行多是按恒定流量设计的，要求一泵站也应按恒流方式运行。为此在传统方式中，有的泵站根据水位大的变动，更换水泵叶轮，在一定程度上实现流量调节并节能。这是一种阶段式的调节，而且操作起来很不方便。更为经常的是当水位高于设计水位时，采取关小管路阀门的方式消耗多余的水头，保证一泵站取水流量恒定。因此，一泵站水泵也会长期运行在耗能高、效率低的工况下。图3.8中的曲线就描述了这种情况。曲线①、②分别为水源水位在常水位、设计水位（最低水位）时的管路特性曲线。随着水源水位高于设计水位，水泵供水量有增大的趋势，为保证设计流量Q不变，就要关小水泵阀门，改变管路特性曲线（如曲线③）。为了避免这种水源水位变化产生的能量浪费，现在已经有泵站开始进行水泵工况的变速调节。这是以水量恒定为目的的水泵调速。水源水位变幅越大，这种调节就越为必要。当然，也有的水厂清水池调节能力不足，一泵站也要有一定的水量调节功能，这就更有必要进行水泵的调速。

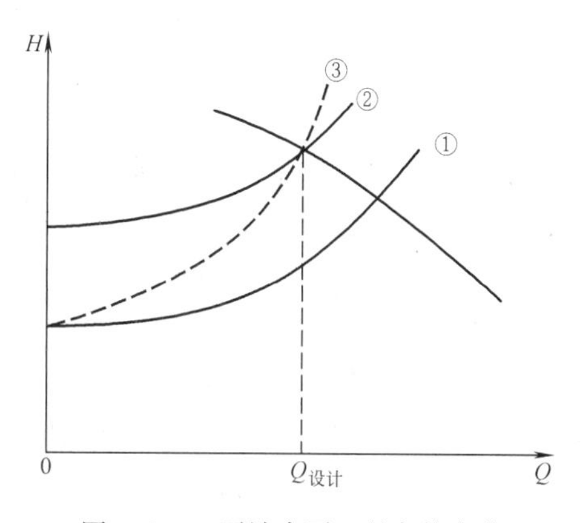

图3.8 一泵站水泵工况点的变化

恒流调节可以有效地节约能耗。据介绍，上海某厂有一台取水泵，恒流调速后，平均功耗由200kW下降到145kW。

（3）其他调节情况

给水排水系统中，还有许多水泵工况调节的情况，较为典型的有各种水处理药剂投加泵的调节。投药泵一般按最大投药量设计选择，因此也是长期在低投量下运转，传统上是以阀门调节，耗能高、调节精度差。这种用途的水泵特别要求有良好的调节精度，保证药量按需投加。往往采用调速的方法能收到较好效果。这是一种非恒压、非恒流的水泵调节情况。

3.3.2 水泵的调速方法

水泵的调速方法有多种，主要分为两类：第一类是电机转速不变，通过附加装置改变水泵的转速，如液力耦合器调速、电磁离合器调速、变速箱调速等，都属于这种类型；第二类是直接改变电机的转速，如可控硅串级调速、变频调速等。后者是在水泵站应用较多的调速形式。

1. 串级调速

异步电动机的转子绕组外接一个可变反电势，可以改变电动机的转速。为使反电势的频率与转子绕组的感应电势相符合，通常把转子感应电势通过三相桥式整流变为直流电，用直流电动机实现反电势的方法，称为机组串级调速。根据电能反馈的方式，串级调速又可分为下列三种形式：

（1）机械反馈机组串级调速。如果直流电动机与异步电动机同轴，使它所吸取的电能从转矩回馈到主轴，这种调速称为机械反馈机组串级调速。

（2）电气反馈机组串级调速。如果直流电动机拖动另一台异步发电机把电能反馈到电网，这种调速称为电气反馈机组串级调速。

（3）可控硅串级调速。用可控硅逆变器实现反电势的调速方法，称为可控硅串级调速。这种调速方式可用于大型水泵的调速。我国在20世纪70年代末开始应用于给水排水工程中。过去这种调速装置的可靠性较低，要求有较高的维护水平；而且可产生高次谐波，污染电网，对其他用电设备造成干扰；该调速方式投资也较大。近年的新产品已经有很大改进。

2. 液力耦合器调速

液力耦合器调速是一种机械调速方式，可以实现无级调速。液力耦合器是由主动轴、从动轴、泵轮、涡轮、旋转外壳、导流管、循环油泵等组成的。泵轮在电机一侧，与电机同步；涡轮在水泵一侧，与水泵同步。液力耦合器通过导流管控制，其调速原理是：泵轮与涡轮之间有一间隙，泵轮随主电机以 n_0 额定转速旋转，若略去空气阻力不计，当流道未充油时，涡轮与水泵转速 $n \approx 0$；当循环油泵向流道内供油后，旋转的泵轮叶片将动能通过油传给涡轮的叶片，因而带动涡轮与水泵旋转，耦合器处于工作状态。涡轮的旋转速度由流道内因离心力旋转之油环厚度而定，油环越厚旋转速度越高。设计使导流管排油量大于循环泵的供油量，只要调节导流管的行程，便可改变耦合器的充油度，从而实现水泵无级变速运行，控制水泵出口的流量。

这种调速方式一次性投资小，操作简便，但在低速时效率低、节能效果差，其原因是机械耗能较大，循环油泵需要耗用一部分能量。况且还需要配备一套油泵和耦合设备，占地面积较大。液力耦合器调速只宜在较小型水泵上应用。

3. 变频调速

变频调速是20世纪80年代出现的水泵调速技术。它通过改变水泵工作电源频率的方式改变水泵的转速。

$$N=\frac{120 \cdot f}{P}(1-s) \tag{3.1}$$

式中　N——水泵电机转速；

f——电源频率；

P——电机极数；

s——电机转差率。

由上式可见，如果均匀地改变电机定子供电频率 f，则可平滑地改变电机的转速。为了保持调速时电机最大转矩不变，需维持电机的磁通量恒定，因此，要求定子供电电压应作相应的调节，所以，变频设备兼有调频和调压两种功能。

变频调速是通过变频调速器实现的，它可以将输入的固定频率的电源（在我国为50Hz）转换为频率可调的电源输出，供给水泵电机等需要调频的设备作工作电源。变频调速具有很高的调节精度，表3.3是几种典型变频调速器产品的精度特性。

常用变频调速器的精度特性　　表3.3

产品型号	产地厂家	微处理器位数	频率分辨率(Hz)		频率稳定性(Hz)	
			数字设定	模拟设定	数字设定	模拟设定
STARVERT-D	韩国,GOLDSATR	16	0.01	0.01	±0.01	±0.25
SAMCO-M	日本,SANKEN	16	0.01	0.025	±0.01	±0.25
FVR-G7S	日本,FUJI	32	0.002	0.02	±0.005	±0.1

注：精度指标按变频范围0.5～50Hz确定

变频调速技术的一个重要特点是可以实现水泵的“软启动”，水泵从低频电源开始运转，即由低速下逐渐升速，直至达到预定工况，而不是按照常规一启动就迅速达到额定转速。软启动的工作方式对电网的干扰小，无冲击电流，也适合于在几台水泵之间进行频繁地切换操作。这种启动方式在恒压供水等情况下有独特的优点。

变频调速技术已在给水排水工程中获得许多应用，包括调节水厂投药泵的转速，实现投药量的高精度调节；在建筑或小区给水系统中用于恒压给水控制；在大型的给水泵站，变频调节供水泵的转速，实现城市供水的恒压或恒流调节等也有应用。这种技术目前在常压（380V）、小功率电机（<280kW）调速上的应用较为普遍。在高压大型电机上的应用由于价格、技术等问题，应用还不很广泛。

3.3.3 水泵调速运行的方式

以变频调速为例，通常以微电脑为控制中心，构成水泵的变频调速控制系统。最典型的控制系统形式是反馈控制系统，控制中心根据控制点输入的信号（如水压）与给定值比较，调节变频器的输出，改变水泵工作电源的频率，使水泵转速相应改变。一般为减少控制设备台数、降低投资，常采用变速与定速水泵配合工作的方式。即一个泵站内只有一至两台水泵变速运行，其余水泵为定速运行，变速泵与定速泵组合一起工作，通过对变速泵的调节，得到要求的各种工况。

3.4 恒压给水系统控制技术

恒压给水系统应用广泛。前面介绍的城市管网供水系统、建筑小区给水系统等，都属于这种情况。按控制精度的高低，恒压给水控制技术包括如下两大类。

（1）双位控制系统。按水位（水压）的高低两个界限值控制给水泵的开停。当高低水位相差不大、水压波动较小时，可近似看做恒压给水系统，如前述的高位水箱给水系统以及气压给水系统。这种控制方式精度低，水压波动较大，是较为传统的给水技术。

（2）定值控制给水系统。按某一压力（水位）控制点的水压（或水位）目标值进行调节控制。可以采用变频调速等技术，改变水泵特性，对水泵工况连续调节，将水压控制在很小的波动范围内，这是先进的给水技术。

按压力控制点的设置位置，还可以将恒压给水控制系统分为泵出口处恒压控制与用户最不利点处恒压控制两类。

3.4.1 变频调速恒压给水技术

1. 工作原理

在给水系统中，用户用水量的变化反映在水压上，表现为管网水压的波动。因此，调节水泵工况，保证用户用水水压的稳定，就可以保证用户用水。变频调速恒压给水系统可以通过自动控制实现上述调节。它由电机泵组、压力传感器、控制器、变频器以及自动切换装置等组成，以水压为控制参数。水泵启动后，压力传感器向控制器提供控制点的压力值 H。当 H 低于控制器设定的压力值 H_0（H_0 按用户的水压要求设定）时，应该提高水泵转速，控制器向变频调速器发送提高电源频率的指令；当 H 高于 H_0 时，则应该降低水泵转速，控制器向变频器发送降低频率的控制信号。当某台水泵的转速达到规定的上限时，自动启动新的水泵投入运行；反之，则自动减少运行水泵的台数。通过调节水泵工作电源频率的方式，改变水泵的转速，从而改变了水泵的工况，构成闭环反馈控制系统，自动调节水泵转速及工作水泵台数，实现恒压变量供水。

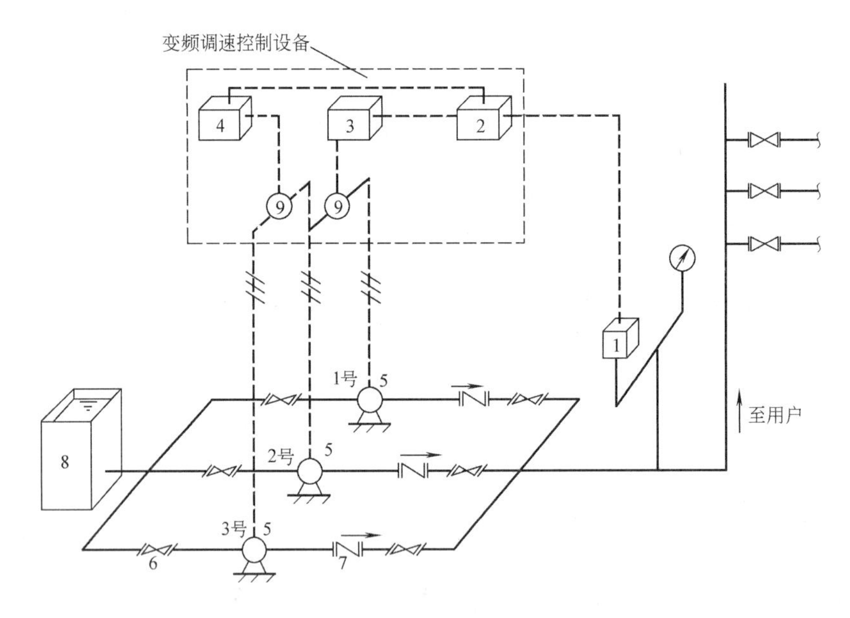

图 3.9 给水设备系统原理图

1—压力传感器；2—控制器；3—变频调速器；4—恒速泵控制器；5—水泵机组；6—闸阀；7—单向阀；8—贮水池；9—自动切换装置

图 3.9 给出了由 3 台水泵组成的典型恒压给水系统原理图。分别以 1 号、2 号、3 号代表 3 台水泵，它们交替循环工作，其工作过程如下：开机后，通过微机系统控制，1 号机泵从变频器的输出端得到逐渐上升的频率和电压，开始旋转（软启动）；频率上升到供水管网设定供水压力和流量要求的相应频率，并随控制点的压力变化（代表了供水流量的变化）而改变频率调速运行。如果这时用户的用水量增加，1 号泵的工作频率上升到工频（50Hz）仍不能满足用水要求（表现为控制点压力达不到设定值），控制系统发出指令 1

号泵自动切换到工频状态运行；随后指令2号泵投入变频启动，并自动响应其频率满足该时供水管网流量和压力的要求；如果这时用水量再上升到2号泵也达到工频，则类似地，控制微机发出指令2号泵亦切入工频运行，并立即指令3号泵投入变频启动，并响应至满足该时供水系统的流量和压力所需频率运行。如果这时用水量降低，3号泵的工作频率降至频率极限（无流量输出），控制点的压力仍大于设定值，则微机发出指令1号泵停止运行，同时3号泵立即响应该时流量相应的频率工作；如果这时用水量继续下降至3号泵的工作频率又降至频率极限（无流量输出），则微机发出指令2号泵停止运行，只有3号泵立即响应该时流量相应的频率，变频运行。上述运行方式使水泵按投入运行的先后顺序依次退出运行，即遵循先入先出的原则，使得水泵的损耗均衡。设备的运行工作示意如图3.10所示。

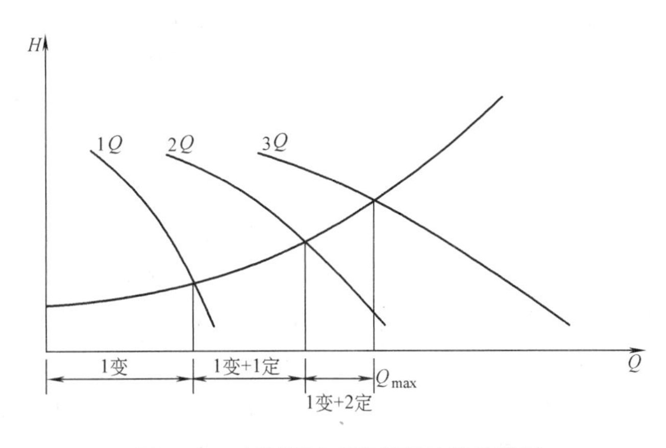

图3.10 变频调速系统运行过程示意图

2. 技术特点

通过前面的分析，可以总结出变频调速恒压给水技术有如下特点：

(1) 高效节能。设备能自动检测系统瞬时水压，据此调节供水量，节约供水能耗。设备电机在交流变频调速器的控制下软启动，无大启动电流（电机的启动电流不超过额定电流的110%），机组运行经济合理。

(2) 用水压力恒定。无论系统用水量有任何变化，均能使供水管网的服务压力恒定，大大提高了供水品质。

(3) 延长设备使用寿命。采用微机控制技术，对多台泵组可实现循环启动工作，损耗均衡。特别是软启动，大大延长设备的电气、机械寿命。

(4) 功能齐全。由于以微机作中央处理机，可以设置各种附加功能，如：小流量切换，水池无水停泵，市网压力升高停机，定时启、停，自动投入变频消防，自动投入工频消防等功能。

3.4.2 恒压给水系统压力控制点的位置

恒压给水系统是以满足用户用水水压恒定为目标进行工作的。但在具体的系统设计上，按压力控制点位置的不同，又可以分为两大类：一类是将控制点设在最不利点处，直接按最不利点水压进行工况调节；另一类是将控制点设于水泵出口，按该点的水压进行工况调节，间接地保证最不利点的水压稳定。这两类系统具有不同的控制特性与控制品质。现今恒压给水系统多采用后一种方式。在后一类中，又可按压力设定值的不同分为恒压控制和变压控制。

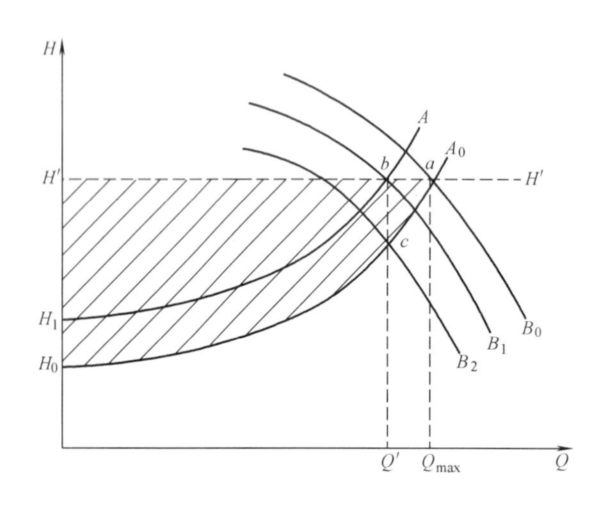

图 3.11 水泵出口恒压调速给水系统工作特性

1. 控制点设在水泵出口

压力控制点设在水泵出口，事先给定一个压力设定值，按此值变速调节水泵工况是常用方式，其工作特性如图 3.11 所示。管路特性曲线与水泵特性曲线的交点水压代表水泵出口水压；通过此交点的管路特性曲线与纵坐标轴相交，该水压值代表用户处（最不利点）的水压。H'为水泵出口压力控制线，按用户水压要求，并由管路特性曲线推求确定。设在最大用水量 Q_{max} 时，管路特性曲线 A_0、水泵特性曲线 B_0 与压力控制线 H'交于 a 点，对应用户最不利点的水压标高 H_0 即为要求的最低水压，没有水压浪费。当用水量降低时，控制系统降低水泵转速来改变其特性，水泵特性曲线下移。但由于采用泵出口水压恒定方式工作，所以其工作点始终在 H'上移动，如 b 点即为相应于 Q'的新工作点，相应的水泵特性曲线为 B_1，对应的管路特性曲线必然由 A_0 向上平移至 A。其结果导致最不利点水压由 H_0 上升为 H_1，二者的差值为多余浪费的水头。用户用水量越少时，水头浪费越大，图 3.11 中阴影部分即表示用水量在 $0\sim Q_{max}$之间变动时的水头浪费情况。显然水泵出口处恒压对用户而言就是变压，水压波动范围是 $H_0\sim H'$，可能给用户带来不便。另外，这种控制方式虽然管理方便，但不能直接反映用户的水压情况，如果管路上发生某种情况，管路特性变化而使特性曲线形状变化，就可能影响用户的水压，因此在水压保证可靠性上存在问题，其技术经济性能不十分理想。

为了克服水泵出口恒压控制浪费能量、用户水压波动的缺点，可以采用一种水泵出口变压控制方式，即将压力控制点设于水泵出口处，采用变压力控制，从而间接保证用户处基本为恒压。如图 3.12 所示，为了保证用户处的压力恒定为 H_0 不变，水泵出口处的压力就应该沿管路特性曲线 A_0 变化，其规律可以由管路特性曲线方程确定：

$$H=H_0+sQ^2 \tag{3.2}$$

式中 H——水泵出口水压设定值；

H_0——用户处水压要求；

s——管路摩阻；

Q——用水量。

上式各项中，用水量 Q 为当前工作状况参数，可测；H_0 也为已知参数。若能确定管路摩阻 s，则 H 可知。因此，在水泵出口处除设压力传感器外，再加一台流量传感器，控制系统依流量值按式（3.2）计算确定当前的压力设定值，再依此设定值调节水泵转速，间接地保证用户水压恒定。这就构成了水泵出口变压控制系统。在理论上，这一系统的压力控制线沿管路特性曲线变化，供水压力和要求的水压相等，可以满足节能供水、用户水压恒定的要求。

上述水泵出口变压控制的方式较为理想。在实践中，有时难以准确确定供水管路摩阻 s，因此可以采用一种简化的水泵出口变压控制模式。在图 3.12 中，取两点的流量和相应的水泵出口压力——（0，H_0）和（Q_{max}，H'），过此两点的直线为：

$$H=H_0+kQ \tag{3.3}$$

式中　k——直线斜率。

按水力计算或经验确定系数 k，则控制系统就可依式（3.3）决定当前压力设定值 H，即该设定值按线性规律变化。这种水泵出口线性化变压的方式在应用中较易实现，可靠性也比较高。

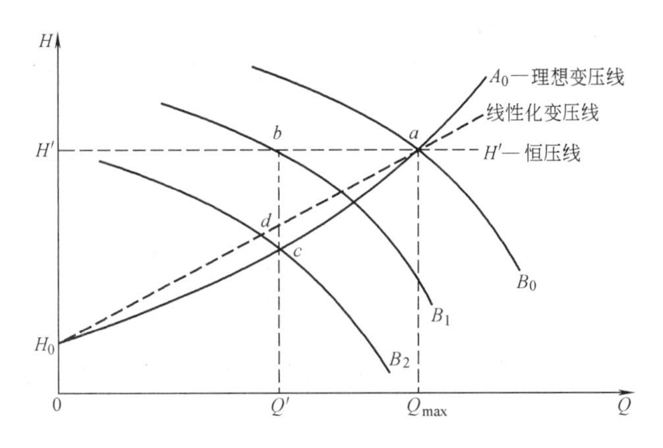

图 3.12　水泵出口变压调速给水系统工作特性

图 3.12 中的 b、c、d 三点分别代表水泵出口恒压、理想变压、线性化变压三种控制方式在某一供水量 Q'时的工作点。显然，以水泵出口恒压控制能量浪费最大，以水泵出口理想化变压控制节能效果最好，以水泵出口线性化变压控制为一种易于实现的简化方式。

2. 控制点设在最不利点

这种控制方式是将控制点设于最不利点，以该点水压标高 H_0（图 3.11）定值作为控制系统的调节目标。在该种方式下，随用水量大小的变化调节水泵转速，使水泵特性曲线变化，而管路特性曲线 A_0 恒定不变，水泵工作点始终在 A_0 上移动，最不利点水压不变保持为 H_0。例如供水量为 Q'时，水泵特性曲线为 B_2，工作点为 c，供水水压等于需要的水压，没有能量的浪费。与水泵出口恒压控制相比，在同样供水量时将使水泵以较低的转速工作，消除了图中阴影部分的能量浪费，实现最大限度的节能供水。同水泵出口变压控制相比，将控制点直接设在用户处，控制系统简单，不需要流量传感器，控制准确。无论管路特性曲线等条件发生什么变化，最不利点的水压是恒定的，保证水压的可靠性高。因此将压力控制点设在最不利点更合理，技术经济性能更佳，而且技术上不难实现。但是这种控压方式改变了压力传感器的安装位置，相应增加信号线的长度，特别是压力控制点的环境可能是复杂的，在工程与管理上有时会带来一些困难。

在实践中，可以根据具体情况，灵活地将控制点设在水泵出口至用户之间的任何位置。基本规律是控制点越靠近用户，则节能效果越好、用户水压越稳定、可靠性越高。

3.4.3　变频调速给水系统中水泵的组合优化

建筑给水系统逐渐放弃水塔、高位水箱、气压罐等传统技术，采用电脑控制配合变频调速器对水泵电机无级调速、恒压给水，在稳定水压、减少设备体积、节能等方面有很大进步，但由于使用了价格昂贵、技术复杂的变频调速器，降低了给水系统的性能价格比。

变频调速器的容量越大，对工程造价的影响越大。因此，在设计规模较大的给水系统时，通过对水泵的组合优化，降低变频调速器的容量，是提高工程性能价格比的有效技术途径。

1. 二进制变流量水泵组合稳压给水方法

本节介绍一种不使用变频器（或气压罐）的自动稳压给水方法，即二进制变流量水泵组合稳压给水方法。

图3.13所示为运用二进制变流量水泵组合稳压给水方法构造的系统示意图。

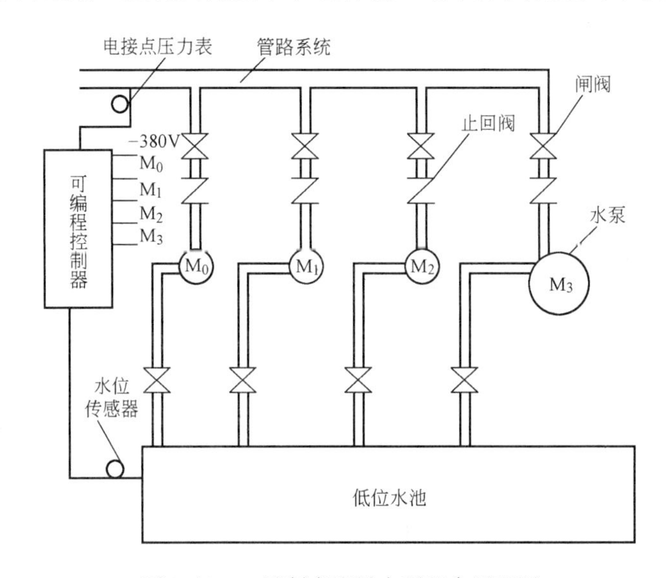

图3.13　二进制变流量水泵组合原理图

该系统共有四台水泵M_0、M_1、M_2、M_3并联运行，组合给水。各台水泵的额定扬程相同，额定流量呈二倍递变，即如M_0的额定流量为q，则其他三台水泵M_1、M_2、M_3的额定流量分别为$2q$、$4q$、$8q$。

以数字1表示水泵工作，数字0表示水泵停止工作。于是M_0、M_1、M_2、M_3四台水泵的工作状态各用一位二进制数a_0、a_1、a_2、a_3加以表达。它们组合在一起时的工作状态用一个四位的二进制数$a_3a_2a_1a_0$表示。

表3.4中，四位二进制数共有16种变化情况，这些变化状况不仅代表了当时水泵的组合，而且代表了当时水泵组合所能提供给水系统的出口流量Q_t（在计算每种工况的出口流量时，近似忽略了由于水泵并联运行所造成的流量损失）。即这个数越大，则出口流量越大；这个数越小，出口流量越小。由此找到了根据用户用量大小，调节系统的出水流量以保证稳压给水的方法，其工作原理是：电接点压力表设定上限压力H_2、下限压力H_1，由H_1与H_2构成了压力稳定区间。如实际水压H偏低，$H<H_1$时，可编程控制器

按表 3.4 所示二进制数 $a_3a_2a_1a_0$ 的递增规律切换水泵组合的工作状态，增加系统出水流量，水压上升直到 $H \geqslant H_1$，如水压 H 偏高，$H>H_2$ 时，可编程控制器按 $a_3a_2a_1a_0$ 递减规律切换水泵组合的工作状态，减少系统流量，水压下降直至 $H<H_2$。这样正常工作时 $H_1<H<H_2$，供水系统的实际水压 H 就被稳定在 H_2 与 H_1 所规定的范围之内，达到稳定水压之目的。

水泵组合工作状态表　　　　**表 3.4**

总流量	M_3	M_2	M_1	M_0	总流量	M_3	M_2	M_1	M_0
Q	a_3	a_2	a_1	a_0	$8q$	1	0	0	0
0	0	0	0	0	$9q$	1	0	0	1
q	0	0	0	1	$10q$	1	0	1	0
$2q$	0	0	1	0	$11q$	1	0	1	1
$3q$	0	0	1	1	$12q$	1	1	0	0
$4q$	0	1	0	0	$13q$	1	1	0	1
$5q$	0	1	0	1	$14q$	1	1	1	0
$6q$	0	1	1	0	$15q$	1	1	1	1
$7q$	0	1	1	1					

注：0 代表水泵停止工作，1 代表水泵工作

利用这种技术，在稳压精度不高，用水负荷波动不太频繁情况下，不使用变频调速器亦可稳压供水。但当稳压精度较高时，如不使用变频调速器，就必须配备较多的水泵（当然水泵的数目比传统水泵并联组合方法大为减少），对优化工程设计与方便施工十分不利。另外，用户负荷变化较大时，不使用变频调速器会造成水泵组合频繁切换，使系统的动态稳压精度大为下降，电机的不断启停使能耗加剧。综合评价较为理想的方案是把变频恒压给水技术与二进制变流量水泵组合稳压给水技术结合使用。

2. 水泵组合优化变频调速恒压给水方案

如图 3.14 所示，该系统共有三台水泵（虚线所画水泵不计入）P_0、P_1、P_2，其中 P_0 与 P_1 的额定流量为 q，而 P_2 的额定流量为 $2q$，三台水泵的额定扬程相同。另外只有 P_0 采用变频器连续控制转速，而 P_1 与 P_2 直接工频电源开关控制。典型的变频恒压给水系统一般采用两台大小一致的相同水泵，一台变频调速控制、一台工频开关控制。而该例中所配备的水泵系统多用了一台小水泵，但由于变频器所控制的水泵流量减少了 50%，故所采用变频器的容量也减小了 50%，实现了用容量小的变频器代替大容量的变频器，提高了整个系统的性能价格比。

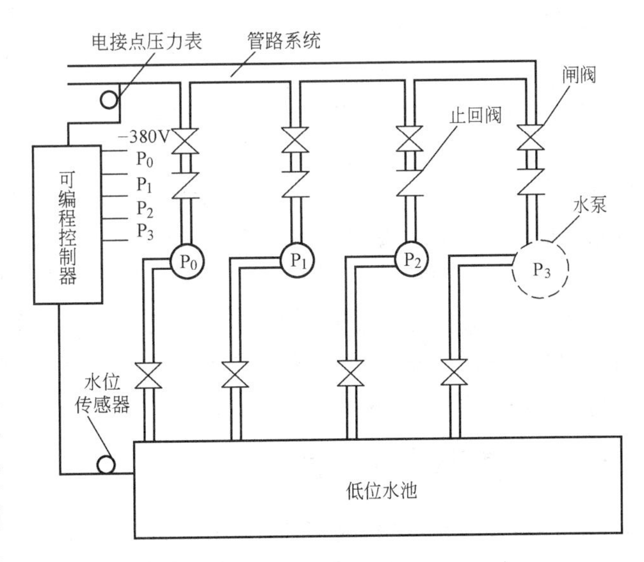

图 3.14　水泵组合优化变频调速原理图

下面描述图 3.15 给水系统的工作原理。对采用开关控制的水泵 P_1 与 P_2，用数字 1 表示水泵工作，以数字 0 表示水泵停止工作，于是 P_1 与 P_2 的组合工作状态用一个两位的二进制数 a_2a_1 表示（见表 3.5）。P_0 采用变频器连续调节电机转速，把它与 P_1、P_2 的组合工作相结合，则整个给水系统的流量可以在 $0 \leqslant Q_t \leqslant 4q$ 的区间连续变化（计 Q_t 时近似忽略了由于水泵并联所造成的流量损失）。表 3.5 与表 3.4 的不同之处在于：由于变频调速水泵 P_0 的加入，可以在 $0 \leqslant Q_t \leqslant 4q$ 的全流量范围内连续调节给水流量，故理论上可以实现高精度的恒压控制，而不是表 3.4 所描述的在一定范围内的稳压控制。同时，与传统的恒压变频调速给水系统相比较，变频器的设计选用容量可减小一半。因此，本方案兼具了二进制变流量水泵组合方案和典型变频调速恒压给水方案的优点。

三台水泵组合优化变频调速系统设计　　**表 3.5**

出口流量	P_2	P_1	P_0	出口流量	P_2	P_1	P_0
Q_t	a_2	a_1	$0<q_0<q$	$2q<Q_t<3q$	1	0	$0<q_0<q$
$0<Q_t<q$	0	0	$0<q_0<q$	$3q<Q_t<4q$	1	1	$0<q_0<q$
$q<Q_t<2q$	0	1	$0<q_0<q$				

如图 3.15 所示，若再增加一个容量为 $4q$ 的水泵 P_3（虚线画出），依据相同的工作原理，给水系统的出口流量可以在 $0<Q_t<8q$ 范围内连续调节，同时水压基本恒定（见表 3.6）。

四台水泵组合优化变频调速系统设计　　**表 3.6**

出口流量	P_3	P_2	P_1	P_0	出口流量	P_3	P_2	P_1	P_0
Q_t	a_3	a_2	a_1		$4q<Q_t<5q$	1	0	0	$0<q_0<q$
$0<Q_t<q$	0	0	0	$0<q_0<q$	$5q<Q_t<6q$	1	0	1	$0<q_0<q$
$q<Q_t<2q$	0	0	1	$0<q_0<q$	$6q<Q_t<7q$	1	1	0	$0<q_0<q$
$2q<Q_t<3q$	0	1	0	$0<q_0<q$	$7q<Q_t<8q$	1	1	1	$0<q_0<q$
$3q<Q_t<4q$	0	1	1	$0<q_0<q$					

通过以上二例可以总结出，如给水系统的设计流量为 Q，则可以把变频水泵的容量设计成 $q=Q/2^n$（$n=1$、2、3……）。同时再配备 n 台工频电源开关控制的水泵，这 n 台水泵的额定扬程相同且与变频水泵的扬程一致，但额定流量设计值却是两倍递变，即从小到大为：q、$2q$、$4q \cdots 2^{n-1}q$。由这（$n+1$）台水泵（1 台变频调速控制，n 台工频开关控制）构成的水泵组合优化变频调速给水系统，既实现在全流量变化范围内高质量的恒压给水，又把变频器的设计容量降为 $q=Q/2^n$，降低了变频器的工程预算价格，提高了整个给水系统的性能价格比。

3.4.4　气压给水系统的控制问题

气压给水系统是对传统的高低水箱给水系统的改进，现在仍有一些应用。气压给水系统由水泵、气压罐、压力检测与控制装置等组成，依气压罐内的压力变化、按规定的压力上下限决定水泵的开停，属于双位控制系统。其具体组成与工作原理已在建筑给水排水工程课程中有专门介绍，此处不再重复。这里仅对气压罐的安装位置与压力控制效果、节能情况进行简要分析。

如上所述，在进行恒压给水系统设计时，压力控制点的位置选择是重要的内容，对气压给水系统也是同样。而且在气压给水系统中，气压罐的安装位置决定了压力控制点的位置和压力设定值的大小，是一个影响系统技术性能与经济效益的重要因素。

一般气压给水系统的压力控制点即为气压罐内的水位检测装置，它的位置选择会影响到系统的工作特性。将气压罐同水泵一起安置在供水处（如建筑物地下室）还是将气压罐单独装在靠近最不利点（如供水末端），在压力控制及节能方面的特性就同前述的变速调节系统，越靠近用户最不利点处用户水压越稳定越有利于节能。

以由两台同型号水泵组成的气压给水系统为例。图 3.13 中纵坐标以绝对水压标高表示。将气压罐设在水泵间时，相当于将压力控制点设在水泵出口处。A_1、A_2、D_1、D_2 分别为水泵 P_1 和 P_2 的停止和启动压力控制线。当用水量较少时，只需要一台水泵运行，水泵工作点在 a～b 之间变动，相应水泵出口压力变化范围是在 A_1～D_1 之间。当用水量增加，一台泵供不应求，水压就会下降。当水压降到 D_2 时，第二台水泵投入工作。当压力又升高到 A_2 时，一台泵停止工作，另一台泵的工作点变化情况同前。可见 D_2 是水泵出口的最低压力，应按用户要求的最低水压确定。设 d_2 为最不利点要求的最小水压。在纵坐标上以 d_2 为起点，通过管路特性曲线交于水泵 P_1 与 P_2 的合成特性曲线上，该交点 d 的水压就是 D_2。D_1、A_1、A_2 则以 D_2 为起点向上推出，其差值是产品的特性参数。现行产品该压力变幅（A_1-D_2）多为 10～12m。由管路特性曲线反推回相应的最不利点水压在 a_0～d_2 之间变动。当压力控制点在最不利点时，直接按用户最不利点的水压要求 d_2 进行控制，相应于泵出口的最低水压达到 D_2。以 d_2 为起点，向上依次推求水泵的停止和启动压力控制线为 a_1、a_2、d_1、d_2，最不利点水压在 a_1～d_2 之间变化。在图 3.13 中对这两种情况的工况特性进行了对比，虽然两种控制方式都可以满足用户的最低水压要求，但显然以压力控制点设于最不利点时用户的水压变化明显减小。无论何种控制方式，高于 d_2 以上部分的水压都超过用户的要求，会造成能量的浪费。但是显然以将气压罐设置在用户最不利点，即将压力控制点设在最不利点时，供水能量的浪费较小。而且较低的供水压力还为用户的使用提供方便，并且有利于延长给水系统配件的寿命。

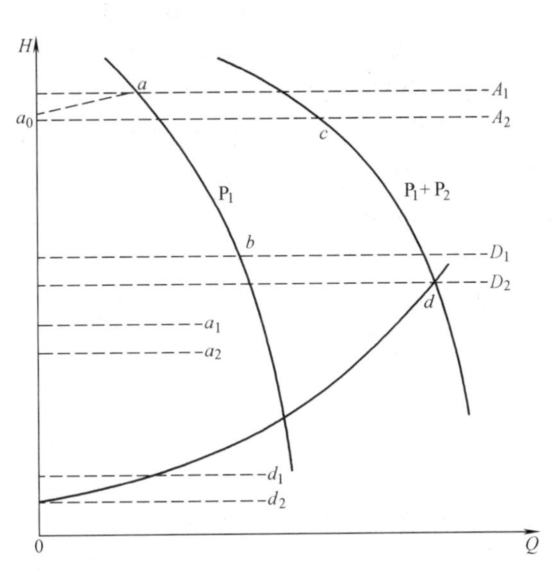

图 3.15　气压给水系统压力控制点的比较

另外，气压罐的安装位置靠近用户并尽可能高，有利于减小罐容积并降低罐内承压。因为有如下关系：

$$V=W\cdot\frac{\beta}{1-\alpha} \tag{3.4}$$

式中　V——气压罐总容积（m^3）；

W——设计调节容积（m^3），由设计最大供水量及水泵每小时最大启动次数确定；

α——设计罐内最小与最大压力的比例（绝对压力），$\alpha=\frac{P_1}{P_2}$；

β——容积附加系数，$\beta=\frac{P_1}{P_2}$。

可见，在罐内压力控制差 P_2-P_1 不变的条件下，将气压罐设于用户较高处与泵站处的容积和承压是不同的。因为前者远离泵站且位置较高，显然罐内承压较低，即 P_1、P_2 小，使 α 与 β 值皆下降，有利于减小 V 值。或者在一定的气压罐容积条件下，可增大有效调节容积，以减少水泵开停次数，实现节能并延长设备寿命。

因此，不可片面地强调气压罐设在较低处的优点，而应在条件允许时尽可能将压力控制点或气压罐设于供水的最不利点及较高处，特别在居住小区等规模较大的加压给水系统中更应给予重视。这样，可以改善供水系统的技术经济性能，稳定或减小供水水压波动，减小气压罐容积和承压，尤其在节能方面可有效地减少供水能量浪费。

无论对于气压给水系统还是变频调速给水系统，还应注意水泵的高效工作区域等问题。但根据前述分析，将压力控制点设于最不利点，水泵的工况点变动范围较小，无疑将更易于实现水泵在高效区运转。

3.5 污水泵站组合运行系统

在污水提升泵站中，使用微机控制变速与定速水泵组合运行，可以保持进水位稳定，降低能耗，提高自动化程度。此节通过一个工程实例说明这一问题。

某泵站是污水排放系统的中途提升泵站，在接受排水管网输送来的污水的同时，还接受附近的工业和生活污水。由于进水量的变化很大，过去使用多台定速泵的形式，不能有效地控制进水位在警戒线以内，有时导致上游低洼地区跑冒污水。为了改善这种状况，选择了水泵变速运行并且使用微机控制的方案。

3.5.1 控制系统的构成

变速系统使用微机作为控制器，并配备足够的硬件同水泵机组、一次仪表、故障报警电路及抗干扰设施等连接组成。

（1）一次仪表计量的水位、水量、温度、电流、电压等数据及各种故障信号均通过转换器换成电压模拟信号，经滤波器送入微机的 A/D 电路。

（2）微机输出的开停水泵信号，经过通用接口连接器、寄存器及继电器驱动后，控制定速水泵启动柜和变速水泵调速柜的开停。同时转速的控制由微机发出数字量调速信号，经过 D/A 转换成电压模拟信号，送至调速柜执行。

（3）水泵发生故障时，微机要自动切除故障泵，启动备用泵，并通过报警电路发出声光报警信号。

（4）泵站的机电设备会产生大量电磁辐射，在电网上造成干扰。为了保证微机的正常工作，除机房内墙要做金属屏蔽网，交流电源侧加稳压器、滤波器外，还要在输出开关电路采用两级继电器进行隔离，使干扰无法串入机内。

泵站控制系统如图 3.16 所示。泵站设有 4 台 20ZLB 轴流泵，其中 2 台使用可控硅串级调速柜调节电机转速，使用一台微机进行控制，并且配置压阻式液位计、多普勒流量计以及电流、电压、温度、转速等一次仪表，构成整套的微机控制定速与变速水泵组合运行的系统。

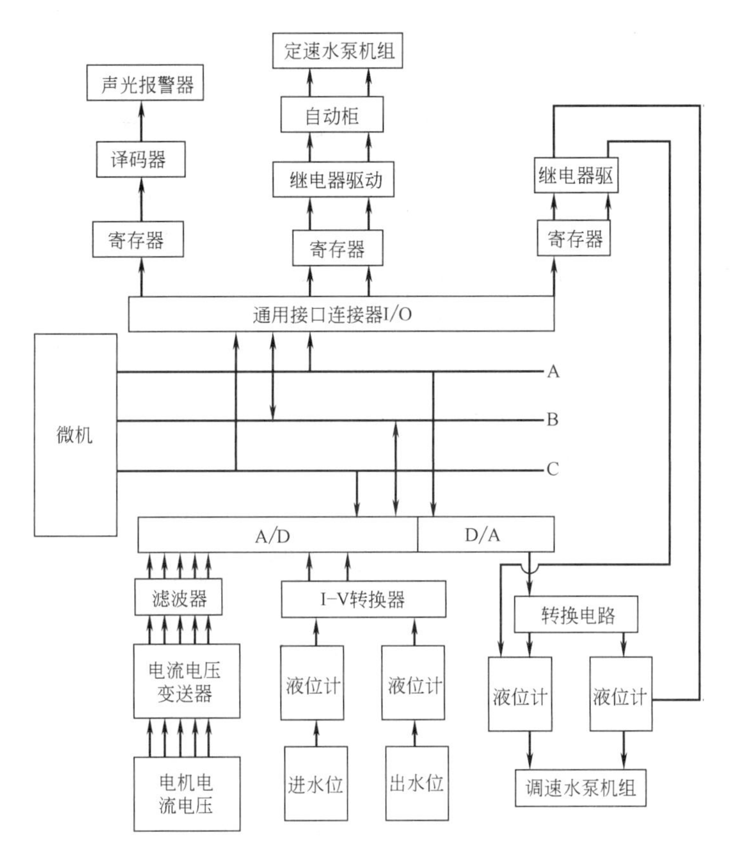

图 3.16 污水泵站控制系统图

3.5.2 系统软件设计

在拟定运行方案时，首先要确定运行控制的参数。根据当前污水计量仪表的水平和泵站的工艺条件，以水位作为控制运行的直接参数，以进水位换算的来水量和出进水位相减的静扬程作为间接参数较为可靠，并使用污水流量计进行核对。

变速运行可以实行水量控制、效率控制等各种方案。根据泵站的实际需要，选择“水量平衡与效率优选”的控制方案，即在保持泵站进出水量基本平衡的基础上，通过优选使水泵在较高效率点工作。

具体步骤是：

(1) 由进水位确定进水总流量值 $Q_{总}$。

(2) 由进出水位之差确定静扬程 H_{j}。

(3) 调数据表查出在该静扬程下额定转速时的流量值为 $Q_{定}$。

(4) 变速泵所需的流量 $Q_{变}=Q_{总}-Q_{定}$。

(5) 根据每分钟检测水位涨落的数值确定转速的优选范围。

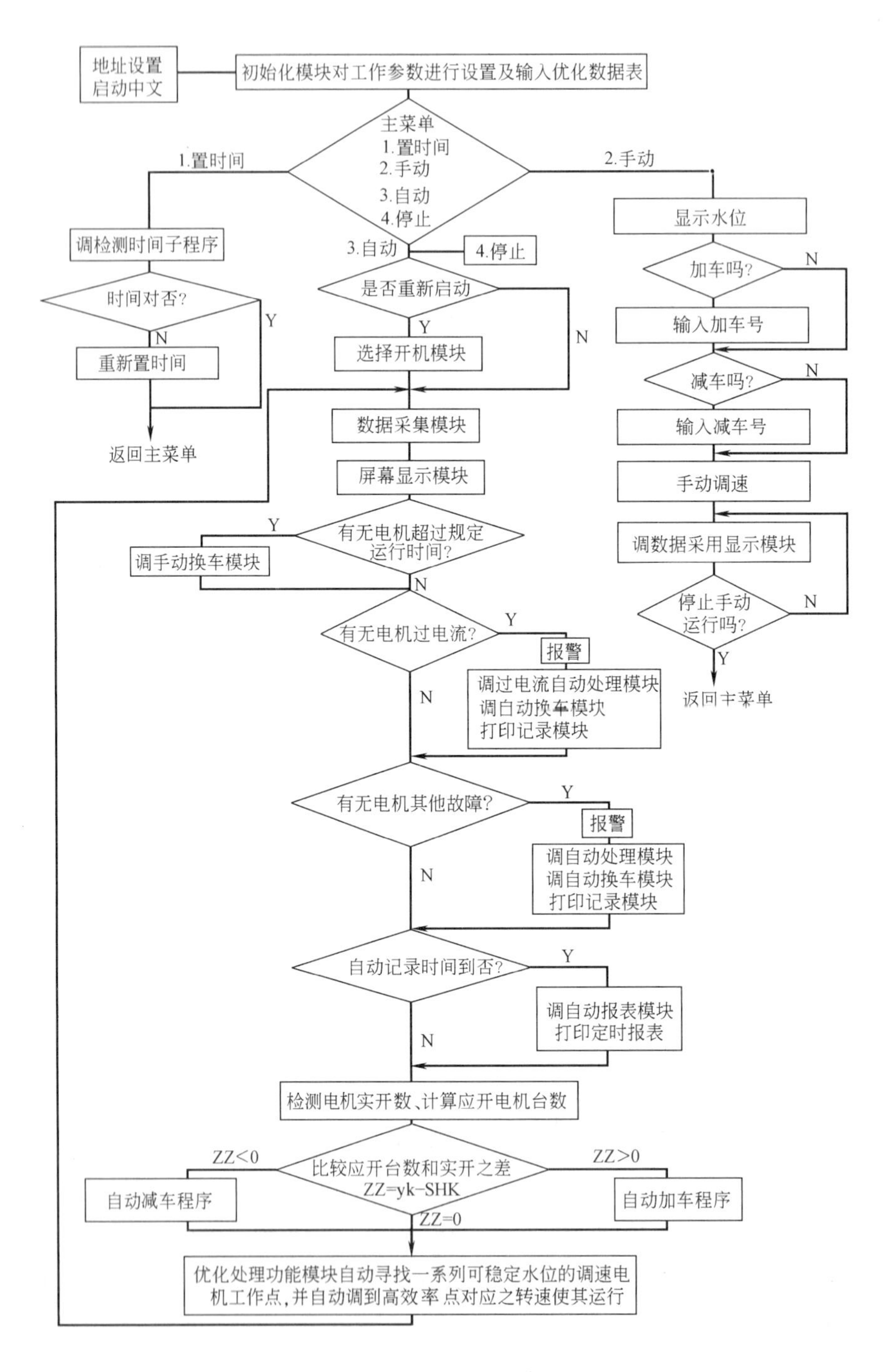

图 3.17　泵站控制程序框图

(6) 在优选范围内找出最高效率点所对应的转速来控制变速泵的运行。

为了实现在无人管理的条件下，由微机自动控制泵站的运行，还必须在主程序中满足正常管理工作的各种需要，并且对泵站可能出现的故障作出正确的判断和处理。在控制程序中纳入下列因素：

1）能够自动打印报表，记录水位变化、电机工作情况。

2）在微机与水泵启动柜之间设置了转换开关，一旦微机系统发生故障就可脱机手动运行，避免出现因为微机故障而影响整个排水系统运行的问题，保证全系统运行安全可靠。

3）实现了水泵之间的自动换车，使之运行时间均一。

4）在运行的水泵发生故障时，微机会自动切除故障泵，启动备用泵，通过报警电路发出声光报警信号。

泵站的控制程序框图如图 3.17 所示。

3.5.3 运行效益分析

泵站控制系统改建后，经过了运行实践，软硬件完备，工作状态良好，产生了一定的社会效益和经济效益。

（1）在稳定泵站水位方面的功能比定速水泵优越得多，清除了运转失调现象，避免发生因加泵而使下游井跑水、减泵而使上游工厂排水困难的问题。

（2）经过优选决定的水泵转速能使水泵效率维持在 79％～81％之间，基本实现了高效率运行。变速运行同以往定速运行相比，可节约能耗 10％左右。

（3）可以达到准确、严密、安全、可靠，比人工管理更为科学，泵站的管理可以由原来的“值班定岗”改为“巡回检测”的办法，管理人员可以减少 2/3 左右。另外也避免了机泵组设备的开停频繁，降低了设备的维修率，延长了使用寿命；同时由于泵站可以做到低水位运行，可以使上游重力式管道维持自清流速以上，减少管道疏通掏挖的工作量。

（4）在变速运行中不再需要考虑集水池调蓄容积和机组容量的大小搭配，所以变速泵站可以将集水池容积减少到最低程度，从而减少泵站的占地、工程量、施工难度和工程造价。

3.6 城市供水管网工作状态的在线监测

城市供水系统是一个复杂的系统，尤其是作为其子系统的管网系统，不仅在铺设、运行上复杂，而且在信息量、现状参数等方面呈现出很强的动态性。管网运行过程中，城市管网与其输送的水会构成一个复杂的化学、生物化学反应系统，由此引发的管网水质变差问题不容忽视；从水厂到用户经过管网的输配过程中，还可能由于管材、渗漏、停留时间等原因造成水质的二次污染；供水管网作为地下承压的管道，遇到压力不均匀或外部荷载变化，或由于管网腐蚀造成管道局部脆弱，会出现管网渗漏或管网爆管情况。因此有必要深入了解管网的运行状况，合理控制和调节供水设施的运行状态，在保证供水水质和水量的同时减少漏失量。使用人工与经验式的管理方式，已越来越不能适应城市供水事业的迅猛发展，必须采用现代化的管理手段，对城市供水管网系统进行高效地管理。而借助于计算机控制技术和优化理论，加强城市供水系统综合数字信息建设，实现城市供水管网工作状态的在线监测和优化调度，是达到这一目标的重要措施。

3.6.1 组成特点

供水管网在线监测系统一般分为三部分：仪器测定、网络传输和调度监控中心。

仪器测定：包括在线监测点以及相应的监测仪器，负责对管网压力、流量及水质参数的在线测定，这是整个在线监测系统的基础，它对于数据的准确性、系统运行的稳定性具有决定性的影响作用。该部分设备主要包括在线监测仪表、管网监测点数据采集RTU、调制解调器和管网监测点数传设备。

网络传输：即信号传输系统，将测到的数据传送至远程控制中心。由于监测点的分布比较分散，因此，数据的传输一般通过无线的方式来进行。对于数据传输，稳定性是至关重要的。数据上行至控制中心以及控制中心的指令下行至监测仪器，都必须经过传输单元来实现。

调度监控中心：调度监控中心是整个系统的核心，系统的功能都要经过它来得到最终实现。它的作用不仅仅是维护数据的正常采集，更重要的是对接收到的数据进行分析和管理，这需要结合相应的专业软件和工具来进行。

总体而言，城市供水管网在线监测系统是一种基于“3C＋S”（Computer-计算机、Communication-通信、Control-控制、Sensor-传感器）技术之上的以数据采集和管理为主要任务的网络系统。

（1）计算机（Computcr）技术

管网水质在线监测系统中，计算机主要用做调度中心和水质分析中心。并且计算机技术的发展，为供水管网水质在线监测系统、城市供水SCADA调度系统的建设和水厂生产过程控制系统、供水企业管理系统的一体化提供了有利条件。

（2）通信（Communication）技术

通信技术可分为三个层次：

信息与管理层的通信。这是计算机之间的网络通信，实现计算机网络互联与扩展，获得远程访问服务。

控制层的通信。即控制设备与计算机，或控制设备之间的通信。这些通信多采用标准测控总线技术，要根据控制设备的选型确定通信协议，也要求控制设备选型尽量统一，以便于维护管理。

设备底层的通信。即监测仪表、执行设备、现场显示仪表、人机界面等的通信。底层设备数字化，以代替传统的电流或电压信号模拟信号连接。数字化设备之间的通信多采用串行通信，如RS232、RS485、RS422等。

根据数据传输方式，通信可分为有线通信和无线通信两大类。选择不同的传输方式，对通信可靠性和通信成本有显著影响。有线通信可以利用公共数据网进行，或通过电话、电力线路进行载波通信，但成本高，维护也比较困难，只有在短距离且可靠性要求非常高的情况下采用。

无线通信技术包括微波通信、短波通信、双向无线寻呼等，有些是公共数据网的应用，应用最多的是超短波200MHz的通信。随着互联网技术和移动通信技术的迅速发展，GSM和GPRS/CDMA逐渐作为新的通信手段取代以上的数据通信方式，具有永远在线、自动切换、高速传输、按量收费的特点。

(3) 控制 (Control) 技术

控制设备是供水管网在线监测调度执行系统的重要组成部分，并对系统的可靠性和价格影响相当大。目前常用的控制设备有工控机 (IPC)、远方终端 (RTU)、可编程逻辑控制器 (PLC)、单片机、智能设备等多种类型。RTU 是介于 IPC 与 PLC 之间的产品，它既有 IPC 强大的数据处理能力，又具备 PLC 方便可靠的现场设备接口，特别是远程通信能力比较强。

(4) 传感 (Sensor) 技术

在供水管网在线监测系统中，为了了解供水管网的运行状态，必须安装水质、水量及水压传感器（监测仪表），来完成在线监测系统实时的现场数据采集任务。传感器可分为智能型和非智能型两类。非智能型完成电量的标准化信号转换和非电量的理化数据向标准化电量信号转换。智能型传感器除完成上述非智能型传感器的工作之外，还具有上、下限报警设置、数据显示、简单数字逻辑控制等功能。

一般供水管网上的传感设备输出的都是符合工业标准的信号，包括 4～20mA、0～20mA 或 1～5V、0～5V 的模拟信号，如压力表参数、流量表和水表的检测参数、测控终端 RTU 的电池电压等；开关量信号和脉冲量信号，如流量表和水表的报警或检测参数、阀门和水泵的开关状态、电源的工作状态等。

3.6.2 城市供水管网水质在线监测

供水水质的好坏不能仅仅以出厂时的检测数据作为最终衡量，还必须对管网各点水质进行取样分析。

在国家生活饮用水卫生标准中有明确的规定："在全部采样点中，应有一定的点数选在水源、出厂水、水质易受污染的地方、管网末梢和管网系统陈旧部分等"，"在一般情况下，细菌学指标和感官性状指标列为须检项目，其他指标可根据当地水质情况和需要选定"。每个城市都要根据自身的实际状况，按规定在管网中设立合理的监测点，点的选择是依据供水人口计算和市政管网的分布状态，并视实际需要必要时作适当的调整。实行每天现场取样、分析、监测，以保证自来水水质。

建立给水管网水质在线监测系统则可以对管网水质实施 24 小时实时连续监测，为决策者提供早期的报警信息，使我们对管网水质变化能作出迅速、正确的反应。这将对城市给水管网的安全输配、供水企业管理和服务水平的提高、服务质量的完善、高质量地完成给水任务、具有十分重要的意义。

1. 管网水质在线监测指标

根据相关规定，管网水质检测须测定浊度、余氯、细菌、大肠杆菌、色度、铁、锰这七项指标。在这七项指标中浊度、余氯是两个重要的监控指标。

浊度是水质监测中最常用的综合性指标，管网水浊度的变化直接反映了供水水质是否受到了污染，通常浊度变化，必然伴随着无机物、有机物进入水中，也很可能有微生物、细菌、病原菌的入侵。如果管网水浊度超标，可能是因为不合格的出厂水进入管网，或者出厂水的化学稳定性或生物稳定性存在问题，例如：采用不同的供水水源，水的理化性质有差异，可能会破坏管网内壁表面的物质平衡，产生"黄水"现象；也可能是管网自身问题造成的，包括：管网施工接驳工程竣工后阀门开启过快、过急；抢修后较大干管通水时管道内部有杂物或开启阀门过急，会冲刷掉管壁上面沉积的物质；用户违章用水的间接供水设施与市政管道连通，当市政管道压降时，二次水倒灌入管网造成污染等。

设置在线连续浊度仪可在第一时间掌握管网水质动态变化，及时处理可能出现的管网水质问题，把对用户的影响降低到最低程度。

余氯也是保证供水安全性的一项重要指标。通常情况下，经过水厂的净化处理过程，原水中的各种污染物已得到了有效地去除和全面的净化，包括能引起人体致病微生物。为保证用户的用水安全，在输水过程中保持一定的余氯，可降低微生物再污染的可能性，也是对管网水是否受到污染的重要指示。但是过多的余氯量也会造成一些负面影响：首先造成资源浪费，使水厂运营成本增加；其次余氯在管网中会与有机物发生反应，产生三卤甲烷等消毒副产物，增加饮用水的危险性；再次过多的余氯还可能与输水管道发生化学反应，加速管道腐蚀；余氯过高也会使水产生令人不愉快的臭味。因此余氯在线监测作为管网水质监测的补充是极其重要的。

根据生产经验，在实际监测中发现管网中游离余氯有时会低于标准值，反映出厂内可能投氯发生故障；管网局部干管用水量少，造成管内水滞留等。

2. 管网水质在线监测点的选取

监测点的选取是在线监测系统的核心。其选取的基本原则是能够比较全面、真实地反映管网内的水质状况。水质监测点监测管网水质是以管网中少数点的水质反映局部管网水质，结合水质模型推算出整个管网水质总体状况，从而实现监测管网水质的目的。

从经济和技术的角度考虑，在管网中选择的水质监测点应能满足下列要求：

（1）布置尽可能少的水质监测装置，而了解整个管网尽可能多的水质信息，以尽量节省水质在线监测系统的设备投资；

（2）在给定水质监测点数量的前提下，所选的监测点组合代表的供水量在整个输配水系统供水量中所占的比例是可选的组合中最大的那一个；

（3）当供水管网中任一节点的水质发生事故性突变（如出现点污染源）时，所选的这组监测点必须能够捕捉到这一变化，并且应该是所能反映这一变化的可选组合中，在事故从发生到监测到这一事故的时间段中管网已供水量最小的那一个。

实际情况下的布点原则：

（1）按面积均布原则；

（2）兼顾起点和末梢；

（3）兼顾市政管网和小区管网；

（4）特殊的点，例如：有代表性的大用户，直饮水小区入口处等；

（5）尽量选择便于设置、施工及管理的位置；

（6）各监测点应由设计、施工与测试各方现场查勘后最终确定。

可以将监测点分为三类：出厂水监测点、易水质恶化区域监测点、具有代表性的点。不同类别的监测点采用不同的选点原则。

（1）出厂水水质监测点

出厂水既是水厂处理的终点也是管网水的始点，出厂水的好坏不仅反映水厂运行情况，而且直接影响将来水在管网中的变化。各水厂厂内都设有清水池，从水厂出来的出水干管都是从清水池取水，出厂水在清水池中混合，可以认为出水水质基本相同。因此，可以将水质监测点放在水厂内，选择一条供水干管监测水质，这样监测的结果能代表出厂水水质性质。

（2）水质易恶化区域监测点

对于管材腐蚀比较严重的区域，管材对水质的影响程度比较大，但这些管材在整个城市管网中比较分散，不能逐点监测。水在管网中不断流动，在流动过程中会携带水质信息流向下游节点，监测下游节点水质即可监测到管壁对水质的影响。供水分界线随用水工况不同而不断发生变化，因此，首先要通过水力计算，确定一个用水周期内水力分界线的变化区域，在这些区域选择一些对水质比较敏感的部门，例如学校、居民比较密集的居住区等，设置水质在线监测点。因为这些区域一般都在某一供水路径的末端，因此，对这些区域的水质监测基本能反映该区域的水质状况。

（3）有代表性的点

前面选取的两种监测点在监测水质上都有其局限性，水厂出水处设监测点主要监测出厂水水质，对管网水质变化情况指导意义不是很大。在水力分界线处设点，由于水力条件复杂，虽然能反映一定范围内的水质状况，但无法反映较大范围内上游节点的水质，监测的水量有限。因此需要在管网中选择一些具有代表性的点，以比较少的监测点反映尽可能多的用水量水质，这样的点在所选点中应占主要比例，这样才能以有限的监测点，反映较大比例的用水水量，结合建立的水质模型，达到水质监测的目的。

3.6.3 城市供水管网在线压力监测点布设

水压是判断城市供水管网运行质量最重要的指标之一。供水企业既要保证用户水压的要求，又要考虑节能和防止爆管、减少漏耗等因素。因此，需要建立有效的管网压力在线监控系统，以便及时掌握整个管网的压力分布情况，这也是科学合理地调配管网水压，实现管网安全、经济运行的重要技术手段。

城市供水管网测压点分为临时测压点和永久测压点，临时测压点是在某一特殊时段布设的测压点，其设备简单、投资少，使用时间短，数据由现场人员记录；永久测压点是长期安装在管网中的在线测压装置，并带有连续自动记录仪或无线、有线数据传输装置，其投资较大，运行费用高。在线测压点布设包括选定测压点位置和测压点数量两方面，要求管网中的测压点应分布均匀且具有代表性，既能较全面准确地反映管网的运行状态，又不至于投资过多。当出现管网压力分布不合理时，能及时调度各水厂的供水量和扬程，经济有效地调整供水压力分布。

在结合城市整个供水管网现状及将来运行情况，并且具体分析目前管网中存在的在线或离线的测压点、测流点的位置、类型和可用性的基础上，为了尽可能充分利用现有资源、避免重复建设，在测压点布置时有些原则可供遵循。这些原则可以事半功倍的完成测压点的布设工作并且提高测压点布设方案的经济性：

（1）管网水力分界线

城市供水系统多设计成环形管网结构，并且情况复杂，涉及面广。在短时间内需水量的变化便可引起管网压力的大幅度变化，其水力分界线往往是配水最不利的地区，最能反映管网的配水偏差情况，故管网远程在线压力监测点首先应选在水力分界线处的干管上。

（2）管网水力最不利控制点

管网末梢属于配水的不利处，能较好地反映管网的配水偏差情况。另外，地面高程与配水压力有密切的关系，在地面高程偏高或偏低处（相对水厂高程而言）的配水服务压力对调度工作影响较大。为了保证管网末梢及高差特异点有合理的服务压力，在这些地区设置管网测压点是必要的。

（3）大用户水压监测点

为了确保重点部门和特殊用户的正常用水，在为其供水的干管上设置测压点。用水大户由于用水量大其用水量的变化影响着区域压力的变化，并且为了保证其用水的安全性，也需要在其附近布设在线测压点。

（4）主要用水区域

在用户集中地区或用水大户附近，管网压力容易波动起伏，故这些地区可以作为辅助监测区，设置测压点。

（5）大管段交叉处

在大管段相交处设置测压点，可结合测压点记录数据分析发生爆管等管网事故的影响因素及其与管道压力的关系，总结经验教训，为减少事故、合理调度提供有力辅助。

（6）反应管网运行调度工况点

包括增压泵站前，水厂出厂管段等对管网调度工况变化反应较敏感的区域，在这些区域设置在线测压点，有助于了解调度计划的实施情况及管网状态对调度命令的反应。

（7）管网中的低压区

各城市都会因不同原因存在着一些低压区，通过低压区压力监测点的设置，可以及时监测这些区域的供水压力，通过压力信息的反馈及时调度，保证供水服务质量。

（8）供水发展区域预留监测点

为了适应城市供水中长期的发展需要，考虑在供水发展区域预留监测点。

（9）管网测压点设置密度

在平原地区一般每 5～10km^2 设置 1 点为宜，给水范围较小的城市、丘陵、山区城市可以适当增加管网测压点的设置数量，放宽到每 3～5km^2 设置 1 点，有特殊需要或经济技术条件容许，亦可适当增加管网测压点的分布密度。另外，管网测压点的设置密度与调度功能有关，随着调度功能需求的增加，测压点的设置位置和数量均需要按实际情况调整。

生产实践中，在线测压点布设往往根据供水公司多年运行积累的经验进行布置。其优点是能准确找到管网低压区的位置、最不利点及压力变化敏感区，通过在线测压设备的安装可以及时了解这些地区水压的变化情况，从而及时地指导供水生产调度。但是这种方法也有明显的缺点，主要是对于旧管网需要具有多年工作经验的技术人员参与测压点的布设，并且单纯地依靠经验也不能保证布置方案的科学合理，对于管网中的诸如水力分界线及最不利点位置的判断往往会出现偏差，影响监测系统的运行效果。这种方法主要适合于运行时间较长，管网供水规律比较稳定，缺少水力模拟计算条件的供水管网。对于新建及改扩建的管网，由于运行时间较短，缺少实际累积经验，对管网的运行工况还没有全面掌握，所以不适合运用这种方法。

近年，还有些聚类分析法和灵敏度分析法等测压点优化布置方法的研究。这些方法需要有详细的管网资料（如详细的管网拓扑结果、节点水量信息等），另外还涉及大量的分析、计算，工作量巨大。需要工作人员具有较高的理论水平。

3.6.4 城市供水管网漏损控制

城市供水管网漏水是普遍存在的现象，它不仅影响供水企业的经济效益，而且对管道基础也造成了破坏，同时也会给管线所在道路及其附近的建筑物、构筑物等公用设施带来潜在威胁。管网的漏损率已成为衡量供水企业现代化管理水平的重要指标。所以，供水管网漏损的控制工作十分重要，世界各国都非常重视供水管网的漏损控制工作，并将漏损控制作为一项重要的课题来研究。国内外对供水管网漏损问题的研究，一方面集中在硬件的方法上即给水管网漏损检测技术、方法、仪器设备开发和生产上，另一方面则是以软件为主的管网检测定位方法的研究。

1. 供水管网检漏方法

目前，城市供水管网检漏的方法主要有被动检漏法和主动检漏法两种。

被动检漏法是由管线巡视员定期巡视管线，看是否有自来水从地下溢出，以此来判定是否有漏水存在，他们发现的漏水点属于明漏点，无须借助任何检测设备，这个方法简单投资少，但总是在造成大量漏水后才能发现，水资源浪费严重，损失太大。而且这些地面明漏点与管段漏水点位置可能相差较大，往往使开挖量过大，维修时间过长。

主动检漏法是利用一些先进的检测仪器对管网检漏，传统的主动检漏法主要有音听检漏法、漏水声自动记录监测法、区域检漏法、雷达检漏法、压力调整法等。近些年管网检漏及定位出现一些的新的技术：基于磁通、超声等技术的管内探测法，热红外成像、气象成像、嗅觉传感法、放射性示踪剂检漏法、负压波法、压力梯度法、神经网络法、光纤检漏法、质量或体积平衡法、SCADA（监控与数据采集系统）、声波检测法、压力波检测法等管道外检漏法。

随着新技术的开发，国内部分城市开展了给水管网普查和精确定位，建立给水管网计算机管理系统，实现了动态管理；个别城市还安装了一定数量的连续监测仪表自动控制系统，并运用先进管理手段，使运行趋于科学合理；有的城市还配备了一定数量的管网检漏设备，加大了管线的检测力度，变被动检漏为主动检漏，对提高供水效率取得了一定的效果。

2. 管道泄漏检测定位模型

近年来，随着供水管网 SCADA 系统的安装，以软件为主的管网检测定位方法逐步发展起来，目的是为了更快速地发现漏水的位置，缩短抢修反应时间，降低漏失量。此种方法基于 SCADA 系统所采集到的数据进行分析处理，提高了检测定位的灵敏性、实时性，但由于理论不够成熟、难度较大及管网比较复杂等各方面因素，成功用于实际管网的例子不多，但是这项技术在解决了若干技术难题后，能够最大限度地预报诊断管网泄漏事故，具有良好的发展前景。

围绕着在线检测方法，近年来国外许多新的技术被提出，如基于管网分区和模式识别的泄漏检测理论：应用模式识别技术利用统计学和人工神经网络知识，采用逻辑规则模块对整个管网进行全面的状态分类，对存在故障的计量区域，进一步进行压力梯度研究，据压降值的大小即可进行故障位置的定位。该理论具有较强的实际可操作性，然而对于规模较大，未实现分区的管网来说是不适用的。目前在小区规模的供水管网中，对该方法有较多的研究与应用尝试。

基于逆问题分析检测泄漏的理论：逆分析法是一种动态的泄漏检测方法，能适用于稳态和瞬态的条件，通过检测管段破坏时产生的压力波，该压力波将先后传播到距离较近的几个压力监测点，根据传播的路径和时差来诊断破坏位置。该法出发点值得肯定，但由于水压监测点数目与管网节点数目相比相差甚远，路径很难唯一确定，而且该时间差通常非常短，受水压监测信号采集、处理和无线传播时间间隔的限制，具体实施存在困难。

基于隐式状态估计理论检测泄漏的模型：此模型将管网中所有节点轮流作为测试点进行状态估计，计算状态估计目标函数中实际测量偏差一项的值，则实际测量值和估计值偏差最小的节点即为实际泄漏点。此方法要求系统免噪声，难以应用到实际管网中。

近几年，国内也出现管网泄漏检测和定位方面的新技术，如基于BP神经网络建立供水管网爆管点动态定位模型法：该方法需要预先离线对给水管网各种代表性故障状态下的故障情况与各监测点水压变化之间的关系进行学习，将“某点爆管”与“给水管网运行工况信息”之间的隐含关系映射出来，然后，再利用已训练好的网络在实时管网运行中对爆管进行分析和定位。该方法直接根据管网中压力监测点的变化来诊断故障位置。由于实际管网故障模式较多、存在着各种干扰，另外，BP神经网络也存在着易陷入局部极小点、训练不易收敛不足等问题，致使该方法难以用于实际管网。

管网故障点定位聚类分析法：该法在管网状态估计的基础上，对管网进行故障（泄漏）模拟，建立管网故障模拟数据库然后利用多元统计学上的聚类分析法，对管网故障模拟的数据进行聚类分析，将需要研究的管网的所有管段虚拟的分为多个区域，即“虚拟分区”，并利用多元统计学上的判别分析方法，对泄漏情况进行故障定位。此方法可适用于未实现分区的规模较大的供水管网，但此法只能判断泄漏的管段在哪一区域但不能精确到某一管段，且经聚类分析得到的各虚拟分区大小很不均衡，导致在较大规模的分区内进行泄漏管段进一步定位时，存在着管段不连续、管段查找困难等问题。

基于支持向量机（SVM）的给水管网实时故障诊断的模型：建立实时监测故障前后给水管网3个节点的水压变化与管网中其他所有未监测节点水压变化的非线性关系，通过对水压变化和等值线分析，可以快速和准确地诊断出故障位置和故障程度。此法较BP神经网络相比测试集的精度更高，泛化能力更强，对训练样本数据的依赖程度比BP网络小。但SVM中核函数的选择需要一定的先验知识，并且基于SVM来进行分析其结果的准确性和可靠性在很大的程度上取决于所选用训练样本的典型性和代表性。

通过以上介绍可以知道，目前管网漏损控制技术还是不够成熟的，需要进一步研发适用的技术。在这一过程中，在线检测与控制技术定会起到核心作用。

3.7 给水监控与调度系统

随着城市人口的增多，工业生产的飞速发展，城市供水的取水、净化、调配等一系列的处理手段也相应发生了质的变化。由过去传统的人工操作、经验判断，发展到如今利用计算机、检测仪表进行数据分析、自动化控制及应用知识工程来实现高质量供水工艺控制及水的生产供配、管理。现在许多自来水公司已建立了以计算机为核心的实时数据收集、存贮、显示、处理和优化调度系统，以及水质自动化监控和设备运行状态自动监视系统，其目的是：保护水资源、提高水质、合理调配用水量；降低制水单耗，节约能耗，提高水费回收率；监视事故，消除隐患，减轻劳动强度，提高工作效率和效益。

给水监控与调度系统的模式多种多样，包括的内容十分丰富，而且该方面技术的发展速度很快，此节仅对一些基本原则及共性的内容进行概括性介绍。

3.7.1 系统结构和功能

比较典型的给水监控与调度系统通常由若干子系统组成，可以包括主控管理子系统、管网事故处理子系统、设备管理子系统、预测子系统等。恒压给水监控与调度系统一般应具备的功能有：对送配水设施集中监视与控制、预测与咨询等在线功能；具有各种报表处理、管网计算与分析等不在线功能。系统的基本功能具体表现在以下几个方面。

（1）集中监视与控制

这部分的功能主要完成各种供配水设施监视画面显示（系统表示、报警表示、设定值表示、时间推移图、状态变化等）；各设施发生事故监视（上下限、偏差、泵运转方式、泵的送水量、流入阀流入量检查等）；加压站和出水口流量的控制。同时完成一些数据的处理，如：水量管理日报，配水量月报等的报表功能和数据库文件，以及各种配水量数据传送的在线服务。

（2）预测咨询系统

对需要预测的供配水参量，如日配水量、时供水量（净水厂）的超前预报；取水量的季节性预测，以及配水池水位的预测等，均通过系统的数据库和相应的知识库来反映。

（3）设备管理与运转台账

对配套的设备建立管理台账，如：各种设施、电气设备、机械、仪表和其他主要的设备及运转台账（如泵、阀等）。

（4）管路台账

建立管路台账和阀门台账，便于调度人员对管网的管理和进行管网图的表示、分析，完善管网数据库。

（5）管网计算与工况分析

利用管网图（在 CRT 上建立 X-Y 两维空间）对实际管网和模拟管网的分析与计算，研究管网现状与问题，提出配水管网的发展计划。

3.7.2 数据管理和应用

要达到高度自动化的给水系统调度，就必须掌握各种可靠的数据。数据不正确，就不能保证可靠的调度。可靠的数据资料及其规律分析，是供水工艺控制和调度的基础。

（1）数据的处理

通过计算机收集、演算、贮存数据达到如下目的。

1）监视。对水源状况、配水状况、水压状况、气象状况实时进行监视。

2）统计报表。通过计算机可以及时报出日报、月报、年报，统计关于水量等数据，以及其他为供水情况服务的数据。

3）提供供水调度所需的信息。如水库补给流量、配水量的预测、模拟管网的供水情况。

（2）发生调度指令

通过掌握可靠的数据，经过计算机处理，发出调度指令，从而使供水系统能有效地进行综合调度。如：

1）原水调度计划。为使水资源能被有效地利用，对各贮水池的出流量和各净水厂的取水量等都必须按调度计划进行控制。

2）配水计划。各给水区域干线的配水，都要根据其实际的需水量，实行计划配水。

3）泵的运转计划。各配水泵在同时间的扬程和流量的计划。

4）变更供水系统的供水计划。配水管施工、事故及缺水时，对相应配水系统供水量的变更。

3.7.3　中心调度室的设施

中心调度室是给水系统的指挥中心。在中心调度室，应能对供水系统各个环节的工况进行实时监测、记录，并及时发布调度指令。各种参数、状态，可以图形、数据，表格的方式予以显示。

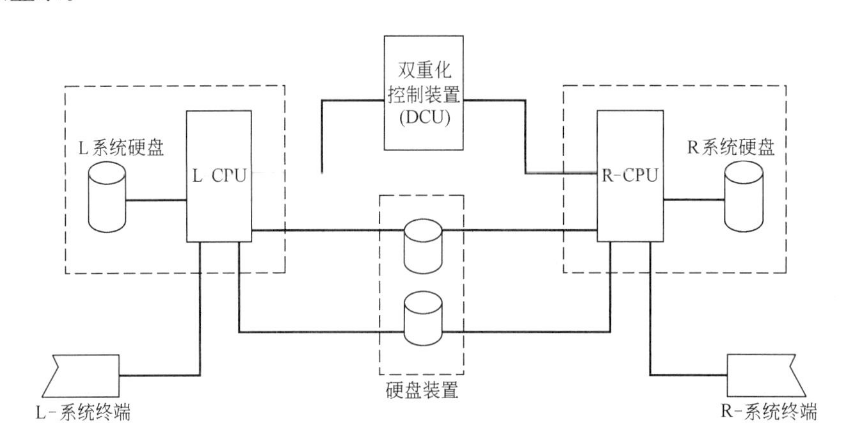

图3.18　双重化系统示意图

从可靠性的角度出发，一般对计算机系统采用双机备用的方式。例如上述功能的实现可由一个双重化主计算机系统来完成，从系统内部可分为L-CPU组和R-CPU组。其中一组为在线组，执行集中监视和控制功能，正常时由L-CPU作为在线组。当L-CPU发生故障时，其作用可自动移向R-CPU，即将R-CPU作为在线组继续工作。另外，在两台CPU之间采用同一存储数据的磁盘，数据库资源共享。当磁盘出现故障时，另一侧备用磁盘启动工作。由于系统本身构成的双重化功能，使系统始终能处于高度可靠、稳定的工作状态，具有良好的实时性，如图3.18所示。

3.7.4　城市供水监控与调度系统应用实例

本节通过一个工程实例，来具体地了解给水监控系统应用的情况及一些细节。

某供水系统由泵站、水处理厂、管网等部分组成，并建立了相应的给水监控系统。对其功能与组成分述如下。

1. 监控与调度系统的技术功能

（1）巡回检测

实时巡回检测送水泵房工艺过程的各类工艺参数和有关设备的运行状况，并能人工随时或定时查询上述工艺参数和设备的工作状态。

检测 64 路模拟量、128 路输入开关量和 128 路输出开关量。

检测的模拟量包括出厂水压、出厂瞬时流量并累计出厂总水量、清水池水位、5 台泵机的运行电流、电功率和累计电量、水泵压力、真空度和流量、温度等；液力耦合器调速装置的供油系统、转速、前中后三个轴承的温度、工作进油温度和排油温度、工作油压力、润滑油压力和待滤油压力等；10kV 和 6kV 配电系统的 10kV 电压、6kV 电压、380V 电压、频率及总功率并累计每班、每天的耗电量，由此计算每天千吨水的耗电量作为企业的考核指标；取水泵房的流量；此外还预留江河水位及出厂水质参数等输入接口。

检测的开关量有 10kV、6kV 配电系统隔离开关、油开关的合闸与分闸；5 台水泵电机开、停状态；5 台出水阀门的开、关状态；真空保持器注水和允许信号；两台排水泵的开、停状态；调速泵油箱油位上、下限信号；真空泵的开停状态和取水泵的开、停状态等输入信号。

系统具有工业时钟，能及时检测设备工作状态变化的时刻和累计设备运行时间。

（2）控制

1）在清水池水位保持正常高度、调速泵工作正常的条件下，以巡检所测的出厂水压（或水压变化趋势）为参数，改变运行泵机的并联组态和调节调速泵的转速，使出厂水压保持在设定范围并逼近目标值；若调速泵机出事故，通过改变水泵并联组态，仍使出厂水压在设定范围。

2）要求保证送水泵站（二泵站）不中断供水。为此，设高低两个清水池水位下限。在水位下降低于下限 1 时，计算机系统以水位（或水位变化趋势）为控制参数，保持现有运行水泵的并联组态；当水位下降至下限 2 时，计算机系统应自动减泵，同时人工调度取水泵房增大进水量，使水位恢复正常高度。而计算机系统仍如上所述以出厂水压作为控制参数。

3）通过对系统检测的工艺参数及设备工作状况进行检验和分析，决策是否对系统进行人工参与控制和处理。

（3）管理

1）数据处理与数据输出管理能对系统检测数据进行分析、统计、选择、分配、存贮等处理，形成数据分类和数据汇总文件。

2）定时和随机显示、打印各种生产日报表；显示、打印 53 个被测量日变化曲线、水泵并联运行曲线、管道特性曲线及对应的工况点；显示送水泵房的工况模拟图、10kV 及 6kV 配电系统图等动态图幅；显示水厂平面图、取水泵房工艺图、沉淀池和滤池工艺图等静态图幅。

3）通过对检测的主要工艺参数和设备工作状况分析，判断检测量越限和设备的故障情况，及时报警并自动打印故障备忘录并能随时或定时显示和打印故障通知单，提示处理方法。

（4）系统的组成

计算机系统由前置机和后置机组成，分别完成不同的任务（图 3.19、图 3.20）。

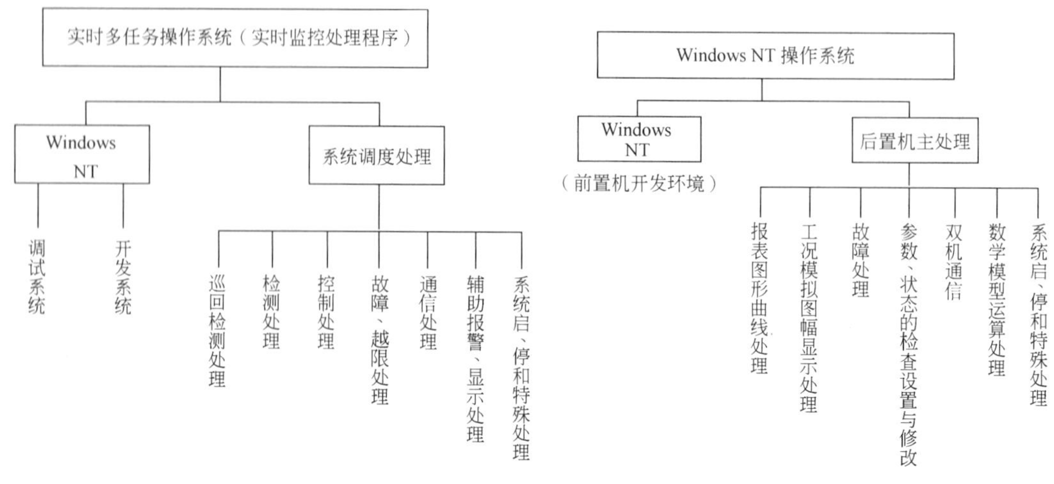

图 3.19　前置机软件构成　　　图 3.20　后置机软件构成

2. 数学模型分析及水泵并联特性动态显示

（1）基本公式

水泵并联组合特性方程：

$$H=A-BQ^2 \tag{3.5}$$

管道特性曲线方程：

$$H=H_{ST}+SQ^2 \tag{3.6}$$

式中　A、B——水泵并联组合方程中的参数（共有 5 台水泵 3 种型号，其中一台调速泵，——可以得出 47 种水泵工作组合，其 A、B 值预先存入计算机）；

H_{ST}——水泵静扬程（m）；

S——管道阻力系数；

H——水泵出口总扬程（m）；

Q——总流量（L/s）。

将式（3.5）、式（3.6）联立求解，还可得出水泵在不同组合方式下的工况点（Q_i、H_i）。

（2）控制条件分析

按城市的给水状况及水泵工作高效区段确定出厂水压的上下限（$H_上$、$H_下$）和目标值 H_0（一般取上下限的中值）。

控制条件：满足出厂水压的设定范围并跟踪目标值；开停泵次数最少。

1）当目前水泵工况点（Q、H）超出设定值 $H_上$ 或 $H_下$ 时，将当前的管道特性方程与所有可能组合的水泵特性方程联立求解，即求出全部可能的工况点（Q_i、H_i）。将所有的 H_i 值与目标值 H_O 相比较，并考虑调速泵的调速范围，得出最接近 H_O 的 5 种泵的组合，作为推荐或初选方案。

2）将现有水泵并联组合和上述 5 种初选方案进行比较，最后决策 H_i 较逼近 H_O 且泵机开停次数最少的优选组合方式。

3）调速泵转速调节采用比例调节，按决策泵组 $H_i<H_O$ 或 $H_i>H_O$ 的情况，由计算机发送增速或减速指令，直到逼近目标值 H_O 为止。

（3）水泵并联运行特性动态显示

1）当出厂水压在设定范围内，每小时绘出一条新的管道特性曲线及对应工况点，如果测得调速泵转速与1h前有变化，则需更改水泵并联特性曲线，在调节过程中管道特性可近似认为不变，二条曲线的交点即为新的工况点。从工况点的偏移可分析运行情况。同时显示工况点变化的时间，变化前后的Q、H、P（出厂水压）、S参数，并显示运行泵序号、调速泵转速等。

2）当工况点偏出压力设定范围，此时应调整水泵的并联组合方式并调节调速泵，使工况从一个稳态向另一个新的稳态过渡。按新工况下的水泵并联特性方程绘出新的水泵特性曲线，与管道特性曲线的交点即为调节后的工况点。同时每隔30s测出厂流量Q、出厂水压P，求出总扬程H，将（Q、H）置于坐标对应点，即为过渡的一点。如此每30s求出一组（Q、H）值，直到调节完成，得出新的工况点，由此可分析工况点的变化趋势和某些事故情况。

3. 抗干扰问题

在自动控制系统中，抗干扰是一个重要的问题。来自电源的、外界环境的各种干扰都可能扰乱计算机系统的工作秩序，导致控制失败。为此，本系统采取了如下的抗干扰措施，这些措施都是自动控制系统所经常采用的。

（1）供电电源。计算机系统配有专用电源回路，设专用配电箱、隔离变压器和不间断电源UPS。

（2）信号传输。所有模拟量信号传输线均采用屏蔽双绞线，屏蔽层一端接地。

（3）所有I/O信号（开关量信号）均经光电隔离设施。

（4）配电箱、工作台等电器设备外壳均接保护地，计算机系统采用一点接地、系统浮空措施，控制共模干扰。

（5）计算机系统的稳压电源具有过压、欠压和过流保护能力；前置机掉电，数据能持续保存24h，系统掉电数据存储时间$<$10min。

（6）软件设计按工艺条件划分模块，并有数据纠错、滤错和改错技术。

思考题与习题

1. 对水泵及管道系统调节的意义是什么？
2. 水泵工况调节有哪些类型？
3. 双位控制系统的优缺点有哪些？
4. 水泵的调速技术有哪些？常用的有哪些？
5. 变频调速的原理与特点是什么？
6. 何为水泵的“软启动”？
7. 恒压给水系统的压力控制点有哪些设置方式，各有什么特点？
8. 气压给水系统中，气压罐的安装位置对系统的工作特性有什么影响？
9. 污水泵站组合运行有什么意义？
10. 给水监控与调度系统的基本功能与常见组成方式是什么？
11. 自动控制系统可以采取哪些抗干扰措施？

第4章　给水处理系统控制技术

给水处理系统担负着保证用户用水水质的重要任务。在运行过程中，处理系统接受的原水来自江河湖泊，受自然条件等因素的影响，原水水质是不断变化的，有时变化幅度还是很大的，如来自同一条河流的原水浊度可能在几十 NTU 至几千 NTU 之间变化；水量也可能受用水情况影响而有较大变化。受这些原水水质、水量以及各种工作条件参数变化的影响，水处理各环节的工况会发生波动，即给水处理系统的运行条件属于非稳定工况。因此，需对之及时调节控制，才能保证处理过程高效、经济地进行。另外，加强水处理工艺过程监控和参数统计，也是强化生产过程管理的需要。水处理系统监控的技术与设施的水平，是水厂现代化程度的重要标志。

常规给水处理工艺由混凝、沉淀、过滤、消毒等基本环节组成。本章将对此常规给水处理工艺所涉及的一些主要环节的控制技术进行介绍。

4.1　混凝投药单元的控制技术

4.1.1　混凝与混凝控制

在国内外的常规地表水处理工艺中，皆以除浊澄清作为主要目标之一，即采用混凝、沉淀（或澄清）、过滤这样一个基本工艺。能否使水中的浑浊物质聚结形成具有一定粒度及表面特性的絮凝体，为沉淀或过滤去除创造良好的条件，关键就是混凝效果如何。在工艺一定的条件下，混凝效果由混凝剂的投加情况所决定。通常所用的混凝剂都属于电解质物质，在水中与胶体杂质发生电中和，压缩胶体的双电层，降低ζ电位，使之脱稳凝聚。若混凝剂投量偏少，胶体杂质达不到应有的脱稳程度，自然混凝效果不好；相反若投量过多，使胶体表面吸附过量的反电荷，改变电性而使ζ电位重新升高，胶体发生再稳定而不能聚结，同样达不到混凝的目的。这一胶体电荷与混凝效果的关系如图 4.1 所示。加适量的混凝剂，保障混凝效果，是使处理水质合格的前提。另外，目前所用的混凝剂多为铝盐。研究表明，水中铝离子浓度

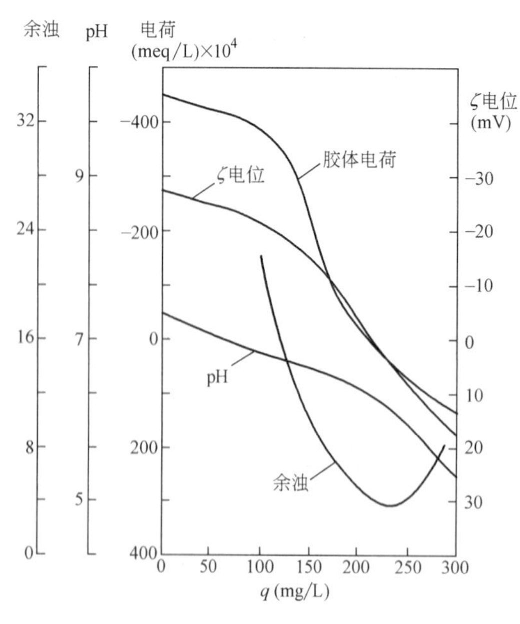

图 4.1　胶体电荷与混凝效果的关系

过高会影响人的身体健康，并对水质及输水系统产生不良影响。从这个角度讲，也应防止混凝剂投加过量。另一方面净水的药剂费仅次于电费而构成制水成本的第二大要素，混凝剂投加量直接影响到制水成本以至水价。一座中等城市年净水的药剂费用可达几百万元，全国的年药剂费可达数亿元。在保证处理效果的前提下，节约混凝剂消耗，是降低净水成本的重要措施，经济意义十分重大。因此，投药混凝是水质净化最重要的环节，而准确投加所需要的混凝剂量则是获得较好混凝效果及经济效益的最关键问题，所谓混凝控制事实上主要就是混凝剂投加量的控制。

影响混凝剂需要量的因素很多，从生产运行的角度，可概括出下述几个重要的方面。

（1）混凝要达到的目标。一般这个目标的确定是以沉淀水的浊度值为依据的。水厂根据自身的特点，考虑原水水质情况、构筑物的性能与工作参数、各种经济因素指标等，可以确定一个最佳的沉淀水浊度目标值。就混凝剂需要量而言，该目标浊度越高，混凝剂需要量越少；反之，则混凝剂需要量越多。但就整个水厂而言，按该目标浊度运行，就可达到以最低的处理成本，获得要求的水质的目的。这是一个运行优化问题。当然更严格一些，该沉淀水浊度控制值应该是随各种因素的变化而变动的，才能使水厂处于最优运行工况。

（2）处理构筑物的性能。沉淀水浊度目标值相同，但净水构筑物性能不同，混凝剂的需要量也有差别。混合、絮凝、沉淀以至过滤各个环节工艺特性的差别都会对混凝剂的需要量产生影响。以沉淀为例，不同的沉淀池型，药耗情况有明显差别。平流式沉淀池的需药量明显的低于斜管沉淀池的需药量。即使相同的池型，也会因内部构造的某种差别而药耗不同。例如某水厂有两组相同的斜管沉淀池，1 号池为长度 1.2m 的新斜管，2 号池为长度 1.0m 的旧斜管，其他条件完全相同，结果沉淀以后的出水浊度相差 2～6NTU。显然要达到相同的出水浊度，对 2 号池系统就要投加更多的混凝剂。

（3）原水的水质。原水的水质特性对药耗有显著的影响。从微观上讲，原水中浊质的分散程度与水中各种荷电物质的含量影响到浊质的表面特性，特别是浊质 ζ 电位的高低直接决定其在水中的稳定性。ζ 电位越高（绝对值），欲达到应有的混凝效果需混凝剂量就越多。在宏观上，则表现为各种水质参数的变化。这些参数包括浊度、pH、碱度、电导率、各种离子浓度及各种有机物浓度等。事实上，这些参数的变化都导致胶体杂质的 ζ 电位不同或水中胶体电荷总量的不同，从而使需药量发生变化。因此，宏观水质参数是影响药耗的表观的、非本质参数；而微观的胶体荷电状况参数，如 ζ 电位等则是本质的特征参数。另外，水温的变化改变了胶体自身的布朗运动动能，水温越低，胶体动能越小，克服排斥能峰的能力就越小。要达到同样的脱稳凝聚效果就要求投加更多的混凝剂，使排斥能峰小到足以克服的程度。同时低水温不利于电解质混凝剂的水解，还减少了脱稳胶体间相互碰撞絮凝的机会，也不利于混凝。所以水温对药耗也有较大的影响。

（4）混凝剂自身的特性。不同的混凝剂品种或同一种混凝剂厂家不同，混凝性能有差别，耗量也就不同。例如以某低温浑水做烧杯试验，同样投加 30mg/L 的药量，硫酸铝只能将余浊降至 30NTU，而三氯化铁则能将余浊降至 10NTU。

由于上述诸方面众多因素的影响，使混凝剂投量的确定与控制变得十分复杂与困难。目前还没有一个完整的理论计算模式，只能按经验或试验确定混凝剂量。投药混凝控制构成水厂工艺过程自动控制的一个难点，是提高水厂现代化水平的关键环节。

4.1.2　混凝控制技术分类

对一个特定的水处理工艺系统，净水构筑物的形式与性能已定。混凝控制是指及时调整混凝剂的投量，以适应原水水质、水量、混凝剂自身效能等因素的变化，保证沉淀水浊度达到规定指标。要达到这样一个目的，需要解决两个基本问题。其一，对水质、水量、药剂性能等因素的监测评价，要有适当的参数指标来反映这些因素的变化，可称之为输入参数；其二，混凝剂投量调整值称为输出参数，已测得输入参数的某种变化，输出参数应如何调整，即需要确定输出参数与输入参数的某种关联。这两个问题的解决，都具有一定的困难。前已述及，影响混凝剂投量的因素众多又复杂，目前还只能定性的分析，达不到定量化。选择不同的因素作为输入参数，并通过不同的方法确定输出参数，就构成混凝投药控制的各种不同的技术方法。对这些方法可以从不同的角度进行分类，主要的分类方法有如下两种。

（1）按控制的方式可以分为：脱机控制，如经验目测法、ζ电位法等，根据试验或观测的结果，对投药工况进行间歇式的人工干预调整；在线控制，即各种自动控制方法，根据对被控参数在线连续检测的结果，控制系统对投药量进行连续自动调节。在线控制又可分为：简单反馈控制、前馈控制、复合控制（前馈-反馈控制、串级控制）等多种控制方式。

（2）按被控参数的性质可分为：模拟法，通过某种相似模拟关系来确定投药量，包括烧杯试验法、模拟滤池法、模拟沉淀池法等；水质参数法，通过表观的水质参数建立经验模型，作为控制投药量的依据，如数学模型法等；特性参数法，这类方法皆利用混凝过程中某种微观特性的变化来作为投药量的确定依据，包括ζ电位法、胶体滴定法、流动电流法等电荷控制方法，还包括荧光法、脉动参数法、比表面积法等；效果评价法，以投药混凝后宏观观察到的实际效果为调整投药量的依据，包括经验目测法、浊度测定法等。

4.1.3　几种典型的混凝控制技术简介

1. 经验目测法

这是最简单原始的人工方法，又称“eyeball”，在我国一些水厂、尤其是中小水厂仍有采用。操作者通过观察原水浊度的变化、凝聚后矾花生成情况、沉淀后水的浊度高低来凭经验调节投药量。操作人员的责任心与经验是制约混凝效果的重要因素。有的水厂按经验制订出原水浊度—矾耗表，再辅以目视观察，作为改进。由于原水浊度不是影响药耗的唯一因素，且药耗的计量是否准确也至关重要，特别是人工的间歇调整与观察的滞后往往难以跟踪原水水质的迅速变化，这种方法的可靠性较低。在实践中往往采用过量投药的方法，以较大的安全余量来适应原水水质的变化，保证安全供水，但药量浪费大，水质保证率也不高。

2. 烧杯试验法

传统的烧杯试验法（Jar Test），也是一种人工间歇式投药量调节方法。从原理上讲属于模拟控制法。该方法的研究始于1898年，至1921年形成4浆板变速搅拌机，成为当今使用的烧杯搅拌试验机的雏形。烧杯试验在20世纪40年代已在美国的水厂和实验室普遍使用，并开展了模拟条件的研究，以后逐渐发展与完善。我国的许多水厂也把烧杯试验结果作为确定投药量的重要参考依据，应用广泛。

烧杯试验法利用一台可变速的4～6联搅拌机，同时向4～6个烧杯中的检测水样加不同量的混凝剂，并进行搅拌，模拟生产中的混合与絮凝过程，然后静止沉淀以模拟实际沉淀过程，取静沉后烧杯中的上清液测残余浊度，来评价投药量与混凝效果的关系，据以确定生产投药量（参见图4.1）。这种方法的基础是原型（生产净水系统）与模型（烧杯）的相似性，即在投药量相同的条件下，在原型与模型中产生物理性能完全相同的矾花。对相似准则的研究最早始于Camp和Stein提出的G值的概念（1943年）：

$$G=\sqrt{\frac{P}{\mu}} \tag{4.1}$$

式中　G——速度梯度；

P——对单位容积水体搅拌消耗的功率；

μ——水的动力黏度。

1953年，Camp把上式用于实际絮凝池，并提出GT值作为絮凝相似准数（T为絮凝时间）。在此后的烧杯试验中，多是以G值和GT值作为相似准数，即在原型与模型中，应保持相同的G值和GT值，则可有相同的混凝效果。按照这一观点，几何是否相似就不重要了。而事实上，生产絮凝池与试验的烧杯要几何相似是极其困难的。在此后的研究中，很多人发展与修正了上述观点，如我国在20世纪60年代提出的烧杯试验中计算G值和GT值的公式；日本丹保宪仁引入了有效能耗的概念，提出有效能耗$G_0=\sqrt{\varepsilon_0/\mu}$，$\varepsilon_0=\alpha\cdot\varepsilon$（式中$\varepsilon$为絮凝池的总能耗率，$\varepsilon_0$为有效能耗率，$\alpha$为能量有效利用系数），并以$G_0TC$为相似准则（$C$为颗粒体积浓度）。然而，也有人对上述概念提出质疑，许多试验结果证明虽然G值与GT值相同，但在不同尺寸的搅拌槽中混凝效果并不相同，例如在烧杯中矾花形成要比在实际絮凝池中快得多。因此烧杯试验的相似准则仍是一个需要继续研讨的问题。

以烧杯试验来确定混凝剂的投量还存在结果的不连续性及滞后性问题。传统的烧杯试验是以混凝搅拌机在实验室完成的，不可能太频繁地进行，一般是一天或一班进行一次，试验结果只对取样瞬间的水质有代表性；另外，即使增加试验次数，一次试验需时几十分钟，等到结果出来时原水水质也可能已有较大变化了。这些都给实际生产应用带来困难。因此往往都是将烧杯试验法作为确定混凝剂投量的辅助方法，与经验目测法配合使用。当然，在评价混凝剂性能、混凝剂品种筛选、混凝条件选择等方面，烧杯试验是一种很有效的手段。

另外，也有研究者开发了十分复杂的连续式烧杯试验搅拌机，试图将之用于混凝过程的在线连续控制。

3. 模拟滤池法

上世纪60年代初，模拟滤池法（inline pilot filter）在西方国家开始应用，我国无锡中桥水厂于1984年安装了一套模拟滤池系统控制投药。该方法可对混凝剂量进行在线连续控制。工作过程是：将在生产净化系统中加药混合后的原水，引出一部分进入小模型滤池，根据该滤池出水浊度的情况来评价混凝剂投量是否适宜，由控制系统对投药量自动调节。这属于一种中间参数反馈控制系统。该方法的模拟性能也是取决于原型（生产系统）

与模型（模拟滤池）的相似性。一种观点认为，无论是原型滤池还是模型滤池，都是接触絮凝机理起主导作用，即过滤效果取决于滤料的表面积。单位面积滤层的表面积为：

$$\omega \cdot L=6(1-m)\cdot \alpha \cdot (L/d) \tag{4.2}$$

式中 ω——滤料的比表面积；

L——滤层厚度；

m——滤料的孔隙度；

d——滤料粒径；

α——滤料形状系数。

要保证原型与模型的相似，就要二者在单位面积上有相同的滤料表面积，即

$$(\omega \cdot L)_{原型}=(\omega \cdot L)_{模型} \tag{4.3}$$

由式（4.2）可知，滤料条件一定时，$(\omega \cdot L)$ 正比于 (L/d)，因此只要

$$(L/d)_{原型}=(L/d)_{模型} \tag{4.4}$$

则有相同的过滤效果，(L/d) 就可作为模拟滤池的相似准数。按此相似准数设计的模拟滤池应同生产滤池有相同的出水浊度。

上述关于相似性的解释不仅未涉及几何相似的问题，而且忽略了实际生产系统中絮凝池、沉淀池的作用，仅仅考虑滤池同药耗的关系，对此还需要更深入的探讨。

另外，原水加药后直至经过模拟滤池而得到结果，一般需要10～15min，在原水水质变化较快的情况下该滞后时间也对控制的有效性提出疑问。尽管如此，这种方法将一个复杂的混凝效果评价问题以简单的模拟滤池出水浊度为指标判断，据此来调整混凝剂投量，系统设备简单，易于实现，是一种简易的投药自动控制方案，在生产上也得到了一定程度的应用。

4. 数学模型法

数学模型法是以若干原水水质、水量参数为变量，建立其与投药量之间的相关函数，即数学模型；计算机系统自动采集参数数据，并按此模型自动控制投药。这种方法国外自20世纪70年代初开始有研究和应用，如美国艾奥瓦水厂、苏联莫斯科水厂、日本朝霞水厂等。我国也有上海石化总厂水厂等应用该方法控制混凝投药。

（1）数学模型的形式和建立。常见的投药量数学模型的形式有多元线性模型、幂模式模型、浊度幂模式模型等，以第一种为多。国内外一些水厂都对此开展了研究，并提出适合本厂特定条件的数学模型。例如苏州胥江水厂在1964年建立了我国最早的数学模型：

$$y=-0.1704x_1+0.3386x_2+5.1607x_3+14.5219 \tag{4.5}$$

式中 y——投药量（mg/L）；

x_1——原水温度（℃）；

x_2——原水浊度（度）；

x_3——原水耗氧量（mg/L）。

重庆高家花园水厂对嘉陵江水投加 $FeCl_3$ 的公式为（1981年）：

$$y=-22.6475+0.0103x_1+1.562x_2+2.2454x_3+0.0666x_4$$

$$（原水浊度<2000度） \tag{4.6}$$

$$y=-55.8752+0.0132x_1-2.2847x_2+4.237x_3+0.8188x_4$$
$$（2000度<原水浊度<4000度） \tag{4.7}$$

式中，$x_1 \sim x_4$ 分别为原水的浊度、碱度、pH 和温度。

美国艾奥瓦水厂 1975 年建立的投药量数学模型形式为：

$$y=A+B_1x_1+B_2x_2+B_3x_3+B_4x_4+B_5x_5 \tag{4.8}$$

式中，A、$B_1 \sim B_5$ 为系数，$x_1 \sim x_5$ 分别为原水的浊度、温度、pH、流量和碱度。

上述数学模型的建立包括两方面的内容，一是模型参数的选取，这往往要综合多年的生产经验、混凝试验、数学统计检验以及参数的可测性等因素确定；二是模型中各项系数的确定，这可以根据多年的运行资料，由统计分析确定，也可以对长期烧杯试验的结果进行统计分析确定，然后在生产上加以修正。如重庆高家花园水厂的模型就是经数百次烧杯混凝试验得到的。

因此投药量数学模型仅是一种经验模型，只具有统计意义，而不反映药耗的本质内涵。

（2）数学模型的改进。从控制上讲，前述模型都属于前馈模型，只能用于开环控制，即按原水水质等参数的变化进行投药，而投药混凝结果并不能反馈回控制系统中。这就要求前馈模型应该十分精确可靠，才能达到预期的控制效果，这在实践中是困难的。作为宏观统计模型并不能保证时时刻刻都是准确可靠的。如前面的分析，影响混凝剂量的因素很多而复杂，用几个原水参数来描述虽然抓住了主要因素，但不是全部因素，对净化的水质仍难以保证。国内外的研究对此做出改进，又推出了前馈给定与反馈微调相结合的前馈—反馈复合控制模型。例如上海石化总厂水厂的模型：

$$\begin{aligned} K=&291.5+0.2217x_1+9.9688x_2+37.9375x_3+0.5886x_4 \\ &-2.6489\cdot10^{-4}\cdot e^{(x_2-21)}-1.5388\cdot10^{-3}x_1^2-1.2520x_2x_3 \end{aligned} \tag{4.9}$$

$$\Delta K=\begin{cases} 0.083(5-x)^3-0.75(5-x)^2-0.333(5-x) & (x\leqslant 5) \\ -0.03(x-5)^3-0.432(x-5)^2+1.258(x-5) & (5<x\leqslant 12) \\ 20 & (x>12) \end{cases}$$

式中　K——前馈药量（kg/km^3）；

ΔK——反馈微调药量（kg/km^3）；

x_1——原水浊度（度）；

x_2——原水温度（℃）；

x_3——原水 pH；

x_4——沉淀池进水量（m^3/h）；

x——沉淀池出水浊度（度）。

上式是以沉淀水浊度 5 度为目标值，适用于水温高于 21℃的情况；当水温低于 21℃时，另有一组模型（在此从略）。

这样一种带反馈微调的模型，可以弥补前馈模型的不足，提高控制精度，稳定出水水质，但模型的形式相对复杂化了，给建模和控制带来困难。

此外，还有采用模糊数学方法，并且具有自适应功能的新型数学模型的研究。

（3）数学模型法混凝控制系统。按数学模型形式不同，可以建立前馈简单控制系统或前馈—反馈复合控制系统控制混凝投药。自动控制系统主要由一次仪表、控制中心及执行机构三部分组成。要求对模型中涉及的每项水质参数及原水流量、药液流量，药液浓度等参数均能自动连续检测，由计算机系统自动采集并按数学模型运算，控制投药执行机构（如调节阀）给出要求的投药量。

图 4.2 是一个典型的数学模型法投药控制系统，该系统共包括 7 个参数的检测仪表、微机控制装置、电动调节阀等设备。可见这种控制系统的仪表很多，并要求每台仪表都能准确可靠地工作，整个系统才能正常运转。因此，虽然许多水厂建立了自己的数学模型，但都未能实现以数学模型法控制投药。特别是有些模型中包含目前难以在线连续检测的参数（如氨氮等），自动控制系统的实现就更加困难了。

5. 胶体电荷控制法

混凝剂通常属于电解质类物质。其首要作用是与水中胶体杂质发生电中和并通过增大水中离子浓度来压缩胶体的双电层，降低 ζ 电位，从而使胶体杂质脱稳凝聚，进而絮凝。使胶体杂质脱稳是有效混凝的基础。据介绍，一般原水中黏土颗粒的 ζ 电位在－10～－30mV 范围内，当 ζ 电位降至＋5～－10mV 范围时，就可较好的脱稳。当然，混凝效果如何还与采用的混合絮凝设备及其工作参数有关，最终的净水水质还与后续处理工艺的诸多因素有关。但是对于一个特定的净水系统，这些因素都为常数，则胶体杂质的荷电特性、即 ζ 电位的高低，就成为影响其混凝效果的决定性因素。一个稳定的工艺系统，必存在满足混凝澄清要求的最佳胶体电荷值，只要控制混凝剂的投量，使胶体的 ζ 电位降低至与该值相符，就可以达到要求的混凝效果。因此以胶体电荷为中间参数控制混凝，是混凝投药控制的本质方法。

胶体电荷的测定技术，是该类投药控制方法的关键性问题，不同的测定技术就构成了不同的控制方法。典型的有：

（1）ζ 电位法。直接测量胶体的 ζ 电位，作为确定投药量的依据。国外早于 1938 年就开始应用微电泳技术测量胶体的 ζ 电位、研究水的混凝机理，至 20 世纪 60 年代开始把 ζ 电位法用于水厂投药量控制。

（2）胶体滴定法。日本、美国等自 20 世纪 60 年代开始研究该方法。基本原理是：对于带电荷的胶体分散系，可用加入相反电荷的等量胶体来中和，若能找到一个合适的指示剂，胶体滴定就可以像酸碱滴定那样进行。通过胶体滴定可测定原水的胶体电荷，并以经验公式确定混凝剂的投量：

$$D=k_1A+k_2C^n \tag{4.10}$$

式中　D——混凝剂投量（mg/L）；

A——总碱度（mg/L，以 $CaCO_3$ 计）；

C——胶体电荷（meg/L×10^4）；

k_1、k_2、n——经验系数。

研究发现，胶体滴定法与 ζ 电位法一样灵敏。但该方法同 ζ 电位法一样，还只能在实验室进行间歇测定，而不能在线连续检测并构成自动控制系统。

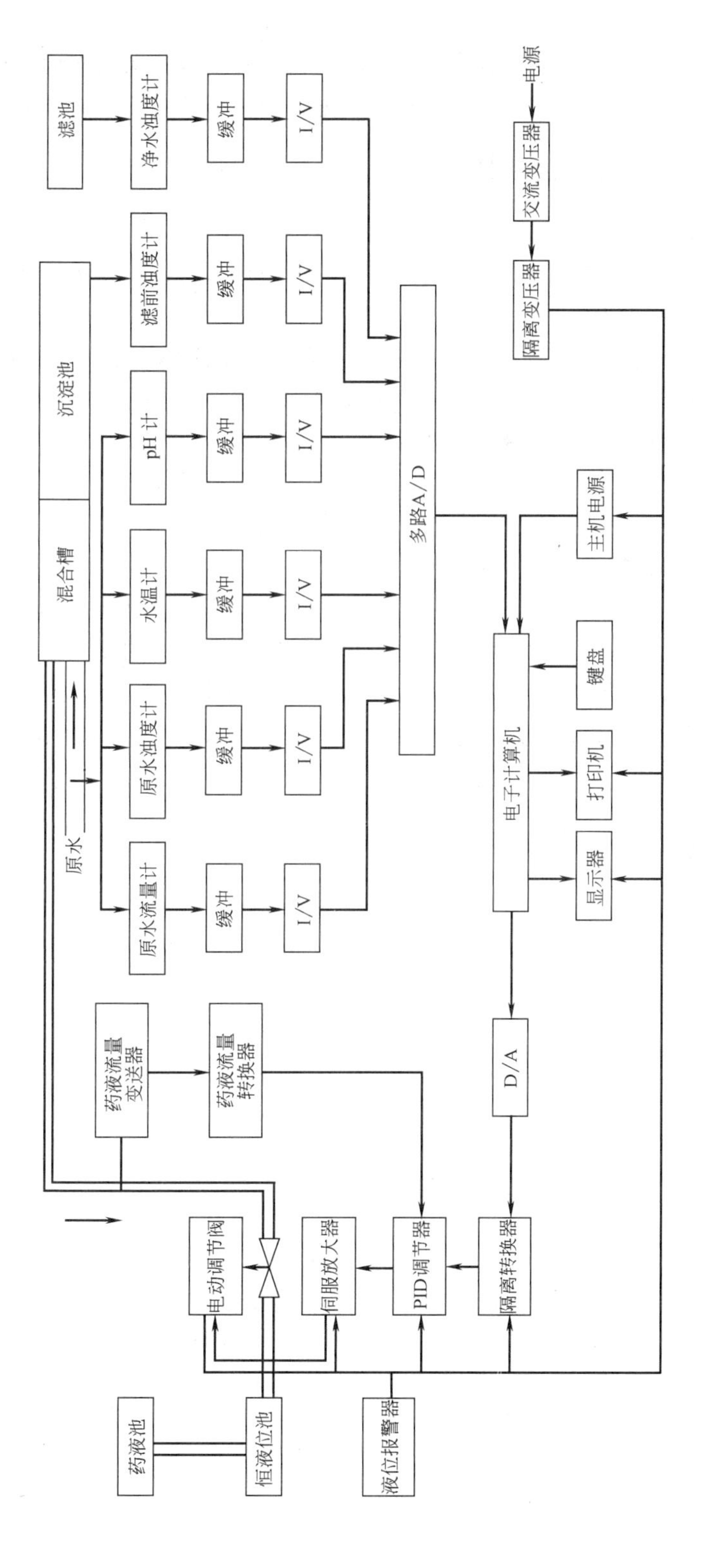

图 4.2 数学模型法混凝控制系统实例

(3) 流动电流法。该法以反映胶体荷电特性的另一参数——流动电流为因子，控制投药。这种方法具有与上述两种方法相同的优点，即以胶体电荷为参数，抓住了影响混凝的本质特性；同时，该方法是一种在线连续检测法，易于实现投药量的连续自动控制，因而成为各种胶体电荷控制法以至现行各种投药控制方法中很有发展前途的方法之一。

4.1.4 流动电流混凝控制技术

1. 流动电流原理

流动电流是表征水中胶体杂质表面电荷特性的一项重要参数，在水处理工艺的过程控制或技术研究中有重要作用。

根据现代胶体与表面化学理论，在固液相界面上由于固体表面物质的离解或对溶液中离子的吸附，会导致固体表面某种电荷的过剩，并使附近液相中形成反电荷离子的不均匀分布，从而构成固液界面的双电层结构，其中反离子层又分为吸附层与扩散层。当有外力作用时，双电层结构受到扰动，吸附层与固体表面紧密附着，而扩散层则可随液相流动，于是在吸附层与扩散层之间会出现相对位移。位移界面—滑动面上显现出的电位，即众所熟知的 ζ 电位。由于双电层中固液两相分别带有电性相反的过剩电荷，在外力作用下会产生一系列的电动现象。这些电动现象或是由于电场力作用而导致固液的相对运动，如电泳和电渗；或是因机械力作用下固液的相对运动而产生电场，如流动电位（流）和沉降电位。其中流动电位（流）即指在外力作用下，液体相对于固体表面流动而产生电场的现象，是电渗的反过程。事实上，就是扩散层中反离子随液相定向流动，荷电离子定向迁移的现象（图 4.3）。

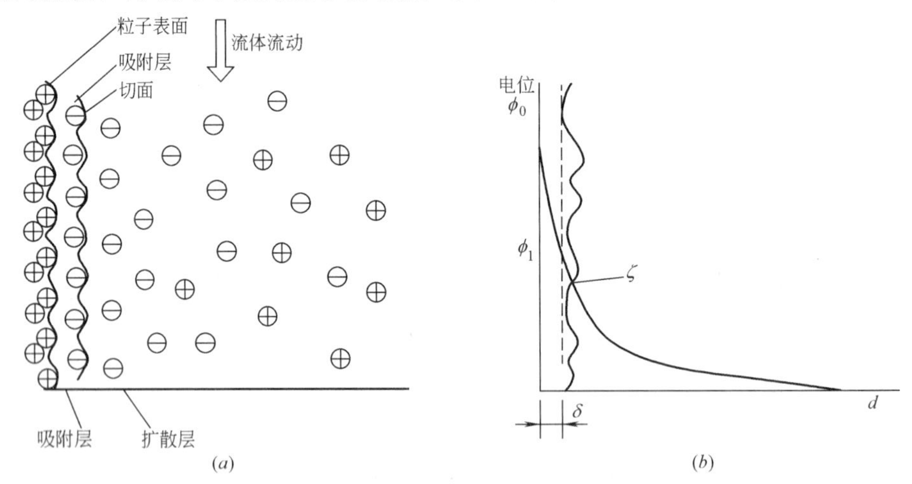

图 4.3 胶体双电层及反电荷离子定向迁移示意图

(a) 双电层结构及反电荷离子分布；(b) 电位变化

当采用毛细管方式在层流条件下进行测定时，在流动电流（流动电位）与 ζ 电位之间，有下列关系式：

$$i=\frac{\pi\zeta P\varepsilon r^2}{\eta l} \tag{4.11}$$

$$E=\frac{\zeta\varepsilon P}{\eta k} \tag{4.12}$$

式中 i——流动电流；

E——流动电位；

P——毛细管测量装置两端的压力差；

ε——液体介电常数；

r——测量毛细管半径；

l——测量毛细管长度；

η——液体黏度；

k——液体比电导。

式（4.11）和式（4.12）分别为流动电流、流动电位的基本数学表达式，描述了其基本影响因素和内在关系，特别是指明了流动电流同 ζ 电位之间的正比函数关系。流动电流从一个侧面代表了 ζ 电位的性质，反映了固液界面双电层的基本特性。上述基本关系式表明，影响流动电流的因素可分为两大类：一类为热力学因素，尤其是溶液中电解质的成分影响较大；另一类是动力学因素，液体的流态与流动条件有重要的影响。

也可以用经验公式表达流动电流的基本关系，下式适合于各种流态：

$$i=C\zeta\bar{v} \tag{4.13}$$

式中 C——经验系数，与测量装置几何构造以及介质物理化学特性有关，与流态有关；

$\bar{v}$——液体平均流速。

式（4.13）不仅适用于层流，也适用于紊流，但在不同流态下，C 的数值是不同的。式（4.13）表明在介质条件不变时，流动电流与毛细管内液体的平均流速成正比。

流动电流的大小不仅与固液界面双电层本身的特性有关，还与流体的流动速度、测量装置的几何构造等因素有关，这点与 ζ 电位有很大差别。ζ 电位可以直接反映固体表面的荷电特征，数值具有绝对意义，例如从水溶液中胶体粒子 ζ 电位的数值大小就可以直接判断其稳定程度如何。而考察流动电流数据时，则要注意测定装置、测定条件等因素，进行综合判断与相对比较。所以流动电流的绝对值是没有意义的，将不同装置或在不同条件下测得的流动电流值直接进行比较也是没有意义的。在实际应用中，往往利用的是流动电流的相对变化，而不是绝对数值的大小。

2. 流动电流检测器

(1) 流动电流检测器的设计原理

1966 年，Gerdes 发明了活塞式“流动电流检测器”（Streaming Current Detector，简称 SCD），如图 4.4 所示，可以用于检测水样中胶体粒子的荷电特性。检测器由检测水样的传感器和检测信号的放大处理器两部分构成。传感器主要由圆形检测室（套筒）、活塞和环形电极组成，活塞和检测室内壁之间的缝隙构成一个环形毛细空间。当活塞在电机驱动下做往复运动时，水样中的微粒附着在“环形毛细管”壁上形成一个微粒“膜”，水流的运动带动微粒“膜”扩散层中反离子运动，从而在“环形毛细管”的表面产生交变电流，此电流由检测室两端的环形电极收集并经放大处理后输出。

该检测器的原理已与原始的毛细管装置不完全相同，主要检测的对象不是毛细管表面

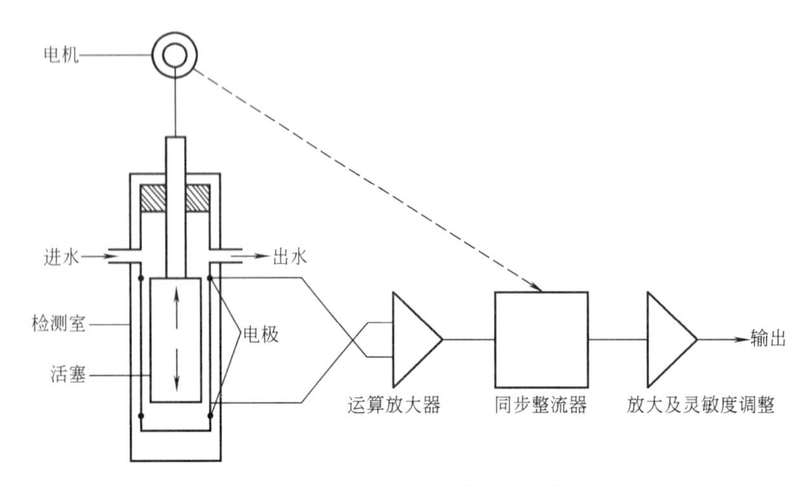

图 4.4　流动电流检测器原理示意图

的双电层特性，而是吸附于该固体表面上的水中微粒“膜”，是对水中胶体粒子表面特性的反映。

应当注意的是，胶体粒子在检测器探头表面吸附必然产生流动电流，但在液体中完全没有胶体粒子的情况下，流动电流仍然存在。事实上，SCD 检测的流动电流应由背景电流和非背景电流两部分构成，背景电流是由无胶体粒子吸附的探头表面的双电层发生分离的结果；非背景电流是由吸附于探头表面的胶粒与溶液相对运动时产生的。SCD 检测到的是这二者之和：

$$i=i_b+i_c \tag{4.14}$$

式中　i_b——背景电流；

i_c——非背景电流。

另外还应注意，SCD 检测的流动电流值是套筒和活塞所产生的流动电流之和。

在实际应用中，正是利用非背景电流值部分的变化来反映胶体粒子的荷电特性。

（2）流动电流检测器的形式

流动电流信号的准确有效检测，是检测器设计的核心问题。为此，必须保证检测室内壁面的良好清洗及附着于壁面的荷电粒子及时更新，这是其性能好坏的一个关键。由此产生了 3 种不同的检测器产品形式。

1）带超声波式。传感器上安装超声波装置，利用超声波的连续振动消除检测室内可能积存的杂质及促进检测室壁面附着的微粒更新。该种方式的效果较好，但超声波装置不仅增加了仪器的成本，还增加了故障几率，降低了仪器的可靠性。

2）射流清洗式。此种方法是在检测室的下方加一压力水管，利用压力水的射流作用对检测室内进行冲洗，冲洗可以手动或自动的方式定期进行。这种间歇的冲洗方式必然对检测信号的稳定性与连续性产生一定影响，但优点是构造比较简单。

3）检测水样自清洗式。此种检测器在检测室的构造上做出特殊设计，使进入检测室的检测水样自身产生一定的射流作用，把检测室内可能积存的杂质冲走，并随检测后水样排出，这是一种连续稳定的自清洁过程，无须增加机电装置及压力水源，结构简单，效果亦较好。目前国内自行开发的流动电流检测器采用该种形式。

由检测室输出的原始信号极其微弱，在 10^{-8}～10^{-12}mA 数量级，而且由于信号是由活塞的往复运动产生的，因此是一个频率约为 4Hz 的近似正弦波，必须对之进行适当的处理，调制为有一定信号强度的、与水中胶体杂质电荷变化有一一对应关系的直流响应信号。这一任务就由信号处理部分完成，它包括同步整流、放大及放大倍数调整、滤波等内容，最后的输出值即为所谓的流动电流检测值，以 4～20mA、－10～＋10mA 或 0～100％等相对单位表示，相对地代表水中胶体的荷电特性，可以作为水处理系统的监测或控制参数。

某国产的流动电流检测器主要性能参数列于表 4.1。

SC—30S 型流动电流检测器的性能 **表 4.1**

电源	220V 50Hz 100mA	安装方式	壁挂式
采样流量	5～7L/min	重量	3.9kg
采样室水嘴	进水管外径 15mm	环境温度	0～50℃
信号输出线	双芯屏蔽线(最长 300m)	环境湿度	相对湿度 95％以下
外形尺寸	240mm×125mm×400mm		

3. 流动电流与混凝工艺的相关性

利用流动电流原理可以建立简单实用的单因子混凝投药控制系统，其前提是流动电流参数与混凝投药工艺存在一定的相关关系。从水中胶体杂质电中和脱稳凝聚原理出发，理论与实验可以证明这一相关性的存在。它主要体现在如下几个方面。

（1）流动电流与 ζ 电位的相关性。ζ 电位是人们所熟知的描述胶体脱稳的特性参数，前面已提及流动电流与 ζ 电位二者在理论上是相关的，图 4.5 的典型结果更从实验上证明了流动电流（*SC*）与 ζ 电位良好相关，以流动电流代替 ζ 电位来描述胶体的脱稳程度是可能的。

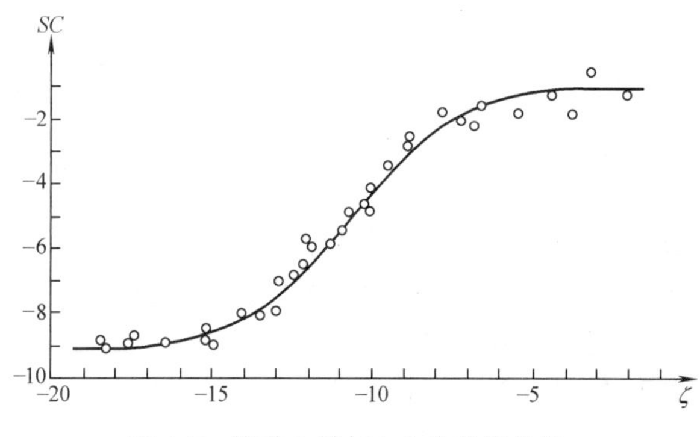

图 4.5 流动电流与 ζ 电位的相关性

（2）流动电流与混凝剂投量的相关性。流动电流能作为混凝剂投量控制参数的一个最基本前提是对混凝剂量的改变有相应的响应。大量、广泛的实验可以证实这一点。图 4.6 所示为反映流动电流与投药量相关性的一组典型实验。向水中加入不同量的硫酸铝，测定水的流动电流。在硫酸铝投量较少时，流动电流略有上升，变化不大；随着投药量进一步增大，流动电流值迅速上升；随后流动电流的增大趋势逐渐变缓。

（3）流动电流与混凝效果的相关性。常规的混凝工艺以除浊为主要目的，一般在生产上是以沉淀水的浊度作为衡量混凝效果、控制混凝剂投量的指标。在此也以沉淀水浊度表征混凝的效果，通过实验实例分析流动电流与沉淀水浊度的相关性。

在图4.7中是以塞纳河水为原水的实验，混凝剂为Aqualenc（一种铝盐类混凝剂），在实验中观察流动电流、沉淀水浊度随投药量变化的情况。实验结果表明，随投药量的增加，浊度的变化呈典型的先迅速下降，随后逐渐稳定的趋势，同时流动电流则随投药量的增加持续上升。以投药量为参数，按对应的流动电流—浊度数据绘图。当流动电流值较低时，随流动电流值的增加，浊度迅速下降，至一定值后（在此例中$SC=-4$）浊度的变化变缓，甚至有再升高的趋势。这表明胶体脱稳到一定程度后，再进一步投药已经效果不大，甚至有再稳定的可能。流动电流与浊度的这种相关性是普遍存在的，以范围广泛的、包括国内国外、南方北方、江河水库等多种原水及处理工艺进行实验，都可以观察到上述现象，说明流动电流是对混凝起决定性影响的主要因素。

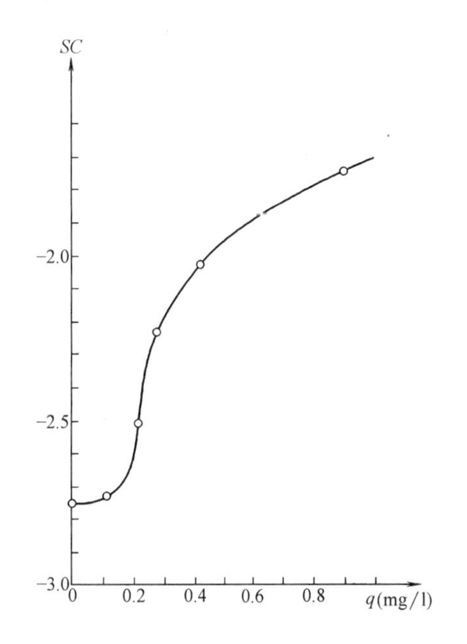

图4.6 流动电流与投药量的相关性

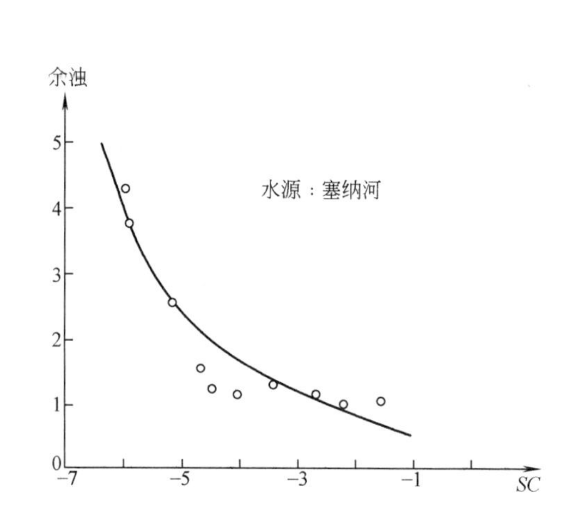

图4.7 余浊与流动电流相关曲线

4. 流动电流混凝控制工艺系统的组成与特点

在流动电流与混凝工艺相关性的基础上，可以建立流动电流混凝投药控制系统工艺流程，如图4.8所示。该系统主要由检测、控制、执行三大部分组成，流动电流检测器对加药后的水中胶体电荷进行检测，并经信号处理后将该流动电流信号送至控制器；控制器对该检测值与事先设定的设定值进行比较，并按一定控制策略对投药量输出进行调整；该药量的调整可以通过变频调速设备对投药泵的转速调节来实现。这是一个以流动电流为控制参数的简单反馈控制系统。该系统具有下列特点。

（1）单因子控制。除流动电流参数外，不再要求测定任何其他参数，各种水质、水量、混凝剂特性等的变化都反映在流动电流因子的变化上。以原水浊度的变化为例，设在t时刻，原水浊度为C，混凝剂的流量为q，检测值等于设定值SC_0；在$t+\Delta t$时

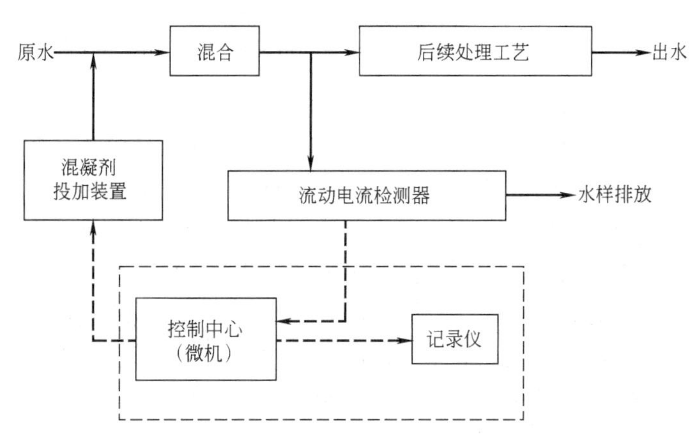

图 4.8 流动电流混凝控制系统图

刻，原水浊度增加 ΔC，若投药量未变，则单位浊质获得的混凝剂量由 q/C 降为 $q/(C+\Delta C)$，显然水中胶体的脱稳程度要降低，表现为检测值降低到 SC，偏离设定值 SC_0，即浊度的变化表现为检测值的变化。为了维持胶体脱稳程度不变，就要由控制中心指示执行机构，使混凝剂流量增加一个 Δq 值，使之与 ΔC 的影响相抵消，稳定检测值等于设定值 SC_0 不变。仅需要流动电流一个因子就可以实现混凝投药自动控制，这是该技术的主要特点之一。

（2）小滞后系统。检测流动电流的水样取自加药混合之后、进入絮凝设备之前。从投药到取样的时间差一般只有几十秒，至多 1～2min。这样小的滞后可以适应水质及运行工况等的突然变化，控制系统能及时调节投药量，保证水处理系统工况稳定。

（3）中间参数控制。决定混凝剂投量的最终指标是水处理效果，一般以沉淀水浊度为代表。流动电流设定值是通过相关关系间接反映了浊度要求，流动电流因子也就成为一个中间控制参数。由于流动电流与沉淀水浊度间存在显著的相关性，因此以流动电流为中间参数是合理可行的。但其他一些次要因素的影响也不应忽略，长期的积累也可能导致控制效果的偏离，所以在生产上对设定值等控制参数的适时调整也是必要的。

5. 流动电流混凝控制技术对混凝剂种类的适用性

流动电流混凝投药控制的基础依据是流动电流与混凝工艺的相关性，一旦失去这种相关性，该技术自然就难以应用。混凝剂的特性是影响适用性的主要因素。

在水处理混凝过程中发生的作用主要是：电解质混凝剂电中和及压缩胶体杂质的双电层，使胶体脱稳、聚结，这一过程必伴随胶体杂质荷电特性的改变，水的流动电流发生相应变化；混凝剂的高分子链起吸附架桥作用，使水中胶体杂质与之吸附絮凝，形成大的絮凝体，该过程不涉及杂质电荷的变化。电解质类混凝剂的混凝一般以前一种作用为主，从而投药之后胶体杂质的脱稳程度（可以用流动电流来描述）就主要决定了混凝的效果。因此，就混凝剂的品种而言，流动电流混凝投药控制技术对电解质类混凝剂是普遍适用的。生产中最常使用的铝盐和铁盐混凝剂就属于这一情况。当采用以吸附架桥作用为主的非电解质类高分子混凝剂时，流动电流会产生无规则波动，该技术是不适用的。

就电解质类混凝剂的投加量而言，存在一个有效的检测范围。在不同原水浊度下，投加不同量的铝盐（或铁盐）混凝剂，进行混凝试验。可以发现，当混凝剂量很低时，混凝剂的加入对流动电流值没有影响；达到一定的混凝剂量值后，流动电流开始随混凝剂浓度的增加而升高；当混凝剂量达到某一极限后，流动电流值则不再变化，如图 4.9 所示。对应于流动电流响应范围上下限的两个混凝剂浓度界限值，可称为流动电流对混凝剂的检测下限和检测上限，下限和上限之间的混凝剂浓度范围可称为对该混凝剂的有效检测范围。实验研究表明，不同的混凝剂品种、不同的原水浊度，检测极限是不相同的。在同样的原水浊度下，硫酸铝同三氯化铁相比，检测下限较高而检测上限较低，即有效检测范围较小；当原水浊度升高时，混凝剂的有效检测范围缩小，下限升高而上限降低（图 4.10）。在生产实际中，一般混凝剂的投加范围在数个“mg/L”至数百“mg/L”之间，处于上述有效检测范围之内。因此对生产上实用的混凝剂投量范围，流动电流技术都是适用的。

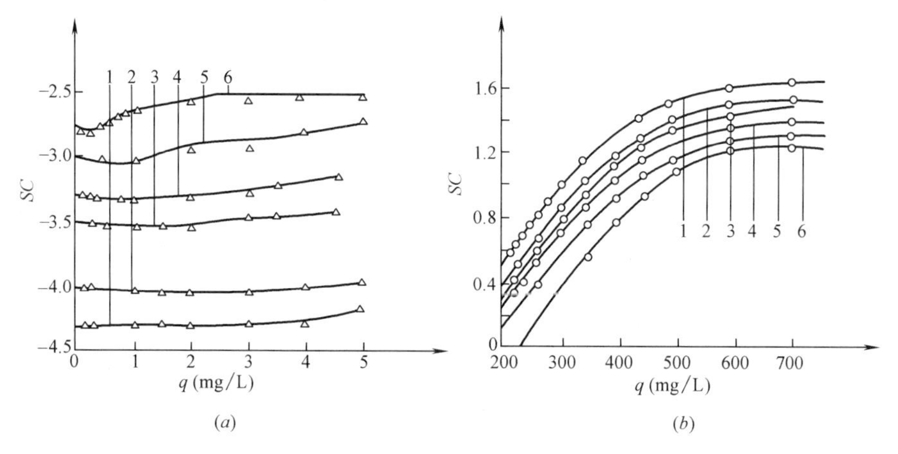

图 4.9　流动电流随混凝剂浓度的变化

（a）混凝剂浓度下限；（b）混凝剂浓度上限

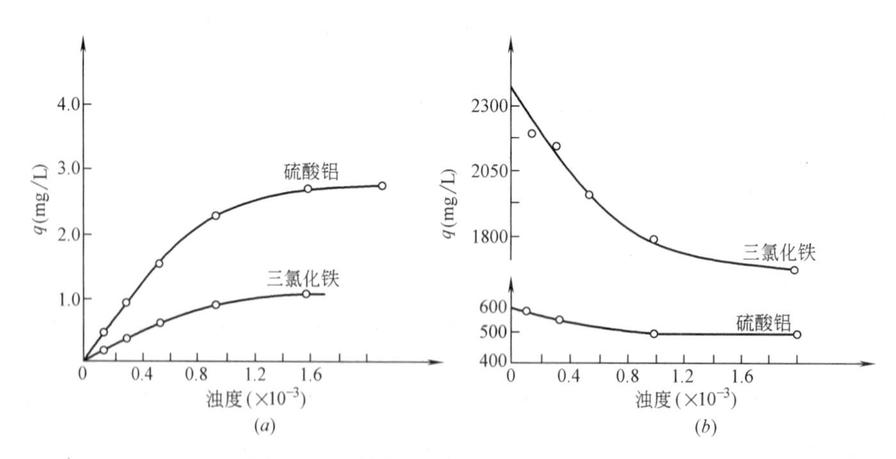

图 4.10　混凝剂的检测极限同浊度的关系

（a）下限；（b）上限

6. 应用实例

某水厂供水量为 120000m^3/d，处理工艺为：混凝剂投加于原水管道中，原水经管道及稳压井混合、回转式折板絮凝、斜管沉淀、虹吸滤池及加氯消毒处理后，送入城市管网。

混凝剂为液体硫酸铝，浓度为 18～38 波美度，比重 1.143～1.357，Al_2O_3 含量 4%～11%。药液由离心式投药泵加压送入原水管内，经过 30m 长的管道混合后，经稳压井再次混合，然后进入絮凝池。

该厂以江水为水源。原水水质变化四季分明，浊度及水温随气候有着显著的变化。其特点为：

(1) 冬季低温低浊。每年 11 月至次年 3 月为封江期，浊度及水温均很低，浊度基本上在 10NTU 以内，水温在 0℃左右。开江后的 3 月份到 4 月份浊度一般在 30NTU 左右，平均水温 3～6℃，最低仅为 0.5℃。这种水质非常难以处理，混凝剂单耗常居全年首位。

(2) 高浊期原水水质变化迅速且幅度大。每年 5～9 月，尤其是 6～8 月间为雨季，大量地表浮土被雨水携带进入江中，原水浊度变化迅猛，能在 1h 之内由几十 NTU 上涨至几百 NTU 及至几千 NTU，而且高浊度的原水一旦浊度开始下降，其下降速度也较快。浊度升高通常都是由于下雨所致，而下雨时气温往往有所下降，所以高浊时水温随之也有不同程度的降低。

(3) 低 pH。通常情况下，原水 pH 基本在 7.0 左右。而高浊期，由于雨水将含腐殖酸的黏土带入，pH 随浊度的升高又有所降低，甚至降到 6.5 以下。

上面这些因素都给水厂的混凝投药控制带来很大困难。以往采用人工控制时，药耗高而水质合格率低。后来采用了流动电流技术对投药进行自动控制，情况大为改观。

在自动控制系统中，流动电流检测器设于稳压井前，自进稳压井前的管道中取检测水样。水样在进入检测器前先经预处理器去除粗大的杂质、漂浮物和气体。仍保留原有的离心式投药泵投药，以变频调速的方式进行调节。控制器、变频调速装置设于值班室。

在运行中，要求沉淀水浊度低于 12NTU，以此为依据通过试验确定控制系统的设定值。

在试运行期间，通过将自动控制系统与另一套人工控制投药水处理系统平行对比的方法，对自动控制系统的技术经济效益加以评价。结果发现，在原水较为稳定阶段，自动控制沉淀水浊度合格率达 96.0%，较人工控制投药高出 7.3 个百分点，而且浊度值更稳定。在水质波动时期，自动投药系统浊度合格率更高于人工投药 22.1 个百分点，而且稳定性更高。可见自动投药系统有较强的水质控制能力。总平均结果为：沉淀水浊度合格率自动控制为 94.9%，人工控制为 78.1%，自动控制高出 16.8 个百分点。

在节药方面，在水质波动时期有更好的节药效果。主要原因在于，采用人工投药时，在出现高浊度的雨天为防止投药量不足，经常在预计会出现浊度较高的原水之前，就提前将投药量加大，因此大量药剂浪费了。自动控制投药不会发生这种情况。总平均结果为：自动控制投药平均节药 28.2%。

4.1.5 透光率脉动混凝投药控制技术

1. 透光率脉动检测原理

我们知道，一般检测仪器不能在线连续测定水中胶体的絮凝程度，也不能反映絮凝体的粒径变化，只能通过检测投药后与水中悬浮颗粒物质有关的某些特性来间接反映絮凝程度；如基于悬浮颗粒 ζ 电位的流动电流检测技术（SCD）及基于悬浮物可滤性的毛细管吸入时间技术（CST）等等。这些检测技术都具有一定的局限性，也就是说如果所使用的混凝剂（或絮凝剂）与水中悬浮颗粒发生作用后，悬浮颗粒的该种特性不发生变化或变化很小（如ζ电位）或更加难以检测（如毛细管吸入时间）时，那么这些间接反映絮凝程度的检测方法准确度和灵敏度就会降低，甚至不能使用。

透光率脉动检测器是一种在线光学检测装置，但跟其他各种以光阻塞或光散射为基础的检测器有本质性区别。该仪器用透过流动悬浮液的透过光强度的波动状态计算出形成的絮凝体粒径的变化，因而灵敏度高、响应迅速。无论使用何种混凝剂（絮凝剂）靠何种机理发生混凝（絮凝），混合絮凝后絮凝体粒径的相对大小只要有所改变，该透光率脉动检测器都可以准确、灵敏地连续响应。其独特的自校准电路结合先进的函数算法，完全排除了检测室沾污和电子漂移对检测精度的影响，使仪器的完全免维护成为现实。

（1）透光脉动理论

1）浓度的脉动

在悬浮液中细小的颗粒进行布朗运动。一定体积内，随着进出该体积颗粒的随机扩散的发生，所含颗粒数量会相应变化，这可以用光学显微镜直接观察到。如确定体积内的平均颗粒数为v，则在该体积内测到n个颗粒的概率P（n）遵循泊松分布：

$$P(n)=\exp(-v)v^{n}/n! \tag{4.15}$$

对于相当大的v值（$v>50$），分布变得十分对称，并很接近高斯分布。

如果测定相同体积的一系列样品，也会观察到给定体积内颗粒数量的变化遵循同样的分布。这不局限于做布朗运动的颗粒，任何混合良好的悬浮液中，在组成上都有随机变化，同样遵循泊松分布，唯一的需要是悬浮液中每个颗粒在任何一点的机会相等。如果悬浮液是连续流动的，并且每次被检测的体积相同，则在该体积内的颗粒数目由于同样原因也随机变化，且遵循泊松分布。在连续式浊度仪中，样品体积内颗粒数目的随机变化会导致浊度的脉动，这对浊度检测是一种干扰。在浊度仪的设计上，通过增大取样室的尺寸或对输出信号的平滑处理，使得脉动现象不被注意到。

2）脉动的检测

在此提出一个相反的要求，希望检测到悬浮液中浓度的脉动，这是可以实现的。根据泊松分布的特点，若在一定（单位）体积内颗粒数目的平均值为N，则脉动值的标准偏差等于该体积内颗粒数目平均值的平方根$\sqrt{N}$，且该体积内颗粒的实际数目在$N\pm2\sqrt{N}$内的概率为95%。可见颗粒数目的脉动程度$\sqrt{N}$占平均颗粒数目N的比重为$\sqrt{N}/N=1/\sqrt{N}$，因此该体积内颗粒平均数越少，颗粒数的脉动越明显。对一定体积悬浮液中颗粒数目的变化（脉动）进行可靠有效的检测，在很大程度上取决于检测样品的体积大小。取样体积越大，脉动成分越小，越不易检测；如取样体积较小，脉动程度相对较高，就容易检测。例如对于一般的悬浮液，假定平均每单位体积内的颗粒数目N为10^8个/cm^3。从一个混合良好的悬浮液中连续取1mL的样品，根据泊松分布的特性可知，样品中平均含有的颗粒个数在$10^8\pm2\times10^4$之间，这个差异仅为平均值的0.02%，不易检测到。然而，如取很小的样品体积，如1×10^{-4}mL，则样品中颗粒的均值为10^4个，标准偏差为100，连续的样品就在均值上有$\pm2\%$的差异，这就很容易检测到。

通过如下的装置可以使检测在实际中得以实施。在一个流过悬浮液的管形器皿两侧，分别放置光源和光接收器，如图 4.11 所示，使光源的光线透射过悬浮液，照射到接收器上。如光路在悬浮液中的长度为 L，光束的有效截面积为 A，则检测到的水样体积为 AL，光束内平均颗粒数为：

$$v=NAL \tag{4.16}$$

式中 N——单位体积中的颗粒数。

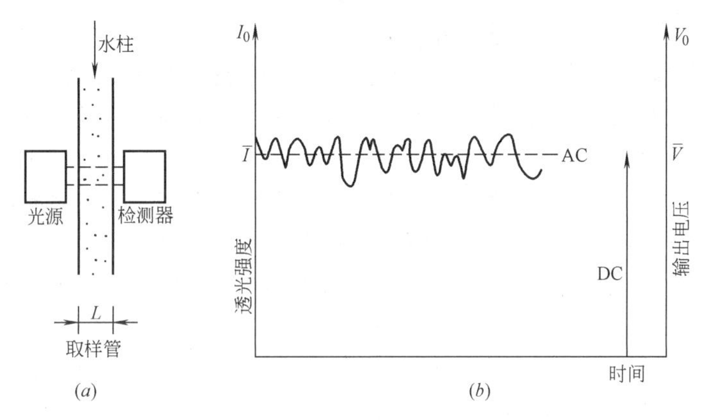

图 4.11 透光率脉动检测原理示意图

(a) 检测装置；(b) 透光率信号的脉动

于是可以得到：

$$\overline{I}/I_0=\overline{V}/V_0=\exp(-vC/A) \tag{4.17}$$

式中 $\overline{I}$、$\overline{v}$——通过悬浮液的透射光强度与相应的电压；

I_0、V_0——入射光强度与相应的电压。

当悬浮液连续流过时，光束内的真实颗粒数将在平均颗粒数 v 的周围随机变化，透射光强度也产生相应的脉动。对于很小的样品体积，因为颗粒数量的变化，有可能得到明显的透射光强度脉动。在一个直径为 1mm 的圆柱形管中，如透射过的光束直径为 0.2mm，则有效的取样体积约为 3×10^{-5}mL，这样的条件在实际中很容易实现，在悬浮液流过时就可以明显地观察到浊度的脉动。

从光电检测器出来的信号通常有一部分是直流（DC）成分，其数值相应于平均透射光强，另一部分是非常小的脉动（AC）成分，由悬浮液中颗粒随机变化而来。AC 成分可能非常小（仅几个微伏），但将其从 DC 成分中分离出来是简单的，分离出的脉动信号 V_r 与 DC 的比值 R 是透光率脉动检测的输出值。R 这一输出值作为相对量可排除检测室沾污或电子漂移等因素的影响，是一项重要的特征参数。

(2) 絮凝检测仪的基本组成和构造

根据上述悬浮液透光脉动的原理，可以设计出絮凝检测仪。依实际需要的不同，絮凝检测仪可以有几种形式，一般的基本组成主要有以下两个部分：传感器和信号处理器。其中传感器主要由光源、光电接收器和取样管等组成；信号处理器主要由信号处理电路、信号显示和输出组成。

1) 光源：一般采用发光二极管作为光源，但要求发光强度高、运行稳定、噪声低、发射角小，发射波长窄等，也可以用激光发射管。实际上多采用红外线波长的范围，这样比较适宜絮凝前后颗粒粒径的要求。

2）光电接收器：主要用光敏二极管，要求精度高、噪声低、接收光波长，与光源相匹配；一般多用光导纤维引导光线至取样管，并将透射光引导至光敏二极管，根据要求可以改变光敏感面积的大小。

3）取样管：一般要求用透明材料的管材，如玻璃管，透明塑料管等，根据要求可以选用多种管径以适应不同水质条件及絮凝情况，如低浊度水时可以选用直径较小的管以提高灵敏度，高浊度水或污泥调理过程可以选用较粗的管，因为形成的絮凝体可能较大。

4）信号处理电路：主要有信号放大电路、交直流分离电路、交直流转换电路、信号相除电路等，以及滤波、限制、计数、超负荷等辅助电路，都涉及电子方面的专门知识，这里不详述。

在不同场合应用，传感器采取不同的形式。在实验室中应用的传感器，可以设计成较简单、易于变换取样管规格、可以拆装便于放置不同位置的形式，这有利于实验室中不同试验条件、不同要求时的检测。用于工业生产的传感器产品形式，一般多采用固定式，所有部件都固化成一个整体，很少在运行中变化，便于在生产应用中操作、管理和维护。根据应用领域的变化，传感器可以设计成具有防水、抗压、防爆、防寒等多种特殊要求的形式。图4.12所示为两种不同形式的传感器。

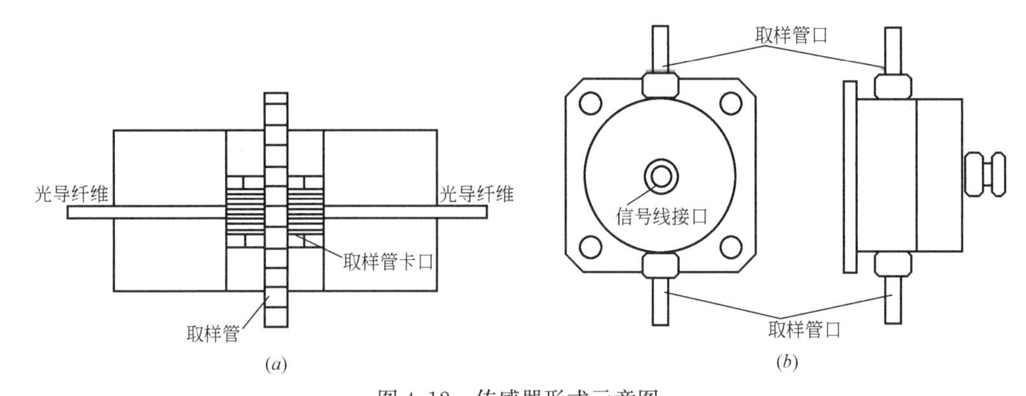

图4.12　传感器形式示意图

(a) 实验室用简易传感器；(b) 生产装置用远程传感器

(3) 检测值 R 与水中絮粒粒径的相关性

当原水加注混凝剂后，水中胶体的稳定性破坏，使胶体颗粒具有相互聚集的性能，这是凝聚过程的任务。经过凝聚的微絮粒仍然十分微小，达不到水处理中沉降分离的要求。絮凝过程就是在外力的作用下，使具有絮凝性能的微絮粒相互碰撞，而形成更大的絮粒，以适应沉降分离的要求。

用透光率脉动检测技术对絮凝过程进行监测，其检测值 R 可灵敏地反映出水中颗粒粒径的变化情况，与颗粒粒径成良好的相关性。图4.13所示为用含50mg/L黏土的悬浮液，在pH为7.0条件下进行混凝搅拌试验的情况。絮凝剂为硫酸铝，投量为7mg/L。利用透光率絮凝检测仪对絮凝过程进行监测，同时使用显微照相技术对搅拌槽内悬浮液颗粒的粒径进行同步测定。结果表明，二者的变化趋势几乎完全一致。

2. 透光率脉动混凝投药控制技术在高浊度水处理中的应用

由前所述，透光率脉动检测值 R 反映的是水样加药絮凝后所形成的絮凝体粒径的相对大小，而且 R 值与沉淀水浊度有很好的相关性。因此现有的透光率脉动混凝投药控制方案是采用反馈闭环控制系统，根据透光率脉动检测仪的检测信号 R 值来反馈控制混凝剂的投加量。作为典型应用，本节介绍其在高浊度水混凝控制方面的应用情况。

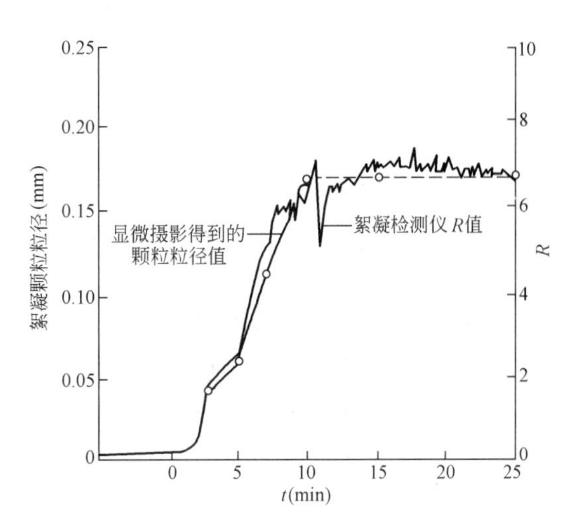

图 4.13 检测值 R 与颗粒粒径的关系

(1) 高浊度水的混凝特性

高浊度水特指泥砂含量很高、能形成均浓浑水层、以界面形式沉降的天然原水。高浊度水的典型代表是黄河水。黄河是我国泥砂含量最大的河流，也是世界上罕见的多砂河流，年输砂量和年平均含砂量均居世界大江河的首位。以黄河中游北洛河状头水文站为例，1967 年 8 月平均含砂量为 $622kg/m^3$，8 月 1 日的日平均含砂量高达 $1090kg/m^3$。

另外，地区不同，高浊度水流中泥砂浓度及颗粒级配差别很大。高浊度水中的大部分泥砂属粗分散系。高浊度水流中的细颗粒泥砂，由于本身固有的特性，自然沉降时在上部清水与下部浑水之间形成界面，即浑液面。浑液面以下有一段泥砂浓度基本不变的浑水层称为均浓浑水层。将组成均浓浑水层的细小泥砂称为稳定泥砂；将颗粒较粗、在自然沉降过程中不断由均浓浑水层中沉降除去的泥砂称为非稳定泥砂。

高浊度水的混凝特性与常规浊度水相比有很大不同。常规浊度水的混凝多以固体颗粒的电中和作用为主，表现为胶体杂质的脱稳凝聚过程，使水中原来不易下沉的杂质聚集成具有一定沉速的絮凝体。高浊度水的混凝则主要表现为絮凝过程，是使本来具有一定沉速的泥砂以更快的速度下沉。相应地，高浊度水对混凝剂的要求，除了要有较高的聚合度外，还要有一定的分子链长度，以便发挥较好的吸附架桥作用。因此，在高浊度水处理中通常使用以吸附架桥作用为主的高分子絮凝剂。高分子絮凝剂用于高浊度水处理时絮凝速度快，一般仅需几秒至几十秒就可形成粗大的絮凝体。

高浊度水混凝以吸附架桥作用为主和絮凝速度快，是有别于常规浊度水混凝的两个重要特点。一般也常将高浊度水的混凝称为絮凝。由此，在混凝控制技术上，也产生了重要的差别。

(2) 确定高浊度水絮凝剂投加量的几种方法

絮凝剂投加量的掌握与控制，是高浊度水处理的关键。投药过少，絮凝效果差，达不到处理效果；投量过多，不但浪费药剂，而且会使泥砂沉积在管道及处理构筑物的配水系统内，造成运行困难。从高浊度水特性及其混凝特点出发，尝试用于高浊度水混凝投药控制的技术方法主要有如下几种。

1) 泥砂颗粒比表面积法

对于高浊度水絮凝沉淀，确定投药量的基本参数为含砂量。但在含砂量相同时，由于泥砂颗粒组成等因素不同，投药量也会相差很大。

研究发现，高浊度水中泥砂总表面积是絮凝剂投量的决定因素，二者存在下列关系：

$$D=f(S_p)=KS_p^b \tag{4.18}$$

$$S_p=S_0C \tag{4.19}$$

式中 K、b——经验系数；

S_0——单位质量泥砂颗粒所拥有的表面积，可借助泥砂比表面积自动测试仪表直接求得（m^2/g）；

D——高分子絮凝剂投量（mg/L）；

C——含砂量（kg/m^3）；

S_p——单位体积水中固体颗粒的总表面积（m^2/L）。

虽然以颗粒总表面积作为基本参数来计算絮凝剂投量精确合理，但是所用仪器设备比较复杂，检测时间长，难于实现在线自动控制，该方法还不能在生产上实用。

2）数学模型法

在一系列相同的高浊度水水样中，分别加入剂量依次递增的絮凝剂，然后观测浑液面沉速，发现在絮凝剂投量低于某临界值时，加药对沉淀无影响，这时浑水的泥砂沉降主要表现为自然沉淀特征；当投加量超过该临界值时，浑液面沉速将随投药量的增大而迅速增大。这一临界投药量称为絮凝剂的启动剂量。在超过絮凝剂启动剂量后，投加量与浑液面沉速存在下列关系：

$$D=D_1+K(\lg u-\lg u_1) \tag{4.20}$$

式中 D——絮凝剂投加量（mg/L）；

D_1——启动剂量（mg/L）；

u——投加量为 D 时的浑液面沉速（mm/s）；

u_1——自然沉淀浑液面沉速，由试验确定（mm/s）；

K——系数。

其中 K 与稳定泥砂浓度有关；D_1 与稳定泥砂浓度及泥砂总浓度有关。

综合考虑各种因素，可以得到高分子絮凝剂的投加量计算公式：

$$D=mC_W/[(C-C_W)^{-0.26}-n]+(\alpha C_W+\beta)\times(\lg u-\lg u_1) \tag{4.21}$$

式中 C——泥砂总浓度（kg/m^3）；

C_W——稳定泥砂浓度（kg/m^3）；

α、β、m、n——经验系数，由泥砂的特性决定，并与投药方式有关。

将式（4.21）作为数学模型，输入计算机，可用于投药量控制，但是系数 α、β、m、n 的确定需要大量的实验数据，通过数理统计方法求出，另外计算公式亦属经验公式，控制起来会有偏差，所以，该方法还不是较好的控制方法。

3）透光脉动絮凝检测技术的应用

对于一般浊度水，由于絮凝体形成的过程进行缓慢，滞后时间长，以絮凝体形成状况来反馈控制混凝剂投加量效果不太理想。高浊度水的絮凝过程进行迅速，一般只需数秒或数十秒时间即可完成，因此可利用透光脉动絮凝检测装置检测其絮凝情况并控制投药量，从而成为新的高浊度水絮凝控制方法。

（3）高浊度水絮凝过程与透光脉动值的相关性

1）絮凝剂投加量和透光脉动值的关系

含砂量相同时，透光脉动值 R 随着絮凝剂投加量的增大而增大，如图 4.14 所示。这是因为絮凝剂投加量增加时，水中的泥砂颗粒絮凝更充分，形成的絮体颗粒粒径就更大，R 值也就越大。含砂量不同时，在同样絮凝剂投加量时，含砂越量大，R 值越小。这是因为投加相同的药量时，含砂量越大，水中泥砂颗粒絮凝的就越不充分，生成的絮凝体粒径就小，R 值就小。为了达到相同的 R 值，含砂量越大，所需投加的药量也就越大。

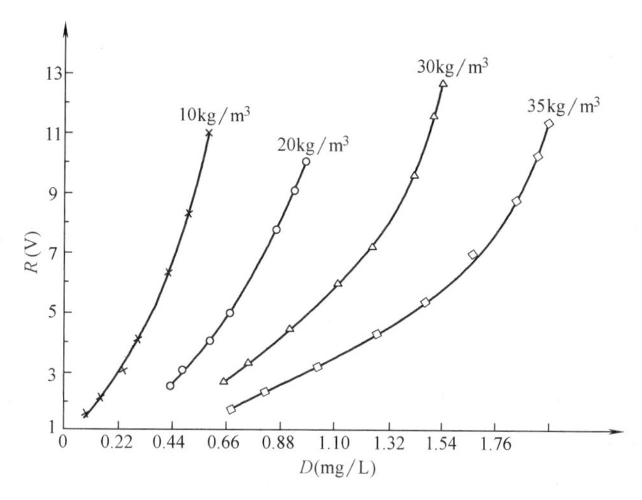

图 4.14 不同含砂量时 R 与絮凝剂投加量的关系

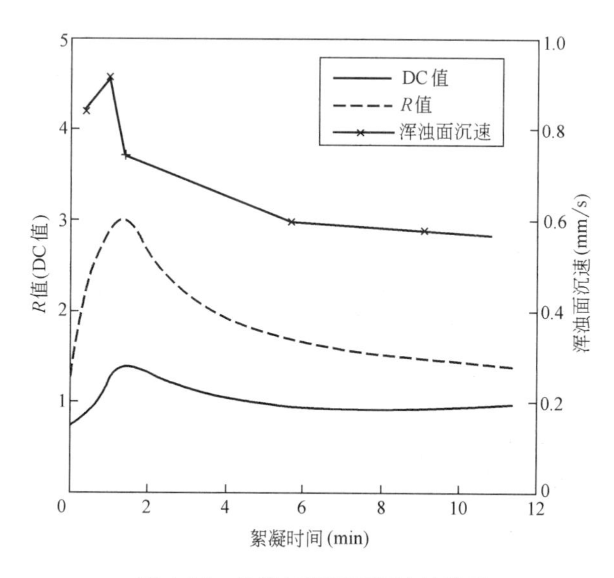

图 4.15 R 值与浑液面沉速的关系

2）浑液面沉速与透光脉动值的关系

浑液面沉速可以反映絮凝剂投量的多少，是衡量高浊度水絮凝效果的重要指标。

向一定含砂量的高浊度水中加入聚丙烯酰胺絮凝剂，然后使高浊度水经过不同的絮凝时间进行沉淀，这时可测出对应的 R 值及浑液面沉速，两者有良好的正相关关系。图4.15所示为含砂量为 $30\mathrm{kg/m^3}$ 时的结果。

3）出水余浊和透光脉动值的关系

测量沉淀后水的残余浊度，它随 R 值的增大而降低，这是因为 R 值越大，絮凝越充分，出水余浊就越低。

透光脉动值与絮凝剂投加量、浑液面沉速及出水余浊的较好的相关关系，是用絮凝检测仪对高浊度水投药进行自动控制的基础依据。

（4）高浊度水透光脉动投药控制系统

絮凝检测仪的检测值 R 可以反映高浊度水浑液面沉速的大小，通过对检测值 R 的控制即可实现对浑液面沉速的控制，这样就有一个方便的确定投药量的方法，不需要检测原水含砂量、粒径组成、流量及原水的其他性质，只要检测加药絮凝后的透光脉动值 R 一个参数，即可控制投药，保证高浊度水处理运行经济可靠。

由于高浊度水的絮凝过程非常短，因此采用以 R 值为控制对象的反馈控制系统，对扰动的响应速度快，滞后很短，接近于同步控制。

工作过程如下：反馈控制系统通过絮凝检测仪在线连续检测已进行絮凝的高浊度水的 R 值，并将信号传给控制中心；控制器接收信号，并与给定的设定值 S_R 进行比较、判断，若检测值 R 符合系统要求，其偏差在允许的范围内，说明投药量正常；反之，若检测值 R 不在允许的范围内，控制器通过一定的算法指挥变频器改变投药泵电机的电源频率、进而改变投药泵转速，实现投药量调整，修正偏差，直到检测值 R 符合要求。

控制系统应能在两种方式下工作：自动控制和手动控制。

自动控制是系统正常运行时所采用的工作状态。在该状态下，絮凝检测仪的检测信号与设定值之间偏差的调整是由控制器自动完成的，不需人工干预。

在某些情况下，如系统工作的开始、仪器清洗维护期间等，需要在手动控制状态下工作，可以由控制器键盘直接输入频率值来人工调整投药量的大小。

4.1.6 絮体影像混凝投药控制技术

从净水过程可知，沉淀水浊度与原水混凝后形成的絮体特征和沉淀情况有关，絮体形成得越好，沉淀越充分，沉淀水浊度越低。在一定条件下，沉淀水浊度和絮体的沉淀特性密切相关。絮体的沉降规律是比较复杂的，常简化用颗粒沉降的Stokes公式来描述：

$$v=\frac{(\rho_s-\rho)}{18\mu}d_s^2 \tag{4.22}$$

式中 v——絮体沉降速度（cm/s）；

ρ_s——絮体体积质量（$\mathrm{g/cm^3}$）；

ρ——水的体积质量（$\mathrm{g/cm^3}$）；

d_s——絮体直径（cm）；

μ——水的黏滞系数（g/(cm·s)）；

g——重力加速度（$980\mathrm{cm/s^2}$）。

进一步的研究表明，絮体粒径增加时，体积质量相应减小，其关系式为：

$$\rho_s - \rho = d_s^{-k_p} \tag{4.23}$$

式中 k_p——系数，1.2～1.5，取决于混凝剂投加量与原水水质。

$$v = \frac{g d_s^{(2-k_p)}}{18\mu} \tag{4.24}$$

上述分析均假设絮体为球状颗粒，而实际絮体基本上是不规则形态，其沉降速度显然应比同体积的球状絮体慢一些。絮体的大小、形状可反映在絮体图像上，因此通过分析絮体的图像，可以得到一个与沉淀水浊度相关性很好的参量。用它作为目标值来控制混凝剂加注量可使滞后时间大大缩短。絮体影像混凝投药控制技术就是在这个基础上发展起来的。

1. 视觉检测技术

(1) 常用检测系统构成

将一个透光性良好的絮凝沉降槽置于灯箱和拍摄架之间，加入絮凝剂并经过一定时间搅拌后的水样缓缓流入沉降槽中并在其中进行絮凝沉降，CCD摄像机将被测水样絮体的光信号转化为模拟电信号，并经A/D采集卡转换为数字信号输入到计算机形成数字图像文件，然后应用视觉模式识别技术结合絮凝沉降理论对图像中的相关信息进行分析。该方法能模拟人类视觉的分析过程，对整个测定面积内絮状物大小、密度、沉降速度进行分析和描述，系统硬件组成如图4.16所示。

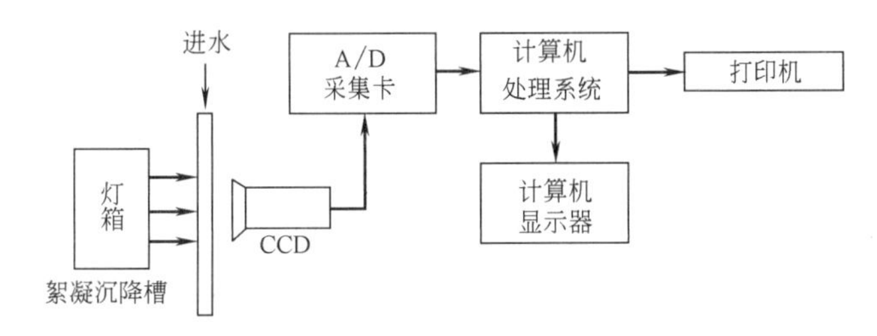

图4.16 视觉在线检测系统硬件组成原理图

(2) 絮体图像的分割

为了将絮体从所获得的絮凝图像区域中分离出来，需要首先对絮凝图像进行分割。视觉系统中的一个重要问题是从图像中识别代表物体的区域，把图像划分成区域的过程称为分割。即把图像 $I[i, j]$ 划分成区域 P_1，P_2，…，P_k，使得每一个区域对应一个候选的物体，同时满足：$Y_{i=1}^{k} P_i$ ＝整幅图像、$P_i I P_j = \phi$，$i \neq j$（$\{P_i\}$ 是一个完备分割）。对于絮体影像混凝投药控制系统来说，就是把絮凝图像划分为絮体和背景。

(3) 絮凝图像噪声的去除

絮凝图像常常被强度随机信号（也称为噪声）所污染。噪声去除可用滤波的方法来对图像中的不同频域进行处理来实现，力求在去除噪声的同时又能保留图像边缘细节。

在视觉检测系统的设计过程中，不但要包含图像分割、噪声去除这两个主要环节，还要包括到絮凝图像对比度处理、絮体图像边缘检测及絮凝检测系统标定等方面的工作，因内容涉及图像学方面的知识较多，在此不逐一详述。

2. 絮体沉降参数的确定

水处理过程中沉淀水浊度与原水投加絮凝剂后形成的絮体特征有关，絮体形成的越好，沉淀就越充分。实际絮体的密度和形状都是随时间变化的，导致絮体的沉降速度也是一个随时间变化的值。一般软件设计中，定义絮凝图像中一定灰度区域作为絮体。所谓一定灰度就是通过前述方法自动获得阀值，灰度值低于该阀值的像素点属于此灰度区域，即为絮体中的一点。

（1）絮体强度的计算

对于絮体强度 A，一般有两种计算方法。一种是以图像中絮体像素点的平均灰度来表示絮体强度，另一种是以图像梯度或絮体梯度来表示絮体强度。

一般认为，平均灰度越小，或平均梯度越大，絮体的絮凝强度越高。为了更好的对絮凝程度进行评价，定义絮凝指数为絮体强度与絮体面积的比值，并用该指标表征絮凝的程度：絮凝指数$=\dfrac{\text{絮体强度}}{\text{絮体面积}}$。

（2）絮体等效直径的确定

絮体的等效直径是在球形颗粒直径的基础上根据絮体图像中的四个与絮体图形有关的特征值进行修正后的值，在絮体的沉降速度公式中以此值作为絮体直径参与计算。

从絮体的二维图像中找到四个与絮体形状有关的特征值：1）表示絮体大小的絮体面积 s；2）与絮体形状有关的絮体周长 l；3）与絮体松散程度有关的絮体强度 A；4）絮体的长宽比 m。然后按下式折算为“等效直径”Φ：

$$\Phi=2\sqrt{\frac{s}{\pi}}\left[1-\left(1-2\sqrt{\frac{s\pi}{l}}\right)\right]\times\left[1-\left(1-\frac{1}{m}\right)\right]\times A \tag{4.25}$$

Φ 越大，沉降速度越快。

（3）絮体的等效密度

絮体在沉降过程中的密度与水中胶体颗粒的密度是不同的，为了计算絮体在沉降过程中的密度，引进絮体等效密度概念。可以用絮体强度值 A 来计算絮体等效密度，絮体的等效密度 M 可由下式计算：

$$M=A\times k_{\mathrm{A}} \tag{4.26}$$

式中 M——絮体等效密度；

k_{A}——等效密度修正系数。

（4）絮体沉降速度方程

根据絮体等效密度和等效直径，可以计算出絮体的沉降速度。絮体沉降速度方程可由下式表示：

$$V=\frac{M}{\mu}g\phi^2 \tag{4.27}$$

式中 V——絮体的沉降速度。

3. 絮凝剂投加量控制

实际水处理过程絮凝剂投加量可根据式（4.27）实时计算出来的絮体沉降速度值（检测值）与人工设定的最佳絮体沉降速度（设定值）之差，通过 PID（比例、积分、微分）

运算后得到的。其递推式为：

$$
\begin{aligned}
\Delta p(k) &= p(k)-p(k-1) \\
&= k_{\mathrm{p}}[e(k)-e(k-1)]+k_{\mathrm{i}}e(k)+k_{\mathrm{d}}[e(k)-2e(k-1)+e(k-2)]
\end{aligned}
\tag{4.28}
$$

式中 $\Delta p(k)$——第 k 次采样时絮凝剂投加量的修正值；

$p(k-1)$——第（$k-1$）次采样时的絮凝剂投加量；

$e(k-1)$——第（$k-1$）次采样时絮体沉降速度检测值与设定值之差；

$p(k)$——第 k 次采样时的絮凝剂投加量；

(k)——第 k 次采样时絮体沉降速度检测值与设定值之差；

k_{p}——比例系数；

k_{i}——积分系数；

k_{d}——微分系数。

4. 控制系统的硬件和软件

系统硬件如图 4.17 所示，PC 主机通过图像接口将絮体图像信号数字化，同时通过模拟接口采集原水流量和沉后水浊度 4～20mA 信号，根据絮体图像数字信号实时计算出絮体沉降速度值，再与人工设定的最佳絮体沉降速度进行比较运算，其结果与原水流量信号相复合，并输出 4～20mA 电流信号控制混凝剂计量泵转速，从而控制絮凝剂投药量的大小。由于实际水处理工艺中絮体沉降速度与沉后水浊度的相关性总要发生改变，这会影响控制效果，因此可用沉后水浊度信号来在线修正。

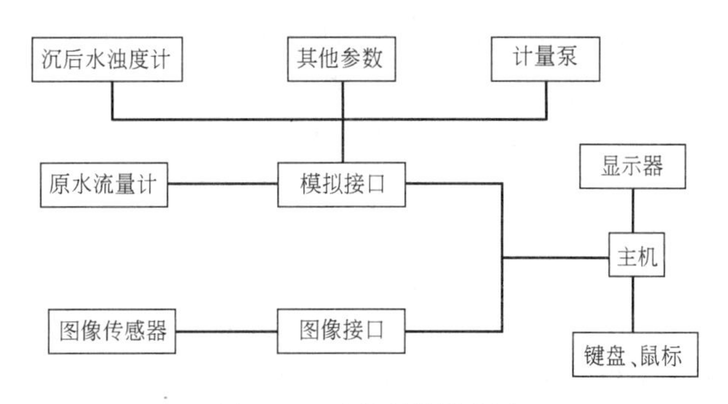

图 4.17 系统硬件结构图

软件的主要功能是：

（1）将采集的絮体活动图像实时显示在计算机屏幕上；

（2）对絮体图像进行边缘增强、数字滤波、二值化处理、连通性判别，算出絮体强度 A、絮体等效直径 Φ、絮体等效密度 M，最后按式（4.27）算出絮体沉降速度 V；

（3）采集进水流量、沉淀水浊度信号；

（4）按式（4.28）算出混凝剂投加量的修正值，与原水流量信号相复合后通过模拟接口输出；

（5）在屏幕上显示采集和计算出的各种数据并实时更新；

（6）各种参数如 P、I、D 参数，絮体沉降速度，絮体图像的对比度和亮度等，都可通过下拉式菜单自行设定，以适应不同生产设备和工艺的需要；

（7）所测得和计算出的结果及时间、日期等数据，每 5min 一次自动存入硬盘，可存 10 年。

4.1.7　混凝投药智能复合控制技术

1. 现有混凝投药控制技术特点与局限性分析

随着水处理工艺技术的发展，人们对混凝工艺日趋重视，已将之视为传统净化工艺中最为重要的环节，而准确控制投药则是取得良好混凝效果的首要前提。在经济方面，尽可能节省药剂消耗，对于降低净水成本具有十分重要的意义。因此混凝控制技术是各国水处理界竞相研究的一个热点课题。根据前面介绍的几种典型控制技术的情况，混凝控制技术总的趋势是由经验、目测、烧杯试验等人工方法向模拟滤池、数学模型、流动电流等自动控制方法发展。特别是近20～30年来，各种混凝投药自动控制方法发展较快，这是与自控技术，尤其是电子计算机技术的发展密切相关的。进入80年代，随着微型计算机技术的完善与普及，混凝投药自动控制技术得到了更快的发展。

就现行的各种混凝投药控制技术而言，经验目测法正在为各种先进的技术所取代。烧杯试验法也不适于工业过程的连续控制而只宜作为实验室评价的一种手段。

模拟滤池法在一些水厂获得了成功的应用，但由于有10～15min的滞后时间，只适用于一些原水水质较为稳定的水厂；模拟滤池设计的基础是相似性，还需要进一步研究相似准则以指导实践；国外文献报道在原水浊度较高时，该方法精度较差。总之，模拟滤池法是适用于一些特定场合的有一定发展前途的方法。

数学模型法是投药控制技术上的一个重要进展。前馈控制数学模型将原水水质及水量参数（如水温、浊度、pH、碱度、流量等）作为模型的自变量，以此控制投药量。这种方法能迅速响应原水水质及水量参数的变化，滞后小，但可靠性差。由前馈控制加反馈微调组成的模型形式，前馈控制起到了一个“预报”的作用，通过原水参数的变化及时调整投药量，把各种干扰大部分消灭在进入处理系统之前，由前馈模型的精度等因素所遗留的小偏差则可由反馈微调所修正，从而使处理水质稳定，节省药量。但是，这种方法应用复杂。首先，要解决建立模型的问题，目前还没有理论数学模型出现，也没有统一的模式，只是针对特定的水厂建立特定的经验模型。这一工作非常艰巨又需要由专门技术人员耗费长时间才能完成。一般要在2～3年的长期生产运行统计资料或烧杯试验资料的基础上，进行统计分析，才能确定模型变量并初步建立数学模型。这些生产统计数据是在还没有对投药过程实施正确有效的控制之前收集的，其准确性仍是个问题；烧杯试验数据也往往与生产结果有较大出入，这其中包含前述原型与模型的相似性等因素。所以初步建立的模型还要在使用实践中进行长时期的修改完善。其次，作为一种经验模型，是针对特定的处理系统、特定的混凝剂品种与特性、特定的沉淀水浊度目标值建立的，一旦任一条件发生变化，数学模型就将失去准确性。在实践中，很多水厂都可能有几种混凝剂交换使用或互为备用，单一品种的混凝剂自身性能也未必十分稳定；有的水厂在不同季节可能对沉淀水的浊度有不同的要求；水厂构筑物更新改型也是常有的事情。甚至有的水厂在不同季节的水源都不一样。这些变化都需要修改数学模型。再次，该方法涉及的仪表较多，每一个参数都要求能连续自动检测并输送给计算机。根据可靠性理论，系统的可靠性与组成系统的组分数成反比，组分越多，系统的可靠性越差，仪表多降低了系统的可靠性，任一仪表故障或测量不准都直接影响到投药量计算的准确性；仪表多对日常的操作、检修、维护管理提出更高的要求，需要一批素质较高的值班运行人员；仪器仪表多还导致系统的投资大，特别是目前我国的水质检测仪表质量普遍不高，多数需要进口，投资很大，就更加剧了这方面的问题。上述问题都给数学模型法的应用推广造成困难，但这仍不失为一种较为先进的方法。今后随着仪器仪表、计算机技术的发展，特别是水厂现代化水平的提高，各工序环节自动监测及数据自动采集的逐步实现，以及供水行业资金的逐步雄厚，数学模型法会得到进一步的发展，尤其在一些大中型水厂是有生命力的。

在 20 世纪 80 年代末出现的透光率脉动检测技术，虽可以在线检测水中颗粒物质的粒径变化，但目前还未成熟，存在着滞后时间长、原水浊度变化对系统设定值影响较大、与工艺相似性差、系统不易稳定等缺点。而刚刚起步的絮体影像混凝投药控制技术在对絮凝图像的处理中，对于絮体边缘检测和絮体内部空隙的处理仍不很完善，絮体较多而有所重叠、粘连时，絮体的分割处理还未能很好解决，而且絮体沉降速度的公式还有待于进一步修正。而且当沉淀条件变化时，等效直径与沉淀水浊度的对应关系会有变化，因而对絮凝效果的反映程度还需要提高。

以胶体电荷为中间参数的各种混凝控制技术，抓住了影响药耗的最关键的微观本质因素，这是与其他控制技术的根本差别，也是这些技术的生命力所在。这些技术的关键是要解决胶体电荷的在线连续检测问题。ζ 电位法与胶体滴定法目前还难以实现连续检测，应用受到限制。流动电流法则以检测的连续性而独具特色，加之其系统的简单性与应用的灵活性、可靠性等特点，在国内外已获成功的应用，为混凝投药控制技术的发展展现了光明的前景。该技术参数少，易调整，适用范围广，使用方便，投资少，有显著技术经济效益，特别适合于我国现阶段水厂的技术设备条件与资金条件。在连续生产过程中，流动电流控制系统所采用的控制方法由周期调节模式发展为 PID 调节模式。常规 PID 算法具有稳态控制精度高，调节速度快等优点，但由于其固有的算法，在实际应用中受到各种主客观因素的影响，控制效果与理想值有一定的偏差。

2. 常规流动电流混凝投药控制系统的控制特性与局限性

前面已经提到，流动电流控制技术是具有良好发展前景的一项混凝投药控制技术。以流动电流为参数构成的控制系统是单因子，按常规 PID 算法控制，虽然具有简单的特点，但是在控制品质上仍存在不足。下面对此进行简单分析。

(1) 常规控制方法

常规的流动电流控制系统属于后反馈控制，如图 4.18 所示。

它的控制原理是把沉后水浊度作为系统的主控参数，流动电流值为副控参数。两个控

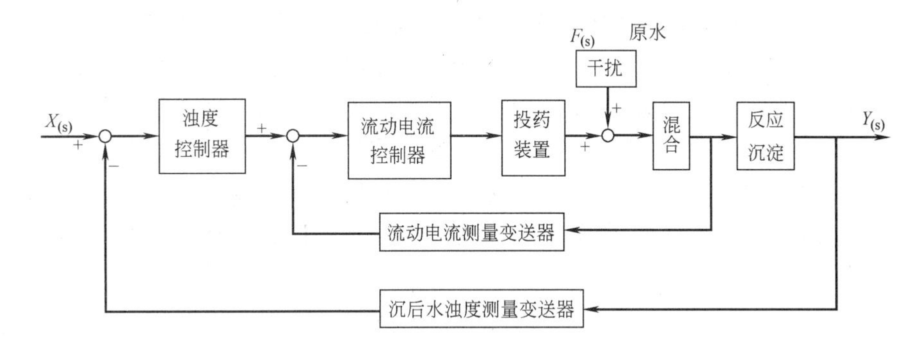

图 4.18 常规流动电流混凝投药系统控制原理示意图

制器串联连接，浊度控制器的输出为流动电流控制器的给定值输入，流动电流控制器输出操纵投药装置动作，改变投药量。在原水水质、水量发生变化后，流动电流控制回路开始调节，迅速克服大部分干扰。其后少量的一次干扰由浊度控制回路通过自动调节流动电流设定值彻底清除。

(2) 系统参数对控制质量的影响

控制系统的控制质量取决于控制系统的参数（流动电流投药控制系统的参数即为衰减系数的值或特征方程的根）而控制系统的参数由其组成环节的参数决定。因此，其组成环节的特性参数将直接影响系统的控制质量。

图4.19所示流动电流混凝投药控制系统由比例积分调节器 $W_{(s)}$、计量泵 $W_{v(s)}$、对象 $W_{0(s)}$ 以及流动电流测量变送器 $W_{m(s)}$ 组成。

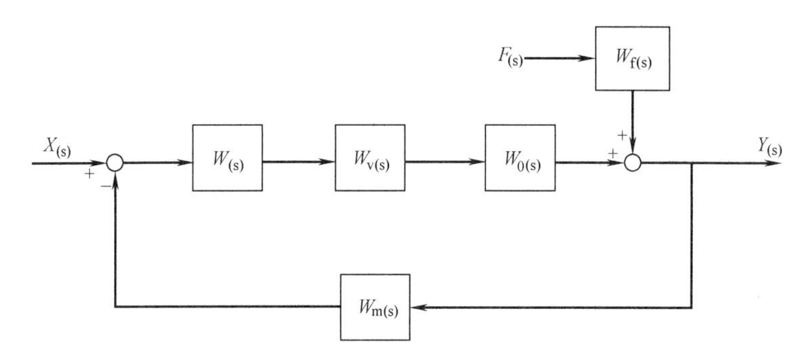

图4.19 流动电流投药控制系统方框图

为简化起见设 $W_{(s)}=K_p$，则系统的闭环传递函数（K、T 为特性参数）：

$$\frac{Y_{(s)}}{F_{(s)}}=\frac{K_f(T_m S+1)}{(T_0 S+1)(T_m S+1)+K_p K_v K_m K_0} \tag{4.29}$$

由式（4.29）可知，这是一个二阶系统的过程控制，其过渡过程将由系统特征方程式根的衰减系数 ζ 决定。由反馈控制理论可知，当 $0<\zeta<1$ 时，二阶系统在阶跃信号输入下，其输出为一衰减振荡过程。ζ 值愈大，阻尼愈大，衰减愈快。当 $\zeta=0$ 时，系统的输出持续不断地振荡，是一个等幅振荡过程；当 $\zeta<0$ 时为发散振荡过程；当 $\zeta=1$ 时，为衰减振荡的极限，即为一个非周期过程。

(3) 流动电流测量变送器的特性参数对控制质量的影响

在实际应用中，根据被控对象数学模型进行理论计算或经过简易工程整定法得出的PID控制器的特性参数 K_p，T_I，T_D 一经整定后就不再改变，一般在控制过程中为常数。但这些参数仅能满足当时系统的控制条件，一旦系统组成环节的其他特性参数发生变化，势必会对流动电流控制系统的控制品质产生影响，严重时会扰乱生产过程。

在讨论流动电流测量变送器的特性参数对系统控制质量的影响时，设 T_0，K_p，K_v 等其他参数为定值。由式（4.29）可知，流动电流混凝投药控制系统的衰减系数：

$$\zeta=\frac{T_0+T_m}{2\sqrt{T_0 T_m(1+K'K_m)}} \tag{4.30}$$

式中 $K'=K_p K_v K_0$。

在投药控制系统中，时间常数 T_{m} 主要由流动电流测量变送器的特性参数决定，代表了测量变送器对荷电物质的吸附解析速度。在一般情况下不变，即 T_{m} 为定值。而 K_{m} 即为相应流动电流 $SC\sim q$ 投药量曲线对应点的斜率，即 $K_{\mathrm{m}}=\frac{\Delta SC}{\Delta q}$，是水质变化等输入干扰作用的函数。可建立斜率与投药量的相关关系。

图 4.20 所示为在同一混凝剂品种及原水，不同水质条件下，得到的不重合的以原水水质为参数的一族曲线。而图 4.21 即为在图 4.20 的曲线族上，取某一流动电流值作水平线与各个曲线相交，各交点处的斜率与相应的药量就构成一对数据。

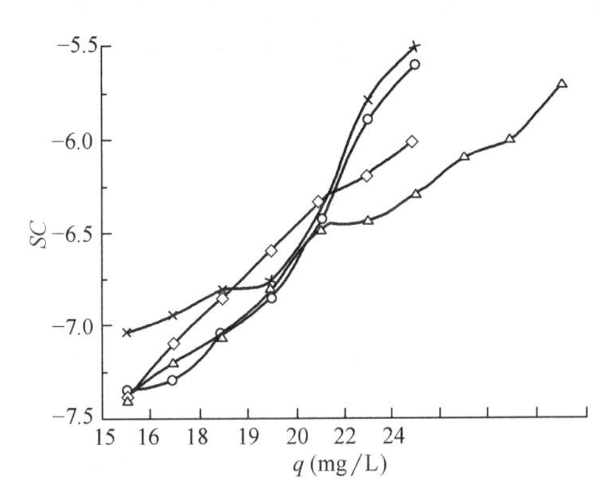

图 4.20 流动电流与混凝剂量的相关性

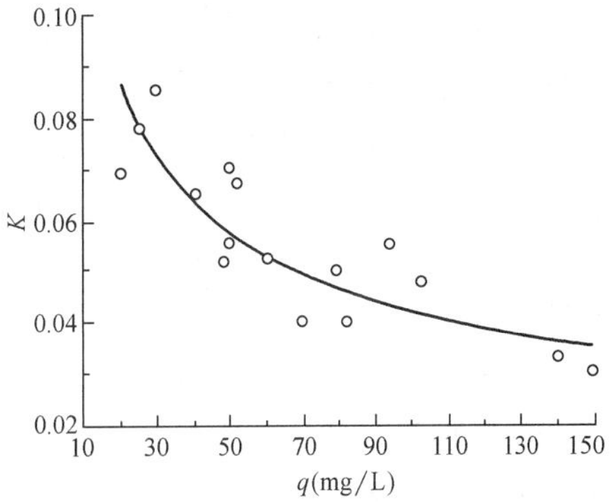

图 4.21 斜率与投药量关系

由分析可知 K_{m} 随投药量的增大，有逐渐变小的趋势，水质不同，同一投药量条件下 K_{m} 值也不同。即在水质、水温、pH 及投药量发生变化时，流动电流测量变送器的特性参数 K_{m} 值是变化的。由式（4.30）可知：随着 K_{m} 值的变化，ζ 值也在变化，则系统的过渡过程将变得不稳定，控制品质不能维持在最佳状态。

（4）原水流量变化对系统控制质量的影响

在讨论流量对系统控制质量的影响时，设 T_0，T_{m}，K_{p}，K_{m}等其他参数为定值。则流动电流混凝投药控制系统的衰减系数为：

$$\zeta=\frac{T_0+T_{\mathrm{m}}}{2\sqrt{T_0T_{\mathrm{m}}(1+K_1'K_{\mathrm{v}})}} \tag{4.31}$$

式中 $K_1'=K_{\mathrm{p}}K_{\mathrm{m}}K_0$。

在流动电流投药控制系统中，计量泵的电源频率变化值与调节器的输出信号改变值成正比，而计量泵的调节参数改变值与输出流量变化值之间的关系称为计量泵的调节特性，其特性参数：

$$K_{\mathrm{v}}=\frac{\Delta q}{\Delta SC}=\frac{K_{泵}C_{药}H_{泵}}{Q_{水}} \tag{4.32}$$

式中 ΔSC——流动电流调节器的输出信号改变值；

$K_{泵}$——与计量泵特性有关的常数；

$H_{泵}$——计量泵行程百分比；

Δq——药量变化值；

$C_{药}$——投加的药液浓度；

$Q_{水}$——原水进水流量。

由式（4.32）可以看出：在水厂实际生产中，药液浓度 $C_{药}$ 在一段时期内维持不变，而计量泵的冲程则多为人工手动控制，不能随原水流量较大幅度的变化做出准确、及时地调整。这样原水流量的变化势必会引起 K_v 值的改变，从而导致系统衰减系数 ζ 值的相应减小或增大。K_v 值较小时，则 ζ 值较大，这种系统过渡过程虽然是不振荡的，但是水质水量等干扰发生变化时系统调节速度缓慢，不能保证出水水质的稳定；而当 K_v 值较大时，则 ζ 值较小，这种系统过渡过程阻尼大，原水参数发生变化时，能迅速作出反应。但随 ζ 值继续减小，系统会发生衰减振荡且不断加剧，导致加药量频繁地大幅度变化，浪费药剂且可能导致出水水质恶化，严重影响生产。

3. 新型混凝投药智能复合控制技术

上节的分析说明，常规的流动电流控制系统仍存在一定的缺陷，还应继续改进，其途径之一就是在此基础上发展智能复合控制技术，本节对此方面的研究与应用进展进行简单介绍。

水处理加药过程控制的最终目标，是通过对原水水质水量参数的分析，在线实时改变药剂的投加量，使出水满足各项水质指标，即通过不同的控制方法或控制算法，建立起原水参数与投药量之间的关系。由于絮凝过程是一个复杂的物理、化学过程，其复杂性不仅仅是表现在高维性上，更多的则是表现在系统信息的模糊性、不确定性、偶然性和不完全性上，目前还很难通过对其化学反应机理的研究，准确地建立过程的数学模型。而随着计算机迅速发展，计算和信息处理能力的不断提高，人工智能逐渐成为一门学科，并在实际应用中显示出很强的生命力。人工智能的逻辑推理、启发式知识、专家系统等正是解决这些难以建立精确数学模型的控制问题的最为有力的工具，将其应用于非线性混凝投药控制系统的动态建模和辨识可不受非线性模型类型的限制。目前在原有的单因子流动电流混凝投药控制系统基础上，采用人工智能方法，已发展并应用了一种新型混凝投药智能复合控制技术，如图4.22所示。

（1）系统整体结构

以沉淀池出水浊度为最终控制目标，通过调整混凝剂投加量使沉淀池出水浊度合格。

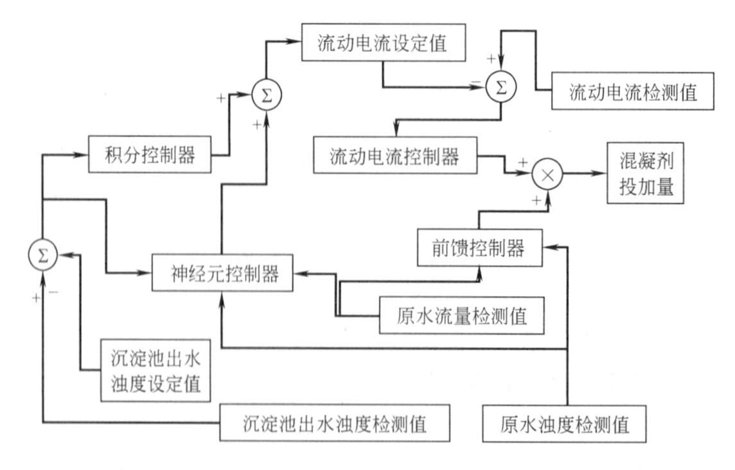

图4.22　新型混凝投药智能复合控制系统结构示意图

首先选取流动电流检测仪作为中间参数，将流动电流检测值与设定值的差值作为流动电流控制器的输入，引入原水流量和原水浊度作为前馈控制器的输入，流动电流控制器的输出与前馈控制器的输出复合，给出综合输出信号来控制混凝剂投加量。

沉淀池出水浊度检测值与沉淀池出水浊度设定值的差值作为积分控制器的输入信号，积分控制器采用积分算法根据输入信号和积分前值决定输出值，沉淀池出水浊度设定值由人工设定。神经元控制器是以原水浊度、原水流量、沉淀池出水浊度检测值与沉淀池出水浊度设定值的差值即沉淀池出水浊度偏差作为输入值，采用内模控制方式建立流动电流设定值偏差预测模型。神经元控制器的输出和积分控制器的输出复合自动修正中间参数设定值。

图 4.23 所示为神经元控制器内模控制方式的结构示意，其有两个神经网络，一个是神经元正模型，作为中间参数对象的仿真器，一个是神经元逆模型，作为控制器。在混凝投药控制系统稳定的情况下，用输入输出样本训练其神经元正模型，同时用神经网络学习神经元逆模型。将神经元逆模型的输出作为中间参数传递因子和神经元正模型的输入，将中间参数传递因子输出同积分控制器输出的流动电流设定值修正量相叠加，结果作为最终中间参数设定值偏差，并同时与神经元正模型的输出相减作为误差反馈到神经元逆模型的参考输入，构成闭环控制系统。

图 4.24 所示为神经元正向模型的结构示意，即利用多层前馈神经网络，通过训练或

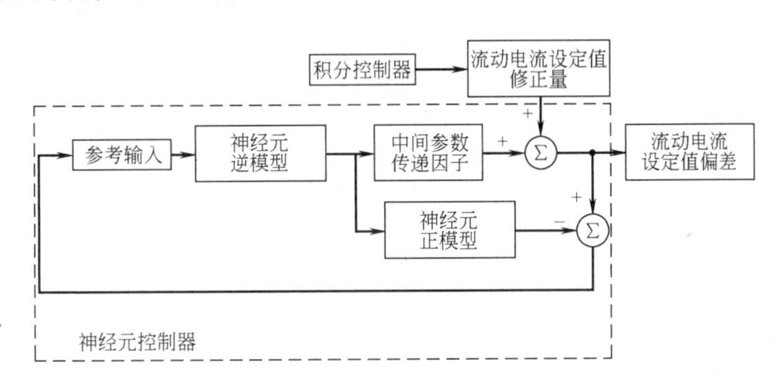

图 4.23 神经元控制器内模控制方式的结构示意图

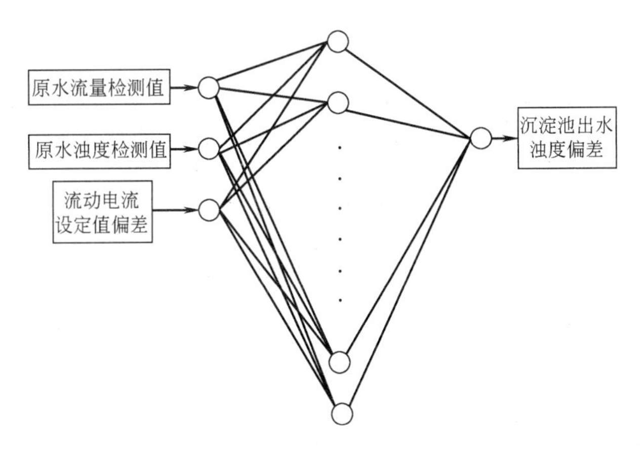

图 4.24 神经元正向模型的结构示意图

学习，使其能够表达系统正向动力学特性的模型。取原水浊度检测值、原水流量检测值、流动电流设定值偏差作为网络的输入层参数，其对应的沉淀池出水浊度偏差作为输出层参数。选取具有代表性的水厂运行数据对网络进行训练，在满足沉淀池出水浊度要求的误差精度的前提下，确定网络各层之间的连接权重系数，充分逼近被控对象的动态模型。

图4.25所示为神经元逆模型的结构示意，逆模型是以待辨识的系统的输出作为网络的输入，网络输出与系统输入作比较相应的输入误差用来进行训练，间接地学习对象的逆动态特性，使网络通过学习建立系统的逆模型。在逆模型中，仍取原水浊度检测值、原水流量检测值作为网络的输入层参数，同时取沉淀池出水浊度偏差和参考输入也作为输入层参数，而取流动电流设定值偏差作为网络输出层参数。仍按照网络训练的一般方法，选取有代表性的水厂运行数据对网络进行多次训练，获得网络各层之间的连接权重系数。

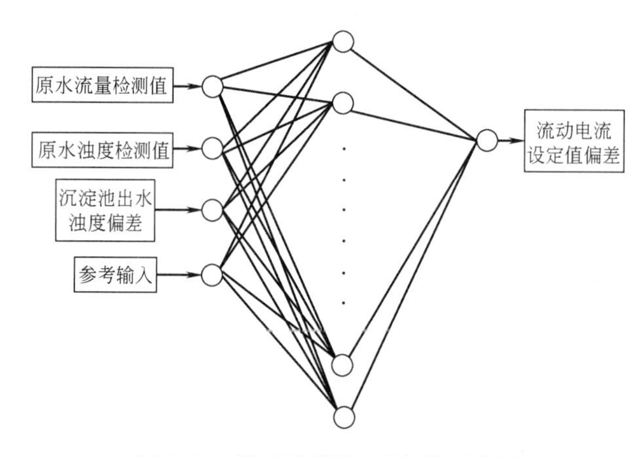

图4.25　神经元逆模型的结构示意图

(2) 流动电流控制器

流动电流控制器部分可采用模糊控制和常规PID控制融合的方式，它具有PID控制器结构简单和模糊控制自适应能力强的特点。

模糊自整定PID控制就是要根据被控过程动态特性，按实际经验制定的模糊规则，推理出最佳系数，以达到最优控制目的。模糊自整定PID控制器结构如图4.26所示。

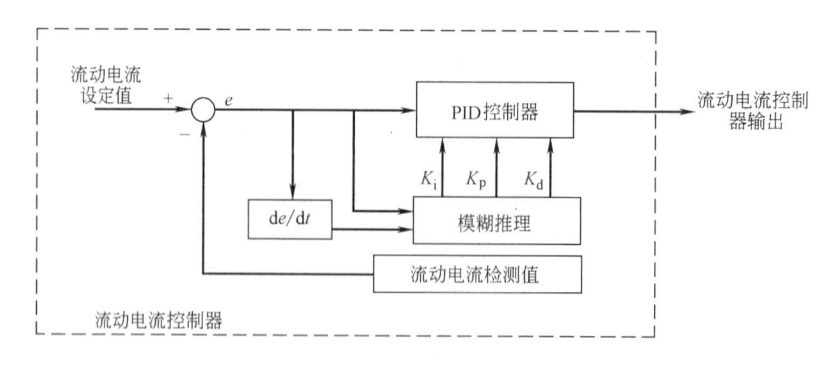

图4.26　模糊自整定PID控制器结构示意图

将流动电流检测值与设定值的偏差 e 和偏差变化率 de/dt 作为模糊推理输入语言变量，PID控制器参数 K_p、K_i 和 K_d 作为输出语言变量，同时结合实际工程经验归纳出不同阶段被控过程自整定规则。

该智能控制技术具有自适应、自诊断功能，能够为多变量、非线性的絮凝投药系统建立控制模型；且投药控制模型根据反馈值处于不断地自学习状态，克服了传统控制的单一性和公式修正的复杂性，可迅速反映水质和水量变化、减少滞后时间、增强控制系统与工艺的相关性、提高系统稳定性，因此会有更好的发展前景。

4.2 沉淀池运行控制技术

4.2.1 技术概况与分类

沉淀池是水处理工艺中去除水中絮凝体及粗大杂质的构筑物。沉淀池的运行控制，主要是沉淀池排泥的控制。沉淀池底的积泥必须及时排出，才能保证沉淀池的正常运行，否则就会导致出水浊度升高，发生水质事故。排泥水耗量较大，是水厂自用水的重要组成部分，在良好排泥的前提下，节约排泥用水是水厂经济运行的重要内容。排泥周期过短或者排泥历时过长，都会造成浪费。

排泥控制的基本内容就是根据池内积泥量的多少，来决定排泥周期、排泥历时等等。排泥周期是指两次排泥的时间间隔。排泥历时是指一次排泥所经历的时间。

沉淀池排泥控制的技术关键是如何确定池内的积泥量，以及如何确定合理的排泥历时。积泥量可以用污泥界面计测量池内泥位确定，可以按进出水浊度计算确定，也可以按经验确定。在一次排泥过程中，排泥水的浊度变化规律如图 4.27 所示，先是浊度迅速升高，达到最大值后又逐渐下降，直至趋向稳定。如果排泥历时过短，积泥未能充分排净，排泥不彻底；排泥历时过长，排泥水浊度低，浪费排泥水。较为经济合理的排泥历时应位于图 4.27 中曲线趋向平缓处，如图中 C 点。

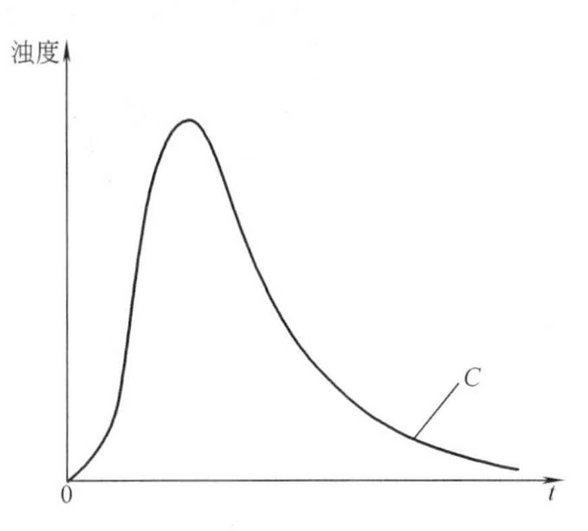

图 4.27 排泥水浊度变化曲线

按采用的监控方法不同，沉淀池排泥控制技术主要分为下面几种。

(1) 按池底积泥积聚程度控制。采用污泥界面计进行在线监测，池底积泥达到规定的高度后，启动排泥机排泥；积泥降至某一规定的高度后，停止排泥。这种方法目前在生产上较少采用，主要问题在于沉泥界面的检测往往受到一些干扰，影响测定的准确性。提高泥水界面检测的准确性与可靠性，是该方法应用的关键。

(2) 按沉淀池的进水浊度、出水浊度，建立积泥量数学模型，计算积泥量达到一定程度后自动排泥，并决定排泥历时。数学模型的准确性是这种方法有效性的关键。

(3) 根据生产运行经验，确定合理的排泥周期、排泥历时，进行定时排泥。这种方法简单易行，但不够准确。

上面几种方法可以单独使用，也可以组合起来使用。例如：建立积泥量数学模型，并根据生产经验确定一个允许的最大排泥周期。当按数学模型计算的排泥间隔小于允许最大周期时，按计算时间排泥；否则，按允许的最大周期排泥。依生产经验确定排泥历时允许的最短时间和最长时间，并在线检测排泥水浊度。若排泥水浊度达到规定值的时间短于允许的最短时间，则取允许最短时间为排泥历时；若排泥水浊度达到规定值的时间超过允许的最短时间并短于允许的最长时间，则取该实际时间为排泥历时；否则，取允许的最长时间为排泥历时，并自动报警，提示值班人员查找原因。

4.2.2　高密度沉淀池的运行控制

高密度沉淀池综合了污泥循环回流和斜板沉淀的优点，具有沉淀效率高、占地面积小、耐冲击能力强、出水水质好以及排泥浓度高等特点，这一高效的沉淀池形式成为沉淀单元的一种选择。

高密度沉淀池如图 4.28 所示，由混合池①、絮凝池（包括絮凝搅拌池②和推流池③)、预沉浓缩池④、斜管分离区⑤、后混凝池⑥以及泥渣循环系统⑦组成。

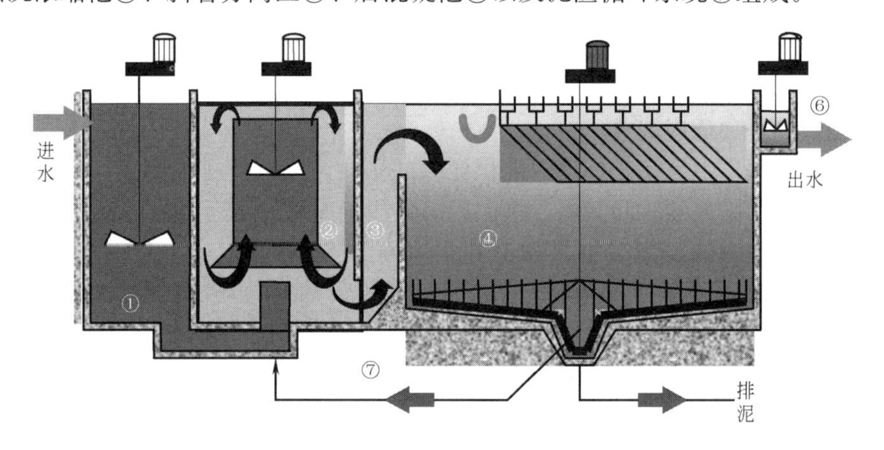

图 4.28　高密度沉淀池工作原理

在混合池内装有絮凝反应搅拌器、导流筒、导流板等，反应搅拌器位于导流筒中央，筒内底部安装有环形有机絮凝剂加药管。原水加入混凝剂经搅拌器快速混合后进入絮凝池，在絮凝池内与预沉浓缩池的回流泥渣混合，混合液加入有机絮凝剂 PAM 后进入絮凝反应池内的导流筒并通过絮凝搅拌器完成慢速絮凝反应。絮凝形成的絮粒以推流方式经上升式推流池进入预沉浓缩池，推流池内水流速度进一步减缓，进一步形成的大絮粒在预沉浓缩池前部下沉，澄清水经斜管分离后由集水槽收集出水。在斜管分离区出水渠道内设置后混凝池，池内安装快速搅拌机，水中残留的颗粒与投加的混凝剂充分混合凝聚，形成微絮凝颗粒，易于在后续滤池中去除。沉降的泥渣在预沉浓缩池底部的浓缩区浓缩，浓缩区上层部分的活性泥渣用螺杆泵回流到反应区与原水混合，下层部分剩余泥渣由螺杆泵排出。

高密度沉淀池为全自动控制运行的沉淀系统。系统运行的启动、停止、控制以及排泥、泥位和刮泥板的过扭矩、药剂的投加都是全自动运行。其自动启停过程如下：

(1) 开机启动操作。开启进水闸后，聚合物制备投加系统开始自动投加；快速混合搅拌器、刮泥机、反应混合搅拌器、加药制备及投加系统、污泥回流泵、污泥外排泵以及后混凝搅拌器启动。高密度沉淀池空池启动的初期，由于混凝沉淀的流程较短，水中的絮体不能充分沉淀，出水中会夹带一定量的絮体颗粒，导致出水浊度增加，需要经历较长的时间才能达到稳定工况。因此，高密度沉淀池启动时采取低负荷运行的方式，以获得较长的混凝反应时间，在较好的混凝反应条件下生成较大尺寸和较高密度的絮体颗粒，从而提高沉淀区的效率。此外，在高密度沉淀池达到运行液位后停止运行，使已形成的絮体颗粒静沉 2h 以上，再启动高密度沉淀池，有利于出水浊度达标。

高密度沉淀池在启动污泥循环系统的条件下，絮凝区的污泥浓度存在最佳控制值，但是从启动到达最佳污泥浓度控制值需要较长周期的污泥熟化过程，在此过程中水中的有机胶体和藻类物质在池内富集，影响混凝效果。因此，污泥熟化过程中，采取低负荷运行及停止污泥循环系统的方式，有利于在低浊高藻原水水质条件下控制出水浊度。

(2) 停机操作。

短期停机：维持混合搅拌器、反应混合搅拌器和刮泥机的运行，停止高密池的其他设备。

长期停机：停止高密池系统所有设备，为防止污泥变质，应将池放空。污泥排空前刮泥机必须保持运行，污泥排空后停止刮泥机。

高密度沉淀池絮凝区的污泥浓度、污泥颗粒大小及沉降性能是影响接触絮凝效果，保证出水水质的关键指标，而对其造成影响的主要因素有污泥回流比、进水量、混凝剂和助凝剂投量、排泥量和排泥时间、絮凝搅拌设备工况条件等，因此需要对其进行有效控制。

混凝剂和助凝剂投量控制可以根据进水流量采用流量比例控制或采用前述章节混凝投药单元的控制技术；排泥量和排泥时间控制，可在预沉浓缩池部分安装泥位计，根据泥位控制螺杆泵排出剩余泥渣使泥层保持稳定，自动维持均匀絮凝所需的高污泥浓度。

高密度沉淀池污泥回流的目的是使池内保持较高的污泥浓度，加速絮体的生长和增加絮体的密度。高密度沉淀池不同于机械搅拌澄清池或水力循环澄清池的显著特点就是污泥回流的可控制性，即可改变回流污泥量与进水量的比例，以适应进水水质的变化，从而保证絮凝效果。因此可在絮凝池中设置投入式污泥浓度计，同进水流量计、出水浊度仪组成前馈-后反馈串级复合控制系统，有效地控制高密度沉淀池运行（图 4.29）。

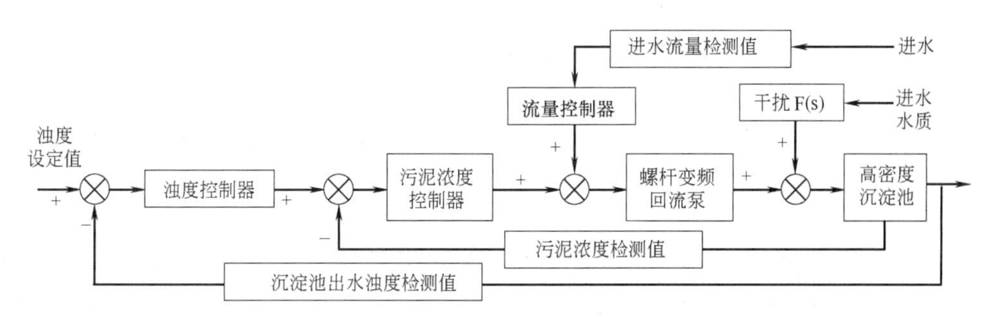

图 4.29 高密度沉淀地污泥回流控制示意

显然污泥回流比的增大可提高絮凝池中的污泥浓度，改善出水水质，但是回流比也不宜过高，当超过最佳控制值后出水浊度反而升高，还增加了回流动力费用。因此该控制系以高密度沉淀池出水浊度作为系统的主控参数，污泥浓度检测值为副参数，而以污泥浓度控制器和流量控制器输出信号的复合作为螺杆变频回流泵装置（用以改变污泥回流比）的动作控制信号，污泥浓度控制器的设定值由浊度控制器的输出给定。系统对进水流量变化的干扰主要由前馈环节流量控制器输出进行补偿，其余进水水质等的变化扰动靠反馈环节污泥浓度控制器输出来克服，而少量的二次干扰由浊度控制回路通过自动调节污泥浓度设定值彻底消除。

下面拟通过几个生产实例，更具体地了解沉淀池的控制技术及应用情况。

4.2.3　应用实例1

南方某水厂，设计能力$3\times10^5 m^3/d$，以长江水为水源，沉淀处理环节采用斜管沉淀池。设计中，对排泥问题很重视，因为排泥的好坏，必然影响沉淀池出水浊度。目前排泥有三种主要方式，即穿孔管排泥、积泥斗排泥和机械排泥，各有优缺点，考虑到该厂自动控制的需要，采用了便于自控的机械刮泥方法。每一组沉淀池设有直径为13m的中心传动刮泥机一台，池底中部集泥坑有DN300排泥管一根，并安装了气动蝶阀一只，由工业控制机自动控制。该沉淀池底部构造复杂，呈锅底形状，还有中心传动刮泥机，钢筋混凝土稳流板，UPVC斜管等，难以安装泥位测定装置，所以不采用测泥位排泥的方案。采用的排泥控制方法如下。

（1）按周期定时排泥，人工设定排泥周期在0～8h可调；运行过程中按原水进水量、原水浊度、单位药耗、滤后水浊度等参数计算排泥周期，作为设定排泥周期的参考。

（2）排泥历时根据排泥水量确定，排泥水量可按下式计算（由于滤池采用了回收反冲洗水的技术，反冲洗水中的污泥最终在斜管沉淀池中回收，所以计算参数不取沉淀水浊度，而取滤后水浊度）。

$$Q_n = Q_r(T_Y - T_L + 1.31527\times C_h)/(1-98\%)\times 10 \tag{4.33}$$

式中　Q_n——排泥水量（m^3）；

Q_r——斜管沉淀池累积进水量（m^3）；

T_Y——原水浊度（NTU）；

T_L——滤后水浊度（NTU）；

1.31527——混凝剂三氯化铁的重量换算系数；

C_h——三氯化铁单位耗量（kg/km^3）；

98%——排泥水含水率。

该厂采用的排泥周期一般定为5h，排泥历时由式（4.33）及水力条件计算确定。

4.2.4　应用实例2

某水厂的机械搅拌澄清池采用的是泥渣循环和污泥层兼有的复合型澄清池，运行中主要控制数据是泥渣浓度和污泥层的高低。为提高澄清池的运行控制能力，在澄清池中加装了污泥界面计，用以控制桨板的转数、排泥周期，监测泥渣浓度、泥区状况，实现稳定的澄清处理。

污泥界面控制的目的是保持污泥层面在一个适当的范围，这种控制分前馈控制、后馈控制及桨板转数控制。污泥界面控制框图如图4.30所示。

前馈控制是在进水量仪表显示反应不灵敏的前提下，通过浊度曲线等求得桨板转数来实现控制的。进水量的变化率，是根据现时数据与18个周期前采集的数据经计算得出的。

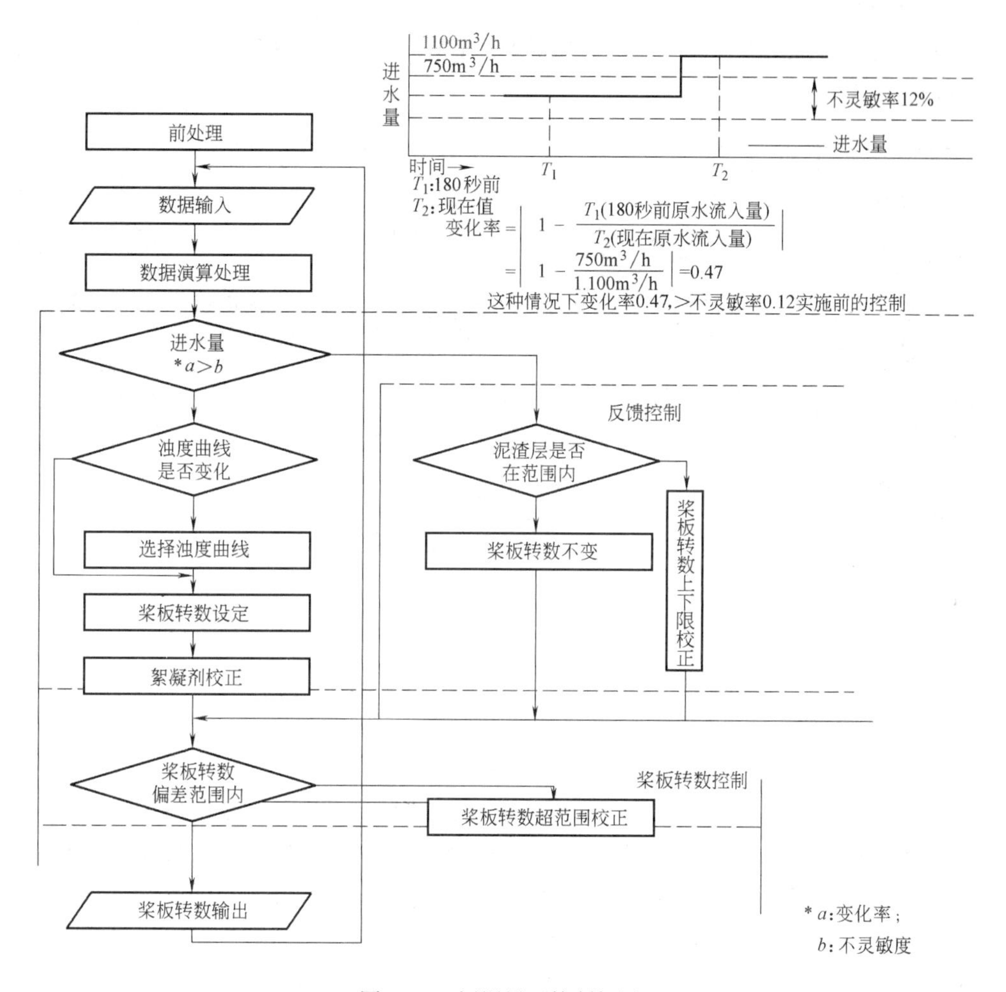

图 4.30 污泥界面控制框图

采集周期为每 10s 一次，仪表显示反映的不灵敏性可任意设定，如设定 12%。对于浊度曲线来说，原水可分为高、中、低三种，各浊度下都对应有进水量和桨板转数。

浊度曲线是在进水浊度上升或下降时，为控制混凝剂加注量及各浊度变化时，相应改变桨板转数为目的而绘制的。桨板转数是根据浊度曲线确定后，再加注混凝剂来校正。校正系数依混凝剂的种类不同而调整。

反馈控制的前提是进水量仪表在显示反应不灵敏区，根据污泥界面计测出的泥层面高低信号，修正桨板转数。进水量是取水量加上返回水量。返回水量是按澄清池排泥及滤池的反冲洗状态大致有个周期变化，这种变化就在仪表显示反应不灵敏区的范围内。

泥层高低的检测是根据污泥界面计和池内浊度的测定而来。如池内的浊度在某个数值时，泥层面相应有一定的高度。测出的高度每次都有一定偏差，为消除偏差，用移动平均法来进行演算（前 16 回的平均）。泥层面可设定在水下 3.0～3.3m，在上、下限发生偏差时，将作校正处理，校正每 15min 一次。

桨板转数控制是由前馈和后馈所对应的设定值（sV）和检测值（PV）进行比较来进行的，如超过偏差范围时将设 sV 值＝PV 值来进行校正，偏差的演算每 10s 进行一次，偏差范围为15%。

排泥控制是为排出澄清池产生的固体物量和排泥量而作的控制。排泥控制框图如图4.31所示。

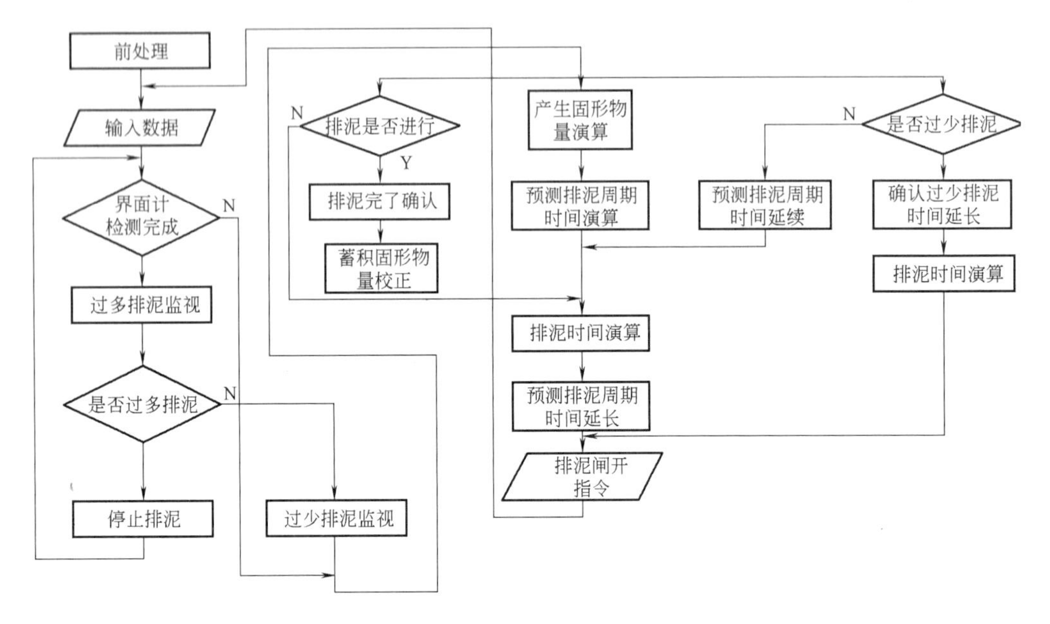

图4.31 排泥控制框图

这种控制是演算预测排泥周期的时间，超过时间时发出排泥指令，然后进行过剩及过少排泥状态监控。排泥指令根据排泥时间，而排泥时间是根据排泥量，排泥初期流量和排泥流量演算得来。排泥量是一次排泥量的总量，可任意设定。排泥初期流量是依据排泥闸门的流量、排泥时间和排泥量一次关系曲线，从近似直线中找出的设定值。排泥流量是由排泥时间和排泥量的近似直线算出1s的排泥量。自控不能改变排泥时间，可改变排泥量。

预测排泥周期时间的演算是按池内固体物量（产生、蓄积、排固体物量）来进行，直至一次排泥完成。

产生固体物量是原水中和经絮凝后产生的固体物量的合计值。原水产生的固体物量是根据除去原水中杂质的量演算而来。絮凝产生固体物量是根据混凝剂的加注量和混凝剂中铝的药效系数演算而来。蓄积固体物是每10s产生的固体物量。排泥量是进行实际固体物排量计算，根据此值对蓄积固体物量进行校正。排泥固体物量是按排泥量和假定排泥浊度演算而来。假定排泥浊度是根据污泥界面计测定的浊度信号而推出的池底浊度。各固体物量是把悬浮物换算成固体物的值。

过剩及过少排泥的控制是在超过设定条件的状态时检测水下4m位置水的浊度，采样后测定泥渣浓度。此时预测排泥周期时间及蓄积固体物量都要相应做调整。

过剩排泥是在设定条件以下的情况下，停止排泥但泥层低时，将推测泥层的密实程度排泥。过少排泥是在设定条件以上的情况下，进行强制排泥。过少排泥间隔有一个固定值每15min一次。过剩和过少排泥控制是在水下4m浊度的设定条件恢复前一直在持续进行的，设定值过剩排泥为200NTU，过少排泥为500 NTU，密实程度为1000 NTU，可任意设定。

其他处理是将沉淀池所测定的数据进行收集整理后做成报表和屏幕显示 CRT。污泥界面计的浊度检测是在池下 0.2～4.5m 的范围内每 0.1m 进行一次。利用这些数据可监视池中状况，并可作出曲线图。

4.2.5 应用实例 3

在某黄河高浊度水厂，采用直径 100m 的辐流式沉淀池，对沉淀池的运行采用计算机自动控制。排泥的依据是如下几个数学模型。

（1）积泥量计算

根据进水含砂量和出水浊度计算积泥量：

$$S=10^{-3}q(F-1.8\times10^{-3}T) \tag{4.34}$$

式中 S——积泥量（t/h）；

q——出水流量（m^3/h）；

T——出水浊度（度）；

F——进水含砂量（kg/m^3）。

（2）连续排泥流量计算

$$q_s=\frac{10^2S}{F_s-F}+7850r \tag{4.35}$$

或

$$q_s=\frac{q(F-1.8\times10^{-3}T)}{F_s-F}+7850r \tag{4.36}$$

式中 q_s——排泥水流量（m^3/h）；

F_s——排泥水含砂量（kg/m^3）；

r——池内浑液面升高速率（m/h）。

（3）排泥历时计算

排泥历时按下式计算：

$$t_s=0.115q_s^{0.734} \tag{4.37}$$

$$t_s=0.115\left[\frac{q(F-1.8\times10^{-3}T)}{F_s-F}+7850r\right]^{0.734} \tag{4.38}$$

式中 t_s——排泥时间（s）。

为了进行排泥控制，每小时按式（4.34）中的数学模型计算一次沉淀池的积泥量。如果积泥量达到 250t/h，就按连续排泥方式排泥，排泥流量按式（4.35）、（4.36）确定；否则按间歇排泥控制，排泥流量公式同连续排泥方式，排泥历时由式（4.37）、（4.38）确定。排泥结束后，计算机将积泥量等数据都清零，开始下一个排泥周期计算。

4.3 滤池的控制技术

4.3.1 滤池控制的基本内容与基本方式

滤池的自动控制基本上包括过滤、反冲洗两个方面，其中以反冲洗为主。由于各种滤池的构造、原理、反冲洗方式等不同，控制内容与方法也有差别。在采用的技术方面，主要有水力控制与机电控制两类。前者在相关的水处理课程中已有一定的介绍。在本节中主要通过一些实例介绍当采用单纯水洗时的机电控制技术，特别是微电脑智能化控制技术的应用情况。

滤池的单纯水反冲洗控制可以有不同的方式。控制方案要解决如何判断反冲洗开始和反冲洗结束。

反冲洗开始有下列方式判断。

滤后水浊度监控。连续检测滤池出水的浊度，当滤后水浊度达到设定值时开始反冲洗。

滤池水头损失监控。连续检测滤池的水头损失，当水头损失达到设定值时开始反冲洗。

定时控制。根据经验设定滤池工作周期，当达到周期规定的时间后开始反冲洗。

反冲洗结束有下列方式判断。

反冲洗水浊度监控。连续检测滤池反冲洗排水的浊度，当该浊度降到设定值时结束反冲洗，使滤池投入过滤工况。

定时控制。按经验设定滤池反冲洗历时，当达到规定的反冲洗时间后结束反冲洗，使滤池投入过滤工况。

上述滤池反冲洗的开始与结束的控制方式可以交叉组合应用，也可以将几种方式共同应用，当其中的条件之一达到时，即应当开始或结束反冲洗。另外，控制系统还应具有随时人工指令强制反冲洗的功能。

反冲洗进行的方式有采用各格滤池连续顺序进行的，也有采用各格滤池分别按各自的条件控制、独立进行反冲洗的。

一般在生产上不允许多格滤池同时反冲洗，在控制系统上应当采取相应的限制措施。

4.3.2　虹吸滤池的运行控制实例

虹吸滤池是被广泛采用的一种滤池形式，传统上其自动控制方式以水力控制为主，在实际运行中存在一些不足之处，待滤水浪费很大就是一个问题，它表现在：

（1）滤池在反冲洗前的待滤水（池内水深约 1.5m）要被排水虹吸排掉；

（2）反冲洗时，要等滤池水位下降至进水虹吸的破坏管露出水面，进水虹吸才能被破坏，这段时间内的进水也要被排掉；

（3）经常会出现两格或两格以上的滤池同时进行冲洗，造成反冲洗水量不足，使冲洗强度不够，不但浪费待滤水，而且容易使滤料板结，缩短滤池使用周期；

（4）冲洗时间不好调节，时间控制精度也不够，容易造成过冲洗或欠冲洗。

采用机电自动控制系统，上述问题可以得到解决。下面介绍一个应用实例。

以可编程序控制器为核心，以 U 形气水切换阀为执行元件，进行虹吸滤池运行的自动控制。

根据不同的工艺条件，可以按下列 3 种方式控制虹吸滤池的运行。

（1）自动控制方式：根据各格滤池水位（滤池水头损失）上升到达反冲洗水位的先后顺序进行操作，依次控制滤池的反冲洗。

（2）定时控制方式：以每格滤池的过滤时间为依据进行反冲洗控制，每当滤池工作达16～24h（可调）时进行一次反冲洗。

（3）手动控制方式：由值班人员根据具体生产情况，手动选定某格或某几格滤池反冲洗，反冲洗过程由控制装置指令自动完成。下面着重介绍自动控制运行方式。

在每格滤池都装有浮球液位检测装置以检测滤池运行工况。过滤周期后期，当滤池水位上升到反冲洗水位时，液位检测装置发出反冲洗信号，由控制装置控制执行机构完成此格滤池反冲洗过程。即：1）破坏小虹吸；2）形成大虹吸；3）反冲洗计时；4）破坏大虹吸；5）形成小虹吸；6）反冲洗完毕（滤池恢复正常过滤）。当有两格或两格以上滤池到达反冲洗水位时，控制装置根据各池水位到达的先后次序按先到先冲的原则，依次对此部分滤池进行反冲洗。为保证冲洗强度，反冲洗时间从大虹吸形成后开始计时，并保证每次只冲洗一格。自动控制流程如图4.32所示。

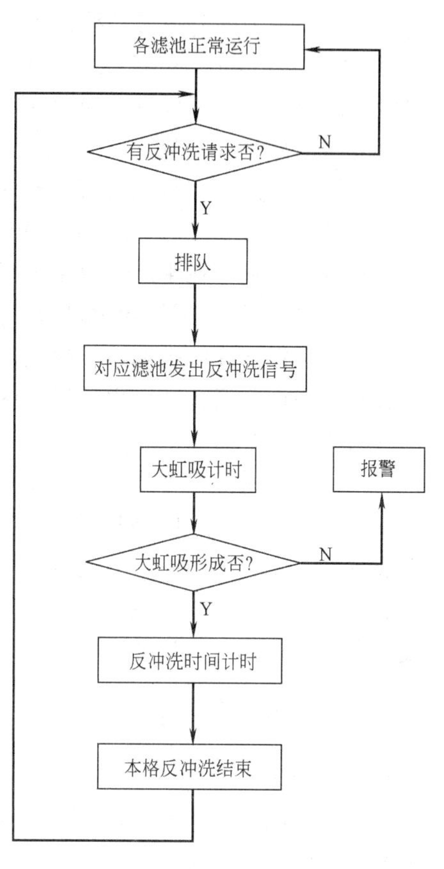

图4.32 虹吸滤池自动控制反冲洗流程

与自动控制方式相比较，定时控制方式和手动控制方式仅控制条件不同，执行部分及其动作情况均相同。

水位检测装置采用干簧浮球液位控制器，如图4.33所示。

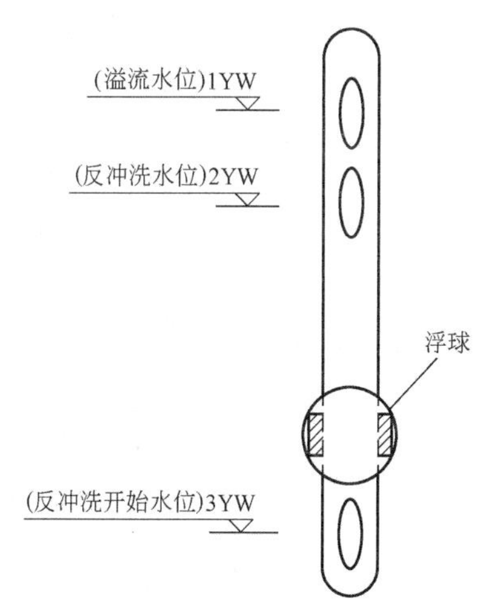

图4.33 水位检测装置

对图中各控制水位信号说明如下：

1YW：溢流水位信号，反冲洗装置失灵或其他原因引起滤池水位上升到此水位时，控制装置发出声、光报警信号，告诫值班人员须进行事故处理操作；

2YW：反冲洗水位信号，当滤池水位上升到此水位时（即水头损失达到规定值时）发出信号，由控制装置自动对该格滤池进行反冲洗；

3YW：反冲洗开始水位信号，在反冲洗过程中，当大虹吸形成后，水位下降到此水位时，发出信号，反冲洗由此开始计时，以保证反冲洗强度。

上面介绍的装置，还存在不足，反冲洗开始前的待滤水仍被浪费掉了。为了减少这一浪费，可以进行如下改进。

（1）当滤池滤速下降至设计时规定的滤速（如8m/h）以下时，进水量大于出水量，滤池水位上升，水位上升到达最高点时，要强制破坏进水虹吸，即打开电磁阀，使进水虹吸因进气而被破坏停止进水。令滤池在无进水情况下，池内水靠重力继续过滤，滤池水位开始下降。

（2）约5～8min后，水位下降至某一规定值时，启动排水虹吸，滤池内的水通过排水虹吸管排出池外。后续过程与前面的介绍相同。使用该种控制方式后，每格滤池冲洗一次便可节约待滤水数十吨。

这种虹吸滤池控制装置具有以下的特点：

（1）采用了可编程序控制器，功能丰富，工作可靠，维修方便，使用简单；

（2）可塑性强，在生产过程中可根据工艺需要，调整运行状态及各控制参数；

（3）能对12格以下（含12格）的虹吸滤池组进行控制；

（4）为了保证冲洗强度，每次仅冲洗一格滤池；

（5）可根据各格滤池发出的反冲洗信号的先后次序进行排队，依先到先冲的原则，依次对各格滤池进行反冲洗；

（6）反冲洗时间可在5～7min范围内设定；

（7）有报警系统，能判断运行中出现的一些事故，如滤池水位到达溢流水位、大虹吸未形成等，并发出相应的声、光信号；

（8）以手动控制方式运行时，在手动输入反冲洗信号后，对应信号灯闪光，以便操作人员观察；在达到一定反冲洗强度后，发出音响信号，以提醒操作人员停止反冲洗。

4.3.3 均质滤料滤池运行控制技术

1. 均质滤料滤池的运行控制

所谓“均质滤料”并非指滤料粒径完全相同，而是指沿整个滤层深度方向的任意横断面上滤料组成和平均粒径均匀一致。由于采用了气水联合反冲洗方式，在反冲洗的过程中滤层不膨胀或轻微膨胀，滤料不产生或不明显产生水力分级现象。当自下而上的气冲洗时，其气流不断地搅动滤层以及滤料颗粒间相互的剧烈碰撞摩擦使得滤料颗粒表面的杂质脱落下来。这一作用引起污泥剥落的程度大大超过了由于单纯水冲洗引起污泥剥落的程度。而后水冲洗的作用主要是将被剥落的污泥及时带出滤层表面进而送出滤池。与单纯水洗相比，气水联合反冲洗中的水冲洗所起的作用发生了变化，故可以大幅度降低水冲洗的强度，不需要使滤层膨胀。当冲洗结束之后，滤料将会基本维持原位而没有水力分层出现，保持了滤层中滤料的均匀分布。另外，由于气水反冲洗时没有产生对流，污泥就不会下到滤层的深部，因此冲洗质量得到了提高。

均质滤料滤池运行控制流程如下。

（1）过滤流程

滤池在处于过滤状况下，一般各阀门状态相对较稳定，其中进水阀和排气阀始终处于开足的状态，水冲阀、气冲阀和排水阀始终处于关足的状态，只有清水阀根据滤池水位、滤后水浊度指标情况做出必要的调节。

（2）反冲洗流程

反冲洗过程则较过滤过程各阀门动作情况要频繁些，一般分为以下几个步骤：

① 反冲洗准备阶段：该阶段首先要将进水阀关闭并调节清水阀，将滤池中剩余的水滤至清水库，待水位降低至一定程度时将清水阀关闭同时关闭排气阀、打开排水阀。

② 反冲洗阶段：进入反冲洗阶段后，首先打开气冲阀对滤池进行气冲洗一段时间，

然后再打开水冲阀进行气水联合冲洗，气水联合冲洗结束后关闭气冲阀、打开排气阀进入水冲洗过程，水冲洗结束后关闭水冲阀并关闭排水阀。

③ 反冲洗结束后，打开进水阀，等待滤池水位上升到一定高度后，将清水阀缓缓打开使滤池进入过滤状态。

(3) 反冲洗公共设备运行流程

只有当滤池处于反冲洗阶段时才会使用反冲洗公共设备，具体工作流程如下：

当某组滤池处于气冲阶段时，通过风机变频器缓缓启动气冲风机并打开相应的气冲阀门；气冲结束进入气水冲阶段时，通过风机变频器缓缓降低气冲强度，通过水冲电机变频器启动水冲电机并打开相应的水冲阀门；气水冲结束进入水冲阶段时，通过风机变频器停止风机运行并关闭相应的气冲阀，通过水冲电机变频器缓缓增加水冲强度；水冲结束后，通过水冲电机变频器停止水冲电机并将相应的水冲阀门关闭。当下一组滤池的反冲洗开始时，重复以上流程，直至所有需反冲洗滤池全部反冲完毕。

2. 均质滤料滤池监控系统实例

(1) 实例简介

某水厂改扩建工程新建滤池处理能力为 $13\times10^4 m^3/d$。滤池设计滤速为 8.0m/h，滤格 10 个。滤料采用均质石英砂滤料，滤料粒径 0.95～1.35mm，$K_{80}=1.6$，滤床厚度 1.2m。采用气水反冲洗，反冲洗气冲强度为 $14\sim16L/(s\cdot m^2)$，水冲强度为 $3\sim6L/(s\cdot m^2)$。要求计算机监控系统能够全自动控制滤池的恒水位过滤、根据反冲条件进行气水反冲洗。

(2) 监控系统布局

滤池计算机监控系统硬件采用美国 OPTO 公司提供的带局部控制器、开放式结构、前端 I/O 高度智能、分布式控制系统 DCS。系统硬件配件如图 4.34 所示。计算机与受控设备之间采用 OPTO SNAP 系列带控制器的分布式智能 I/O 产品。共设 2 台控制器，控制器 1 监控 10 个滤格，控制器 2 监控 4 台风机、4 台反冲洗水泵、130 个排泥阀。

(3) 监控应用软件包

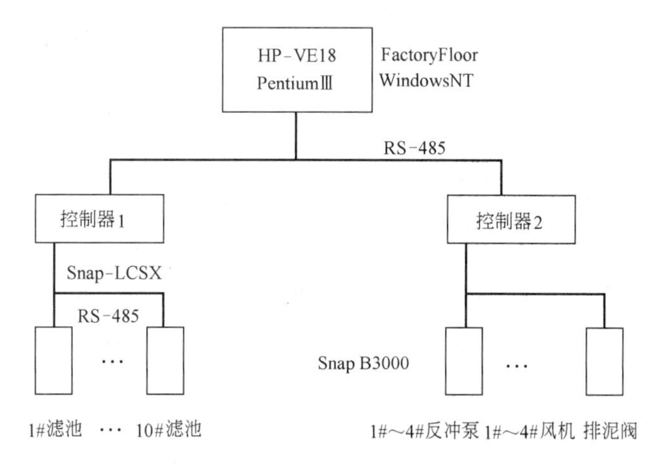

图 4.34 滤池监控系统硬件配置

监控应用软件由三大部分组成：控制程序、监控画面、数据服务器。

1）监控逻辑模型的建立

监控逻辑模型的建立是编制监控应用软件的必要前提。而建立的依据，则是对象设备的控制原理及生产工艺要求。首先根据滤池监控系统设计要求及硬件布线图，对 Snap I/O 定义模板地址及通道变量。建立数据字典后即可按照设备、功能划分设计控制逻辑。本新系统配置 2 台控制器，每个控制器编制一套程序进行实时监控。任务分配如下：控制器 1 监控滤池 1 号～10 号，控制器 2 监控反冲洗水泵 1 号～4 号（含变频器）、风机 1 号～4 号（含变频器）、絮凝沉淀池排泥阀五组共 130 个。

2）策略的组织与分布

每个控制器设计一套控制程序（称之为策略），每个策略由多个流程表（Flow Chart）分时执行。其中启动表（Power up）是系统必备的。设计时按设备及任务功能的划分定义若干流程表。策略下载至控制器后，控制器上电时由启动表启动各个设备表、功能表；设备运行过程中发生故障则由报警表停止设备表，进行故障处理。

3）控制器 1 的运行

控制器 1 监控 10 个滤格的恒水位过滤、根据反冲洗条件进行气水反冲洗。过滤过程主要是控制进水阀全开、出水阀开度可调，以保持滤池水位恒定。

滤池 4 种工作状态：过滤（状态标志 1），等待（状态标志 2），反冲（状态标志 3），停止（状态标志 4）。4 种状态的含义是：过滤，恒水位控制（3.25 米）；等待，进入反冲等待队列，在等待过程中仍进行恒水位控制；反冲，反冲等待队列的第一个，进行“气—气水—水”反冲洗；停止，关闭进水阀、出水阀及其他所有阀门（气冲阀、水冲阀、排水阀，排气阀），若该池原来正在反冲，还要关风机、关反冲泵。4 种状态的转换过程如下：控制器系统上电时，10 个滤池设置的初始状态为过滤态（标志 1），按 3.25m 恒水位控制的目标进行出水阀开度控制。当某个池到达其反冲条件之一，即定时冲洗信号（初值 48 小时），或水头损失信号（初值 2.5m），或手动强冲信号（操作员在控制面板上按强冲键），则将该池转为等待态，其池号进入等待反冲队列中排队。将等待反冲队列中的第一个设为反冲态，进行反冲洗，其他处于等待状态的滤格仍进行恒水位控制过滤。该功能由“状态表”实现。滤池处于以上三种状态的任一种时，若操作员按动监控画面的“停止”键，则该池退出原有状态，进入停止态；滤池处于停止态时，若操作员按动监控画面的“启动”键，则该池退出停止状态，重新回到过滤态。该功能由“报警表”实现。

恒水位控制。控制器系统上电时，10 个滤池设置的初始状态为过滤态，每个池分别按 3.25m 恒水位控制的目标进行出水阀控制。出水阀为气动阀，只有开、关阀数字信号，无阀位值控制信号，故采取软件离散 PID 算法，计算出水阀开、关的变化量，由时间长短控制阀门的实际位置。具体参数如下：给定值 3.25（可调），反馈值为滤池当前水位，采样周期 $T=5s$，$G=40$ $I=0.4$ $D=0.02$（可调）。离散 PID 算法的公式：$outp=G^{*}[(e_2-e_1)+I^{*}T^{*}e_1+D^{*}(e_2-2e_1+e_0)/T]$。outp：本次扫描时间 T 输出的阀门改变值；G：增益；I：积分常数；D：微分常数；T：时间常数；e：Input-Setp（实际水位—设定水位）；e_2：当前的 e；e_1：时间 T 前的 e；e_0：时间 $2T$ 前的 e。在实际控制中，考虑到气动出水阀动作有 0.1 的机械死区，程序对太短的开、关时间暂时给予存储，累积超过 0.2 秒才一次性地输出。为防止出水阀过于频繁地调节，对水位偏差小于 0.02 米且输出量小于 0.08 秒的输出放弃。

队列表。本表启动队列中第一个池的反冲，反冲完毕后从反冲队列出列，以及过滤状态设置。进入反冲等待队列（队列元素变量名为 queue1～queue10）的滤池，若某池处在反冲等待队列中的第一个（queue1），则启动该池对应的“反冲表”进行“气—气水—水”反冲洗。等到“反冲表”已停止（表示已成功冲洗完毕或中途因故障，操作员按动“停止”键而退出该池的反冲），将该池号从反冲队列中出列，该池进入过滤状态。反冲等待队列中其他成员则相应往前移动一个位置（queue2→queuq1，queue3→queuq2，…，queue10→queuq9），然后重复以上的任务。该功能由“队列表”实现。

出水阀保护表。本表是过滤表的辅助表。由于过滤表运用离散 PID 算法不断计算并控制 10 个池出水阀的开、关，而阀门全开后必须禁开，全关后必须禁关。为简化保护程序，专门设置出水阀保护表，一直轮流检测 10 个池出水阀的状态，全开后禁止发开命令、全关后禁止发关命令。

等待表。前面提到，对处于等待状态的各格滤池仍然进行恒水位控制，目的是尽量不影响供水生产。为节省滤池进入反冲状态后等待水位从过滤水位降至反冲水位所需的时间，考虑设置了本表，对处于反冲等待队列的第二个池（queue2）进行降水位预处理：全关电动进水阀，水位高于 2.85m 则全开出水阀、水位低于 2.80m 则全关出水阀（防止水位过低，露出滤砂）。

报警表。10 个池的故障信号由各自池的反冲表产生，由本报警表处理。首先判断是否阀门有故障，若有，则设置处于非停止态的池为过滤态；其次判断用户有无按停止键，若有，则设置该池为停止态，关闭所有阀门，包括进水阀、出水阀、气冲阀、水冲阀、排水阀、排气阀，若该池原来正在反冲，还要关风机、关反冲泵；接着判断该池是否为停止态且用户按启动键，若有，则设置该池为过滤态，设置出水阀自动方式；最后判断用户有无按清故障键，若有，则清除故障报警信息。

反冲表。每个池均有一个反冲表，控制滤池“气—气水—水”三段式反冲。10 个池的反冲表程序是相同的。以 1 号池为例作说明。该表在滤池需要反冲时由队列表调用。反冲洗流程见表 4.2。

滤池反冲洗流程 **表 4.2**

步骤	条件	操　　作
1	该反冲表被启动	进水阀停止进水；全开出水阀，定时 1min
2	滤池水位降至 2.8m 或定时时间到	全关出水阀，停止出水；排水阀开始排水
3	排水阀全开 30s 后	开气冲阀；气冲阀全开后按设定的风机频率申请开两台风机进行气冲
4	气冲 3min 后	开水冲阀；水冲阀全开后按设定的反冲泵频率申请开一台反冲泵进行气水反冲
5	气水反冲 4.5min 后	申请停两台风机；开排气阀，关气冲阀；申请加开一台反冲泵进行水冲
6	水冲 4.5min 后	申请停两台反冲泵；关水冲阀；关排气阀
7	水冲阀关到位	排水阀停止排水；进水阀开始进水；出水阀根据滤池水位，全自动调节阀门开度；将该滤池标志置为过滤态；过滤周期计时器开始计时

4）控制器2的运行

控制器2监控1号～4号反冲泵及1号～4号配套变频器，1号～4号风机及配套1号～4号变频器，五组共130个排泥阀。控制策略包括如下各表（charts）。

上电表（Powerup）。它启动以下表：反冲泵报警表1～4（共4个）、风机报警表1～4（共4个）、反冲泵选择表、风机选择表、反冲泵控制表（共4个）、风机控制表（共4个）、反冲泵/风机自动态选择表、排泥阀选择表。同时启动排泥定时器。

反冲泵报警表1～4（共4个）。每台反冲泵均有一个变量接收开、停反冲泵运行状态中发生的报警信息。以1号反冲泵为例，变量名bp1 _ alm，各bit代表的含义如图4.35所示。这些故障信号由风机控制表产生，由风机报警表处理（故障则停机），并提示用户按复位键应答。

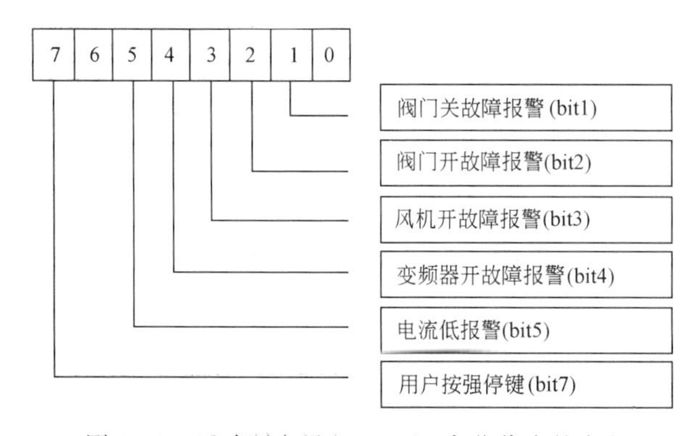

图4.35 反冲泵变量bp1 _ alm各位代表的含义

风机报警表1～4（共4个）。每台风机均有一个变量接收开、停风机运行状态中发生的报警信息。以1号风机为例，变量名fj1 _ alm，各bit代表的含义如图4.36所示。这些故障信号由风机控制表产生，由风机报警表处理（故障则停机），并提示用户按复位键应答。

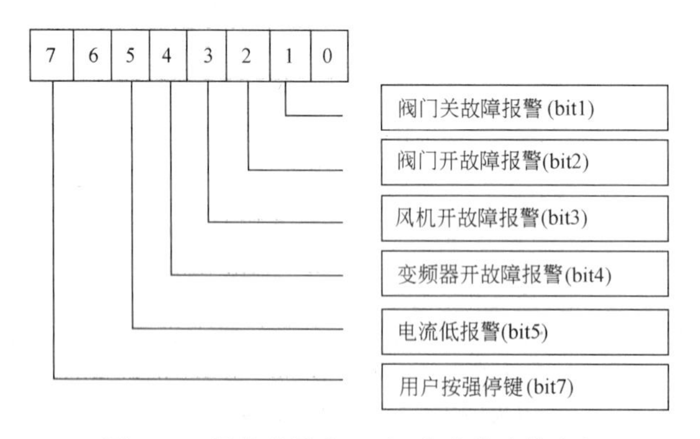

图4.36 风机变量fj1 _ alm各位代表的含义

反冲泵选择表。全自动方式下，4台反冲泵的开、停泵命令由本表发出。其开启顺序为1号→2号→3号→4号→1号→…，每发生一次开停事件，轮流1个编号；若该台设备故障，则继续开下一台。本表同时根据滤池来的水冲频率、水泵台数的要求开停反冲泵设备。

风机选择表。全自动方式下，4 台风机的开、停泵命令由本表发出。其开启顺序为 1 号→2 号→3 号→4 号→1 号→…，每开停一次，轮流 1 个编号；若该台设备故障，则继续开下一台。本表同时根据滤池来的气冲频率、风机台数的要求开停风机设备。

反冲泵控制表（共 4 个）。反冲泵有两种工作方式：1）全自动（全自动—开、停某台泵的命令来自滤池分系统的滤池反冲进程。这种方式是反冲泵缺省的工作方式）；2）自动（自动—由操作员在监控画面上用鼠标单击控制键发出开、停某台泵的命令。这种方式一般是单机调试时用）。反冲泵控制表接收这两种方式发来的开、停泵命令后，执行相应泵及其变频器的控制操作。总之，4 台反冲泵的开、停泵命令由反冲泵选择表（全自动方式）、反冲泵、风机自动态选择表（自动方式）发出。4 台反冲泵的控制逻辑相同，以 1 号反冲泵为例，其控制逻辑如下：反冲泵开泵流程，开泵命令到→阀门全关→开泵，延时 2 秒→开变频器→20 秒后变频器电流＞20A（约为正常运行值的一半）→开阀门→40 秒定时时间内阀门全开→开泵过程结束；反冲泵停泵流程，停泵命令到→关阀门→40 秒定时时间内阀门全关→停变频器→30 秒定时时间内电流＜1A→延时 3 秒→停泵电机，停泵过程结束。

风机控制表（共 4 个）。风机有两种工作方式：1）全自动（全自动—开、停某台风机的命令，来自滤池分系统的滤池反冲进程。这种方式是风机缺省的工作方式）；2）自动（自动—由操作员在监控画面上用鼠标单击控制键发出开、停某台风机的命令。这种方式一般是单机调试时用）。风机控制表接收这两种方式发来的开、停风机命令后，执行相应风机及其变频器的控制操作。总之，4 台风机的开、停机命令由风机选择表（全自动方式）和反冲泵、风机自动态选择表（自动方式）发出。4 台风机的控制逻辑相同，以 1 号风机为例，其控制逻辑如下：风机开机流程，开机命令到→阀门全关→开风机，延时 2s→开变频器→20s 后变频器电流＞20A（约为正常运行值的一半）→开阀门→40s 定时时间内阀门全开→开机过程结束；风机停机流程，停机命令到→关阀门→40s 定时时间内阀门全关→停变频器→30s 定时时间内电流＜1A→延时 3s→停风机，停机过程结束。

反冲泵、风机自动态选择表。自动态下，4 台反冲泵的开、停泵命令由本表发出。由操作员在反冲泵监控画面上用鼠标单击控制键发出开、停某台反冲泵的命令，整个开泵、停泵过程由程序自动完成（由“反冲泵控制表”实现）。自动态下，4 台风机的开、停机令由本表发出。由操作员在风机监控画面上用鼠标单击控制键发出开、停某台风机的命令，整个开风机、停风机过程由程序自动完成（由“风机控制表”实现）。

排泥阀选择表。该表的作用是一直循环检测是否排泥周期到，或者用户在排泥阀监控画面上用鼠标单击“排泥”键，若是，则由该表启动排泥阀控制表，进行排泥阀自动排泥。在排泥过程中用户在监控画面上按“强停”则可以由该表停止排泥阀控制表，中止排泥。

排泥阀控制表。排泥阀共 5 组 K1～K5，每组 26 个（编号 I＝1～26），一个排泥周期共开关 26 次，第 I 次为 5 组的第 I 个，即每次同时开/关 5 个阀门。排泥阀排泥周期（初值，可在监控画面上更改）：1 号～6 号排泥阀 T1：60s，7 号～17 号排泥阀 T2：90s，18 号～26 号排泥阀 T3：60s。在规定时间内，若 5 个排泥阀中的任一个没有全开信号，则提示故障，用户可以根据监控画面上的故障信号对相应排泥阀进行维修，并在监控画面上按“清故障”键。

5）显示画面的组织

用户图形界面包括新滤池系统总图、1号～10号滤池监控图（共10幅）、1号～4号反冲泵监控图、1号～4号风机监控图、排泥阀监控图。每幅图均含监测画面和控制按键。控制功能分全自动和自动两种。该人机界面是操作人员与监控系统的接口。

计算机监控系统启动后，首先出现的是滤池全貌图，该图对整个滤池车间的主要状态和参数进行监测，包括：滤池状态，风机状态，反冲泵状态，等待反冲队列。滤池状态如滤池控制方式，滤池工作状态（过滤、等待、反冲、停止），滤池水位，过滤时间。风机状态如风机控制方式，风机启运行状态，风机故障报警灯。反冲泵状态如反冲泵控制方式，反冲泵启运行状态，反冲泵故障报警灯。

4.4　氯气的自动投加与控制技术

加氯是现行常规水处理过程中确保水质不可缺少的重要环节。水处理的氯气投加分为前加氯和后加氯。前加氯在原水的管路上进行投加，其主要目的在于杀死原水中的微生物或氧化分解有机物；而后加氯则一般在滤后水的管路上投加，其主要目的是起消毒作用。

正确选择和使用可靠的加氯设备，是保证加氯安全和计量准确的关键。为了满足不断提高的城市供水水质标准的要求，提高加氯系统的安全可靠性，降低操作工人的劳动强度，提高水中余氯的合格率，应积极采用先进的氯投加设备与控制技术。

4.4.1　氯投加系统与设备

在水处理过程中，一般都用液态氯作为消毒剂，氯气的投加方式主要可分为两种形式：即正压投加和负压投加。传统的加氯方式多采用正压投加。采用正压投加时，由于所有的投加管线都处于正压状态，一旦发生故障或者管线破裂，容易出现氯气泄漏事故，安全可靠性低、设备维护量大。而负压投加，由于所有的投加管线都处于负压状态，即使管道出现破裂，也不会出现泄氯现象，具有很好的安全可靠性。

以某水厂为例，整个加氯系统的投加工艺为：液氯分装在8个约半吨重的氯瓶中，分为两组，每4个氯瓶连接成一组，一用一备，采用自然蒸发和电阻加热丝辅助加热的方式向系统供气。在氯瓶压力下，氯由某一组工作气源流出，流经氯瓶的出口管道时，由管道上缠着的电阻加热丝加热，以提高液态氯气化的速度，并经过气液分离器，将液氯中杂质分离出来。加氯时，依靠水射器所产生的真空作用，氯气通过真空调节器、自动切换装置进入加氯机，加氯机控制器给出的控制信号调节输氯量，使氯气顺着水射器形成的负压管路输送到投加点，在投加点处与水形成氯溶液注入管道中。当工作气源气压降低到一定程度时，自动切换装置动作，同时关闭工作气源，启用备用气源，以保证供气的连续性。整个加氯系统如图4.37所示。

根据负压投加的原理，真空加氯机加氯系统由气液分离器、真空调节器、加氯机、取样泵、余氯分析仪、水射器、漏氯检测仪等组成。

（1）真空加氯机

加氯机主要是对氯气投加的流量大小进行调节和控制，氯气流量大小的调节一般采用差动调节方式。

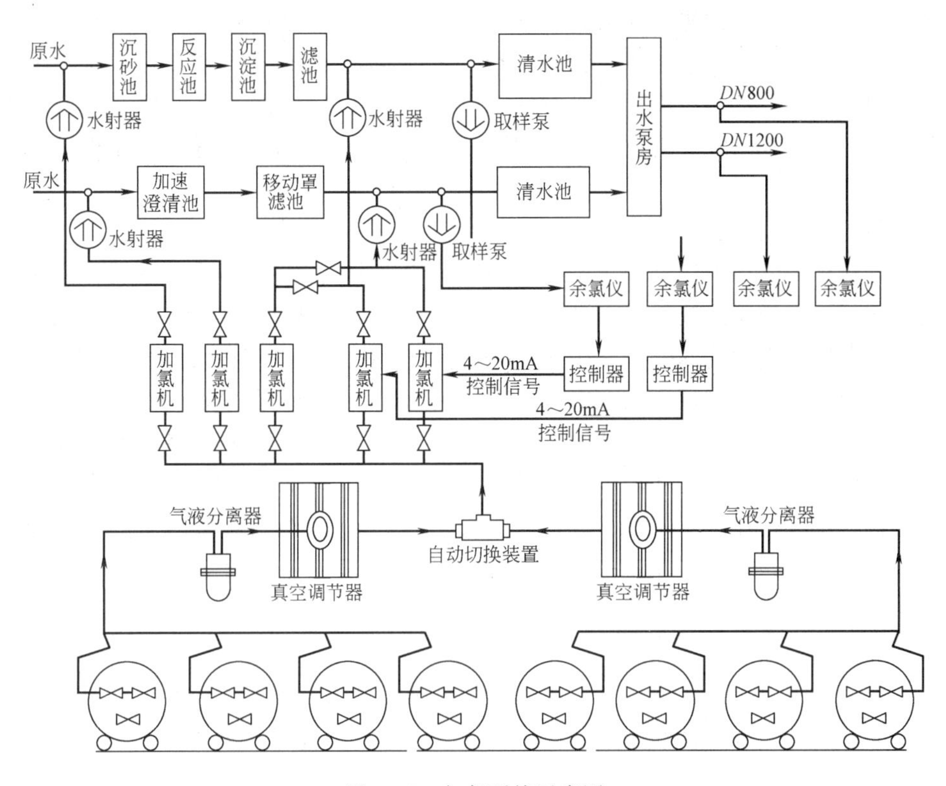

图 4.37 加氯系统示意图

差动调节根据的原理是只要通过测量孔的压降不变，通过测量孔的气体流量只是孔面积的函数。利用这个原理，加氯机将一个可以把容器内压力减小到所需的负压水平的真空调节器和一个能保持测量孔压降恒定的差压稳压器相连，使通过测量孔的压降与系统内的其他任何压力降或压力变化无关。这种调节方式容易实现，可以进行非常准确的控制。

(2) 真空调节器

真空调节器是一种由弹簧驱动的装置。其内部的真空节流阀调节进气阀，将气源送出的氯气进行由正压到负压的转换，使氯气在负压状态下被安全输送到投加点，并减少供气管路中氯气液化的可能性。根据氯气的液化特性，当氯气的压力为 0.7MPa、温度低于27℃时将发生液化；而当压力为 0.2MPa 时，液化要在温度低于 2℃时才发生。所以当设备性能受氯气压力影响时，真空调节器将可以有效地达到减少液化结冰的目的。同时，真空调节器还具有一个电阻加热器，可以对流入真空调节器的氯气进行加热。使用和安装时，真空调节器应尽量靠近气源，以对供气管道提供最大量的保护。

(3) 自动切换装置

自动切换装置内部由一个控制器、两个隔膜压力切换开关及两个电动球阀组成，可分气相控制和液相控制两种方式，其主要作用是对气源进行自动切换，保持气源的连续供给，确保加氯机的连续运行。当一组气源用完时，氯气压力达到某一设定值，自动切换装置动作，两组气源自动切换，使用备用气源为加氯机提供氯气，以保持整个系统氯气的连续供给。但两组气源不会同时供气。

(4) 水射器

水射器用于为真空加氯机形成高真空，它们通过ABS工程塑料管和止回阀与加氯机相接。止回阀的作用是将水与供气管路隔开，防止水流入加氯系统管路，确保系统安全运行。由于加氯机的差动调节需要由水射器提供一个较为稳定的真空，这就要求为水射器提供一个连续的高压水系统。为此，可采用一个独立的自用高压水系统，以确保系统的正常运行。

（5）余氯分析仪

余氯分析仪主要用来连续测量水中的余氯含量，为控制器提供余氯信号。采用冰醋酸作为缓冲试剂，使样品溶液的pH保持在4.0～4.5之间，测量范围可根据用户需要选择。样品溶液由取样泵以大约500mL/s的速率送到水样过滤器（多余通过溢流器排出），到达测量室，与余氯分析仪测量室的金电极、铜电极形成一个敏感的电解槽。在水样通过两个电极之间的环状空间时，就会在两个电极间形成一个与余氯值呈线性关系的小电流，这个小电流经过仪器电路的放大和温度补偿被还原成余氯值，通过LCD显示出来，同时输出一个与余氯含量成正比的4～20mA直流信号。余氯分析仪测量室里填充许多小球，由一个小电机带动转轮转动，使小球在金属铜和金电极表面摩擦，以保持两个电极表面的清洁，消除余氯测量中出现的漂移和振荡，确保仪表测量的准确性。

（6）气液分离器

气液分离器主要用来分离从气源中带出的未蒸发的液态氯和水，并过滤其中所含有的杂质，确保进入真空调节器的都是气体氯，使真空调节器能可靠地工作。

4.4.2　氯气投加的自动控制

对于氯气的自动投加控制，按控制系统的形式划分，可以有以下几种。

（1）流量比例前馈控制：即控制投加量与水流量成一定比例。

（2）余氯反馈控制：按照投加以后水中的余氯进行反馈控制。

（3）复合环控制：即按照水流量和余氯进行的复合控制，或双重余氯串级控制等。

（4）其他控制方式，如以pH和氧化还原电势为参数进行控制等。

根据具体情况，对于前加氯和后加氯，宜采用不同的控制方式。

前加氯系统主要目的是杀死水中的微生物或氧化有机物，对投加量准确性要求不高，以采用原水流量进行比例投加为好。投加量按下式确定：

$$Y=1000KQ \tag{4.39}$$

式中　Y——前加氯的投加量（mg/s）；

K——单位原水投氯量（mg/L）；

Q——与投加点对应的原水进水量（m^3/s）。

如果已知K、Q，则可以计算出前加氯的投加量，调节加氯机的投加量从而实现前馈比例投加（图4.38）。

后加氯系统主要目的是对水进行消毒，并使管网水中保持一定的余氯量。这是保证出厂水满足卫生学指标要求的把关环节，必须严格控制。由于要求水中的余氯量值比较恒定，而滤后水的需氯量是个变值，采用流量比例控制很难达到要求。因此，可采用投氯后水余氯简单反馈控制、复合环控制等方式。

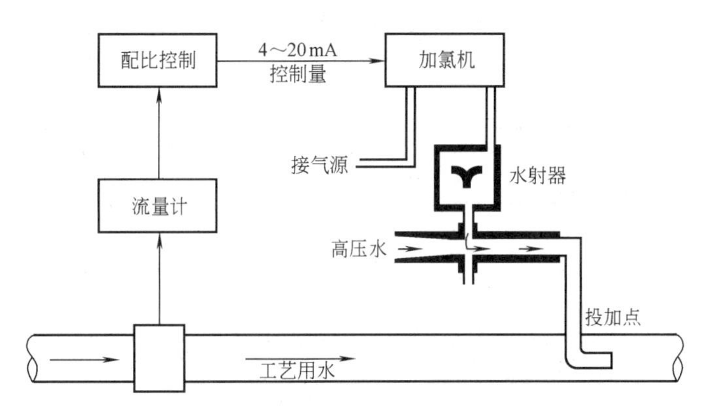

图 4.38　前加氯比例投加控制系统图

余氯简单反馈控制就是在处理后水出厂前，检测水中余氯，该值被反馈到控制系统中、并与余氯设定值比较，控制系统根据二者的偏差情况、采用 PID 调节方式调节投氯量，使滤后水余氯稳定在设定值附近。这种控制方式从滤后投氯点到余氯检测点要经过清水池，系统滞后较大，通常在 30min 以上，控制系统的调节特性不好，尤其是当水质水量变化较大时问题就更为突出。一般这种方式较少采用。

前馈反馈复合环控制就是按前馈流量比例和余氯反馈进行复合调节。前馈比例调节可以迅速地调整由于处理水量变化产生的氯需求变化；反馈调节可以对余氯偏差进行更精确的修正，调节特性较简单反馈控制有所改善（图 4.39）。但是这种调节方式仍不能解决水质迅速变化所产生的问题。

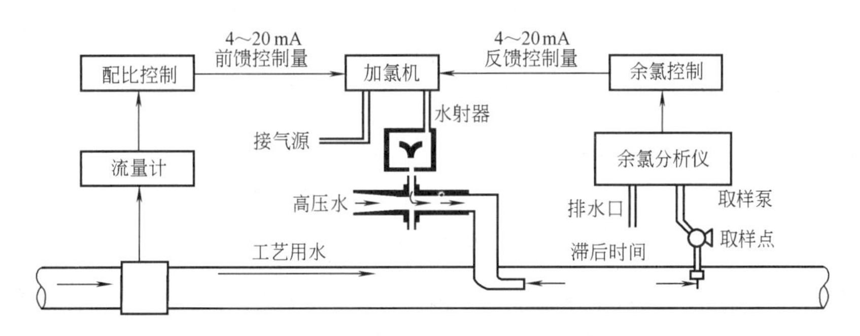

图 4.39　后加氯前馈反馈复合控制系统图

串级复合环控制是在简单反馈控制系统中，再增加一个中间余氯检测点。该点设于投氯点后不远处，氯与水已充分混合并进行了一定程度的反应，滞后则较小。根据运行经验，由出厂水余氯设定值的要求，可以找到中间余氯检测点的设定值（该值一般高于出厂水的余氯设定值），控制器根据此点的检测值与设定值的偏差进行投氯量调节。在运行中，出厂水余氯值是最终的控制依据，控制系统据此来调节中间余氯设定值，于是构成了串级控制系统。这种方式减小了系统的滞后，可以较好地适应水质的变化，对水中余氯进行有效的控制。

4.4.3　某水厂加氯系统应用实例

1. 加氯系统组成及工艺描述

加氯系统由以下部分组成：气源系统；真空加氯系统；压力水供应系统；电气、控制及仪表系统；漏氯检测及安全防护系统。加氯系统组成及工艺如图 4.40 所示。

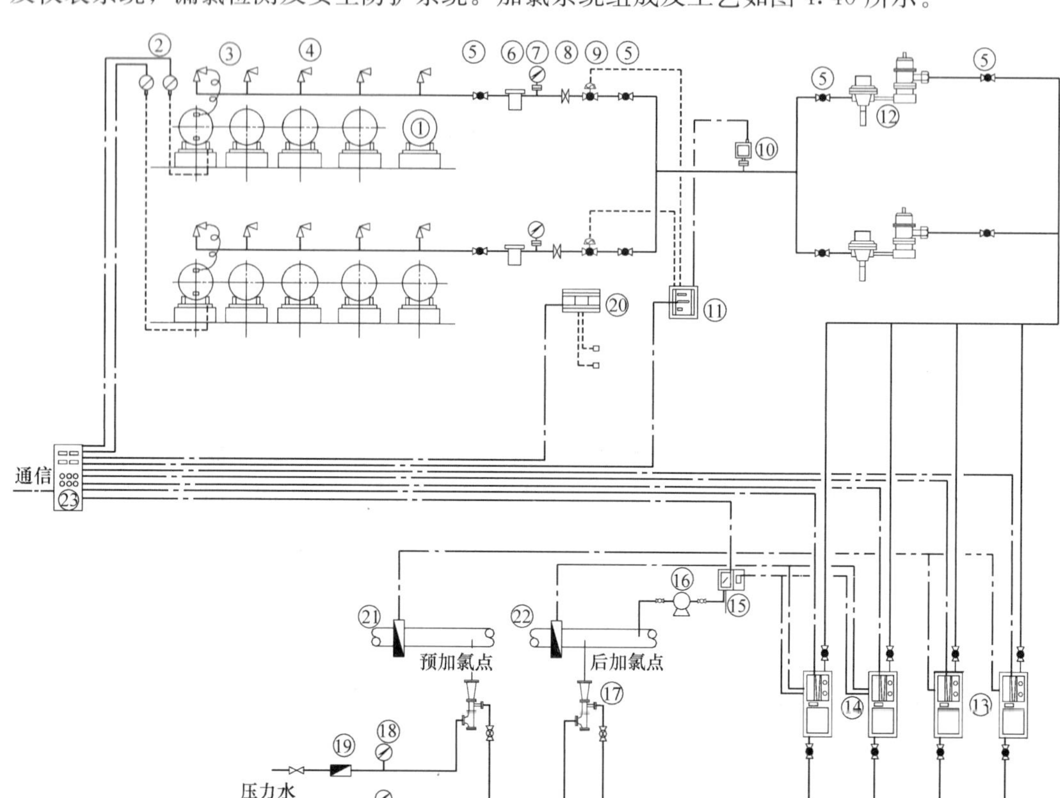

①氯瓶；　⑥氯气过滤器；⑪压力自动切换控制盘；　⑯取样泵；　㉑原水流量计；
②液压秤；⑦膜片压力表；⑫真空调节器；　⑰水射器；　㉒滤后水流量计；
③柔性管；⑧法兰；　⑬流量配比加氯机；　⑱压力表；　㉓PLC控制柜(可与加药系统共用)；
④角阀；　⑨电动球阀；　⑭复合环加氯机；　⑲水表；
⑤球阀；　⑩压力开关；　⑮余氯分析仪；　⑳氯气泄漏监测仪；

图 4.40　加氯系统组成及工艺

简单工艺描述：氯瓶放置在液压秤及支架上，每组氯瓶连接到配有轭钳、角阀和柔性管的汇流排上。氯气管道上安装有压力自动切换系统，用于二组气源间的切换。氯气经过过滤器去除杂质后，以有压状态进入真空调节器。真空调节器共二台，一用一备，它将有压气体调节为负压状态，并通过管道流到加氯机内。通过与工艺水流量成比例控制或与余氯监测仪发出的信号进行余氯（或复合环）控制加氯机的加氯量。加氯机共计四台，前加氯两台，后加氯两台。前加氯一个投加点，每台加氯机均可独立工作，并互为备用。后加氯二台，一个投加点，一用一备。在抵达投加点附近的水射器之前，氯气一直处于负压状态，在水射器中与压力水混合，形成溶液再加入到工艺水流中。在氯瓶间内设有双探头挂墙式的氯气泄漏监测仪，当工作区内氯气浓度高于设定值时，氯气泄漏检测仪发出报警。

2. 加氯系统技术说明

(1) 气源系统。

液压秤：两套。用于监测氯瓶的液氯蒸发和剩余量。带有低重报警开关，氯瓶低重时可在控制柜上发出声光提示报警。

柔性连接器：用于氯瓶与氯气汇流排的连接，带有隔离阀，可防止换氯瓶时氯气泄漏。

氯气汇流排：每只汇流排连接五条柔性连接器，即连接五只氯瓶，每个连接口都带有角阀。

压力表：每条汇流排带一只，监测每组气源的压力。

气源自动切换装置：由一个操作箱，两个电动球阀，一个压力开关组成。正常操作时只有一只球阀开启，由与其连接的汇流排供给氯气。当此路气源耗尽，供气压力下降到压力开关动作值时，这一路阀门会自动关闭，延时一段时间后，另一路电动阀门会自动开启，与其相连的汇流排开始供气。操作箱上有相应的指示灯，指示每一路的工作状态。

歧管过滤器：过滤氯气，有效地滤除任何杂质，使真空调节器的入口阀可靠工作。两只歧管过滤器一用一备，利用球阀来切换。

（2）真空加氯系统。

包括下述部分。

真空调节器：将正压氯气调节成负压状态，两套，一用一备。每套真空调节器为双级减压，双级止回，并内装压力放泄阀，调节器内只有在真空调节器的出口达到一定的真空度，其入口阀才会打开，否则会自动关闭，使系统在安全的真空条件下运行。真空调节器安装在歧管过滤器之后。在第一级真空调节器底部装有25W电加热器，确保其内部凝结和收集的液氯蒸发。真空调节器由下述部件组成：a. 入口调节阀：在调节器的出口达到1.5″Hg真空度以上时，调节阀会开启，负压氯气进入加氯机。否则阀门关闭；b. 压力释放阀：在加氯系统停车时，如果入口阀不能完全关闭，会有微量氯气泄漏到调节器的负压室中，出现正压。这时释放阀会开启，将泄漏的氯气排放到安全地带；c. 高真空隔离阀：如气源耗尽或人为切断气源，真空调节器内的真空会逐渐升高。这时隔离阀会关闭，使膜片不会产生过度位移、保护膜片，同时避免高真空导入高压氯气管部分；d. 工作状态指示器：调节器的侧面有一拔杆指示“备用—工作—气源耗尽”三种状态，如购买了任选的报警开关，还可发出触点报警信号。

V-2000型20kg/h自动加氯机：两台，一用一备，用于前加氯。机内设有流量计，真空压力表，真空报警开关、加氯量V型自动调节阀和SCU流量配比控制器。SCU流量配比控制器接收中心控制系统输出的4～20MA原水流量信号，进行流量配比投加，比值可现场自由设定。并显示原水流量和加氯量百分比。可输出4～20mA加氯量信号。在加氯点附近设有水射器及氯溶液扩散器。

V-2000型10kg/h自动加氯机：两台，一用一备，用于滤后加氯。机内设有流量计，真空压力表，真空报警开关、加氯量V型自动调节阀和PCU复合环控制器。PCU复合环控制器接收中心控制系统输出的4～20MA原水流量信号和余氯信号，可进行复合环加氯控制、单独余氯反馈控制或流量配比控制投加。PCU带有过程显示画面和现场参数设定，显示滤后水流量、加氯量百分比和余氯量。RS485通信输出。在加氯点附近设有水射器及氯溶液扩散器。

水射器：产生系统工作所需的真空度。为防止停机时，水倒灌入加氯机，水射器内设有膜片式和球形两级止回阀。氯气和压力水在水射器内形成氯水溶液，通过扩散器注入加氯点。每只水射器的压力水入口处设有电动球阀（可选），水射器的启停可在控制室远程操作。

（3）压力水供应系统。

首先考虑利用出厂压力水作为水射器的动力。如压力不够，则必须安装加压泵，确保水压不低于0.35MPa。水射器的压力水管上装有压力表和任选的过滤器。

（4）电气、控制及仪表系统

包括下述部分：

SCU流量配比控制器和PCU复合环控制器设在前加氯和后加氯加氯机内。

DEPOLOX 4在线余氯分析仪：两台，设于滤池出口。采样水由采样泵输送到余氯分析仪，分析仪连续测量水中的余氯值，除就地显示外，还输出一个4～20mA余氯信号。滤后余氯分析仪信号送入加氯机PCU控制器，以实现自动加氯控制。分析仪的响应时间为小于20秒。

采样泵：两台。自吸式，与余氯分析仪配套，符合其压力和流量的要求。

原水和滤后水流量计：原水流量信号输出给前加氯机，进行流量配比自动投加。滤后水流量计，送滤后加氯机，进行复合环路控制投加。

电动PVC球阀（任选项）：两只，可实现远程控制水射器的给水，从而启停加氯机。

加氯控制柜：与加药系统共用PLC控制柜，面板上配有控制按钮。加氯系统的各种状态信号传入此柜，包括操作人员的操作指令，然后由PLC控制器做逻辑分析，发出控制信号及报警指示信号。

（5）漏氯检测及安全防护系统

漏氯报警器：每只报警器设两探头，漏氯报警信号除传送到控制柜报警，如有氯中和装置还可用于自动启动氯中和装置。

3. 主要设备技术参数

自动压力切换控制器：型号，50-204墙挂式；切换压力出厂预调0.14MPa，0.08～0.21MPa之间可调；切换能力，190kg/h；驱动时间，20秒内开启范围可达到0～100%；电动球阀极限开关，可防止两个球阀同时开启；信号输出，显示阀门工作状态；电力要求，220VAC，50Hz。

氯气真空调节器：调节量，57kg/h；压力止回阀，二级；压力释放阀，内置。

流量配比控制前加氯机：型号，V-2000，20kg/h；安装形式，柜式；控制柜材料，ABS；控制阀，V型槽；控制精度，±4%；运行范围，手动控制20∶1，自动控制10∶1；控制器，SCU流量配比控制器；控制方式，流量配比控制/手动控制；显示，前面板背光LCD多种类显示，2个12位字母信息显示所有设置及运行参数；封装，NEMA 4X；电力要求，230VAC±10%，50Hz。

余氯（复合环）控制加氯机：型号，V-2000，10kg/h；安装形式，柜式；控制柜材料，ABS；控制阀，V型槽；控制精度，±4%；运行范围，手动20∶1，自动10∶1；控制器，PCU复合环路控制器；控制方式，手动/直接余氯/复合环路等；信号输出，4～20mA隔离信号及RS485计算机接口；显示，前面板背光LCD多种类显示。1个显示余氯瞬时值，2个12位字母信息显示所有设置及运行参数，2个20格的棒图可选择显示执行器阀位或进水量百分比；封装，NEMA 4X；电力要求，230VAC±10%，50Hz。

水射器：形式，1″PVC固定喉管；能力，10kg/h；形式，2″PVC可调喉管；能力，20kg/h；最大水压，水射器2.07MPa（37.8℃），1.03MPa（54.4℃）；最大背压，水射器0.5MPa（溶液管为软塑料管或橡胶管）；防回水装置，有。

氯气泄漏监测器：型号，Acutec35，双探头；形式，电化学气体传感器；测量范围，0～50ppm；报警，满量程的5%～100%随意设定；电源，85～255VAC，50/60Hz，1A，可自调。

余氯分析仪：型号，Depolox 4；精度，1μg/L；重复精度，2%；测量范围，从0～100μg/L到0～100mg/L十个不同范围可供选择；取样水流量，可通过流量控制阀调节，出厂予设定33L/hr；响应时间，〈 20s；通信接口，RS485；电力要求，15/230V+10%，50/60Hz，14VA。

氯瓶液压秤：型号，6D20K；范围，0～2000kg；计量精度，±0.25%～1%的满量程精度；报警，低重报警；支承滚洞，有；刻度盘至秤架最远距离，65m。

4.4.4 应用中的一些问题

为了保证加氯控制系统工作可靠、实现正常的运行和调节，在系统设计及设备安装上应符合要求。

投加点和取样点的选择相当重要。可以根据工艺要求选择确定氯气投加点，而选择取样点时必须保证氯溶液与待处理水能充分混合，又不产生过长的滞后时间，以便控制器能及时地对加氯工艺进行控制。为了保证充分混合，可以采用机械搅拌、弯头混合、喷撒扩散器等方式。一般说来，对于饮用水系统，取样点与加氯注入点之间的距离应十倍于管道的直径。已知管道尺寸和水流量的情况下，可以作更精确的计算，使此两点间留有4～6s以上的质点运动时间，以求得最为灵敏的控制。

余氯检测是实现控制调节的重要环节，为了加氯及控制系统的正常工作，必须保证余氯检测的精确可靠性，这就需要采用质量良好的余氯检测设备，并配备有一定专业技能的专门人才，定期监测和维护加氯与控制设备。

由于氯气危害性很大，因此设计加氯及控制系统时，对整个系统的安全性能必须引起足够的重视。

实际使用经验表明，采用自动加氯，能随时根据水量和水质的变化对加氯量进行调节，出厂水余氯合格率可达到99.9%以上，比传统方式有明显提高，并且使液氯的耗量有所降低。

4.5 基于PLC的集散控制系统在水厂的应用

前面各节介绍的是水厂各工艺单元的控制技术。事实上，水厂各单元的控制装置可以进一步连接，组成水厂的自动控制系统。系统实现提升泵房（一泵房）离心泵及真空泵的启停自动控制；自动加氯（包括滤前和滤后）、投药的自动控制；混合池机械搅拌启停自动控制；絮凝池和澄清池的自动排泥；滤池反冲洗的自动控制；送水泵房（二泵房）水泵电机机组的启停自动控制（包括变频调速自动控制）等，同时监测各单元运行工况和相关参数，实现故障的及时自动报警和相应必要的处理。

现场各单元设备的运行参数和运行状态通过PLC采用串行通信传输方式与中央控制室（简称“中控室”）构成有线通信网络，组成一个由中控室工业控制微机对各环节工况的集中管理分散控制的集散型自动监测监控管理系统。典型给水厂工艺流程简图如图4.41所示。

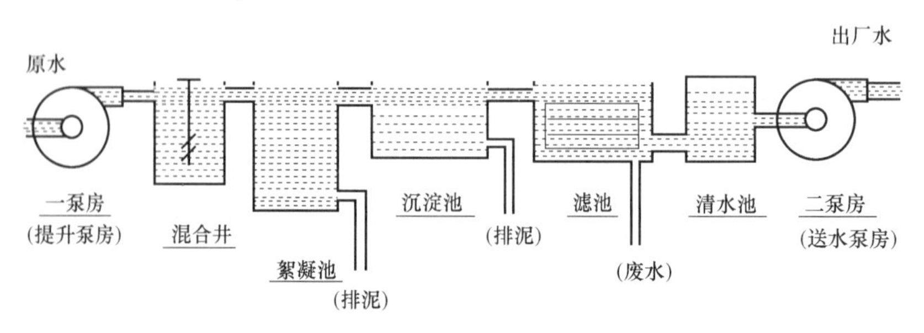

图4.41 某给水厂工艺流程简图

集散控制系统可以自动监测各控制单元的流量、压力、温度、轴温、pH、余氯、浊度、液位、电压、电流、功率、电机绝缘度等参数，同时监测各工艺过程的运行工况。监测参数传输至中控室，在中控室可及时发现被测工艺参数的超限并以声光、语音形式报警。同时通过信息的上载、下载而在中控室实现对工艺参数的修正和现场设备运行状态的适时控制，将现场PLC监控单元与中控室组成一个有机的监测监控体系。

4.5.1 生产过程自动化控制的结构

以图4.41所示的给水厂生产工艺为例，自动化控制系统由中控室监控中枢、数据传输网络、提升泵房、机械混合、絮凝池、沉淀池、V型滤池及气水反冲泵房、加氯加药、送水泵房等多个PLC控制单元构成（取水泵站距水厂较远而暂未纳入本控制系统）。实际上它是由一个中心控制系统和多个PLC监控单元通过高速数据通信链路组建而成的一个集散型计算机控制系统（DCS）。其结构框图如图4.42所示。

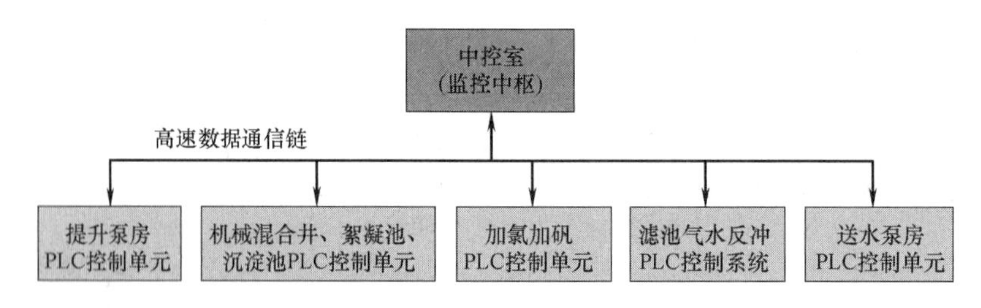

图4.42 自动化控制结构框图

4.5.2 生产现场控制单元智能控制终端的选择

生产现场控制单元的智能控制终端有三种选择，即由单片机组成的控制终端、可编程逻辑控制器（PLC）及工业控制计算机。

单片微型计算机技术近几年来得到了较大的发展，在自动控制领域也得到了很好的运用。但它适合于控制规模较小、复杂程度较低、可靠性要求不太高的场合。由单片机组成的系统控制较灵活、成本较低，但系统调试及维护较困难。

可编程逻辑控制器（PLC）是专为满足各种控制场合而设计的，它在工业自动化领域得到了广泛的运用。它具有可靠性高，抗干扰能力强，系统配置灵活，编程、调试及维护方便等优点。由于它的特殊运行方式，实时性相对计算机慢些，但随着微处理器技术的提高，PLC 运行的周期大大缩短，已足以胜任各种实时性要求较高的控制对象。

工业控制计算机是自控领域智能化程度最高的产品，它较适合于大型而又复杂的控制系统，尤其是需要做大信息量处理的情况。用工业控制计算机组成的系统往往系统较复杂，对通信网络要求较高，对工作人员的知识水平要求较高。

给水厂自动化控制系统属中等控制规模，且给水厂生产涉及居民的正常生活及有关企业生产的正常运行，因而对可靠性有较高的要求。从以上三种智能控制终端的简要分析可知，控制系统的智能控制终端宜选用 PLC 控制器，即控制单元的核心部件由 PLC 担任。

4.5.3 数据通信网络的设计

数据通信网络是连接各控制单元与中控室之间的纽带，它承担着数据传输、数据交换、控制指令的下达等任务，对确保中控室对各控制单元实现有效的监控具有重要意义。因此，通信网络也是本系统的重要环节之一。数据通信网络设计包括通信速率、传输方式及介质选择、通信的驱动与管理等。

（1）通信速率的选择。通信速率的选择涉及控制规模、I/O 控制点数及系统实时性等因素。根据总体方案的分析，水厂控制系统已达中等控制规模，系统传输的数据量较大，根据现有 PLC 对通信速率的支持情况，选用 187.5kB/s 的通信速率。

（2）传输方式及介质。根据本系统智能控制终端的选择及扩展后系统的结构，系统实际上是点对点数据传输，传输方式为串行通信。为了在这种传输方式下实现高速数据通信，宜采用高速数据通信链路，并配置与之相适应的专用屏蔽双绞线电缆（高速数据通信电缆），该电缆抗干扰能力强，频带宽，敷设简单，系统架构方便。

（3）通信的驱动与管理。在一个高可靠性的控制系统中，通信的驱动与管理要求更高，由于中控室控制软件应在 Windows 图形环境下运行，因此，要求通信驱动程序必须适应于 Windows 平台，且有较高的自我管理能力和诊断能力。

4.5.4 系统检测及控制功能

（1）实现对各控制单元各 I/O 点运行工况的监测，并实时保存所有监测数据。

（2）完成各种数据的功能性处理及输出。

（3）按照水厂设计的运行工艺序列，自动实现对各控制单元的工艺运行控制，实现生产自动化、过程连续化。

（4）超长报警：在对各 I/O 点实时工况监测的同时，若发现情况异常，自动向系统管理发出告警，并自动存储告警时的运行工况，为事后分析提供依据，告警可使用多媒体技术。

（5）中控室可实现对各控制点的即时控制，为了确保系统的安全性，实现此功能时，系统将对操作员的身份进行验证，验明正身后才允许实施。

（6）对各控制点的运行方式可根据实际需要进行在线修改，并在中控室完成下载，实现此功能时，也需验明操作员身份。

(7) 为实现整个水厂的自动化，系统软硬件设计应充分考虑今后的扩展需要。

1. 提升泵房（一泵房）PLC控制单元

主要监测参数：原水pH、流量、温度、浊度、前加氯余氯，离心泵的出水压力、真空度、电机温度、轴温、工作电压、电流，吸水井液位等参数。

主要控制功能：根据工艺流程要求和各运行参数的监测数据控制各水泵机组和真空泵的启动和停止，保证运行工艺流程的顺利执行：监测前述各运行参数，一旦发现问题，及时作出报警并采取相应措施；监测各机组电机的工作电压、电流及备用机组电机的绝缘度（启动前），以保证工艺程序的顺利进行：可按时间设置（设定值允许变更）自动定时进行水泵电机机组的切换：执行中控室发来的各种指令，如：新参数的设定与执行、控制方式的切换等。

2. 混合井、絮凝沉淀池PLC控制单元

主要监测参数：混合井电机的工作电流、电压、电机温度、搅拌机轴瓦温度、有功功率和无功功率、混合池液位等，絮凝池排泥阀开关状态、絮凝池液位等，沉淀池泥位、出水浊度、液位、排泥机运行/停止状态、排泥机手/自动、故障、排泥机行程限位等，另将原水浊度参数纳入本单元。

主要控制功能：控制单元主要控制混合井搅拌机的启动和停止、絮凝池电动排泥阀的启动和停止、沉淀池机械刮泥排泥机的启动和停止，以实现各工艺流程的自动控制。

3. 自动加氯、加药系统PLC控制单元

加氯系统主要监测参数：氯瓶称重、氯气投加量、漏氯报警、加氯机开/停状态，加氯机手/自动、加氯机故障、氯路切换及电动球阀工作状态，空瓶信号检测；蒸发器开停状态、蒸发器故障状态，储气罐压力等。

主要控制功能：前加氯根据流量比例投加：后加氯根据流量比例检测、余氯复合控制；当接到“空瓶”信号后，自动进行气路切换提示换瓶：当氯气泄漏时，打开排气扇及启动氯气吸收装置；加氯机备用切换；根据生产需要远方/就地启停蒸发器。

加药系统主要监测参数：溶解池和溶液池液位，计量泵开停、手/自动、冲程检测、频率检测、故障检测，搅拌器开停、故障，稀释水阀开关状态，进/出液阀开关状态，搅拌程序控制等。

主要控制功能：根据流动电流，后浊度和流量补偿控制计量泵冲程及设置变频装置频率；当溶液池发出“空池”信号时，打开需冲溶的溶液池进液阀；当液位达到冲溶液位后，关闭进液阀门，同时打开稀释水阀和搅拌机进行搅拌；当液位至上限后，关闭稀释水阀，并延时关闭搅拌机；在该池得到加药指令后，打开该池出液阀；在液位降到下限时，发出“空池”信号并累积计算加药量。

4. 滤池PLC控制系统

以均质滤料滤池为例。主要监测参数：每个滤池的水位连续检测及显示、水头损失检测、浑水阀、清水阀、反冲洗阀、排污阀、反冲气阀、排气阀等设备工作状态和故障状态，手/自动状态，清水阀阀门开度、开关限位等。

主要控制功能：均质滤料滤池控制系统用于滤池、反冲泵房和鼓风机房的工艺运行控制和监测，主要功能是实现气水反冲洗工艺流程（且具有手动控制功能）的自动控制；执行中控室发来的各种指令、运行参数的设定和修改等；通过对各运行参数的监测，一旦发现异常情况或出现故障，及时发出报警、采取相应措施，并将信息立即传输至向中控室。

5. 送水泵房（二级泵房）PLC控制单元

主要监测参数：清水池pH、液位、浊度、余氯，出厂水阀开度、流量、报警，水泵电机电压、电流、温度、频率等。

主要控制功能：系统用于送水泵房的工艺运行控制和监测，主要功能是根据工艺流程要求和各运行参数的监测数据，在PLC和变频器的控制调节下实现送水泵房水泵机组的启停和变频调速恒压供水（具有手动控制功能）的自动控制。

4.5.5 中控室

（1）中控室的组成结构。中控室主要由工控机、大屏幕显示屏、打印机、语音设备、通信驱动与管理组件等组成。

（2）中控室的主要功能。对各控制单元内各I/O点的运行工况作实时监测，并自动保存监测数据，监测时间间隔用户可以根据需要在线修改；对各生产现场运行参数和工况的监视以图形或表格形式显示，做到自由选择，切换方便；对保存的数据按照用户的要求作出各种数据分析，采用各种图表予以显示，并可打印输出；可在线查询、检索、保存监测数据及各种报警记录；根据操作员的权限实施对有关控制点的强行控制和工作参数的设定等；对各控制单元的运行状况进行监视，一旦失去联系立即告警；实时响应各控制单元发来的告警信息，用语音发布告警内容，以图形显示告警部位，自动存储所有告警信息。

各工艺单元的具体控制技术参见前述各节，不再赘述。

思考题与习题

1. 混凝控制的目的与意义是什么？
2. 混凝控制技术有哪些类型？
3. 数学模型法混凝控制技术的特点是什么？数学模型是如何建立的？
4. 流动电流混凝控制技术有什么特点？其基本组成是什么？
5. 流动电流的基本原理与检测原理是什么？流动电流参数有哪些基本特性？
6. 透光率脉动的产生与检测仪的原理是什么？
7. 高浊度水混凝控制有哪些技术？各有什么特点？
8. 絮体影像混凝投药控制技术有什么特点？
9. 对比分析现有混凝投药控制技术各有什么优缺点？
10. 混凝投药智能复合控制技术特点是什么？
11. 沉淀池控制主要有哪些内容？
12. 沉淀池排泥控制有哪些方法？
13. 滤池控制的基本内容是什么？
14. 滤池反冲洗的开始与结束各有哪些控制参数？如何应用这些参数实施控制？
15. 氯气的投加控制系统如何组成？有哪些控制形式？
16. 供水企业监视控制和数据采集系统的总体结构是什么？

第5章　污水处理厂的检测与仪表

目前，污水处理可采用的单元工艺达几十种之多，某一污水处理系统正是由若干个单元工艺组合而成的。污水中污染物质的成分与性质是决定其处理工艺的最主要因素，因而不同的污水所采用的工艺流程是多种多样的。本书不可能对采用各种工艺的污水处理厂的自动检测与控制一一介绍。但是，迄今为止，国内外90%左右的城市污水和50%左右的工业废水都采用或部分采用活性污泥法处理，而且其运行管理与过程控制正朝着精密化与自动化的方向发展。因此，本书着重介绍城市污水活性污泥法处理厂的检测、仪表设备与过程控制系统。污水处理厂的检测与仪表设备都大同小异，自动控制系统也有许多相同之处，例如，污水提升泵、格栅、沉砂池、初次沉淀池、浓缩池等单元工艺设施几乎是所有污水处理厂都必须采用的；而加氯消毒、污泥厌氧消化处理与污泥脱水等单元工艺也是污水生物处理普遍采用的。上述单元工艺也都是城市污水活性污泥法处理厂工艺中的重要组成部分。由此可见，活性污泥法污水处理系统不仅是应用最广泛的，其过程控制的原理与方法也具有普遍意义。

5.1　概　　述

在污水处理厂中，为了能使处理系统的运行安全可靠，获得合格的处理水，或者运行中出现故障处理水质恶化时，能采取有效的措施，管理人员必须始终掌握流经各处理设施的污水与污泥的质与量等信息。无论污水处理厂是否实现自动控制，把握上述信息都是必要的。显然，各种测定与检测是提供这些信息的重要手段。在对检测的意义充分理解的基础上，还应当考虑检测哪些项目，何时、何地检测与检测频度、得到数据具有什么意义，以及怎样利用这些数据等问题。

检测的目的还包括遵照有关法规对处理厂排出物的检测与记录，以及为了在扩建与改造时提供有用的资料和统计值等。应当说，污水与污泥的量与质的检测是污水处理厂运行管理与控制所必需的，而某些项目的自动连续在线检测是污水处理厂自动控制所必需的。当然，限于运行管理人员数和检测器材与仪表的数量与质量，还应当对检测项目和频度加以选择。

随着科学技术的飞速发展，检测仪表与控制设备在污水处理厂的运行管理中发挥越来越大的作用。为了有效利用仪表设备，除应当结合处理厂的规模、处理方法之外，还应当根据选址条件、污水流入条件和操作人员的技术水平等因素来设计和安装仪表设备。此外，还应当考虑设施的运行管理方法、设施的特性、将来的扩建计划、运行费用等因素。仪表的安装如图5.1所示，它是指操作人员通过显示设备与检测设备（检测功能）掌握（监视功能）设施的物理的与数量的状态，经过判断后，操作人员直接或者通过控制设备及调节设备改变设施的状态，为保持设定值或处于给定的范围而进行必要的操作（控制功能）的设备与技术。在设施中仪表安装以计量仪表为主。

近十几年来，污水处理厂的自动控制技术发展很快，开始是在某些个别设施中检测、监视与简单控制；后来采用将监视控制用的仪表集中在控制室进行集中监视控制方式；进而采用集中监视、分散控制方式的自动化控制；最近，又有向自适应控制或最优控制的方向发展的趋势。小型的排水泵站、中途泵站及处理厂，应当尽可能实行无人管理的自动控制运行。

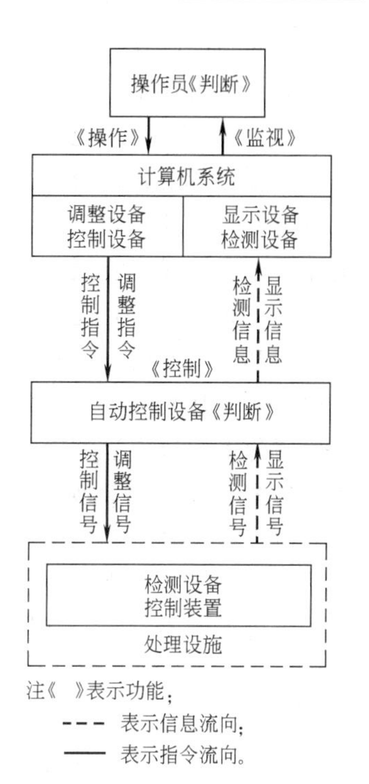

图 5.1 检测与控制设备

5.1.1 安装仪表设备的目的

仪表设备具有多方面的良好功能，可以说，检测设备相当于人的“眼睛”，控制设备相于人的“脑”和“手”，它们都对设施的运行管理具有至关重要的作用。因此，安装仪表设备的目的是通过监测与控制的准确性，来提高处理系统的稳定性、可靠性与处理效率，节省人力与改善操作环境，进而达到在保证处理水质量的前提下，尽可能节省运行费用。

5.1.2 设计与安装仪表设备的要点

在安装仪表设备时，除了充分掌握处理工艺过程及其规模、操作内容、各处理设施的特点及相互关系之外，还要对它们之间的协调工作进行必要的探讨，以期达到各检测设备与控制设备之间的协调工作，以至于整体的处理系统的稳定与可靠运行。因此，在仪表设备的设计与安装时应注意以下几个方面的问题。

(1) 技术经济分析

在污水处理厂中可以安装各种各样的仪表设备，大量地安装仪表固然可以提高操作的准确性，减少故障的发生，提高处理效率，但是，过多的仪表设备不仅增加了建设费用，而且也使维护管理费用增高。因此，应当根据处理设施的各种具体情况，可以实现的自动控制水平与安装仪表设备的目的，通过技术经济分析之后，再进行设计与安装仪表设备的工作。

(2) 仪表设备的可靠性与稳定性

在选择仪表设备时，必须考虑到处理设施的多种特殊条件，例如，被动性的入流条件、各种干扰因素、污水及污泥的性状与腐蚀性等。所以，在设计时应注意选择适合这些条件的仪表设备及其安装方式，尽可能提高仪表设备运行的可靠性。由于污水处理厂的进水水质水量通常随时间剧烈地变化，采用高精度的仪表往往影响其稳定性，但是对某些测定项目又必须考虑其较高的精度。因此，应根据仪表设备的使用目的、现场条件、要求的精度与响应时间，以及控制回路选择的方法，来选择稳定性好的仪表设备。

(3) 仪表的功能与工作性能

在设计仪表设备时，充分利用其具有的功能，使之能代替人的功能与扩大人的功能，能在有危险的恶劣环境条件下，进行连续、大量、迅速、适当与准确地工作。根据技术水平、安全管理与维护管理体制等因素，全面考虑仪表设备的功能与工作性质的协调性。应充分注意到，过分的仪表化不仅会给操作人员带来不必要的心理上和技术上的负担，而且还会降低费用效益。

（4）注意处理系统的分阶段施工或变更的情况

在设计和安装仪表设备时，必须充分注意到随着处理系统的分阶段施工带来功能的阶段性增强，以及处理设施与设备的变更，仪表设备也要更换。应按照在这些情况下不会发生障碍来设计或安装仪表设备。

（5）充分考虑处理系统自动控制的发展

同其他工业过程一样，污水处理系统的自动控制也必然不断朝先进方式与更高层次的方向发展。在我国，对于尚不具备自动控制或较高层次自动控制的条件，或者资金暂时短缺等情况下，也应当为以后实现自动控制考虑，妥善地进行仪表设备设计，为以后安装仪表设备留有充分的余地。即使在进行处理设施的工艺设计时，也应充分考虑上述问题。

应当认识到，仪表设备的设计、选择与安装，也是一项系统工程，它与处理系统的工艺流程与规模、污水水质水量特点、管理体制与操作人员的技术素质、排放标准与费用效益等多方面因素有关。在设计之前应当进行技术经济方面的可行性研究，认真听取专家的意见。

5.2　污水处理厂的检测项目与取样

5.2.1　常规检测项目

1. 流量与其他有关量

在污水处理厂的检测项目中，可以分为量与质的两大类检测。没有量也谈不上质，从某种意义上来说，正确地检测处理设施中的量，不断地掌握它的数值变化比其质的检测更为重要。因为各种量的检测与控制往往决定其质的变化。污水处理厂中流量与其他有关量的主要检测项目如下。

（1）各处理设施的进水流量（m^3/d，m^3/h）；

（2）沉砂池水位（m）；

（3）沉砂量、筛渣量（0.005～0.02$m^3/1000m^3$ 污水）；

（4）初次沉淀池的排泥量（m^3/d，m^3/h）；

（5）供气量，气水比，单位曝气池容积的供气量（m^3/d，m^3/m^3 污水，$m^3/m^3/\cdot h$）；

（6）回流污泥量，回流比（m^3/d，m^3/h，%）；

（7）剩余污泥量（m^3/d）；

（8）浓缩污泥量（m^3/d）；

（9）消化气产量、循环气量（m^3/d，m^3/投入污泥干重 kg）；

（10）投药量（混凝剂等）、投药率（kg/d，kg/sskg，%）；

（11）滤饼或脱水污泥重量（kg/d）；

（12）其他杂用水量（m^3/d，m^3/h）；

（13）各种设施与设备的耗电量（kWh）；

(14) 燃料用量(重油、消化气等)(kL, m^3);

(15) 焚烧的灰分量(kg/d)。

除了以上这些标准检测之外，一些活性污泥法的新工艺，如AB法，A/O法，A/A/O法，氧化沟法等，还应增加一些检测项目。在上述检测项目中，第(1)、(4)、(5)、(6)、(7)、(8)、(9)、(13)项是重要的必需的。为了实现处理系统的自动控制，应当通过仪表设备自动连续地测定某些项目。通常在处理厂中心监视控制室的流量管理图上，能观察到这些量的变化情况。

2. 污水与污泥的质

表5.1和表5.2分别给出了污水处理厂中各个单元设施需要检测的项目。

为了实现污水处理系统的自动控制，必须经常或连续地检测水温、pH值、SS、VSS、DO、BOD、COD、有机氮、总磷、污泥沉降比等指标，应用仪表设备连续在线检测某些指标是非常必要的。为了实现污泥处理系统的自动控制，必须经常或连续地检测温度、有机酸、碱度、pH等指标。

5.2.2 检测的取样

一般来说，在选择检测设备和人工分析测定时，都很注意尽可能提高检测的精度。但是，应当看到，即使分析测定的精度很高，其检测值是正确的，而取样位置或方法有问题，得到的数值不仅不能反映出管理与运行状态，而且会给出错误的结论，进而对控制设备产生误导作用，造成运行事故。因此，检测的取样方法与位置也是绝不能忽视的问题。

与水质有关的检测项目与取样位置 **表5.1**

项目＼取样口	沉砂池入口	初次沉淀池入口	初次沉淀池出口	二次沉淀池出口	排放口	曝气池中各处或出口
水温	◎	—	—	—	—	◎
外观	◎	◎	◎	◎	◎	◎
浊度	◎	◎	◎	◎	◎	—
臭味	◎	◎	◎	◎	◎	◎
pH	◎	◎	◎	◎	◎△	◎
SS	◎	◎	◎	◎	◎△	◎
VSS	—	—	—	—	—	◎
溶解性物质	○	—	—	—	—	—
DO	—	—	○	○	○	◎
BOD	◎	◎	◎	◎	△	○*
COD	◎	◎	◎	◎	△	○*
NH_4^+-N	○	—	○	○	—	—
NO_3^--N	○	—	—	○	—	—
有机氮	○	—	○	○	—	—
总磷	○	—	○	—	○	—
Cl^-	○	—	—	—	—	—
各种毒物	○	—	—	—	△	—
大肠杆菌	—	—	—	◎	◎△	—
30分钟污泥沉降比	—	—	—	—	—	◎
物生相	—	—	—	—	—	◎

注：◎通常检测，○适当检测，△法定检测，※过滤后检测。

与污泥管理有关的检测项目与取样位置 **表5.2**

项目	位置	浓缩池	消化池	淘洗池	投药池	脱水池	焚烧	处置或回水
污泥	温度	◎	◎	—	—	—	◎	—
	pH	◎	◎	—	◎	—	—	○
	固形物	◎	◎	◎	◎	◎	—	◎△
	有机物	◎	◎	◎	—	—	◎	◎△
	有机酸	○	○	—	—	—	—	—
	碱度	◎	◎	◎	◎	—	—	—
	毒物类	—	○	—	—	—	—	○△
	过滤性	—	—	—	—	○	—	—
	沉降性	○	○	○	—	—	—	—
	发热量	—	—	—	—	—	○	—
废液等	pH	◎	◎	—	—	◎	○	◎
	总固体	○	○	○	—	◎	○	◎回
	SS	◎	◎	◎	—	—	○	◎水
	BOD	○	○	○	—	—	—	◎
	COD	—	—	—	—	—	—	◎
	有机酸	○	○	—	—	—	—	—
	气体类	—	◎	—	—	—	◎	—
	营养盐	—	○	—	—	—	—	○

注：符号同表5.1。

1. 取样方法

根据检测项目的特点，在取样时应区别对待或做些特殊的处理。例如，进行DO和微生物等检测时，应准备特殊的专用容器；对于易变质的项目，要预先在容器内加入防腐剂；而对于易受物理性冲击的活性污泥混合液来说，应静置于容器中，避免强烈的搅拌；对于含有易沉淀物质的试样，应当用采样器取样少许，然后迅速移至试样容器。取样的频度或间隔时间与检测项目种类的管理严格程度有关。

(1) 常规定时取样（每日—常规检测）

除星期日和节假日外，在每日的某一时间（13时为好）选择对运行管理起重要作用的位置取样，测定其浊度、pH、COD、MLDO（混合液溶解氧）、SV（污泥沉降比）、污泥浓度、污泥滤饼的含水率等。但是，还有必要了解这些检测值与一日的平均值之间的关系。不能用这些检测值直接计算去除率等。

(2) 非常规定时取样（适当日—全面检测）

除了每日常规检测项目外，表5.1和表5.2中的某些项目也要在每周或隔周精确地测定一次。取样时选择对运行管理起重要作用的位置或取样口。

(3) 整日连续取样

一般每月进行一次这样的检测为好，至少每年进行4次。

在不降雨的日子，从上午9时到第二日凌晨2时每隔2～3小时取样一次，每次取样都分析测定pH、浊度、COD、BOD、SS、SV、MLSS（混合液污泥浓度）、回流污泥浓度等项目，求出1日的浓度变化。有时除上述项目外，也检测大肠杆菌数、滤后的COD和BOD等项目。

根据处理水量的逐时变化，通过加权平均法用各时刻的水样混合后，得到一日的混合水样，进行测定分析，或作为精密检测项目的水样。

在操作人员连续工作 24 小时以上有困难时，可以使用自动采水器。目前的自动采水器不仅能每隔一定时间取一定的水样，而且能根据流量的变化加权平均自动配成 1 日的混合水样。

如果想知道不同时刻的水质，必须将不同时刻的水样测定分析完毕后，再配成 1 日的混合水样。但是应当将取的水样放在冷藏室或冰箱中保存以防变质。

通过对应上述方法得到的水样进行检测，得到的分析数据对准确全面地掌握处理设施管理状态是非常重要的，也可以用来计算出处理设施的负荷量和处理效率等。

（4）短时间内取混合试样

由于沉淀池和污泥处理设施排放污泥时在很短时间内其污泥浓度发生剧烈的变化，所以应在短时间内多次取样，然后将这些试样等量混合，尽可能使其具有代表性。

2. 取样位置

表 5.1 和表 5.2 给出了污水处理厂在运行管理与控制上必要的检测项目与取样地点。在此进一步介绍具体的取样位置与注意事项。

（1）沉砂池（进入处理厂的污水）

这里是了解进入污水处理厂污染物质总量的最重要场所。由于其他处理设施的排水大都返回到沉砂池，取水时应当避开这些返回废水。此外，为了避开大块的漂浮物，应当从水面以下 50cm 左右处取样，并迅速移至试样瓶。

（2）初次沉淀池入口（进入初次沉淀池污水）

因为有时污泥处理设施的排水和二次沉淀池的剩余活性污泥直接进入初次沉淀池，所以它的进口处浓度比沉砂池还要高。显然其浓度变化受其他处理设施排水泵的运行时间的影响很大，因而应当增加取样次数。当初次沉淀池的数目多于 1 座时，还应当在各沉淀池入口取样后，再混合起来作为检测水样。

（3）初次沉淀池出口（经沉淀的污水）

这是对曝气池的运行管理起重要作用的取样场所。当设有 1 座以上初次沉淀池时，从沉淀池出口流经曝气池进水渠的过程中，沉淀后的污水能较好地混合，所以可以说曝气池入口是取样的最好位置。

（4）曝气池内（活性污泥混合液＝ML）

在曝气池不同位置的水样检测值大不相同，应当依次从其进口至出口几个位置取样。鼓风曝气时，在扩散器释放气泡的位置附近取样；机械搅拌时，在稍微远离搅拌叶片处取样。测定 MLDO 时，应预先向 DO 瓶中加入硫酸铜，但是最好用 DO 测定仪来检测。

（5）回流污泥泵（回流污泥）

由于回流污泥浓度在短时间可能变化很大，可按 5.2.2.1 节中介绍的短时间内取混合试样的方法取样。

（6）二次沉淀池出口或排放口（处理水）

由于每个二次沉淀池出水 SS 浓度不同，应当在汇集各二次沉淀池出水的渠道或排放口前的计量槽上取样。当设有加氯消毒设施时可以在消毒之后取样。

（7）初次沉淀池的排泥管或泵（初次沉淀池污泥）

由于初次沉淀池间歇排放污泥，其浓度在排泥期间逐渐减小，也应按 5.2.2.1 节中介绍的短时间内取混合试样的方法取样。

(8) 浓缩池、消化池、投药池（各设施的排泥、排水和上清液）

污泥在这些反应器中的停留时间比污水处理设施的要长，因此只在白天取样就能得到代表性的试样。而投配或排放污泥也是间歇操作，其取样方法同上。

(9) 脱水设备（脱水滤饼、脱水滤液、滤布冲洗水）

在每日连续进行脱水运行时，应当昼夜数次取样，然后充分混合后作为试样。间歇运行时，由于运行初期污泥中固形物浓度高，影响其脱水性能，应当在运行一段时间进入稳定状态后再取样。

无论对于污水处理厂的人工手动控制，还是对于其自动控制，本节介绍的检测项目，以及取样方法和取样位置的基本要求或注意事项都是适用的。当然，对于自动控制而言，很多需要检测的项目必须用在线检测设备和监视控制设备，进行连续在线地监视、测定、记录与控制。（例如：MLDO、MLSS、进水流量、回流污泥量、供气量、消化池中的温度与 pH 等必须连续检测与记录），这些仪表设备的安装场所也有不同的要求。

5.3 检测仪表与方法的选择

5.3.1 仪表的安装位置与检测对象

为了使检测数据能准确地反映处理设施的运行状态，将检测信息传递给控制设备，提高操作的准确性，应根据处理设施的处理方法、特性和规模，以及自动控制系统的水平等情况，来决定检测设备的安装场所。表 5.3 和表 5.4 中给出了活性污泥法污水处理厂中需要安装检测设备的各处理设施与检测项目。图 5.2 和图 5.3 分别表示污水处理系统与污泥处理系统中典型的仪表安装示意图。

所谓检测设备的检测性能良好是指被检测的项目或要素的计量化容易实现、精度高和稳定性好；而管理性能好是指对于管理对象确实能按照要求与目的，进行科学与技术的管理，而且易于实现。为了提高检测性能与管理性能，除了对检测方法和检测设备的质量与可靠性进行必要了解之外，在选择检测场所时，还要考虑湿度、腐蚀气体、可燃性气体、振动等周围环境，传送距离，产生误差的可能性等影响因素，来确定合适的场所。此外，还应注意不同检测设备对环境条件与场所的特殊要求，以及检测设备与控制设备的接口对检测场所的要求等。总之，检测场所的选择是一个涉及处理系统自动控制成败的重要问题。

5.3.2 检测仪表与方法的选择

从前面谈到的安装仪表设备的目的来看，检测仪表在污水处理厂的运行管理中起着重要作用，对其自动控制而言更是必不可少。关于污水与污泥的量的检测仪表，如温度计、压力表、流量计、液位计等，大多数都有较高的可靠性与精度，但是，在污水与污泥的质的检测仪表中，还有相当多的仪表可靠性较差或很差，有的则价格昂贵，有些仪表还要依赖于进口。因此，在设计与安装检测仪表时，应当选用仪表的规格、说明书与操作方法明确，易于维护管理的产品。除此之外，还要根据以下各项内容与要求来选择。

检测仪表设备的安装位置与检测项目　　表 5.3

设施名称	检测项目	
	量的检测	质的检测
沉砂池	进水管渠的水位、闸门的开启度，格栅前后的水位差，沉砂池斗的贮砂量	pH
雨水泵房、污水泵房	水泵集水井水位、泵的流量、出水后的水位、出水管闸阀的开启度，泵的出水压力、泵的转速（调速控制的数据）、水泵与电机的轴承温度、各机械与电机部分的温度、冷却水量	
污水调节池	进水流量、出水流量、水位、闸门开启度	
预曝气池	空气量、污泥调节阀的开启度	
初次沉淀池	进水流量、排泥量	排泥浓度、污泥界面高
曝气池	进水流量、回流污泥量、供气量、污泥调节阀开启度、活动堰的开启度	DO、MLSS、pH、温度
鼓风机房	进气阀开启度、空气量、空气出口压力、鼓风机与电机轴承温度、鼓风机转速	
二次沉淀池	处理水量、剩余污泥量、污泥井的液位、泵的转速（用来控制调节转速的数据）、污泥调节阀开启度	回流污泥浓度、污泥界面
消毒设备	氯瓶重量、氯瓶室的温度、氯的泄漏浓度、氯或次氯酸钠投加量、稀释水的用量、次氯酸钠的液位或生成量	
排放管渠	排放水量、排放口的水位	浊度、COD、pH、UV
污泥输送	送泥量、污泥贮存池的液位	
污泥浓缩池	进泥量、池中液位、排泥量、加压水量、加压罐的压力	排泥浓度、污泥界面高
污泥消化池	污泥投配量、池中液位、排放污泥量、排除上清液量、产生消化气量、消化气体压力、搅拌用气量、阀开启度	池内温度、pH
储气柜	贮存气体量、气体压力（球形）	
锅炉设备	给水量、重油量、燃料气体量、剩余气体量、加热蒸气的压力、加温锅炉中的水位、锅炉内压	
消化污泥贮存池	液位	
污泥脱水设备	供给污泥量、溶解（稀释）池的液位、储药池液位、药品投加量、凝聚混合池液位、真空过滤机液位、油压、水压、空气压、脱水泥饼量	供给污泥浓度
变配电设备等	电压、电流、电功率、电量、功率因数、频率、变压器温度	
发电设备	电压、电流、电功率、电量、功率因数、频率、燃料贮存量、发电机、电机各部分温度、冷却水量	
其他	降雨量、风向、风速、气压、气温	

注：1. 不包括机器的检测；
　　2. 此表给出的检测项目并不是必须用仪表检测。也不都是绝对的必需的。

运行时检测项目与对象　　表 5.4

设施名称	检测对象	设施名称	检测对象
沉砂池	除砂设备、机械格栅	污泥浓缩池与污泥洗涤池	排泥泵
水泵设备	污水泵、雨水泵	污泥消化池	排泥泵、污泥搅拌机
自备发电设备	发电机	锅炉设备	锅炉
初次沉淀池	排泥泵	污泥脱水设备	污泥输送泵、过滤机或脱水机
鼓风机设备	鼓风机	污泥焚烧设备	送风机、排风机
二次沉淀池	回流污泥泵、剩余污泥泵		

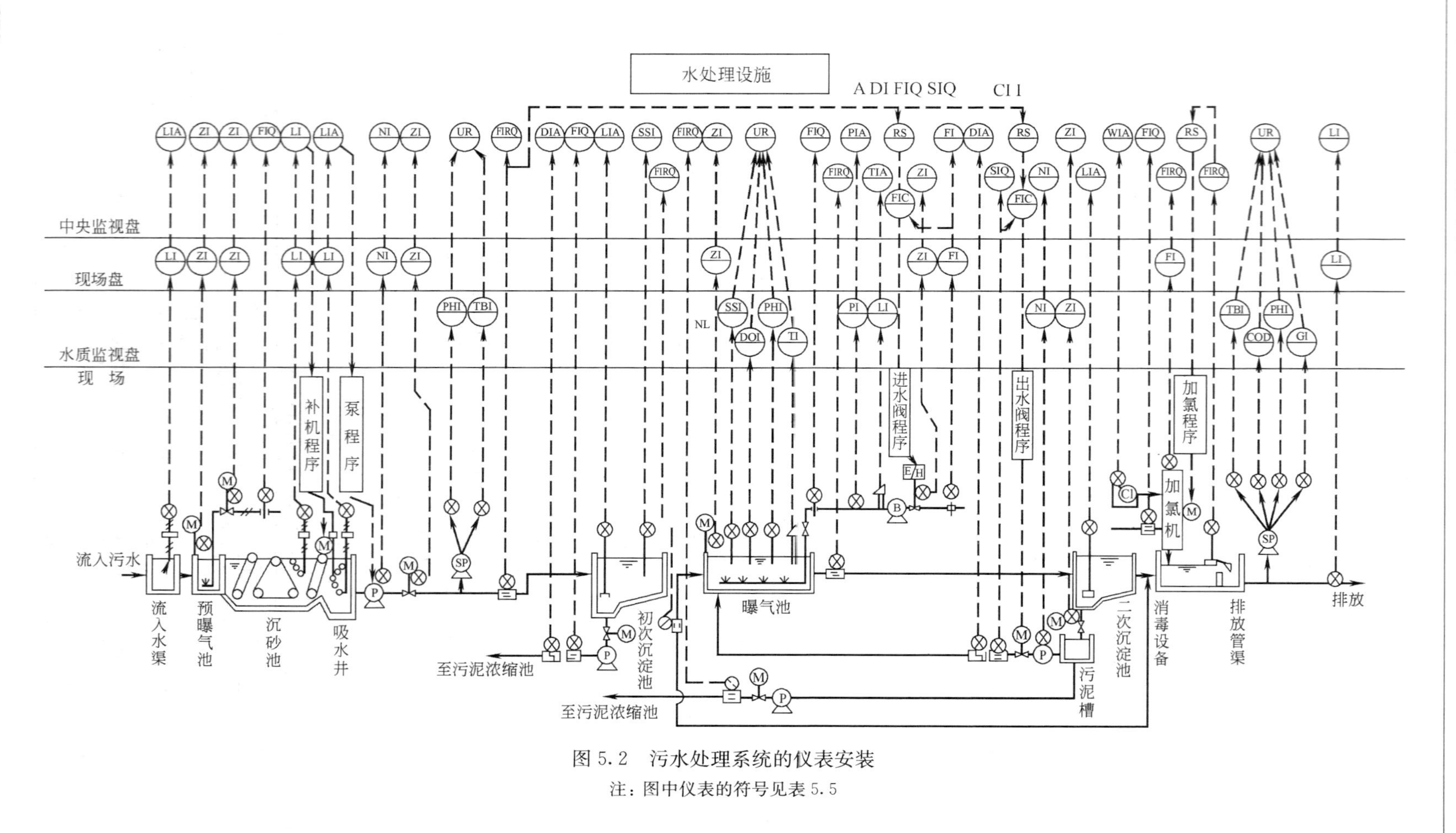

图 5.2 污水处理系统的仪表安装

注：图中仪表的符号见表 5.5

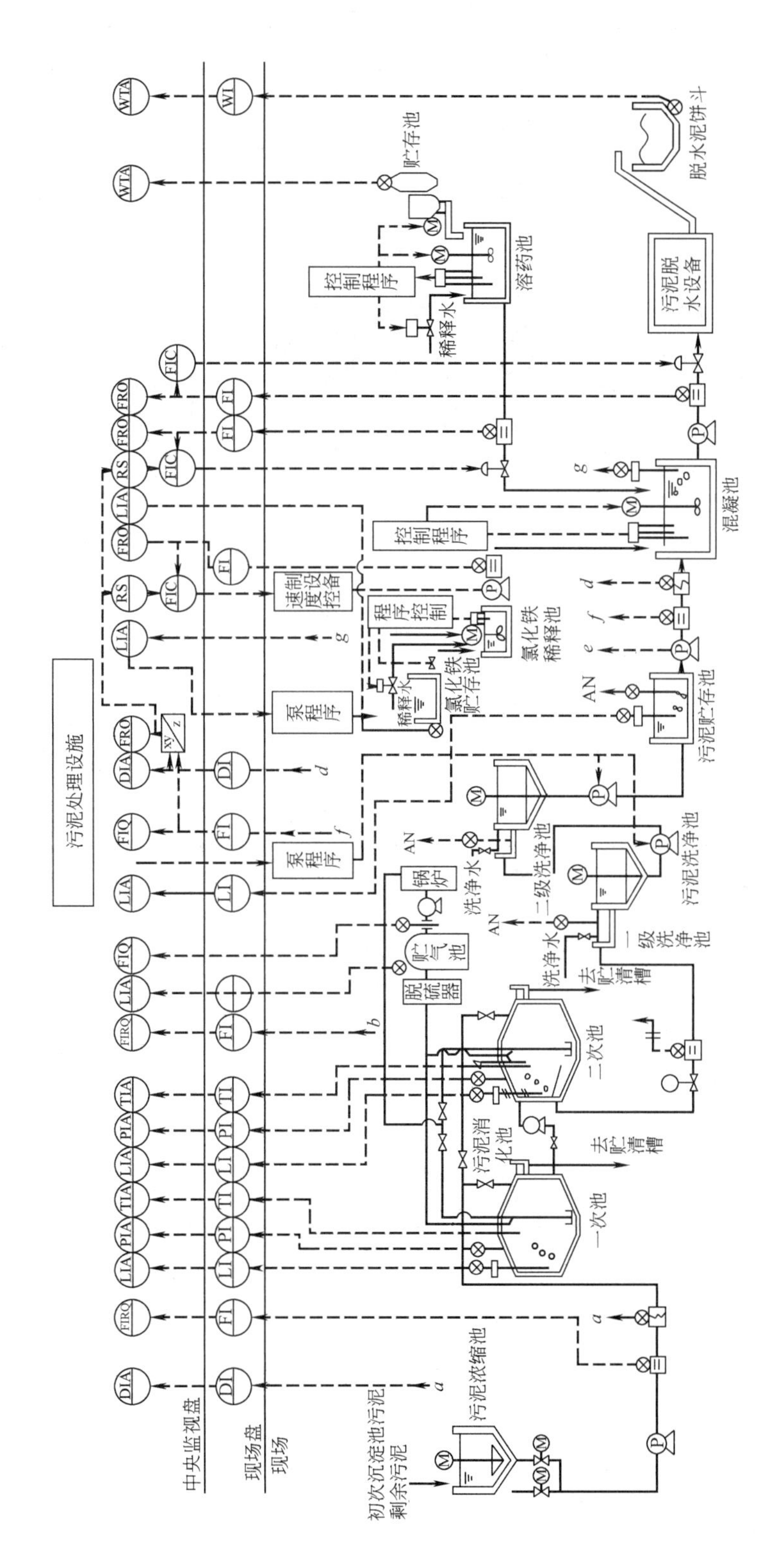

图 5.3 污泥处理系统的仪表安装

注：图中仪表的符号见表 5.5

仪表符号一览表 **表 5.5**

种类		仪表	图例符号
检测仪	流量	电磁流量计	
		孔板	
		堰式流量计	
		容积式流量计	
	液位	浮子水位计	
		压差式液位变送器	
		排气式液位计	
		电极式液位开关	
		摩阻式液位开关	
		桨叶式液位开关	
		电容式液位计	
	压力	压力变送器	
		压差变送器	
	温度	温度检测器	
	成分	超声波式污泥浓度计	
		污泥界面计	

种类		仪表	图例符号
检测仪	成分	pH计	⊗pH
		DO计	⊗DO
		MLSS计	⊗MLSS
		浊度计	⊗TB
		余氯计	⊗Cl
仪表盘仪表		液位指示仪	LI
		液位指示报警器	LI
		流量指示报警调节器	LICA
		流量指示仪	FI
		流量指示调节器	FIC
		流量指示积算器	FIQ
		流量记录积算器	FRQ
		流量指示记录积算器	FIRQ
		压力指示仪	PI
		压力记录仪	PR
		压力指示警报器	PIA

续表

种类	仪　　表	图例符号	种类	仪　　表	图例符号
仪表盘仪表	压力指示调节器	PIC	仪表盘仪表	DO 指示计	DOI
	温度指示仪	TI		MLSS 指示计	MLSSI
	温度指示调节仪	TIC		余氯计	CII
	温度记录仪	TR		COD 指示计	CODI
	温度指示报警器	TIA		浓度指示报警器	DIA
	温度指示手动调节器	TIHC		O_2 指示计	O_2I
				O_2 记录计	O_2R
	开度指示仪	ZI			
	转速表	NI		SO_2 指示计	SO_2I
	重量指示报警器	WIA		SO_2 记录仪	SO_2R
	重量指示调节器	WIC		点式记录仪	UR
	重量积算器	WQ			
	重量记录仪	WR		比率定值器	RS
				比率流量定值器	SelTr
	pH 指示计	PHI		信号选择器	SelHr
	浊度指示计	TBI			
	电导率计	CI		取样泵	SP

（1）检测的目的

随着仪器仪表工业的不断发展，其产品也日趋多样化。即使是同类产品，也因其各自的原理、结构、测定范围、信号、特性、形式、形状大小等而有多种类型或型号，并且各具优缺点与特色，因此，首先应当根据其检测目的进行选择。

（2）检测的环境条件

在污水与污泥处理系统中，检测对象往往处于温度变化、潮湿、腐蚀性气体、强烈振动与噪声等环境条件恶劣的场所，即使在通常情况下工作正常的仪表设备，在这样的条件也可能得不到同样的效果。因此应当注意使用可靠又耐久的仪表，更应当结合检测对象所处的环境条件，选择与之相适应的仪表设备。

（3）检测精度、重显性与响应性

为了满足运行管理或自动控制的需要，选择仪表设备时首先应当考虑其检测精度、重显性与响应性满足要求。但也并不是选择上述性能越好的仪表才越好。近年来，国产的计量表的检测精度与响应性能也不断提高，多数能满足要求。对于检测对象物的变化很缓慢或均匀性较差的情况，不必选用响应性很高的仪表；当检测对象仅作为大致标准或只要求知道其大致的变化范围时，可选用精度不十分高的仪表。从这点意义上来说，检测目的、效果与经济性是选择仪表设备的重要因素。

（4）维护管理性

毫无疑问，从维护管理方面来看，希望仪表型号尽可能统一，具有互换性，维护、检修与调试校正都相对容易。此外，追求较低的运行费与维护费用也是必要的。

（5）检测对象的特殊性

还应注意检测对象的某些特殊情况，例如，悬浮物造成的堵塞、附着物附着在传感器上，其他混入物造成的磨耗与破损等，都会造成计量仪表不能正常工作或产生较大误差，因此，在选用仪表设备时也考虑检测对象的某些特殊性。

（6）各种信号的特征

信号是传递检测与控制信息的手段。信号可根据其构造原理与安装方式分为电气式、油压式或气压式等几种类型。在电气式中，又可分为交流和直流的电压、电流与脉冲信号等。应尽可能选用信号水平高，不受外部噪声影响的仪表。在考虑运行效果、管理与经济性的同时，也要对远期的计划进行充分研究，使它们尽可能统一起来。

对于电气式信号的仪表，为了使在检测端测出的变量能以模拟量或数字量表示，或者作为控制信号，无论其大小，各制造厂家都规定了一定的范围的直流和交流的电压与电流的过程信号，并且可转换成调节器的输出信号。作为积分、记忆、远方检测与控制的信号，可转换成脉冲信号。但是，当与信号接收端距离较远时，电压信号存在着电压降低的问题，这时采用电流信号更好。

一般来说，由于交流电信号会产生电磁感应，故应当使用屏蔽线，同时应尽可能缩短传送距离。为了避免这一问题，也可使检测信号先转变成其他信号，然后再转换成电流或电压信号。

（7）检测范围

在污水处理厂的运行初期阶段，污水流量与有机负荷都很低，以后才逐渐增高。这时若按最终设计量确定检测范围，则可能发生仪表设备不动作或误差大等问题，对此应予以充分注意。在处理系统的负荷变化幅度大时，可分为两个阶段，使之在低负荷运行也不降低检测精度。

表5.6和表5.7中列出了污水处理厂各处理设施中主要的检测设备。但是，这些仪表设备不一定都是必要的，可以根据前面所介绍的仪表设备的设计与安装的基本原则与注意事项，来选用最合适的检测方法必要的最小限度的仪表设备，使之既能满足工艺设计与自动控制提出的检测要求，又尽可能降低建设与运行费用。

量的主要检测仪表 **表 5.6**

检测对象	仪表种类		适用条件
流量	堰式流量计		处理水
	节流装置	文丘里管	污水、处理水、空气
		喷嘴	清水、空气
		孔板	气体、空气
	计量槽	巴氏计量槽 P-B 计量槽	污水、处理水 污水
	电磁流量计		污水、污泥、药液
	超声波流量计		污水、处理水
液位	浮子式液位计		污水、处理水、油池
	排气式液位计		污泥消化池、污泥贮存池、污水、污泥、三氯化铁
	压力式液位计	浸没式	污水、处理水
		压差式	污水、处理水、药液、油池
	电容式液位计		几乎所有液体都可使用
	超声波液位计		几乎所有液体都可使用
	电极式液位计		小型水槽，主要作控制用
	倒转式液位计		污水、处理水、污泥
物料面等	机械式物位计		各种料斗
	超声波式物位计		
	电容式物位计		
压力	弹簧管式压力计		锅炉蒸气压，泵压(清水、处理水等)
	膜片式压力计		气压、泵压(清水、污水、污泥)，鼓风机压力
	环状天平式压力计		较低压力、气压
	波纹管式压力计		较低压力
转速	电机式转速计		泵(污水、雨水、回流污泥)
开启度	电位式开度计		进水闸门、泵的出水阀(污水、雨水)、曝气池进水闸门、简单处理水排放阀门、鼓风机吸气阀、二次沉淀池排泥阀、加氯机阀
重量	张力重量计(力传感器)		储药池、泥饼储斗

质的主要检测仪表 **表 5.7**

检测对象	仪表种类	适用条件
温度	电阻温度计	曝气池、污泥消化池、催化燃烧式脱臭装置
	热电耦温度计	锅炉、直接燃烧式脱臭装置、内燃机的排气、污泥焚燃烧炉
pH	玻璃电极式 pH 计	污水、处理水、药液
DO	极谱仪式 DO 计 电极式 DO 计	控制曝气池鼓风量
浊度	表面散射光式浊度计	污水、处理水
	透射光散射光比较式浊度计	

续表

检测对象	仪表种类	适用条件
污泥浓度	光学式浓度计	污水的SS浓度、排泥及回流污泥浓度
	超声波式浓度计	
MLSS	透光式MLSS计	活性污泥的浓度
	散射光式MLSS计	
污泥界面	光学式污泥界面计	初次沉淀池、二次沉淀池、污泥浓缩池
	超声波式污泥界面计	
COD	COD计	污水、处理水
UV	UV计	处理水

5.4 污水处理厂常用的检测方法与仪表设备

检测设备与检测方法是否得当，对检测精度、可靠性与经济性都有不可忽视的影响。检测方法应当与其检测目的、设备的使用条件以及安装位置的环境相适应，并便于维护管理。首先，检测方法应因其检测对象不同而异，因检测仪表的传感器大都安装在现场，所以要对其腐蚀、温度、天气、悬浮物的附着与沉积，以及其他因素等外部条件予以充分注意。在校正仪表设备时，应尽可能对实际使用的信号接收端进行实际的联合测试，即使这样做有困难，也希望利用其他可靠方法进行验证，以确保检测方法可靠。

与给水处理厂相比，污水处理厂的处理方法、工艺流程、污水和污泥的指标等都有很大不同，其检测项目与方法也有很多特殊性。本节主要介绍一些活性污泥法污水处理厂中最常用的检测方法及其仪表设备。

5.4.1 流量的检测方法与设备

流量检测仪表设备主要有：堰板、文丘里管、喷嘴、孔板流量计、转子流量计、靶式流量计、容积式流量计、涡轮式流量计、冲量式流量计、管式流量计、巴氏计量槽、P-B计量槽、电磁流量计、超声波流量计等。为了减小检测误差，各种流量计都有其最合适的安装位置、安装方式和方法。表5.8给出了污水处理厂中常用的流量计在安装时所需要的最小限度的直线长度。

在污水处理厂的流量检测中，通常采用堰板、巴式计量槽、电磁流量计和超声波流量计。后两者在本书第二章已作了介绍。本节着重介绍在重力流污水处理流程中最常用的堰板式流量计和巴氏计量槽。前者常用于各并联处理设施流量的检测，以便使流量均匀分配；后者主要设置在最终出水的管渠中，检测总出水流量。

安装各种流量计所需的直线段长度 **表5.8**

流量计种类	直线段长度	流量计种类	直线段长度
堰板式	上游(4～5)B	巴氏计量槽	上游节流宽度的10～15倍
文丘里管	上游(5～10)D，下游(3～5)D	P-B计量槽	10D
喷嘴	上游(10D)，下游(5D)	电磁流量计	上游(5D)，下游(2D)
孔板	上游(10D)，下游(5D)	超声波流量计	上游(10D)，下游(5D)

注：B为堰宽，D为管内径。

5.4.1.1　堰板式流量计

通过测定出堰板上游的溢流水深，用式（5.1）～式（5.3）计算出流量，其缺点是水头损失较大，不能检测压力流的水量。

（1）全宽矩形堰（如图 5.4 所示）

$$\begin{cases}Q=KBh^{3/2}\\ K=107.1+\left(\dfrac{0.177}{h}+14.2\dfrac{h}{D}\right)(1+\varepsilon)\end{cases}\tag{5.1}$$

式中　Q——流量（m^3/min）；

K——流量系数；

B——堰板宽（m）；

h——溢流水深（m）；

D——从水渠（槽）底部至堰缘的高度（m）；

ε——校正系数，$D\leqslant 1m$ 时 $\varepsilon=0$；$D>1m$ 时 $\varepsilon=0.55(D-1)$。

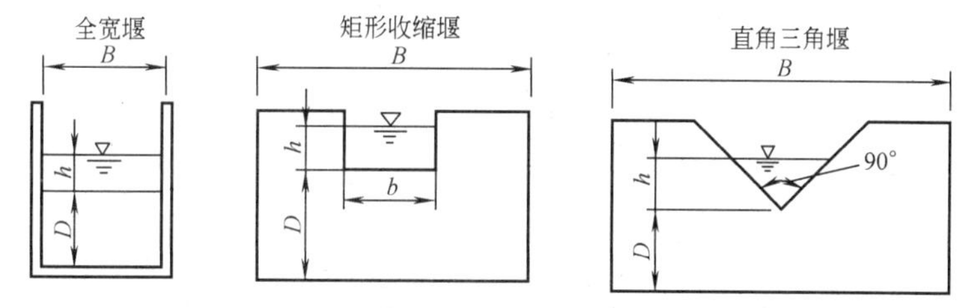

图 5.4　堰的种类

（2）收缩矩形堰（如图 5.4 所示）

$$\begin{cases}Q=Kbh^{3/2}\\ K=107.1+\dfrac{0.177}{h}+14.2\dfrac{h}{D}-25.7\sqrt{\dfrac{h(B-b)}{DB}}+2.04\sqrt{\dfrac{B}{D}}\end{cases}\tag{5.2}$$

式中　b——凹口堰宽（m）。

（3）直角三角堰（如图 5.4 所示）

$$\begin{cases}Q=Kh^{5/2}\\ K=81.2+\dfrac{0.24}{h}+\left(8.4+\dfrac{12}{\sqrt{D}}\right)\left(\dfrac{h}{B}-0.09\right)^2\end{cases}\tag{5.3}$$

（4）堰及其测定方法的注意事项

1）堰缘形状如图 5.5 所示，内面要平滑，边缘 10cm 以内应特别平滑。

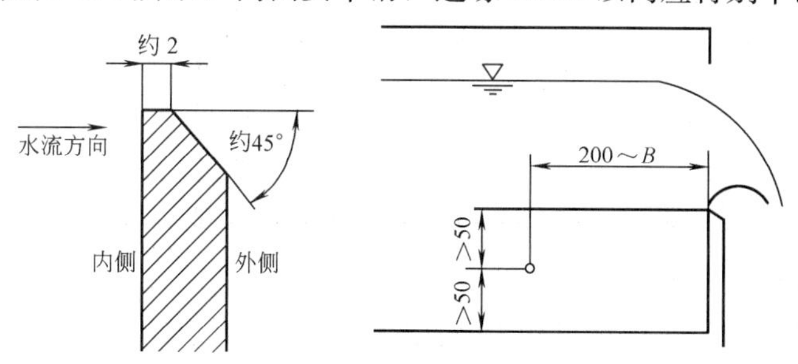

图 5.5　堰缘形状示意

2）堰板的内壁面与水渠成直角，且要垂直。直角三角堰凹口的角分线应垂直于水渠，并与水渠宽度 B 的中心一致。

3）在水渠上设置整流板。

4）水头测定位置如图 5.6 所示。

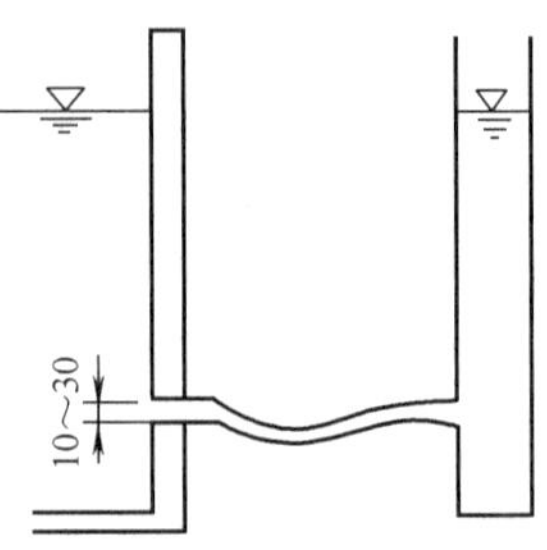

图 5.6　水位测定位置示意

5.4.1.2　水槽式流量计

（1）巴氏计量槽（如图 5.7 所示）

是有收缩喉道的明渠，根据水渠推算其流量（见表 5.9）。它具有水头损失小，由 SS 造成堵塞的可能性小，运行管理简单、费用不昂贵，因此，污水处理厂的最终出水经常采用巴氏计量槽来计量其总处理水量。这时巴氏计量槽可设置在地面上，管理方便，也可实现在线检测与记录。

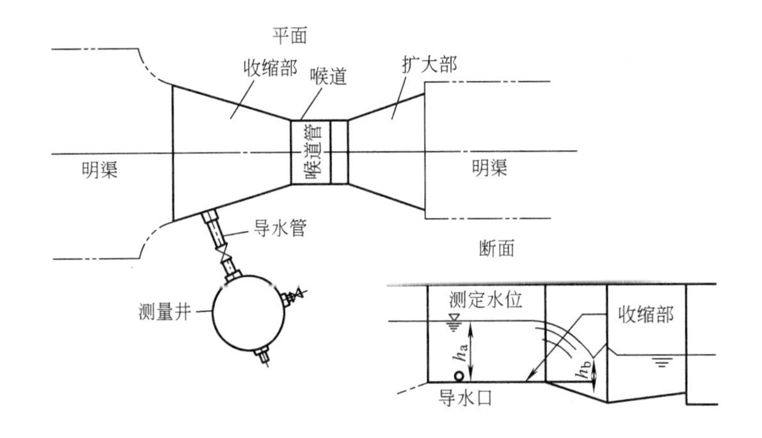

图 5.7　巴氏计量槽

巴氏计量槽的流量测定范围　　**表 5.9**

名　　称	喉道宽度(mm)	最小流量(m^3/h)	最大流量(m^3/h)	潜没度(h_b/h_a)
PF—03	76.2	3	193	0.6 以下
PF—06	152.4	5	398	
PF—09	228.6	9	907	
PF—10	304.8	11	1641	0.7 以下
PF—15	457.2	15	2508	
PF—20	609.6	43	3374	
PF—30	914.4	62	5138	
PF—40	1219.2	133	6922	
PF—50	1524.0	163	8726	
PF—60	1828.8	265	10551	
PF—70	2133.6	306	12376	
PF—80	2438.4	357	14221	

（2）P-B 计量槽（如图 5.8 所示）

P-B 计量槽的特点与巴氏计量槽大致相同。不过它更适用于圆形管道内的流量测定，也可安装在已有的管道中。

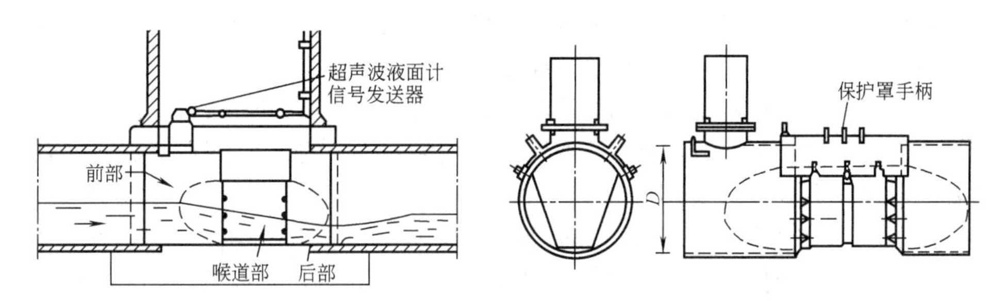

图 5.8 P-B计量槽

5.4.2 污泥浓度的检测方法与仪表

由于污水处理过程中污泥产量大、成分复杂，污泥处理与处置是污水处理系统中重要的组成部分，所以污泥的检测也占有重要的地位。

污泥浓度的检测方式有光学式、超声波式和放射线式等，一般对低浓度污泥的检测多采用光学式，对高浊度则多采用超声波式。

1. MLSS浓度的检测

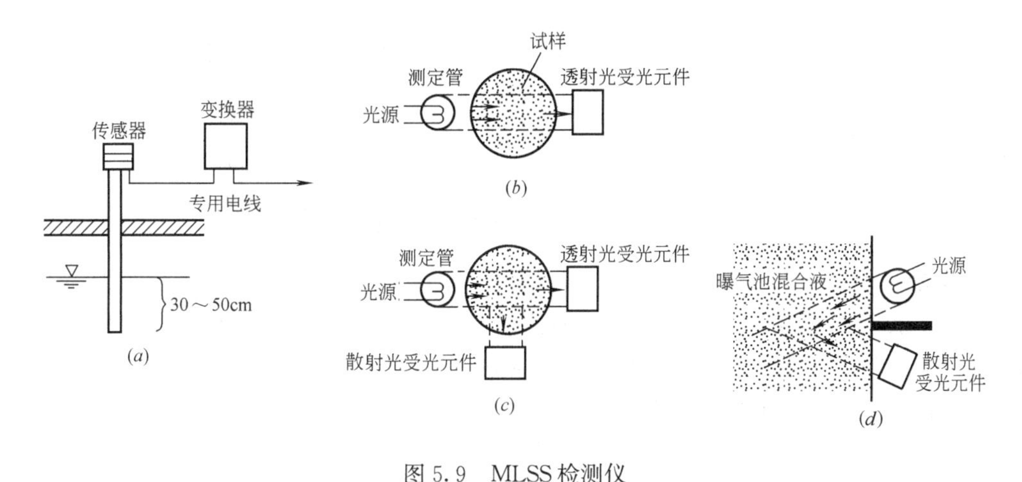

图 5.9 MLSS检测仪

(a) 检测方法示意；(b) 透射光式；(c) 透光散射光式；(d) 散射光式

MLSS即曝气池中混合液悬浮固体 (Mixed Liquor suspended solids)，其浓度一般在1500～4000mg/L之间，属于低浓度污泥，常采用光学式检测仪MLSS计（如图5.9所示）来检测。

光学式检测仪又分为透射光式、散射光式和透光散射光式三种。如图5.9所示，透射光式检测仪将装有试样的测定管夹在对置的一对光源和受光器中间，照射在试样上的光被SS吸收并散射，到达受光器的透射量发生衰减。根据受光器得到的透光量与SS浓度的相关关系检测MLSS浓度。试样中的气泡将对检测精度产生影响，因此应当按测定管内气泡无法存在的方向来设置。检视窗口需要定期清洗，或者附设自动清洗装置。散射光式检测仪从光源发射到试样的光因SS存在而形成散射，根据受光器接收的散射光量与SS浓度的相关关系，检测MLSS浓度。气泡的存在与检视窗口的污染都会引起误差。透光散射光式检测仪根据受光器得到的透光量和接收的散射光量两者与 SS 浓度的相关关系来检测 MLSS 浓度。在使用 MLSS 检测仪时应注意以下事项。

（1）为了避免由于检视窗口的污染引起的检测误差，应当定期清洗。

（2）为了避免由于来自上方直射日光等强光的射入引起的误差，检测仪的传感器部分常常放置在水面以下 30～50cm 处。

（3）由于 MLSS 检测仪是根据光学原理测定 MLSS 浓度，当被检测的混合液颜色变化影响透光率变化时，宜使用受其影响较小的透光散射光式检测仪。

（4）在对 MLSS 检测仪进行校正时，将 MLSS 的手分析值和 MLSS 检测仪的测定值进行比较，并作成表示相关关系的曲线图，用来校正检测仪。手分析某一被检测试样后，依次稀释该试样，并求出与 MLSS 检测仪测定值之间的相关关系，来校正 MLSS 检测仪。

2. 污泥浓度检测仪

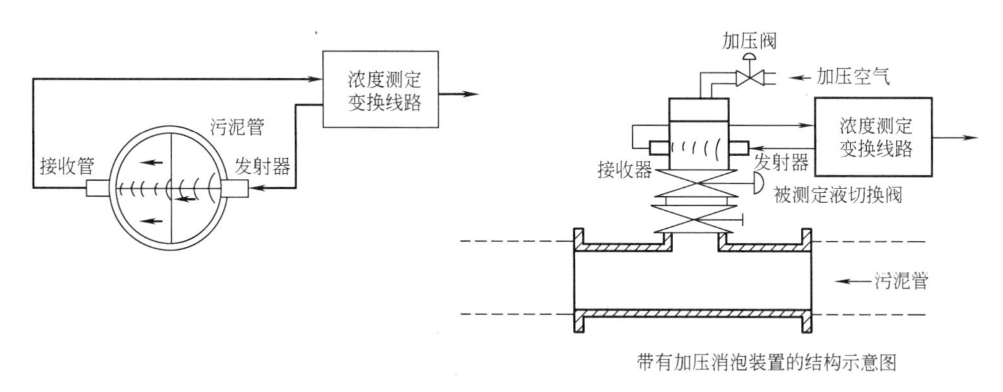

图 5.10　超声波式浓度检测仪

污泥浓度较高时常采用超波式浓度检测仪。如图 5.10 所示，将一对超声波发射器与接收器相对安装在测定管两侧，超声波在传播时被污泥中的固形物吸收和分散而发生衰减，其衰减量与污泥浓度成正比，通过测定超声波的衰减量来检测污泥浓度。试样中的气泡也会引起检测误差。它的优点是受污染的影响较小，缺点是间歇式检测。使用时应注意的事项如下：

（1）试样中的气泡将异常的增大超声波的衰减量而引起检测误差。若气泡较多时，应当采用带有加压消泡装置的检测仪，消泡后再检测。另外，也要注意由于污泥的腐败或搅拌后空气卷入污泥中，使消泡困难，难于去除气泡对检测值影响的情况。

（2）当有加压消泡装置时，应定期检查加压机构和空气压缩机，排出空气罐中的水。

（3）当由于季节变化而引起污泥颗粒形状的变化，或者由于污泥混合后不均质的情况，应用正常的污泥检测结果来校正。

（4）有加压消泡装置时，由于其检测是按更换污泥→加压→检测的程序进行，每检测一次约需要 5min 左右。因此，当泵是间歇运行时，如果随着泵的启动开始检测的话，能够顺利地更换需要检测的污泥。

5.4.3　污泥界面的检测方法与仪表

为了进行必要的污泥管理必须设置污泥界面计，它也是利用光学和超声波的原理来检测。在设置和检测时，还应注意藻类与气泡的影响，以及污泥界面的凹凸不平等引起的误差。

(1) 光学式

其检测原理与MLSS检测仪基本相同（如图5.11所示），气泡与检视窗口的污染也会引起误差。

(2) 超声波式

与超声波污泥浓度的检测原理相同（如图5.11所示），污泥界面的检测分为用伺服机构跟踪检测器方式和固定检测方式。

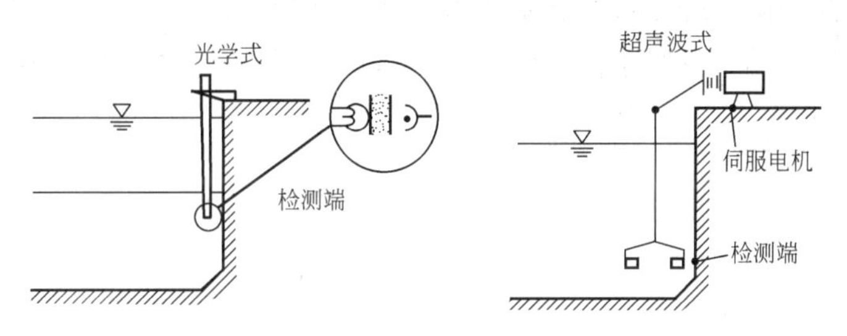

图5.11 污泥界面的检测方式

5.4.4 有机物的检测方法与仪表

在污水处理中，COD主要用来表示有机物被强氧化剂氧化时消耗的强氧化剂的量，根据当量关系换算成氧的量，用mg/L来表示，即化学耗氧量。UV计、TOC计与TOD计的检测值都与COD计的检测值相关。随着水质的污染物排放总量限制的实施，用于与COD计同样的目的，并作为推算COD值的计量仪表。

(1) COD计（COD自动检测仪）

如图5.12所示，COD自动检测仪是将指定的检测步骤自动化了的仪器，每隔1～2h间歇自动检测，根据氧化分解的条件有酸性法检测仪和碱性法检测仪。通过更换试剂，也有酸性法和碱性法两种方法交替使用的仪表。酸性法适用于水样中含微量氯离子或不含氯离子的检测，而碱性法受氯离子影响不大，所以可用于含有大量氯离子水样的检测。

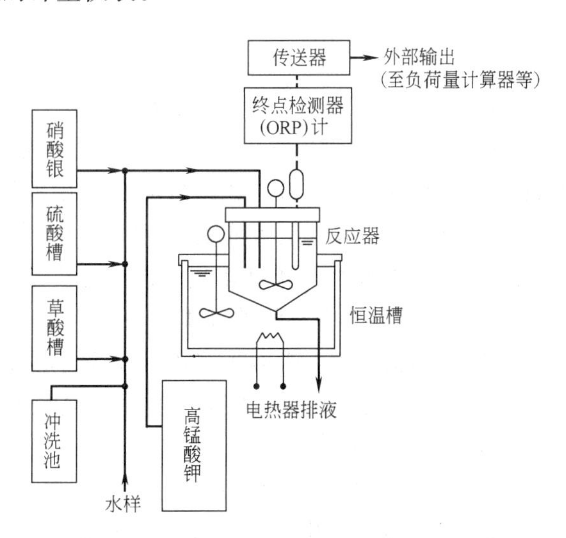

图5.12 酸性法COD自动检测仪的系统图

(2) UV计（紫外线吸光度自动检测仪）

UV计利用溶解性有机物吸收紫外线范围波长光的特性，将水样连续送进测定瓶，用紫外线照射，然后根据其吸光度来检测其污染程度。在各种有机物中，有的不吸收紫外线最大波长光，也有完全不吸收紫外线光的有机物。但是，二级处理水的UV与COD往往有很好的相关关系。

关于紫外线的吸收波长，无机物的紫外线吸收光度在250nm以上时就可以忽略不计。吸收的波长为250～260nm可作为有机物含量的大致标准使用，因此，UV计能使用250nm左右波长的光。特别是250nm，可以从低压汞灯的光线（2537nm）得到，便于连续检测，因此一般广泛应用。不过有机碳的浓度与吸光度的比值还因有机物的性质而有所不同。

同时对可见光的吸光度进行检测，将这一部分从紫外光的吸光度中减去，往往可以消除SS造成的散射光的影响，如图5.13所示。吸光度与COD的相关关系还与污染物成分和水温有关，因而有必要考虑不同季节的相关关系。检测窗口的污染也会产生误差，一般在检测窗的水样侧面附设转动刷等间歇式自动清洗装置。用COD计和UV计检测工业废水时，应当根据流入的工业废水性质验证与COD的相关关系之后再使用。

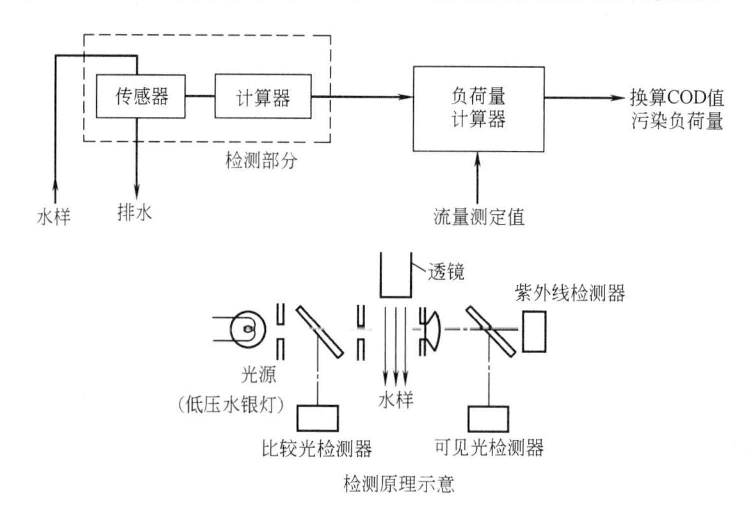

图5.13　UV计示意图

（3）TOC计（TOC自动检测仪）

TOC表示污水中总有机碳的含量，也是表征水体受有机物污染程度的一个指标。其检测原理是在水样中加酸，用氮气吹脱水中的无机碳，然后在高温与催化剂存在的条件下，使水样通过含有一定氧浓度的载流气体进行燃烧，用非分散型红外线分析仪检测气体燃烧炉中的CO_2浓度，据此求出水样中有机碳浓度。

在TOC的检测中有两种方式，一是首先利用低温加热催化剂检测无机碳，然后把无机碳的值从总碳中减去的检测方式，称双通道方式；二是预先将水样用盐酸调至酸性，然后用氮气吹脱水样中的无机碳后，再送入高温催化剂填充管进行检测的方式，称为单通道方式，如图5.14所示。

（4）TOD（TOD自动检测仪）

TOD表示水样中化学元素都形成其最稳定的氧化态化合物所需要的氧气量，以mg/L计。TOD也是表示水体受有机物污染程度的一项指标。TOD的检测原理是将水样和含有一定量氧的载流气体一起，送入高温加热后的催化剂填充燃烧管中，使水样中的有机物氧化分解，然后测定消耗的氧量，如图5.15所示。

表5.10给出了几种有机物自动检测仪的特点与注意事项。

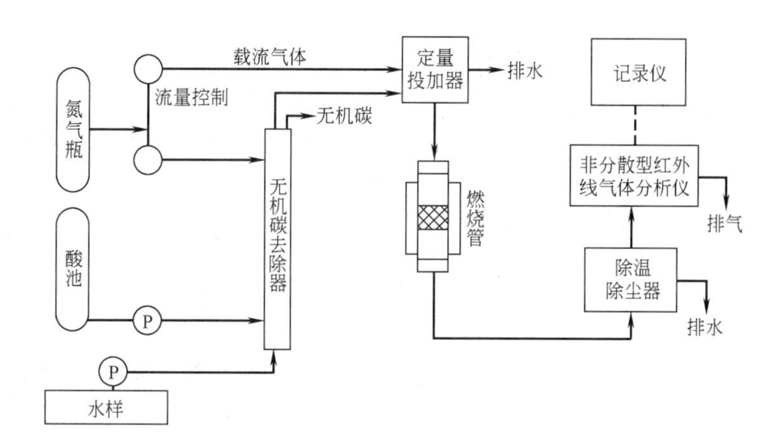

图 5.14 单通道方式的 TOC 检测仪系统图

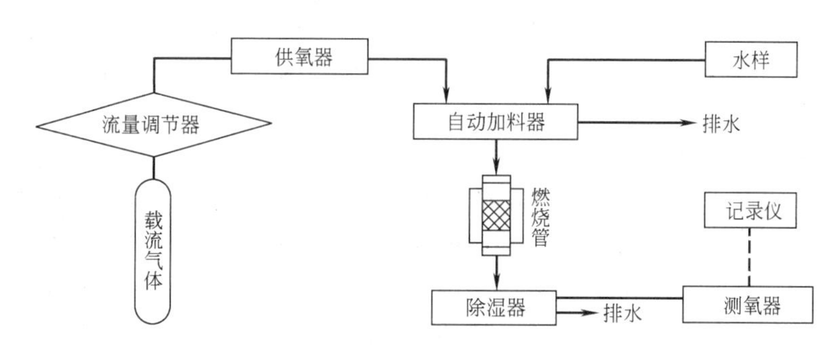

图 5.15 TOD 检测仪的系统图

5.4.5 呼吸仪的检测原理及其测量方法

呼吸仪可以测定活性污泥的呼吸速率，呼吸速率是单位时间单位体积的微生物所消耗的溶解氧的量。呼吸速率反映了活性污泥最重要的两个生化过程：微生物的生长和底物的消耗。呼吸仪也可称为 BOD 监测仪，但不要与 BOD_5 相混淆，因为呼吸仪是在几分钟内使用适应废水性质的微生物来测定其所消耗的溶解氧的量。

有机物自动检测仪的特点与注意事项 **表 5.10**

名称	特 点	注 意 事 项
COD 计	1. 酸性法 添加试剂需要硝酸银、高锰酸钾、草酸钠等。 适用于氯离子微量或不含氯离子时的水样。 以 1h 为周期进行可变连续分析	含氯离子时，需投加银剂以去除氯离子。由于要消耗所添加的银剂（硝酸银），因此比碱性法的费用高
	2. 碱性法 添加试剂需要苛性钠、高锰酸钾、草酸钠、硫酸等。 因不易受氯离子的影响，故适用于氯离子含量多的水样。 以 1h 为周期进行可变连续分析	测定值与酸性法的测定值不一致，故有必要预先求出与指定使用酸性法时检测值的相关关系
UV 计	不要添加试剂，运行费用低，可进行连续测定。 与 COD 计、TOC 计及 TOD 计比较，价格便宜。 测定值受水样的性状、颜色、SS 及浊度的影响	与 COD 的相关关系与含有的污染成分和水温有关，因此应当求出季节性的相关关系 检视窗口的污染对检测值有很大影响 必须对灯泡劣化造成的误差进行校正

续表

名称	特　　点	注 意 事 项
TOC计	添加试剂需要微量的酸溶液(盐酸等)。 短时间内可得到分析结果(以4～5min为周期进行可变连续分析)	与COD的相关关系与所含污染成分有关
TOD计	短时间内可得分析结果(以3～4min为周期进行可变连续分析)	与COD的相关关系与所含污染物成分有关。水样中有溶解氧共存时,特别是总耗氧量少时(TOD值低时)DO的影响大,因此应校正

1. 测量原理

好氧条件下微生物降解底物需要消耗溶解氧。可以通过测量溶解氧浓度或氧分压来获得氧的消耗速率。异养菌去除有机物、自养菌将氨氮氧化为硝态氮的过程都会消耗溶解氧，其中硝化所消耗氧的量占总耗氧量的40%。呼吸速率是好氧系统重要的参数，通过测定呼吸速率可以估计诸如生物生长速率、衰亡速率、硝化速率和水解速率等参数。

最简单的呼吸速率测定仪是手动操作配有DO探头的BOD瓶。在呼吸仪中，不同的组分，如初始生物量、底物浓度等都要考虑。可以通过液相测定或气相测定来判定溶解氧的消耗量。

2. 常用的呼吸测量方法

虽然呼吸测量方法较为复杂，但是它能直接反映污水处理厂污泥中活性微生物的比例及其生物活性，能反映生化反应实际的氧消耗，是污水处理厂重要的控制参数。这类仪器已经在污水处理厂长时间应用，可靠性较高，常采用的呼吸测量方法有如下几种：

(1) Merit 20呼吸测定仪。它可以离线测定污泥系统的耗氧速率(OUR)。其测量原理是：每个测量单元有1个试样瓶，其容积大约为50ml，与差压传感器相连。在试样瓶中注入10ml污泥试样，利用电磁搅拌。污泥试样的上方有一个小托盘，内放氢氧化钠固体。污泥在试样瓶中被密封，发生生化反应，消耗氧而产生二氧化碳，后者被氢氧化钠吸收，使瓶中气压下降。另有一个电解单元与试样瓶连接，它可产生氧，补充被消耗的氧，维持试样瓶中的气压。计量电解单元产生的氧，就能计算污泥试样的OUR变化曲线。

(2) 脱氧型呼吸测定仪。其测量原理是：仪器具有一个密封的、不断搅拌的反应容器，其中加入适量的活性污泥。容器里安装有曝气设备和溶解氧传感器。测量时，容器中加入活性污泥，然后进行曝气，当溶解氧浓度上升到适当值后停止曝气，由于容器是密封的，在呼吸作用下，其中的溶解氧浓度不断下降。计算溶解氧浓度对时间的一次微分，就得到污泥的OUR变化曲线。

(3) RODTOX呼吸测量仪。RODTOX (Rapid Oxygen Demand and TOXicity tester)呼吸测量仪由比利时Gent大学的Microbial Ecology实验室开发，是一个开放的、不断曝气的小型生物反应器。反应器中，安装有曝气设备、搅拌设备、溶解氧测量仪。反应器中活性污泥的溶解氧浓度维持不变以后，瞬时加入少量反应底物。反应底物被降解，使得溶解氧浓度下降。记录溶解氧浓度的变化，再根据活性污泥的氧传质系数K_{La}，可以计算出OUR变化曲线。

(4) RA—1000呼吸测量仪。由荷兰Wageningen农业大学环境技术系开发，主体是一个封闭并且完全混合的呼吸室。呼吸室用2条管路与一个由4个阀门构成的直流—交流系统相连，直流—交流系统可以周期性改变呼吸室内活性污泥的流向。在呼吸室与直流—

交流系统相连的1条管路上，安装有1个溶解氧探头，它不停地测量经过活性污泥的溶解氧浓度，在一个流向改变周期中可以先测定流入呼吸室的溶解氧浓度，再测定流出呼吸室的活性污泥溶解氧浓度。计算溶解氧浓度在流入和流出呼吸室时的差值，再根据活性污泥在呼吸室的停留时间，即可以计算出OUR。

5.4.6 营养物在线传感器

近年来，虽然我国污水处理率不断提高，但是由氮磷污染引起的水体富营养问题不仅没有解决，而且有日益严重的趋势。我国在2002年新颁布的《城镇污水处理厂污染物排放标准》中增加了总氮、总磷最高允许排放浓度，同时也对出水氨氮提出了更严格的要求。可见，污水处理的主要矛盾已逐渐由有机污染物的去除转变为氮、磷污染物的去除。然而，目前我国污水处理厂脱氮除磷普遍存在着能耗高、效率低以及运行不稳定的缺点，提高污水处理厂过程控制水平是提高其运行效率、降低运行费用最有效的方法。因此对污水处理厂检测水平的要求也大大提高，在过去由于缺乏有效的传感器或传感器不稳定，导致污水处理厂的运行和控制基本上以手动控制为主，进入20世纪90年代中期，大部分污水处理厂安装了监控和数据获取（SCADA）系统，但未实现系统的在线控制和运行优化。今天仪表已不是污水处理厂控制的瓶颈，表5.11是一些常用的传感器，在一些污水处理厂的高级控制中它们的应用逐渐增加，从而提高了系统的稳定性并降低了运行费用。

污水处理厂常用的测定仪表　　表5.11

流　量	电　导　率	溶解性营养物浓度(氮和磷)
水位、水压	DO	总氮和总磷
温度	浊度	BOD、COD、TOC
pH	污泥浓度	呼吸仪
ORP	污泥层高度	气体成分测定

氮和磷排放标准的逐渐严格，极大地促进了营养物在线传感器（氨氮、硝酸氮和溶解性正磷酸盐）的开发和市场化，它们的开发大部分基于已建立的试验方法（表5.12），基本采用比色法。测量进出水中总氮和总磷的浓度对在线监测也有重要意义，但是至今为止，只有很少的厂商生产，并且极其昂贵。而氨氮、硝酸氮和可溶性正磷酸盐在线传感器已在国外城市污水处理厂获得一定的应用。

氨氮、硝酸氮和磷酸盐的在线传感器/分析仪的测定原理　　表5.12

测定指标	比　色　法	替　代　方　法
氨氮	indophenol blue靛酚蓝	增加pH，应用NH_3气体传感器或离子选择电极
硝酸氮＋亚硝酸氮	被还原为亚硝酸氮，采用N—(1—萘基)—乙二胺光度法	在205nm吸收或离子选择电极
正磷酸盐	钼蓝方法	无

营养物传感器需要预处理采样液，在仪器箱中安装泵单元、光度计、控制单元、化学药品。因此包括采样系统和分析仪，然而它的缺陷是不能自动测定，仪器在设计时，需要考虑这些因素，减少采样时间以及反应时间，另外还需降低化学药品的消耗量。随着对在线信息的要求，开发出了体积小、可以直接测定的传感器，最出名的当属Danfoss Eviat

系列分析仪制造商基于比色法开发的氨氮、硝酸氮和磷酸盐现场（in-situ）传感器，以及WTW 基于离子选择电极方法的硝酸氮和氨氮在线传感器。这些传感器可以节约采样和预处理系统的费用。在线传感器逐步发展，设计越小、响应时间越快且具有直接测定功能的传感器是未来发展的趋势。

下面介绍一下营养物传感器的设计。

评价和使用营养物传感器需要考虑以下因素：校验、清洗、响应时间、化学药剂、样品流量、物理尺寸、测定组分的性质以及使用友好性。

校验和清洗可以人工进行也可以自动进行。每次自动清洗和校验时间可能在 1～60min 之间，其频率可能是每 5min 一次也可以是每天 1 次。很明显，进行清洗和校验的时间越短越好，因为在这段时间我们无法获得任何有用的信息。

对自动控制而言，营养物传感器的响应时间是个很重要的参数。在间歇运行系统中该参数尤为重要，响应时间在 5～15min 是可以接受的。一般而言，响应时间在 1～30min 之间，样品前处理额外需要 1～20min，因此，在 SBR 法中很多仪器无法使用。如果使用这些仪器记录历史数据，那么响应时间就没有非常严格的要求。

化学药剂消耗量是传感器运行费用的主要组成部分。可以购买配制好的化学药剂，也可以买回药剂在实验室自行配制。购买使用已经配制好的药剂比较昂贵，但是可以保证测量精度，并且不需要对实验室人员进行培训，还节省了很多时间。更换药剂的间隔时间一般是每周一次至每 12 周一次。

传感器的形状千差万别。一些结构紧凑的传感器一般都设计成壁挂式的，宽×高在 150mm×300mm 左右。大一些的传感器悬挂安放在从底板至天花板之间的小柜中，宽×高在 1m×2m 左右，质量超过 100kg。大多数传感器其宽×高在 0.5m×1m 左右，设计成壁挂式的。传感器的质量也非常重要，因为它要夜以继日地工作。早期的传感器一般应用于实验室废水分析检验，常出现故障。现在，传感器的质量已经大幅度提高。如果测量生活污水，以下是这些参数的测量精度（标准偏差）。氨氮：0.3mg/L（测量范围在 0～10mg/L）；硝酸氮：0.5mg/L（测量范围在 0～10mg/L）；可溶性正磷酸盐：0.2mg/L（测量范围在 0～4mg/L）。

5.4.7　采样系统

任何传感器在进行测定之前需对样品进行前处理，这样才能保证测定的准确性，另外也可延长传感器的使用期限。包含采样系统最典型的传感器是新型的氨氮、硝酸氮和正磷酸盐营养物测定仪。样品前处理的目的是去除悬浮物质，以防止其堵塞、弄碎测量仪器的管道、泵或测量单元，或者防止电极污染。

在线分析测定仪都期望能够尽量减少化学药剂的消耗量，因此，使用断面面积尽量小的管路，尽量使用光学测量组件，而且测定单元的体积也要尽量小。为了防止测量仪器被堵塞，污水样品必须要进行前处理，去掉其中的悬浮物质。在大多数污水处理厂中，使用超滤（UF）工艺来完成这一功能。一般膜孔径为 20μm。管状膜组件一般沿其轴向放置，液体放射状透过超滤膜。液体以较高的流速通过滤膜可以防止形成滤饼，并具备自清洗作用。

一般用潜水泵将样品（一般在 5～10m^3/h 范围内）送到测量室，在此按照交叉流动原则，超滤系统将样品定量（0.5～30L/h）过滤。过滤后得到的样品被送到内嵌传感器。

采样流量的量程一般在1～2000ml/h的范围内。采样量较小的系统其优点之一就是化学药剂消耗量较小，并且可安装较小的超滤膜组件。而采样量较大的系统可以只进行简单的过滤而不必进行超滤，或者对未经过滤的样品进行测量时，可以保持较大的流速而避免堵塞管路、泵和阀。

另一种在生物技术以及水质监测系统中已经得到应用的采样系统是流动性注射分析系统（FIA）。在废水水质分析中FIA的应用日渐增多，其优点是化学药剂的消耗量更小。样品作为一个区域以流动载体的形式进入测量系统。当样品区域流经多个管区时，可以进行多种前处理或与投加的化学药剂进行化学反应，然后流经传感器，测量一些指标。在FIA系统中经常使用分光光度法、荧光分析法以及电化学法进行指标检测。对于某种废水或难处理废水，采样系统要经常进行清洗。

5.4.8 检测信号的变换方法

信号变换器是为了把传感器输出的流量、液位、浓度与温度等检测值，转变成电信号、空气压力或油压信号（第一次转换），达到对于指示、记录、调节等都方便的标准，保持原样或再转换成其他信号（第二次转换）的仪表。根据其用途与转换方式不同信号转换有多种形式，如电流—电压、电压—电流、电流—电流、压力（空气或油压）—电流等。但其输出信号的种类、标准与信号的取值范围等应尽可能保持统一，精度也应当与处理设施的要求相协调。通常使用DC4～20mA、1～5V的电信号。如果可能有噪声干扰时，应当使用直流电信号。常用的信号变换器如下。

（1）电气式变换器

电气式变换器是根据需要将检测信号作用于放大、同期整流、加减乘除、去除噪声、反馈、定值电压等电路转换成优良信号的装置。变换元件使用硅、IC（集成电路）等半导体，变换器部件应具有耐久性、可靠性且小型化。表5.13和表5.14列出了污水处理厂中常用的变换器与检测器。电气式变换器工作原理如图5.16所示。

量的检测项目与检测方式　　表5.13

项目	仪表安装目的	变换器	检测器	信号接收仪表		
				指示	积算	记录
进水管渠水位	水泵运转台数及速度控制指标	差压传送器	排气式	○		
沉砂池进水闸门开启度	用于池数控制	R/I变换器	电位计	○		
水泵集水井水位	水泵运转台数及速度控制指标	差压传送器	排气式	○		
进水量	控制曝气量及回流污泥流量	流量变换器	电磁式	○	○	○
预曝气池空气量	控制曝气风量	差压传送器	孔　口	○		
排泥量	掌握污泥负荷	流量变换器	电磁式	○	○	
曝气池空气量	控制曝气风量	差压传送器	孔　口	○		
回流污泥量	控制回流污泥流量	流量变换器	电磁式	○	○	
剩余污泥量	控制剩余污泥流量	流量变换器	电磁式	○	○	
排放水量	排放管理	流量传送器	堰　式	○	○	○
排放浓缩污泥量	管理控制排泥量	流量变换器	电磁式	○	○	○
排放消化污泥量	管理控制排泥量	流量变换器	电磁式	○	○	○
消化气体压力	管理污泥消化池	传送器	压力（压差式）	○		
污泥贮存池液位	管理污泥贮存池	差压传送器	排气式	○		
供给污泥量	控制加药量	流量变换器	电磁式	○		

质的检测项目与检测方式　　**表 5.14**

项　目	仪表安装目的	变换器	检测器	信号接收仪表		
				指示	积算	记录
排泥浓度	掌握与调节污泥负荷	浓度变换器	超声波式	○		
初次沉淀池出口浊度	回流、剩余污泥控制信息	浊度变换器	光学式	○		○
曝气池 DO	监视处理水质、控制 DO	DO 变换器	电解槽式	○		○
回流污泥浓度	回流、剩余污泥控制信息	浓度变换器	超声波式	○		
排放水浊度	水质监视(代替 SS 检测)	浊度变换器	光学式	○		○
排放浓缩污泥浓度	污泥管理	浓度变换器	超声波式	○		
污泥消化池温度	污泥消化池管理	温度变换器	测温电阻	○		
供给污泥的浓度	控制加药量	浓度变换器	超声波式	○		

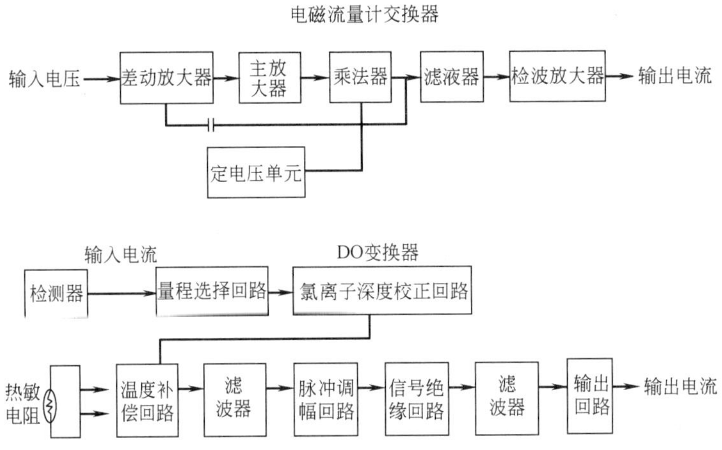

电磁流量计交换器
输入电压
差动放大器
主放大器
乘法器
滤液器
检波放大器
输出电流
定电压单元
输入电流
DO变换器
检测器
量程选择回路
氯离子深度校正回路
热敏电阻
温度补偿回路
滤波器
脉冲调幅回路
信号绝缘回路
滤波器
输出回路
输出电流

图 5.16　电气式变换器工作原理

(2) 力平衡式变换器

从排气式流量计、液位计、孔口流量计、巴氏计量槽等压差式的检测部分得到的压差信号作用于检测隔膜等，把与检测压差成比例的力加在横梁上，将其变位放大之后，变成输出信号。另外，使输出信号的一部分与反馈的力相平衡，如图 5.17 所示。

电气变换器
零点调整用弹簧
反馈线圈
支点
放大器
振动膜
输出
电源
空气变换器
液体输出
浮子
支点
压力计
波纹管
喷嘴档板
空气压力源
液体输入

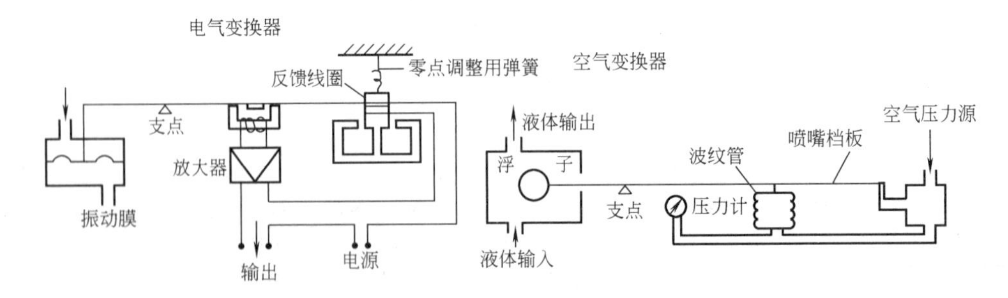

图 5.17　力平衡式变换器

(3) 变位平衡式变换器

把波纹管等的压力变位，由堰流量产生的变位和由浮子式液位计得到的变位等作为旋转变位，使磁路中磁铁发生变位，将空穴发送器产生的信号经过放大得到输出信号。输出的一部分作为反馈，由磁道平衡产生变位相平衡（如图 5.18 所示）。

除上述三种变换器之外，还有在检测部分使用扩散形半导体压敏元件，以及利用在硅板的受压膜上形成压敏扩散效果的变换器等。

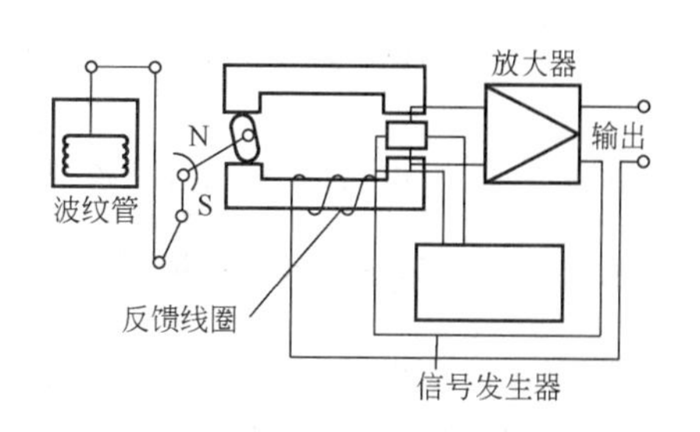

图 5.18 变位平衡式电气变换器

5.4.9 信号的接收及其仪表设备

应采用适合于监视、记录等使用目的，容易维护管理的信号接收方式。

信号接收器是接收来自变换器和传送器的信号，并对其进行定量指示、记录、显示、报警等的装置。有同时具有调节和计算功能的；也有能接收来自调节及计算装置的信号；还有在接收的同时能进行操作的，像 CRT（阴极射线管）显示器那样的装置。有关在计算机系统中使用 CRT 显示器进行接收的诸功能，可参考计算机控制系统的有关资料。

（1）指示仪

通常使用动圈式的模拟指示计。有广角形指示计、带形指示计、条形指示计等，一般安装在仪表盘上。近来由于读取数据容易、精度高等优点，广泛使用数字式指示计。

（2）记录仪

使用记录仪来记录处理过程的检测值，进行数据管理。记录仪是由用于指示仪的记录纸传送机构、用于记录的数个笔尖移动机构或打点机构和定值报警机构等组成。

记录纸的传送速度有固定速度的，也有用 2～4 级可变速度的，应当选择能够辨别处理过程变化的速度。传送速度应当根据数据管理目的需要来选择。记录用纸的更换虽然取决于记录纸速度，但多数仪表为每 1 个月或半个月更换一次记录纸。

（3）积算仪

因为积算仪是把输入信号变换成脉冲信号，对数字式的积算值进行计数显示的装置，因此有将信号变换器与积算器组成一体的仪表，也有将二者分开的仪表。

（4）调节器

调节器是把检测信号与内部的设定值进行比较，对其偏差进行各种计算，将调节动作的输出作为操作信号输入操作端的仪表。有发出信号 ON－OFF 的调节器，有发出脉宽输出的脉冲调节器，有进行比例、积分、微分等各种计算的 PID 调节器等。应根据被调节对象操作端的种类及特性来选择调节器。还有把从检测部分测得的控制量进行显示和记录的装置合并成一体的调节器。

（5）设定器

除了有把输入信号与内部设定值相比较发出报警信号的报警设定器，以及将输入信号乘以比率发出输出信号给调节器作为设定信号的比率设定器外，还有手动设定器、程序设定器等。

（6）计算器

在计算器中有加减器、乘除器、开方器等，计算器对输入信号进行运算，发出输出信号。常使用 DC1～5V 的统一信号。

1）加减器

对 2～4 点的输入信号乘以加法比率后，再进行加法或减法运算。

2）乘除器

对2或3点输入进行乘除运算或恒定倍数混合运算。

3）开方器

对输入信号进行开平方运算得到输出信号，主要用于压差式流量计。

5.4.10 仪表设备的设置

在设置仪表设备时，为了充分发挥仪表设备的总体功能，要适当照顾到安装、配线和配管方面的工作。即使仪表设备的检测部分、变换部分、操作部分、接收部分等各部分的功能良好，若设置不适当，也会直接影响设备总体的性能、操作性、安全性及维护性，也涉及使用寿命，因此在设计与安装检测仪表设备时，应考虑如下问题。

（1）仪表的安装

安装仪表时，在了解各仪表的特性之后，还应当考虑维护性，并对场所的选定、布置、照明、空调、振动、环境条件等进行充分考察，按照各种仪表最合适的方法进行安装。

（2）配线及配管

1）配线

无论仪表设备的性能怎样好，但是如果检测部分和接收部分的连接电缆很差，因静电感应、电磁感应而造成噪声干扰、信号紊乱等因素，都不能达到精确检测的目的。因而，应当按照仪表的信号种类、标准、周围条件等对选择电缆、对配线方法、构筑物（电缆处理室、电缆井、电缆槽等）及穿越墙壁部分的布置都要充分考虑。

2）配管

配管大致分为压力管、仪表用空气管及采样管。这些配管对仪表正常运转起到重要的作用，要熟悉其检测对象的状态及环境条件，并要考虑配管的方法及材料。特别在质的检测采样中，关于采样位置、采样装置、预处理装置及采样管等，要分别对其采用的方法和材料进行充分考察选定，并且应做到易于维护及检查。

（3）仪表间的协调

设置各种仪表时，按照能提高性能及操作性，容易监视的要求，在配置仪表时使有关仪表能达到良好平衡。

（4）将来的扩建

当污水处理厂按多系列并联运行来设计时，应按照后期工程的施工和维护管理方便来设置仪表设备，仪表配线与配管应留有必要的空间。

思考题与习题

1. 为什么要进行污水处理厂水质水量的检测？

2. 污水处理厂中的常规检测项目有哪些？这些检测项目对污水处理厂的运行与控制有何意义？

3. 取样位置对检测结果有什么影响？举例说明。

4. 仪表设备的安装位置取决于哪些因素？你认为本书图5.2和图5.3给出的污水和污泥处理系统典型的仪表安装示意图中的仪表安装在将来还应当如何改进与完善？

5. 在选择仪表类型与检测方法时，应综合考虑哪些因素与条件？当有些因素相互矛盾时，应如何考虑？

6. 你认为本书表5.3和表5.4给出的不同处理设施的各种检测项目中，哪些是必需的？哪些不是绝对必需的？

7. 流量的检测在污水处理厂的管理中有何重要意义？在各种流量计中，选择最适宜的流量计应当综合考虑哪些因素？

8. 简述巴氏计量槽的工作原理，为什么在污水处理厂的最终出水管渠中经常采用巴氏计量槽来计量其总处理水量？

9. 在污泥浓度的检测方式中，光学式检测仪和超声波式检测仪的各自工作原理是什么？在使用中分别应注意哪些事项？

10. 简述COD自动检测仪，UV计、TOC自动检测仪和TOD自动检测仪的工作原理。

11. 简述呼吸仪的测定原理和主要测定方法。

12. 简述上述几种有机物自动检测仪的主要特点与选择及使用时的注意事项。

13. 为什么要在检测过程中进行其信号的变换？简述电气式变换器的工作原理和信号接收器的功能及组成。

第6章　污水处理厂的监视操作与自动控制

6.1　监视操作

6.1.1　监视操作方式

污水处理厂的监视操作方式应当考虑污水与污泥处理设施规模、布置、形式、扩建、维护管理体制、经济性等方面的问题来选择。如图6.1所示，监视操作方式可分为以下几种。

（1）个别监视操作方式

在对主要设备和处理过程进行直接监视的同时，一般又在现场进行操作的方式。

（2）集中监视个别操作方式

与方式（1）相比，这种控制方式由于具有能够在中央监视室监视整个处理系统运行状态的功能。所以根据监视情况的反馈，可进行整体合理的管理。

（3）集中监视操作（操作）方式

建立一个对设施整体进行监视及操作的中央监视室，进行集中监视操作。所谓集中控制，是把控制机构的硬件，无论功能还是位置，都集中设置在一个地方。

（4）分区监视分散控制方式

将有关设施分成几个系统，或者分成子系统（泵站、水处理设施、污泥处理设施等），分别建立分区监视室，进行集中监视和操作的方式。所谓分散控制，是控制机构硬件功能分散，而且由于分散设置，可避免一个故障波及全体的危险，是提高系统整体的可靠性的一种控制方式。

（5）集中监视分散控制方式

这是一种监视操作与方式（3）相同，在中央监视室一个地方集中进行，控制功能与方式4相同，分散进行布置的方式。

（6）集中管理式分区监视分散控制方式

这是一种在方式（4）基础之上，增加能够指挥设施总体运转的总管理功能（中央管理室）的方式。在这种方式中的分区监视室（局部监视室）的集中监视操作功能只在中央的总管理功能不能实现时作为备用监视操作系统考虑，平时不进行监视。

在方式4中，设置了二个分区集中化管理，分区监视室与方式（6）相同，具有总管理功能的方式。

泵站及处理厂内的监视操作功能是对设施总体的运转进行行之有效的管理，根据检测和显示等掌握设备和机器及处理过程的状态，使之沿着期望的方向操作或动作。在选定监视操作方式时，除了具备这些监视操作功能的同时，还应考虑运转开始初期的对策以及将来检测仪表技术的进步，选择适合于各个设施固有特性的方式，以提高其运行控制的可

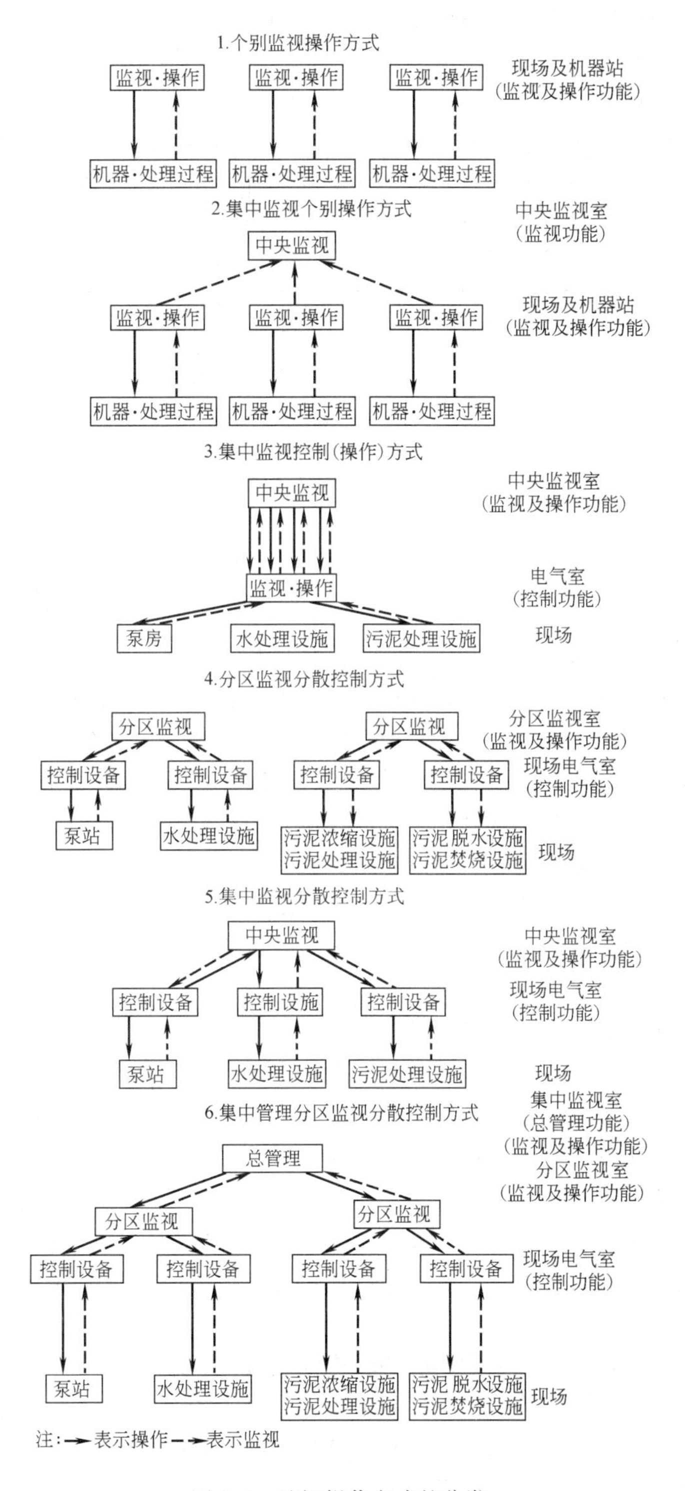

图 6.1 监视操作方式的分类

靠性。

为了提高效率，在小型污水处理厂中，应当引进远距离监视和自动控制方式。但考虑建设费及维护管理体制，应尽可能选用简单的监视操作方式。

在选择监视操作方式时，应考虑如下事项：

（1）处理厂的规模

在选择监视操作方式考虑处理规模时，除了处理能力还应根据处理厂的面积、设备以及控制对象来确定。根据这些条件，适合于不同处理厂规模的监视操作方式见表6.1。

不同规模处理厂的监视操作方式　　表6.1

处理厂规模	监视操作方式
小型处理厂	分别监视操作方式 集中监视分别操作方式 集中监视操作(操作)方式
中型处理厂	集中监视操作(操作)方式 分区监视分散控制方式 集中监视分散控制方式
大型处理厂	分区监视分散控制方式 集中监视分散控制方式 集中管理式分区监视分散控制方式

（2）处理厂的工艺布置

即使设施规模相同，由于污水处理厂所处地形不同，建筑物的布置也会有各种形态，监视操作方式也要随之改变。

正常建筑物为综合式，在这样的综合楼内有管理主楼、沉砂池和泵站及污泥处理间等，仅水处理设施用地分开，或者距离中央控制室较远。根据这种特性考虑监视操作的频率和紧急性，以采用集中监视分散控制方式为宜。

如果处理设施整体被道路或河流分隔，以及因狭长地带而使管理主楼、沉砂池和泵站或污泥处理间相距很远时，宜采用分区监视分散控制方式。

（3）工艺流程

即使处理能力相同，但由于水处理方式（标准活性污泥法、生物转盘、氧化沟等），污泥处理方式（直接脱水、污泥消化、污泥焚烧、堆肥处理等），同一设施系列的划分方法，有无沼气发电、脱臭、排热利用设备等各种不同情况，设施的复杂程度也有差别，因此，在选择监视操作方式时，应全面考虑上述情况。

（4）扩建可能性

处理厂按设计一次完成施工的情况不多，往往是根据流入污水量的增加，分阶段施工。这时，应当尽可能避免已建好的设施停止运行。迫不得已停止时，也要采用短时间内可能切换的监视操作方式。

随着仪表技术的发展，应当使用容易变更控制方式、采用信息处理系统等相适应的方式。为此，希望采用因功能的追加和修正带来的影响少的、监视操作功能的分区分散化的方式。在运转开始初期流入污水量少的状态持续时间很长时，以及第一期的处理设施规模很小或处理设施简易的情况下，可考虑不进行集中监视，暂时采用个别监视操作方式。

（5）管理体制

对于小型污水处理厂，宜采用夜间无人运转或平时无人运转的远距离监视的方式。当委托其他单位或部门管理污泥处理设施、污泥焚烧设备或堆肥设施时，一般采用分区监视分散控制方式。

(6) 经济因素

在选择监视操作方式时，应当采用建设和维护管理费用低的方式。这时，以减少建设费为主要目的，或者为了在维护管理中节省资源和能源，或者为了省力，根据不同目的选用不同的监视操作方式。为降低建设费，大型污水处理厂通常采用集中监视分散控制方式。与数据方式的组合是有必要的。因此，在重视经济性选用监视操作方式时，要充分明确其目的，认真研究后再选用合适的监视操作方式。

6.1.2 监视操作项目

在选择监视操作项目时，首先应当考虑处理厂的规模、管理体制、节省人力和自动化的程度、运行管理合理化的程度等，在明确设计思想之后，确实掌握设施、设备与处理的状况，并为有效地实施来选择必要的监视操作项目。

监视操作项目一览表 **表 6.2**

大分类	中分类	个别项目
运行状态显示	机器运行和停止状态	运行或停止，开或闭
	操作地点的切换状态	中央或现场，常用或机旁
	控制方式等的切换状态	自动或手动，联动或单动
	运行指标	时间、流量、水位、浓度的设定等
	机器等的故障与异常	机器故障以及处理过程状态异常
处理过程检测值显示	输配电、水处理等的检测(量的)	电压、电流、电功率、电能、功率因数、液位、压力、处理水量、污泥量、药剂量等
	水质监视等的检测(质的)	浊度、浓度、DO、pH、MLSS、COD 等
报表与记录	输配电、水处理等量的和质的项目记录	日报表、月报表和年报表以及趋势记录等用记录仪记录
	故障及运转状态	打印出故障原因与经过以及运行情况等
控制与操作	操作项目	主要机器的运行和停止，事故时紧急停止以及控制方式的选择
	设定项目	处理过程机器运行指标的设定、变化等(调节控制目标值、运行时间、运行顺序、各种控制参数、报警设定值等)

监视操作项目见表 6.2，除可参考此表选择监视操作项目之外，还应就如下内容对其必要性和重要性等进行研究。

(1) 监视操作技术内容和运转管理合理化的程度；

(2) 在中央或分区监视室，作为必要的处理过程或远距离控制的泵站等的信息量、对这些信息的监视、正常操作或事故操作、指令以及设定的程度；

(3) 采用中央控制室和现场电气室的监视功能和控制功能的划分范围；

(4) 对于将来扩建、改造等工作的可行性；

(5) 对可靠性、维护性、操作性等的重视程度；

(6) 在中央监视室和现场电气室是否有进行信息数据加工微控制器；

(7) 设备费、维护管理费等的经济性。

如果从可靠性和经济性等方面出发选择监视操作项目时，要具体给予注意的问题如下：

（1）掌握整体性和个体性的显示内容的程度；

（2）选择总体显示、个体显示、分组显示、集中显示、矩阵显示等显示方法；

（3）选择多动作操作或单动作操作的操作方式；

（4）选择趋势记录或模拟记录的检测值记录方式；

（5）是否采用 CRT 显示、图解盘和投影屏等；

（6）有无 ITV 声音监控器等。

6.1.3　监视操作仪表设备

监视操作仪表设备具有两个主要功能：一是把处理过程的状态迅速准确地传达给操作人员；二是将操作人员的意图迅速准确地传达给处理过程。它一般可分为监视盘、操作盘、检测仪表盘、变换器盘、继电器盘、微控制器、程序控制器和现场盘等。引进计算机时，还要增加计算机与外部设备以及相应的软件。因而在选择监视操作仪表类时，应当选择在维护管理上最合适的仪表，应当根据处理厂的规模及其他实际情况与需要来确定自动化程度。由此决定是采用模拟仪表，还是采用具有高级功能的计算机，应从费用和效率等方面进行多方面探讨。还要根据自动化的重点是放在信息的记录上，还是放在监视记录的自动化上，或是放在包括控制在内的自动化上，由此所选定的计算机和监视操作仪表设备的结构和形式也有所不同。

如果处理厂规模大、设备复杂，那么人的判断及作业范围就扩大了，应当采用计算机系统；而在规模小、设备简单时，可以采用相应的仪表。近年来，随着计算机科学与应用的迅速发展，无论处理厂的规模大小，都较普遍地采用计算机系统。

监视盘、检测仪表盘和操作盘是处理过程的中枢，可安装各种仪表。由于操作人员经常通过它们进行监视和操作活动，为减轻操作人员的疲劳防止误操作，提高运行管理水平，选用时要考虑形式、布置以及色彩。

控制仪表具有传达操作人员的指令，使处理过程经常处于期望状态的功能。因此，按照使设备和仪表运转合理、安全、经济的要求，应选用适合于处理的特性和使用目的、可靠性高的仪表设备。

监视操作方式及其使用的监视操作盘都有多种类型。对常用的监视操作盘类型进行大致区分，见表 6.3～表 6.5。有以操作为主体的配电盘，以操作为主体的操作盘和兼具监视与操作功能的监视操作盘等三种类型。它们可组合使用，又能单独使用。为使监视操作方便，处理厂中监视盘的监视显示部分一般采用图解盘方式。

监视操作盘类型　　**表 6.3**

用途	形　式	特　点
监视盘	单面屏式	以监视为主体的仪表盘，盘面上有指示仪和显示器，根据需要制成图解盘，下部安装工业仪表。监视操作项目少时，也可安装控制设备，也有作为监视操作盘使用的
	双面屏式	以监视为主体的仪表盘，一般在侧面开门，中间设置检查通路，前面为监视盘，后面装辅助继电器，把台数控制设备、选择控制设备、远距离监视操作设备等组成盘使用。与操作盘对面布置。前面监视仪表与后面控制仪表之间的连接，用屋内配线处理
	嵌入式	在监视室的墙壁上设置的图解盘或投影屏

续表

用途	形式	特点
操作盘	台式	以操作为主体的仪表盘,控制项目较少,一般作为单动作操作用。盘上设置直接用于控制的设备(切换、操作和按钮开关)以及与操作有关的显示器
	控制台式	与台式基本相同,也有在上部斜面上设置作为负荷状态监视用的指示仪表。直接在监视室对操作对象设备进行监视,同时又可作为操作盘使用,比台式优越。操作方式有单动作和两动作的
	小型控制台式	以操作为主体的仪表盘,属小型台式。控制项目数增多时,不能像在台式和控制台式中那样有对应的间隔,操作为两动作或多动作,操作设备也使用小型的。在设计中也作为计算机操作台 ITV 以及操作用的工作台使用
监视操作盘	单面框架式	是具有台式操作盘和单面垂直屏式监视盘两种功能的仪表盘。由于上部垂直部分的高度增大,可使整体尺寸缩小。特别适合于因安装场地紧张需要小型盘的情况
	双面框架式	是具有台式操作盘和单面屏式监视盘两种功能的仪表盘。监视室内的配线均作为室内配线处理
	附带有 CRT 显示的控制台	当集中监视的项目数目太多,不能用图解盘系统进行充分监视时,可用 CRT 显示进行监视。 因在 CRT 显示的 1 个画面中的项目受到限制,所以把所有设备按系统、分区、功能进行分类显示。根据操作员或自动信号显示需要的图像。因此,为了日常监视和 CRT 的备用,通常与简易图解盘或小型图解盘组合使用

监视盘和操作盘的组合应用 **表 6.4**

监视盘形式	操作盘形式	应用举例
单面屏式	台　　式	泵站和小型处理厂
双面屏式	控制台式 小型控制台	中小型处理厂和现场盘 大中型处理厂
嵌入式	小型控制台	大中型处理厂

监视盘与操作盘一体化应用举例 **表 6.5**

监视操作盘形式	应用举例
单面框架式 双面框架式	泵站及小型处理厂
附带 CRT 显示的控制台	计算机系统

(1) 图解盘

按盘面结构来看，图解盘有嵌入式、直立屏式、框架式等几种类型。由于在图解盘盘面简明直观地画有主要电气设备的模拟接线图和处理系统等主要设备流程图，易于把握处理过程总体情况。此外，由于对检测值与检测位置以及检测值相互间的关系也能明确掌握，因此能进行可靠的监视操作，而且也利于避免误操作。

按形状与仪表的配置对图解盘进行分类，有利于用整个表面作为图解盘，把检测仪表布置在中间的全图解盘；有把图解集中在正面，而把检测仪表和调节器分开设置的半图解盘；还有进一步将图解盘小型化，集中布置在台上斜面部分的小图解盘。

全图解盘盘幅大，监测室也必须大，改建处理厂时改建盘面困难。在图解盘上的流程图和模拟接线图的主要设备上，设置易于辨别的表示运转、停止及故障的指示灯。有的把流程图全系列都描绘出来，也有用1个系列作代表，其他采用集中显示。还有，利用计算机系统进行监视操作时用图解盘进行宏观监视，通过CRT显示的详图进行微观监视，同时，把图解盘作为系统故障时的备用。

（2）检测仪表盘

检测仪表可分为有关电气的检测仪和工业方面的检测仪。

1）电力检测仪一般配置在图解盘的模拟接线图中。

2）工业检测仪有指示仪、记录仪、积算器等盘面仪表，有变换器、计算器和报警定值器等辅助仪表，其配置方法如下。

a. 盘面仪表安装在图解盘下部，内部容纳辅助仪表的方法。这种方法基本能够随着处理过程配置仪表，故便于监视。但由于图解盘下部的空间有限，安装台数受到限制，所以，只能安装在维护管理上重要的仪表。

b. 检测仪表盘独立设置，在盘表面安装盘面仪表，盘内容纳辅助仪表的方法。这种方法不受a. 中那样的盘面制约，但因独立设置必须要有足够的空间。

c. 只把盘面仪表作为检测仪表盘设置在监视盘和操作盘的中间，辅助仪表放在图解盘内部的方法。这种方法随处理过程配置仪表，监视距离近，且仪表能小型化。仪表盘的设置地点和高度应当使图解盘容易被观测。此外，如果增设信息处理设备时，应当使检测器的设置和检测项目与CRT检测显示不重复。

（3）操作盘

应当根据如下条件来选择操作盘：与监视盘一起作为设备运转控制的起点，应当易于观察操作方便，不致发生误操作，可直接了解操作结果等。其具体措施如下：

1）原则上由1人进行操作；

2）尽可能根据多动作来选择操作；

3）利用按钮选择操作时，应使按钮指示灯与监视盘流程图中的选择仪表指示灯同时闪亮；

4）应使选择用按钮的排列与图解盘中流程图相对应，并在操作盘上绘出小型流程图。在主要设备旁边设置运转方式的切换。

（4）CRT监视操作盘

CRT监视操作的设备小型化，具有很强的显示功能。CRT显示比图解盘显示的点多，使处理设施和过程信号可视化，直接或用符号等将文字、数字和图像一同显示。此外，还可将一个画面分成几个画面，或在同一画面中显示几种图像。

CRT操作的输入方法有触摸式、光笔式、鼠标式和键盘式等。CRT的监视操作具有占地小、功能强、变换画面容易等优点，也可在小型处理厂中采用。它具有以下监视操作功能。

1）监视功能

使操作人员掌握处理设施运行状态的功能如下：

a. 能显示出各机器的运行、停止（开、闭）和运行类型（自动、手动）等；

b. 能显示机器设备的故障和处理过程的异常情况，并给予适当的提示和报警；

c. 能实时地显示各处理过程数据。

2）操作设定功能

具有对各种机器的运行、停止（开、闭）、控制类型的选择和替换，各种设定值（时间、计数、目标值）进行设定操作的功能。

3）显示数据变化趋势功能

能显示过程值从过去到现在的连续变化趋势和当前值的实时变化趋势，以及机器的运行、停止、故障、过程值异常履历等功能。

在非正常情况下，有一个人操作 CRT 就够了。对于大型污水处理厂、泵站的远距离控制以及合流制的设施或要求快速响应的设备，应当配置多台 CRT，考虑其可视性、操作性、响应性和安全性等。这时应注意 CRT 的相互连接和操作的优先顺序等。在设定响应特性时，应根据处理厂的规模和设备的重要程度来决定。

6.2 污水处理厂自动控制系统的分类组成与特点

当今城市污水处理厂正朝着大型化、现代化和精密化的方向发展，处理工艺过程也日趋复杂，对处理水质也提出了更高的要求，所有这些都对其运行管理与过程控制提出了越来越高的要求，传统的控制方式已不能满足现代化处理厂的控制要求。由于计算机具有运算速度快、精度高、存储量大、编程灵活以及有很强的通信能力等优点，近年来，计算机在污水处理厂的运行管理与过程控制中发挥越来越大的作用。污水处理厂中的计算机控制系统就是利用计算机高速处理信息和信息存储量极大的优异功能，对处理过程的信息进行记录、监视和控制等设备的总称。它一般是由中央处理单元（即 CPU，包括存储器、运算器和控制器）、接口与输入输出通道，通用外部设备以及各种传感器、变送器与执行机构等硬件和各种系统软件与控制软件等构成。

20 世纪 70 年代以来，随着大规模集成电路的开发，微型计算机得到了迅速发展。它不仅在数据处理和科学计算中得到了广泛的应用，而且在工业过程控制中发挥越来越重要的作用。微型计算机具有如下优点。

（1）随着电子技术的发展，集成电路的集成度越来越高，微型计算机的性能越来越好，其外部接线越来越少，因而，使系统的可靠性大大提高了。

（2）采用模块式结构，系统可大可小，扩展非常方便。

（3）控制精度高，系统功能强、控制算法灵活。

（4）速度快、实时性强、可实现一机控制多个回路。

（5）能耗低、价格便宜。

由于微型计算机的上述优点，以及它仍以高速度发展，其性能与功能也日益加强，大多数的工业过程控制都可以通过微型计算机来完成，污水处理厂的管理与过程控制也不例外。

6.2.1 污水处理厂控制系统的分类

污水处理控制系统与被控制对象密切相关。污水处理控制系统有若干类型，其采用的类型主要取决于被控制对象的复杂程度、控制要求和现实条件等。污水处理控制系统按功能分类如下。

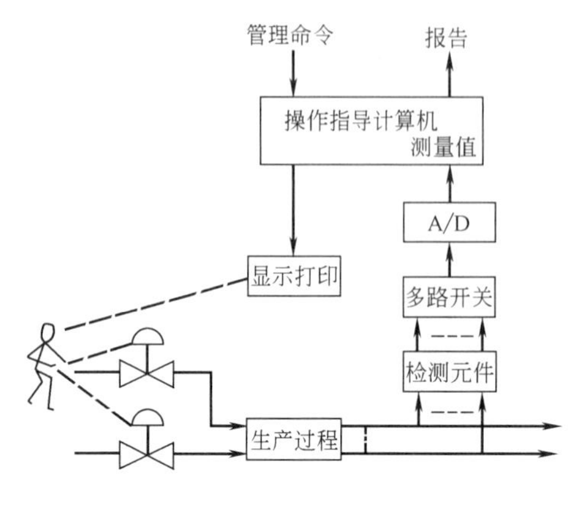

图6.2　操作指导控制系统原理图

(1) 操作指导控制系统

该系统又称数据处理系统（DPS-Data Processing System）或数据采集与处理，也叫巡回检测与数据处理系统。

1）结构：如图6.2所示。

2）工作原理：在计算机的指挥下，定期地对生产过程的参数做巡回检测，并对其进行处理、分析、记录及参数越限报警等。

3）特点：计算机不直接参与过程控制，而是有操作人员（或别的控制装置）根据测量结果改变设定值或进行必要的操作。计算机的结果可以帮助、指导人的操作。

4）优点：操作指导控制系统有如下优点：

a. 一台计算机可代替大量常规显示和记录仪表，从而对整个被控制对象过程进行集中监视。

b. 对大量数据集中进行综合加工处理，得到更精确更需要的结果，对指导生产过程有利。

c. 在污水处理控制系统设计的初始阶段，尚无法构成闭环系统，可用DPS来摸清系统的数学模型、控制规律和调试控制程序。

(2) 直接数字控制系统

直接数字控制系统简称DDC（Direct Digital control）系统。

1）结构：如图6.3所示，它是由被控制对象（过程或装置）、检测仪表、执行机构（通常为调节阀）和计算机组成。

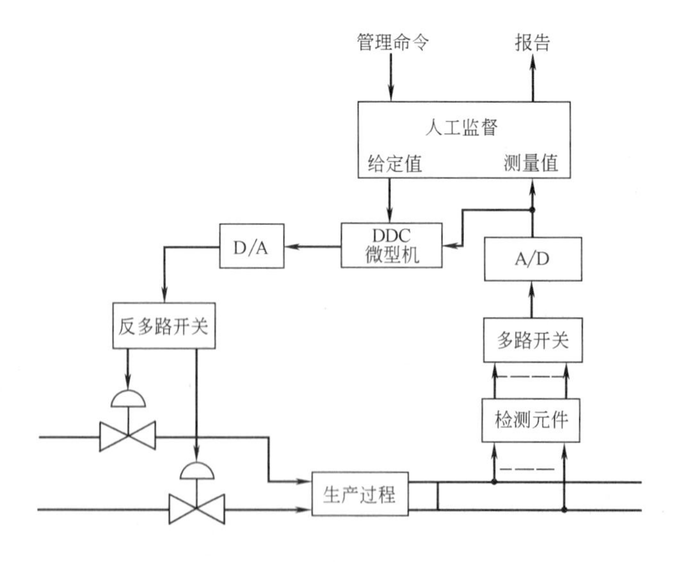

图6.3　DDC控制系统原理图

2）工作原理：就是用一台计算机对多个被控制参数进行巡回检测，检测结果与设定值进行比较，再按已确定的控制规律（例如 PID 规律或直接数字控制方法）进行控制计算，然后输出到执行机构对被控制对象进行控制，使被控制参数稳定在给定值上（如图 6.3 所示）。

3）特点：与 DPS 相比有以下几个特点。

a. 计算机参与了直接控制，系统经计算机构成了闭环，而 DPS 中是通过人工或别的装置来控制，计算机与对象未形成闭环。

b. 设定值是预先设定好后送给或存入计算机内的，控制过程中不变化。

4）优点：

a. 一台计算机可以取代多个模拟调节器，非常经济。这利用了计算机的分时能力。

b. 不必更换硬件，只要改变程序（或调用不同子程序）就可以实现各种复杂的控制规律（如串级、前馈、解耦、大滞后补偿等）。

c. 灵活性大，可靠性高，用它可以实现各种比较复杂的控制规律，如串级控制、前馈控制、自动选择控制以及大滞后控制等。正因如此，DDC 系统得到了广泛的应用。

（3）计算机监督控制系统简称 SCC（Supervisory Computer Control）系统，又称设定值控制（SPC—Set Point Control）。

1）结构：其结构有两种形式，一种是 SCC＋模拟调节器，另一种是 SCC＋DDC 控制系统，分别如图 6.4 和图 6.5 所示。

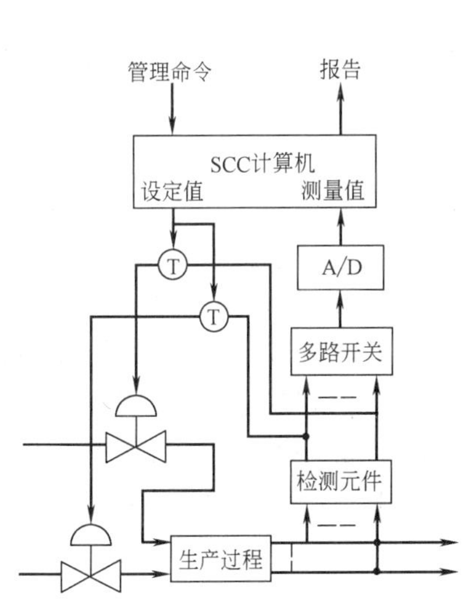

图 6.4　SCC＋模拟调节器控制系统原理图

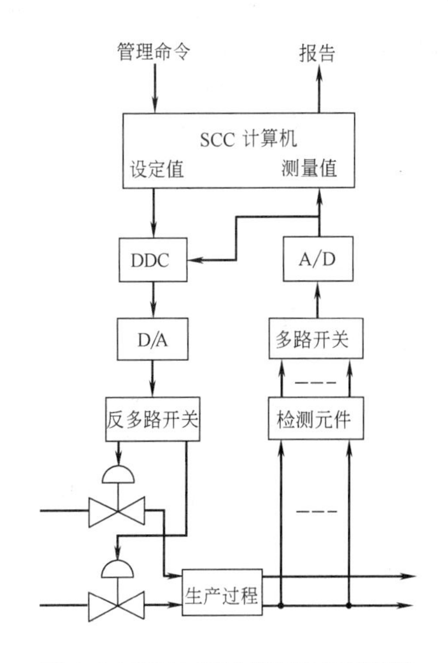

图 6.5　SCC＋DDC 控制系统原理图

2）工作原理：在计算机监督系统中，不断检测被控制对象的参数，计算机根据给定的工艺数据、管理命令和控制规律（例如过程的数学模型），计算出最优设定值送给模拟调节器或DDC计算机，最后由模拟调节器或DDC计算机控制生产过程。从而使生产过程处于最优工作情况。

3）特点：SCC系统较DDC系统更接近被控制过程变化的实际情况，它不仅可以进行设定值控制，同时还可以进行顺序控制、最优控制与自适应控制等。但是，由于被控制过程的复杂性，其数学模型的建立比较困难，所以，如果此时根据数学模型计算最优设定值，很难实现SCC系统。

4）优点：

a. 能根据工况变化，改变给定值，以实现最优控制。

b. SCC+模拟调节器法适合于老企业改造，既用上了原来的模拟调节器，又用计算机实现了最佳给定值控制。

c. 可靠性好。SCC故障时可用DDC或模拟调节器工作，或DDC故障时用SCC代之。

d. 仍有DDC的优点。

（4）分布式控制系统

分布式控制简称DC（Distributed Control）又称综合—分散控制系统，简称集散系统，是20世纪70年代发展起来的大系统理论，也有人称为第三代控制理论。由于有的被控制过程很复杂，设备分布又很广，其中各工序、各设备同时并行地工作，而且基本上是独立的，故系统比较复杂。大系统理论是把一个状态变量数目很多的大系统分解为若干个子系统，以便于处理。它以整个大系统的优化为目标，如产量最高、成本最低、能耗最低等。因为整个系统的优化并不完全等于各个子系统的分别优化的简单叠加。

1）结构：分布式控制系统是以微型计算机为主的连接结构，主要考虑信息的存取方法、传输延迟时间、信息吞吐量、网络扩展的灵活性、可靠性与投资等因素。常见的结构有：分级式、完全互联式、网状（部分互连式）、星状、总线式、共享存储器式、开关转换式、环形、无线电网状等结构形式。最常用的分级结构式如图6.6所示，它也称主从结构和树形结构式。

这种结构一般分为三级，即生产管理级MIS级、监督控制级SCC级以及直接数字控制级DDC级。在城市污水处理厂中MIS级就是整个污水处理厂的管理级，SCC级可作为泵站、污水处理系统、污泥处理与处置系统的监督控制系统，它的主要任务是用来实现最优控制和自适应控制的计算，调整下一级DDC控制的设定值，以及给操作人员发出指示等。MIS级和SCC级一般选用中小型计算机。DDC级用来对单体处理设施和设备进行巡回检测和数字控制。

2）特点

a. 分散性。这有两层含义，一是控制功能上的分散，各基本控制器控制不同的参数或对象；二是地理位置上的分散，各控制单元可分散在现场。因此，这种系统结构灵活，可采用积木式，即组合组装式，以便于扩展；另外可靠性高，现场某一控制单元出现问题不致影响其他单元，将单一计算机集中控制中“危险集中”化为“危险分散”，而且备用控制单元可随时切入。

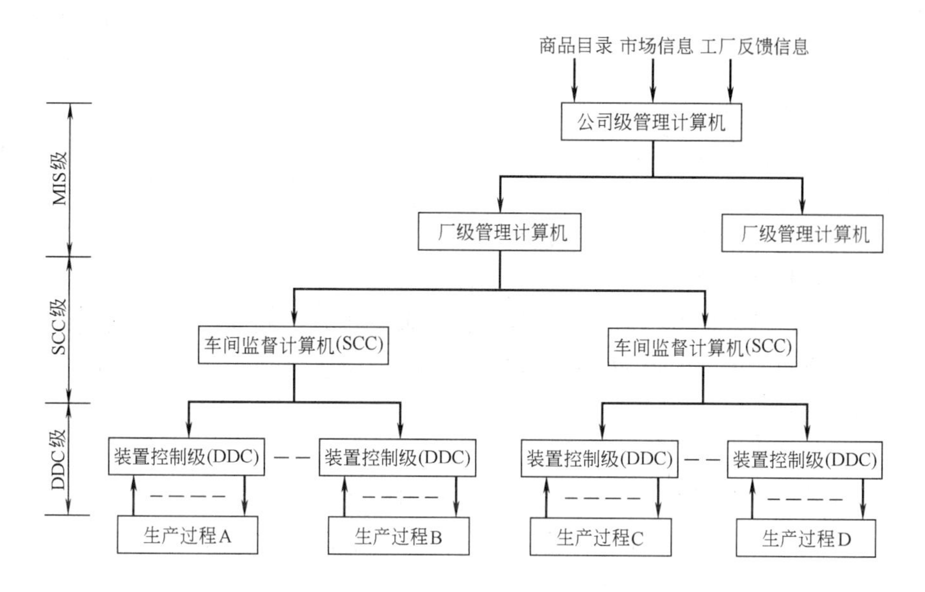

图 6.6 分级污水处理控制系统图

b. 集中性。用集中监视和操作，代替庞大的仪表屏，故而灵活方便。

c. 有通信功能。

国际上流行的 TDCS 有：TDC-2000，TDC-3000，New Centum，Yewpark，Septrum 等。

3）优点：

a. 有很高的可靠性。由于各种控制功能分散，每台微机的任务相应减少，功能更明确，可靠性提高。

b. 系统模块化，组成灵活，设计、开发和维护简便。这是由分布式控制系统的结构特点决定的。

c. 功能强、速度快。它能控制传感器和执行机构，实现控制算法，实现人—机对话，有通信功能进行信息交流，打印与显示数据，能进行自诊和错误检测等。

（5）IPC+PLC 控制系统

该系统是用高性能工业计算机（IPC）和可编程控制器（PLC）组成的集散控制系统。可以实现 DC 的功能，其性能已达到 DC 的要求，而价格比 DC 低得多，开发方便，IPC+PLC 系统在我国水处理行业自动化中得到了广泛的应用。该系统一般设有中控室，其控制环境较好。因此，管理和操作监控站可以采用高性能的 IPC 产品，现场控制站可以根据不同的控制要求灵活配置不同性能的 PLC 产品，使系统具有很高的性能、价格比。

该系统的特点是：

1）可以实现分级集散控制。

2）可以实现“集中管理、分散控制”的功能，将风险分散，大大提高了系统的可靠性。

3）组网方便，硬件系统配置简洁，很容易在网络中增减 PLC 控制器，来实现扩展网络的目的。

4）编程容易，开发周期短，维护方便。由于应用程序采用梯形图或顺序功能图编程，编程和维护方便。

5）系统内的配置和调整非常灵活。

6）与工业现场信号直接相连，易于实现机电一体化。

7）系统的分布范围不大。

按系统结构特点分类的污水处理控制系统如下：

（1）反馈控制系统

反馈控制系统是根据系统被控量与给定值的偏差进行控制的，偏差值是控制的根据，最后达到减小或消除偏差的目的。反馈控制系统由被控量的反馈构成一个回路，反馈控制系统是水处理控制系统中的一种最基本的形式。

（2）前馈控制系统

前馈控制是指在外部干扰的影响出现在控制系统之前，就进行必要的修正操作的控制方式。前馈控制是根据扰动量的大小进行控制的，扰动是控制的依据。由于前馈控制没有被控量的反馈，因此也称为开环控制系统。

（3）前馈—反馈复合控制系统

前馈—反馈复合控制系统能及时迅速克服主要扰动对被控量的影响。反馈控制又能检查控制的效果。所以，在反馈控制系统中，构成复合控制系统，可以大大提高控制质量。

此外，还有将这些方式组合在一起的复合控制、模糊控制、神经控制和专家系统等控制方式。

（1）模糊控制（Fuzzy control）

模糊控制是以模糊集合论、模糊语言变量及模糊逻辑推理为基础的一种计算机数字控制。在控制投加混凝剂量和控制泵的运行台数等实际运行中，都有应用模糊控制的实例。

（2）神经控制（Neuro control）

它是基于人类的神经网络的控制，也称神经网络控制，它能模拟人的思考方式来思考、学习和判断的一种控制方式。基于神经网络的智能模拟用于控制，是实现智能控制的一种重要形式，近年来获得迅速发展。

（3）专家系统

它是应用以专家的知识和经验为基础的专家系统的控制方式。可以认为，专家系统是一个具有大量专门知识与经验的程序系统。它应用人工智能技术，根据一个或多个人类专家提供的特殊领域知识和经验进行推理和判断，模拟人类专家做决策的过程来解决那些需要专家才能决定的复杂问题。简言之，专家系统是一种计算机程序，它能以专家的水平完成专门的而一般又是困难的专业任务，这当然包括控制问题。

6.2.2 污水处理厂控制系统的组成与特点

1. 污水处理厂控制系统的硬件组成与特点

简单地说，含有计算机并且由计算机完成部分或全部控制功能的控制系统，就叫计算机控制系统。严格地讲，计算机控制系统是建立在计算机控制理论基础上的一种以计算机为手段的控制系统。若计算机是微型机，则称微型计算机控制系统。计算机控制系统的简单示意图如 6.7 所示。

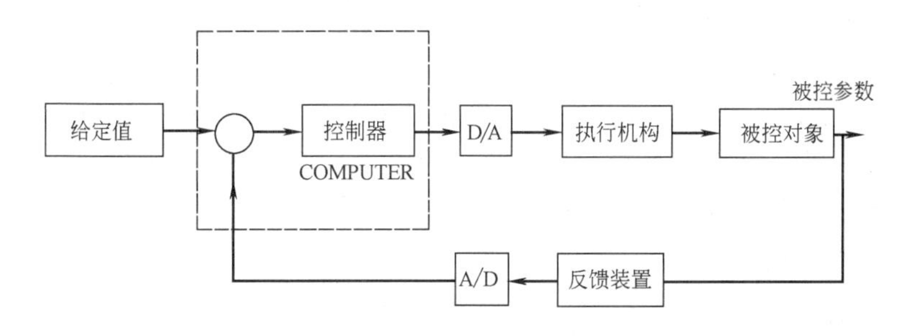

图 6.7 计算机控制系统

(1) 组成

1) 主机

主机是整个控制系统的指挥部，通过接口可向系统的各个部分发出各种命令，同时对系统的各参数进行巡回检测、数据处理、控制运算、报警处理、逻辑判断等，它犹如计算机的“大脑”。

2) 通用外部设备

它主要是为了扩大主机的功能而设置的，用来显示、打印、存储和传递数据等，如电传打印机、CRT 显示终端、纸带机、磁带录音机和磁盘驱动器、光盘驱动器、声光报警器等。这些设备就像计算机的“眼、耳、鼻、舌和四肢”一样，有力地增强了计算机的控制功能。

3) 接口

它是主机与被控对象进行信息交换的纽带。主机输入数据或者向外部发布命令都是通过接口进行的。根据功能及传送数据的方法可分为：1) 并行接口，如 PIO；2) 串行接口，如 SIO；3) 直接数据传送，如 DMA；4) 实时时钟，如 CTC。

4) 输入输出通道

它是计算机与被控制对象之间信息传递的通道，也相当于计算机与过程间的专用接口。由于计算机只能接收数字量，而一般被控对象的连续化过程大都是以模拟量为主，因此，为了实现计算机控制，还必须把模拟量变成数字量或把数字量再转换成模拟量，如 A/D，D/A 转换器。还有开关量（脉冲）输入和输出。

5) 检测仪表和执行机构

为了收集和测量各种参数，必须使用各种传感器、变换器等检测仪表设备。它们的主要功能是把被检测参数非电量转变为电量，如热电耦把温度变成 mV 信号。压力变送器把压力变成电信号等。这些信号转换成统一的计算机标准电平后再输入计算机。因此，检测仪表精度直接影响计算机控制系统的精度。在控制系统中，还有对被控对象直接起控制作用的执行机构，常用的控制机构有电动、液动和气动等控制形式，例如，污水处理厂中常用的计量泵、变速电机和调节阀等。

6) 操作台

它是人—机对话的联系纽带。通过人的操作，可以向计算机输入程序，修改内存的数据，显示被检测参数值以及发出各种操作命令，对被控对象实施有效的控制等。操作台主要由作用开关（包括电源开关、数据与地址选择开关、手动或自动等操作方式选择开关等）、功能键、CRT 显示和数据键等组成。

7）控制设备

控制设备有从接点继电器式到应用计算机技术的程序控制器和微型控制器的各种类型，见表 6.6。另外，对于进行复杂运算控制的情况，还有应用将工作站或微型计算机组合起来的信息处理系统。顺序控制设备有如下几种方式。

a. 有接点继电器式

有接点继电器式的控制设备很早以前就被广泛使用了。至今仍然如此。它具有能目视观察内部、维护管理方便、容易发现故障、抗干扰性能良好等优点，但也有难于避免的接触面磨损而造成的故障、寿命取决于开断动作的次数、响应慢、耗电多、体积大占据空间大、因其可动接点会因地震等震动造成误动作等缺点。

控制设备类型 **表 6.6**

<table>
<tr><th rowspan="2">控制方式</th><th colspan="2">控制设备分类</th><th rowspan="2">备注</th></tr>
<tr><th>大分类</th><th>小分类</th></tr>
<tr><td rowspan="5">顺序控制</td><td rowspan="2">有线逻辑控制盘</td><td>有接点继电器式</td><td rowspan="5">定性控制</td></tr>
<tr><td>无接点式(逻辑程序式)</td></tr>
<tr><td rowspan="3">固定程序</td><td>插接式(也包括旋转鼓式)</td></tr>
<tr><td>顺序控制器</td></tr>
<tr><td>微型控制器</td></tr>
<tr><td rowspan="2">反馈控制</td><td>模拟控制器</td><td>PID 调节器</td><td rowspan="3">定量控制</td></tr>
<tr><td>数字控制器</td><td>一环路控制器
微型控制器</td></tr>
<tr><td>前馈控制</td><td>数字控制器</td><td>一环路控制器
微型控制器</td></tr>
</table>

b. 无接点继电器式（逻辑顺序式）

显然无接点继电器式不存在有接点继电器式接触不良的问题，而且信号能量减小了，信号传递速度快，体积小。在顺序控制设备的设计和维修中，由于用印刷板作为单元模块而能实现标准化，因此作业容易进行。可是，在把晶体管、IC 适当组合进行连接时，与有接点继电器式相同。

c. 插接式

它是根据时间或输入条件按步进行和把复杂的条件判断组合在一起的控制设备。用插接板可任意进行输入条件、时限以及输出点数的设定。硬件能实现标准化并作为通用顺序控制设备使用。它适用于传输机的顺序动作和排泥等比较简单的顺序控制。此外用传送信号的端子把多台装置以串联或并联方式连接起来，可构成大型控制系统。

d. 程序控制器（存储顺序式）

它是以计算机技术为基础开发的控制设备。其顺序内容是以程序表的形式储存在

IC等记忆装置中，计算设备周期性地取出程序表，用对输入信息反复进行理论计算的循环处理方式。它具备有判断、分支和插入等各种功能。也就是说，顺序控制器是仅保留计算机功能中在顺序控制方面所必要的功能，排除其他多余功能的设备，设备的回路结构通常是同一的，对于控制对象的动作，都可通过已写入程序储存器中的内容的变化来进行。输入输出部分分别用数字、模拟从数点到数十点的卡片式，成为能够扩大的结构。总之，在构成控制回路时，具有无接线等优点。多用于污泥脱水、污泥焚烧等复杂的顺序控制。

在反馈和前馈控制中主要有以下三种方式。

a. PID调节器

用PID调节器可以进行模拟控制，它具有适合于表示各过程变量间的相互关系、能定性把握变量随时间的变化趋势、故障对设备的影响范围小等优点。

b. 一环形控制器

是内装微处理器的DDC（直接数字控制）专用的控制器，可进行一环路控制。控制多环路的数字仪表发生故障时对设备的影响大，而在一环路控制器中，因为将控制划分作为一个环路，因此具有与模拟仪表同等的危险程度。

环路控制往往构成二重三重的串级环路，而1台1环路控制器包含各种控制和计算功能，故可利用简单程序表实现这些功能。

c. 微型控制器

微型控制器是作为下位计算机开发的装置，在中央处理装置上增加记忆装置和输入输出仪表用的接口控制回路，能完成最基本的计算机功能的装置。微型控制器体积小消耗电力少，但功能较强使用方便。

微型控制器的利用除了作为包括DDC和顺序控制的计算控制，由上位计算机计划的设备控制和远距离的末端设备外，还要考虑将来处理厂扩建和改造后，仍能用作控制和信息处理。

（2）计算机控制系统的基本特点

1）出、入计算机的信号均为二进制数字信号，因此需要D/A和A/D。A/D和D/A两个转换过程将对系统的静态和动态性能产生影响。这是计算机控制系统碰到的一个特殊问题。

2）控制信号通过软件加工处理，充分利用了计算机的运算、逻辑判断和记忆功能，因而改变控制算法只要改编程序而不必改动硬件电路。

由于上述两个基本特点，给计算机控制系统带来了一些崭新的设计方法。

控制用的计算机主要对被控制对象的生产过程进行实时控制，一般是连续的，且现场条件远不如实验室，计算机故障对整个系统有重大影响，因此，与一般科学计算或数据处理计算机相比，对控制计算机有以下特殊要求：

1）可靠性高；

2）环境适应性强；

3）实时性好；

4）有较完善的I/O通道设备；

5）有完善的软件系统；

6）有较强的中断处理功能；

7）对字长、速度和内存容量要求不算太高。

从信息转化与使用角度看，计算机控制系统的控制过程可归纳为以下三个方面：

1）实时数据采集：即对被控制量的瞬时值进行检测和输入。

2）实时决策：对实时的设定值和被控制的数值进行已定的控制规律运算，决定下一步的控制过程。

3）实时控制：根据决策，适时地对执行机构发出控制信号。

上述的实时概念，是指信号的输入、计算和输出都要在一定的时间（采样间隔）内完成。越过了这个时间就失去了控制的时机，控制也就失去了意义。实时的概念也不能脱离具体过程，例如对炉温和液位控制，在几秒之内完成一个上述周期，仍认为是实时的，而对一个火炮控制系统，当目标状态变化时，必须在几毫秒之内及时控制，否则就不能击中目标了。对城市污水处理厂为代表的生物处理过程的控制，在几秒甚至更长时间内完成一个上述周期，也是实时的。

虽然被控制对象、被控制参数和控制计算机的硬件设备千差万别，种类繁多，但从计算机控制系统的结构来说，主要有以下两种形式：输出反馈型和状态反馈型。前者适用于经典控制理论为基础的控制方法，后者适用于现代控制理论为基础的控制方法。

2. 污水处理厂控制系统的软件组成与特点

作为一个完整的控制系统，需要具有其他计算机控制系统那样的控制软件、人机接口软件。而组态软件是控制系统集成、运行的重要组成部分。

组态软件指一些数据采集与过程控制的专用软件，它属于自动控制系统监控层一级的软件平台和开发环境，能以灵活多样的组态方式提供良好的用户开发界面和简捷的使用方法，其预设置的各种软件模块可以非常容易地实现和完成监控层的各项功能，并能同时支持各种硬件厂家的计算机和I/O产品，与高可靠的工控计算机和网络系统结合，可向控制层和管理层提供软件、硬件的全部接口，进行系统集成。其中控制层对下连接控制层，对上连接管理层，它不但实现对现场的实时监测与控制，且常在自动控制系统中完成上传下达、组态开发的重要作用。

组态软件主要由以下几部分组成：

（1）通信组态与控制系统组态，生成各种控制回路、通信关系，明确系统要完成的控制功能，各控制回路的组成结构，各回路采取的控制方式与策略；明确节点与节点间的通信关系。实现各现场仪表之间、现场仪表与监控计算机之间以及计算机与计算机之间的数据通信。

（2）监控软件包括实时数据采集、常规控制计算和数据处理、优化控制、逻辑控制、报警监视、报表输出和操作与参数修改。

1）实时数据采集，将现场的实时数据送入计算机，并置入实时数据库的相应位置。

2）常规控制计算与数据处理，如标准PID、积分分离、超前滞后、比例、一阶、二阶滤波、输出限位等。

3）优化控制，在数学模型的支持下，完成监控层的各种先进控制功能，如专家系统、预测系统、人工神经网络控制和模糊控制等。

4）逻辑控制，完成如水泵的开、停等顺序启动过程。

5）报警监视，监视水处理过程中有关参数的变化，并对信号越限进行相应的处理，如声光报警等。

6）运行参数的画面显示，带有实时数据的流程图、棒图显示、历史趋势显示等。

7）报表输出，完成水处理报表的打印输出。

8）操作与参数的修改，实现操作人员对生产过程的人工干预、修改给定值、控制参数、报警限等。

(3) 维护软件。用于对现场控制系统软硬件的运行状态进行监测、故障诊断以及某些软件测试维护工具等。

(4) 仿真软件。用于对控制系统的部件，如通信节点、网段、功能模块等进行仿真运行，作为对系统进行组态、调试、研究的工具。

(5) 现场设备管理软件。用于对现场设备进行维护管理的工具。

其中文件管理、数据库管理也是组态软件的组成部分。

6.3 污水泵站的自动控制及其设备

污水泵站的运行控制也可分为手动控制和自动控制两大类，手动控制是根据运行操作人员的判断用手动方式进行的，而自动控制是指操作人员不介入的状态下自动完成的。手动运行控制又可分为个别控制、一人控制和远距离控制三种不同方式。一般来说，这三种方式也经常组合起来应用。泵的控制设备在有关的机械设备与装置中占有重要的地位，如果它的某一部分出现故障会导致某一台泵或整个泵站运行的瘫痪。因此，有关管理与操作人员不仅要熟悉与掌握所有控制设备的构造与特性，而且平时要定期地进行检查与维修，以确保污水泵站的连续与可靠运行。

6.3.1 污水泵站的自动控制

为了保证污水泵站的安全可靠运行。无论是手动控制还是自动控制，都应当有完善的控制设备。一人控制时，由人来决定泵的运行和停止，仅用开关就可按一定的顺序对包括辅助设备在内的有关泵的设备进行启动或停止的联动操作；通过闸阀调节压水管上闸阀的开启度，此外，还应设置各种保护与报警装置对泵站的运行监视。这种控制方式一般用于污水泵站与污水处理厂设在同一地点的情况下，当不在同一地点时，应当应用远距离自动控制。

1. 检查与维护

图 6.8 给出了污水泵的有关控制设备与仪表，它们的检查与维护有以下几项。

(1) 日常检查。

日常检查的项目、内容和周期可参考表 6.7，更详细的检查可参照有关的使用说明书。

(2) 定期检查。

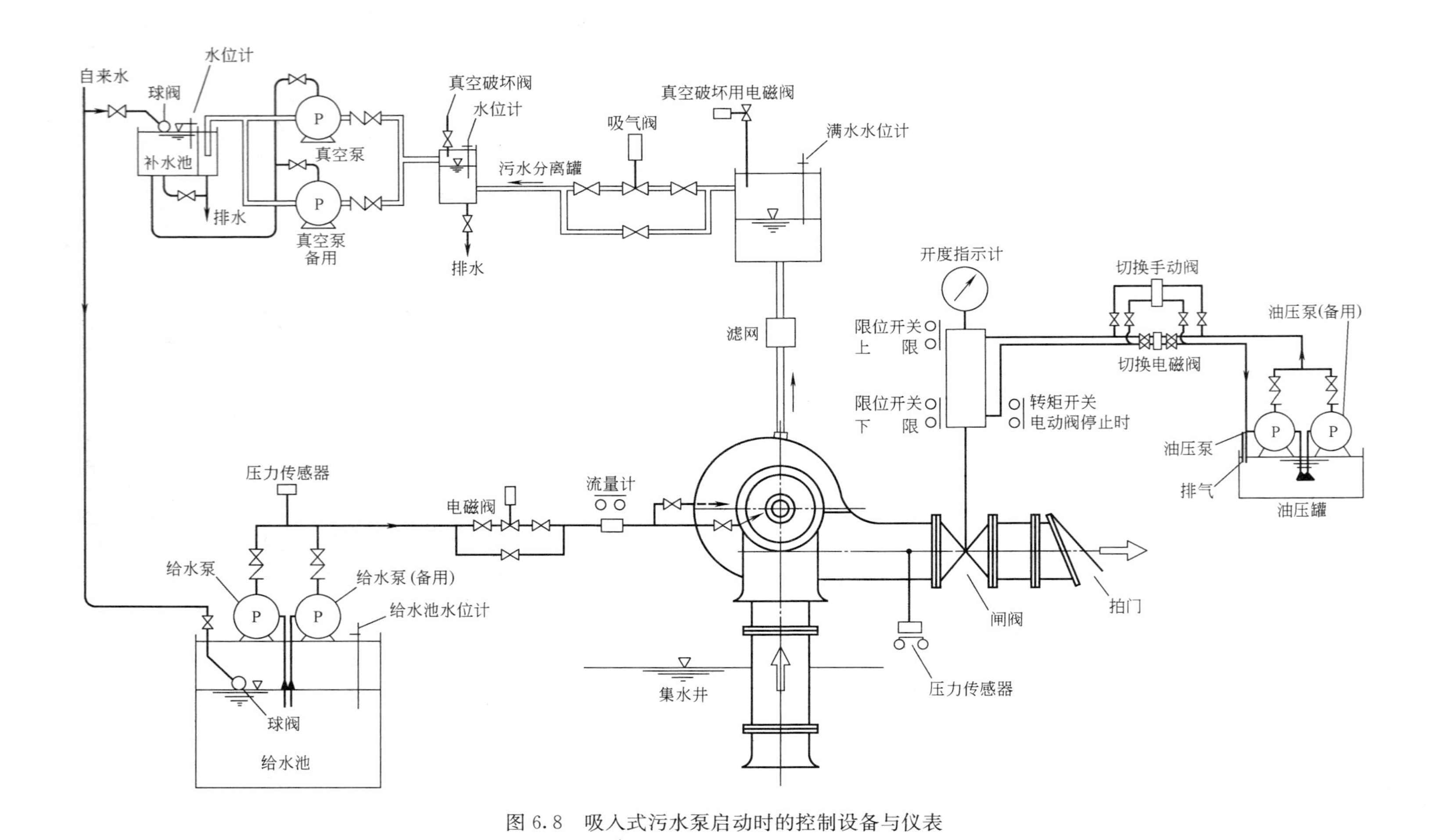

图 6.8　吸入式污水泵启动时的控制设备与仪表

污水泵站中日常检查的项目、内容和周期　　表 6.7

检查项目	检查内容	检查周期
1. 操作盘、监视盘和控制盘上的指示灯 2. 控制设备的异常声音 3. 各种线圈的变色和异味 4. 各种机械设备的损坏 5. 室温	是否断路,明亮度是否异常,检查指示灯是否损坏敲击后声音是否正常,运行时有无异常现象和声音有无变色或异味。 有无外部损坏,并注意周围情况的变化。 测定室温(0～40℃),要避免日光直射电子线路	1 日～1 周

定期检查的项目、内容和周期可参考表 6.8 来进行。根据具体情况，依照某些机器设备的使用说明书，制成检查项目内容表将便于检查。另外，应当保证定期检查所必要的测定仪表、操作工具和备用物品等齐备。

定期检查的项目、内容和周期　　表 6.8

检查项目	检查内容	检查周期
1. 电磁阀	(1)拆卸后清洗内部 (2)比较清洗前后的运行状况 (3)检查有无杂音和异常情况	适当
2. 和污水有关的闸阀和电动阀	(1)拆卸后清洗内部 (2)检查隔膜式闸阀的隔膜是否损坏 (3)检查电动阀的腐蚀和磨耗状况,适当加油	
3. 限位开关	(1)检查限位开关的工作与开启度之间的关系 (2)检查接点是否脏污,若脏污,用干布擦拭	
4. 滑板阀、制动阀、油压式切换电磁阀	检查工作情况,闸阀开启与闭合情况	
5. 污水分离罐、补充水池、油罐等的液位计	(1)确认设定的液面 (2)确认在设定液面的动作状况 (3)清洗有关部件	
6. 压力继电器、压力开关	(1)校正工作压力和设定值一致 (2)确认在设定压力下的工作情况	
7. 流量继电器	(1)确认设定值 (2)调节水流、确认工作状况	
8. 温度继电器	(1)校正工作值与设定值一致 (2)提高水温、确认工作状况	
9. 高速、低速、定速继电器、电气转速计	(1)校正工作值与设定值一致 (2)根据电动机的实际运转情况,确认各设定的工作状况	不定期(备用发电设备一年)
10. 终端台、连接器	(1)清除灰尘,使线路编号容易辨认 (2)检查线路是否接好,接线柱是否松动 (3)检查连接器是否腐蚀,变形,松动及变色等	1 年
11. 定时器	(1)校正设定值 (2)对照标准时间测定工作时间 (3)用干布擦拭接点的污垢	不定期

应当说明的是表 6.8 是针对用自来水作为水封和冷却水的情况。如果使用含有细小悬浮物的井水或污水处理厂处理水，其检查周期应当适当缩短，还要定期清洗各种给水排水池等。此外，不仅要检查每个仪器和设备，还要进行包括控制电路在内的保护联动试验，

以确认电路是否异常。

（3）由于控制电路只要在启动、停止和增减负荷时就动作，很容易发现其故障。而保护电路只有在发生故障时才动作，不易发现其存在的隐患。因此，有必要认真检查保护电路。

（4）高压与低压动力电路，控制电路和仪表电路的绝缘电阻的测定应分别进行。

2. 启动

启动应注意以下事项。

（1）在启动泵时，既要确认泵本身也要通过操作盘的指示灯等，确认有关联动机构是否处于启动状态，然后打开操作开关。

（2）图6.9是泵的启动指令发出后，泵轴水封、冷却、润滑、有关吸水辅助设备和有关联动机构的动作，电动机的启动、压水管闸阀开启状态等一系列过程的流程图。用电流表、指示灯和经过时间等依次检查上述过程是否顺利进行。

（3）进入正常运转时，记录电流、功率、转数、压水管闸阀的开启度、运转启动时间等必要事项。

（4）由于有关联动机构的故障，泵在启动过程中停止时，假如又正在下雨，必须尽快启动泵，而且又没有足够的时间来修复的情况，将控制方式改为单个手动控制，然后重新启动。

（5）由于吸入式泵启动时需要几分钟的吸水时间，应当考虑到吸水所需的时间，提前开始启动的准备工作。

（6）一般来说，正常的运转控制方式都是联动运行的，发生故障时很难迅速地改变控制方式。因此，应当有备无患，特别是对于水泵电机的启动，即使在电气系统发生故障时，机械部分也能运转，这一点应充分认识到。

3. 运转

运转时应注意以下事项。

（1）运转时在一定的时间周期或适当时候，除了通过监视盘掌握联动机构的运行状况之外，还应当巡视泵的运转现场、检查并记录电流、压力、流量、压水管闸阀的开启度、转数、振动、温度、水封、冷却水、润滑水等有关位置的状况或有无异常现象。

（2）对于雨水泵的运转，应当密切注视雨量计、沉砂池及干管水位计的指针变化，注意天气预报，经常维持在低水位运转。

4. 停泵

停泵时应注意以下事项。

（1）图6.10表示从发出停泵指令到泵停止运转的联动机构动作顺序流程图，应当检查是否按上述顺序停泵。

（2）停泵后，检查有关联动机构是否处于能够启动的状态。

（3）对于吸入式启动的污水泵，由于满水水位计的滤网经常被悬浮物堵塞，因而应当到泵的运转现场检查是否有堵塞现象。

污水泵站的自动控制是指以污水泵站集水池的水位和流量为控制指标，并根据由此发出的信号，自动运转污水泵。其控制装置是由水位与流量传感器、调节仪表和操作设备等组成。由于水位计和流量计等是污水泵站自动控制系统的“眼睛”，因此，在对它们的维护管理中，最重要的是保持它们的精度并能无故障地长期连续使用。因此不仅应当做到定期检修，而且在认为测定值不可靠时应当及时修理与调试。

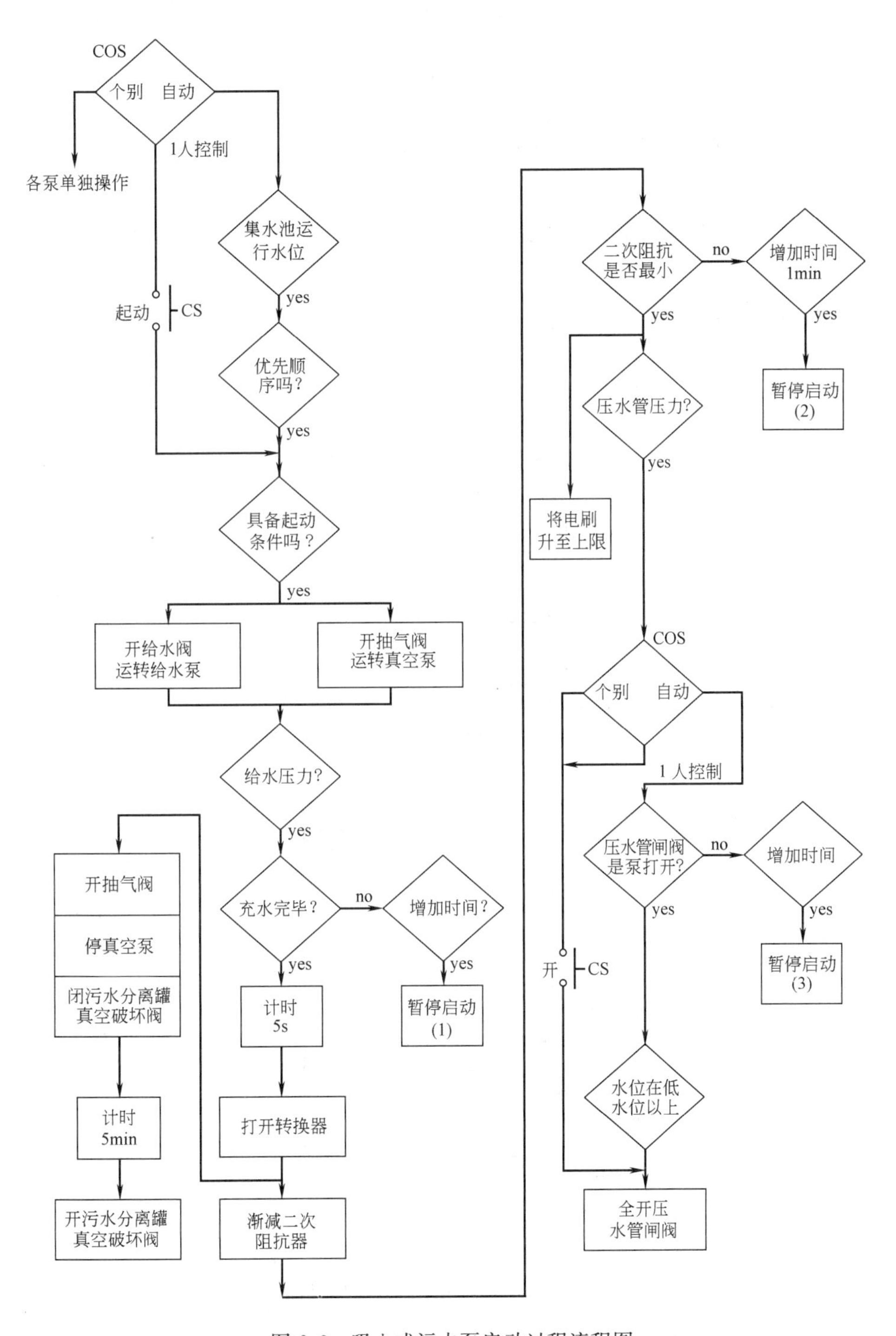

图 6.9　吸入式污水泵启动过程流程图

再具体地说，污水泵的自动控制是根据污水泵站集水池的水位计给出的测定值，保持某一范围的水位，根据流量计维持设定的流量，来自动进行污水泵的启动、运转、电机转

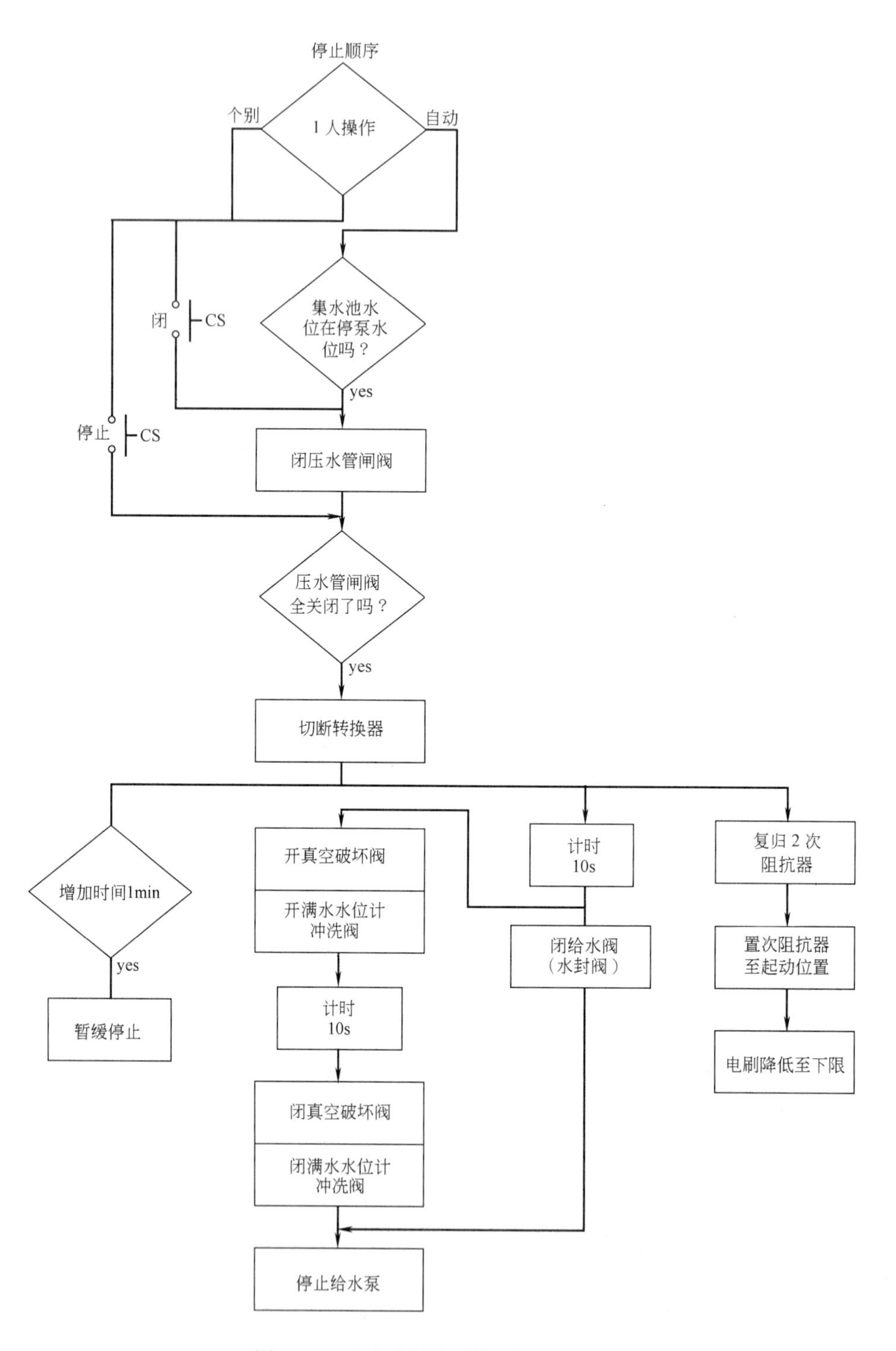

图6.10　吸入式污水泵停泵过程流程图

数和压水管闸阀开启度的调节、停泵等一系列操作。由于季节变化或服务面积的增减引起流入污水量变化时，应及时将运转的设定值调到最优。此外，为了使污水泵的运转时间平均化，还应当进行开启的优先顺序和运转机组的选择。当进行自动化记录时，应当经常检查启动和停泵等是否按照设定值动作。

6.3.2 污水泵站的远距离监视控制

远距离监视控制是指通过有线或无线通信，由设在远处的监视控制盘发出对被控制对象的状态监视和控制所必要的操作指令和动作监视。在这种控制方式中，远距离监视控制设备具有监视、控制和检测等三种功能，因此又称遥感遥测遥控设备。远距离监视设备又分为具有监视和检测两种功能和只具有监视一种功能的设备，一般前者称遥感遥测设备，后者称遥感设备。此外，远距离监视控制方式中，又分为操作人员分别进行监视、判断和操作的方式，和在具备自动控制与自动操作设备基础上操作人员仅作出判断给出设定值的指令的方式，以及具有上述两种功能的方式等不同的控制方式。

除以上功能以外，根据管理方法不同，有的还能给出记录机器的运行、停止和检测值等每日和每月的报表。另外，由于信号及其传送方法的不同，控制场所与被控场所的联络方式也有很多种类型。在这里着重介绍的是最近广泛采用的定时远距离监视控制设备。

1. 检查与维护

远距离监视控制设备大都用电子控制线路，其功能的模块化示意图如图 6.11 所示。它可分为控制设备和被控制设备。在控制设备中，有位于设备外部监视控制盘上的选择开关及控制开关相连接的输入继电器电路、还有将该输入继电器电路的动作进行符号化处理的符号化电路，以及将该符号变换为序列符号的 PS 变换器，还有将作为序列的脉冲符号进行调制处理的信号传送设备——调制器等。控制设备通过绝缘圈和通信线路连接。在被控制设备中，有将从通信线路传送过来的调制信号变为脉冲符号的信号传送装置——解调器、有将序列脉冲变为符号的 SP 变换器，有将符号变为开关信号的数号化电路，还有接受上述信号的输出继电器电路等。用该继电器来控制污水泵等外部机械。同样，被控制对象的状态从被控制设备通过通信线路被送到控制设备，然后在监视控制盘中通过仪表等显示出来。

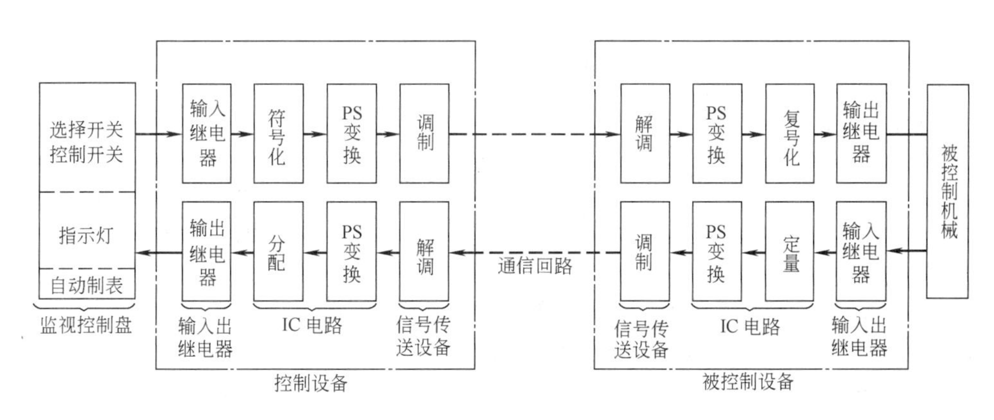

图 6.11 远距离监视控制设备的功能模块图

根据各地区的实际情况，远距离监视控制装置的监视控制盘和控制设备等的检查和维护可参考表 6.9 和表 6.10 所列举的内容来进行。一般日常检查主要由操作人员来完成，定期检查主要由专门人员来承担。还应当认真做好检查、维修和故障及其处理情况的记录，以便在以后的工作中参考。

远距离监视控制污水泵日常检查的项目、内容和周期 **表 6.9**

<table>
<tr><th>检查项目</th><th>检查内容</th><th>检查周期</th></tr>
<tr><td>1. 信号传送装置的状态表示</td><td>检查表示装置动作状态的指示灯是否正常,有无异常现象</td><td rowspan="4">1日</td></tr>
<tr><td>2. 监视控制盘</td><td>见表6.7</td></tr>
<tr><td>3. 机器状态的显示</td><td>检查被控制机器设备和电机的状态是否正常</td></tr>
<tr><td>4. 各种仪表的显示值</td><td>检查电压、水位和流量等的仪表显示值与当时的运转状态是否一致</td></tr>
<tr><td>5. 电源电压</td><td>用附属电压表检查其规定电压,还要检查蓄电池的电压、电流和液位等,6个月左右均等充电一次</td><td>1月</td></tr>
<tr><td>6. 打印设备</td><td>(1)检查色带和打印纸是否用完
(2)检查打印结果是否清晰
(3)检查时间是否正确
(4)检查打印机等有无异常声音</td><td>适当</td></tr>
</table>

定期检查的项目、内容和周期 **表 6.10**

<table>
<tr><th colspan="2">检查项目</th><th>检查内容</th><th>检查周期</th></tr>
<tr><td rowspan="4">构造检查</td><td>1. 清扫</td><td>用于布擦拭清扫信号传送装置和自动制表设备控制盘内部等地方的灰尘</td><td rowspan="10">1年</td></tr>
<tr><td>2. 配线及打印机底板</td><td>(1)检查焊接的情况
(2)检查打印机底板的部件的异常颜色,各部件的连接与接触状态等
(3)是否有短路或断路
(4)检查电容器是否变形、有无漏液,5～6年应更换一次</td></tr>
<tr><td>3. 开关类</td><td>(1)检查调节选择开关
(2)确认各种开关是否松动或不好用</td></tr>
<tr><td>4. 打印设备</td><td>(1)检查打印机和风机等动作时的异常声音
(2)清扫风机上的过滤器</td></tr>
<tr><td rowspan="6">功能检查</td><td>5. 连接线路的绝缘</td><td>用500V的高阻表测定连接线间和对地间的值</td></tr>
<tr><td>6. 信号传递装置的检查</td><td>(1)测定发送和接收信号的稳定性
(2)测定发送信号稳定性的变动
(3)测定电源装置的输入输出电压</td></tr>
<tr><td>7. 显示信号反转试验</td><td>使被控制设备的显示信号反转,并送到控制设备,由此检查在逆状态下设备给出的显示和顺序等</td></tr>
<tr><td>8. 改变电压试验</td><td>使IC、理论电路及其他电路的电压在±(5～10)%变化,在这个变化范围内装置的某一部分发生异常情况时,检查出问题的各部件,或者及时更换。由于IC电路的最大额定电压比较低,试验时要小心</td></tr>
<tr><td>9. 迟滞试验
10. 电话装置
11. 有关软件的检查
12. 校正遥测计</td><td>模拟产生控制迟滞、显示迟滞,确认没有误操作,迟滞时是否显示和警报。
检查电话的呼叫与通话情况。
(1)检查程序存贮的内容
(2)用测试程序检查软件功能
通过模拟输入进行遥测计校正</td></tr>
<tr><td>13. 警报与显示检验
14. 控制机器检验
15. 打印设备检验</td><td>对单独状态,选择操作中的状态,试验中的状态变化等进行检验。
对于实行控制时也不出现故障的部件进行机器的实际操作试验。
检查在任意、定时、日报表、故障等各项作表是否正常,检查是否需要更换存贮备用电池等</td></tr>
</table>

硅、半导体和集成电路（IC）等半导体电路的检查与测定等应注意如下事项。

（1）在拔出或插入印刷电路板时，应切断电源，使其电压为零后再进行。

（2）无论集成电路印刷板的导电部分是否有电，都不准用手去触摸。

（3）在焊接电路板时，不仅要把需要焊接的印刷电路板拔下，还应当将其他有关联的印刷电路板拔下。

（4）为了防止输入输出端的错误和其他短路现象，测定时必须使用专用的适配器。

（5）因为运转中有时会出现误动作，因此不要接测定器。

（6）由于电泳等波动，IC易于损坏，不要用电铃或其他蜂鸣器等检查IC电路的配线。

在检查和测定故障部位时，特别是对于半导体电路而言，测定精度的要求较高，因此应当使用与被检查设备的性能十分吻合的检查仪器。另外，应当请熟悉设备的专业人员来进行检查和测定。

2. 启动

对于远距离监视控制设备的启动，应注意如下事项。

（1）当接通被控制设备和被控制机器操作盘等电源后，检查其动作是否正常。

（2）接通控制设备电源后，用附带的电压表检查电源电压是否为规定值。

（3）检查监视控制设备本身动作状态的指示灯是否正常。

（4）检查监视控制器的状态和检测值是否正常。

有关污水泵的启动、运转、和停机等注意事项请参阅本章前一节有关内容。

6.3.3 排水泵站计算机控制与管理系统的应用

在我国许多城市中，合流制排水体制以及相应的排水管道和排水泵站仍然大量存在。对合流制排水泵站来说，由于雨季和旱季、雨天和晴天、夏天和冬天、白天和夜间等雨水和污水量及变化速率都不相同，如果采用手动控制和一般的自动控制，势必造成水泵机组的频繁启动与停止，并往往偏离水泵的高效区运行。这不仅增加了操作人员的工作强度、大大增加了耗电量，而且也增大了对机组等设备的损耗，其运行的可靠性也难于保证。因此，对我国各城市中原有的排水泵站的控制系统进行改造，使之实现微机控制，也是一项重要而有意义的工作。本节以H市排水泵站实现微机控制与管理为例，介绍有关内容。

H市某合流制排水泵站的设计排水量为：雨水15m^3/s，污水0.5m^3/s，汇水面积428.8万m^2。现有5台轴流泵和3台立式污水泵，集水池设置2台除污机。采用传统的继电—接触器控制，其控制方式落后，水泵机组启动频繁，运行效率低。经过对其控制系统的改造，实现了微机控制与管理，具有优化自动控制、自动记录机组的运行状态、累计排水量与耗电量，定时打印运行报表等功能。

（1）水泵机组的控制策略

目前，国内排水泵站水泵机组的控制，多数都根据集水池水位控制水泵投运的台数，水位高时多开泵，水位低时少开泵。显然仅仅根据水池水位来控制水泵是不科学的，因为水位只反映集水池中存贮的水量多少，水位高低不能表示进水量的大小。假如水池水位起始时很高，但进水量很少，多开泵必然很快将池水抽干，造成水泵的频繁启停。而在集水池水位很低、运行的水泵台数很少时，下了暴雨，由于只凭集水池水位决定水泵运行台数，这时集水池水位可能迅速升高而溢出。如果一下雨就盲目增加运行泵的台数，又可能造成水泵的频繁启停。这是因为上述控制策略只考虑了集水池的水位高低，并没考虑其水位变化速率。因此，不仅要根据水位，还应考虑水位的变化率，根据集水池的进水流量 Q_{in} 优化设定投运水泵的台数，使水泵的排水量追随进水量的变化，力求维持两者基本平衡。这样，将水位控制在一个较小的范围内波动，并且避免了水泵的频繁启停。

对于一定的进水量投运几台水泵合理，这是优化问题，即在实现上述控制目标时，寻找一个耗能最少的方案。为此，使控制投运的水泵在高效区运行，并且用高效区的最大流量 $Q_{out,max}$ 计算投运泵的台数 N。

$$N=\left[\frac{Q_{in}}{Q_{out,max}}\right]$$

式中括号表示整量化，即除去计算出 N 值的小数部分，整数部分加 1。

以上控制策略可归纳为，根据进水量控制投运水泵的台数，使水池的进出水量呈现动态平衡，力求维持水泵在高效区工作。

（2）流量检测

在工程上，实现上述控制策略，流量检测问题必须解决，因为制定控制方案要根据进水流量，另外在计算单耗（耗电量与排水量之比）指示时也要检测流量。对于 H 市这样的排水泵站，采用间接检测流量的方法即可，其一检测精度可以满足要求，其二安装流量计势必增加管路损失，降低效率，且投资估计要高 10 倍。

根据流体力学与泵的理论，可以通过检测泵的扬程 H，然后根据水泵性能曲线，求出该泵的流量 Q_{out}。若几台泵同时并联运行，并计入集水池蓄水量的变化，则集水池的进水量 Q_{in} 为：

$$Q_{in}=\Sigma Q_{out}+\frac{\Delta h}{\Delta t}\cdot S \tag{6.1}$$

式中　Δh——集水池水位在 Δt 时间内的变化高度；

S——集水池面积。

根据扬程的定义，用单位重量的液体，通过水泵后其能量的增量来计算。

$$H=\Delta Z+\frac{P_d+P_v}{r}+\frac{V_2^2-V_1^2}{2g} \tag{6.2}$$

式中　ΔZ——真空表与压力表的高度差（图 6.12）；

P_d——泵出口压力表读数；

P_v——泵入口真空表读数；

r——污水或雨水的容重；

V_1——吸水管中的流速；

V_2——压水管中的流速。

在实际工程中计算，由于水泵的型号和管径等几何尺寸都是特定的，因此可用下式计算

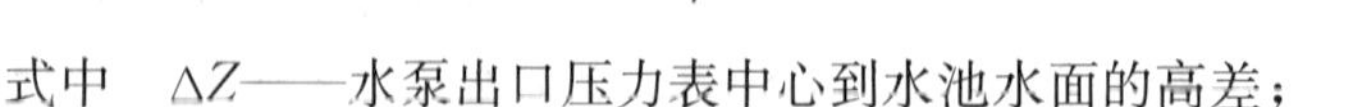

$$H=\Delta Z+\frac{P_d}{r}+AQ^2 \tag{6.3}$$

式中　ΔZ——水泵出口压力表中心到水池水面的高差；

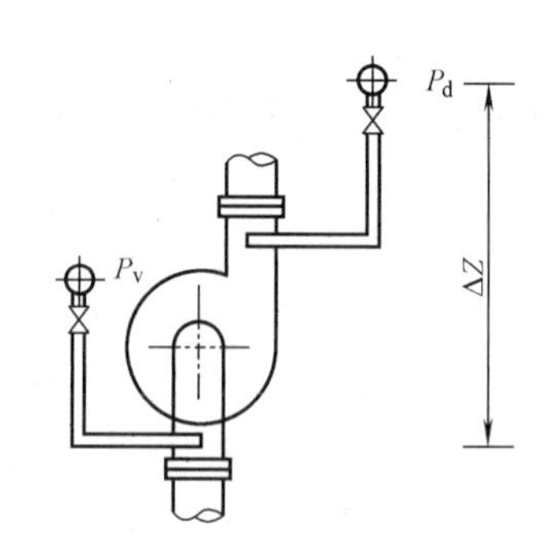

图 6.12　真空表与压力表安装位置

A——系数，通过实验确定。

上式右侧含有未知量 Q，通过计算机逐次逼近至所要求的精度，最后求出扬程 H。

用最小二乘法拟合水泵特性曲线，分别表达为：

$$Q_{雨}=3326.156+157.118H-30.299H^2 \tag{6.4}$$

$$Q_{污}=542.502-23.220H-0.161H^2 \tag{6.5}$$

存入微机，运行时根据扬程适时计算出流量。

(3) 系统组成与功能

整个系统由三个子系统组成：水泵机组的控制与泵站管理自动化系统；除污机自动控制系统；应用电视系统。

水泵机组的控制与泵站管理自动化系统是整个系统的核心，采用一台 STD 总线工业控制机对运行工况进行监视，优化控制水泵机组的启停、定时与随机打印报表等自动化管理工作。

微机系统的结构框图如图 6.13 所示。

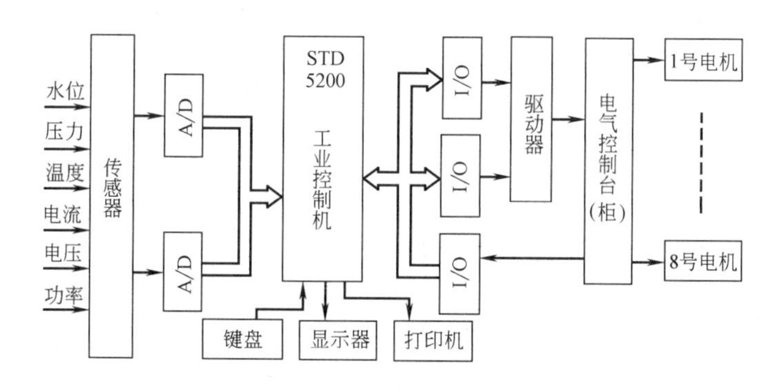

图 6.13　微机系统结构框图

系统设置了检测与控制两种方式。用转换开关切换，开关在任一位置，系统都有故障报警功能。

考虑到个别机组因故障或检修等原因不能投入运行，在集中操作台上每台机组都设置一个操作转换开关。不具备运行条件的机组转换开关置于“手动”档，使该机组与微机系统脱离。运行状态参量在相应的模型图上显示，每隔 1min 刷新 1 次，只要键入相应的命令即可显示所要的画面。

(4) 软件设计

软件设计采用了模块化结构，操作指令均为单键置入，为用户提供了尽可能简便的操作方法，对于操作人员的任何误操作，均能保护系统不中断运行，系统运行可靠。

应用软件采用 BASIC 语言和汇编语言相结合的方法，解决了计算精度、执行速度、指令功能以及图形显示的需要。

在机组模型图的设计中，采用了显示汉字的方法。首先，设计了一些基本的图形(16×16点阵)元素存入汉字库，再调用它们构图。在供电系统图、泵站及水位模拟图的设计中，利用了微机的图形功能，使模拟图形象逼真。图 6.14 为系统主程序流程图，图 6.15 为子程序流程图，图 6.16 为开污水泵子程序流程图。

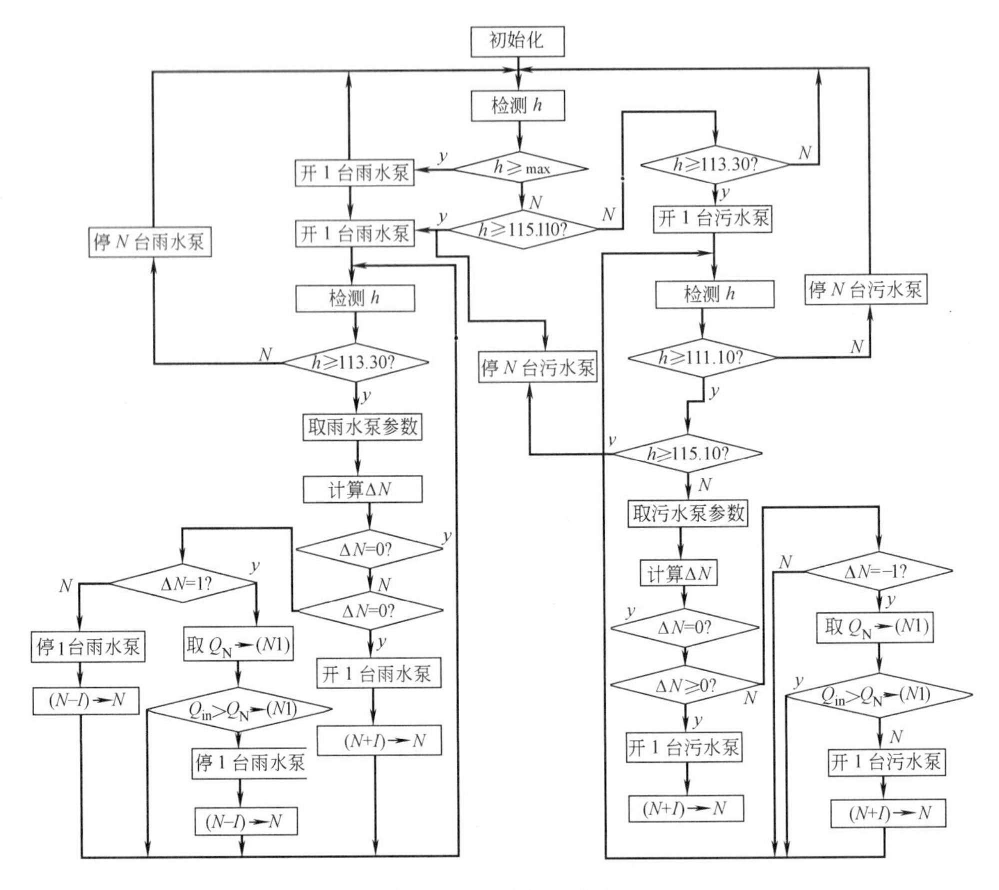

图 6.14　主程序流程图

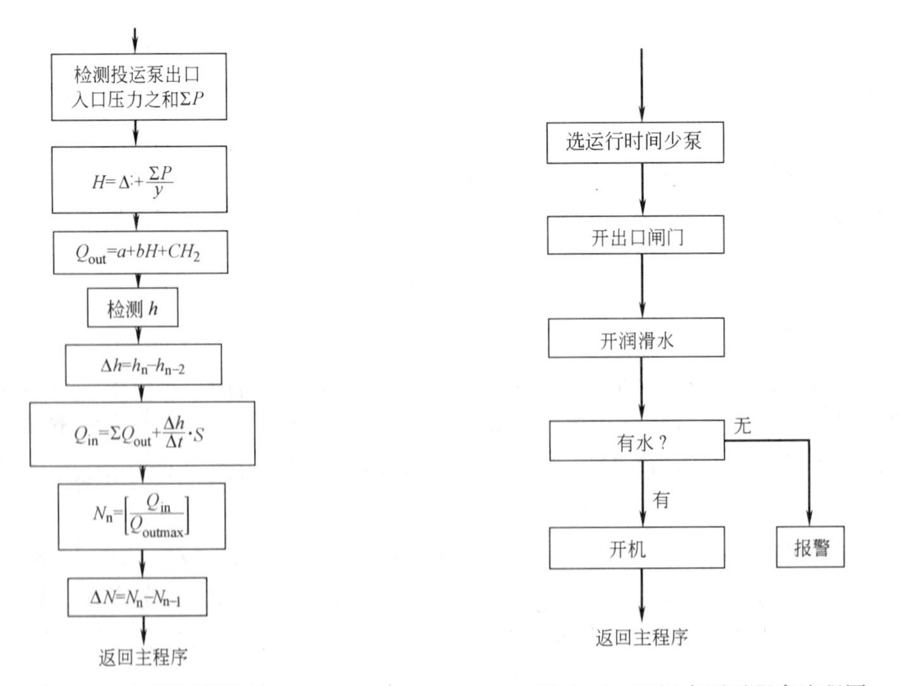

图 6.15　子程序流程图

图 6.16　开污水泵子程序流程图

该微机控制与管理系统投入使用以来，解决了频繁启停泵的问题，提高了工作效率和运行的可靠性，受到好评。限于经费，该排水泵站还没有配套的交流调速设备。如果能采用交流调速技术，按上述控制策略该控制系统将能得到更满意的控制结果。

6.4 污水一级处理的过程控制

污水一级处理：主要去除污水中呈悬浮状态的固体污染物质。其反应池包括污水预处理设施及初次沉淀池。

本书将以污水预处理设施及初次沉淀池为例，介绍污水一级处理相关的运行控制。

6.4.1 污水预处理设施

1. 进水闸门的控制

进入泵站的污水量随时间变化很大。特别是合流制排水管网在降雨时水量大增。污水量变化时，为了维持沉砂池内的污水流速在适当范围内，应当通过控制进水闸门的开闭来控制沉砂池的运行数目，这种控制一般根据监测进水渠水位来进行。当然，对于分流制排水管网且沉砂池数很少的小规模污水处理厂，有时也不控制沉砂池的运行数目。此外，为了防止污水量的突然增大或水泵的故障而引起泵房进水，应当能够实现进水闸门的紧急关闭控制。

2. 除渣机的控制

粗隔栅一般用手动控制，机械式除渣机也常在现场单独控制。细隔栅一般用自动定时器进行间歇运转控制，最近也有根据监测隔栅前后水位差进行自动除渣控制的。对于雨水沉砂池前的除渣，一般与雨水泵的运行联动来自动除渣是常见的方式。此外，传送带等附属设备也常与除渣机联动运行。

3. 除砂机的控制

除砂机的种类有链带铲斗式、抽砂泵式、螺旋铲斗式、行车铲斗式和旋臂起吊式等。除了旋臂起吊式除砂机之外，一般都用定时器进行自动控制。可是，雨水沉砂池的排砂多数是与雨水泵的运转相连动，在泵运转期间连续排砂。

6.4.2 初次沉淀池

初次沉淀池的机械设备包括刮泥机、排泥泵、泡沫去除设备等，但自动控制对象主要指排泥泵。

1. 刮泥机和除沫设备的控制

刮泥机的运行方式取决于沉淀池的形状和刮泥机的种类。由于在圆形或方形沉淀池中的刮泥周期长，因而刮泥机连续运行。而长方形沉淀池的链带式刮泥机的刮泥能力很大，没有必要连续运行，可用定时器进行间歇运行的自动控制。间歇运行时，链条和制动部件的磨损减小，可延长机械设备的使用寿命，可是如果间歇运行的间隔时间太长，刮泥机的启动负荷过大，也会损坏刮泥设备。因此，在自动控制时应当确定合理的运行周期时间。

除沫设备常用管式集沫装置，目前又开始采用浮动式泵来除沫。一般都采用定时间歇自动控制。

2. 排泥泵的控制

排泥泵的常用控制方法包括，只靠定时器来控制其开闭，或者联用定时器与流量计进行控制——用定时器来决定泵的启动，用流量计来控制停泵，每日排放定量的污泥。按这种方法运行时，应当注意若排泥泵的运转时间过长则排除的污泥浓度将降低，若间歇时间太长则可能引起堵塞等故障，因此，应合理地选择间歇自动控制的停泵与运行时间。

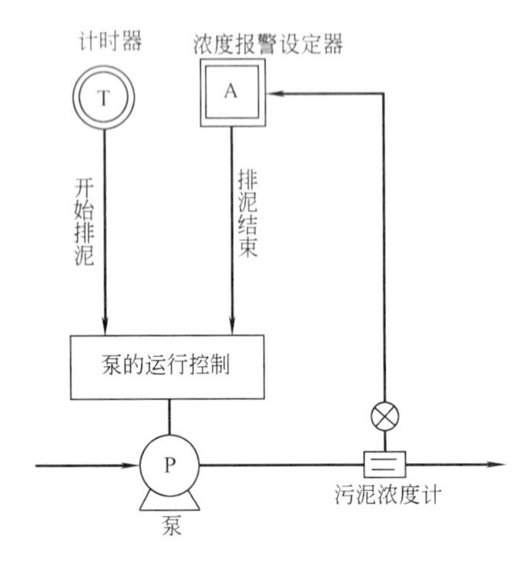

图 6.17 排泥的自动控制

近年来，用定时器控制排泥泵的启动，用污泥浓度测定仪或污泥界面仪的信号来控制停泵的自动控制方法应用得越来越广泛，如图6.17所示。此外，还有同时使用污泥界面计和污泥浓度测定仪来进行自动控制，即用污泥界面计控制排泥泵的启动。这种自动控制方式更先进，可靠性更好，它既能避免污泥积累过多引起的堵塞问题，又能防止排除的污泥浓度过低及含水率高等问题；尤其对于污水量变化很大难于选择排泥周期的初次沉淀池，更能显示其优越性。

6.5 污水二级处理的过程控制

二级处理工艺：主要去除污水中呈胶体和溶解状态的有机污染物。其反应池包括曝气池及二次沉淀池。

曝气池是活性污泥法污水处理厂的核心处理构筑物。污水中污染物的去除主要在曝气池中完成，因此曝气池的运行状况在某种程度上决定了整个处理系统的处理效果。除此之外，向曝气池供氧所需的运行费用也占总运行费用的很大比例。还有，影响曝气池运行的因素很多，如污泥龄、溶解氧（DO）浓度、混合液悬浮固体（MLSS）浓度、污泥回流比和BOD污泥负荷等。合理地控制这些影响因素能有效地提高曝气池的处理效率，所以，曝气池的自动控制对整个处理系统来说是至关重要的。

曝气池根据活性污泥存在形式可分为活性污泥法和生物膜法；根据运行方式可分为连续流工艺和序批式工艺；根据有氧条件可分为好氧生物处理和厌氧生物处理。

本书将以 A^2/O、SBR、曝气生物滤池及厌氧生物处理为例，介绍污水处理系统二级处理过程相关的影响因素及运行控制。

6.5.1 A^2/O 的控制与优化

我国现有城市污水处理厂中90%以上采用的是活性污泥法，其中，A^2/O 及其变形工艺以其流程简单、运行管理方便且能同时兼顾脱氮除磷等优点成为当前城市污水处理的主流工艺之一。

本节介绍了污水生物处理工艺中的一些重要控制变量，如曝气量、DO浓度、硝化液回流量、污泥回流量、污泥排放量、外碳源投加量和分段进水等控制变量，另外详细分析了它们对硝化反应、反硝化反应、生物除磷、COD去除、微生物种群和污泥沉淀性以及运行费用的影响，从而对实现生物脱氮工艺的过程控制及其运行优化有一个初步的了解。

1. 曝气量和DO浓度的控制

曝气池是活性污泥法污水处理厂的核心处理构筑物。污水中污染物的去除主要在曝气池中完成，曝气池的运行状况在某种程度上决定了整个处理系统的处理效果。曝气能耗约占城市污水处理厂所有运行费用的50%或更多。DO浓度控制是活性污泥工艺最重要也是最基本的控制。从20世纪70年代DO传感器具有较好的稳定性和精确性，且可以适于反馈控制时，就有大量关于曝气量控制的研究。尽管实际中由于设备本身的问题（鼓风机可调节幅度小、DO仪损坏），导致DO控制不能满足设定的效果，但是DO设定值控制已是当前一个比较成熟的技术，也就是应用比例-积分（PI）或比例-积分-微分控制器（PID）通过调节曝气量来控制好氧区DO浓度维持在某个设定值。

（1）对生物脱氮除磷的影响

近年来随着营养物在线传感器的发展，曝气控制已变为在线调整曝气量，对于连续流运行工艺，主要问题在于如何确定合适的DO设定值，而对于间歇运行系统，主要问题在于如何控制曝气时间长短。DO浓度和好氧区体积或曝气时间对污水生物脱氮除磷具有明显的影响：

1）硝化反应：增加DO浓度可增加系统硝化速率，从而增加系统的硝化容量。对于活性污泥工艺和生物膜工艺最大DO浓度不同，对于活性污泥工艺，DO浓度在2～3mg/L就可获得足够高的硝化速率，而在生物膜工艺中，硝化速率随DO浓度的增加呈线性增加关系，直到DO浓度达到饱和。增加好氧区体积或增加曝气时间也将增加处理系统的硝化容量。

2）反硝化反应：增加DO浓度通常会降低“同时”反硝化现象。在好氧区，尤其当DO浓度不太高（例如小于1mg/L）或易于生物降解COD浓度较高时，通常会发生反硝化，硝酸氮（亚硝酸氮）浓度降低。当DO控制在0.5mg/L时，在实际污水处理厂和试验中一般会发生同步硝化反硝化现象，氮的去除有时以短程反硝化为主，这时可节约40%的COD，主要原因是在污泥絮体或生物膜内部，存在着DO浓度的扩散阻力，并产生DO梯度，内部为缺氧环境，从而发生反硝化。

3）生物除磷：溶解氧对厌氧区放磷具有严重的影响，从而导致生物除磷系统的恶化。溶解氧、硝酸氮和亚硝酸氮都将抑制生物放磷的顺利进行，另外，普通异养菌和PAO将竞争有限的碳源。另外发现在好氧和缺氧环境下存在乙酸盐也将导致磷酸盐大量释放。应尽量减少回流到厌氧区的溶解氧量，最好保持好氧区最后的DO浓度较低。磷可以在好氧环境和缺氧环境吸收，尽管缺氧吸磷速率较低，但实现缺氧吸磷具有“一碳两用”的优势，可以同时脱氮除磷，充分利用有限的碳源。另外好氧区过量曝气将导致PAO细胞内贮存的碳源物质过量消耗，导致在随后的时间或周期内除磷率降低。

4）COD的去除：在完全硝化的情况下，一般可实现COD的充分氧化去除。另外在缺氧反硝化过程中，也可去除大部分COD。

5）微生物种群和污泥沉淀性：DO浓度和好氧区体积将影响细菌的种群结构和细菌的性能。微生物的衰减速率和DO浓度具有相关性，另外DO浓度也将影响絮状污泥和丝状菌的竞争，从而影响污泥的沉淀性能。

6）运行费用：曝气能耗约占城市污水处理厂所有运行费用的50%或更多，因此应尽可能维持较低的曝气量，从而节约运行能耗。

以上分析可知曝气量的控制目标是：在满足硝化水平的情况下，尽可能降低曝气量。在硝化满足时，COD的去除一般很容易满足，由于缺氧状态下也吸磷，所以磷的去除也易于满足。降低曝气量不但提高硝酸氮的去除率，而且可以降低曝气能耗。

（2）曝气量的控制

在向曝气池供气的控制中，曝气池控制和鼓风机控制是密切相关的。控制鼓风机时可分为定供气量控制、与流入污水量成比例控制、DO控制等。在实施这些控制时，通过曝气池不同部件的空气量调节阀，进行供气量分配的控制。反之，通过控制曝气池来实现上述控制时，则必须控制鼓风机供气管道出口压力为定值。

1）定供气量控制

这种控制方式是指不管进水流量与有机物负荷如何变化，按供气量的设定值控制供气量恒定。所以，根据污水处理厂的日常监测结果，只有当DO浓度与要求的变化范围有很大偏差时，才改变供气量的设定值。通常，白天与夜间按两个不同的设定值，来控制供气量恒定。具体的控制方法又分为：根据供气量设定值与实测值的偏差来调节鼓风机的进口闸阀，以及使鼓风机出口风压为定值而控制曝气池空气调节阀这两种方法。

2）与进水量成比例控制

这种控制方式是指按进入曝气池污水量成一定比例来调节供气量，如果进水底物浓度和MLSS浓度不变，DO浓度也变化不大。可是，由于进水水质随时间变化很大，MLSS浓度也难于维持定值，因此，按这种方式运行时，应当随时测定DO和出水水质，以便适当地改变上述比例的设定值。与定供气量控制一样，它也可分为控制鼓风机与控制曝气池空气调节阀两种控制。

3）定DO浓度控制

曝气池中的DO浓度是判别供气量是否合适的直接指标。通常DO浓度在曝气池进口处为0.5～1.0mg/L，在出口附近为2～3mg/L是比较理想的。但按定供气量或与进水量成比例来控制供气量，不可能维持DO浓度为某一个目标值。为此，在曝气池内设置在线的DO浓度检测仪，根据反馈的DO检测值，按DO的检测值与设定值保持一致来调节供气量维持DO浓度为定值。

这种控制方式的核心问题是用于控制的DO检测仪的安放位置。对于传统的推流式曝气池而言，沿曝气池中混合液的流向的各处耗氧速率（OUR）不同，DO浓度也不相同。因而出现了控制和检测曝气池哪个位置中的DO浓度为好的问题。可是，从最优控制角度来看，DO浓度检测仪的安放位置与数量也很难确定。况且定DO浓度控制无论如何也算不上最优控制，因此，关于DO检测仪的安放位置也没有必要严格精密地来确定。当控制某一位置的DO浓度时，能够大致了解其他位置的DO浓度就可以了。

图6.18和图6.20分别表示通过控制鼓风机的空气量和曝气池的供气量来控制DO浓度的控制系统图。

如图6.18所示，控制进入各曝气池的污水量、回流污泥量和空气量都相同。根据运行的曝气池数、总污水量、DO浓度设定值与实测值来控制鼓风机的运行台数，通过调节鼓风机进口管道上的闸阀来控制总空气量。该控制方式是对所有曝气池总的空气量进行控制。

如图6.19所示，在各曝气池或作为各组（系列）代表的曝气池中设置DO浓度检测仪，根据污水量、DO浓度设定值与实测值的偏差等反馈信息来控制进入各个（或各组）曝气池的空气调节阀。按这种方式控制时，必须通过调节鼓风机的进口管道闸阀来控制鼓风机空气出口总管道上的压力一定。

4）最优供气量控制

如上所述，定DO浓度控制是不断使DO浓度的检测值与给定值保持一致来控制空气量，检测的DO浓度也在一定程度上表示了曝气池中活性污泥的活性以及其他各种影响因素的综合结果。在这种控制方式中，影响供气量的因素，例如微生物量及其活性、氧转移效率与速率、底物去除速率和进水水质等都是作为未知（黑箱）因素来处理的。而最优供气量控制是指将上述各影响因素逐一进行分析评价后实施的控制，它也作为包括回流污泥量控制和剩余污泥量控制在内的活性污泥处理系统总体控制的一部分。因此，为了实现这种控制方式，必须建立能定量描述处理系统动态特性的状态方程和表示最优控制目标的性能指标表达式，给出最优控制变量的变化规律及其控制算法与计算机软件，此外，还需要若干在线检测的传感器。目前还不具备实现最优控制的技术条件，但是最优控制是一种先进的控制方式，有待今后进一步研究与开发。

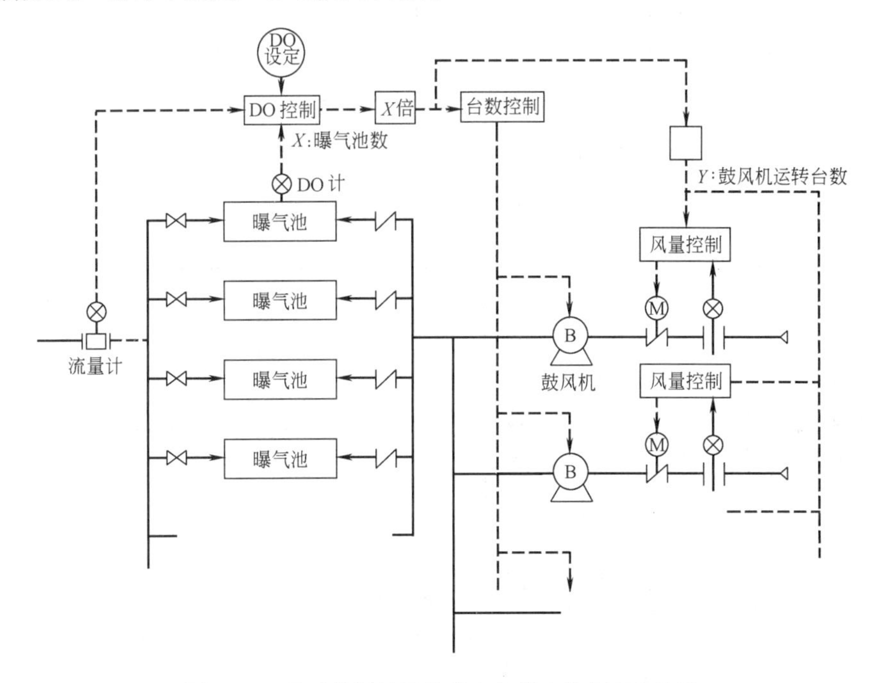

图6.18　通过控制鼓风机的空气量来控制DO浓度

2. 内循环回流量的控制

内循环回流量是前置反硝化工艺重要的控制变量，内循环回流量对前置反硝化工艺硝酸氮的去除具有明显的影响，控制内循环回流量可提高氮的去除率并可实现回流量的运行优化，下面分析内循环回流量对系统的影响。

（1）硝化反应：较高的内循环回流量将加大系统的混合程度，降低系统总硝化速率，但影响很小。

（2）反硝化反应：较小的内循环回流量将导致缺氧区回流的硝酸氮不充足，从而限制反硝化反应；而较高的内循环回流量将导致大量溶解氧进入缺氧区，同时增加溢流到好氧

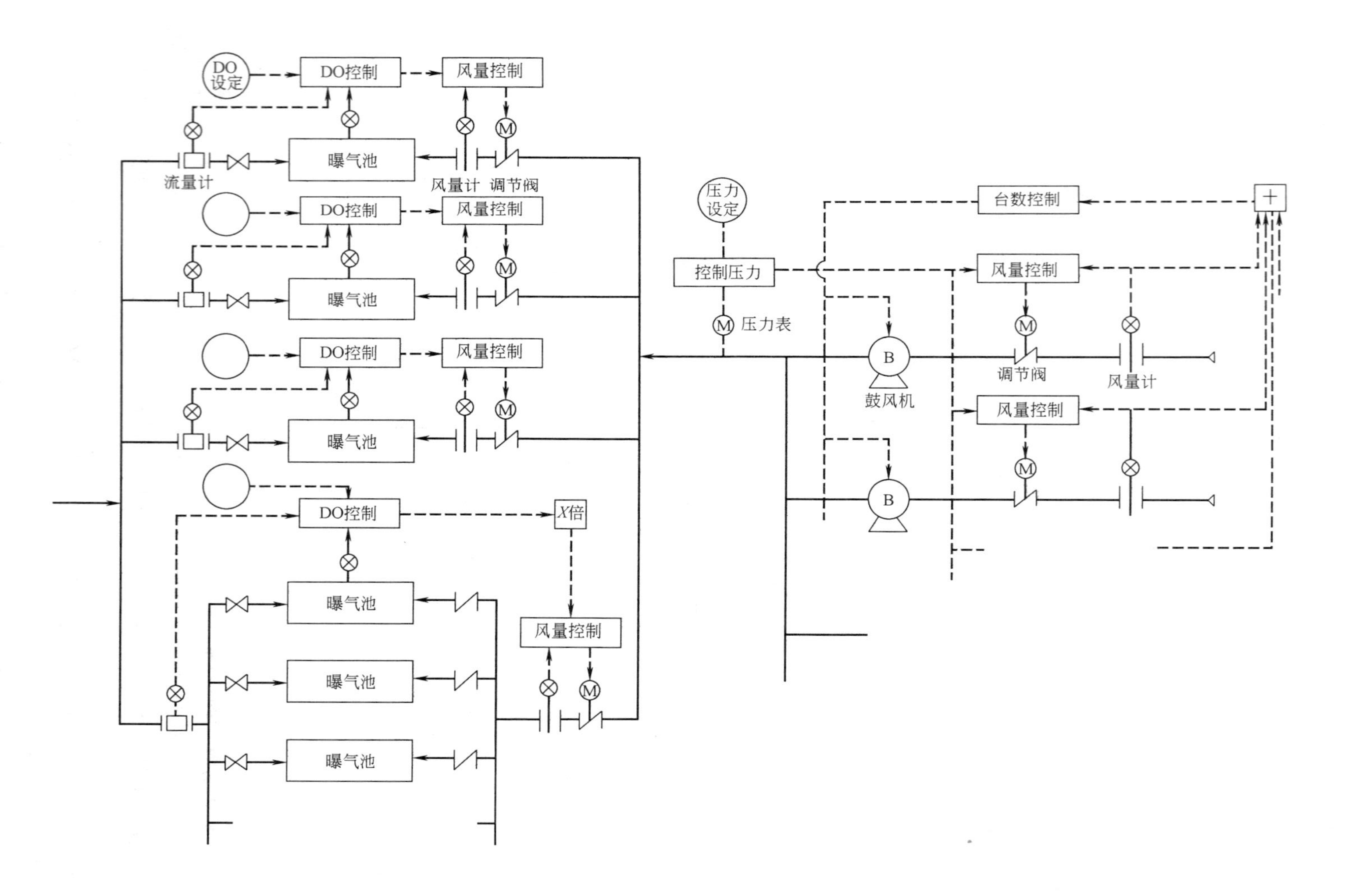

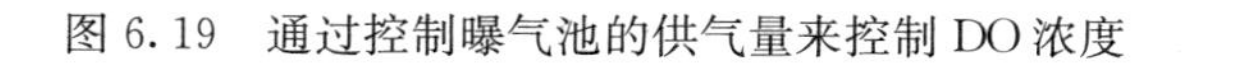
图 6.19　通过控制曝气池的供气量来控制 DO 浓度

区的COD量，两种情况都会影响反硝化。因此对于特定水质都存在一个最优的内循环回流量。

(3) 生物除磷：内循环回流主要从好氧区向缺氧区回流硝酸氮。但通过污泥回流，部分硝酸氮将回流到厌氧区，硝酸氮反硝化将和厌氧放磷过程竞争有机碳源，从而导致放磷不充分，影响磷的去除，因此需减少进入厌氧区的硝酸氮浓度。

(4) 污泥种群和污泥沉淀性：硝化液回流并不影响微生物的种群结构。但提高系统的反硝化效果，充分发挥缺氧区的选择器功能，将提高污泥的沉淀性能。

(5) 运行费用：随着内循环回流量的增加，泵回流费用增加，但所需费用只占整个污水处理系统费用的1%，主要是内循环回流所需扬程较低，不用提高扬程。但内循环回流量将影响曝气能耗，缺氧区COD去除程度越高，那么在好氧区降解COD的耗氧量将越低。

内循环回流量的控制主要是维持缺氧区末端硝酸氮浓度处于较低的值（1～3mg/L），可以通过PID控制器实现上述控制策略，应用硝酸氮测定仪来测定缺氧区末端硝酸氮浓度，也可以测定回流液中的硝酸氮浓度建立前馈—反馈控制器。

3. 外碳源投加量的控制

外碳源投加控制的宗旨是尽可能降低外碳源投加量（也就是降低运行费用，包括外碳源药剂费用、污泥产量和曝气能耗），并实现硝酸氮的有效去除。然而外碳源的优化并不仅仅取决于外碳源投加量，还需确定外碳源的投加位置和外碳源投加种类。下面分析外碳源投加量对系统的影响。

(1) 硝化反应：除非大量外碳源溢流到好氧区，导致硝化反应曝气量不足外，对硝化反应并没有明显的影响。

(2) 反硝化反应：向缺氧区投加外碳源将大幅度提高系统反硝化速率，降低出水硝酸氮浓度。

(3) 生物除磷：向缺氧区投加碳源将对磷的去除产生影响，普通的异养菌会和反硝化聚磷菌竞争硝酸氮，从而导致缺氧吸磷能力降低。建议在厌氧区投加碳源，这样投加碳源被聚磷菌吸收，在缺氧区同时提高氮和磷的去除。

(4) 微生物种群和污泥沉淀性：外投碳源将导致微生物种群的变化，不同外碳源对应的反硝化能力不同。外投碳源并不影响污泥的沉淀性。

(5) 运行费用：投加外碳源将增加处理系统的运行费用。

甲醇、乙醇和乙酸钠是提高系统反硝化效果最常用的几种外碳源，每种外碳源对应的微生物种群和污泥反硝化特性不同，在不同的条件下需根据分析来选择最优的外碳源。虽然甲醇较便宜，但甲醇并不是相对最优的外碳源，因为它的反硝化速率较低，响应速度较慢。外碳源投加控制策略一般是维持缺氧区末端的硝酸氮浓度处于一个较低但非零的值来实现，另外在内循环回流量恒定时，需确定一个使平均出水硝酸氮浓度满足要求的内循环回流量，为了最优控制反硝化过程，提高进水COD的利用效率，需要综合控制内循环回流量和外碳源投加量。

4. SRT和污泥排放量的控制

污泥龄的控制很重要，但是对污泥排放量在线控制的研究很少，主要是系统对该控制的响应很慢（大约数天），因此经常采用手动控制。

当前污泥排放量的控制基本维持恒定的污泥排放量，或者通过手动调节维持恒定的SRT或较小的动态变化来满足硝化菌生长速率季节性的变化。通过在线测定出水或好氧反应器的氨氮浓度，或者污泥的硝化能力，实现污泥排放量的自动控制也是可能的。下面分析SRT对系统的影响。

（1）SRT对生物脱氮除磷的影响

1）硝化反应：通常较长的SRT，将增加系统硝化菌数量，从而系统具有较高的硝化容量。然而，SRT将影响微生物种群结构，相应影响系统硝化性能，然而，当前还没有SRT对硝化菌群结构影响的详细报道。

2）反硝化反应：SRT较长易于反硝化，因为硝酸氮可以通过内源呼吸去除，例如，当SRT由10天增加到15天时，硝酸氮的去除率将增加5%～10%。

3）生物除磷：磷去除的最优SRT是5～12d，SRT较低导致聚磷菌没有充分增值，而较长的SRT将导致污泥排放不足，因此污泥吸收的磷也不会从系统有效去除。

4）COD的去除：只要SRT较长，可满足硝化要求，COD的去除基本没问题。

5）微生物种群和污泥沉淀性：改变SRT将导致微生物种群结构的变化，增大SRT，慢速生长的微生物将保留在系统中，并成为优势微生物。高SRT系统易于产生污泥膨胀。

6）二沉池泥水分离过程：对于给定的反应器，高SRT将导致较高的MLSS浓度，因此将增加二沉池的固体容量。较高的MLSS将导致出水中SS含量增加，尤其在高水力负荷时，更容易导致出水SS增加。

7）运行费用：较短的SRT将增加污泥产量，因此相应增加污泥处理和处置费用。然而较短的SRT对于采用污泥厌氧消化工艺的系统具有优势，可增加甲烷产气量。另外较短的SRT污泥沉淀性相对较好，并可降低曝气消耗量。

不管是否需要进行污泥的稳定化处理，SRT应尽可能低，并保证完全硝化（即使在高氮负荷下）。众所周知，SRT的控制响应较慢，但对如何有效控制污泥排放量莫衷一是。对于给定的污水处理厂，合适的控制策略与污水处理厂的特定设计、运行负荷有关，例如，如果一个污水处理厂低负荷运行或需要污泥的稳定化处理，另外MLSS浓度的增加并不导致污泥膨胀和沉淀池分离问题时，那么较长的SRT运行是可行的。需要注意的是SRT是一个平均值，是系统运行负荷的表征，并不能通过简单的污泥排放来实现。

（2）SRT控制方式

1）定污泥排放量控制

随着在曝气池内有机物的去除，MLSS也不断增加，这主要是由于微生物在降解底物过程中自身的增殖，也称同化作用。此外，流入污水中SS一部分也变为MLSS。为了维持活性污泥的正常运行，应当排放一部分MLSS，一般将这部分污泥叫做剩余污泥。所谓定污泥排放量控制是指根据计算或经验每日都排放一定量的污泥，在操作时每日可排放一次或数次，以至于可以连续排放。排放时应当用MLSS浓度检测仪和流量计来计量。这种控制方法更适合于设置回流污泥贮存池的定MLSS浓度控制。

2）间歇定时排泥控制

这也是一种间歇排放污泥控制。间歇定时排泥控制是指每隔一定的时间t排放污泥一次，使曝气池中的MLSS至某一设定的最小浓度为止，其中两次排泥的间隔时间t为一常数，何时排泥只取决于间隔时间，而与排泥前的MLSS浓度无关。当不设回流污泥贮存池且维持二次沉淀池中贮存的污泥量不变时，由于进水水质水量的变化，污泥增长速率也是变化的，因此，排泥前的 MLSS 浓度并不相同，每次排放的污泥量也不相同。

3）定污泥龄控制

简单地说，定污泥龄控制就是通过连续控制排泥量维持污泥龄不变的控制方法。根据污泥龄的定义，有

$$\theta_c=\frac{VX}{\Delta X}=\frac{VX}{Q_w X_w} \tag{6.6}$$

式中 θ_c——污泥龄，也称污泥（固体）平均停留时间（d）；

X——MLSS 浓度（kg/m^3）；

V——曝气池有效容积（m^3）；

Q_w——排放污泥量（m^3/d）；

X_w——排放污泥的浓度，如果从回流管道上排放，则 $X_w=X_r$（kg/m^3）；

ΔX——污泥增长速率，在稳定状态下有 $\Delta X=Q_w X_w$（kg/d）。

如果在稳定状态下，可根据上式求出满足某一定污泥龄 θ_c 的排泥量 Q_w

$$Q_w=\frac{VX}{\theta_c X_w} \tag{6.7}$$

通过连续排泥可实现定污泥龄控制。然而，在实际污水处理厂中，由于进水水质水量的不断变化，维持稳定状态运行是很困难的。在非稳定状态下，不仅 MLSS 浓度是变化的，而且式（6.6）表示的污泥龄定义也不适用了。根据劳伦斯－麦卡蒂的活性污泥法动力学理论，污泥比增长速率公式如下

$$\mu=\frac{\Delta X}{VX}=Y\frac{dS}{dt}-K_d \tag{6.8}$$

式中 μ——污泥比增长速率，d^{-1}；

Y——污泥产率系数；

ds/dt——底物比降解速率，d^{-1}；

K_d——污泥自身氧化速率常数，也称衰减速率，d^{-1}。

由式（6.8）可得

$$\theta_c=\frac{1}{\mu} \tag{6.9}$$

可见，污泥龄与污泥比增长速率是互为倒数关系，可以通过控制污泥比增长速率来控制污泥龄。但是，当进水有机物负荷很高时，污泥增长速率 Δx 很大，此时即使完全不排放污泥，其污泥比增长速率 μ 也很大，即难于维持污泥龄 θ_c 不变，尤其在不设回流污泥贮存池时。

如果每日进水水质水量的波动幅度不大，可以实现定污泥龄控制，尤其在设置回流污泥贮存池时，可以通过改变 MLSS 浓度和排泥量 Q_w 来维持定污泥龄。通过这种措施，即使在进水水质水量的波动幅度较大时，也能尽可能减少污泥龄的变化，进而减小处理水底物浓度的变化幅度。定污泥龄控制的主要优点是能在一定程度上稳定出水质量，要实现这一控制，必须将控制排泥量与控制回流污泥量结合起来操作，因为在很大意义上说，定污泥龄控制与定 F/M 控制是等价的。

4）随机排泥控制

在理论上，在定F/M控制或定污泥龄控制的条件下，可以基本保持处理水底物浓度不变。然而如上所述，在进水水质水量变化幅度很大时，实现定F/M或定污泥龄控制是很困难的。其实，在大多数情况并没有必要维持处理水底物浓度不变，而应当使处理水质在满足排放标准的前提下，尽可能减小其变化幅度。在这种背景下，可以采用随机排泥控制，它是指根据进水水质水量的变化情况及出水质量的要求，通过随机地排放污泥有目的地控制MLSS浓度的非定量非定时的一种排泥控制方式。例如，由于曝气池的容积是一定的，而当进水有机物负荷较大时，为了缓解冲击负荷的影响尽可能降低出水底物浓度，控制少排泥或不排泥以维持较高的MLSS浓度；而当进水有机物负荷较小时，可多排泥同时减少回流污泥量，以节省运行费用。显然这是一种较先进的控制方式，它可以根据进水水质水量变化、MLSS浓度和DO浓度等变化，应用模糊控制原理，实现计算机在线控制。

应当看到，曝气池和二次沉淀池的控制是活性污泥法污水处理系统控制中最主要最复杂的组成部分。目前，无论在理论上还是实践中，这部分控制都存在许多没有解决的问题，其中包括某些传感器的开发。从发展趋势来看，根据最优控制或模糊控制理论，采用计算机在线控制，具有广阔的应用前景。

5. 污泥回流量的控制

对于如何控制污泥回流量，并没有明确的方法。一些研究者建议应用污泥回流量控制MLSS或F/M值，但是许多研究者对此表示质疑，因为以污泥回流量作为主要控制目标控制反应器内的污泥浓度是危险的，尤其当二沉池的实际固体容量不确定时更加危险。进水负荷的随机变化性，将导致二沉池水力负荷以及二沉池泥水界面的巨大波动，当二沉池污泥层高度接近出水堰时，可能导致污泥大量流失从而严重影响出水水质。另外当污泥沉淀性能差时，二沉池微小的水力负荷波动，也会导致污泥的流失。以二沉池的污泥层高度作为控制目标实现污泥回流量的控制是一个相对合理的控制策略。

（1）污泥回流量对生物脱氮除磷的影响

1）硝化反应：较高的污泥层高度（SBH）会使大量硝化菌储存在沉淀池，因此降低了反应器的硝化容量。然而，硝化容量可以通过降低SBH来快速恢复。

2）反硝化反应：当存在硝酸氮时，在污泥层中将发生反硝化，因此保持二沉池较高的污泥层高度将维持污泥层内部较好的反硝化环境，从而增加污泥中硝酸氮的去除。另外二沉池污泥的水解，也可提供易于生物降解的物质，进一步增加系统的反硝化速率。然而需避免二沉池污泥的过度反硝化，否则污泥上浮，出水水质变差。

3）生物除磷：在生物除磷污水处理厂，当二沉池污泥处于厌氧环境时，将导致磷的二次释放，适当的释放对总体系统磷的去除是有益的，但应避免磷的过量释放。

4）COD的去除：对COD的去除没有影响。

5）微生物种群和污泥沉淀性：污泥在二沉池积累，微生物交替的处于高有机负荷和低有机负荷下，在高有机负荷下，将利于污泥对有机物的快速吸附，从而污泥处于“饱和或饥饿”状态，利于污泥的沉淀。

6）二沉池泥水分离过程：SBH对泥水分离的影响具有双重性。一方面如果SBH越接近二沉池出水堰，出水SS增加的可能性也越高，从而影响出水水质，造成污泥流失，尤其当SBH的高度高于二沉池进水口，由于水力负荷的作用导致污泥层波动，从而增加出水 SS。另外当进水负荷较低，且 SBH 的高度高于二沉池进水口时，由于污泥层可起到过滤的作用，使得出水水质优于 SBH 的高度低于二沉池进水口的情况。

7）运行费用：较高的 SBH，将导致污泥在二沉池的停留时间增长，因此二沉池底部的污泥浓度将增加。较高的回流污泥浓度将降低剩余污泥和回流污泥量，因此也就降低污泥处理费用和污泥回流费用。

（2）回流污泥量控制

普通活性污泥法与阶段曝气法等工艺的回流污泥量一般占进水流量的 30%左右为宜，但是为了提高处理效率，保证处理效果，往往根据进水有机负荷变化来调节回流污泥量。

1）定回流污泥量控制

定回流污泥量控制是最一般最简单的控制方法，它与定供气量控制一样不考虑进水负荷的变化，按一定的流量控制污泥回流，因而这不是理想的控制方法。通常白天与夜间按两个不同的设定值来控制回流污泥量。

2）与进水量成比例控制

按与进水流量成一定比例来控制回流污泥量，如果回流污泥浓度不变，MLSS 浓度也能维持不变。可是，由于回流污泥浓度随着回流污泥量的变化而变化，很难维持 MLSS 浓度不变。与供气量的比例控制一样，也可以根据水质检测结果适当地修正回流比。

3）定 MLSS 浓度控制

活性污泥法中的 MLSS 浓度通常被控制在 2000～3000mg/L 左右。所谓定 MLSS 浓度控制是指使 MLSS 浓度尽可能维持等于某一最优 MLSS 浓度的控制，该最优 MLSS 浓度也称最优目标值，也是一个经验数值。实现定 MLSS 浓度控制有几种方法，常用的控制方式如图 6.20 所示。它属于前馈控制，在回流污泥管道上设置一个在线污泥浓度检测仪，根据进水流量、回流污泥浓度和 MLSS 目标值，计算出使 MLSS 浓度等于 MLSS 目标值所需要的回流量，然后按这个量进行控制。因为进入曝气池的污水中 SS 浓度与回流污泥浓度或 MLSS 浓度相比很低，可以忽略不计。可以根据下式来确定回流比，然后，再用进水流量求出回流污泥量。

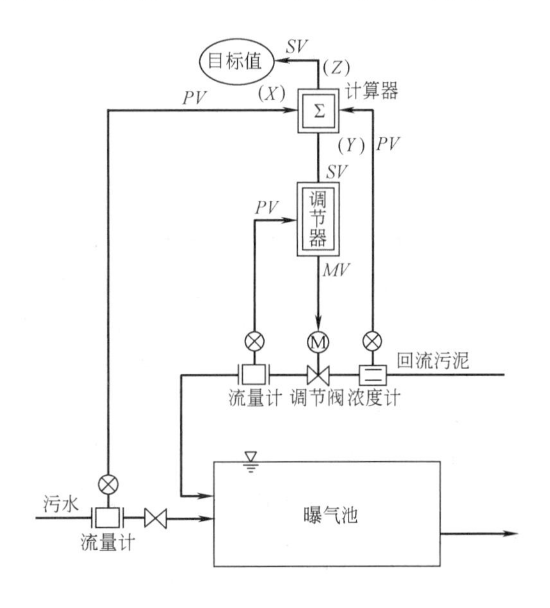

图 6.20 根据回流污泥浓度实现定 MLSS 浓度控制

$$R=\frac{X}{X_r-X} \tag{6.10}$$

式中 R——污泥回流比（%）；

X_r——回流污泥浓度（mg/L）；

X——MLSS 目标值，即所要控制的最优 MLSS 浓度（mg/L）。

还有两种定 MLSS 浓度控制方法：一种是直接在曝气池中设置在线 MLSS 检测仪，

根据 MLSS 目标值与实测值的偏差，直接调节回流污泥量；另一种方法如图 6.21 所示。将设在曝气池中的 MLSS 检测仪输出的 MLSS 实测值与目标值之间的偏差和进水流量信号，输入回流比设定器，然后再由此向回流污泥量调节器输出控制回流污泥量的信号。这两种控制方法与定 DO 浓度控制方式是很相似的控制系统，但是与 DO 浓度控制相比，它的影响时间长，有时得不到理想的控制效果。因此，作为定 MLSS 浓度控制来说，图 6.20 所示的前馈控制系统的可靠性与稳定性更好一些。尽管前馈控制本身存在某些缺点，但该前馈控制可以根据经验与控制结果，不断修正计算回流污泥量的公式，使前馈控制结果更准确可靠。

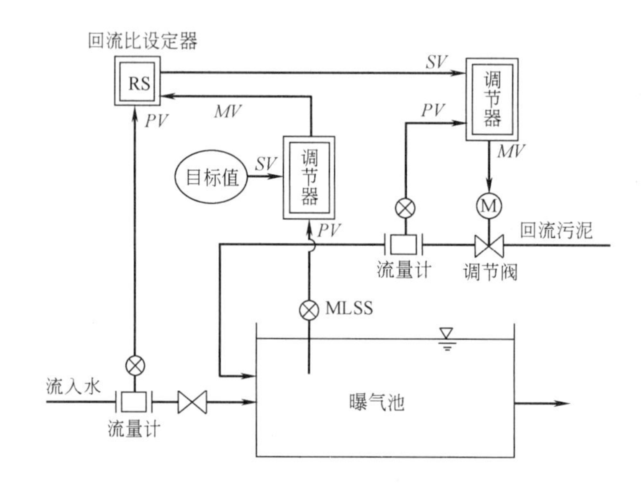

图 6.21　根据 MLSS 浓度实现定 MLSS 浓度控制

对于定 MLSS 浓度控制，无论采用哪一种控制方法，其控制范围和有效控制时间都受到二沉池中污泥贮存量的限制。例如，进水量很小时二沉池中污泥停留时间过长可能引起污泥上浮或污泥质量与活性下降；进水流量很大时二次沉淀池又不能提供足够的回流污泥量。因此，只有设置回流污泥贮存池才能实现更严格的定 MLSS 控制。

4）定 F/M 控制

经验表明，普通活性污泥法和阶段曝气法的 BOD—MLSS 负荷为 0.2～0.3kg BOD/(MLSSkg・d) 为宜。所谓定 F/M 控制就是使 F（Food，即有机物量）和 M（Microorganism，即微生物量）的比值保持在上述适宜的 BOD—MLSS 负荷范围内的控制方法。这种控制方法需要在线检测污水流量、BOD 与 MLSS 浓度。因为 BOD 的检测时间很长，不能用于过程控制，可以考虑用 TOC 或 TOD 来取代它。可是将 TOC 或 TOD 检测仪用于污水水质的在线检测尚不十分成熟，因此，这种控制方法的进一步完善，还有赖于选择一种能取代 BOD 的指标及其传感器的开发。此外，它更需要设置回流污泥贮存池，即使这样，在进水水质水量变化很大时也难以做到定 F/M 控制。

6. 分段进水的控制

为了均匀分布反应器的运行负荷分段进水运行方式最初在 20 世纪 30 年代末期提出，现在已成为一种广泛应用的工艺，分段进水的主要目的在于：(1) 在水力负荷高峰期，降低进入沉淀池的固体负荷，从而提高系统的稳定性；(2) 提高氮的去除率。下面分析分段进水控制对系统的影响：

（1）生物反应：在高水力负荷下，采用分段进水方式，可以防止污泥流失，但此时系统处理效果较差。在进水口接近反应器末端时，COD的去除也将是个问题。

（2）微生物种群和污泥沉淀性：因为分段进水并不经常使用，只是在高进水水力负荷下，偶尔使用，它对微生物种群没有明显的影响。

（3）固液分离问题：进入沉淀池的固体负荷降低，因此降低了污泥流失的危险性，但在高进水水力负荷时，仍然导致出水SS增加。

（4）硝化反应：假如第二段的F/M值大于第一段的F/M值，那么硝化性能将受到影响，尤其当氮的负荷增加，第二段进水中的氨氮将不会充分硝化，从而导致出水氨氮浓度增加。

（5）反硝化反应：反硝化效果和对进水中溶解性可生物降解COD的利用以及缺氧区反硝化潜力的充分利用有关。控制分段进水比例同时满足上述两个条件是困难的。因为第二个好氧区生成的硝酸氮只有一部分通过污泥回流进入缺氧区1室。另一方面为了避免出水硝酸氮浓度较高，应降低好氧区2格室生成的硝酸氮，这意味着进入缺氧区2格室的进水比例降低，也就是缺氧区1格室的进水增加。实际上只需要较小的缺氧区体积就可去除污泥回流进入缺氧区1室的硝酸氮，这样大量原水进入较小的缺氧区1室，将导致进水中大量溶解性COD溢流到好氧区，这对反硝化极为不利。当回流的硝酸氮不充足时，增加缺氧区体积不会提高硝酸氮去除率。

（6）COD的去除：分段进水对COD的去除没有明显的影响。

（7）二沉池固液分离：第二段SS浓度低于第一段SS，并和分段进水比例和两段反应器体积比有关系。因此分段进水脱氮工艺相比于A/O工艺容易克服较高的水力负荷。在高水力负荷时，临时采用分段进水比例将增加A/O工艺的处理能力，但此时分段进水并不是为了提高氮的去除，而是为了降低进入沉淀池的固体负荷，其目的为了避免二沉池污泥的流失。

7. 生物除磷工艺的运行优化

当出水总磷浓度不达标或总磷的除磷不稳定时，可以对生物除磷工艺进行优化控制。利用图6.22所提供的流程图，能够一步一步地检测分析生物除磷效率降低的原因及其解决措施。

6.5.2 SBR的控制与优化

间歇式活性污泥法（Sequencing Batch Reactor，简称SBR法）又被称作序列间歇式（或序批式）活性污泥法，它实际上并不是一种新工艺，而是活性污泥法初创时期充排水式反应器的复兴与改进，它具有工艺结构与形式简单、处理效率高、运行方式灵活多变、空间上完全混合、时间上理想推流、占地面积少和不易发生污泥膨胀等优点。是经美国环保局和日本下水道协会评估了的为数不多的富有革新意义和较强竞争力的废水生物处理技术之一，已成为包括美国、德国、澳大利亚等许多国家竞相研究和开发的热门工艺。

SBR法适合处理小水量、间歇排放的工业废水与分散点源污染的治理。但是SBR工艺同样存在着一些不足，其最大缺点是操作复杂，难于管理，随着计算机与自动控制技术的发展及各种相关的电动阀、传感器等电气元件的改进与发展，其自动控制一直是该工艺的研究热点之一。目前应用在实际工程中的SBR污水处理自动控制往往是按时间设定控

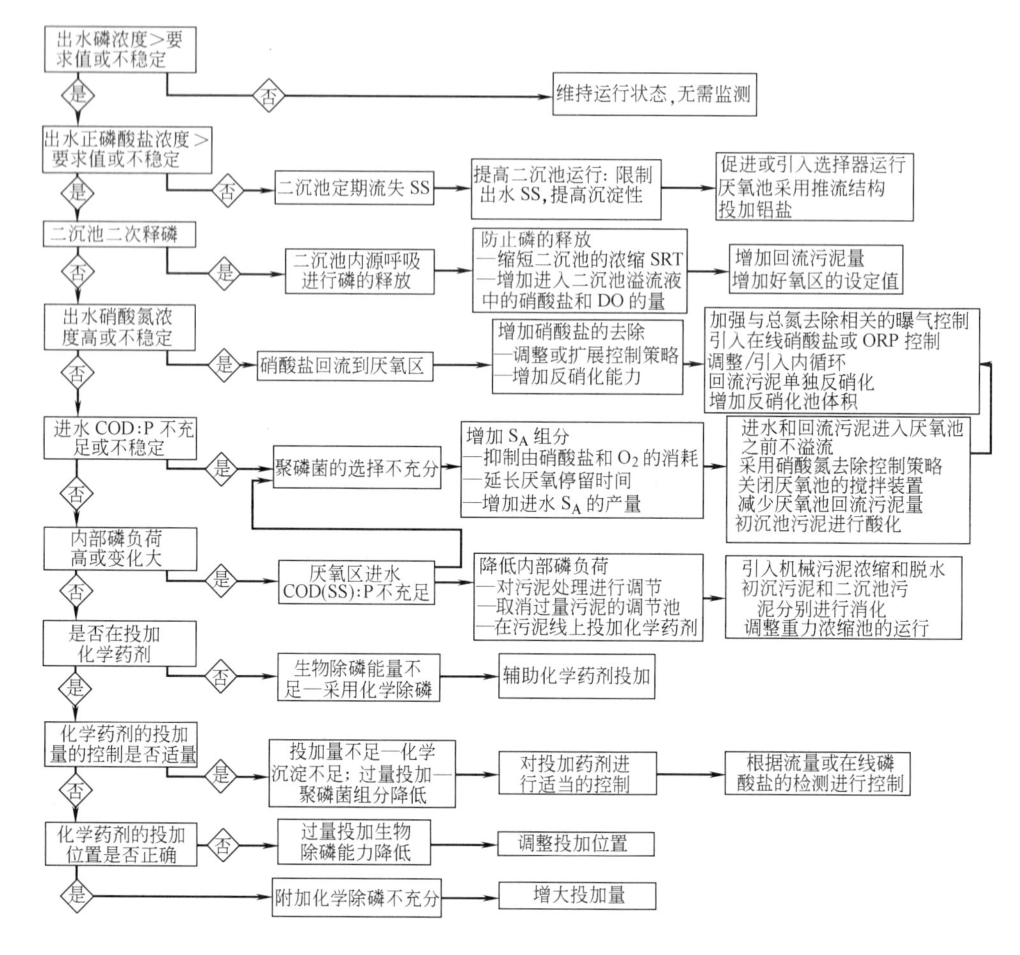

图 6.22　生物除磷运行优化流程决策树

制步骤。我们知道，活性污泥法是以微生物处理为主体的动态过程，其影响因素非常多，而且污水生物处理反应器中同时进行着多种复杂的生化反应，单单依靠固定时间很难满足污水处理效果的需要，同时污水生物处理系统往往还伴随着一些随机的和模糊的影响因素，再加上污水的水质水量随时间变化很大，所以，它的自动控制效果一直不十分理想，主要表现在处理水质不稳定和运行费用过高。实践表明实时控制不仅能有效地解决这类问题，而且是解决这类问题的最好方法。

1. 实现 SBR 法自动控制的必要性

SBR 法有机物去除机理与传统的活性污泥法相同，所不同的只是运行方式。典型的 SBR 系统包括一座或几座反应池及污泥处理设施。反应池可兼有调节池和沉淀池的功能。SBR 法一个运行周期的 5 个运行阶段为：进水阶段、反应阶段、沉淀澄清阶段、排放水阶段和待进水闲置阶段。在一个运行周期内底物浓度、污泥浓度、底物的去除速率和污泥的增长速率等随时间不断变化，因此，间歇式活性污泥法系统属于单一反应器内非稳定状态运行。此外，在反应（曝气或搅拌）阶段基质浓度由高到低，对时间来说是一个理想的推流过程，而在整个反应阶段混合液又都处于完全混合状态。SBR 法不仅工艺流程简单，而且为了不同的净化目的，可以通过不同的控制手段，以各种方式灵活地运行。例如为了维持反应器内好氧或厌氧状态，进水时可曝气、不曝气或只是搅拌；反应阶段也可曝气、搅拌或二者交替进行，也可改变曝气强度来改变其DO浓度；还可以调整和改变各运行阶段的时间，来改变污泥龄大小和沉淀效率等。

重要的是，上述不同的运行方式不是在不同的空间（指不同的反应器或同一反应器不同的部位）中进行的，而是在不同的时间内来实现的，这是SBR法的独特优点。显然，这种时间上的控制比空间上的控制，要求的工艺设备更简单、更容易实现、更灵活、达到运行状态更理想。SBR法的这种时间上的灵活控制为其实现脱氮除磷提供了极其有利的条件。它不仅很容易实现生物脱氮除磷所需要的好氧、缺氧与厌氧状态交替的环境条件，而且很容易在好氧条件下通过增大曝气量、反应时间与污泥龄来强化硝化反应与聚磷菌过量摄取磷过程的顺利完成；也可以在缺氧条件下方便地投加原污水（如甲醇等）等方式提供有机碳源作为电子供体使反应过程更快地完成；还可以在进水阶段通过搅拌维持厌氧状态促进聚磷菌充分地释磷。SBR法去除有机物并且同步脱氮除磷的具体操作过程、运行状态与功能可按如下方式进行：进水阶段、搅拌（厌氧状态释放磷）、曝气（好氧状态去除有机物、硝化与吸磷）、排泥（除磷）、搅拌与投加少量有机碳源（缺氧状态反硝化脱氮）、再曝气（好氧状态去除剩余的有机物）、排水阶段、闲置阶段、然后进水进入另一个周期。

SBR法称为序批间歇式活性污泥法有两个含义：1）各个SBR的运行操作在空间上按序排列，是间歇的；2）每个SBR的运行操作在时间上也是按序进行，间歇的。由SBR法间歇式的两个含义可见，其运行操作是相当烦琐的，而我国目前应用的SBR法污水处理厂基本都是人工手动操作还没有实现计算机自动控制。这不仅需要更多的运行管理人员、增加运行操作人员的劳动强度，而且也降低了SBR法处理过程的可靠性。还应该看到，传统的SBR法自动控制都预先设定了反应时间、沉淀时间等，根据时间的设定值来决定反应时间等，这种控制方式显然存在着较大的弊端。而应当根据进水或反应器中的有机物、氮和磷的浓度变化情况，灵活地改变反应（指曝气或搅拌）时间。很多工业废水中的有机物、氮和磷的浓度随时间变化很大，有时相差几倍或十几倍。而SBR法的能耗主要集中在反应阶段。针对不同的进水有机物、氮和磷的浓度，恰当地改变反应时间，以便在保证处理水质的同时，尽可能减少运行费用，防止污泥膨胀，这是SBR法更高层次的计算机自动控制。

2. SBR法自动控制的策略及意义

SBR法计算机自动控制可分为两个层次：第一，普通自动控制，它是根据水量与设定的时间，实现SBR法自动控制；第二，以出水水质为目标的自动控制，它是在普通自动控制的基础上，根据进水和反应器内的有机物、氮和磷的浓度变化来灵活地控制反应时间的自动控制。

（1）普通自动控制（设定时间控制）　这种控制策略的基本思想是将人工手动控制与操作用自动控制来实现。从自动控制理论的角度来看，属于开关型自动控制。通常在一个SBR法的一个运行周期中，就至少需要开启关闭管道与电源等闸阀6次，而废水处理厂是若干个SBR组成，每个SBR每天还要运行若干周期，可见人工手动操作是何等烦琐。SBR法的普通自动控制可以通过水位继电器来控制进水时间，用时间继电器控制反应时间和沉淀时间，用水位继电器或其他方法可控制排放水量与排放时间，时间继电器或其他方法可控制闲置时间等。进出水管与空气管路上可用电磁阀或电动阀与计算机接口通过控制程序来控制开启与关闭。

（2）以处理水质为目标的自动控制（实时控制）　SBR 法广泛用于工业废水处理，特别适用于间歇排放的工业废水，而许多这样废水的 SBR 法以同一反应时间运行，那么当进水有机物、氮和磷的浓度很高时，处理水质可能达不到要求，当进水有机物、氮和磷的浓度很低时，则反应时间可能过长，这既浪费了能量，又易于发生污泥膨胀。显然，在反应阶段根据反应器内有机物、氮和磷浓度的变化来控制反应时间将避免这一问题。

3. 以 DO、pH 和 ORP 作为 SBR 法的实时控制参数

DO、ORP 和 pH 由于在线检测响应时间短、精确度高，人们在活性污泥法中围绕它们做了大量研究，实际证明 SBR 法在有机物降解、硝化和反硝化以及生物除磷过程中 DO 浓度、ORP 和 pH 有显著的变化规律，在有机物降解完成、硝化反硝化结束时出现明显的特征点，不同进水氨氮浓度和进水有机物浓度的试验进一步验证了特征点的重现性，可以作为 SBR 有机物去除、脱氮除磷的过程控制参数，从而实现反应时间的精确控制，既能在进水有机物浓度无规律大幅度变化的情况下，保证其处理水水质，又能避免因曝气时间过长而浪费电能和污泥膨胀，这属于更高层次的过程控制。

（1）DO 浓度变化规律及其原因

在厌氧状态生物放磷过程中，DO 浓度为零无法给出任何过程信息。

在 COD 降解过程中，DO 浓度出现平台（如图 6.23*a* 所示）。这是因为在恒定曝气量的条件下，有机污染物被微生物不断地氧化降解，微生物降解有机物过程中好氧速率（OUR）基本不变，所以 DO 浓度出现平台。当 COD 降至难降解部分时（图 6.23*a* 中的点 A），DO 浓度突然迅速大幅上升，这是因为 COD 降解至难降解部分时，异养菌无法再大量摄取有机物，造成供氧大大高于耗氧，所以会出现 DO 浓度迅速大幅度上升的现象。

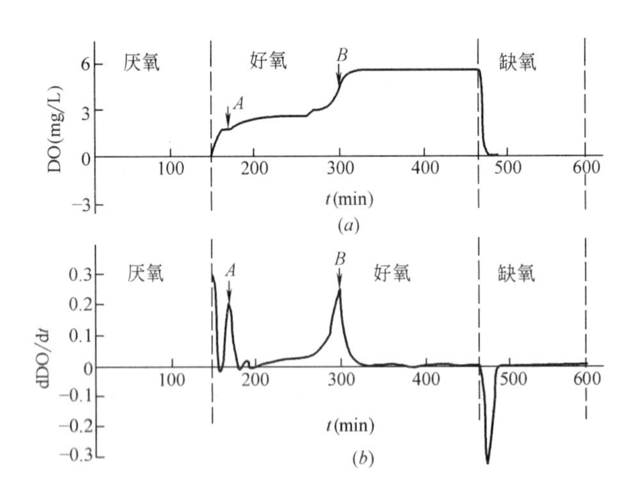

图 6.23　SBR 法反应过程中 DO 变化规律

在硝化反应过程中，DO 浓度不断上升直至硝化结束，在硝化反应结束时，DO 浓度出现第二次跳跃或者上升速率加快（图 6.23*a* 中的点 *B*），然后 DO 浓度很快接近饱和值，如果继续曝气，DO 浓度就在这个高值处维持基本不变。在硝化过程中 DO 浓度没有出现平台而是不断徐徐上升的原因是：硝化细菌进行硝化反应的速率随着氨氮的降解不断减

小，所以耗氧速率小于供氧速率，出现了DO浓度不断上升的现象。DO浓度出现第二次跳跃的原因是自养菌降解氨氮的过程已经结束，不再耗氧，而自养菌、异养菌内源呼吸耗氧又远远小于供氧，所以会出现DO浓度的第二次跳跃。在反应的最后，DO浓度维持恒定基本不变的原因是内源呼吸过程的OUR基本不变，供氧与好氧达到平衡。

结束曝气后投加碳源进行搅拌，系统进入反硝化阶段，DO浓度在结束曝气之后就迅速降至零，在反硝化过程中无法给出任何过程信息。

(2) ORP变化规律及其原因

在厌氧搅拌过程中ORP持续下降，无法给出任何过程信息。

在COD降解过程中ORP出现平台（如图6.24*a*所示）。这是因为在恒定曝气量的条件下，DO浓度出现平台，由ORP与DO浓度的关系式（$ORP=a+b\ln[O_2]$）可知，在DO浓度出现平台的情况下，ORP也会出现平台，但ORP不只受DO浓度的影响，ORP的平台不如DO浓度的平台那么明显。当COD降至难降解部分时，ORP大幅上升（图6.24*a*中的点*A*），这是因为COD降解至难降解部分时，异养菌无法再大量摄取有机物，造成供氧大大高于耗氧，所以会出现ORP迅速大幅度上升的现象。

在硝化反应过程中，ORP不断上升直至硝化结束。在硝化反应结束时，ORP并没有出现跳跃而是出现平台（图6.24*a*中的点*B*）。在硝化过程中ORP没有出现平台而是不断徐徐上升的原因则是：硝化细菌进行硝化反应的速率随着氨氮的降解不断减小，所以耗氧速率小于供氧速率，出现了ORP不断上升的现象。ORP在硝化反应的后半程上升得越来越慢以及并未像DO一样出现第二次跳跃的原因是：①DO浓度绝对值较高，DO浓度的微小变化并不会引起ORP的很大变化，即使DO浓度出现跃升也并不足以引起ORP的再次跳跃。②硝化反应的不断进行使氨氮不断被氧化，由ORP的定义式可知，还原态物质的不断减少，相应产生的氧化态物质也不断减少，这也是引起ORP上升变缓的一个原因。在反应的最后，ORP基本不变的原因同DO。

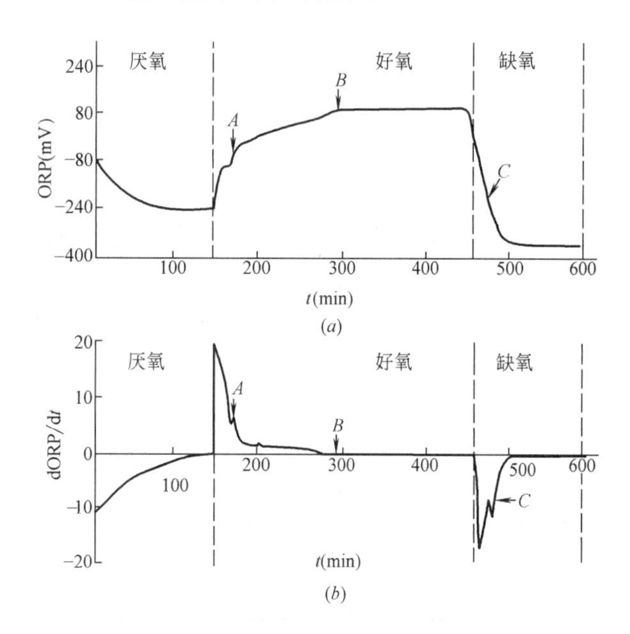

图6.24 SBR法反应过程中ORP变化规律

在缺氧搅拌反硝化反应阶段，ORP先是迅速下降，这是由于DO浓度的迅速耗尽，在反硝化过程中，ORP不断下降（但下降的速度越来越小），这是因为氧化态的硝态氮被还原成氮气，整个反应器中的氧化还原电位不断降低，由于无氧呼吸即反硝化的进行，硝态氮不断减少，整个反应器中氧化还原状态的变化不如反硝化初期的变化幅度大，所以ORP的变化越来越小，当反硝化结束时，ORP迅速下降，表现在曲线上为一拐点（图

6.24*a* 中点*C*)，这一拐点指示出系统缺氧呼吸过程的结束，分子态氧和化合态氧硝酸根均消失，系统进入厌氧状态，所以ORP会大幅度下降。ORP在硝化反硝化的全过程都可以给出控制信号。

(3) pH的变化规律

随着进水阶段的完成，系统进入厌氧搅拌阶段，开始时pH大幅度下降，这是因为在排水和闲置阶段，沉淀污泥内存在的兼性异养菌产酸发酵产物，由于搅拌的作用使系统混合。随后pH出现微小的转折点，并开始微微上升，很快达到平衡，这是因为进水阶段引入部分的硝态氮，发生反硝化产生碱度。然后pH不断下降（但下降的速度越来越小），最后pH出现平台（图6.25*a* 中的点A_1)，这一过程指示生物放磷的完成。因为生物放磷过程是一个产酸过程，起初系统中含有大量的VFA（挥发性脂肪酸），大量的VFA被聚磷菌吸收，因而放磷速度比较快，但随着系统中VFA的减少，放磷速度减慢。

在COD降解过程中pH不断大幅度上升，这是因为：①异养微生物对有机底物的分解代谢和合成代谢的结果都要形成CO_2，CO_2溶解在水中导致pH下降，但是曝气不断地将产生的CO_2吹脱，这就引起了pH不断地大幅上升；②好氧降解废水中的有机酸也会引起pH的不断上升。

当COD降解停止时，系统进入硝化反应阶段，pH曲线出现转折点（图6.25*a* 中的点*A*)，开始不断下降，这是因为硝化反应过程中产生了酸度（H^+)。pH的下降一直进行至硝化反应的结束（图6.25*a* 中的点*B*)。随后系统进入生物过量吸磷阶段，pH迅速上升，并且上升速度减慢，最后出现平台指示生物吸磷阶段的完成（图6.25*a* 中的点B_1)。pH迅速上升的原因可能因为系统碱度含量大于硝化所需，曝气吹脱了CO_2，另外生物吸磷过程是一个产生碱度的过程，起初生物吸磷速率很高；pH上升速度减慢是随着生物吸磷过程的进行溶液中磷酸盐含量逐渐降低，吸磷速率大大降低。

反硝化过程中，pH先是持续大幅度上升，这是由于反硝化过程中不断地产生碱度。在反硝化结束时，pH会突然下降出现一个转折点（图6.25*a* 中的点*C*）指示反硝化的结束。下降的原因是：反硝化过程结束后，系统进入厌氧状态，一部分兼性异养菌开始产酸发酵、放磷，所以会出现这个转折点。这个转折点在同时脱氮除磷的SBR生化反应器中不仅标志着反硝化的结束，也是厌氧发酵产酸进行磷释放的标志。

(4) DO、ORP和pH曲线导数变化规律

对应图6.23 (*b*)、图6.24 (*b*) 和图6.25 (*b*) 分别给出了DO浓度、ORP和pH一阶导数曲线图，图6.25 (*c*) 给出pH二阶导数曲线图。

DO浓度一阶导数图形中对应着COD降解结束以及硝化反应的结束可见有两个明显的突跃点（图6.23 (*b*) 中点*A*、*B*）指示这两个反应的结束。DO浓度一阶导数图形中的第三个负值跳跃点是停止曝气、开始反硝化搅拌时反应器中DO浓度迅速减少所致。

在图6.24 (*b*) 中可以清楚地看到对应着COD降解的结束以及硝化反应的结束，ORP有突跃点（图6.24 (*b*) 中点*A*）和平台出现（图6.24 (*b*) 中点*B*)；在反硝化过程中，反硝化结束的时间可由ORP导数绝对值的突然增加（图6.24 (*b*) 中点*C*）轻松地判断。

在图6.25 (*b*) 中COD降解结束，开始硝化时对应着的pH导数由正变负（图6.25 (*b*) 中点*A*)，硝化结束以及反硝化的结束分别对应着pH导数由负变正（图6.25 (*b*) 中

点 B）和由正变负（图 6.25（b）中点 C）。生物放磷结束（图 6.25（c）中点 A_1）和吸磷结束（图 6.25（c）中点 B_1）的时间，由图 6.25（c）中 pH 二阶导数为零也可以轻松的判断。

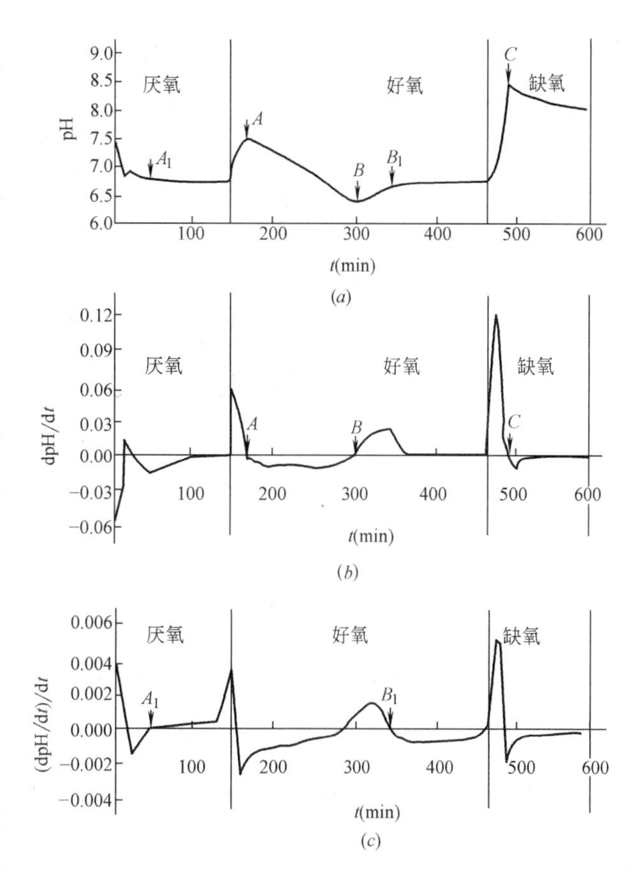

图 6-25 SBR 法反应过程 pH 变化规律

通过对上述三个参数的分析，可知由 DO、ORP 和 pH 曲线上的特征点可以轻松获得有机物降解、硝化反硝化以及生物除磷过程完成的时间，从而实现系统的实时控制，不但可以满足出水排放标准，而且可以降低系统运行费用。

4. SBR 法计算机自动控制系统的研制

根据前述的 SBR 法自动控制策略，可进行计算机控制软件的设计。在此之前必须首先确定出 SBR 法计算机控制程序的算法，设计 SBR 的控制硬件。进水通过 SBR 的水位继电器控制，供气控制同反应时间控制同步进行。排水可以设定固定时间，也可采用新型滗水器，使之始终从反应器表层排水，这既防止污泥流失及减少出水中 SS 浓度，又可适当缩短沉淀时间。在此基础上研制的 SBR 法计算机自动控制系统如图 6.26 所示。该系统的运行过程如下：

1）打开计算机，输入有关的设定值，如在时间控制方式中，需设定曝气时间、沉淀时间与闲置时间等，而实时控制无需设定时间（只根据 DO、ORP 和 pH 曲线上的特征点来判断反应完成的时间，从而曝气或搅拌）。

2）开启水泵，开始进水；

3）待进水至指定水位，计算机得到水位继电器的信号后，关闭水泵、同时开启空气管上的电磁阀开始曝气；

4）反应时间即曝气时间可以通过时间设定值来控制，也可通过设置在 SBR 中的 DO、pH 或 ORP 传感器给出的停止曝气或搅拌信号来控制，反应结束时，开始进入沉淀阶段；

5）达到某一设定的沉淀时间后，打开排水管上的电磁阀，结束沉淀阶段，开始进入排水阶段；

6）排水的结束可以用水位继电器控制，也可以用时间控制，排水结束后即进入闲置阶段；

7）闲置阶段的时间可长可短，也可没有，可根据废水流量大小决定。闲置结束后进

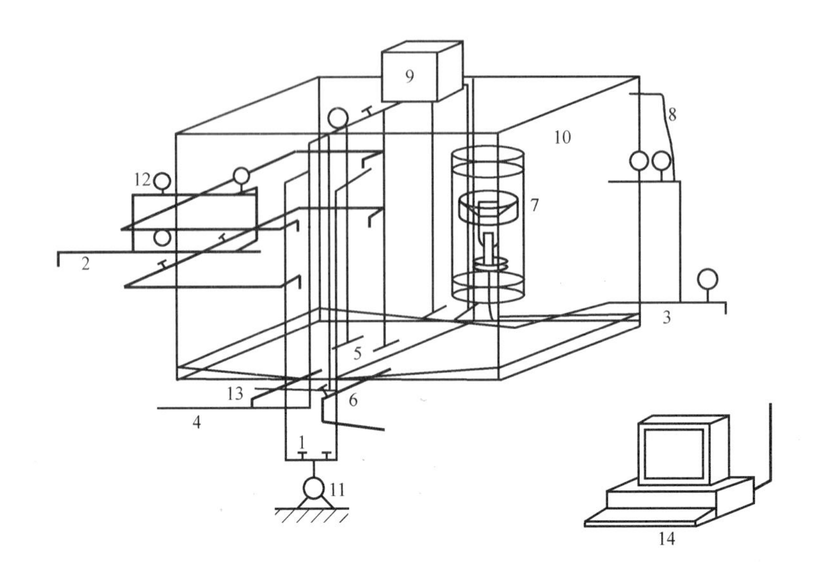

图 6.26　SBR 计算机自动控制系统

1—进水管；2，3—排水管；4—空气管；5—曝气管；6—放空管；7—浮子；8—排气管；9—水位继电器；10—反应器；11—水泵；12—电磁阀；13—手动阀；14—计算机

入下一个运行周期，开始再进水。

6.5.3　生物膜法的控制与优化

在生物膜法中，污水中有机污染物的降解主要是依靠附着生长的微生物作用。环境条件的改变势必会影响到生物膜反应器的运行，进而影响净化功能。在各种影响因素中，其中最主要的有温度、pH、溶解氧、有机负荷及水力负荷、营养物质、水力剪切力、水力停留时间、有毒物质。此外，滤料的种类对曝气生物滤池的处理效果也有一定影响。本书将以曝气生物滤池为例，介绍生物膜反应器的影响因素以及滤池反冲洗的运行与控制。

1. 曝气生物滤池的控制因素

(1) 温度

温度对生物膜反应器的影响是多方面的，温度改变，参与净化的微生物（主要是细菌）的种属与活性以及生化反应速率都将随之而变化。对好氧生物膜反应器来讲，气体转移速率也将随温度的变化而变化。

(2) pH

曝气生物滤池具有较强的耐冲击负荷的能力，但如果 pH 在大幅度内变化，则会影响反应器的效率，甚至对微生物造成毒性而使反应器失效。这主要归因于 pH 的改变可能引起细胞膜电荷的变化，进而影响微生物对营养物质的吸收和微生物代谢过程中酶的活性。

(3) 溶解氧

对于好氧的曝气生物滤池来讲，起净化作用的主要是专性好氧微生物及兼性微生物，它们生长在氧化还原电位较高的有氧环境中。为使反应器内有足够的溶解氧供好氧微生物所需，必须设法从外部供给氧气。

在溶解氧不足的条件下，对溶氧要求较低的微生物将滋生繁殖，这样正常的生化反应过程将会受到影响，污水中有机物的氧化不能彻底进行，出水中有机物（如 BOD_5）浓度将升高，反应器处理效果下降。若在溶解氧严重不足的条件下，厌氧微生物将大量繁殖，好氧微生物受到抑制而大量死亡，这时反应器中的生物膜将恶化变质，发黑发臭，处理水水质显著下降。

（4）有机负荷及水力负荷

水力负荷的大小直接影响到生物膜法的净化效果。在滤床高度不变的前提下，水力负荷的大小直接关系到污水与生物膜接触时间的长短。水力负荷愈小，污水与生物膜接触时间愈长，处理效果愈好；反之亦然。当然，水力负荷的本质是指有机负荷对净化效果的影响。

（5）营养物质

生物膜微生物以污水中所含有的物质为营养物质，为使得反应器正常运行，污水中所含的营养物质应比例适当，其所需要的主要营养物质比例为 BOD_5：N：P＝100：5：1。生活污水中的营养物质全面而且均衡，一般不需要额外投加，但对于某些工业废水，成分单一，能为微生物所利用的营养成分比例不当，则应根据实际情况，按比例投加营养物质。

（6）水力剪切力

作用于生物膜上的水力剪切力直接决定了生物膜厚度与生物膜量，从而也就影响了生物膜反应器的运行效果。

已有学者在同一温度条件下对单一底物进行好氧处理，并对各种不同生物膜反应器内水力剪切力与生物膜剪切损失速度进行分析，不同细菌、底物或环境条件可能改变这一关系，但所有结果均表明水力剪切作用对生物膜量的损失具有很大的影响。

（7）水力停留时间

在反应器体积及进水底物浓度不变的情况下，延长水力停留时间，反应物的去除率将提高。但在工程实际中，不能无限制地延长水力停留时间，因为对于一定流量的污水来讲，延长水力停留时间，无疑就是在增加反应器的容积 V，会增加基建投资。由此可见，水力停留时间应根据进入反应器的底物浓度所需要达到的底物去除率来确定。

（8）滤料

对于曝气生物滤池而言，其生物滤料应具备以下基本要求：有较好的生物膜附着力，同时具有较大的比表面积；孔隙率大，截污能力强；水流流态良好，有利于发挥传质效应；阻力小，强度大，化学和生物稳定性好，经久耐用；形状规则，尺寸均一，使之在滤料间形成均一的流速；货源充足，价格便宜，运输和安装施工方便。

（9）有毒物质

毒性物质能使微生物失去活性，发生膜大量脱落现象。以 COD 去除率表示的工艺效率就会随之而降低。尽管生物膜微生物有被逐步驯化和慢慢适应的能力，但如果高毒物负荷持续较长时间使毒性物质完全穿透过生物膜，生物膜反应器的性能必然会受到较大的影响。

2. 曝气生物滤池反冲洗的运行与控制

滤池在运行时生物滤料层截留部分悬浮物、生物絮凝吸附的部分胶体颗粒以及增殖老化脱落的微生物膜，这些物质的过多存在会显著增加曝气生物滤池的过滤阻力，减少处理能力影响出水水质。所以运行一定时间必须对滤池进行反冲洗，保证滤池的正常运行。

反冲洗的基本要求是：在较短的反冲洗时间内，使填料得到清洗，恢复其除污能力，反冲洗方式、反冲洗强度与时间和反冲洗周期是决定反冲洗效果的关键因素。

（1）反冲洗方式的确定

反冲洗方式有水冲、气冲、气水联合反冲、脉冲反冲和局部反冲洗等多种形式。目前，应用较多的为气水联合反冲洗方式。气水联合反冲洗综合了空气剪切、摩擦和水流剪切、摩擦以及滤料颗粒间碰撞摩擦的多重作用。

（2）反冲洗强度和时间的控制

当气冲强度较小时滤床无搅动、膨胀现象，生物膜及杂质的剥落仅通过低强度水流的剪力和分散气泡引起的小范围滤料的碰撞摩擦作用，并仅由水流的漂洗脱离滤床。当气冲强度较大时，滤料在气流急速的携带下未经与周边滤层的循环混合而直接进入反冲液，造成滤料大量流失。因此，最适宜的气冲强度应是：在滤层底部即可形成大气泡，并以不连续的方式跳跃上升，引起整个滤层剧烈的碰撞摩擦，同时滤层具有流化--脉动和循环置位现象，提高反冲效率。

当水冲强度较小时，不仅削弱了水流的剪力，降低反冲效率，而且反冲水输泥能力低，不能及时漂洗滤层，更不能快速排放滤层循环携带至反冲液中的膜及杂质，影响反冲效果。当水冲强度较大时，高速的冲洗水不仅会携带滤料至反冲液中而且易使床层发生明显膨胀，而气水冲洗滤床最佳的运动状态应是产生搅动但又无较大膨胀，因此水冲强度不宜过高。由此可知，既增强了反冲水的输泥能力又降低了滤料的摩擦阻力使气冲效能得到加强的水冲强度为最佳反冲水强度。

反冲阶段，脱落依次为滤料空隙弥合的、比较轻的、老化生物膜体，滤料上牢固附着的生物膜外部膜以及内层生物膜。当内层生物膜开始脱落时，应停止反冲洗。此时，有机活性生物膜层仍有适当保存，反冲后滤层只需短暂的稳定即可达到较高的去除效率。否则，反冲时间过长，生物膜几乎全部冲脱，滤层的恢复仅依赖于生物膜的重新形成，速度较慢。

（3）反冲洗周期的控制

影响反冲洗周期的主要因素有很多，主要包括：进水有机负荷、水力负荷、滤速、水力停留时间（HRT）、反冲洗时间以及反冲洗强度、滤料种类和滤池作用等。

1）设计负荷

BAF可划分为C池、N池和DN池，因此设计负荷也有三种形式：BOD_5负荷、硝化负荷和反硝化负荷。根据《室外排水设计规范》GB 50014—2006，以上三种负荷的取值范围分别为：3～6kgBOD_5/(m^3·d)、0.3～0.8kg NH_3—N/(m^3·d) 和 0.8～4.0kg NO_3^-—N/(m^3·d)。在一定范围内，当有机负荷增加时，必然导致产物生成速率增加，即微生物的繁殖速度增加，于是生物膜加厚的速度越快，滤料空隙越容易阻塞，导致反冲洗周期缩短。

2）水力负荷

水力负荷对BAF的性能影响较大，因为水力负荷增大，废水与生物膜的接触时间缩短，生物氧化去除污染物的效率降低；另外，水力负荷影响微生物的生长、增殖和脱落更新，水力负荷增加，有机负荷也增加，微生物可利用的营养物质增多，生长旺盛，生物膜增殖快、活性高，但水力负荷增加，也加大了对滤料表面的冲刷，促进了生物膜的更新。水力负荷过大，滤料间截留的悬浮物和脱落的生物膜就容易被出水带走，导致出水悬浮物体积质量高，去除效率急剧下降，因此需要缩短反冲洗周期以到达理想的去除效率。

3）容积负荷

在一定的容积负荷范围里，滤速的提高不但不会降低 BAF 的去除能力，而且还可提高硝化处理能力。原因有以下三点：一是高滤速增强了滤池内部的传质效率，使得空气、污水和生物之间有了更多的接触机会；二是高滤速下生物膜的更新速度加快，促进了生物活性的增强；三是在低滤速下，滤池底层往往在短时间内堵塞，使得反冲洗周期缩短，而频繁的反冲洗对繁殖速度较慢的硝化细菌极为不利。但反硝化池的滤速与碳源的选取有关，当采用甲醇为外加碳源时，滤速可达 14m/h。

4）水力停留时间

曝气生物滤池的 HRT 与过滤周期表现出明显的正线性关系，随着 HRT 的增加，反应器的过滤周期也逐渐提高。仅就过滤周期而言，利用曝气生物滤池处理生活污水时所采用的 HRT 不宜低于 0.8h。缩短 HRT 对过滤周期的影响主要体现在两个方面：一是同时增加了有机物负荷和悬浮物负荷，使滤层内单位时间截污量增加；二是加快了微生物，尤其是异养菌的增殖速度，生物膜厚度增加，加之剪切力加大，使生物膜更新速度加快，反应器内的总生物量迅速增加。以上两方面综合作用的结果使水头损失迅速增加，过滤周期变短。

5）反冲洗周期

曝气生物滤池的反冲洗周期还与滤料匹配、滤池的功能、滤池反冲洗的效果有关。反冲洗的强度大、时间长，对滤池冲洗干净，反冲洗的周期就相应较长，反之则短。如果冲洗过度，会使滤池中的生物量过低，滤池的恢复处理能力时间就长。确定反冲洗周期的方法有多种，需根据经验选取合适的方式。本书将介绍以下几种确定反冲洗周期的方法：

a. 传统生物滤池的过滤周期一般以滤池水头损失、出水水质或二者结合来判断。BAF 使用粒状填料，水流通过滤层时，BAF 起到机械截留吸附颗粒污染物的作用，再通过反冲洗将污染物排出池外，保证了出水中不含颗粒污染物，充分保证出水水质。随着反应的进行，曝气生物滤池运行一段时间，填料表面和滤床空隙中的生物颗粒和非生物颗粒不断积累，滤池的过水通道减小，滤池内的水头损失增加，出水水量减小，出现“穿透”现象，使出水水质（主要是 SS）恶化，在气水逆向运行时，可能出现“气塞”现象，影响了曝气生物滤池运行的稳定性，此时应及时对滤池进行反冲洗，以恢复其正常的净水功能。通过试验，确定进水 SS 小于 150mg/L 时，反冲洗周期为 24h 左右，或当滤池水头损失增加到 1～1.2m 时，应对滤池进行反冲洗。

b. 但根据滤池水头损失增大、出水水质恶化来确定反冲洗周期是一种滞后的信号，为了避免这种不利状况的发生，可以通过产水率确定最佳反冲洗周期。

在滤池运行的过程中，人们希望在保证出水水质的前提下使单位时间的产水量即产水率最大。恒压运行的情况下，滤池的流速随着过滤时间的延长逐渐减小，产水率也相应地变小。在气水反冲洗强度及时间已经确定的条件下，如果生物滤池运行的周期过长，流速损失会很大，使生物滤池后期产水率变小，造成整个周期产水量的减少；相反，如果运行的周期过短，反冲洗用水所占的比例就会加大，产水量较小，反冲洗用水量过大，同样会造成周期产水量的降低，即滤池的运行存在一个最佳时间，在这段时间内，滤池的产水量最大。因此最佳反冲洗周期可定义为：使得滤池周期产水量达到最大的运行时间，可表示为

$$V(t)=\frac{\int_0^t v(t)\partial t-\int_0^{t'} v'(t)\partial t-v\times t_b}{t+t_b+t'} \tag{6.11}$$

式中 $V(t)$——生物滤池周期的平均产水率（L/h）；

t——滤池运行的时间（h）；

$v(t)$——滤池的瞬时产水率（L/h）；

$v'(t)$——气水联合反冲洗时的瞬时耗水率（L/h）；

t'——气水联合反冲洗的时间（h），v 为反冲洗漂洗耗水率（L/h）；

t_b——漂洗时间（h）。

从式（1）可知，$v(t)$ 是时间函数，随着时间的延续，它逐渐减小，在反冲洗方式、强度一定的情况下，$v'(t)$ 是一个定值，$v\times t_b$ 也应该是一个定值，在这里只有 $v(t)$ 和 t 两个变量。要想 $V(t)$ 有最大值，需要对函数进行求导，使一阶导数为零，可得到：

$$V(t)=v(t) \tag{6.12}$$

即瞬时产水率和周期平均产水率相等的时间就是最佳反冲洗周期，这时能保证曝气生物滤池的产水率达到最大。研究表明：出水水质不能作为最佳反冲洗周期的限定性因素，因为，滤池反冲洗后几小时即可恢复它的正常处理能力，这只相当于反冲洗周期的1/4～1/8，即反冲洗周期要比滤池的恢复时间大得多。因而，在确定最佳反冲洗周期时，不用担心出水水质的问题。确定最佳反冲洗周期不仅可以得到尽可能多的合乎标准的出水，节省能耗，还可以改善出水水质，更重要的是可为实现反冲洗的自动控制奠定基础。自动控制是水处理行业发展的必然趋势，确定最佳反冲洗周期具有很大的现实意义。

c. 已有学者在对中试规模的反硝化生物滤池进行在线实时监测中发现，通过利用在线实时监测浊度变化的方法，可以了解生物膜的形成、排出和更新过程，确定滤池的反冲洗周期，进而实现对滤池的优化以及实时控制。浊度的突变点、顶点和平台点分别从侧面精确地表示出滤层状态、气水反冲洗时间以及反冲洗周期。从而，确定反冲洗周期和反冲洗时间简单并有效的方法就是，在滤池过滤和反冲洗时在线监测浊度。

反冲洗开始时，浊度稍稍上升；连续反冲洗一段时间后，一些菌落和生物膜碎片从生物膜表面脱落下来，导致浊度突然升高，此时出现了第一个浊度的突变点；此后由于生物吸附作用，浊度开始下降；运行一段时间之后，更高的水力剪切作用导致滤层堵塞严重，浊度再次急剧升高，出现第二个浊度突变点；随后，由于生物膜生长导致滤层堵塞越来越严重，浊度开始波动。当浊度开始波动时，应及时对滤池进行反冲洗。通过以上浊度变化，可以表明滤层的不同状态：稳定阶段、过渡阶段、堵塞阶段和破坏阶段。

采用气水联合反冲洗时，在气冲产生的水力剪切力和颗粒与颗粒之间的碰撞作用下，一些腐蚀和老化的生物膜从生物膜介质的表面分离或者脱落，流入反冲洗水中，引起浊度突然升高；气水联合反冲阶段，在更强烈的气水冲洗形成的水力剪切力作用以及颗粒之间的碰撞作用下，大多数老化的生物膜脱落，聚集在反冲洗水中，当老化的生物膜几乎全部脱落时，浊度达到峰值，并且开始下降；水冲阶段，反冲洗水将剩余的老化生物膜带离滤

层，同时浊度骤降，随后开始逐渐下降；当浊度达到平稳时，表明脱落的生物膜已经全部随着反冲洗水流出滤池，反冲洗结束。

气水联合反冲洗时，浊度的峰值表明松散的生物膜几乎全部脱离生物膜载体，如果继续气水联合反冲，紧密的生物膜将会脱离滤料，这会导致反冲洗后生物膜恢复时间加长，并且较长时间才能到达理想的去除效率。因此，浊度峰值以及浊度平台可以作为气/水反冲洗时间和水冲时间截止的标志。

6.5.4 厌氧生物处理的控制与优化

厌氧生物处理是一个多步骤的过程，它可以在无需电子受体（如氧和硝态氮）的情况下将复杂的有机物转化为简单的有机物。厌氧生物处理过程可以由图 6.27 表示：首先复杂的有机化合物（碳水化合物、蛋白质和脂类）在细胞外水解为简单的糖类和氨基酸，然后它们再被酸化为有机酸和乙醇，再通过产乙酸菌转化为氢和乙酸；通过嗜氢产甲烷菌，把氢和 CO_2 转化为甲烷，通过嗜乙酸型产甲烷菌，把乙酸转化为甲烷。厌氧生物处理是大自然普遍存在的现象，是废物和污水处理最古老的一个工艺，在 19 世纪末期就开始应用于化粪池来处理家庭的废物，它也是垃圾填埋废物降解的主要过程，它的应用范围很广。厌氧生物处理的主要优势在于：可高效处理高浓度慢速降解有机物、污泥产量较低（比好氧工艺污泥产量小 5～10 倍）、可产生有价值的中间代谢物、低能耗、可降低封闭系统的气味、降低病原体、可以产能（如甲烷或氢气）。

然而，厌氧生物处理工艺具有以下缺点：1）污泥的生长速率较慢（在 35℃时产甲烷菌的世代时间为 3d，而在 10℃时世代时间为 50d），因此厌氧系统的启动时间很漫长，如 UASB 反应器的启动期为 2～4 个月或更长。2）厌氧系统微生物对运行高负荷和外界扰动因素高度敏感。例如，当有机酸浓度较高时，产甲烷菌活性将被抑制。在肥料消化池中，不稳定因素是高游离氨浓度的抑制；在初沉池和活性污泥消化池中，由于高负荷、高氨氮和长链脂肪酸将对系统产生抑制；在高负荷消化池中，由于 pH 或有机酸的抑制也将导致系统不稳定。3）厌氧生物处理是一个复杂的过程，包括多种微生物（大约 140 多种），对其机理仍未完全了解。由于上述原因，虽然 1999 年全世界有将近 1400 个采用厌氧处理工艺的实际工程，2003 年增加到 2000 个，但是许多实际工程仍然不情愿使用厌氧工艺。由于对厌氧生物处理工艺缺少了解，导致大量厌氧处理工艺由于进水有机物负荷高导致系统崩溃。为了推广厌氧生物处理工艺更广泛的应用，不但对厌氧生物处理工艺效果进行研究，还需对厌氧消化工艺的优化及其稳定性运行进行研究，以克服外界扰动性因素，维持系统的优化运行。因此采用合适的、高效的控制策略对厌氧生物处理（AD）工艺是至关重要的。

厌氧消化过程的控制因素很多，这些因素中有的是从微观上影响消化过程，或者说从机理上影响消化过程，有些是从宏观上影响消化过程；还有的是单独影响消化过程，或是几个因素之间相互耦合对消化过程产生影响。影响厌氧消化过程的因素主要有：HRT、SRT、氧化还原电位 E_h、pH 及酸碱度、温度、厌氧活性污泥、废水成分、负荷率与发酵状态、接触状态和营养元素等。废水中所含污染物是否易于降解、污泥负荷是否合适，都是消化过程中必须考虑的因素。当然，对于一个处理某种废水的反应器，废水成分和活性污泥是相对稳定不变的；负荷率与发酵状态则可以通过 SRT 和 HRT 进行调节。

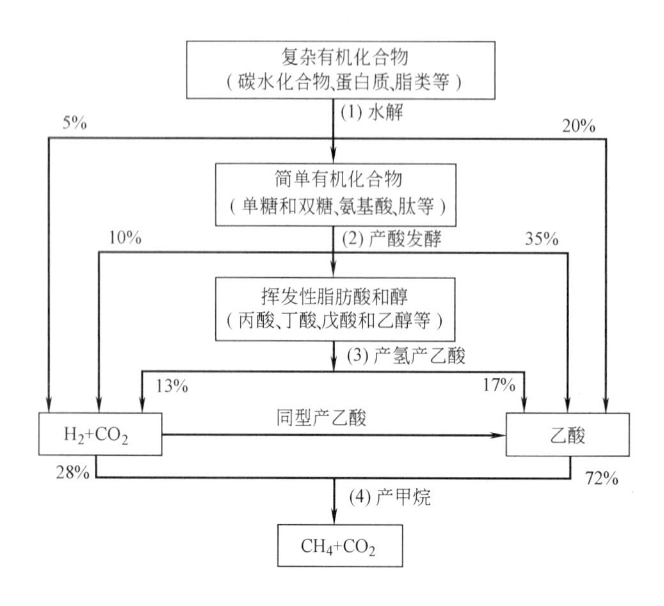

图 6.27　厌氧生物代谢过程示意图

1. pH 和 Eh 对厌氧生物处理的影响与控制

厌氧生物处理的实质是氧化与还原统一的过程，这个过程中有能量的产生和转移，所产生的能量中有一部分变为热量散发掉，有一部分供合成反应和其他活动所需，其余的能量贮存在三磷酸腺苷 ATP 中，以备生长、运动所用。在有机物的分解和合成过程中都有电子和氢质子的转移，电子经过电子传递体系后需要最终电子受体（最终受氢体）来接受。在厌氧消化过程中，有机物仅发生部分氧化，以其中间代谢产物为最终电子受体，其产物是低分子有机物。在此过程中 pH 和氧化还原电位 E_h 是 2 个非常关键的控制条件。

（1）厌氧生物处理过程 pH 的影响和控制

厌氧微生物的生命活动、物质代谢与 pH 有密切的关系，pH 的变化直接影响着消化过程和消化产物，不同的微生物要求 pH 不同，过高或过低的 pH 对微生物是不利的，表现在：1）pH 的变化引起微生物体表面电荷的变化，进而影响微生物对营养物的吸收；2）pH 除了对微生物细胞有直接影响外，还影响培养基中有机化合物的离子化作用，从而对微生物有间接的影响，因为多数非离子状态化合物比离子状态化合物更容易渗入细胞；3）酶只有在最适宜的 pH 时才能发挥最大活性，不适宜的 pH 使酶的活性降低，进而影响微生物细胞内的生物化学过程。4）过高或过低的 pH 都将降低微生物对高温的抵抗能力。

实际运行经验表明，厌氧生物处理需要一个相对稳定的 pH 范围，一般来说，对于以产甲烷为主要目的的厌氧过程来说，pH 为 6.5～7.5。如果生长环境的 pH 过高（>8）或过低（<6），产甲烷菌的生长代谢和繁殖就会受到抑制，进而对整个厌氧消化过程产生严重的不利影响。这是因为在厌氧体系中，其他非产甲烷菌如发酵细菌等对 pH 的变化不如产甲烷菌敏感，在 pH 发生较大变化时，这些细菌受到的影响较小，它们能继续将进水中的有机物转化为脂肪酸等，导致反应器内有机酸的积累、酸碱平衡失调，使产甲烷菌的活性受到较大的抑制，最终导致反应器运行失败。因此，在厌氧生物处理过程中，应特别注意反应器内 pH 的控制，一般维持在产甲烷菌的最适宜的范围内，即 6.5～7.5（最佳 6.8～7.2）之间。为了维持这样的 pH，在利用厌氧工艺处理某些工业废水时，有时需要投加酸或碱来调节和控制反应器内的 pH。研究表明，厌氧消化体系中的 pH（或酸碱平衡）是体系中 CO_2、H_2S 在气液两相间的溶解平衡、液相间的酸碱平衡及固液相间离子溶解平衡等综合作用的结果，而这些又与反应器内发生的生化反应直接有关。因此，分析和研究厌氧消化过程中酸碱平衡的实质和 pH 的控制技术，对于选择和设计废水生物处理

工艺、调试和运行厌氧生物处理装置等都有重要的指导意义。

不同的厌氧微生物类群的适宜 pH 范围实际上是不相同的。厌氧生物处理体系的 pH 是由体系中的酸碱平衡所控制的，根据厌氧消化体系的成分分析，可知，与酸碱平衡有关的主要物质有脂肪酸、氨氮、H_2S、CO_2 等，因此存在着脂肪酸的电离平衡、氨氮的电离平衡、CO_2 的溶解及 H_2CO_3 的电离平衡、H_2S 的电离平衡。

（2）厌氧生物处理过程中 pH 的控制技术

为了保持厌氧反应器中的 pH 稳定在适宜的范围内，就必须采取一定的措施对反应器的运行状况进行调节和控制。在实际运行中，通过以下几种方法来调节和控制厌氧反应器内的 pH：

1）投加酸碱物质　在进水中或直接在反应器中加入致碱或致酸物质，是最直接的调控厌氧反应器内 pH 的方法。实际运行中所使用的致碱物质主要有 Na_2CO_3、$NaHCO_3$ 以及 $Ca(OH)_2$ 等。这种方法要消耗化学药品，从而增加运行费用。而且，对现场操作人员来说，应在废水中加入多少碱性物质不好掌握。一般情况下，在废水 pH＞8.0 时，则应加酸进行调节。

2）出水回流　一般情况下，厌氧反应器的出水碱度会高于进水碱度，所以可采用出水回流的方法来控制反应器内的 pH，同时出水回流还可起到稀释作用。

3）出水吹脱 CO_2 后回流　有研究者发现，出水中的 CO_2 是主要的酸性物质，把出水中的 CO_2 经过吹脱去除后再回流，是一种更好的调控反应器内 pH 的方法。但在采用该法时，由于一般均采用空气进行吹脱，所以回流中会含有一定的溶解氧。出水回流中可能带入的溶解氧也会对反应器的运行产生一定的不利影响。

厌氧消化环境中的 pH 还会通过对氧化还原电位的影响而影响消化过程，pH 低时氧化还原电位高；pH 高时氧化还原电位低。由于厌氧消化过程要求的氧化还原电位低，因此，可以向消化液中投加抗坏血酸、硫化氢、铁等还原剂降低消化液的氧化还原电位。

（3）氧化还原电位（Eh）的影响

众所周知，氧化环境具有正电位，还原环境具有负电位。严格说来，厌氧环境的主要标志是发酵液具有低的氧化还原电位，其值应为负值。一般情况下，氧的溶入是引起厌氧消化系统的氧化还原电位升高的最主要和最直接的原因，除氧以外，一些氧化剂或氧化态物质存在同样能使体系中的氧化还原电位升高，当其浓度达到一定程度时，会危害厌氧消化过程的进行。由此可见，体系中的氧化还原电位比溶解氧浓度能更全面地反映发酵液所处的厌氧状态。

不同的厌氧消化系统和不同的厌氧微生物对氧化还原电位的要求不同。兼性厌氧微生物 Eh 在 100mV 以上时进行好氧呼吸，Eh 为 100mV 以下时进行无氧呼吸；产酸菌对氧化还原电位的要求不甚严格，可以在－100～100mV 的兼性条件下生长繁殖；中温及浮动温度厌氧消化系统要求的氧化还原电位应低于－380～－300mV；高温厌氧消化系统要求适宜的 Eh 为－600～－500mV。厌氧消化体系的氧化还原电位受氧分压的影响，氧分压高、氧化还原电位高；氧分压低、氧化还原电位低。在厌氧消化系统内通常同时含有兼性厌氧微生物和专性厌氧微生物，因为有氧存在时，辅酶 NAD 得到 2 个 H^+ 而生成 $DADH_2$ 和 O_2，反应生成 H_2O_2 和 NAD，专性厌氧微生物不具有过氧化氢酶而被过氧化氢杀死；O_2 还可以产生游离 O_2^-，而专性厌氧微生物不具有破坏 O_2^- 的过氧化物歧化酶而被杀死。当有氧存在时，氧可被兼性厌氧微生物利用而达到厌氧环境，从而保护专性厌氧微生物。

2. 温度对厌氧生物处理的影响与控制

温度是厌氧生物处理工艺重要的影响因素，它的影响主要表现在以下几个方面：1）温度主要是通过对厌氧微生物细胞内某些酶的活性的影响而影响微生物的生长速率和微生物对基质的代谢速率，这样就会影响到厌氧生物处理工艺中污泥的产量、有机物的去除速率、反应器所能达到的处理负荷；2）温度还会影响有机物在生化反应中的流向和某些中间产物的形成以及各种物质在水中的溶解度，因而可能会影响到沼气的产量和成分等；3）另外温度还可能会影响剩余污泥的成分与性状；4）在厌氧生物处理装置和设备的运行中，要维持一定的反应温度又与能耗和运行成本有关。

厌氧生物处理系统反应温度的选择与控制。实际运行可知，反应温度对于厌氧生物处理工艺的运行是十分重要的参数，在设计和运行厌氧生物反应器时，反应器温度的选择就显得十分关键。但反应器温度的选择不能仅仅考虑处理效果的一个方面，为了维持合适的反应温度所需要消耗的能量也是我们必须考虑的问题。

高温厌氧消化所能达到的处理负荷高，处理效果好，但为维持较高的反应器温度所需要消耗的能量也相对较高，因此，只有在原废水温度较高（如48～70℃）可以利用的条件下才可以选用。高温厌氧消化对于废水中致病菌的杀灭效果更好，所以对于某些小水量但必须进行严格消毒后才允许排放的废水或污泥，也可采用高温厌氧消化工艺进行处理。目前绝大多数正在进行的厌氧反应器都是在中温条件运行，这样既可以获得稳定、高效的处理效果，同时为维持反应温度所需要消耗的能量还可以接受或者可以从所产生的沼气中获得，甚至多数情况下，如果废水的有机物浓度足够高时，还可以获得多余的沼气。

厌氧反应器的温度控制主要有以下几种方式：1）直接在厌氧反应器内进行温度控制，即将蒸汽管直接安装到厌氧反应器内部，再通过温度传感器保证反应器内部的温度处于所需要的温度范围之内，国外多采用这种方式；2）在国内，则通常只对厌氧反应器本身进行保温处理，而将加热放在进入厌氧反应器之前的调节池中，即将蒸汽管直接安装在调节池中，将其中废水的温度加热至略高于所需要的温度，然后通过进水泵将加热后的废水泵入厌氧反应器；3）采用热交换器对进水进行间接加热。对于高浓度废水来说，无论温度高低都可以采用厌氧工艺进行处理。因为厌氧工艺在处理废水中有机物的同时，还会产生甲烷，而甲烷燃烧后产生的热量可以用于加热废水。

3. 基质与污泥之间的接触情况以及营养元素对厌氧生物处理的影响与控制

基质和污泥之间的接触情况也是厌氧消化中的关键影响因素，因为接触状况直接决定着传质过程和传质效率，而传质过程及传质效率又决定了厌氧消化反应能否顺畅进行，所以，只有实现基质与微生物之间充分而又有效的接触才能最大限度地发挥反应器的处理效率。厌氧反应器的接触方式主要有3种：搅拌接触、流动接触和气泡搅动接触。在新型高效厌氧反应器中主要是依靠气泡搅动接触和流动接触，尤其是前者。较少采用搅拌接触是因为搅拌接触需要消耗动力，增加运行成本。而流动接触不需要耗能，让进水以某种方式流过厌氧污泥层或厌氧生物膜，即可实现基质与微生物的接触。厌氧反应器内都有沼气产生，生化反应中产生的气体以分子态排出细胞并溶于水中。当溶解达到饱和后，便会以气泡形式析出，并就近附着于疏水性污泥固体表面。在气泡的浮力作用下，污泥颗粒上下漂浮移动，与水交替接触；大气泡脱离污泥颗粒而升腾时，搅动污泥颗粒与流体的湍动和交混。

营养元素尤其是金属元素对厌氧消化过程的影响在于，有些金属元素对于参与厌氧消化反应的辅酶来说是必需的，如 Fe、Ni 等，缺乏了这些元素，辅酶的功能就不能正常发挥，只有保持这些元素充足，厌氧消化反应才能够高效进行。而有一些金属元素对厌氧微生物具有毒害作用，使它们失去活性，如铬、铅等。此外，金属元素会改变厌氧消化反应环境的氧化还原电位，从而影响了反应的进行。

4. 工艺条件对厌氧生物处理的影响与控制

前已叙述，厌氧过程是一个脆弱的生物反应过程，其中的几大类群微生物之间存在着脆弱的平衡，如果运行控制得不好，这种平衡很可能会遭到破坏，而使系统进入恶性循环，最终导致反应系统的彻底失败。因此，在厌氧反应器的运行过程中，适当的监测和控制手段是十分必要的，它可以防止运行过程中出现的小问题最终变化为大的灾难性问题。因此重点介绍了厌氧反应器的运行过程中一般所需要的监测与控制的方法和策略。

（1）工艺控制条件

1）HRT　水力停留时间对于厌氧工艺的影响是通过上升流速表现的。一方面，高的液体流速可以增加污水系统内进水区的扰动，因此污泥与进水有机物之间的接触增加，有利于提高去除率。如在 UASB 反应器内，一般控制反应器内的平均上升流速不低于 0.5m/h，这是保证颗粒污泥形成的主要条件之一；另一方面，上升流速也不能过高，因为超过一定值后，反应器中的污泥就可能会被冲刷出反应器，使得反应器内不能保持足够多的生物量，而影响反应器的运行稳定性和高效性，这样就会使反应器的高度受到限制。特别需注意的是，当采用厌氧工艺处理低浓度有机废水时，HRT 可能是比有机负荷更为重要的控制条件。

2）有机容积负荷率（organic volumetric loading rate，OVLR）　进水有机负荷率反映了基质与微生物之间的供需关系。有机负荷率是影响污泥增长、污泥活性和有机物降解的主要因素，提高有机负荷率可以加快污泥增长和有机物的降解，同时也可以缩小所需要的反应器容积。但是对于厌氧消化过程来说，进水有机负荷率对于有机物去除和工艺的影响十分明显。当进水有机负荷率过高时，可能发生产甲烷反应与产酸反应不平衡的问题。对某种实际有机工业废水，采用厌氧工艺进行处理时，反应器可以采用的进水容积率一般应通过试验来确定，总体来说，进水有机容积负荷率与反应温度、废水的性质和浓度等有关。进水有机负荷率不但是厌氧反应器的一个重要设计参数，同时也是一个重要的控制参数。

3）有机污泥负荷率（organic sludge loading rate，OSLR）　当进水容积负荷率和反应器的污泥量已知，进水污泥负荷率可以根据这两个参数计算。采用污泥负荷率比容积负荷率更能从本质上反映微生物代谢与有机物的关系。特别是厌氧反应过程由于存在产甲烷反应和产酸反应的平衡问题，因此在运行过程中将反应器控制在适当的有机负荷下才可以保证上述两种反应过程始终处于良性平衡的状态，因此也就可以消除由于偶然超负荷引起的酸化问题。在处理常规的有机工艺废水时，厌氧工艺采用的进水污泥负荷率一般为 0.5～1.0kgBOD$_5$/(kgMLVSS・d)，而通常好氧工艺的污泥负荷运行在 0.1～0.5kgBOD$_5$/(kgMLVSS・d)。另外，厌氧反应器中的污泥浓度比好氧反应器中的通常可高 5～10 倍，这样就导致厌氧工艺的容积负荷通常比好氧工艺的要高10倍以上，一般厌氧工艺的进水容积负荷可以达到5～10kgBOD_5/(m^3·d)，而好氧工艺的进水容积负荷一般仅为0.5～1.0kgBOD_5/(m^3·d)。

（2）厌氧生物处理系统的监测与控制对策

厌氧生物处理系统所需要的监测和控制是与系统的有机负荷率和设计时所采用的安全系数密切相关的。在实际的工程设计中，有时为了尽可能地缩小反应器的体积以节省投资，而采用了很高的设计负荷；另外，也许反应器的设计负荷并不很高，但由于进水水质和流量的波动可能会使反应器在短时间内受到超负荷的冲击，在这些情况下，对厌氧反应器的监测和控制就显得非常关键。

对于在较低负荷下运行的厌氧生物系统，与在高负荷下运行的系统来说，运行管理人员对反应器的监测和控制要少的多。对于一个在中等负荷下运行的厌氧系统，一般认为每周一次进行监测就可以保证其稳定运行了。但是，如果希望达到非常高的运行负荷，就需要经常密切对反应器内的pH、挥发酸浓度和碱度（当然还包括反应器的温度、进出水的有机物浓度、气体产量等参数）等的变化进行监测，并且根据这些监测数据及时调整反应器的运行工况，适当的监测和控制还可以降低运行费用。

甲烷气体的产生量、反应器内的pH和出水中的VFA浓度是厌氧生物处理系统运行的三个重要指标，它们通常可以揭示系统的运行状况。如果突然发现甲烷气体的产生量降低，说明系统中关键的产甲烷细菌的生长受到了影响，就需要立刻查明原因。在设计时将负荷设计为较低的负荷，可以使得厌氧系统内具有过剩的生物处理能力，能够使系统具有较大的安全系数，这样就可以弥补由于抑制性物质、温度和pH等变化所带来的不利影响。因此，如果厌氧生物处理系统在较大的安全系数下运行，反应温度和pH的变化对处理效率的影响会比较小。

5. 厌氧消化过程中硫化氢毒性物质的控制

硫是厌氧微生物生长所必需的微量元素，当废水中没有硫化物存在时，产甲烷菌的生长将受到抑制，产甲烷菌生长最适宜的硫化物浓度一般认为在1～25mg/L，也有学者认为50 mg/L硫化物有利于厌氧消化的进行。但在厌氧生物处理造纸、食品加工、化工及抗生素制药工业等生产废水时，由于硫酸盐浓度相当高，如果采取单相厌氧消化，硫酸盐还原菌将与产甲烷菌发生基质竞争，硫酸盐还原菌在竞争中占优势，所以，通常采用两相厌氧消化，这样可以解决硫酸盐还原菌与产甲烷菌对基质的竞争问题。但硫酸盐还原菌在产酸阶段终将把硫酸盐作为电子受体，将其还原，生成最终产物H_2S。而H_2S对厌氧细菌特别是产甲烷菌产生抑制作用，对整个消化过程产生不利影响，有时甚至会导致整个厌氧消化反应无法正常运行。因此，一般在采用两相厌氧消化的同时，努力降低产甲烷相中H_2S的浓度，从而减小其对产甲烷菌的毒性，保证厌氧消化正常产气。

在几大类厌氧细菌中，产甲烷菌对硫化物的抑制作用最为敏感，而其他厌氧细菌如发酵性细菌、产氢产乙酸菌以及硫酸盐还原菌本身的敏感程度稍差。

控制H_2S对产甲烷菌的毒性作用，主要是降低厌氧消化过程中产甲烷阶段溶液中H_2S的浓度。主要途径有提高pH、高温、稀释废水、利用钼酸盐抑制剂、气体吹脱、化学沉淀、两相厌氧消化等。以下仅对气体吹脱法、化学沉淀法和生物除硫法作进一步的探讨。

(1) 气体吹脱法　当 pH 较低时，溶液中溶解性硫化物的大部分以 H_2S 的形式存在。利用这一性质，在单相厌氧处理系统中安装循环气体吹脱装置，将硫化物吹脱，减轻对产甲烷过程的抑制作用，改善反应器的运行性能。气体吹脱的工艺主要有两种：反应器内部吹脱法和反应器外部吹脱法。反应器内部吹脱法是指在厌氧反应器中产生的沼气，通过气提作用去除硫化物的方法。反应器外部吹脱法是指只对厌氧反应器出水进行吹脱，去除 H_2S 后将部分处理过的水回流，可对进水起到稀释作用的方法。

(2) 化学沉淀法　化学沉淀法是指以硫化物沉淀形式去除 H_2S 的方法。研究表明，除铬以外，锌、铜、钙、铁、锰等都可以与硫化氢形成沉淀物，其溶解度都比较小。用来沉淀硫离子的常见重金属是铁。运用化学沉淀法虽然可以大大降低溶液中 H_2S 的浓度，从而减少其对产甲烷菌的毒性，但是运费增加，因沉淀物在反应器中的沉淀，这使污泥的 VSS/TS 比值降低，使污泥产量增加。

(3) 生物除硫法　生物除硫法是建立在两相厌氧消化基础上的其工艺流程如图 6.28 所示。第一步是酸化和硫酸盐还原过程，第二步是好氧生物脱硫过程，第三步是产甲烷过程。其机理是：硫酸盐还原作用与产甲烷作用分别在两个反应器内进行，避免了硫酸盐还原菌产甲烷菌之间的基质竞争，硫酸盐还原作用的终物 H_2S 可以被硫细菌在好氧的条件下去除，不与甲烷菌直接接触，不会对产甲烷菌产生毒害作用保证了整个厌氧消化系统的正常运行。

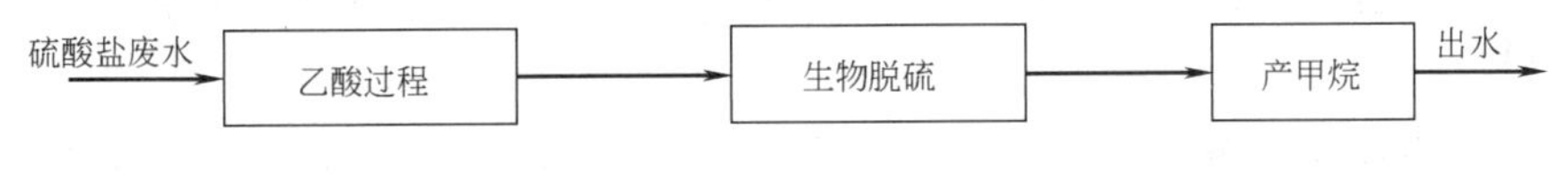

图 6.28　厌氧消化生物脱硫工艺流程

在自然界中有许多微生物都能氧化硫化物，在好氧条件下硫化物主要是通过无色硫细菌来氧化的。无色硫细菌的生活范围极广，在 pH 高至 9.0、低至 1.0，温度在 4～95℃都有无色硫细菌的活动。无色硫细菌是体外排硫，便于将产生的单质硫与生物质分离。其氧化能力很高，每产生 1g 生物质可将 20g 硫化物氧化为单质硫。生物氧化硫化物是不完全氧化，通过控制供氧量和硫化物负荷等控制操作，硫化物几乎能完全转化为单质硫。

6.6 污水三级处理的过程控制

6.6.1 化学除磷

目前，一般城市污水经生物除磷后，较难达到 0.5mg P/L 以下，需要辅以化学除磷，以满足出水水质的一级 A 排放标准要求。

本节主要介绍化学除磷的药剂投加点，药剂种类以及投药系数的选择。

1. 化学除磷工艺的投加点选择

化学除磷工艺的运行方式根据药剂投加点不同，可分为前置沉淀、同步沉淀以及后置沉淀。

(1) 前置沉淀

前置沉淀的除磷药剂一般投加在沉砂池或初沉池进水口，产生的沉淀物在初沉池中通过沉淀而被分离。前置沉淀能降低生物处理设施的负荷，平均负荷的波动变化，因而可以节能降耗，比较适合现有污水处理厂的改建。

（2）同步沉淀

同步沉淀是目前使用最广泛的化学除磷工艺，除磷药剂一般投加到曝气池出水或二次沉淀池的进水口，也有将药剂投加到曝气池中。同步沉淀常采用铁盐和铝盐作为除磷药剂。

（3）后置沉淀

后置沉淀将化学沉淀、絮凝作用及被絮凝物质的分离与生物处理相分离，一般将除磷药剂投加在二沉池后的混合池中，并在后续设置沉淀池和絮凝池（或气浮池）。由于磷酸盐的沉析与生物净化互不影响，药剂的投加可以按磷负荷的变化控制，产生的磷酸盐污泥可单独排放，并可加以利用。

2. 化学除磷工艺的药剂选择

常用的化学除磷药剂主要包括铁盐、铝盐、铁铝聚合物以及生石灰等。由于不同除磷药剂的作用原理不同，在实际应用过程中的效果也会有一定的差别。

（1）铝盐投加

用于污水化学除磷的铝盐主要包括硫酸铝和铝酸钠等。硫酸铝价格低廉，较为常用，但投加硫酸铝会消耗污水中的碱度，有可能对后续的生物处理系统产生不利的影响。铝酸钠不像硫酸铝那么常用，但其可提高污水的碱度和 pH，适用于低碱度污水的处理。

（2）铁盐投加

常用于污水化学除磷的铁盐包括三氯化铁、氯化亚铁和硫酸亚铁三种。钢铁工业的酸洗废液也是重要的氯化亚铁和硫酸亚铁来源，但为了取得最大除磷效果，酸洗废液中的亚铁必须氧化成高铁，因此在投加到初沉池之前，常常需要加氯液氧化。如果没有可靠的酸洗废液来源，也可以采用三氯化铁。硫酸亚铁的应用不像氯化铁和酸洗废液那么广。

（3）石灰投加

石灰法除磷实际上是水的软化过程，所需要的石灰投加量仅与污水的碱度有关，与污水的含磷量无关。一般在初沉池或二级处理之后的三级处理中应用。石灰法的产泥量很大，且与其他常规除磷工艺相比缺乏经济性，投药设施投资和运行维护费用高。

3. 化学除磷工艺的投加系数选择

在已有的研究中，对化学除磷过程药剂使用量的评价方式差别较大，有的以质量浓度为单位进行计算和评价，有的以摩尔量为单位进行计算和评价，也有的直接按照实际生产应用过程中投加的体积分数来计算。不同化学药剂的分子量和表达方式不同，使得研究结果之间很难实现直接的对比分析。因此人们引入了投加系数的概念，定义投加系数β。

$$\beta=\frac{[Fe][Al]}{[P]} \tag{6.13}$$

将其作为对药剂投加量的计量标准，以此对不同除磷药剂作用效果及同一药剂不同投加量的作用效果进行比较分析。

投加系数β受投加点、混合条件等多种因素影响，需通过投加试验确定。

6.6.2　加氯消毒混合池

加氯消毒混合池的控制主要是氯投加量的控制。二次沉淀池的出水经过加氯消毒处理后，再排入受纳水体，一般按与处理流量成一定比率投加氯，这个比率也是投氯量的设定值。可是，由于原水水质水量的变化幅度很大，生物处理的出水水质也有很大变化，如果只按处理水量决定氯投加量，很容易产生有时投氯量不足消毒效果不好，有时投氯量过多浪费等问题。为了解决这一问题，在加氯消毒混合池出水口处设置余氯检查仪，根据余氯浓度信号，自动改变投氯量比率的设定值，这也是所谓的串级控制。

6.7 污泥处理的过程控制

6.7.1 污泥浓缩池

污泥浓缩池的控制包括进泥量控制和排放浓缩污泥量控制。一般情况下，在浓缩池前都不设污泥贮存池，这样，从污水处理系统中排放污泥直接进入浓缩池，因此，浓缩池的控制主要指排放浓缩污泥的控制。浓缩污泥排放的控制方法主要有：

（1）用计时器控制排泥泵的启动与停止；

（2）用计时器和预置计数器控制每日排出一定量的浓缩污泥；

（3）用计时器控制排泥泵的启动，用污泥浓度计检测污泥浓度降低至某一设定浓度时停泵；

（4）用计时器控制泵的启动，用污泥浓度计、流量计和预置计数器控制每次都排出一定量的固形物（以干污泥质量计）时停泵（图 6.29）。

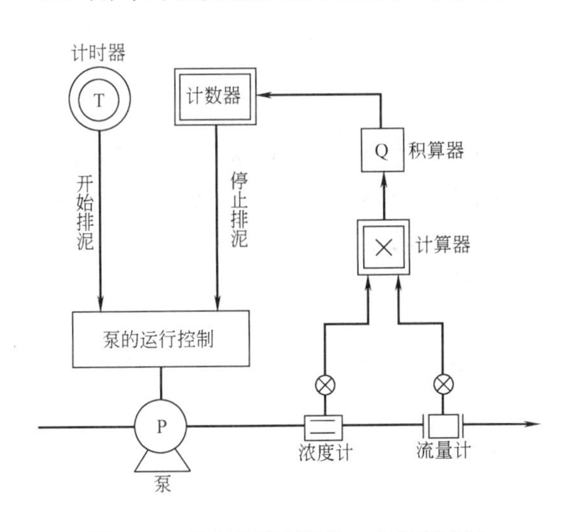

图 6.29 排出浓缩污泥的一种控制方法

大型污水处理厂常采用控制方法（1），进行半连续的运行控制。小型污水处理一般采用控制方法（2）。用污泥浓度检测仪的控制方法（3）和方法（4）的控制过程与所需要的硬件设备也并不复杂，但目前来看应用得并不广泛。

6.7.2 厌氧消化池

就厌氧消化池的影响因素来说，除了污泥本身的性质之外，主要有消化池内的温度、污泥的投配和搅拌，它们对污泥厌氧消化过程与质量都有重要影响。

（1）污泥投配与排出的控制

一般用水位计、流量计与顺序控制器组合的系统，对向消化池投加生污泥、向二级消化池投配熟污泥、排除上清液和排出消化后的熟污泥等，都采用定容积流量控制。例如，投加生污泥的控制是与污泥浓缩池排泥泵联动的，消化污泥的排出是由水位计和计时器来控制的。此外，向二级消化池投放污泥和排放上清液都按推流式控制。

（2）搅拌控制

归纳起来消化池的搅拌可分为机械搅拌方式与消化气搅拌方式。近年来，消化气搅拌方式已成为厌氧池搅拌的主流。一级消化池常采用连续搅拌，也有时用计时器控制进行间歇搅拌。采用间歇搅拌方式时，在加温过程中或投配污泥过程中必须进行搅拌。在采用消化气来破碎与消除二级消化池中的浮渣时，应当控制通向搅拌用和破碎浮渣用的扩散管的流量。

（3）温度控制

消化池的加热有热交换式和蒸气直接加热式两种。对于热交换式控制热水量，蒸气直接加热则控制蒸气量，以维持消化池内一定温度。常采用反馈控制方式，根据消化池内温度计的测定值与温度设定值之间的偏差，调节热水量或蒸气量。由于消化池内的温度检测响应速度较慢，建议采用带有滞后时间补偿回路的控制方式。

6.7.3 污泥脱水预处理设施

污泥脱水前均采用预处理，其目的是改善污泥脱水性能，提高脱水设备的处理能力。向污泥中投加混凝剂与助凝剂的化学调节法是最常用的方法。根据脱水机的种类，常用的有熟石灰、铝盐、二价铁盐和高分子混凝剂等。污泥预处理设施包括药品贮存设备、药品溶解池、投药设备和混凝混合池等。

（1）药品溶解控制

熟石灰溶解的控制是，将贮存在筒仓或加料斗上的熟石灰用传送带送到溶解池，形成溶解浓度为15%～20%的乳状物，溶解方式分为间歇式和连续式。间歇式溶解是用溶解池水位与计时器控制熟石灰的定量加料器和稀释水闸阀，使一定量的熟石灰和稀释水相混合。连续式溶解是控制熟石灰和稀释水按一定的比率进入溶解池。

二价铁盐的控制是，使浓度约为38%的原液自然流入或者用泵送入溶液池，按将其稀释成4倍所需要的水量，控制稀释水的投加量。可根据溶解池的水位实现自动运行控制。

高分子混凝剂又分为固态颗粒状和液态的两种，颗粒状的溶解控制与熟石灰相同，液态的溶解控制与二价铁盐相同。

（2）投药量控制

一般按污泥量与药品成一定比率控制投药量，如图6.30所示，用污泥流量计和浓度计检测的污泥流量和污泥浓度来计算固形物（干污泥）质量，据此按一定比率控制投药量。

投药方式也可为间歇式和连续式两种。间歇式投药是根据混合池的液位控制投药泵和投污泥泵的运转时间，使污泥量或固形物量按一定比率控制。连续式投药是根据污泥量或固形物量，通过控制投药的计量泵和调节阀按一定比率投药。

应当根据脱水泥饼的状态或脱水试验等结果，随时改变投药量比率的设定值。最近，也有根据滤液量、滤液浊度、污泥的pH等采用反馈控制方式来控制投药量。

（3）投加污泥控制

在连续式投药控制中，最好按一定流量来投加污泥。但是，当混合池较小时，由于其液位的剧烈变化投加污泥泵的启动与停止次数明显增多，通常通过控制投泥泵的转数来保持混合池的液位不变。这属于一种以混合池液位为目标值经过计算来控制投泥泵流量的串

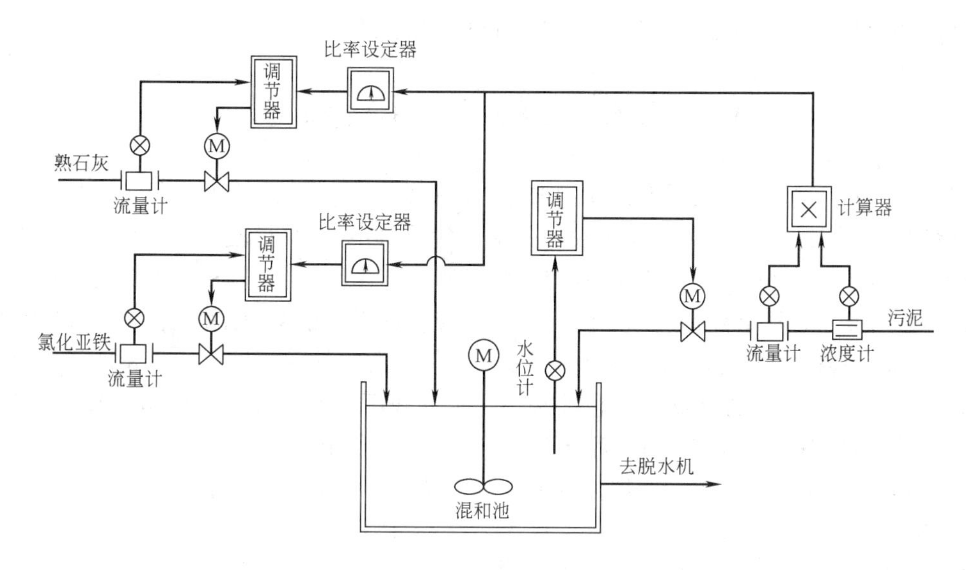

图 6.30 投药量控制系统

级控制。

6.7.4 脱水机

脱水机的种类有真空滤机、板框压滤机、离心脱水机、带式压滤机等，它们各自的控制方法也有所不同。不同种类的脱水机其脱水效率也有差异，也不能指望通过自动控制来大幅度提高效率。可是，为了使这些复杂的脱水装置稳定运行，尤其在多台脱水机同时工作时，进行适当的管理可提高其可靠性，因此，脱水机的自动控制一直受到高度重视。以前多采用继电器和计时器进行自动控制，近年来，更多地采用容易修改顺序的专用序顺器和微机来控制。单个脱水机的自动控制基本不存在难于解决的问题，但对于性质和浓度变化的污泥控制最优投药量，以便得到含水率更低的滤饼并尽可能节省运行费用的过程控制技术尚在研究阶段。

（1）真空滤机的控制

为了使真空滤机保持具有额定的过滤能力，应当控制污泥转筒中保持一定的污泥量。一般通过检测转筒中的污泥量和调节进泥管上的闸阀进行控制。在运行中真空过滤机容易出问题的是滤布变形，遇到这样问题时，可用压气缸来修复。如果用这种方法也难于修复时，安全开关将动作，脱水机的运转将自动停止。作为附属设备的真空泵随真空滤机一起联动运转。此外，有人正在研究通过检测滤饼的含水率和厚度，对真空滤机转筒的旋转速度进行反馈控制。

（2）压滤机的控制

压滤机的脱水程序是过滤（压入污泥）—压滤—干燥（吹入空气）—卸开板框（排出滤饼）—冲洗滤布—合上板框等工序反复进行的间歇运转，基本上是顺序计时器控制。因此，压滤机需要控制的因素是过滤和压滤时间。当污泥压入板框的压力超过设定值时，安全阀自动关闭停止送泥与过滤。可以根据滤饼的含水率或过滤速度的检测结果，适当地修正压滤时间的设定值。此外，还有为了使污泥滤饼含水率保持一定的合适值，通过检测压滤机分离出的滤液量，来控制过滤和压滤时间的控制方法。

6.8 污水处理系统ICA技术及其现状

随着我国水体富营养化污染程度的加深，以及我国社会经济的飞速发展，对于环境污染的治理加大了投入，到2000年年底，我国已建设城市污水处理厂427座，污水处理设计规模达到1475万m^3/d。目前在建的污水处理厂还有300余座。根据国务院2000年36号文，到2010年，所有建市的城市污水处理率应不低于60%，预计未来五年内我国城市污水处理设计规模将超过5000万m^3/d。然而大部分污水处理厂虽然建立起来，由于运行费用不足处于半运行或停运状态。目前我国污水处理厂普遍面临着管理水平较低的问题，造成国内污水处理厂运行和管理费用大约是国外的2倍，国内至今未考虑污水处理厂的过程控制和运行优化问题。污水处理控制系统规模庞大，控制规律复杂，其设计、运行和维护必须按系统工程来对待。而且先进的仪表和设备的大量应用对控制系统的稳定性和可靠性提出了越来越高的要求，我国传统的人工手动操作已远远不能获得很好的控制品质，这严重影响了城市污水处理的质量，带来了不可预料的后果。因此加强我国污水处理系统过程控制和运行优化的研究与应用具有重要的科学意义与应用价值。污水处理系统的仪器、控制和自动化技术（简称为ICA技术）是当前污水处理系统的重要组成部分，国际水质协会也建立了污水系统的运行优化和控制小组，在未来10～20年为提高污水处理厂的运行优化控制水平所需费用将占污水厂总投资的20%～50%。下面对ICA技术、CA技术的限制性和促进性因素以及发展现状进行简单的介绍。

6.8.1 ICA技术及其运行目标

ICA（Instrumentation Control and Automation）技术即是仪器、控制和自动化技术，应用于污水处理系统已经将近30年，但它仍然不是传统市政工程或环境工程的一部分，但可以认为是污水处理的一个特殊部分。ICA技术在污水处理领域发展迅速，“国际水质协会”（IWA，前身为IAWQ/IWPRC）从1973年起每4年召开一次污水处理系统ICA技术会议，进入21世纪已经召开两次，分别于2001年、2005年在瑞典和韩国召开。

大量事实证明应用ICA技术可以大约提高营养物去除污水处理厂10%～30%的处理负荷。随着对营养物去除机理以及工艺过程的逐渐了解，实现过程控制已经可能。另外应用ICA技术也可以对系统的运行参数和微生物种群、生化反应、系统处理性能之间的复杂相关性加深理解。

ICA技术并不是一个黑箱。理想的ICA系统包括以下4部分：一个高素质的团体，具有较好的专业知识和运行经验，对系统具有较深的理解，从而不断促进系统的发展；一个数据收集、加工和显示系统，可以发现系统异常运行现象，并具有分析能力；一个满足运行目标的控制系统。它可以代替处理系统内低水平的本地控制系统或污水处理厂内部不同过程和排水系统的耦合系统；一个可以收集大量过程变量信息的仪器化系统（也就是具有先进的传感器系统）。

ICA技术已经在污水处理系统获得广泛应用，如今已是污水处理的一个重要分支。ICA技术的发展得益于以下因素：首先是仪表技术变得更加成熟，一些复杂的仪表现在已经应用，如在线营养物传感器和呼吸仪，但是仅仅一部分传感器可以应用或已经应用于闭环控制系统。控制器已经大大发展，今天可变频泵和空气压缩机已经广泛应用，因此可以更好地控制污水处理厂。计算机功能大大发展。控制理论和自动化技术获得飞速发展，为 ICA 技术提供了功能强大的工具，例如不同的控制方法基准已经变得可以识别，一些评价不同控制策略性能的新型工具已经开发。数据收集已经不是控制系统的瓶颈，已经应用数据获取和污水处理厂监控软件包，一些污水处理厂已经设计或安装了第二代甚至第三代 SCADA 和过程控制系统。可以应用多变量统计和软计算方法（如神经网络和模糊系统）开发数据加工工具。许多单元的高级动态模型已经开发，并有商业化的模拟器来简化污水处理厂动态特性知识，从而获取有效信息。运行操作员和过程工程师具有更好的仪表、计算机和控制方面的知识。污水处理厂越来越复杂也是提高 ICA 技术的主要促进因素。

ICA 技术已经作为污水处理厂设计的一个重要标准。虽然 ICA 技术获得广泛的应用和接受，但仍需深入的应用 ICA 技术，调查表明将近 50%的控制环路当前仍然使用手动控制模式。在线传感器已经不是在线过程控制的主要限制因素，而提高污水处理厂的设计灵活性、未来处理系统实现过程控制留有余地已变为主要因素。ICA 技术优先确定的控制目标有：1）维持污水厂连续运行；2）满足排放标准；3）降低运行费用；4）实现污水处理厂的综合运行，通过耦合几个过程来降低污水处理厂的扰动，工艺的综合运行将使得最优化利用反应器体积和系统总体优化成为可能。

6.8.2 ICA 技术的限制性和促进性因素

使用 ICA 技术的主要目的是实现污水处理厂高效运行，在出水水质满足排放标准的情况下使运行费用尽可能的低。然而 ICA 技术并没有在污水处理厂获得广泛应用，其主要原因可以概括如下：1）行业和国家立法较差或要求较松；2）不完善的教育－培训－理解体系；3）对污水处理工业缺乏信赖和接受度；4）风险投资者或组织机构之间缺乏合作；5）缺乏应用 ICA 技术带来的经济利益的认识；6）测量工具不可靠、不稳定；7）污水处理厂设计存在的限制性因素，排水收集系统不完善；8）ICA 技术缺乏一定的透明度；9）缺乏软件和仪器的行业规范。

很明显，上述的一些限制性因素也可能是 ICA 技术发展的激励因素，ICA 技术发展的主要激励因素有：1）逐渐严格的污水排放标准；2）对降低污泥产量的要求；3）经济动力；4）降低能量消耗和（或）增加能量产出的要求；5）污水处理厂逐渐复杂化的要求；6）新的处理思想的出现（节约用地、水回用）；7）新型、高科技技术的出现（如计算机、传感器、通信技术和网络）。

污水处理厂的主要运行费用与人工费、污泥处理费、化学药品消耗费用有关，而 ICA 技术具有降低这些费用的潜力。如果污水处理厂需要扩充，那么应用 ICA 技术可在现有污水处理厂不需要扩充的情况下即可实现，经济利益是巨大的，和传统的扩建相比可节省 5 到 20 倍的费用。普遍认为传感器是污水处理厂实施在线控制的最薄弱环节，然而在过去 10 年内在线传感器的性能和可靠性已大大提高，今天可以直接应用于许多控制策略中。应用这些在线传感器可以降低污水处理厂设计安全系数，从而提高污水处理厂运行效率和灵活性。限制新型控制策略广泛应用的最大障碍是现有污水处理厂设计并没有考虑过程控制的需要，缺乏灵活的控制装置。

污水处理厂的最初设计是在不应用控制策略的情况下保证出水水质达标，因此造成污水处理厂体积较大，大大增加基建费用。随着污水排放标准的逐渐严格、进水负荷的增加以及对降低污泥产量的要求，使用ICA技术是在不增加反应器体积而仍然保证出水水质最有效的方法。为了满足逐渐严格的污水排放标准，污水处理厂的设计和结构不断复杂，因此对ICA技术的需求越来越显著。应用ICA技术的另外1个重要因素是出水水质必须在规定的时间内完成。假如排放标准基于2小时的随机取样，那么污水处理厂的运行必须克服外界扰动和系统的动态性，而基于月或年排放标准是不需要的。在极少的欧洲国家（如比利时和丹麦）以每排放kg有机物和营养物来收费排污费，而不是以超过某排放标准的数量交费。这些规定必然促进ICA技术，相应降低排污费。

6.8.3 ICA技术在国外的应用现状

下面系统分析ICA技术在欧洲发达国家，也是ICA技术应用最多区域的应用现状和特点，从而对ICA技术的应用水平以及存在的问题有个初步的了解，这对提高我国ICA技术也具有一定的借鉴意义。很明显ICA技术在欧洲不同国家的应用程度不同，表6-11是11个欧洲国家ICA技术的调查情况。从表6-11中可得传统的在线传感器基本应用在所有污水处理厂，但控制中的应用有限（例如捷克斯洛伐克），常用的传感器有温度、水位计、水量和DO，另外传感器pH、气量和SS也很普遍。但是对于在线传感器，不同国家差别很大。丹麦、爱尔兰、德国、荷兰、瑞典和瑞士应用高级在线传感器较多，常用的在线传感器有营养类型传感器，如氨氮和硝酸氮在线传感器。表6-11中那些价格昂贵和维护繁琐的在线传感器仅用作监测。这说明这些传感器并没有充分的应用到高级控制策略中。前馈控制的应用也很有限，仅仅应用于流量的控制（例如控制污泥回流比恒定），因此实现当前污水处理厂的在线控制还有很长的路。很明显应用传感器的数量和污水出水水质及其处理率有很好的相关性，相关性并不仅仅是应用ICA技术的结果还是国家政策、经济因素、公众意识的反映。然而应用ICA技术的数量可以作为一个国家污水处理状态的标准。当污水处理厂复杂到一定程度，ICA技术的作用也越来越重要。根据调查可知当前普遍应用的实时控制是DO设定值控制（反馈控制）和不同类型的流量控制。不同类型的实时控制见表6-12。需要说明的是，除丹麦外（应用的主要是交替式工艺）其他国家应用的主要脱氮工艺是前置反硝化工艺，国家间的差别很大，表6-11和表6-12应结合在一起，假如不应用对应类型的传感器，那么所建议的控制策略也不可能应用。

欧洲污水处理厂仪器化水平和测定的主要目的 表6-11

	奥地利		比利时		捷克斯洛伐克		丹麦	
In-line 传感器	用法	目的	用法	目的	用法	目的	用法	目的
温度	+++	M	+++	M	+++	M	+++	M
电导率	+++	M	+	M	+	M	+	M
pH	+++	M	++	M	++	M	++	M
ORP	+	M，(B)	+	M，B	+++	M，(B)	+	M，B
气压	++		+	M	+		++	M，B
水界面	+++	M	+++	M，B	++		+++	M，B
流量	+++	M，B	+++	M，F	+++	M，(B)	+++	M，B，F
气量	++	M，B	++	M	++	M，(B)	++	M，B
DO	+++	M，B	+++	M，B	+++	M，B，(F)	+++	M，B

续表

	奥地利		比利时		捷克斯洛伐克		丹麦	
In-line 传感器	用法	目的	用法	目的	用法	目的	用法	目的
浊度	+	M，B	+	M	+	M	++	M，B
TSS	+	M，B	+	M，B，F	++	M	+++	M，B
污泥层	+++	M，(B)	+	M，B	+	(M)	+	M，B
On-line 传感器	用法	目的	用法	目的	用法	目的	用法	目的
BOD			+	M	+			
COD					+		+	M，B
TOC			+	M，B，F	+			
氨氮	++	M，B	+	M	+	(M)	+++	M，B，F
硝酸氮	+	M，(B)	+	M，B	+	(M)	+++	M，B，F
总氮					+		+	
磷酸盐	+	M，(B)	+	M，B	+		+++	M，B
总磷					+	(M)	+	M，B
呼吸计	+++	M，B			+		+	M，B
毒性			++	M，F	+		+	M
SVI			+	M，F	+		+	M，B

	爱尔兰		法国		德国		荷兰	
In-line 传感器	用法	目的	用法	目的	用法	目的	用法	目的
温度	+++	M	+++	M	+++	M	+++	M
电导率	+++				+++	M	+	M
pH	+++	M，B	++	M	++	M，B	++	M，B
ORP	+++	M	++	M，B	++	M，B	+	M
气压			+++	M	+++	B	+	
水界面	+++	M，B	+++	M	+++	M，B	++	M，B
流量	+++	M，F	+++	M，F	+++	M，F	+++	M，F
气量	+	M，B	+++	M	+++	M，B	+++	M，B
DO	+++	M，B	++	M，B	+++	M，B	+++	M，B，F
浊度	++	M	+	M	++	M	++	M
TSS	+++	M	++	M	++	M，(B)	++	M，B
污泥层	++	M，B	++	M	+	M，(B)	+	M，B
On-line 传感器	用法	目的	用法	目的	用法	目的	用法	目的
BOD	+++	M			++	M，(F)	+	M，(F)
COD	+	M			+	M	+	M，(F)
TOC					++	M	+	M，(F)
氨氮	++	M，B	+	M	++	M，B，(F)	+++	M，B
硝酸氮	++	M，B			++	M，B	+++	M，B
总氮					+	M	+	M
磷酸盐	+	M			++	M，B，(F)	+	M
总磷	+++	M			+	M	+	M
呼吸计			+	M	+	M	+	M，(B)
毒性					+	M	+	M
SVI	+++	M，B			+	M	+	M

	西班牙		瑞典		瑞士		总结	
In-line 传感器	用法	目的	用法	目的	用法	目的	总数	平均
温度	+++	M	+++	M，B	+++		39+	3+
电导率	++	M	+++	M	+++	M	21+	1.6+
pH	+++	M	+++	M，B	+++	M	30+	2.3+
ORP	++	M	+	M	++		19+	1.5+
气压	++	M	+++	M，B	+++	M，B	22+	1.7+

续表

	西班牙		瑞典		瑞士		总结	
In-line 传感器	用法	目的	用法	目的	用法	目的	总数	平均
水界面	++	M	+++	M，B	+++	M，B，F	36+	2.8+
流量	+++	M，B，F	+++	M，B，F	+++	M，B，F	39+	3+
气量	+++	M，B	+++	M，B	++	M，B	28+	2.2+
DO	+++	M，B	+++	M，B，F	+++	M，B	37+	2.8+
浊度	+++	M	++	M	+++	M	20+	1.5+
TSS	++	M	+++	M，B，F	+++	M，B	25+	1.9+
污泥层	+		+	M，(B)	+	M	17+	1.3+
On-line 传感器	用法	目的	用法	目的	用法	目的	总数	平均
BOD	+	M	+	M	+	M	11+	0.8+
COD	+	M	+	M	+	M	8+	0.6+
TOC	+	M	+	M	+	M	9+	0.7+
氨氮	+	M	+++	M，(B，F)	++	M，B	21+	1.6+
硝酸氮	+	M	+++	M，B	++	M	19+	1.5+
总氮			+	M	+	M	5+	0.4+
磷酸盐	+	M，B	++	M，B，F	++	M	15+	1.2+
总磷			++	M，(B)	+	M	10+	0.8+
呼吸计	+	M	+	M	+		11+	0.8+
毒性	+	M	+	M	+		9+	0.7+
SVI			+	M	+		9+	0.7+

注：+++正常地应用，标准；++经常地应用；+不常应用；目的：M=监控，B=反馈控制，F=前馈控制。

控制的分类可以基于不同原则，表6-12是其中一个原则，不同的测量可以相互结合，例如应用污水流量和浓度可以计算负荷，因此可以应用负荷作为控制信息。通常，几个控制器同时应用并建立基于规则的监控控制。大部分常用控制结构是基于PID的控制，高级控制也在逐渐发展，例如模糊控制、神经网络和基于模型的预测控制。而基于污水处理厂所有单元的控制或综合性控制（包括污水管网）很少见。

欧洲污水处理厂普遍应用的实时控制类型　　表6-12

曝气测量	控制变量	控制类型和应用
DO(一个或多个传感器)	气量和/或压力	恒定设定值(+++,B)
气体压力	气量和/或压力	气体需求设定值(+++,B)
DO(多个传感器)	气量和/或压力	DO曲线控制(++,B)
氧化还原电位	气量和/或压力	主要在SBR反应器(++,B)
呼吸计	气量和/或压力	在奥地利比较普遍(+,B)
硝化反应测量		
好氧区末端氨氮浓度	DO设定值	可以间歇曝气,on/off(+,B)
好氧区始端氨氮浓度	DO曲线	根据氨氮负荷调整(+,F)
反硝化测定		
进水流量	内循环回流量	(++，F)
反应器末端硝酸氮	内循环回流量	应用反硝化容量(++,B)
缺氧区硝酸氮	内循环回流量	应用反硝化容量(++,B)
缺氧区硝酸氮	外碳源投加量	提高反硝化(+,B或F)
污泥的测定		
进水量	回流污泥量	比例控制(+++,F)
反应器内的SS	回流污泥量	经常恒定MLSS(++,B)
反应器内的SS	污泥排放量	经常恒定MLSS(++,B)
污泥层高度	回流污泥量	爱尔兰标准(+,B)
污泥龄	污泥排放量	通常手动(+,B)

续表

曝气测量	控制变量	控制类型和应用
化学物质投加测定		
流量	聚合物、P-沉淀物	（++，F）
磷酸盐	P-沉淀物	基于负荷（+，B或F）
SS	P-沉淀物	（+，F）
pH	石灰投加	厌氧消化（++，B或F）
其他测定		
进水量	内部流量分配	分步进水方法（+，F）
流量，水位，雨量测定	进水缓冲，暴雨池等等	包括排水系统，均化进水（+，F）
磷酸盐	流量，醋酸投加等等	在生物磷过程（+，B或F）

由以上内容可以看出ICA技术在欧洲的应用较普遍，为了有效降低系统的运行费用，提高处理系统的过程控制水平，是当前最有效的方法，未来ICA技术在污水处理系统中所占的比例会越来越大，因此在现有情况下，应尽可能提高我国污水处理系统ICA技术水平，从而提高系统处理效率和污水处理厂运行管理水平。

6.8.4 污水处理控制系统的发展方向

污水处理的过程控制主要的任务有两个：一是污水处理过程中水量、水质波动造成的出水水质不稳定，实时控制可以根据进水的时变特征调整运行参数，保证出水水质的稳定；二是利用过程控制，优化运行过程中的控制参数，尽可能地减小反应器容积，缩短水力停留时间，或是优化控制曝气量，节省能耗。污水处理控制系统存在的问题主要体现如下：

（1）污水处理厂的规模较大

系统工艺复杂、流程长，各工艺过程地理分布相距较远，所以控制系统的规模也较大。污水处理厂的设备都是大功率、大能耗设备，有必要考虑设备的保护和合理配置使用以及节能问题。

（2）大滞后性

如污水的曝气生化反应过程，从鼓风机开始鼓入空气，到检测到污水中含氧量变化约3～5min，是一个大滞后过程。在解决这个问题时，有的控制策略过于复杂（如采用神经网络控制），有的过于简单（如简单回路定值调节），所以研究人工智能与控制理论相结合的控制系统，具有较大的意义。

（3）自动化仪表连锁控制问题

污水处理前后工序之间存在互锁关系，而有些参数的在线检测仪存在滞后、功能还不完善、检测精度低、误差大、周期长及价格昂贵等问题，这样会影响控制的实时性和控制精度。这些在线自动检测仪需要频繁的检修与维护。采用这些检测设备判断污水处理情况并实施自动控制，往往很难确保处理水质稳定，实现节约运行成本的目的。

（4）开关和网络通信问题

自动控制系统需要对大量阀门、泵、鼓风机、刮（吸）泥机、搅拌设备和沉淀池、消化池的进泥、排泥进行控制。因此，需要的开关量多，这些开关量要根据一定时间或逻辑顺序定时开/停。但是目前生产的阀门质量存在一些问题，使用寿命短，如果从国外进口则费用高，污水处理厂难以承受。另外，如何实现控制系统中的网络通信的高速率和质量，开放性的通信接口，建立完整、可靠的综合自动化系统也需要考虑。

（5）系统易受干扰和维护人员的问题

污水处理厂的工作环境恶劣，干扰频繁，将会影响控制系统的可靠性和稳定性。必须分析干扰来源，研究对于不同干扰源的行之有效的抑制或消除措施。污水处理自动控制牵涉带自动化控制、计算机、仪器与仪表、通信、污水处理、电气工程等多学科，因此控制系统的管理和维护需要大量高素质综合技术人才，并进行必要的职业培训。

随着自动化技术的发展，污水处理控制系统也将在以下几个方面得到快速发展。

（1）污水处理理论研究为自动控制提供理论基础

尽管污水处理领域还存在许多知识方面的盲区，如最为重要的污水进水水质与水量波动之间的相互关系，对城市污水处理系统的设计与操作来说，这个问题已困扰了污水处理工作者许多年，也是管理部门要求水环境生态管理者集中关注的重要议题。但是科研人员在污水处理理论方面开展了大量的研究。Shleiter 等对污水水质、水量波动的相互关系方面进行了卓有成效的理论研究，建立了一些数学模型试图揭开这种相互关系。国际水协废水生物处理设计与运行数学模型课题组，从 1982 年以来对城市污水处理活性污泥法展开了理论研究，分别创建了 ASM1、ASM2、ASM3 三套数学模型，从机理上分析与构建污水处理活性污泥法的生化反应数学函数关系式，为城市污水的自动控制提供了坚实的理论基础。污水处理理论是污水处理自动控制的基础，只有从理论与机理上建立起处理系统数学模型，自动控制系统的控制动作才能正确反映污水处理过程的本质，在运行控制中体现出良好的控制效果。

（2）污水处理工艺优化与自动控制技术相结合

利用以前的控制系统所取得的数据和经验，应用到其他控制过程中，即使控制对象发生改变，一部分控制程序也可以得到充分利用。污水处理过程中“多输入多输出”（MI-MO，Multiple Input-Multiple Output）模型自然最能从本质上反映污水处理的实际情况。但是，这并不意味着控制系统必须采用复杂的控制规则/算子，相反，一套智能与监控相结合的“单输入单输出”（SISO，Single Input-Single Output）控制系统更能反映污水处理的运行过程。采用目前快速发展的集成模拟器可以促进这些控制程序的系统发展、论证与测试。

（3）污水处理自动控制设备技术的发展

在要求尽可能减少维护的情况下，传感器随时提供准确的数据，并及时处理难于解决的故障问题就显得尤为引人关注。为解决“数据泛滥”问题，必须强化数据的管理，可利用数据库或是 GIS 支持系统管理数据。建立自动控制故障报警系统和故障诊断系统，确保实时控制系统（Real Time Control System，RTC）对于无效数据具有分辨能力。控制系统的执行机构今后一段时间内不会有太大的发展，而对目前使用的控制设备应更加灵活、富有创造性地加以利用是非常可行的。

（4）自动控制技术与智能化技术的结合

对于污水处理系统，人们长期以来坚持不懈地利用现有的集成控制模拟试图去解决污水处理过程中的控制。集中表现在以下几个方面：（a）对现有模型的改进；（b）采用替代模型（如神经网络和简化模型，利用一些准确的方法模拟污水处理过程中的复杂变化）；（c）合理考虑与 RTC 相关的影响因素（如泵按时间段进行开启调度）；（d）通过多种途径对控制模型进行优化。与此同时，研究人员也在分析 RTC 控制系统应用于污水处理系统后，控制系统对污水处理的各个过程的影响。

思考题与习题

1. 绘图并简要说明污水处理厂常用的监视操作方式及各自特点。

2. 在选择污水处理厂监视操作方式时，应当考虑哪些因素与条件，这些因素对其选择有何影响？

3. 选择污水处理厂监视操作项目时，为什么除了首先考虑处理厂的规模、管理体制、节省人力和自动化程度等因素之外，还要从可靠性和经济性等方面予以充分的注意。

4. 简述监视操作盘的类型及各自特点。

5. 简述三种最基本的控制方式，以及由这些方式组合与发展而成的模糊控制、神经控制和专家系统等控制方式的基本思想与各自特点。

6. 列表说明控制方式与控制设备的关系，如何根据控制方式选择合适的控制设备。

7. 简述按功能分类的各种控制系统的结构、工作原理和特点。

8. 在污水泵站自动控制的设计与运行时，分别应注意哪些问题？

9. 在什么条件与情况下，宜采用污水泵站的远距离监视控制，在其检查与维护时应注意哪些问题。

10. 你认为在本书中介绍的排水泵站计算机控制与管理系统的应用实例中，还存在哪些问题？应当如何改进和加以完善？

11. 说明曝气量、DO 浓度、硝化液回流量、污泥回流量、污泥排放量、外碳源投加量和分段进水等控制变量对硝化反应、反硝化反应、生物除磷、COD 去除、微生物种群和污泥沉淀性以及运行费用的影响。

12. 简要说明厌氧处理过程的控制目标、主要控制变量和如何对系统进行优化。

13. 比较 SBR 法设定时间控制和实时控制的不同，说明实现 SBR 法实时控制的意义和如何实现 SBR 法实时控制。

14. 绘图说明初次沉淀池排泥的自动控制策略，这种控制策略有什么好处。

15. 比较曝气池供气量控制中几种控制方法的优缺点，再比较两种定 DO 浓度控制的优缺点。

16. 在几种不同的回流污泥量控制方式中，哪一种方式最容易实现，哪一种方式能使出水水质的波动最小，哪一种或几种方法难于完全实现。

17. 简述几种污泥排放量控制策略的基本思想，排泥控制对出水水质和供气量控制有何影响？为什么？

18. 简述污泥浓缩池的几种控制方法，比较其优缺点。

19. 简述厌氧消化池自动控制的基本思想，除此之外，消化池的控制还受哪些因素的影响？

20. 简述 ICA 技术的运行目标。

21. ICA 技术发展的限制性和促进性因素。

22. 分组讨论一下污水处理过程控制系统的发展方向。

高等学校给排水科学与工程学科专业指导委员会规划推荐教材

征订号	书名	作者	定价(元)	备注
40573	高等学校给排水科学与工程本科专业指南	教育部高等学校给排水科学与工程专业教学指导分委员会	25.00	
39521	有机化学(第五版)(送课件)	蔡素德等	59.00	住建部"十四五"规划教材
41921	物理化学(第四版)(送课件)	孙少瑞、何洪	39.00	住建部"十四五"规划教材
42213	供水水文地质(第六版)(送课件)	李广贺等	56.00	住建部"十四五"规划教材
27559	城市垃圾处理(送课件)	何品晶等	42.00	土建学科"十三五"规划教材
31821	水工程法规(第二版)(送课件)	张智等	46.00	土建学科"十三五"规划教材
31223	给排水科学与工程概论(第三版)(送课件)	李圭白等	26.00	土建学科"十三五"规划教材
32242	水处理生物学(第六版)(送课件)	顾夏声、胡洪营等	49.00	土建学科"十三五"规划教材
35065	水资源利用与保护(第四版)(送课件)	李广贺等	58.00	土建学科"十三五"规划教材
35780	水力学(第三版)(送课件)	吴玮、张维佳	38.00	土建学科"十三五"规划教材
36037	水文学(第六版)(送课件)	黄廷林	40.00	土建学科"十三五"规划教材
36442	给水排水管网系统(第四版)(送课件)	刘遂庆	45.00	土建学科"十三五"规划教材
36535	水质工程学 (第三版)(上册)(送课件)	李圭白、张杰	58.00	土建学科"十三五"规划教材
36536	水质工程学 (第三版)(下册)(送课件)	李圭白、张杰	52.00	土建学科"十三五"规划教材
37017	城镇防洪与雨水利用(第三版)(送课件)	张智等	60.00	土建学科"十三五"规划教材
37679	土建工程基础(第四版)(送课件)	唐兴荣等	69.00	土建学科"十三五"规划教材
37789	泵与泵站(第七版)(送课件)	许仕荣等	49.00	土建学科"十三五"规划教材
37788	水处理实验设计与技术(第五版)	吴俊奇等	58.00	土建学科"十三五"规划教材
37766	建筑给水排水工程(第八版)(送课件)	王增长、岳秀萍	72.00	土建学科"十三五"规划教材
38567	水工艺设备基础(第四版)(送课件)	黄廷林等	58.00	土建学科"十三五"规划教材
32208	水工程施工(第二版)(送课件)	张勤等	59.00	土建学科"十二五"规划教材
39200	水分析化学(第四版)(送课件)	黄君礼	68.00	土建学科"十二五"规划教材
33014	水工程经济(第二版)(送课件)	张勤等	56.00	土建学科"十二五"规划教材
29784	给排水工程仪表与控制(第三版)(含光盘)	崔福义等	47.00	国家级"十二五"规划教材
16933	水健康循环导论(送课件)	李冬、张杰	20.00	
37420	城市河湖水生态与水环境(送课件)	王超、陈卫	40.00	国家级"十一五"规划教材
37419	城市水系统运营与管理(第二版)(送课件)	陈卫、张金松	65.00	土建学科"十五"规划教材
33609	给水排水工程建设监理(第二版)(送课件)	王季震等	38.00	土建学科"十五"规划教材
20098	水工艺与工程的计算与模拟	李志华等	28.00	
32934	建筑概论(第四版)(送课件)	杨永祥等	20.00	
24964	给排水安装工程概预算(送课件)	张国珍等	37.00	
24128	给排水科学与工程专业本科生优秀毕业设计(论文)汇编(含光盘)	本书编委会	54.00	
31241	给排水科学与工程专业优秀教改论文汇编	本书编委会	18.00	

以上为已出版的指导委员会规划推荐教材。欲了解更多信息，请登录中国建筑工业出版社网站：www.cabp.com.cn 查询。在使用本套教材的过程中，若有任何意见或建议，可发 Email 至：wangmeilingbj@126.com。